药用植物生理生态学

阮 晓 王 强 颜启传 编著

科学出版社

北京

内 容 简 介

本书内容可分为两个部分,第一部分(第一章~第七章)系统介绍了植物生长发育、光合作用、呼吸作用,营养物质的运输、分配和积累,以及植物对矿质营养利用过程的生理生态与调控的内容;第二部分(第八章~第十七章)介绍了在特殊生境中水生植物生理生态、植物对逆境生理适应过程、植物化感作用、植物细胞悬浮培养过程,以及高山草甸、荒漠生境、低山丘陵、热带和亚热带、湿地和海洋药用植物的生长发育过程、次生代谢物积累与对环境变化适应之间关系的内容。全书内容丰富、实用,涵盖了药用植物生理生态学的基本理论和最新研究进展。

本书可为中医药研究机构和高等院校从事植物药化学、药用植物生理学、植物生态学和资源植物学科研与教学工作的人员提供参考,也可作为生物和制药专业学生的教材。

图书在版编目(CIP)数据

药用植物生理生态学/阮晓,王强,颜启传编著. —北京:科学出版社,
2010.4
 ISBN 978-7-03-026905-8

Ⅰ.①药… Ⅱ.①阮…②王…③颜… Ⅲ.①药用植物学:植物生理学
②药用植物学:植物生态学 Ⅳ.①Q949.95

中国版本图书馆 CIP 数据核字(2010)第 036756 号

责任编辑:李 悦 刘 晶/责任校对:林青梅
责任印制:赵 博/封面设计:鑫联中开

科学出版社出版
北京东黄城根北街 16 号
邮政编码:100717
http://www.sciencep.com

北京厚诚则铭印刷科技有限公司印刷
科学出版社发行 各地新华书店经销

*

2010 年 4 月第 一 版 开本:787×1092 1/16
2025 年 1 月第七次印刷 印张:30 3/4
字数:713 000
定价:98.00 元
(如有印装质量问题,我社负责调换)

前　言

　　植物生理生态学是植物生理学和植物生态学交叉形成的一门新兴学科，它是两门学科紧密结合的体现，试图阐明植物基本生命过程及其与环境互相作用的内在机制。药用植物生理生态学在研究和阐明药用植物基本生命过程与生态环境互作的基础上，重点探讨药用植物特定次生代谢产物及代谢过程与特定生态环境的互作关系，为生产优质、高产的特定药物成分提供理论基础。

　　全世界和我国的药学科学家已在药用植物生理生态和生物技术方面取得许多研究成果，特别在药用植物组织培养、快繁愈伤组织诱导、细胞培养，以及促进次生代谢物合成的添加诱导子、前体饲喂、两相法、两步法、培养基条件和环境调控、克隆调节药物有效成分合成的基因工程等多方面已取得很大进展。这许多进展的取得依赖于深刻理解和掌握药用植物生理生态学的基本理论，以及现代生物技术方法与天然药物生产实践的紧密结合。目前国内尚未见到关于药用植物生理生态学的正式出版专著，仅有零散研究和某方面的论文集，希望本书的出版能起到"抛砖引玉"的作用，引起广大从事药用植物生理生态研究的科学家重视，致力于这方面的深入研究。如能发现药用植物特定药物成分合成代谢生理生化途径及其环境影响因素，更进一步同基因工程结合，克隆出控制特定药物成分合成的基因并导入药用植物，配合最佳环境，便可高产和优质生产药物成分，为我国现代化制药工业服务。

　　本书内容包括绪论，植物生长发育生理生态及其调控，植物光合作用的生理生态，植物呼吸作用的生理生态，植物的水分生理生态，植物矿质营养生理生态，植物营养物质的运输、分配和积累，水生植物的特殊生理生态，植物对逆境的生理适应与伤害，植物化感作用的生理生化基础和生态意义，药用植物细胞悬浮培养生理和促进愈伤组织生长及药物合成环境的调控，以及高山草甸、荒漠、低山丘陵、热带和亚热带、湿地、海洋等生境的代表性药用植物生理生态共17章，比较系统地阐明了药用植物生理生态学的基本理论和最新研究进展。全书内容丰富、翔实、新颖，概括了最新的药用植物生理生态学知识，可作为生物和制药专业本科、研究生教材和从事药用植物学研究人员的参考书。

　　本书的出版得到浙江大学宁波理工学院的资助和许多朋友的热情帮助，同时本书在写作过程中收集和吸取了国内外有关专家编著的专著和论文内容，谨此表示衷心感谢。

作　者

2009 年 10 月

目　　录

第一章　绪　　论

第一节　植物生理生态学的含义

植物生理学（plant physiology）是研究并阐明植物生命活力规律及与生态环境相互作用和人为调控的科学。主要任务是揭示自养高等绿色植物生长、发育、开花、结果、成熟、休眠、衰老等生命现象本质及其与环境的相互关系，是植物生产和环境调控的基础科学。

植物生态学（plant ecology）是研究并阐明植物与环境相互作用及其适应能力和方式的科学。特别是在当今全球范围气候变暖，大气、土壤和水源污染日益加剧导致生态环境不断恶化的大背景下，研究植物的逆境适应能力，探讨植物抗逆境能力如耐寒、抗旱、节水、耐盐碱等植物生理特性就特别有意义。

植物生理生态学（plant physiological ecology）是一门植物生理学和植物生态学交叉形成的新兴学科，它是两者紧密结合共同阐明植物基本生命过程及其与环境互相作用的科学。这种紧密结合更易于真实反映植物的生命现象主体与客观环境的相互关系。

药用植物生理生态学（medical plant physiological ecology）是在研究和阐明药用植物基本生命规律与生态环境的基础上，重点探讨药用植物特定药物合成代谢过程及其与特定生态环境互相作用的关系，旨在为生产优质、高产的特定药物成分提供理论基础。

第二节　植物生理生态学的起源与发展

一、概述

植物生理生态学起源于植物生态学，它成为一门成熟的学科也只有几十年的历史。最初，植物生理生态学关注的内容是生态学的思想，即"植物与环境"系统的基本过程、作用功能和机理。德国植物生态学家辛泊尔（1856～1901）在1898年发表的经典著作《基于生理学的植物地理学》一书中就强调了植物生理生态学研究的必要性。植物生理生态学的起源与发展共经历了5个阶段。

（一）思辨方法和准实验方法阶段（1750年以前）

在古代社会生产力低下的条件下，人们只能依靠感官进行表面观察，获得不充分的事实，进行简单的逻辑推理及非逻辑构思，得出一些带有猜测性的、笼统的结论。我国有大量关于动植物与土壤关系的精彩记载，多是从自然界认知的一些基本的规律，包括生命的起源与演化。

在植物生理生态学的最初阶段，西方的科学家开始注意到植物与环境的关系。波伊耳（Boyle）最早提出了元素、化合物和土壤盐分的概念；17世纪初，布鲁塞尔的医生范·赫尔蒙（van Helmont）设计了著名的柳树实验，试图寻找光合作用的物质来源；Woodward（1699）利用液体培养技术栽培植物，找出了植物生长需要的一些营养物质；Hales指出了空气是植物体的组成部分，认识到了光合作用主要物质的来源问题。18世纪初，一批科学家补充了范·赫尔蒙等的实验，从而完善了对光合作用的认识（蒋高明，2004）。

（二）观察描述方法阶段（1750～1900年）

在生态学的初创时期，生态学研究基本上停留在描述阶段，而生理学研究则大部分局限于实验室内，植物生理生态学仍未从其双亲学科中脱离出来。在植物生理学方面，1862年利比希提出了著名的最小因子定律；在植物生态学方面，1866年海克尔提出了生态学的概念。其后，Pfeffer等众多学者在植物与环境观察与描述的基础上，出版了第一部《植物生理学》，内容涉及植物的光合作用、呼吸作用、同化物质分配、水分关系、矿质营养、氮同化、植物与环境关系等，书中的有些观点影响至今。值得一提的是，哈伯兰特、辛泊尔、瓦尔明等分别从植物解剖学、植物地理学和植物生态学的角度出发，提出了植物对环境具有适应性，并结合各自的研究提出了一系列重要的猜测和假说，这些成果的获得在很大程度上得益于他们善于观察。因此，观察是植物生理生态学研究的一种重要方法。但相对于后来的实验方法而言，观察方法存在很多缺点和局限性：①只能得到事物的某些表面现象，而这些现象往往时过境迁，不能自发重现，限制了进一步的深入研究；②只能得到事物综合的表面现象，无法了解内部原因。

生命现象是自然界最复杂的运动形式，生态学过程尤其复杂，仅仅运用观察方法不能解决深入的问题，必须采用实验方法。

（三）实验方法阶段（1900～1950年）

实验方法是利用仪器或控制设施有意识地控制自然过程条件，模拟自然现象。利用环境控制技术，在研究某种因子对植物的影响时，控制其他环境条件尽量不发生改变，这样就避开了干扰因素，突出了主要因素，可在特定条件下探索客观规律。实验方法与观察方法的不同在于：①改变单个因素，保持其他因素不变，从而判断各个因素的作用，使研究对象以纯粹的、更便于观察和分析的形态表现出来，如利比希在研究影响植物生长的营养元素中，就是采取上述"避轻就重"的做法，其对实验生物学影响很大；②实验结果能够反复再现，重复研究。

作为植物生理学与植物生态学的交叉学科，植物生理生态学也是植物生态学中实验内容最强的分支学科。这些工作早在20世纪初就已开始，如Clements研究了植物叶片能量的平衡；Blackman根据他的实验提出了限制光合生产的一些基本因子，指出光合作用受到数种因子影响时，其受限制的程度取决于供应量最少（小）的那个因子。虽然后来发现该定律难以判断不同因素之间是否有交叉作用，但它对于理解植物的生理活动仍然具有重要意义。其后，许多学者就环境因子对植物生长发育过程的影响进行了大量的实验研究，如植物气孔的开张、光补偿点、光饱和点、CO_2补偿点、CO_2饱和点、温度、矿物质对光合作用的影响等，取得了有意义的成果。但这些研究大部分是在室内进行的，其进行时的环境与自然环境差别较大，并且主要是对单个因子的影响做研究，故仅能从某个侧面反映植物的生理生态特性，无法表现在自然环境中多种因素作用对植物的功能的综合影响。鉴于这些原因，一些先驱者开始尝试把生理学实验搬到野外去，如苏联的 Maximov 和美国的 Daubenmire，分别研究了沙漠植物和植物群落中植物与环境的关系，这些研究促进了植物生理生态学作为一门独立的学科的问世。20 世纪 50 年代，比林斯（Billings）最早倡议把植物生理生态学看做是一门独立的学科。

实验方法阶段初期存在的主要问题是实验方法的缺陷，如在与生理活动相应的小尺度上测定气候因子就很困难，这成为植物生理生态学发展的一个限制因子（张国平和周伟君，2005）。

（四）理论方法与综合方法阶段（1950～1980 年）

植物生理生态学主要发展于 20 世纪下半叶，此时自然科学得到了迅速发展。在这种形势下，作为科学研究的工具，运用单一的研究方法已经不能满足植物生理生态学研究的需要了。研究对象和研究方法之间的关系已经发生了根本变化，研究方法呈现出交叉化、多元化、综合化的发展趋势。

20 世纪 60 年代以来，植物生理生态学研究方法开始长足发展，特别是野外测定手段的不断改进和计算机的广泛采用，使模型方法得到广泛的运用。精确测定植物代谢与其微环境变化成为可能，也为人工气候室内自然环境的模拟奠定了基础，如研究多种限制因素的相互作用对 CO_2 和 H_2O 气体交换的影响；对 C_3 和 C_4 代谢进行的研究等。Ludlow 和 Wilson 对气体进出叶片阻力的研究，Gates 对叶片能量平衡的研究，以及 Monteifh 的植物干物质生产、气候模型等，奠定了定量研究环境对植物代谢影响的理论基础。60 年代末以后，植物生长模型研究进入繁荣时期，影响较大的有农作物同化、呼吸以及蒸腾作用的系统性模拟模型、作物生长与生产的模拟模型等。在这方面最突出的要属荷兰的 Wageningen 研究中心，他们开创了用计算机来模拟农业生产和环境与植物群落之间的相互影响的先例。随后，植物生理生态学家又发展了建立在生物化学反应基础上的光合作用模型及气孔调节模型。1975 年，奥地利学者 Larcher（1975）编著的《植物生理生态学》一书出版，宣告了这门学科的正式形成。

（五）现代植物生理生态学阶段（1980～至今）

进入到 20 世纪 80 年代以来，植物生理生态学得到了长足的发展，并体现在不同层次上。植物个体生理生态学的研究主要以农作物、经济林木、牧草和资源植物为研究对象，研究个体的光合生产、水分循环和抗性生理。80 年代初期，植物群落结构与功能的研究则成为群落生理生态学研究的核心内容。有两个重要的原因使得这门学科在近几十年发展迅速：其一是生态环境问题的不断出现，尤其是以大气中 CO_2 浓度升高为主题的全球变化问题，使它在解决实际问题（气候变化、环境污染、粮食危机等）上有了用武之地；其二是技术的进步，便携式快速而精确的测定仪器不断推出，可以实现在野外自然状态下测定植物的气体交换过程、叶绿素荧光、能量交换、水势、水分在植物内的流动、冠层与根系生长的分析，各种环境控制手段的不断完善使实验的重复性加强，而室内稳定性同位素技术、元素分析技术的成功应用则给许多生态学现象和野外观测的结果以机理性的解释。除此以外，系统科学的原理和方法，如系统论、控制论、耗散结构理论、分形理论等在该领域也被广泛应用。

二、我国植物生理生态学学科的形成与发展

我国在植物生理生态学方面的研究始于 20 世纪 20 年代，当时钱崇澍（1883～1965）、李继侗（1897～1961）等的研究涉及植物生长发育与土壤理化性状、水分的关系，属于早期启蒙性工作。在高等植物的呼吸代谢方面，汤佩松先生以水稻为研究对象发现了 EMP 无氧呼吸酶系统，从而证明了"呼吸代谢多条路线"的思想。在营养生理方面，罗宗洛于 1927 在日本《植物学杂志》上发表了题为《不同浓度的氢离子对植物的影响》的论文，其后又发表了几篇矿质营养的论文，他的这些工作是我国植物生理学者在矿质营养方面的起始标志。在水分生理的研究方面，中国学者的工作可谓世界领先。汤佩松与物理学家王竹溪合作发表了一篇有着深远意义的论文，用热力学原理分析了单细胞和水分的关系，如渗透压、吸水压及膨压等。新中国成立以后，一些科学家对营养元素尤其是微量元素对植物的影响方面进行了大量的有代表性的研究。

近年来，由于仪器的更新，尤其是中国生态系统研究网络（CERN）和中国生物多样性项目（BRIM）的实施，以中国科学院和中国林业科学研究院为主的研究队伍购置了大量的植物生态生理仪器（室内和野外的），已开展了不少研究，如在不同野生植物或大田作物的光合生理、水分生理、抗性生理方面取得了大量的成果（李合生，2006）。

三、发展趋向

植物生理生态学的特点表明，它具有植物生态学与植物生理学双亲起源的特点，是一门明显的交叉学科。我国的植物生理生态学研究应紧紧抓住我国自己的生态问题，如由人类活动引起的退化生态系统的恢复、青藏高原的特殊生境、全球变化下的中国陆地生态系统响应、植物对环境污染的修复作用等；同时要保证研究手段不断更新，取得高水平的研究成果。

第三节　药用植物生理生态学的研究方向

中医中药在我国已有数千年的历史，它是劳动人民在长期的医疗保健实践中积累形成的。我国中药药源非常丰富，主要来自植物，药源植物约 5000 余种（黄璐琦和郭兰萍，2007）。

在中西医药结合的推动下，中医学和中药学有重大发展，随着药效成分提炼手段和中药炮制方法的改进，对药理作用和性味功能的深入了解，主治用法和临床应用的扩大，新药品种的开发与利用，药用植物为之提供了不少高疗效的新药源。

根据科学研究和临床实验发现，以前不作药用的三尖杉，其实含有三尖杉酯碱和高三尖杉酯碱，对急性非淋巴性白血病有较好的疗效。喜树、雷公藤、美登木、两面针、木瓜、山油柑等都含有抗癌活性成分，喜树碱对治疗胃癌、肠癌有疗效。据报道，目前从高等植物中筛选过的抗癌活性成分，全世界达 6.7 万余种，其中夹竹桃科、苦木科、芸香科和瑞香科等木本植物均含有丰富的抗癌活性物质，因而日益受到药物学家的重

视；而禾本科、菊科等草本植物含有抗癌活性物质却很少，临床价值不大。我国现在木本植物近 8000 种，而供药用的为数不多。由此可见，植物药源对发展祖国医药事业蕴藏着巨大的潜力，亟待开发利用。

研究药用植物生理生态学有关方向将集中于以下几点：

(1) 研究和测定每种药源植物的有效药物成分；
(2) 研究和测定有效药物成分在植物不同器官里的分布和含量；
(3) 研究和发现药用植物特定药物合成的生理生化代谢途径；
(4) 研究和寻找药用植物合成药物成分的生态环境因素及其相互作用关系；
(5) 研究和创新控制药用植物合成药物成分的机理和方法；
(6) 利用生物技术和基因工程技术开发药用植物药物生产的新技术。

第四节　植物药用基因工程的研究进展

植物药用基因工程是指将重组的编码医用活性多肽和疫苗的基因导入植物，使植物能够大量生产这些活性多肽和疫苗，这种策略不仅可以大大降低这些药品昂贵的生产成本，而且简化了贮存方式。因此，国际上植物基因工程研究的一个新发展趋势就是利用转基因植物生产药物。1988 年比利时 PGS 公司的科研人员最早开展此方面研究，本意是想让"瘾君子"们不用抽烟而只需拿烟叶闻闻或放在嘴里咀嚼就可满足烟瘾，以此减少尼古丁对人体的毒害。他们将一种神经肽的编码基因转入烟草，得到的转基因烟草表达出高产量的神经肽。由于神经肽是通过血液运输起作用的，它在口腔中会被降解掉，他们的初衷未能实现，但却意外地找到一条利用转基因植物生产肽的途径。此后，其他科学家们纷纷加入这一领域并且成果纷呈。1989 年美国斯格里普斯研究所利用转基因烟草高水平地表达了单克隆抗体，其表达量达到叶子总蛋白量的 1.3％。根据计算，如果按照这种表达水平，美国只需将其烟草土地面积的 1％（约 6000 亩*）用来种植这种转基因烟草，就可以生产出 270kg 的抗体，足以提供给 27 万癌症患者 1 年治疗之用。此外，美国 Bio-Resouces 公司利用植物基因工程手段生产白细胞介素 2（IL2）；荷兰用转基因马铃薯生产人的血清蛋白（尽管表达水平很低）；韩国用转基因烟草和番茄生产人的胰岛素；我国北京大学蛋白质工程与植物基因工程实验室已克隆了对早中期妊娠引产极为有效的天花粉蛋白的基因，并首次成功地在转基因烟草中得到了表达（王关林和方宏筠，1998）。

迄今在世界范围内正在开发的医药活性多肽和疫苗估计在 100 种以上。多肽药物有人胰岛素、人生长激素（HGH）、干扰素、白细胞介素、组织血纤维蛋白溶酶原激活剂（TPA）、免疫球蛋白（Ig）、心钠素、降钙素、红细胞生长素（EPO）、尿激酶、超氧化物歧化酶（SOD）等；疫苗有麻风杆菌疫苗、脑膜炎球菌疫苗、乙型肝炎疫苗、流感疫苗和人免疫缺陷病毒疫苗等。以往，这些活性多肽和疫苗都是从动物和微生物中获得的。用植物生产医用活性多肽和疫苗与用动物和微生物生产相比具有很大的优越性，这具体表现在以下几个方面。

(1) 植物细胞的全能性。植物的组织、细胞或原生质体在适当的条件下均能培养成

---

　　*　1 亩 = 666.67m²

一株完整的植物体。

(2) 植物种植是最经济的蛋白质生产系统。种植农业所需要的仅是阳光、来自土壤或肥料的矿质营养及水，所以工厂化农业的最吸引人之处是它能廉价生产高价值的、供不应求的蛋白质，如植物已能够生产人血清蛋白。据计算，用普通方法生产 1g 抗体的成本为 2000～5000 美元，而用大豆生产 1000g 抗体只需 100 美元。

(3) 植物是能够大规模生产蛋白质的生产系统。当人们期望大规模地生产某种蛋白质时，植物系统是一个比微生物或动物更理想的生产系统。而且，现代化农业机械能够有效地收割和加工大量的植物材料。

(4) 用植物生产疫苗更简单、方便。用动物或微生物生产口服疫苗需要特殊的专业知识和特殊的贮藏条件（包括冷藏），这对于第三世界国家来说是困难的。这些生产系统还存在一些其他的弊端。例如，多数动物培养系统需要昂贵的生长培养基，而且培养基需要特殊处理，以消除致病的有害生物；动物系统生产力低，需要保持无菌生产条件。如果用植物来生产疫苗，则克服了上述弊端。利用植物能够贮藏蛋白质于种子中这一有利条件，可以简单、方便地生产、贮藏和发放疫苗。同样，使疫苗能够在水果和蔬菜中表达也是目前研究的一个重要方向。

(5) 植物具有完整的真核细胞表达系统。表达产物可经过糖基化、酰胺化、磷酸化、亚基的正确装配等转译后加工过程，使表达产物具有与高等动物细胞一致的免疫原性和生物活性。

(6) 表达产物无毒性和副作用，安全可靠，无残存 DNA 和潜在致病、致癌性。

由于植物具有上述优势，所以分子农业的设想在 20 世纪 80 年代末一经提出，便成为人们竞相研究的热点。目前，科学家们在此领域已取得一定成绩，这主要表现在两个方面：一是成功地在植物中表达抗体（antibody），二是成功地用植物生产出某些动物疫苗。

参 考 文 献

黄璐琦，郭兰萍. 2007. 中药资源生态学研究. 上海：上海科学技术出版社
蒋高明. 2004. 植物生理生态学. 北京：高等教育出版社
蒋文跃. 2003. 寻找物质基础非当前中药现代化的关键. 中草药，34 (1)：1～3
兰伯斯·庞斯. 2005. 植物生理生态学. 张国平，周伟军译. 杭州：浙江大学出版社
李合生. 2006. 现代植物生理学. 第二版. 北京：高等教育出版社
林强，葛喜珍. 2007. 中药材概论. 北京：化学工业出版社
刘庆华，刘彦. 1998. 实用植物本草. 天津：天津科学技术出版社
卢艳花. 2006. 中药有效成分提取分离实例. 北京：化学工业出版社
田建华. 2007. 实用中草药彩色图集. 北京：中医古籍出版社
王关林，方宏筠. 1998. 植物基因工程原理与技术. 北京：科学出版社
吴家荣，邱德文. 2006. 常用中草药彩色图鉴. 贵阳：贵州科学技术出版社
熊文愈，汪计珠，石同岱. 1989. 中国木本药用植物. 上海：上海科技教育出版社
Billings W D. 1985. Unusual rocks and the evolution of ecological tolerance. Ecology，66 (6)：1988～1989
Larcher W. 1975. In Physiological Plant Ecology. New York：Springer-Verlag，Berlin，Heidelberg
Nabors H，Murray W. 2004. Introduction to Botany. New York：Pearson
Schimper A F W. 1998. A Dictionary of Plant Science. Michael Allaby
Stern G，Ringsley R. 2003. Introductory Plant Biology. Boston：Mc Grawltill

第二章　植物生长发育生理生态及其调控

植物生长发育过程包括种子发芽、幼苗生长、植株发育、生殖生长、结实、种子成熟和休眠等生命周期阶段。植物生长发育过程伴随着呼吸作用提供能量、光合作用形成养分、矿质营养和水分吸收等生理代谢活动，并且受到生态因素的影响和调控。研究和了解植物生长发育生理机理及其与生态因素相互作用的关系，就有可能人为地促进和调控植物的生长发育，从而为植物生产、药物生产和观赏园艺服务。

第一节　种子萌发的生理生态和促进方法

一、种子萌发的概念

种子萌发（seed germination）是指种子从吸水到胚根（很少情况下是胚芽）突破种皮期间所发生的一系列生理生化变化过程。确切地讲，胚根突破种皮之后的过程（包括主要贮藏物质的动员）不属于萌发而属于幼苗生长的范畴。但在农业生产实践中，种子萌发是指从播种到幼苗出土之间所发生的一系列生理生化变化。本节正是基于后一概念进行讨论的。

二、种子的生活力与活力

种子播种到土壤中后能否正常萌发，与许多因素有关，其中种子的内部生理因素起决定性作用。内部因素包括种子是否具有生活力、是否衰老或损伤、是否处在休眠状态。若要健壮萌发，还涉及种子生活力和活力的问题。

种子生活力（seed viability）是指种子能够萌发的潜在能力或种胚具有的生命力。没有生活力的种子是死亡的种子，不能萌发。

测定种子的生活力可采用发芽试验，也可采用一些简单、快速的化学或物理方法，如德国的 G. Lakon 发明的 TTC 法简单实用。也可利用原生质的着色能力来快速鉴定种子生活力，即染料染色法。此外还有荧光法，即利用有生活力的种胚细胞中的荧光物质在紫外灯下能发出明亮的荧光的特性，快速鉴定种子生活力。

最初，人们只是以发芽率作为评价种子萌发质量的指标，但不够准确。这是因为具有相同发芽率的不同批次种子，可能在发芽的速率以及幼苗的整齐度和健壮度上有所不同。为了更准确地评价种子萌发质量，人们又引入了种子活力的概念。所谓种子活力（seed vigor），是指种子在广泛田间状态（即非理想状态）下迅速而整齐地萌发并形成健壮幼苗的能力。显然，用种子活力这一指标能更准确地评价种子的播种品质和田间生产性能。在播种时选用最高活力的种子有利于形成健壮的幼苗，从而提高作物的抗逆能力和增产潜力。

种子衰老（seed senescence）是指种子生理生化功能已衰退，萌发能力减弱，其老化程度可分为轻度衰老、中度衰老和深度衰老的不同。轻度衰老的种子可利用引发，恢复和提高其活力；而中度衰老和深度衰老种子则可能长出畸形或细弱的幼苗，严重者则不能出土。种子损伤（seed injury）是指种子受外力冲压造成种子破损、裂缝，或者种子被虫蛀损伤。损伤的种子萌发时，可能长出残缺不全的幼苗，最终导致死亡。

三、影响种子萌发的外界生态条件

具有生活力并已破除休眠的种子还需有适宜的外界环境条件才能萌发，这些条件主要包括：充足的水分、足够的氧气和适宜的温度。有些种子的萌发对光或暗还有一定的要求。

（一）水分

种子萌发首先从吸水开始。干燥种子中的含水量极低（一般只有其总重的5%～14%），绝大部分都以束缚水的状态存在，原生质呈凝胶状态，代谢水平极低。种子吸水后，一方面，使原生质从凝胶状态转变为溶胶状态，代谢水平提高；另一方面，水分可以使种皮膨胀软化，氧气容易通过种皮，增强胚的呼吸作用，同时也使胚根容易突破种皮。水分是种子萌发的先决条件。

干燥种子最初的吸水是依靠吸胀作用进行的，即依靠干燥种子中的原生质凝胶和细胞壁的亲水性吸水。吸胀作用的大小与原生质凝胶物质对水的亲和性有关，蛋白质、淀粉和纤维素对水的亲和性依次递减，因此，含蛋白质较多的豆类种子的吸胀作用大于含淀粉较多的禾谷类种子。

（二）氧气

在种子萌发并转变为生长旺盛的幼苗的过程中，需要进行旺盛的物质代谢，包括合成原本不存在于干种子中的酶、贮藏在胚乳或子叶中的大分子化合物被分解并运输到胚根和胚芽等过程。这些过程所需的能量主要由有氧呼吸提供。因此，氧气也是种子萌发所必需的条件。若播种后得不到充足的氧气供应，如播种过深、土壤积水、雨后表土板结等，将影响种子的正常萌发甚至窒息死亡。农业生产上实行深耕、平整土地、改良土壤及中耕松土等措施，目的之一就是为了增加土壤中的氧气。

一般种子正常萌发要求空气含氧量在10%以上。不同作物种子萌发时的需氧量不同，含脂肪较多的种子，如花生、棉花等萌发时，比淀粉种子要求更多的氧气。

（三）温度

种子萌发过程中的一系列生理生化过程是在一系列酶的催化下完成的，而酶促反应与温度密切相关，因此，温度也是影响种子萌发的一个重要的外界因素。温度对种子萌发的影响存在三基点，即最适、最低和最高温度。最适温度是指能使种子在最短时间内获得最高发芽率的温度，最低温度和最高温度是指种子能够萌发的最低与最高温度。

不同作物种子萌发的温度三基点不同（表2-1），这与它们的原产地不同有关。一般原产北方的作物（如小麦），种子萌发时所需温度较低；而原产南方的作物（如水稻），种子萌发时所需温度则较高。了解不同作物种子萌发时对温度的不同要求，对于确定播种时期有重要的参考价值。

表 2-1　几种作物种子萌发的温度三基点

作物种类	最低温度/℃	最适温度/℃	最高温度/℃
冬小麦、大麦	0～5	25～31	31～37
玉米	5～10	37～44	44～50
水稻	10～13	25～35	38～40
黄瓜	15～18	31～37	38～40
番茄	15	25～30	35
棉花	12～15	25～30	40
大豆	10～12	30	40

变温处理（通常是低温下 16h，高温下 8h，其变温幅度大于 10℃）有利于种子萌发，而且还可提高幼苗的抗寒力。自然界中的种子大都是在变温情况下萌发的。

（四）光

光不是所有种子萌发所必需的外界条件，只为少数种子萌发所必需。需要光照才能萌发的种子称为需光种子（light seed），如莴苣、烟草和许多杂草的种子。有些种子只能在暗处萌发，光会抑制萌发过程，这些种子称为需暗种子（dark seed），如茄子、番茄、瓜类种子。而大多数植物的种子萌发时对光照不敏感，有光无光都可进行。

对需光种子而言，白光和波长为 660nm 的红光都能有效促进萌发。然而，红光的效应可被随后的远红光（730nm）所抵消。红光和远红光对种子萌发的逆转作用是通过光敏色素实现的。

种子萌发对光的需要是植物在进化过程中发展起来的一种保护机制，具有重要的生物学意义。这是因为，幼苗在出土前以及出土后的一段时间内是以贮藏在种子中的有机物为主要营养物质的，需光种子比较小，假如种子在埋土太深的黑暗条件下萌发，幼苗出土就需要较长的时间，可能发生贮藏物质在幼苗出土前就已耗尽的情况。萌发对光的需要可以防止这种情况的发生，使种子只能在地面或靠近地面透光的地方萌发。杂草种子多是需光种子，处在深层土壤中保持休眠的杂草种子只有在耕地时被翻到地表才萌发，因此田间杂草很难一次除净。

四、种子萌发的生理生化变化

有生活力并已解除休眠的种子在满足水分、氧分、温度或光照条件后，就进入种子萌发的过程。种子萌发过程中的生理生化变化主要包括：种子的吸水与呼吸作用的变化、干种子中已有酶系统及细胞器的活化与损伤修复、新的酶系统的合成及贮藏物质的动员等。

（一）种子的吸水

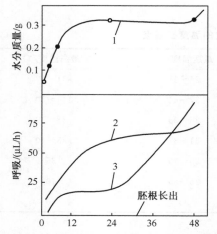

图 2-1 豌豆种子萌发时吸水和呼吸的变化
1. 种子吸水过程的变化；2. CO_2 释放的变化；
3. O_2 吸收的变化

种子萌发过程中的吸水可以分为 3 个阶段（图 2-1）。在第一阶段，种子吸水迅速，温度系数（Q_{10}）较低，仅为 1.5～1.8，表明这一阶段的吸水是一个物理过程，而不是代谢过程。这主要是因为第一阶段的吸水是由吸胀作用引起，因而死、活种子以及休眠种子都可以进入第一阶段。在第二阶段，由于干燥种子中的基质已经被水合，液泡以及大量新的原生质又未形成，因而种子缺少吸水的动力，吸水缓慢，被称为吸水的停滞（滞后）期。虽然种子在第二阶段吸水停滞，但活种子在这一阶段的代谢活动却非常旺盛，细胞分裂加速，随之进入吸水的第三阶段，出现另一个迅速吸水的过程，此时胚根已突破种皮。而休眠或死亡的种子却只停留在吸水的第二阶段。

（二）呼吸作用的变化

种子萌发过程中呼吸作用的变化与吸水过程相似，也可分为 3 个阶段（图 2-1）。种子吸水的第一阶段，呼吸作用也迅速增加，这主要是由已经存在于干种子中并在吸水后活化的呼吸酶及线粒体系统完成的。在吸水的停滞期，呼吸作用也停滞在一定水平，一方面是因为干种子中已有的呼吸酶及线粒体系统已经活化，而新的呼吸酶和线粒体还没有大量形成；另一方面，此时胚根还没有突破种皮，O_2 的供应也受到一定限制。吸水的第三阶段，呼吸作用又迅速增加，因为胚根突破种皮后，氧气供应得到改善，而且此时新的呼吸酶和线粒体系统已大量形成。

在吸水的第一和第二阶段，CO_2 的产生大大超过 O_2 的消耗；到吸水的第三阶段，O_2 的消耗则大大增加。这说明种子萌发初期的呼吸作用主要是无氧呼吸，而随后进行的是有氧呼吸。

（三）酶的活化与合成

种子萌发时酶的形成有两个来源：一是由已经存在于干燥种子中的酶活化而来，二是种子吸水后重新合成。干燥种子中已经存在许多酶原（包括呼吸系统的酶、蛋白质合成系统中的酶以及一些水解酶等），它们一经水合，活性可立即得到恢复，如 β-淀粉酶（β-amylase）存在于干燥小麦种子胚乳中，可以二硫键的形式与其他蛋白质连接在一起而呈钝化态。种子萌发所需的大多数酶需要在吸水后重新合成，如 α-淀粉酶（α-amylase）。负责编码种子萌发早期蛋白质合成的 mRNA 是在种子形成过程中就已经产生，并保存在干燥种子中，这部分 mRNA 称为长命 mRNA（long lived mRNA），它们对萌发早期几种水解酶的形成及胚根的发端可能起着重要作用。推测种子形成时合成的

RNA 有可能并不立即全部用于当时的蛋白质合成，其中一部分可用于编码种子萌发时蛋白质的合成。长命 mRNA 可与细胞质中的蛋白质结合成信息体（informosome）而保存在干燥种子中。

（四）种子中贮藏物质的动员

幼苗在能够依靠自己的光合产物生存之前，是由贮藏在种子中的有机物提供能量和合成原料的，因而种子萌发时，幼苗有一个从异养到自养的转变过程。种子中贮藏的有机物主要有糖类、蛋白质和脂肪等，这些贮藏物质是在种子发育过程中形成并贮藏在胚乳或子叶及配子体中的。种子萌发时，贮藏的有机物在胚乳或子叶中被分解为小分子化合物并运输到胚根和胚芽中加以利用。

1. 淀粉的动员

淀粉的水解主要是在淀粉酶的作用下完成的。水解直链淀粉的淀粉酶包括 α-淀粉酶和 β-淀粉酶，两者虽然都是水解 α-1,4-糖苷键，但作用方式不同（图 2-2）。如前所述，β-淀粉酶已经存在于干种子中，种子吸胀后即可活化；α-淀粉酶不存在于干种子中，是在种子吸胀后重新合成的。大麦种子萌发时合成 α-淀粉酶的场所是糊粉层，该酶合成后分泌到胚乳中负责淀粉的水解。实验证明，糊粉层中 α-淀粉酶的合成需要赤霉素的诱导，赤霉素是在胚乳中合成后再运输到糊粉层中的。因此，大麦种子萌发时若胚被去掉，便不能产生 α-淀粉酶，外施赤霉素（GA）可使去胚的种子重新恢复合成 α-淀粉酶的能力（图 2-3）。

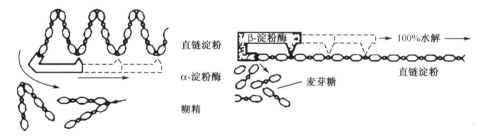

图 2-2　α-淀粉酶和 β-淀粉酶水解淀粉方式

现已证实，淀粉的降解除了依靠淀粉酶的水解作用外，还可在淀粉磷酸化酶的作用下进行。而且，在禾谷类和豆类种子的萌发初期，淀粉的降解主要是依靠淀粉的磷酸化作用；到后期，淀粉的水解作用才成为淀粉降解的主要途径。

淀粉降解的产物是以蔗糖形式从胚乳或子叶运输到生长中的胚芽和胚根中。

2. 脂肪的动员

大多数种子中贮藏的脂肪是甘油三酯。种子萌发时，甘油三酯在脂肪酶的作用下水解为甘油和脂肪酸。由于脂肪酶的活性在酸性条件下较强，而脂肪水解所产生的脂肪酸可提高反应介质的酸性，所以脂肪酸具有自动催化的性质。

脂肪水解的产物——甘油被磷酸化后变为磷酸甘油，再转变为磷酸二羟丙酮后可以进入糖酵解，再经有氧呼吸途径氧化为 CO_2 和水，或逆糖酵解途径转化为葡萄糖、蔗糖等。

水解产物脂肪酸经过 β-氧化后生成乙酰辅酶 A，再经乙醛酸循环等一系列步骤而转

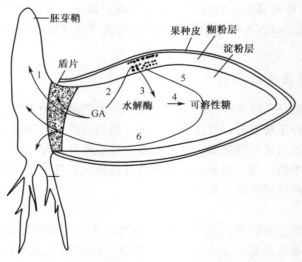

图 2-3 发芽大麦种子内部 GA 的产生、α-淀粉酶的生成与胚乳分解的关系

(引自 Jones and Armstrong，1971)

1. 胚芽鞘和盾片产生 GA；2. GA 由胚部转移到糊粉层；3. GA 诱导糊粉层合成包括 α-淀粉酶的水解性酶类，这类酶合成后分泌到胚乳中；4. 水解酶分解胚乳，产生可溶性糖等；5. 胚乳的水解产物反馈调节水解酶的合成；6. 可溶性糖等被输送到胚生长的部位，作为营养利用

变为蔗糖，并转运至胚轴供生长之用。

3. 蛋白质的动员

种子中贮藏的蛋白质积累在蛋白体中，禾谷类种子糊粉层中的蛋白体称为糊粉粒。种子萌发时，不溶性的蛋白体被分解为片段、颗粒，并最终完全溶解。

蛋白质在多种蛋白酶、肽酶的作用下，分解为游离氨基酸，并主要以酰胺（谷氨酰胺和天冬酰胺）的形式运输到胚轴中供生长之用。最近发现，在豌豆种子萌发过程中，高丝氨酸也可能担负着氨基的运输作用。蛋白质水解产生的氨基酸既可直接成为合成新蛋白质的原料，又可通过转氨基作用形成其他种类的氨基酸，还可通过脱氨基作用转变为有机酸和氨。有机酸可进入呼吸代谢途径，也可作为形成氨基酸的碳骨架。而氨对细胞有毒害作用，一般不会在细胞内积累，而是迅速转变为酰胺。

4. 植酸的动员

种子萌发时所进行的物质代谢和能量代谢都和含磷有机物（如 DNA、RNA、ATP 以及构成细胞膜的卵磷脂等）密切相关。在成熟种子中，植酸（肌醇六磷酸）是磷的一种主要贮藏形式。植酸常与钾、钙、镁等元素结合，形成植酸盐，因而也是其他多种矿质元素的主要贮藏形式。

种子萌发时，植酸在植酸酶的作用下分解为肌醇和磷酸。磷酸参与体内能量代谢，肌醇可参与到细胞壁的形成过程中，因而对种子萌发和幼苗的生长是十分重要的。

种子萌发过程中，各种贮藏物质的分解和再利用可归纳为图 2-4 所示。

五、种子预处理与种子萌发促进调节

播种活力高的种子，获得健壮、整齐的幼苗，是获得较好的田间生产性能和高产的

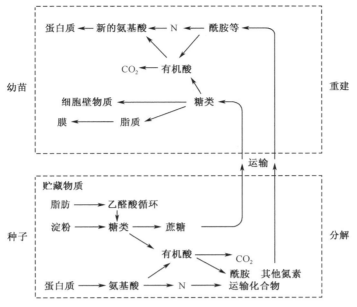

图 2-4　种子萌发过程中贮藏物质的动员和再利用情况

重要保证。对活力偏低的种子，可以通过播种前的预处理提高其活力，改善其田间成苗状态。施用生理活性物质可以改善种子的萌发与成苗状况以及田间的生产性能。施用生理活性物质的形式有喷施、撒施、涂于种子表面（造成颗粒状或带状，即种子包衣）、通过有机溶剂渗入等，所施用的物质包括生长调节剂、矿质元素、杀虫剂、杀菌剂和杀鼠剂等。

　　对种子进行渗透调节（osmotic adjustment）处理可以缩短播种至出苗所需的时间，提高幼苗的整齐度。所谓渗透调节处理，一般是利用一定浓度的 PEG（聚乙二醇）溶液对种子进行处理。PEG 是一种相对分子质量较大的惰性物质，渗透调节处理中通常使用相对分子质量为 6000 的 PEG。种子在 PEG 溶液中吸水后开始萌动，进而引发细胞中的生理生化过程。由于 PEG 溶液具有一定的渗透势，因而可以控制水分进入细胞中的量，使萌发过程进行到一定程度后就停留在某一阶段，而不能完成萌发的整个过程，这样所有种子的萌发最终都将停留在相同的阶段。一旦重新吸水后，所有种子都从相同阶段继续完成萌发过程，这样所产生的幼苗就具有较高的整齐度。近年的研究表明，渗透调节处理还可以促进萌发种子中 RNA、蛋白质的合成，有利于种子中 DNA 损伤的修复等。

　　种子活力较低的种子可通过种子引发（seed priming）提高种子活力，增强抗逆性，耐低温，出苗快而整齐，成苗率高。种子引发是控制种子缓慢吸收水分，使其停留在种子吸胀的第二阶段，让种子进行预发芽的生理生化代谢和修复作用，促进细胞膜、细胞器、DNA 的修复和酶的活化，使种子处于胚根不伸出而准备发芽的代谢状态。据研究，种子引发可利用渗透引发（osmc-priming）、滚筒引发（drum-priming）、基质引发（solid matrix priming）、生物引发（bio-priming）和水引发（water-priming）等方法。美国有的种子公司已有黄瓜、胡萝卜和西瓜等引发种子销售。

第二节　植物生长的周期性

种子萌发后，经过顶端（根尖、茎尖）和侧生（形成层）分生组织细胞的分裂、伸长和分化，以及根、茎、叶等营养器官的生长、开花、传粉、受精后，就进入生殖生长阶段，形成种子和果实。根、茎、叶、种子和果实等器官，以及整株植物体的生长速率会表现出特有的节律；此外，植株和器官的生长速率还会随昼夜和季节发生有规律的变化。这些现象称为植物生长的周期性。

一、植物的生长曲线和生长大周期

根、茎、叶、种子和果实等器官及一年生植物的整株植物，在整个生长过程中生长速率都表现出"慢—快—慢"的特点，即开始时生长缓慢，以后逐渐加快，达到最高速率后又减慢，以至最后停止。植物体或个别器官所经历的"慢—快—慢"的整个生长过程，被称为生长大周期（grand period of growth）。

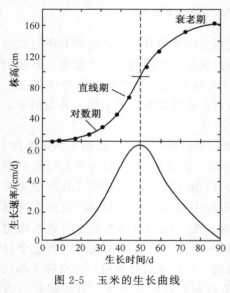

图 2-5　玉米的生长曲线

以一年生植物玉米的株高对生长时间作图所得到的玉米生长曲线（growth curve）呈 S 形，若以生长速率（rate of growth）对生长时间作图所得到的生长速率曲线则呈抛物线形（图 2-5）。从图 2-5 可见，玉米植株的生长在开始时为停滞期，然后进入对数生长期和直线生长期，最后为衰老期。

一年生植物的生长速率表现出生长大周期的原因是生长初期植株幼小，合成干物质的量少，因而生长缓慢；以后因为枝繁叶茂，光合作用大大加强，合成大量有机物，干重急剧增加，因而生长加快；最后由于植株进入衰老期，光合作用下降，合成有机物的量减少，加上呼吸作用的消耗，干重不会增加，甚至还会减少。

在农业生产上，有时需要促进或抑制植物的生长。植物生长大周期的规律表明，任何促进或抑制生长的措施都必须在生长速率达到峰值前施用，否则任何补救措施都将失去意义。农业生产上要求做到"不误农时"，就是这个道理。例如，要控制水稻或小麦的徒长，可使用矮壮素或节制水肥的供应，但应在拔节前使用，否则就达不到目的。

二、植物生长的温周期性

自然条件下，温度的变化表现出日温较高、夜温较低的周期性。植物的生长按温度的昼夜周期性发生有规律的变化，称为植物生长的温周期性（thermoperiodicity of growth），或植物生长的昼夜周期性。一般来说，在夏季，植物的生长速率白天较慢，夜晚较快；而在冬季，植物的生长速率白天较快，夜晚较慢。

植物生长昼夜周期性的原因主要是夏季白天温度高，光照强，蒸腾量大，植株易缺水，强光抑制植物细胞的伸长；晚上温度降低，呼吸作用减弱，物质消耗减少，积累增加；较低的夜温还有利于根系的生长以及细胞分裂素的合成，从而利于植物的生长。但在冬季，夜晚温度太低，植物的生长受阻。

三、植物生长的季节周期性

植物的生长在一年四季中也会发生有规律的变化，称为植物生长的季节周期性（seasonal periodicity of growth）。这是因为一年四季中，光照、温度、水分等影响植物生长的外界因素是不同的。在温带地区，春天时温度回升，日照延长，植株上的休眠芽开始萌发生长；夏天时，温度与日照进一步升高和延长，水分较为充足，植株进行旺盛生长；秋天时，气温逐渐下降，日照逐渐缩短，植株的生长速率下降以至停止，进入休眠状态；到了冬天，植株处在休眠状态下。植物的年轮就是由于形成层在不同季节所形成的次生木质部在形态上的差异而造成的。在每年生长季节的早期，由于气候温和，雨量充足、均匀，形成层的活动旺盛，所形成的木质部细胞较大，且细胞壁较薄，因而材质显得疏松，称为早材（early wood）；在生长季节的晚期，由于气候逐渐干冷，形成层活动逐渐减弱以至停止，所形成的木质细胞小而细胞壁厚，材质显得紧密，称为晚材（late wood）。前一年的晚材和第二年的早材界限分明，即是年轮线。

植物生长的季节周期性也是植物对环境周期性变化的适应。当气温逐渐降低时，植物生长的速率逐渐下降，对低温的抵抗能力逐渐增强，可以抵御冬天的寒冷，不致被冻死。

第三节 植物生长的相关性

高等植物是由各种器官组成的统一整体，各种器官虽然在形态结构及功能上不同，但它们的生长是相互依赖又相互制约的，称为相关性（correlation）。植物生长的相关性包括地下部和地上部的相关、主茎和侧枝的相关，以及主根与侧根的相关、营养生长和生殖生长的相关等。

一、地下部和地上部的相关

地下部是指植物的地下器官，包括根、块茎、鳞茎等；而地上部是指植物体的地上器官，包括茎、叶、花和果等。地下部与地上部的相关性可用根冠比（root/top ratio，R/T 比），即地下部分的质量与地上部分的质量的比值来表示。

地下部与地上部的生长是相互依赖的。地下部的根负责从土壤中吸收水分、矿物质、有机质以及合成少量有机物、细胞分裂素等供地上部所用，但根生长所必需的糖类、维生素等却需要由地上部供给。一般而言，植物根系发达，地上部分才能很好地生长，所谓"根深叶茂"、"本固枝荣"就是这个道理。

地下部与地上部的生长还存在相互制约的一面，主要表现在对水分、营养的争夺上，并从根冠比的变化上反映出来。例如，土壤水分缺乏对地上部的影响远比对地下部的影响要大（表 2-2），氮对根冠比也有影响（表 2-3）。此外，温度和光照也会对根冠比造成一定的影响。

表 2-2 落干程度对稻苗根冠比的影响

落干情况	100 株芽干重/mg	100 株根干重/mg	根冠比
适当落干	22.7	13.3	0.58
未落干	95	20	0.21

表 2-3 氮素水平对胡萝卜根冠比的影响

土壤含氮量	地上部鲜重/g	根鲜重/g	根冠比
低	7.5	31.0	4.0
中	20.6	50.5	2.5
高	27.5	55.5	2.0

在农业生产上，常用水肥措施来调控作物的根冠比，促进收获器官的生长，以达到增产的目的。对于收获器官是地下部分的作物如甘薯，前期应保证充足的水肥供应，以促进茎叶的生长，加强光合作用；而在后期则应减少氮肥和水分的供应，增施磷、钾肥，以利于光合产物向下运输及淀粉的积累，从而促进薯块长大。甘薯在前期的根冠比为 0.2，而后期应控制在 2 左右。

植物的地下部和地上部之间除了经常进行物质能量交流之外，还存在着类似于动物神经系统那样的信息传递系统。例如，当植物根系受到干旱胁迫时，根部会产生化学信号物质 ABA，其沿着木质部向地上部运输，运至叶片后，会降低气孔导度，使蒸腾减弱，并阻止叶片正常生长。同时，地上部的变化又会反馈信息，也会沿着维管束传至地下部，即根系从地上部获得影响其生长的化学信号 IAA。根系合成的 CTK 及氨基酸等，在根冠间的信息传递中也起一定的作用（图 2-6）。还有研究指出，植物根冠间有电波信号的传递，相互影响其生理功能的表达。

二、主茎和侧枝以及主根与侧根的相关

植物的顶端在生长上占有优势并抑制侧枝或侧根生长的现象，称为顶端优势（apical dominance, terminal dominance）。

植物主茎的顶芽会抑制侧芽生长，抑制的程度因植物种类不同而异。草本植物向日葵、麻类、玉米、高粱及甘蔗等，顶端优势非常明显，植株没有或很少有分枝；木本植株杉树、松柏等的顶端优势也较明显，距离顶端越近的侧枝受顶芽的抑制越强，而距顶端越远的侧枝受顶芽的抑制越弱，因而树冠呈宝塔形；水稻、小麦等植物的顶端优势很弱或没有顶端优势，可产生大量分蘖，分蘖与主茎的长势差不多，有的甚至超过主茎的生长。

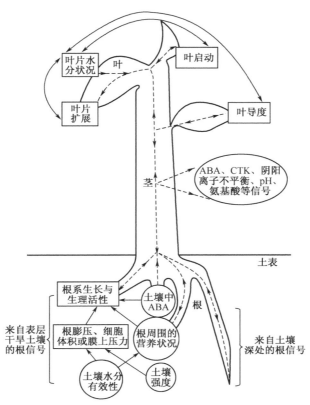

图 2-6　土壤干旱的根中化学信号的产生以及根冠间的相关性

（引自 Davies and Zhang，1991）

- - - →代表化学信号的传递；圆圈代表土壤作用；矩形代表植物生理过程

利用顶端优势，可以根据生产需要调节植株的株型。例如，松、杉等用材树需要高大笔直的茎干，因而要保持顶端优势；麻类、烟草、玉米、甘蔗及高粱等作物，也要保持顶端优势；生产上有时需要增加一些植物的分枝，促进多开花多结果，可采用去除顶芽（打顶）的方法，如树的修剪整形、棉花的摘心整枝、番茄的打顶等。有时，也可利用植物生长调节剂代替打顶，如三碘苯甲酸处理大豆可去除顶端优势，增加分枝，促进多开花结荚。

与顶芽抑制侧芽的生长相似，主根对侧根的生长也有抑制作用，也表现出顶端优势。只有在主根被切除或受损时，侧根的生长才加快。生产上移栽树苗、菜苗时采取切除主根的办法，就是为了促进侧根的生长，有利于水分和肥料的吸收。实验表明，根的顶端优势可能与细胞分裂素有关，根尖合成细胞分裂素并向上运输，抑制侧根的生长。此外，脱落酸和黄质醛也能抑制侧根的生长，但要求的浓度较细胞分裂素为高。

三、营养生长与生殖生长的相关

植物在根、茎、叶等营养器官的生长进行到一定程度后，就会转入生殖生长阶段，即开花、形成种子和果实。植物的营养生长与生殖生长之间是相互协调和相互制约的。

在农业生产上，利用营养生长与生殖生长的相关性，并根据所收获的部位是营养器官还是生殖器官，可制订出相应的生产措施。若以收获营养器官为主，则应增施氮肥促进营养器官的生长，抑制生殖器官的生长；若以收获生殖器官为主，则在前期应促进营养器官的生长，为生殖器官的生长打下良好的基础，后期则应注意增施磷、钾肥，以促进生殖器官生长，达到高产的目的。

四、植物的极性与再生

极性（polarity）是指植物体或植物体的一部分（如器官、组织或细胞）在形态学的两端具有不同形态结构和生理生化特性的现象。再生（regeneration）是指植物体的离体部分具有恢复植物体其他部分的生长能力。

在再生过程中，总是在形态学上端长芽、形态学下端长根的现象，与生长素的极性运输有关。生长素在茎中极性运输，集中于形态学的下端，有利于根的发生；而生长素含量少的形态学上端则发生芽的分化。

极性在指导生产实践上有重要意义。在进行扦插繁殖时，应注意将形态学下端插入土壤中，不能颠倒；在嫁接时，一般砧木和接穗要在同一个方向上相接才能成功。

再生在农业生产上也有应用。例如，早稻收割时留适当长度的茎基节，经施肥灌水后，茎基侧芽能恢复生长，开花结实，获得较高的再生稻产量。但不同品种再生能力有差异，实际应用时应选择再生能力强的品种。

第四节　外界生态条件对植物生长的影响

植物的生长除受到内部因素（包括基因、激素、营养等）的影响外，还受外界环境条件的影响。影响植物生长的外界环境条件主要包括温度、水分和光照。

一、温度对植物生长的影响

植物的生长是以一系列的生理生化活动为基础的，而这些生理生化活动会受到温度的影响，如水分和矿质元素的吸收和运输、蒸腾作用、光合作用、呼吸作用、有机物质的合成与运输等。因此，植物的正常生长要在一定的温度范围内（一般 0～35℃）才能进行，在此温度范围内，随着温度升高，生长加快。

植物的生长还具有温周期性，即植物一般在日温较高、夜温较低的情况下生长较好。

了解温度对不同植物生长的影响，可以通过调节昼夜温度的变化，使栽种的作物正常生长发育，提高产量和质量。

二、水分对植物生长的影响

水分状况对植物的生长也有重要的影响。植物要进行正常的生长，原生质必须处于水分饱和状态。植物细胞的分裂和伸长，都必须在水分充足的情况下才能进行。植物体缺水时，细胞分裂和细胞伸长都受到影响，且细胞伸长对缺水更为敏感。

三、光照对植物生长的影响

光对植物生长的间接作用是通过光合作用制造有机物为植物生长发育提供物质和能量基础；其直接作用是指光对植物形态建成的作用。光促进幼叶展开，抑制茎伸长。

光对植物生长的许多过程如种子的萌发、休眠芽的萌发生长、冬季植物生长减慢或停止、黄化现象及转绿等都有影响，并且都是通过光敏色素实现的。

第五节　光形态建成与光受体

光不仅作为光合作用的能量来源，而且还作为一种重要的环境信号调节植物基因的表达、影响酶的活性以及植物形态建成等各个代谢环节，以便植物更好地适应外界环境。通常将光控制植物生长、发育和分化的过程，称为光形态建成（photomorphogenesis）。与之相对应，植物在黑暗中会形成明显不同于植物在光下的特征，即表现出叶片黄化、卷曲，茎细而长，顶芽呈弯勾状，机械组织不发达等黄化现象，称为暗形态建成（skotomorphogenesis）（图 2-7）。

在光合作用过程中光是以能量的方式影响植物的生长发育，而在光形态建成过程中，光作为一种信号在起作用。光以信号的方式影响植物的生长发育，与信号的有无、信号的性质（即波长）密切相关。植物在长期适应环境过程

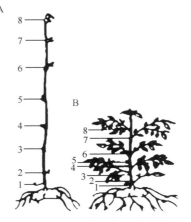

图 2-7　光对马铃薯形态建成的影响
A. 黑暗中生长的幼苗；B. 光下生长的幼苗

中，依靠不同的光受体来感测不同波长、不同方向、不同强度的光。目前已知植物体内至少存在 3 种光受体：①光敏色素（phytochrome），感受红光（red light，R）和远红光（far light，FR）；②隐花色素或称蓝光/紫外线-A 受体（cryptochrome 或 blue/UV-A receptor），感受蓝光和近紫外线（紫外线 A）；③紫外线-B 受体（UV-B recep-tor），感受较短波长的紫外线（紫外线 B）。其中光敏色素是发现最早、研究最为深入的一种受光体。

（一）光敏色素的发现和分布

光敏色素的发现是 20 世纪植物科学中的一大成就。早在 20 世纪 30 年代，人们就观察到红光诱导植物的形态建成。后来，Flint（1936）在研究光质对需光莴苣种子的萌发过程中发现，凡是最后一次处理的光为红光时，莴苣种子的萌发率几乎达到100％；若最后一次处理的光为远红光时，莴苣种子的萌发就受到强烈抑制（表 2-4）。

表 2-4　红光（R）和远红光（FR）处理对莴苣种子萌发的影响

光照处理	发芽率/%	光照处理	发芽率/%
黑暗（对照）	8	R+FR+R+FR	43
R	98	R+FR+R+FR+R	99
R+FR	54	R+FR+R+FR+R+FR	54
R+FR+R	100	R+FR+R+FR+R+FR+R	98

Borthwick 等（1952）在美国马里兰州 Beltsville 美国农业研究中心，用大型光谱仪将白光分成单色光后处理莴苣种子，发现红光（650～680nm）促进莴苣种子萌发的效应可被随后的远红光（710～740nm）所逆转，并推断可能是单一的色素分子存在两种可逆转换的光吸收形式，即红光吸收型和远红光吸收型，这是最终导致光敏色素发现的突破点。后来，同一研究小组的 Butler 等（1959）研制出双波长分光光度计，测定黄化玉米幼苗的吸收光谱，发现幼苗经红光照射后，其红光区域吸收减少，而远红光区域的吸收增加；反之，照射远红光后，其远红光区域地吸收减少，而红光区域的吸收增加。红光和远红光交替照射后，这种吸收光谱可以多次可逆地变化。随后，他们从植物抽提物中分离得一种吸收红光和远红光并且可以互相转化的色素分子（pigment），他们将这种吸收红光和远红光并发生可逆转的光受体命名为光敏色素（phytochrome）。

光敏色素广泛分布于植物的各个器官中，但分布不均匀。黄化幼苗的光敏色素含量比绿色幼苗多 20～100 倍。禾本科植物的胚芽鞘尖端、黄化豌豆幼苗的弯钩、各种植物的分生组织含光敏色素较多。目前已知除真菌外，各类植物包括藻类、苔藓、地衣、蕨类、裸子植物和被子植物中都有光敏色素。

（二）光敏色素的性质

光敏色素是易溶于水的浅蓝色色素蛋白，分子质量约为 2.5×10^5 Da，是由两个亚基构成的二聚体。每个亚基有两个组成部分：一个称为"生色团"（chromophore）的吸光色素分子和一个脱辅基蛋白（apoprotein），两者结合构成全蛋白（holoprotein）。光敏色素有两种类型：红光吸收型（red light-absorbing form，P_r）和远红光吸收型（far red light-absorbing form，P_{fr}），其中 P_r 呈蓝绿色，P_{fr} 呈黄绿色。

P_r 与 P_{fr} 之间的光转换包括化学反应和黑暗反应，反应可在几微秒至几毫秒内完成。光化学反应仅局限于生色团（图 2-8），而黑暗反应只有在水条件下才能发生。这也就是为什么干种子没有光敏色素反应，而用水浸泡过的种子具有光敏色素反应的原因。

（三）光敏色素基因及其表达调控

对拟南芥核基因组 DNA 的印迹分析表明，光敏色素是至少含有 5 种光敏色素基因的多基因家族，并被命名为 PHYA、PHYB、PHYC、PHYD、PHYE。至今已证明 PHYA 和 PHYB 编码的蛋白质可被组装成为全光敏色素 PhyA 和 PhyB。不同的 Phy 分子具有不同的脱辅基蛋白，但它们的生色团结构是相同的。在拟南芥中，PHYA 编码类型 I 光敏色素，其表达受光的抑制；PHYB、PHYC、PHYD 和 PHYE 参与类型 II 光敏色素的编码，其表达不受光的影响，属组成型表达。

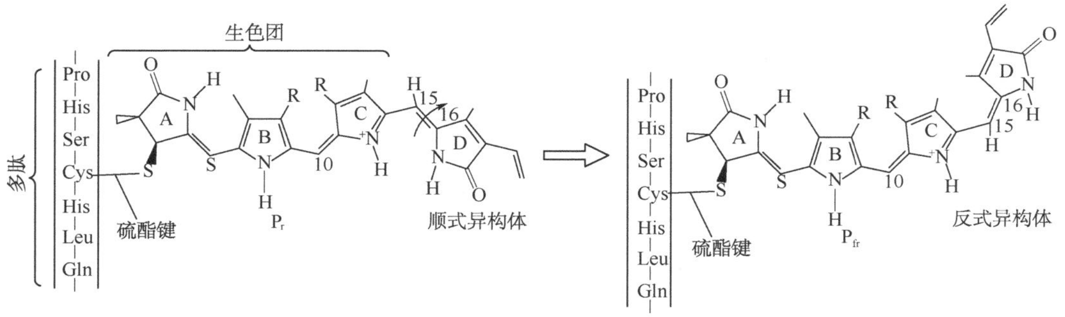

图 2-8　光敏色素 P_r 和 P_{fr} 生色团的结构以及通过硫酯键与肽链的连接（引自 Andel et al.，1997）
P_r 吸收红光后转变为 P_{fr}，即 C_{15} 与 C_{16} 之间的双键由顺式异构体转变为反式异构体

比较单子叶植物燕麦和双子叶植物西葫芦的脱辅基蛋白的氨基酸顺序，发现两者顺序的同源性为 65%，特别在离 N 端 2/3（60～800 氨基酸残基）的顺序同源性达到 80%～100%，而离 C 端 1/3 和 N 端头的同源性较小。从功能区域的分析可知，光敏色素蛋白质氨基酸顺序中两种性质的区域应该是保守的：一是与生色团相互作用的有关区域（因不同植物光敏色素的光谱性质很相似），二是和生物学上"活性部位"（表现生理活性）有关的区域。

在光敏色素发现后不久，就肯定了照光使黄化植物体中光敏色素含量大大减少，而在黑暗中又有增加的现象。这是因为光下形成的 P_{fr} 以比 P_r 大得多的速率降解，导致光敏色素总量的锐减；而在黑暗中光敏色素蛋白可以重新合成。这说明光敏色素具有自我反馈调节的能力，且光敏色素自我反馈调节基因表达是发生在转录水平上。

（四）光敏色素与光形态建成

判断一个反应是否受光敏色素的调节，就检验红光能否诱导这个反应，而紧随其后的远红光能否把该反应逆转到单独远红光效应的水平上。

目前已知有 200 多个形态生理反应受光敏色素的调节，包括种子萌发、叶子和茎的伸长、气孔分化、叶绿体和叶片运动、植物的花诱导和花粉育性等（表 2-5）。我国发现的光敏核不育水稻农垦 58 S 育性转换也是光敏色素参与调节的（李合生，2006）。

表 2-5　高等植物中一些由光敏色素参与控制的生理过程

种子萌发	核酸合成	光周期	RuBPC 的基因表达
胚芽鞘的生长速率	脂肪酸合成	花诱导	性别分化
节间伸长	向光敏感性	酸性磷酸酯酶	块茎形成
含羞草小叶运动	花色素苷形成	苯丙氨酸裂解酶	节律现象
气孔分化	质体形成	乙烯合成	花粉育性

根据反应的速率，可将光敏色素在光形态建成过程中参与调节的反应分为快反应和慢反应两类，快反应是指从吸收光子到诱导出形态变化的反应迅速，以分秒计。迄今所记录到最快的反应是光影响 P_r 和 P_{fr} 在细胞中的分布。另外，光对转板藻叶绿体转动的影响也是一个较快的反应（图 2-9），在照光 60s 后就可观察到转板藻叶绿体的转动。所

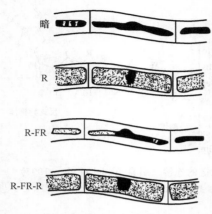

图 2-9 红光体和远红光体对转板藻
叶绿体运动的影响
红光使叶绿体面向照光方向

谓慢反应，是指光敏色素吸收光子后，对植物生长发育的调节速率缓慢，以小时或天计，反应终止后不能逆转，如种子萌发、开花等。

根据光敏色素反应对光量的要求，可将光敏色素反应分为 3 种类型。

1. 极低辐照度反应（very-low-fluence response，VLFR）

该反应所需的光量很低，$0.001\mu mol/m^2$ 光强度即可启动该反应过程，饱和光量也只有 $0.05\mu mol/m^2$，如 $0.001\sim0.1\mu mol/m^2$ 的红光即可诱导拟南芥种子萌发。极低辐照度反应的作用光谱与吸收光谱一致，说明该反应是通过 P_{fr} 而引起作用的。这种极低的光强只能将不到 0.02% 的 P_r 转换为生理活性态的 P_{fr}，且这种极低辐照度反应不被远红光所逆转。

2. 低辐照度反应（low-fluence response，LFR）

该反应所需光强为 $1\sim1000\mu mol/m^2$，是典型的红光-远红光可逆反应，如莴苣种子的萌发、叶的运动等都是属于此类反应。

无论是 VLFR 还是 LFR，都遵守反比定律，即最终引起反应所需的光量为光强和光照时间的乘积。

3. 高辐照度反应（high-irradiance response，HIR）

该反应需要持续的强光照，其光饱和量比低辐照度反应的光饱和量大 100 倍以上。光照时间越长，反应程度越大，并且在一定范围内反应程度与辐照度大小成正比。然而，即使是连续的低光强也不能启动该反应，因此，该反应不遵守反比定律，也不为远红光所逆转，如光敏色素参与的黄化苗的变绿、花色素的形成、下胚轴的伸长等即属于此类反应。

（五）光敏色素的作用机制

有关光敏色素如何参与光形态建成的假说主要有两种，即膜假说和基因调节假说。

1. 膜假说

该假说由 Hendricks 和 Borthwick 在 1967 年提出，认为光敏色素的生理活化型 P_{fr} 直接与膜发生物理作用，通过改变膜的一种或多种特性功能而参与光形态建成。也有人认为，光敏色素本身就是膜的组成成分，可以接受光刺激，从而改变膜的透性。在光敏色素调节快速反应中，有胞内 Ca^{2+} 浓度的升高和 CaM 的活化。但是，P_{fr} 改变膜透性的途径不清楚，可能是引起生物膜电势的局部电化学势梯度的改变。实验发现，红光照射离体绿豆根尖后能诱导少量正电荷的产生，远红光则可逆转（图 2-10），即所谓的棚田效应（tanada effect）。

2. 基因调节假说

该假说由 Mohr（1966）提出，认为光敏色素通过调节基因的表达而参与到光形态建成中。

现有资料表明，受光调控的许多生长发育过程都是光敏色素在转录水平上调节基因表达的结果。目前基因表达的光调控研究，主要集中在参与编码叶绿体蛋白的核基因方面，如编码 Rubisco 小亚基叶绿素 a/b 脱辅基蛋白以及与 PS Ⅱ 结合的聚光色素复合体结合蛋白的基因。实验证明，Rubisco 小亚基基因（*rbc* S）的表达受红光和远红光的调控，光可诱导其 mRNA 水平的提高。现已查明，在 *rbc* S 基因的转录起始点上游存在与光敏色素调节有关的区域。近期有些实验说明，光敏色素能影响蛋白质的磷酸化和去磷酸化，而这种变化又能影响蛋白质和 DNA 的结合能力，从而影响基因的表达。例如，藓类（*Ceratodom rurpureus*）的光敏色素蛋白的 C 端第 300 个氨基酸的结构区域与已知蛋白激酶的催化区域高度同源，该种藓类的光敏色素具有蛋白激酶活性，能使光敏色素自身磷酸化，这是植物中第一个被发现的依赖于光的蛋白激酶。此外，光敏色素也可通过下游调控序列影响基因的表达。

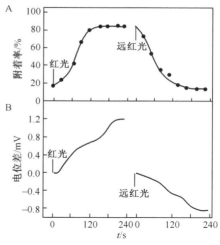

图 2-10　红光和远红光处理后，绿豆根尖黏附在带负电荷的玻璃板表面的动力学（A）和根尖电位差（B）的变化

（六）隐花色素和向光素

蓝光和近紫外线受体是吸收蓝光（400～500nm）和近紫外线（320～400 nm）而调节形态建成、新陈代谢和向旋光性的一类光敏受体。它在隐花植物的光形态建成中有重要的调节作用，蓝光引起高等植物的向旋光性反应，抑制茎伸长，促进气孔开放、叶绿体运动，促进花色素苷累积及调节基因表达等。

目前发现的蓝光受体有两种：隐花色素（cryptochrome）和向光素（phototropin）。蓝光反应的作用光谱是在 400～500nm 区域内呈"三指状（three-fingers）"，这是区别于光合色素、光敏色素和其他光受体反应的典型特征。

虽然蓝光受体的研究远不如光敏色素深入，但近年来采用基因标记技术，用拟南芥突变体作材料，对蓝光受体的研究取得了很大的进展。已有研究结果表明，隐花色素的生色团可能是黄素腺嘌呤二核苷酸（FAD）和蝶呤（pterin）组成的，其蛋白质由多基因家族编码，如在拟南芥中发现有 2 个隐花色素基因，而在蕨类和苔藓植物中至少有 5 个隐花色素基因。隐花色素除参与蓝光抑制茎伸长的反应外，还参与幼苗的去黄化、光周期调节的开花反应、生理钟、花色素苷合成酶基因的表达等。

向光素的生色团可能是黄素单核苷酸（FMN），为分子质量约为 1.2×10^5 Da 的质膜结合蛋白。向光素参与调节植物的运动，如向旋光性、叶绿体的移动、气孔开放等。

蓝光反应的信号传导途径也可能是多途径的，除了蓝光受体自身的磷酸化作用外，还可通过 Ca^{2+} 传递信号，而且在调节某些光形态建成反应中，还与其他光受体相互作用，如光敏色素和隐花色素共同参与光周期反应、幼苗的去黄化反应等。向光素引起的向旋光性反应和植物激素如生长素之间存在相互作用。

（七）紫外线-B 受体

紫外线-B（UV-B）受体是细胞内吸收 280～320nm 紫外线引起光形态建成反应的物质。但目前该光受体的性质还不清楚。

UV-B 可以诱导玉米黄化苗的胚芽鞘和高粱第一节间形成花青苷。UV-B 还能诱导欧芹悬浮培养细胞大量积累黄酮类物质，研究表明黄酮类生物合成的关键之一的 PAL 的活性受紫外线的调节。UV-B 对植物细胞有一定程度的伤害作用，因此在表皮细胞中由紫外线诱导形成的能够吸收 UV-B 的花青苷和黄酮类物质，可能是植物的一种自我保护反应。

第六节 植物的运动特性

植物的整体不能自由移动，但是，植物的器官却可以在空间位置上有限度地移动，此即植物运动（plant movement）。植物的运物可以分向性运动、感性运动和近似昼夜节奏的生理钟运动。根据引起运动的原因又可以分为生长性运动和膨胀性运动。生长性运动是由于生长不均匀而造成的，而膨胀性运动是由于细胞膨压的改变造成的。

一、向性运动

向性运动（tropic movement）是指植物的某些器官由于受到外界环境中单方向的刺激而产生的运动。它的运动方向取决于外界刺激方向。根据刺激因素的不同，向性运动又可分为向旋光性、向重力性、向化性和向水性等。向性运动都是由于生长不均匀引起的，属于生长性运动。

（一）向光性

植物根据光照的方向而弯曲的能力称为向光性（phototropism）。植物器官的向光性又可分为正向光性、负向光性和横向光性。正向光性是指器官向着光照的方向弯曲，一般植物的茎向光弯曲；负向光性是指器官背着光照的方向弯曲，如芥菜根和常春藤的气生根背光弯曲；横向光性是指器官保持与光照方向垂直的能力，如叶片通过叶柄的扭转使其处于对光线适合的位置的特性。

植物为什么会产生向光性呢？首先可以肯定的是，向光性是由光照而引起的。那么器官中接受光照刺激的受体又是什么？实验发现，引起向光性的光是短波光——蓝光，而长波光——红光是无效的。长期以来，人们认为不均等生长是由于单侧照光后导致生长素在向光面和背光面分布不均匀而引起的。

近年来的研究表明，植物体内存在感受光信号的光受体——向光素（phototropin），它是黄素蛋白（FMN）类物质，这也是为什么植物向光性的作用光谱与核黄素的吸收光谱相类似的原因（图 2-11）。向光素的 N 端是对光照、氧气及电位差的敏感区，C 端是丝氨酸/苏氨酸（Ser/Thr）蛋白激酶区域，向光素的相关蛋白存在于植物的不同器官中，如分布于微管、薄壁组织和叶脉薄壁组织中，以及叶片表皮细胞、叶肉细胞和保卫细胞的质膜上。蓝光照射下，C 端的蛋白激酶催化自身磷酸化而激活受体。在单侧较弱蓝光照射下，向光素磷酸化呈侧向梯度，于是诱发胚芽鞘尖端的 IAA 向背光一侧移动，导致背光一侧细胞生长快于向光一侧，使鞘芽向光弯曲（图 2-12）。研究发现，在相对高光强的蓝光 ［100μmol/（m² · s）］ 下，向光素和隐花色素协同作用使植物的向光性反应减弱；而在相对低光强的蓝光 ［<1.0μmol/（m² · s）］ 下，向光素和隐花色素协同作用使植物的向光性反应增强，说明植物在不同光照环境中，由体内不同的蓝光受体协同作用而调节其向光性反应强度。

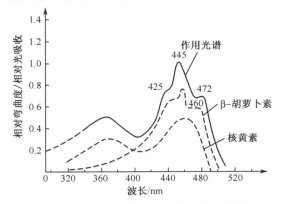

图 2-11　燕麦胚芽鞘的向光性的作用光谱和
β-胡萝卜素及核黄素的吸收光谱

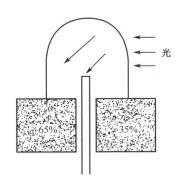

图 2-12　燕麦胚芽鞘尖的一侧受光
时生长素的重新分布

植物根的负向光性也是蓝光受体协同控制的。

20 世纪 80 年代以来，有人提出单方向光照导致生长抑制物质在向光一侧积累，胚芽鞘向光一侧的生长受到抑制，因而向光弯曲（表 2-6）。至于这些抑制物质是什么，目前还没有定论。有实验证明，引起萝卜下胚轴向光性的抑制物质可能是萝卜宁（raphanusanin）和萝卜酰胺（raphanusamide），引起向日葵下胚轴向光性的抑制物质可能是黄质醛（xanthoxin）。这也表明，植物的向光性反应可能不是受单一机制或单一物质所控制。

表 2-6　向日葵、萝卜和燕麦向光性器官中 IAA 的分布

器　官	IAA 分布/%			测定方法
	向光一侧	背光一侧	黑暗（对照）	
绿色向日葵下胚轴	51	49	48	分光荧光法
绿色萝卜下胚轴	51	49	45	电子俘获检测法
黄花燕麦芽鞘	49.5	50.5	50	电子俘获检测法

有些植物如向日葵、棉花、花生等，其顶端在一天中随阳光而转动，即所谓的太阳追踪（solar tracking）。叶片与光垂直，这种现象是溶质（主要是 K⁺ 等）控制叶枕的运动细胞而引起的。但向日葵的向阳运动远比叶片的向光性运动过程复杂，白天随太阳由东向西转动，正午时分朝南而转向西方，而在夜间葵花又由西向东转动，其运动机制尚缺乏深入研究。

（二）向重力性

植物在重力的影响下，保持一定方向生长的特性，称为向重力性（gravitropism）。根顺着重力方向向下生长，称为正向重力性；茎背离重力方向向上生长，称为负向重力性；地下茎以垂直于重力的方向水平生长，称为横向重力性。将幼苗横放时，一定时间后就会发现根向下弯曲，而茎向上弯曲以及作物由于风或其他原因倒伏后，茎会弯曲向上生长等。近年来的太空实验证明，在无重力作用的条件下，植物的根和茎都不会发生弯曲。

植物为什么具有向重力性以及感受重力的物质是什么呢？现在认为，植物中感受重力的是平衡石（statolith）。研究发现，植物器官中的淀粉体（amyloplast）具有平衡石的作用，当器官位置改变时（如横放或斜放），淀粉体将沿重力的方向"沉降"至与重力垂直的一侧，这一过程将对原生质体造成一定的压力，并作为一种刺激被细胞所感受。根部的根冠细胞、茎部的维管束周围 1～2 层细胞（即淀粉鞘）或髓部薄壁细胞中都存在大量的淀粉体，起平衡石的作用（图 2-13）。有人发现拟南芥的一种突变体中，无淀粉体的质体也可能起平衡石的作用。

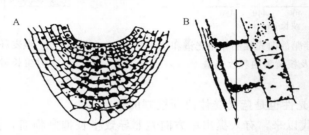

图 2-13　两栖焊菜（*Rorica amphilia*）根冠中（A）和
紫鸭跖草茎淀粉鞘中（B）的淀粉体

细胞感受到由于平衡石的"沉降"而带来的刺激后，如何导致器官的弯曲生长呢？一般认为，向重力性导致的弯曲生长也是由于生长素不均匀分布引起的。当植株水平放置时，由于重力的作用，器官上侧的生长素将向下侧移动，从而导致上侧生长素减少，下侧生长素增多。由于根对生长素很敏感，微量的生长素促进根的生长，生长素稍多时，根的生长就受到抑制。

近年来研究发现，Ca^{2+} 和 ABA 在向重力性中也发挥重要作用。有人认为，平衡石"沉降"到细胞下侧的内质网上，产生压力，诱发内质网释放 Ca^{2+} 到细胞质中，Ca^{2+} 和钙调素结合后将激活细胞下侧的生长素泵和钙泵，引起细胞下侧生长素和 Ca^{2+} 的积累。同时发现，在横放根的下侧积累较多的 ABA，从而抑制下侧的生长，引起根尖向下弯曲生长。

植物的向重力性具有重要的生物学意义。当种子播种到土中，不管胚的方位如何，总是根向下长，茎向上长。禾谷类作物倒伏后，茎节向上弯曲，可恢复直立生长。

（三）向化性和向水性

植物的根系具有总是朝着土壤中肥料较多的地方生长的特性。花粉管的伸长生长总是朝着胚珠的方向进行，被认为是胚珠细胞分泌的化学物质所引起。这种由于某些化学物质在植物体内外分布不均匀所引起的向性生长，称为向化性（chermotropism）。向化性在指导植物栽培中具有重要意义。生产上采用深耕施肥，就是为了使根向深处生长，从而可以吸收更多营养。种植香蕉时，可以采用以肥引芽的措施，把香蕉引到人们希望它生长的地方出芽生长。

向水性（hydrotropism）是指当土壤中水分分布不均匀时，根总是趋向较湿润的地方生长的特性。

二、感性运动

感性运动（nastic movement）是指植物受无定向的外界刺激（如光暗转变、触摸等）所引起的运动，运动的方向与外界刺激的方向无关。根据外界刺激的种类又可分感夜性、感热性、感震性等。有些感性运动是由生长不均匀引起，如感夜性和感热性；另一些感性运动则是由细胞膨压的变化所引起，因而也称为紧张性运动（turgor movement）或膨胀性运动，如感震性。

（一）感夜性

感夜性（nyctinasty）是指一些植物的叶子（或小叶）白天挺拔张开、晚上合拢或下垂（如大豆、花生、合欢等），以及花白天开放、晚上闭合（如蒲公英）或晚上开放、白天闭合（如烟草、紫茉莉）的现象。感夜运动是由光暗的变化引起的。感夜运动是因为叶片或花瓣的上下表面生长不均匀所造成，上表面生长较快时，叶片或花瓣向下弯曲生长，称为偏上性（epinasty）；下表面生长较快时，叶片或花瓣向上生长，称为偏下性（hyponasty）。光敏色素在接受光暗变化的刺激中起重要作用。

（二）感热性

植物对温度变化起反应的感性运动，称为感热性（thermonasty）。例如，番红花和郁金香花的开放或关闭受温度变化的影响，在温度升高时，花果开放；温度下降时，花瓣合拢。将番红花和郁金香从较冷处移至温暖处后，很快就会开花。水稻花的开放也受温度的影响，因此，在进行人工援粉时，可采用温汤浸花的措施，促使其内外稃张开，便于去雄授粉。感热性运动是由花瓣上下表面生长不均匀造成。

（三）感震性

含羞草叶片的运动是典型的感震性运动。当含羞草的部分小叶受到震动（或其他刺激如烧灼、电击等）时，小叶迅速成对合拢，在刺激较强时，可很快传递到其他部位，使整个复叶的小叶合拢，复叶下垂，甚至使整株植物的复叶下垂。经过一定时间后，植株又可恢复原状。这种感受外界震动而引起植物运动的特性，称为感震性（seismonasty）。

含羞草叶片感震性的机制，被认为是由于小叶和复叶叶柄基部叶褥细胞膨压的改变而引起的。叶褥是含羞草叶柄基部的一群特殊细胞，具有特殊的解剖结构。小叶叶褥上半部细胞的间隙较大，细胞壁较薄，而下半部细胞则排列紧密，细胞壁较厚。当小叶受到震动或其他刺激时，叶褥上半部细胞的透性增大，细胞内的水分和溶质排入细胞间隙，细胞的膨压下降，组织疲软，而此时叶褥下半部的细胞还保持紧张状态，因而小叶成对合拢。一定时间后，水分和溶质又回到叶褥上半部细胞中，小叶又张开。复叶叶褥的结构则正好与小叶叶褥的结构相反，即复叶叶褥的上半部细胞排列紧密，细胞壁较厚，而下半部细胞的间隙较大，细胞壁较薄，受到外界震动或其他刺激导致膨压改变时，复叶就下垂。

目前的问题是含羞草小叶感受到震动或其他刺激后，如何迅速地将刺激传递到其他小叶，以及这些刺激如何导致叶褥细胞透性的改变？含羞草对震动的反应极快，刺激后0.1s就开始，几秒钟就完成。刺激信号上下传递极快，可达 40～50cm/s。许多学者认为，含羞草小叶感受到震动刺激后，会产生动作电位，与动物的神经细胞产生的动作电位相似，只是传递速度稍慢。至于动作电位与引起细胞透性改变之间的过程，目前还不是很清楚。

食虫植物中的捕蝇草感受到昆虫落到叶子上后所发生的运动，也是一种感震性运动，也会产生动作电位。

感震性运动不是由生长不均匀所引起，而是由细胞膨压的改变所造成，因而是一种可逆性的运动。

三、近似昼夜节奏（生理钟）

植物的一些生理活动具有周期性或节奏性，而且这种周期性是一个不受环境条件的影响，以近似昼夜周期节奏（22～28h）自由运行的过程，称为近似昼夜节奏（circadian rhythm），也称为生理钟（physiological clock）。菜豆叶片的运动就是一种近似昼夜节奏。在白天，菜豆叶片呈水平方向排列，夜晚则呈下垂状态，这种周期性的运动在连续光照或连续黑暗以及恒温的条件下仍能持续进行，而且运动的周期约为27h。此外，气孔的开闭、蒸腾速率的变化、膜的透性等也具有近似昼夜节奏的特性。

关于生理钟的机制目前还不清楚，但研究发现，膜的透性有近似昼夜的节奏变化。生理钟是植物体内的一种测时机制，可以保证一些生理活动按时进行，如菜豆叶片在黎明前就挺起呈水平状态，显然有利于吸收太阳光，进行光合作用。

各种生物节奏的引起必须有一个启动信号，而且一旦节奏开始，就会不受温度的影响，以大约24h的节奏自由运行，并且具有自调重拨功能。植物就借助于生理钟准确地进行测时过程。

第七节　植物生殖的生理生态和调控

高等植物的发育一般要经历幼年期、成熟期、衰老期，最后死亡。一般将高等植物从种子萌发开始到结实的整个过程称为生活周期或发育周期。在植物的生活周期中，最明显的变化是营养生长到生殖生长的转变，其转折点就是花芽分化。所谓花芽分化（flower bud differentiation）是指成花诱导之后，植物茎尖的分生组织（meristem）不再产生叶原基和腋芽原基，而分化形成花序的过程。成花过程基本可分为 3 个阶段：首先是成花诱导（flower induction）或称成花转变（flowering transition），即适宜的环境刺激诱导植物从营养生长向生殖生长转变；然后是成花启动（floral evocation），完成了成花诱导，处于成花决定态的分生组织，经过一系列内部变化分化成形态上可辨认的花原基（floral primordia），亦称为花发端（flower initiation）；最后是花的发育（floral development）或称花器官的形成。植物茎尖从营养生长到花形成的过程如图 2-14 所示。

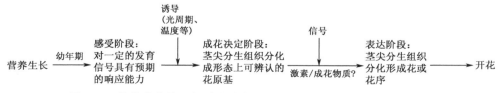

图 2-14　植物从营养生长到花形成过程（引自 McDaniel et al.，1992）

植物的成花过程是具有不同时空性表达特点的基因与生态环境条件相互作用的结果。本节将分别探讨幼年期、春化作用和光周期对植物生殖生长的影响以及开花受精生理。

一、幼年期与花熟状态

大多数植物在开花之前要达到一定年龄或是达到一定的生理状态，然后才能在适宜的外界条件下开花。植物开花之前必须达到的生理状态称为花熟状态（ripeness to flower state）。植物在达到花熟状态之前的生长阶段称为幼年期（juvenile phase）。研究表明，幼年期、温度和日照长短是控制植物开花的 3 个因素。

高等植物幼年期的长短，因植物种类不同而有很大差异，草本植物的幼年期一般较短，只需几天或几个星期；果树为 3～15 年；而有些木本植物的幼年期可长达几十年；也有些植物根本没有幼年期，在种子形成过程中已经具备花原基，如花生种子的休眠芽中已经出现花原基。

植物完成幼年期的营养生长阶段，进入花熟状态以后，其茎尖分生组织就具有感受适宜环境刺激的能力而被诱导成花。

二、成花诱导生理

对成花过程起决定作用的是成花诱导过程，适宜的环境条件是诱导成花的外因。经过几十年的研究，关于低温和日照长度对成花的影响已有较深刻的认识，同时对于决定植物开花的内部基因调控机制的研究也越来越多。

（一）春化作用

1. 春化作用的概念及植物对低温反应的类型

早在 20 世纪，人们就注意到低温对作物成花的影响。1918 年 Garssner 对小麦和黑麦研究之后，将它们区分为需要秋播的"冬性"品种与适应春播的"春性"品种。冬性品种必须在秋冬季节播种，出苗越冬后，次年春季才能开花；而春性品种不需要经过低温过程就可以开花结实。前苏联的李森科（Lysenko）将 Garssner 的研究成果用于小麦生产，将吸胀萌动的冬小麦种子经低温处理后春播，可在当年夏季抽穗开花，遂将这种方法称为春化，意指冬小麦春麦化了。现在春化的概念不仅限于种子对低温的要求，还包括成花诱导中植物在其他时期对低温的感受。这种低温促进植物开花的作用称为春化作用（vernalization）。

需要春化的植物包括大多数二年生植物、部分一年生冬性植物和一些多年生草本植物。这些植物经过低温春化后，往往还要在较高温度和长日照条件下才能开花。因此，春化过程只对植物开花起诱导作用。

春化作用是温带地区植物发育过程中表现出来的特征。植物对低温的要求大致表现为两种类型。一类是相对低温型，即植物开花对低温的要求是相对的，低温处理可促进这类植物开花；不经低温处理时，这类植物也能开花，但开花过程明显延迟。一般冬性一年生植物属于此种类型，这类植物在种子吸胀以后，就可感受低温。另一类是绝对低温型，即植物开花对低温的要求是绝对的，若不经低温处理，这类植物就不能开花。一般二年生和多年生植物属于此类，这类植物通常在营养体达到一定大小时才能感受低温。

2. 春化作用的条件

1）低温和低温持续的时间

低温是春化作用的主要条件之一。对大多数要求低温的植物而言，最有效的春化温度是 $1 \sim 7$℃。但只要有足够的持续时间，$1 \sim 9$℃范围内同样有效（图 2-15）。

一般低于最适生长的温度对成花就具有诱导作用。不同类型的冬性植物春化时要求低温持续的时间也不一样，在一定期限内，春化的效应随低温处理时间的延长而增加（图 2-16）。

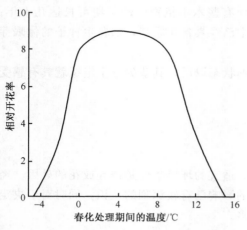

图 2-15 冬黑麦相对开花率与春化期间
温度的关系

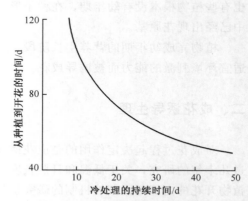

图 2-16 冬黑麦种子低温处理时间对
开花的影响

2）氧气、水分和糖分

植物春化时除了需要一定时间的低温外，还需要有充足的氧气、适量的水分和作为呼吸底物的糖分。植物在缺氧条件下不能完成春化；吸胀的小麦种子可以感受低温通过春化，而干燥种子则不能通过春化；若将小麦的胚在室温下萌发至体内糖分耗尽时，然后再进行低温诱导，这样的离体胚就不起春化反应，而添加 2% 的蔗糖后，则离体胚就能感受低温而接受春化。

　　3）光照

　　光照对植物春化的影响，因植物种类不同而存在明显差异，并且与春化之间的相互作用非常复杂。一般在春化之前，充足的光照可以促进二年生和多年生植物通过春化。在黑麦等某些冬性禾谷类品种中，短日照（short day，SD）处理可以部分或全部代替春化处理，这种现象称为短日春化现象（SD vernalization）。但大多数植物在春化之后，还需在长日条件下才能开花，如二年生的甜菜、天仙子、月见草和桂竹香等。这些植物在完成春化处理以后，若在短日下生长，则不能开花，春化的效应逐步消失。菊花是一个例外，它是需春化的短日植物。

3. 春化作用的时期、部位和刺激传导

　　不同植物感受低温的时期具有明显差异，大多数一年生冬性植物在种子吸胀以后即可接受低温诱导，大多数需要低温的二年生和多年生植物只有当幼苗生长到一定大小后才能感受低温，而不能在种子萌发状态下进行春化。

　　感受低温的部位是茎尖端的生长点。例如，冬性禾谷类作物的一部分胚组织能有效感受低温，芹菜茎尖端生长点周围的幼叶也能被春化，而成熟组织则无此反应。这说明植物在春化作用中感受低温的部位是分生组织和能进行细胞分裂的组织。

　　实验表明，完成春化作用的植株不仅能将这种刺激保持到植物开花，而且还能传递这种刺激。例如，主茎生长点可以把感受到的低温刺激完全传给后期形成的各级侧枝的生长点。嫁接试验也证明植物感受的低温刺激可以传递。通过低温春化的植株可能产生某种可以传递的物质，并且这种物质是可以不断"复制"的，有人把这种刺激物称为春化素（vernalin），可在植株间进行传递，但遗憾的是至今未能在植物中分离出这种物质。然而，有些植物间这种低温刺激却不能传导，如菊花顶端给予局部低温处理，被处理的芽可以开花，但其他未被低温处理的芽仍保持营养生长而不能开花。

4. 植物在春化过程中的生理生化变化

　　虽然植物完成春化后，其开花部位——茎尖生长点并没有立刻发生形态上的明显变化，却在内部代谢方面发生了显著变化，包括呼吸速率、核酸和蛋白质含量以及激素水平等。联系到春化作用需要氧气和糖的参与，说明氧化磷酸化过程对春化作用有重要影响，可能与 ATP 的形成有关。同时，冬性禾谷类作物在春化过程中，其呼吸的末端氧化酶也表现出多样性，在春化前期以细胞色素氧化酶为主，伴随着低温处理时间的延长，细胞色素氧化酶活性逐渐降低，而抗坏血酸氧化酶和多酚氧化酶活性不断增高。

　　春化作用是低温诱导植物体内基因特异表达的过程。在春化过程中，低温能诱导新的蛋白质组分合成，但它是一个缓慢过程，出现在春化的中后期。

　　春化过程中，不仅核酸（特别是 RNA）含量增加，RNA 性质也发生变化。低温首先是在转录水平上进行调节，产生一些特异的 mRNA，并在低温下翻译出特异的蛋白质。这些蛋白质在小麦幼芽内出现后，导致植物体内的代谢方式或生理状态发生变化，使其初步具有与春小麦类似的特点，可在春播条件下开花结实。

许多植物如冬小麦、燕麦、油菜等，经过春化以后，体内赤霉素含量增加，用赤霉素合成抑制剂处理冬小麦会抑制其春化作用。这表明赤霉素与春化作用有关，可以部分代替低温的作用。因此，有人甚至提出赤霉素就是春化过程中形成的一种开花刺激物。但一般短日植物对赤霉素却不起反应，且在很多情况下，施用赤霉素不能诱导需春化的植物开花。因此，赤霉素与成花之间的关系有待进一步研究。

　　近年来亦发现植物在春化过程中，体内出现玉米赤霉烯酮含量的高峰。外施玉米赤霉烯酮也有部分代替低温的效果，其与植物春化之间的因果关系还有待查明。

5. 春化作用的分子机制

　　在模式植物拟南芥（*Arabidopsis thaliana*）中发现至少有 5 个与春化反应直接相关的基因：*vrn1*、*vrn2*、*vrn3*、*vrn4*、*vrn5*。其中 *vrn2* 编码一个核定位锌指结构蛋白，可能参与转录的调控（Noir et al.，2001）。种康等通过建立 cDNA 文库，运用差异显示技术，在冬小麦中得到 4 个与春化相关 cDNA 的克隆：*verc17*、*verc49*、*verc54*、和 *verc203*。其中，*verc203* 和 *verc17* 相关基因可能参与春化过程，影响开花时间及花序的发育，且 *verc203* 与茉莉酸诱导基因有部分同源性，暗示该基因在春化诱导中的作用可能与茉莉酸参与的信号传导有关。还有人采用拟南芥突变体研究证实，开花阻抑物基因 *FLC* 与春化密切相关。此外，Finnegan 等（1998）发现拟南芥经一定时间的低温处理后，其 DNA 的甲基化水平大大降低，使营养生长向生殖生长转变，开花时间提前。由此可见，春化作用诱导一些特异基因的活化、转录和翻译，从而导致一系列生理生化代谢过程的改变，最终进入花芽分化、开花结实。

（二）光周期

1. 光周期现象的发现

　　自然界中，植物的开花具有明显的季节性。季节的特征明显表现为温度的高低、日照的长短等，地球上不同纬度地区，温度、日长等随季节不同而发生有规律的变化（图2-17）。

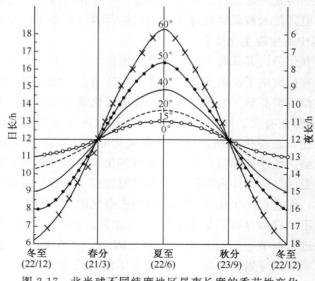

图 2-17　北半球不同纬度地区昼夜长度的季节性变化

早在 1914 年，Tournois 就发现蛇麻草和大麻的开花受到日照长度的控制。从 1920 年开始，美国园艺学家 Garner 和 Allard 提出美洲烟草的花诱导取决于日照长度的理论；后来，又观察到不同植物的开花对日照长度有不同反应（图 2-18）。这是植物长期适应自然气候的规律变化的结果。在一天 24h 的循环中，白天和黑夜总是随着季节不同而发生有规律的交替变化。一天之中白天和黑夜的相对长度，称为光周期（photoperiod）。植物对白天和黑夜相对长度的反应，称为光周期现象（photoperiodism）。

图 2-18　美洲烟草的开花试验
A. 在冬季自然日照（短日照）条件下的植株；B. 在冬季自然日照加上人工日照（长日照）下的植株

2. 光周期的反应类型

根据植物开花对光周期的反应不同，一般将植物分为三种主要类型：短日植物、长日植物和日中性植物（图 2-19）。

（1）短日植物。短日植物（short day plant，SDP）是指在昼夜周期中日照长度短于某一临界值时才能开花的植物。这类植物有大豆、菊花、苍耳、晚稻、高粱、紫苏、黄麻、大麻、日本牵牛和美洲烟草等。

（2）长日植物。长日植物（long day plant，LDP）是指在昼夜周期中日照长度大于某一临界值时才能开花的植物。这类植物有小麦、大麦、黑麦、燕麦、油菜、菠菜、甜菜、天仙子、胡萝卜、芹菜、洋葱和金光菊等。

（3）日中性植物。日中性植物（day neutral plant，DNP）是指在任何日照长度条件下都能开花的植物。这类植物的开花对日照长度要求的范围很广，一年四季均能开花，如番茄、黄瓜、茄子、辣椒、四季豆、棉花、蒲公英、四季花卉以及玉米、水稻的一些品种等属于此类。

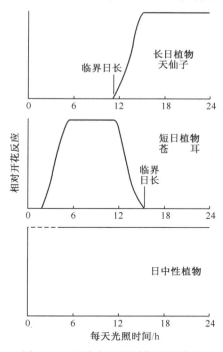

图 2-19　三种主要光周期反应类型

除了上述三种典型的光周期反应类型外，还有些植物花诱导和花形成的两个过程很明显地分开，且要求不同的日照长度，这类植物称为双重日长（dual daylight）类型。例如，大叶落地生根、芦荟等，其花诱导过程需要长日照，但花器官的形成则需要短日照条件，这类植物称为长－短日植物（long short day plant，LSDP）。而风铃草、白三叶草、鸭茅等，其花诱导需短日照，花器官形成需要长日条件，这类植物称为短－长日照植物（short long day plant，SLDP）。还有一类植物，只有在一定长度的日照条件下才能开花，延长或缩短日照长度均抑制其开花，这类植物称为中日性植物（intermediate day plant，IDP），如甘蔗开花要求 11.5～12.5h 的日照长度，缩短或延长日照长度对其开花均有抑制作用。

3. 临界日长

试验表明，长日植物开花所需的日照长度并不一定长于短日植物所需要的日照长度，而主要取决于在超过或短于临界日长时的反应。所谓临界日长（critical daylength）是指在昼夜周期中诱导短日植物开花所需的最长日照长度或诱导长日植物开花所必需的最短日照长度。此外，有些植物开花对日长有非常明确的要求，这类植物分别称为绝对短日植物和绝对长日植物。而多数长日植物或短日植物对日长的要求并不十分严格，即使是处于不适宜的光周期条件下，经过相当长的时间后，能或多或少地开花，这些植物称为相对长日植物或相对短日植物，它们没有明确的临界日长。

不同植物开花时间所需的临界日长不同，但这并不意味着植物一生中所必需的日照长度，而只是在发育的某一时期经一定数量的光周期诱导才能开花。

应该指出的是，同一种植物的不同品种对日照长度的要求也有所不同。同时，临界日长也会随植物的品种、年龄以及环境条件的改变而发生较大变化。通常早熟品种为长日植物或日中性植物，晚熟品种则为短日植物。

4. 光周期诱导

达到一定生理年龄的植株，只要经过一定时间适宜的光周期处理，以后即使处在不适宜的光周期条件下，仍然可以长期保持刺激的效果而诱导植物开花，这种现象称为光周期诱导（photoperiodic induction）。因此，适宜的光周期处理只是对植物成花反应起诱导作用，花芽的分化并不出现在光周期诱导的当时，而是往往出现在光周期诱导之后的若干天。

不同植物通过光周期诱导所需的天数也不同，有的短日植物如苍耳、日本牵牛、水稻等，只需要一个适宜的光周期处理，以后即使处于不适宜的光周期条件下，仍可诱导花芽分化。植物通过光周期诱导的天数，可加速花原基的发育，增加花的数目。

5. 临界暗期与暗期间断

在自然条件下，昼夜总是在 24h 的周期内交替出现，与临界日长相对应的还有临界暗期（critical dark period）。Hamner 和 Benner（1938）以短日植物苍耳为材料，发现在光暗周期中，只有当暗期超过一定的临界值时，才引起短日植物的成花反应。以临界日长为 13～14h 的短日植物大豆（比洛克西品种）为材料时，观察到暗期长度比日照长度对植物开花更为重要。所谓临界暗期，是指在昼夜周期中长日植物能够开花的最长暗期长度或短日植物能够开花的最短暗期长度。从这一点来看，短日植物实际上就是长夜植物（long night plant），而长日植物实际上是短夜植物（short night plant）。特别是对于短日植物而言，其开花主要是受暗期长度的控制，而不是受日照长度的控制。

光周期诱导过程不同于光合作用，它是一个低能反应。试验证明，在足以引起短日植物开花的暗期中间，被一个足够强度的闪光所间断，短日植物就不能开花，却能使长日植物开花。

暗期间断所需要的照光时间一般也比较短，像苍耳、大豆、紫苏和高凉菜这些敏感的短日植物，照光几分钟（最多不超过 30min）就足以阻止成花。某些长日植物如天仙子、大麦、毒麦等，当长暗期被30min或更短时间的光照间断时，成花反应受到促进。虽然暗期对植物成花反应起着决定性作用，但光期也不是不可缺少的条件。短日植物的成花反应需要长暗期，但光期过短亦不能成花。

6. 光受体与成花诱导

暗期间断试验说明光敏色素系统参与了植物成花过程中对光周期的感测，事实上，光敏色素与成花诱导之间的关系并非如此简单。一方面，暗期间断的最佳效果与暗期长度有关；另一方面暗期间断的效果随暗期间断处理的时间不同也存在很大差异，如短日植物大豆，当给予8h光照和64h暗期时，成花反应对暗期间断表现出明显的"节律性"（图2-20）。Bunning（1960）提出了"生理钟假说"（clock hypothesis），认为光周期的计时是由光敏色素介导的依赖于植物内部昼夜节律振荡器（circadian oscillator）来完成的。中心振荡器与许多生理过程相偶联，包括需光诱导的植物的成花内在的基因表达过程。

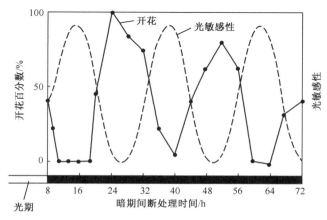

图2-20　大豆暗期间断引起的成花反应的"节律性"

（引自 Taiz and Zeiger，2002）

在光周期诱导植物成花过程中，除有光敏色素的参与外，蓝光受体（由 cry1 和 cry2 编码）在植物的光周期反应中可能也发挥着重要的调节作用。在光敏核不育水稻育性转换的暗期间断中，用红光间断可以诱导农垦58 S高不育率；如果红光中含有部分蓝光，则可诱导农垦58 S完全不育。这说明植物在光周期反应过程中，不是单一的光受体在发挥作用。目前这两类光受体在成花反应中的功能和相互关系可简述如下（图2-21）。

7. 光周期刺激的感受和传导

植物的成花部位是茎尖端的生长点，那么植物是靠什么部位感受光周期的刺激呢？试验表明，感受光周期刺激的部位并不是茎尖的生长点，而是叶片。Knott首先在长日植物菠菜中观察到这种情况，随后在其他具有光周期反应的植物中得到证实。

通常植株长到一定年龄后，叶片才能接受光周期的诱导，不同植物开始对光周期表现敏感的年龄不同，大豆是在子叶伸展期，水稻在七叶期左叶，红麻在六叶期。一般植株年龄越大，通过光周期诱导的时间越短。叶片作为感受光周期刺激最有效的部位，其对光周期的敏感性与叶片的发育程度有关，一般幼小或衰老叶片的敏感性差，而叶片伸展至最大时敏感性最高。

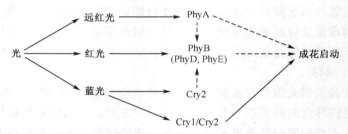

图 2-21　拟南芥成花启动中光受体的相互作用模式（引自 Lin，2000）

图中箭头表示信号传导途径，其中实线箭头表示促进作用；虚线箭头表示抑制作用，其中
PhyB、PhyD 和 PhyE 以及 Cry1 和 Cry2 均以重复方式行使功能

由于感受光周期的部位是叶片，而成花部位是茎尖端的生长点，从而设想叶片在光周期诱导下可能产生某些化学物质并向茎尖端转移。20 世纪 30 年代，苏联学者柴拉轩（Chailakhyan）用嫁接试验证实叶片中产生的开花刺激物可以在不同植株间进行传递并发挥作用。柴拉轩把这种开花刺激物称为成花素（florigen）。更有趣的是，不同光周期类型的植物通过嫁接后，能相互影响开花，这说明不同光周期反应类型的植物所产生的开花刺激物的性质没有明显区别。

利用环割、局部冷却或蒸汽热烫以及麻醉剂处理叶柄或茎，以阻止韧皮部物质的运输，可抑制开花，说明开花刺激物的运输途径是韧皮部。不同植物开花刺激物运输的速率存在较大差异，从几十毫米到几百毫米不等，如毒麦为 10～24mm/h，日本牵牛为 240～330mm/h，与其标记同化物的运输速率 330～370 mm/h 很接近。同时叶片中的开花刺激物在强光下运出叶片的数量也多于黑暗中的。

8. 温度和光周期反应的关系

对光周期反应敏感的植物，虽然光照长短是影响成花的主导因素，但其他条件如温度与光周期还存在相互作用。温度不仅影响植物通过光周期所需的时间，还会改变植物对光周期的要求。大多数植物经过春化后在长日条件下开花，即在春末和夏初开花。对于有些植物来说，低温处理可使其在长日条件下开花，说明低温处理可代替或改变植物的光周期反应类型。

9. 光周期诱导的成花刺激物

大量研究表明，植物在适宜的光周期、温度等条件的诱导下，体内发生了一系列生理生化变化，从而由营养生长转向生殖生长完成花的诱导过程。但有关诱导开花的机制尚不甚清楚。这里主要介绍影响成花的化学物质。

1）成花素

成花素由形成茎所必需的赤霉素和形成花所必需的开花素（anthesis）两种互补的活性物质组成，开花素必须与赤霉素结合才表现活性。赤霉素是长日植物开花的限制因子，开花素则是短日植物开花的限制因子。Long 发现 GA$_3$ 在某些长日植物中可代替长日条件，诱导其在短日条件下开花。对某些冬性长日植物，GA$_3$ 处理还可代替低温的作用，使其不经春化也可开花，说明赤霉素可能参与了某些植物的开花过程。然而到目前为止，成花素这种物质一直未能分离成功，使"成花素假说"缺乏令人信服的实验证据。

2）开花抑制物

由于寻找开花刺激的研究一直没有取得满意的结果，人们又推测，植物在非诱导条件下，体内可能产生某些开花抑制物，从而使植物不能开花；植物在诱导条件下，阻止了这些开花抑制物的产生，或者使开花抑制物降解，从而使花的发育得以进行。植物在非诱导条件下，叶片中可能存在开花抑制物。植株能否开花取决于开花抑制物与开花刺激物的相对比例。同样的问题是，有关开花抑制物的分离鉴定也一直未能成功。

3）植物激素

虽然目前还没有充足的证据阐述清楚植物激素与植物成花诱导之间的真正关系，但已有的实验证据表明，植物激素至少能影响植物的成花过程。如前所述，无论是在春化过程中，还是在光周期诱导成花过程中，一定数量的赤霉素（GA）的累积与成花之间存在密切关系。但 GA 在不同条件下对不同类型植物成花的影响存在很大差异，还很难说明 GA 与成花诱导之间的真正因果关系。

其他激素也对成花有影响。外施 IAA 会抑制短日植物成花。一些长日植物如天仙子、毒麦等的成花受外源 IAA 的促进。一般来说，高浓度生长素处理对植物成花都表现为抑制效应（Lejeune et al.，1988）。

CTK 影响植物的成花，且因植物种类而异。CTK 能促进藜、紫罗兰、牵牛、浮萍等短日植物成花，也能促进长日植物拟南芥的成花。CTK 是促进植物成花还是抑制成花与 CTK 施用的剂量和处理时间有密切关系。此外，CTK 还可与其他生长物质相互作用，如 CTK 对藜属植物成花的促进作用在有 GA 存在时大大增加；CTK 在促进其花器官的发育中与 AUX 具有协同作用。

脱落酸（ABA）可部分替代短日处理促使一些短日植物如浮萍、红藜、草莓等在长日条件下开花，如果处于严格的非诱导条件下，ABA 处理并不能促进短日植物发生成花反应。ABA 对长日植物的开花一般具有抑制作用。此外，乙烯能有效促进菠萝成花，同时还具有调节瓜类雌花分化的作用。

虽然植物激素对成花具有一定的影响，但尚未发现任何一种激素能够诱导相同光周期反应类型的植物在非诱导条件下开花，即使对成花具有显著影响的 GA 也是如此。植物成花是一个复杂过程，有人认为即使植物激素对成花有影响，也与激素之间的平衡密切相关。

4）其他化学物质

除了上述植物激素外，还有许多其他化学物质，如有机酸、多胺、寡糖素等，都影响植物的成花过程，且在不同植物中表现出来的效应不同，它们对植物成花的影响机制尚不明确。

植物的营养状况也影响成花。Klebs 等经过大量观察，发现植物体内糖类与含氮化合物的比值即 C/N 高时，植株就开花；而比值低时，植株就不开花，为此提出控制植物开花的碳氮比（C/N）假说。虽然该假说无法解释短日植物的开花问题，但对于长日植物和日中性植物而言，通过调节碳氮比不仅可以调节开花时间，也可调节花芽分化的数量，提高产量。

（三）成花诱导的途径

不难看出，成花诱导是一个由多种因子相互作用的复杂过程，包括植物激素、糖类等。在不同植物中，叶片产生的可传导的信号决定了茎尖的发育方向。Blazquez

（2002）结合已有的研究结果，提出成花诱导存在 4 种途径（图 2-22）。

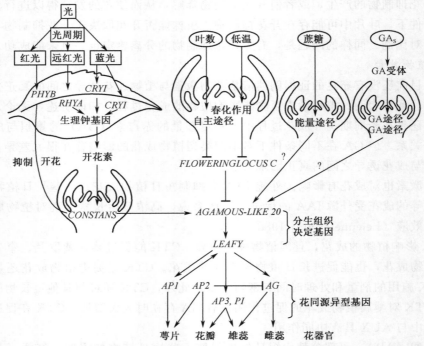

图 2-22　拟南芥开花的 4 条发育途径（引自 Blazquez，2002；潘瑞炽，2004）

→ 促进；⊣ 抑制

1. 光周期途径

光敏色素和隐花色素参与了该途径，不同光受体之间相互作用通过生理钟促进 *CONSTANS* 基因（CO）的表达，编码一个具有锌指结构的转录因子，再通过诱导其他基因的表达而启动成花过程。

2. 自主/春化途径

达到一定生理年龄的植株即可开花，称为自主途径。在自主/春化途径中，都是通过控制成花抑制基因 *FLOWERINGLOCUS C*（FLC）的表达而诱导成花的，可能其作用的机制不同。

3. 糖类（或蔗糖）途径

植物体内的代谢状态（如蔗糖水平）可影响成花。

4. 赤霉素途径

赤霉素促进拟南芥提前开花，以及在非诱导条件下开花。但目前尚不清楚糖类和赤霉素是通过影响哪些基因的表达而促进成花的。

上述 4 种途径中的核心都是通过促进关键的花分生组织决定基因 *AGL20*（*AGA-MOUS-LIKE20*）的表达，*AGL20* 是一个具有 MADS 一盒的转录因子，整合了来自上述 4 条成花途径的信号，而调节下游花分生组织决定基因 *LEAFY*（LFY）的表达，当 4 条成花途径的信号同时表达时，成花效应最强。

（四）春化和光周期理论在生产实际中的应用

1. 人工春化

萌动的作物种子经过人为的低温处理使之完成春化作用的措施称为春化处理。经过春化处理的植物，花诱导过程加速，可提早开花、成熟。例如，我国农民创造的"闷麦法"，很早就用于春天补种冬小麦；春小麦经低温处理后，可早熟5～10d，既可避免不良气候（如干热风）的影响，又有利于后季作物生长。在冬性作物的育种过程中，进行人工春化处理，可在一年内培育3～4代冬性作物，加速育种进程。

2. 指导引种

对于短日植物大豆而言，由于人工长期选育的结果，我国南方品种一般要求较短的日照，北方品种一般需要稍长的日照。以北京地区为例，南方大豆品种引至北京时，由于短日条件来临较迟，会使其开花推迟；相反，北方大豆引至北京种植时，因满足其开花的短日条件比原产地来得早，会使其开花提前（表2-7）。

表 2-7　全国各地大豆在北京种植时的开花情况

原产地及大约纬度	广州 23°N	南京 32°N	北京 40°N	锦州 41°N	佳木斯 47°N
品种名称	番禺豆	金大532	本地大豆	平顶香	满仓金
原产地播种期	—	5月下旬	4月30日	5月19日	5月17日
原产地开花期	—	8月23日	7月中旬	7月29日	7月5日
北京播种期	4月30日	4月30日	4月30日	4月30日	4月30日
北京开花期	10月15日	9月1日	7月19日	7月2日	6月5日
原产地播种到开花的时间/d	—	90	80	71	55
北京播种到开花的时间/d	168	124	80	63	36

因此，对于短日植物，从北方往南方引种时，如需要收获籽实，应选择晚熟品种；而从南方往北方引种时，则应选择早熟品种。对于长日植物而言，从北方向南方引种时，开花延迟，生育期变长，宜选择早熟品种；而从南方往北方引种时，生育期缩短，应选择晚熟品种。对日照要求严格的作物品种，进行南北跨地区引种时，一定要根据其光周期特性，并分析引进地区的日照长度是否能够满足要求，最好先进行引种试验。

3. 控制光周期诱导开花

利用人工控制光周期的办法，可控制植物开花，并已广泛用于花卉栽培。例如，短日植物菊花，在自然条件下秋季开花，用人工遮光缩短光照时间的办法，可使其夏季开花，一般短日处理10d之后便开始花芽分化；若在短日来临之前，人工补光延长光照时间或进行暗期间断，则可推迟开花。对于长日性的花卉，如杜鹃、山茶花等，人工延长光照或暗期间断，可提早开花。

人为延长或缩短光照时间，控制植物花期，可解决杂交育种工作中的花期不遇问题。例如，早稻和晚稻杂交时，可对处于4～7叶期的晚稻苗进行遮光处理，使其提早开花，以便和早稻杂交，选育新品种。

4. 控制春化

对于冬性植物，亦可利用解除春化的措施来控制开花。例如，二年生药用植物当归，当年收获的块根质量差，药效不佳，需第二年栽培，但又易抽薹开花而影响块根品质，若在第一年将其挖出，贮于高温下使其不通过低温春化，就可减少次年的抽薹率，提高块根的产量、质量和药效。

三、成花启动和花器官形成生理

（一）成花启动和花器官形成的形态及生理生化变化

植物通过适宜条件的成花诱导之后，发生成花反应，其明显标志就是茎尖分生组织在形态上发生显著变化，从营养生长锥变成生殖生长锥，经过花芽分化过程逐渐形成花器官。它包括成花启动和花器官形成两个阶段。

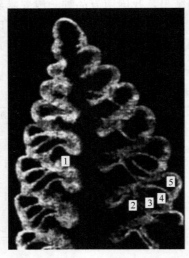

图 2-23　扫描电镜下小麦幼穗的正面观（30×）
1. 未发育完全的小穗；2. 颖层；3. 外稃；4. 小花原基；5. 小穗顶端生长锥
（品种：农大 139）

大多数植物的花芽分化都是从生长锥伸长开始的，只有伞形科植物在花芽分化时生长锥不是伸长而是变为扁平状。无论哪种情况，花芽分化时生长锥的表面积都变大。生长锥的形态变化是在成花诱导之后才发生的，如小麦在春化作用结束时，经过光周期诱导之后，生长锥开始伸长，其表面的一层或数层细胞分裂加速，形成的细胞小，原生质浓，而中部的一些细胞分裂较慢，细胞变大，原生质变稀薄，有的细胞甚至发生液泡化，这样由外向内逐渐分化形成若干轮突起，在原来形成叶原基的位置分别形成花被原基、雄蕊原基和雌蕊原基（图 2-23）。

在花芽分化过程中，细胞代谢明显加快，特别是 RNA 和蛋白质含量明显增高。实验证实，与花芽分化有关的特异 mRNA 的转录发生在茎尖分生组织区域。短日植物苍耳经光周期诱导后，茎顶的中心区和边缘细胞中 RNA 合成加速，有丝分裂明显加快，RNA 和蛋白质的含量增加。若将 RNA 合成抑制剂 5-氟尿嘧啶或蛋白质合成抑制剂亚胺环已酮施于芽部时，则会强烈抑制营养生长锥向生殖生长锥的分化过程。近年来研究证实，在拟南芥和金鱼草等植物中已发现了多种参与器官分化和发育调控的基因。

（二）影响花器官形成的条件

1. 光照

光照对花的形成影响很大。一般植物在完成光周期诱导之后，光照越长，光照强度越大，形成的有机物越多，对成花越有利。但不同植物开花所要求的最低光强也不同，如阴地植物开花要求的最低光强低于阳地植物。此外，光周期还影响植物的育性，目前已在两系法杂交水稻生产中得到应用。

2. 温度

温度是影响花器官形成的另一个重要因素。以水稻为例，温度较高时幼穗分化进程明显缩短；而温度较低时明显延缓，甚至中途停止。尤其是在减数分裂期，若遇低温（如 17℃以下），则花粉母细胞受损伤，进行异常分裂，同时，毡绒层细胞肿胀肥大，不能为花粉粒输送养料，形成不育花粉粒。在晚稻栽培中，若在减数分裂期遭受低温危害，花粉发育不良，会造成严重减产。

3. 水分

在雌、雄蕊分化期和减数分裂期对水分要求特别敏感，如果此时土壤水分不足，则花形成减缓，引起颖花退化。

4. 肥料

以氮肥的影响最大。土壤氮不足，花的分化减慢，且花的数量明显减少；土壤氮过多，引起贪青徒长，由于营养生长过旺，养料消耗过度，花的分化推迟，且花发育不良。只有在氮肥适中，氮、磷、钾均衡供应的情况下，才促进花的分化，增加花的数目。此外，微量元素（如 Mo、Mn、B 等）缺乏，也会引起花发育受阻。

5. 生长调节物质

研究证明，花芽分化受内源激素的调控。外施生长调节物质也同样影响花芽的分化和花器官的发育。细胞分裂素、吲哚乙酸、脱落酸和乙烯可促进多种果树的花芽分化。赤霉素可促进某些石竹科植物花萼、花冠的生长，生长素对柑橘花瓣的生长也有促进作用。而有些生长调剂或化学药剂还会引起花粉发育不良，如"乙烯利"可引起小麦花粉败育。

（三）植物的性别分化

植物经过适宜环境的诱导后，顶端分生组织在花芽分化过程中，同时进行着性别分化（sex differentiation）。大多数植物在花芽分化中逐渐在同一朵花内形成雌蕊和雄蕊，即两性花，这类植物称为雌雄同花植物（hermaphroditic plant），如水稻、小麦、棉花和大豆等；而有一些植物在同一植株上有两种花，一种是雄花，一种是雌花，这类植物称为雌雄同株植物（monoecious plant），如玉米、黄瓜、南瓜和蓖麻等；还有不少植物在单个植株上，要么形成只具有雌蕊的雌花，要么形成只具有雄蕊的雄花，即同一植株上只具有单性花，这类植物谓之雌雄异株植物（dioecious plant），如银杏、大麻、杜仲、千年桐、番木瓜、菠菜和芦笋等。除了上述列举的三种主要类型外，植物性别还有许多中间类型。与高等动物相比，植物性别表现具有多样性和易变性的特点，其性别分化极易受到环境条件等因素的影响。

不少有经济价值的植物都存在性别分化的问题，如雌雄异株植物的雄株和雌株的经济价值明显不同，以收获果实或种子为栽培目的的需要大量的雌株；而以纤维为收获对象的大麻，则以雄株为优。即使是对于雌雄同株的瓜类，在生产中也往往希望增加雌花的数量，以便收获更多的果实。因此，如何在早期鉴别植物尤其是那些雌雄异株的木本植物的性别，是生产中迫切需要解决的实际问题，很早就被人们所重视和研究。

1. 雌雄个体的代谢差异

雌雄异株植物中，雌雄个体间的代谢存在差异。在番木瓜、大麻、桑等植物中，雄株组织的呼吸速率大于雌株，过氧化氢酶活性比雌株高 50%～70%。银杏、菠菜等植物雄株幼叶中的过氧化物同工酶谱带数比雌株少。千年桐雌株叶组织的还原能力大于雄株。此外，雌雄株间内源激素含量也存在差异。例如，玉米的雌穗原基中IAA水平相对较高，而雄穗原基中GA含量较高；在雌雄异株的野生葡萄中，雌株中CTK含量高于雄株。

在生产中，可以根据这些差异在早期对植物的性别加以鉴定，进行有目的的栽培，但这方面的问题有待深入研究，如果能从种子就鉴定出植物性别则是最为理想的。

2. 环境条件对植物性别分化的影响

在雌雄同株植物中，一般是雄花先开，然后是两性花和雄花混合出现，最后才是单纯雌花，说明植株的性别分化会随植株年龄而发生变化。但环境条件，如光周期、营养因素、温度、激素等，往往改变植株雌、雄花的分化比例，即影响植物的性别分化。

（1）光周期。一般来说，短日照促进短日植物多开雌花，长日植物多开雄花；而长日照则促使长日植物多开雌花，短日植物多开雄花。

（2）营养因素。土壤中氮肥和水分充足时，一般促进雌花的分化；而土壤氮少且干旱时，则促进雄花分化。在一些雌雄异株植物中，C/N值低时，可增加雌花的分化数目。

（3）温度。特别是夜间温度影响植物性别分化。如较低的夜温促进南瓜雌花的分化。

（4）植物激素。生长素和乙烯可促进黄瓜雌花的分化，而赤霉素则促进雄花的分化。烟熏植物可增加雌花，主要是烟中具有不饱和气体如CO、乙烯等，CO能抑制IAA氧化酶的活性，减少IAA的降解，因而促进雌花分化，但常常会引起果实变小。细胞分裂素也具有促进雌花分化的作用。

（四）控制花器官发育的基因——从ABC模型到ABCDE模型

对拟南芥控制花器官发育的同源异型基因（homeotic mutant）的研究表明，决定拟南芥花器官形成的同源异型基因（homeotic gene）有5种。根据这些同源异型基因对花器官形成的影响，可将其归纳为A、B、C三类。A组基因控制第1、2轮花器官的发育，B组基因控制第2、3轮花器官的发育，C组基因控制第3、4轮花器官的发育。据此，E. Meyerowitz 和E. Coen提出了花器官发育的ABC模型（图2-24）。花的4轮结构花萼、花瓣、雄蕊和雌蕊分别由A、AB、BC和C类基因决定（图2-25）。

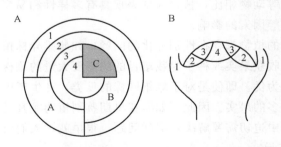

图 2-24　拟南芥花分生组织同源异型基因的 ABC 模型

A. 同源异型基因作用的4个花轮（1~4）和3组基因（A~C）；B. 花形基的

花分生组织

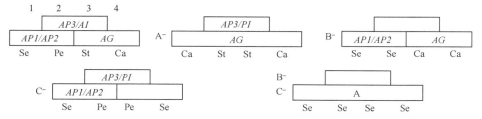

图 2-25　拟南芥同源异型基因相互作用对花器官形成的影响

Se：花萼；Pe：花瓣；St：雄蕊；Ca：雌蕊。A⁻、B⁻、C⁻分别代表 A、B、C 组基因的突变

随着研究的深入，ABC 模型不断得到修正。Colombo 等（1995）分离得到一种在矮牵牛胚珠中专一性表达的成花结合蛋白 11（floral binding protein 11，FBP 11）参与胚珠的发育，并命名为 D 基因（D-class gene），将 ABC 模型修正为 ABCD 模型。Theissen（2001）在拟南芥中发现与 A、B、C 基因一起参与萼片发育的 E 基因，ABC 模型遂被修正为 ABCDE 模型（图 2-26）。

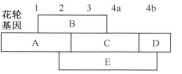

图 2-26　花器官发育的 ABCDE 模型（引自 Theissen，2001）

可以看出，花器官的发育是受众多基因产物共同控制的，随着研究不断深入，还有可能提出更新的模型。然而，要完全阐明成花基因之间的分子机制无疑是最富挑战性的工作之一。

四、受精生理

（一）花粉和柱头的生活力

植物在开花之后，花粉在柱头上萌发、花粉管伸长进入胚囊，完成雄性生殖细胞（精子）与雌性生殖细胞（卵细胞）融合的过程称为受精作用（fertilization）。受精与否直接影响作物的经济产量。受精的好坏还影响作物的品质，而花粉和柱头生活力的强弱是影响受精的直接因素之一。

1. 花粉的生活力

在自然条件下，不同植物花粉的生活力存在很大差异。一般禾谷类作物花粉的生活力维持的时间较短，如水稻花药开裂后，花粉的生活力在 5min 后即下降 50％以上；玉米花粉的生活力较长，但也只能维持 1～2d；苹果、梨可维持 70～210d；向日葵花粉的生活力可保持 1 年。

花粉的生活力还受到环境条件的影响，一般干燥、低温、空气中 CO_2 浓度增加和氧气减少的情况下，有利于保持花粉的活力。

（1）湿度。在相对比较干燥的环境下，花粉代谢强度减弱，呼吸作用降低，有利于花粉较长时间保持活力。对大多数花粉来说，20％～50％相对湿度对花粉贮藏比较适合。果树花粉贮藏时要求的相对湿度较低，如苹果花粉在相对湿度为 10％～25％、温度 3℃时，保存 350d，萌发能力仍在 60％以上。但禾本科植物花粉有些特殊，一般要求较高的湿度，如玉米花粉在干燥空气中只能存活 24h，而在潮湿空气中能存活 48h。

（2）温度。一般认为，贮藏花粉的最适温度为 1～5℃。适当低温可延长花粉寿命，主要是降低花粉的代谢强度，减少贮藏物质的消耗。如小麦花粉在 20℃时只能存活 15min 左右，在 0℃下可存活 48h；玉米花粉在 20℃时只能存活 25h，在 5℃时可存活 56h，在 2℃时则可存活 120h。某些果树的花粉在贮藏时则要求更低的温度，如苹果花粉在 -15℃下贮藏 9 个月，仍有 95％萌发率。

（3）CO_2 和 O_2 的相对浓度。增加贮藏容器中 CO_2 的含量，可延长花粉寿命，如在干冰（固态 CO_2）上贮存的花粉其寿命明显延长。减少氧气分压可延长花粉的贮存寿命，如苜蓿花粉在 -21℃下真空贮藏，经 11 年后仍有一定的生活力。

（4）光线。光线对花粉的贮藏也有一定影响，一般以遮阳或在暗处贮藏较好。如苹果花粉在暗处贮藏的其发芽率为 33.4％，在散射光下为 30.7％，而在直射日光下只有 1.2％。

2. 柱头的生活力

柱头的生活力一般能保持一段时间，较花粉的生活力长，具体时间长短依植物种类而异。水稻柱头的生活力一般情况下能维持 6～7d，但其受精能力在开花后日趋下降，因此，以开花当日授粉较好。玉米雌穗花柱长度为当时穗长的一半时，柱头即开始有受精能力，花柱抽齐后 1～5d 柱头受精能力最大，6～7 天后开始下降，到第 9 天时急剧下降。

了解柱头的生活力及受精能力，与提高作物杂交种的产量和质量有很大关系。

（二）花粉和柱头的相互识别

1. 花粉的萌发

植物开花以后，花药开裂，通过传粉作用，花粉被传到雌蕊的柱头上，受到柱头分泌物的刺激便吸水萌发。花粉在开花时，其大量的内含物经水解酶的作用分解为可溶性物质，使水势较低；同时，花药开裂时，花粉粒的含水量较低，细胞壁收缩形成皱褶，所以，花粉粒达到柱头上以后就能剧烈吸水。如果柱头细胞的水势低于花粉水势，花粉就不易萌发；如果花粉外围的水势过高，花粉粒又易吸水过度而膨裂，导致原生质溢出而死亡。因此，空气过于干燥或相对湿度过高，都不利于花粉的萌发。此外，花粉萌发的温度最低点较高，如果开花期遇到寒潮，也会影响花粉萌发。如水稻开花期的适温为 30～35℃，若日平均气温低于 20℃，日最高气温持续低于 23℃，花药就不易开裂，授粉极难进行。如果温度过高，超过 40～45℃，则开颖后花柱易干枯，还易引起花粉失活，同样不利于受精。

2. 花粉和柱头的相互识别

花粉落在柱头上能否顺利萌发，受环境条件的影响很大。但花粉萌发后，能否最终完成受精过程，还受到花粉和柱头之间"亲和性"的影响。自然界中有许多植物都表现出自交不亲和性（self-incompatibility，SI），而在远缘杂交中出现不亲和的现象更是非常普遍。从进化角度来看，自交不亲和性是植物丰富变异以增强对环境适应能力的基础，而杂交不亲和性则是植物在繁衍过程中保持物种相对稳定的基础。

花粉和柱头之间亲和与否是靠什么机制来进行识别呢？研究表明，花粉与柱头之间的相互识别涉及花粉壁中的蛋白质与柱头乳突细胞表面的蛋白质薄膜之间的相互作用。花粉壁中存在的内壁蛋白和外壁蛋白都易溶于水，内壁蛋白是花粉本身制造的，具有很高的酶活性，主要是与花粉萌发和花粉管穿入柱头有关的酶类；而外壁蛋白参与识别反应，其识别物质就是外壁蛋白中的糖蛋白，它在花粉湿润后几秒钟内就迅速释放出来。雌蕊的识别感受器就是柱头表面的亲水性蛋白质薄膜，具有黏性，易于捕捉花粉。当种内花粉落到柱头表面以后，花粉很快释放出识别蛋白——外壁中的糖蛋白（glycoprotein），扩散进入柱头表面，与柱头表面的感受器——蛋白质薄膜（pellicle）中所含的识别糖蛋白结合。如果双方是亲和的，花粉管尖端产生能溶解柱头薄膜下角质层的酶（角质酶，cutinase）使花粉管穿过柱头而生长，直至受精。

如果花粉释放的外壁糖蛋白与柱头表面的蛋白质薄膜结合后是不亲和的，柱头的乳突细胞立即产生胼胝质（callose），阻碍花粉管穿入柱头，且花粉管尖端也被胼胝质封闭，花粉管无法继续生长，使受精失败。

不亲和的类型有两种：一种是配子体型不亲和性，它由花粉本身的基因型所控制，这种类型花粉的花粉管穿过柱头进入花柱后，生长停顿、破裂，无法到达子房完成受精，三核花粉中的禾本科以及二核花粉中的茄科、蔷薇科和百合科植物属于这种类型；另外一种是孢子体型不亲和性，它由雌蕊的基因型所控制，这种类型花粉的花粉管不能穿过柱头，而在柱头表面终止生长，如三核花粉的菊科、十字花科的植物属于此类。

3. 克服不亲和性的途径

植物受精过程中表现出来的不亲和性，是植物在长期进化过程中所形成的一种维持物种相对稳定与繁衍的适应现象，但给生产中的远缘杂交育种工作带来很大的困难。在一定条件下通过人为干预，可以打破花粉与雌蕊组织之间的不亲和性，从而达到远缘杂交的目的。在育种实践中，常采用的克服不亲和性的措施如下。

（1）花粉蒙导法。在授不亲和花粉的同时，混入一些被杀死的但保持识别蛋白的亲和花粉，从而蒙骗柱头，达到受精的目的。例如，三角杨与银白杨进行种间杂交时，本是不亲和的，但在银白杨花粉中混入用 γ 射线杀死的三角杨花粉，能克服种间杂种不亲和性，获得 15% 的结实率。用这种方法也在波斯菊中得到种间杂交种。

（2）蕾期授粉法。在雌蕊组织尚未成熟、不亲和因子尚未定型的情况下授粉，以克服不亲和性。利用这种方法已在芸薹属、矮牵牛属和烟草属的不亲和种产生自交系获得杂交种子。

（3）物理化学处理法。采用变温、辐射、盐水、激素或抑制剂处理雌蕊组织，以打破不亲和性。对于配子体型不亲和的植物如梨、桃、月见草、百合、番茄和黑麦等，可用 $32\sim60\,℃$ 的热水浸烫柱头，即可打破不亲和性。用抑制落花的调节剂如生长素处理花器，使花朵避免早落，可使生长慢的不亲和花粉管在落花前到达子房而受精；或用放线菌素 D 处理花柱抑制 DNA 的转录，可部分抑制花柱中不亲和因子的产生而克服不亲和性。此外，利用电助授粉法（$90\sim100$V 的电压刺激柱头）、CO_2 处理法（$3.6\%\sim5.9\%$ 的 CO_2 处理雌蕊 5h）和盐水处理法（$5\%\sim8\%$ 的 NaCl 处理雌蕊）等，都可克服自交不亲和性。

（4）离体培养。利用胚珠、子房等的离体培养进行试管受精，可克服原来自交不亲和植物及种间或属间杂交的不亲和性。

（5）细胞杂交、原生质体融合或转基因技术。以克服种间、属间杂交的不亲和性，达到远缘杂交的目的。

（三）花粉管伸长

花粉萌发时，首先从柱头吸水膨胀，花粉粒内压力增大，使其内壁从萌发孔处向外突出形成花粉管（图2-27）。从传粉至形成花粉管所需时间长短因作物种类而异，玉米为5min，棉花为1～4h。花粉管穿过乳突细胞壁或胞间隙进入柱头组织的细胞间隙，穿过花柱到达子房，通常从珠孔进入胚囊。花粉管顶端破裂后释放出精子和内含物，精子和卵细胞融合以后而完成受精作用。

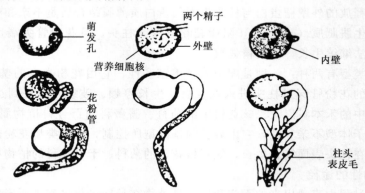

图2-27　水稻花粉粒的萌发和花粉管的形成

花粉的萌发和花粉管的生长表现出群体效应（population effect），即单位面积内花粉的数量越多，花粉的萌发和花粉管生长越好。

硼对花粉萌发和花粉管的生长具有明显促进作用，特别是当温度较高时，硼的促进效果更为显著。至于花粉管为什么能向着胚囊定向生长，一般认为是雌蕊组织中产生的向化性物质控制花粉管的可塑性，同时，雌蕊组织中的向化性物质分布的浓度不同，花粉管尖端就朝着向化性物质浓度递增的方向（胚珠）而定向延伸。如有人在金鱼草植物植物中观察到，钙离子的分布从柱头到胎座是递增的，可作为引导花粉管定向生长的化学刺激物。但在其他科的植物中，未能证实钙的这种作用，有人认为可能与生长素的梯度分布有关，这说明花粉管的向化性生长可能是几种物质共同作用的结果。

（四）受精过程中雌蕊的生理生长变化

从授粉到受精所需的时间因植物种类而异。花粉管到达胚囊时间的长短主要取决于花柱长度和花粉管的生长速率。在花粉萌发和花粉管的生长过程中，除了花粉本身的呼吸剧增、物质合成加快以外，由于花粉不断在向花柱中分泌各种酶类，还引起雌蕊组织代谢变化。

传粉后，雌蕊组织的呼吸速率明显增加，比未传粉时增加0.5～1倍。同时，雌蕊组织吸收水分和无机盐的能力增强，糖类和蛋白质代谢加快。

受精后，雌蕊组织一个显著的变化就是生长素含量剧烈增加，这主要是由于花粉中含有的催化色氨酸转变为吲哚乙酸（IAA）的酶系在花粉管生长过程中分泌到雌蕊组织中，引起花柱和子房中合成大量的IAA，使柱头到子房中的IAA含量顺次递增。由于受精后雌蕊组织的生长素含量和呼吸速率剧增，使更多的有机物被"吸引"到雌蕊组织中，子房便迅速生长发育成果实。受精后子房中生长素含量剧增是引起子房代谢剧烈变化的主要原因之一。生产中，用生长素在未开花前处理番茄、黄瓜等，可促进子房膨大形成无籽果实。而自然界中，香蕉、柑橘和葡萄等一些品种存在单性结实现象，就是由于未受精的子房中含有高浓度的生长素所致。研究指出，受精后激素变化中，在生长素迅速增加的同时，生长抑制作用解除，使激素平衡向着有利于子房生长方向发展。

第八节　植物的成熟和休眠以及衰老生理生态

被子植物的花芽发育成花后，在适宜条件下便进行授粉，进而双受精，分别形成合子（zygote）和初生胚乳核。其后，合子经胚胎发生过程发育成胚，初生胚乳核发育成胚乳，胚珠发育成种子，而子房发育成果实。一年生植物伴随其种子和果实的形成，趋向衰老，有的器官还会发生脱落。多数植物的种子在成熟后进入休眠状态。因此，本节将介绍种子和果实的成熟、休眠、衰老和脱落等多方面内容。

一、种子的发育和成熟生理

（一）种子的发育及其基因表达

1. 种胚和胚乳的发育

种胚（embryo）是种子最重要的部分。种胚的发育从受精卵形成合子开始，经过细胞分裂和分化发育为成熟的胚。从细胞结构来看，合子阶段呈现极性，合子中细胞器呈不均等分布，核和大部分细胞质在合子细胞的上半部，而大的液泡占据细胞的中、下部，合子的不均等分布是其不均等分裂的细胞学基础。一般情况下，合子经过短期休眠后分裂成两个大小不等的子细胞，上部顶端细胞体积小，细胞质浓密，下部基细胞体积大，液泡化。顶端细胞经过多次分裂先后通过原胚、球形、心形和鱼雷形等时期，最终发育为成熟胚。基细胞经几次细胞分裂发育成胚柄，它仅由少数细胞组成，具有维持胚的定位和定向作用，将原胚固定在胚囊和胚珠的组织上，并使原胚伸入到胚乳体中吸取来自母体孢子体的营养，在心形期后胚柄开始逐渐衰老、退化。分化出根分生组织和茎分生组织的种胚进入子叶期，此时 RNA、蛋白质等的合成作用开始加强。在胚成熟后期，RNA、蛋白质等有机物质合成结束，种子失去 95％以上水分，ABA 含量增加，胚进入休眠。

胚乳的发育早于胚发育，被子植物种子的胚乳有 3 种情况，即有内胚乳，兼有内、外胚乳，无胚乳（在种子发育过程中，胚乳被胚所吸收）。禾谷类作物小麦、水稻等的种子具有内胚乳，染色体数为 $3n$，是三倍体。禾谷类种子的受精极核在受精后即进行分裂，其初生胚乳核以游离核分裂方式在细胞化之前先分裂成许多游离核后，再细胞化形成胚乳细胞。而豆类种子在胚发育时胚乳组织被吸收，故胚成熟时无胚乳，营养物质贮藏在子叶中。裸子植物种子通常由种皮、胚和配子体组织组成，配子体为类似胚乳的营养贮藏组织。

2. 种子发育过程中基因的表达

从合子不均等分裂开始的植物胚胎发育过程是一个有序的、有选择性的基因表达过程，通过转录生成特异的 mRNA，再合成特异的蛋白质或酶，最终导致种胚成熟和种子形成。研究结果表明，在种子发育的任何一个阶段，大约有 20 000 个不同基因在

mRNA 水平上被表达，同时，胚轴、子叶以及非胚性化的胚乳组织中有相似数量的基因表达。

在大豆胚发生后期阶段的合子胚中，处于中熟阶段的胚内存在着 15 000 种 mRNA，其中，只有少量仅在胚中表达，有 90% 以上也在子叶阶段胚、成熟胚、成熟种子、幼苗和叶片等多个发育阶段存在，将这类 mRNA 称为长寿命 mRNA，它们在棉花、小麦、水稻、大豆等作物种胚中均存在，对种子萌发早期水解酶的形成以及胚根的发端起着重要作用。作为基因表达产物的磷酸酯酶、呼吸氧化酶等的活性，均伴随着胚胎发生过程而表现出相应的变化。

在玉米细胞中编码玉米醇溶蛋白的基因，一般处于潜伏态不表达，在玉米开花后约 20d 该基因才开始表达，其 mRNA 迅速增加，乳熟种子中达到高峰，在完熟种子该 mRNA 几乎消失，但此时种子的蛋白体中已经贮存了大量的玉米醇溶蛋白。

近年来，人们在拟南芥等模式植物中获得了大量的植物胚胎发生突变体，同时结合分子生物学技术克隆了许多重要的基因。例如，已知 GN 基因影响胚胎顶端—基部极性，它在整个胚胎发育进程中持续表达，编码的蛋白可能参与囊泡的定向运输，从而影响细胞的分裂、延伸和粘连。另外，已克隆的胚胎早期基因还有 FUS6、AGL15、KNOLLET 和 STM 等。从白菜和拟南芥中克隆到的 AGL15 优先在胚胎发生过程中表达，其编码的蛋白质在受精前存在于雌配子体的细胞质中；受精后，在最先进行的几次细胞分裂时，即转移至细胞核中。因此，AGL15 极有可能在胚胎发生过程中以转录因子的形式来调控其他基因的表达，KNOLLE 基因编码的蛋白质可能参与细胞质分裂，FUS6 基因编码一种新的与信号传导有关的蛋白质。总之，人们已经找到一些决定胚胎细胞命运和胚胎模式形成的关键基因，鉴定了一些调控根和茎分生组织细胞分裂和分化的基因，并对这些基因的时空特异性表达方式进行了研究，这对最终弄清楚胚胎发育的遗传程序有重要意义。

（二）种子发育成熟过程中有机物质的变化

1. 糖类的变化

小麦、水稻、玉米等禾谷类种子和豌豆、蚕豆等部分豆类种子的贮藏物质以淀粉为主，称之为淀粉种子。这类种子在成熟过程中，可溶性糖含量逐渐降低，而淀粉的积累迅速增加。例如，水稻种子成熟时，胚乳中的蔗糖与还原糖（果糖和葡萄糖）的含量迅速减少，而淀粉的含量急剧增长（图 2-28），这表明淀粉是由糖类转化而来的。淀粉的积累以乳熟期和糊熟期最快，相应时期的种子干重迅速增加。在形成淀粉的同时，还形成构成细胞壁的不溶性物质，如纤维和半纤维素。

淀粉种子在成熟时，与糖类相关的变化主要有两方面趋向：一是催化淀粉合成的酶类（如 Q 酶、淀粉磷酸化酶等）活性增强；

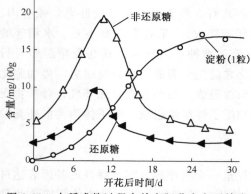

图 2-28　水稻成熟过程中单个胚乳内主要糖类的变化

二是可溶性的小分子化合物转化为不溶性的高分子化合物（如淀粉、纤维素）。

2. 蛋白质的变化

成熟的谷类种子中，总蛋白为种子干重的 7％～16％，其中大部分为贮藏蛋白，包括溶于水或稀盐缓冲液的清蛋白（albumin）、溶于稀盐溶液的球蛋白（globulin）、溶于稀酸和稀碱溶液的谷蛋白（glutelin）和溶于 70％～80％乙醇溶液的谷类特有的醇溶谷蛋白（prolamin）。而豆科植物种子大多富含蛋白质，占种子干物重的 40％以上，称为蛋白质种子。这类植物首先由叶片或其他营养器官的氮素以氨基酸或酰胺的形式运到荚果，在荚皮中氨基酸或酰胺合成暂时贮藏状态的蛋白质，然后分解，以酰胺态运至种子中转变为氨基酸，最后合成蛋白质贮藏于种子中。种子贮藏蛋白的生物合成在种子发育的中后期开始，至种子干燥成熟阶段终止，其合成速率快，并且不发生降解，因而积累也快。

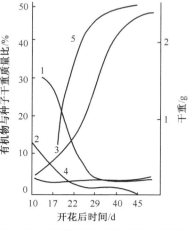

图 2-29　油菜种子成熟过程中各种有机物变化情况
1. 可溶性糖；2. 淀粉；3. 千粒重；4. 含 N 物质；5. 粗脂肪

3. 脂肪的变化

大豆、花生、油菜、蓖麻和向日葵等的种子中脂肪含量很高，称为脂肪种子或油料种子。油料种子在成熟过程中，脂肪代谢有以下几个特点。①油料种子在成熟过程中，脂肪由糖类转化而来。伴随着油料种子的成熟，脂肪含量不断提高，糖类含量相应降低（图 2-29）。②油料种子在成熟初期形成大量的游离脂肪酸，以后随着种子成熟，游离脂肪酸用于脂肪的合成，使种子的酸价（中和 1g 油脂中游离脂肪酸所需 KOH 的毫克数）逐渐降低。③在种子成熟过程中，碘价（指 100g 油脂所能吸收碘的克数）逐渐升高，这表明组成油脂的脂肪酸不饱和程度与数量提高，即在种子成熟初期先合成饱和脂肪酸，然后在去饱和酶的作用下转化为不饱和脂肪酸。

（三）种子成熟过程中其他生理变化

1. 呼吸速率

种子成熟过程是有机物质合成与积累的过程，新陈代谢旺盛，需要呼吸作用提供能量。所以，干物质积累迅速时的呼吸速率亦高；种子接近成熟时，呼吸速率则逐渐降低。例如，水稻开花后 15d 内达到高峰，以后逐渐下降。

2. 内源激素

小麦从抽穗到成熟期间，籽粒内源激素含量和种类发生有规律的变化（图 2-30）。受精后 5d 左右玉米素含量迅速增加，15d 左右达到高峰，后逐渐下降。接着是赤霉素含量迅速提高，受精后第 3 周达到高峰，在赤霉素含量开始下降之际，IAA 的含量急剧上升。当籽粒鲜重最大时，其含量最高，籽粒成熟时几乎测不出其活性。在禾本科植物灌浆后期，籽粒脱落酸含量增加。不同内源激素的交替变化，调节着种子发育过程中的细胞分裂、生长、扩大，以及有机物质的合成、运输、积累、耐脱水性形成及进入休眠等。

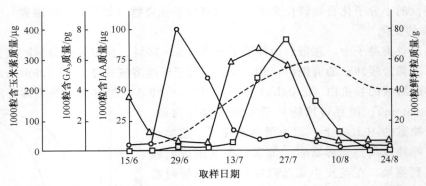

图 2-30 小麦籽粒发育时期玉米素（○）、GA（△）、IAA（□）含量的变化
虚线表示千粒重的变化

（四）外界生态条件对种子成分及成熟过程的影响

种子主要化学成分、饱满度、成熟期等受光照、温度、空气相对湿度、土壤水分及矿质营养的影响。

（1）光照。光照强度直接影响种子内有机物质的积累。例如，小麦籽粒 2/3 的干物质来源于抽穗后叶片及穗子本身的光合产物，此时光照强，叶片同化物多，输入到籽粒的多，产量就高。小麦灌浆期遇到连续阴天，灌浆速率降低，粒重减轻，就会造成减产。此外，光照也影响籽粒的蛋白质含量和含油率。

（2）温度。温度过高时，呼吸消耗大，籽粒不饱满；温度过低，不利于有机物质运输与转化，种子瘦小，成熟推迟；温度适宜利于物质的积累，促进成熟。昼夜温差大有利于成熟并能增产。温度还影响种子化学成分的含量。我国北方大豆种子成熟时，温度低，种子含油量高，蛋白质含量低；南方则正好相反（表 2-8）。

表 2-8 不同地区大豆的品质

不同地区品种	蛋白质含量/%	含油量/%
北方春大豆	39.9	20.8
黄淮海夏大豆	41.7	18.0
长江流域春夏秋大豆	42.5	16.7

（3）空气相对湿度。阴雨天多，空气相对湿度高，会延迟种子成熟；空气湿度较低，则加速成熟。空气湿度太低会出现大气干旱，不但阻碍物质运输，而且合成酶活性降低，水解酶活性增高，干物质积累减少，种子瘦小、产量低。

（4）土壤含水量。土壤干旱会破坏作物体内水分平衡，严重影响灌浆，造成籽粒不饱满，导致减产。土壤水分过多，由于缺氧使根系受到损伤，光合下降，种子不能正常成熟。北方小麦种子成熟时，雨量及土壤水分比南方少，其蛋白质含量较高。据测定，黑龙江省克山及北京、济南、杭州的小麦蛋白质含量（干重%）分别为 19.0、16.1、12.9 和 11.7。

（5）矿质营养。氮肥有利于种子蛋白质含量提高，但氮肥过多（尤其是生育后期）

会引起贪青晚熟，油料种子则降低含油率；适当增施磷钾肥可促进糖分向种子运输，增加淀粉含量，也有利于脂肪的合成和累积。

二、果实的生长和成熟生理

（一）果实的生长特点

以开花后的时间和果实质量作图，果实生长亦呈S形生长曲线，即生长大周期。其中，苹果、梨、香蕉、茄子等的果实只有一个迅速生长期，呈慢—快—慢单S形生长曲线；而桃、杏、李、樱桃和柿子等的果实，呈双S形生长曲线（图2-31）。后者果实具核，可能是由于在生长中期养分主要向核内的种子集中，使果实生长一度减慢。

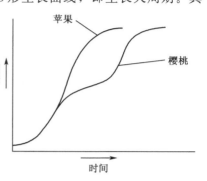

图 2-31　果实的生长曲线

有些植物的胚珠不经受精，子房仍然能继续发育成为没有种子的果实，称为单性结实（parthenocarpy）。单性结实种类和原因很多，可区分以下几类。

（1）天然单性结实：不经授粉、受精作用或其他任何外界刺激而形成无籽果实。例如，桃、葡萄可以由于胚的败育而形成无籽果实，香蕉、苹果则可由于未经授粉而形成无籽果实。

（2）刺激性单性结实：在外界环境条件的刺激下而引起的单性结实。例如，短日照或较低的夜温可引起瓜类作物单性结实。

（3）人工诱导单性结实：利用某些植物生长物质（如 NAA、2,4-D、GA 等）处理花蕾可引起植物子房膨大而形成无籽果实。

（4）假单性结实：有些植物授粉受精后由于某种原因而使胚败育，但子房和花托继续发育形成无籽果实，如草莓就是由花托发育而成的假果。

（二）果实成熟时的生理生化变化

1. 呼吸跃变和乙烯的释放

在细胞分裂迅速的幼果期，呼吸速率很高，当细胞分裂停止、果实体积增大时，呼吸速率逐渐降低，果实体积达到最大和进入成熟之前，呼吸又急剧升高，最后又下降。果实在成熟之前发生的这种呼吸突然升高的现象称为呼吸跃变或呼吸峰（respiratory climacteric）。呼吸跃变的出现，标志着跃变型果实成熟达到可食的程度。根据果实是否有呼吸跃变现象，将果实分为跃变型和非跃变型两类。跃变型果实有梨、桃、苹果、李、杏、芒果、番茄、柠檬、西瓜、白兰瓜和哈密瓜等；非跃变型果实有草莓、葡萄、柠檬、柚、橙、柑橘和黄瓜等。

跃变型果实与非跃变型果实除了在呼吸变化趋势方面有明显差别外，它们在乙烯生成的特性和对乙烯的反应方面也有重要的区别。跃变型果实中乙烯生成有两个调节系统。系统Ⅰ负责呼吸跃变前果实中低速率的基础乙烯生成；系统Ⅱ负责呼吸跃变时乙烯的自我催化释放，其乙烯释放率很高。非跃变型果实成熟过程中只有系统Ⅰ，缺乏系统Ⅱ，乙烯生成速率低而平稳。两种类型果实对乙烯反应的区别在于：对于跃变型果实，外源乙烯只在跃变前起作用，诱导呼吸上升；同时启动系统Ⅱ，形成乙烯自我催化，促进乙烯大量释放，但不改呼吸跃变顶峰的高度，且与处理用乙烯浓度关系不大，其反应是不可逆的。对于非跃变型果实则不同，外源乙烯在整个成熟期间都能促进呼吸作用增强，且与处理乙烯的浓度密切相关，其反应是可逆的；同时，外源乙烯不能促进内源乙烯增加。

乙烯影响呼吸作用的机制可能是通过受体与细胞膜结合，增强膜透性，加速气体交换，加强氧化作用；乙烯可诱导呼吸酶的 mRNA 的合成，提高呼吸酶含量，并提高呼吸酶活性，对抗氰呼吸有显著的诱导作用，可明显加速果实成熟和衰老进程。

2. 有机物质的转化

(1) 甜味增加。未成熟果实贮存的糖类以淀粉为主，果实趋于成熟的过程中，淀粉转化为可溶性的葡萄糖、果糖、蔗糖等并积累在细胞液中，使果实变甜。果实的甜度与糖的种类有关，如以蔗糖甜度为 1，则果糖为 1.03～1.5，葡萄糖为 0.49。

(2) 酸味减少。酸味来源于果实中的有机酸。如苹果和桃的果肉细胞的液泡中积累苹果酸，葡萄中含有酒石酸，柑橘、菠萝中含有柠檬酸。随着果实的成熟，一些有机酸转变为糖，有些则由呼吸作用氧化为 CO_2 和 H_2O，还有些被 K^+、Ca^{2+} 等离子中和生成盐，因此酸味明显减少。

(3) 涩味消失。未成熟的柿子、香蕉、李子、梨等果实的果肉中的细胞内含有可溶性单宁，所以有涩味。单宁属多元酚类物质，在果实成熟过程中，单宁被过氧化物酶氧化成过氧化物或凝结成不溶性物质，从而使涩味消失。

(4) 香味产生。果实成熟时产生一些具有香味的挥发性物质，如苹果中含乙酸丁酯、乙酸乙酯，香蕉中含有乙酸戊酯、甲酸甲酯，柑橘中含柠檬醛等。

(5) 果实变软。未成熟的果实因其初生细胞壁中沉积有不溶于水的原果胶，果实很硬。随着果实的成熟，果胶酶和原果胶酶活性增强，将原果胶水解为可溶性果胶、果胶酸和半乳糖醛酸，果肉细胞彼此分离，于是果肉变软。此外，果肉细胞中的淀粉转变为可溶性糖，也是使果实变软的部分原因。果实变软是果实成熟的一个重要标志。

(6) 色泽变艳。未成熟果实的果皮大多为绿色，是因为果皮中含有大量的叶绿素。随着果实的成熟，果皮中的叶绿素逐渐分解，而类胡萝卜素含量仍较多且稳定，故呈现黄色，或由于形成花色素呈现红色。例如，苹果、香蕉、柑橘等在成熟时，果皮颜色由绿逐渐转变为红、黄和橙色。光照可促进花色素苷的合成，因此树冠外围果实或果实的向阳面色泽鲜艳。

(7) 维生素含量增高。果实含有丰富的各类维生素，主要是维生素 C（抗坏血酸）。不同果实维生素含量差异很大，以 100g 鲜重计算，番茄含维生素 8～33mg，香蕉含 1～9mg，红辣椒含 128mg。

3. 内源激素的变化

在果实成熟过程中，各种内源激素都有明显变化。一般在幼果生长时期，生长素、赤霉素、细胞分裂素的含量增高，到了果实成熟时，都下降至最低点，而这时乙烯、脱落酸含量则升高（图 2-32）。

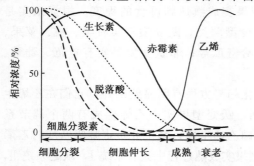

图 2-32 苹果果实各生育时期激素的动态变化

三、植物和种子的休眠生理

植物的休眠（dormancy）是指植物生长极为缓慢或暂时停顿的一种现象，是植物抵抗和适应不良环境的一种保护性的生物学特性。植物休眠器官有多种，如一两年生的植物多以种子为休眠器官，多年生落叶树以休眠芽过冬，多年生草本植物则以休眠的根系、根块、块茎等过冬。依据休眠的深度和原因，通常将休眠分为强迫休眠和生理休眠两种类型。把由于环境条件不适宜而引起的休眠称为强迫休眠，而因为植物本身的原因引起的休眠称为生理休眠或真正休眠。

（一）种子休眠的原因和破除

有些植物的成熟种子，即使处于适宜的外界环境条件仍不能萌发，这类种子处于休眠状态。通常情况下，种子休眠主要指由内部的生理抑制或种皮的障碍而引起的生理休眠。

1. 种皮限制

有些种皮坚厚的豆科、茄科、百合科植物种子称为硬实种子。这些种子的种皮往往不透水、不透气，外界 O_2 不能透进种子内，CO_2 累积在种子中，抑制胚的生长而呈休眠状态。在自然条件下，长期的空气氧化种皮组成物、微生物分泌的酶类水解种皮，以及在其他环境因素的作用，使种皮变软，透水、透气性增加，可以逐步破除休眠。在生产上，一般采用物理和化学方法来去除或破开种皮，使种皮透水透气，破除休眠，提高发芽率。如用氨水（1∶50）处理松树种子或用 98％浓硫酸处理皂荚种子 1h，清水洗净，再用 40℃温水浸泡 86h 等。

2. 胚未完全发育

银杏的种子成熟后从树上掉下时胚发育尚未完成。欧洲白蜡树种子脱离母体后，必须经过一段时间的种胚发育才能萌发。

3. 种子未完成后熟

有些种子的胚在形态上已经发育完全，但在生理上还未成熟，必须通过后熟才能萌发。后熟（after ripening）是指种子采收后需经过一系列的生理生化变化达到真正的成熟才能萌发的过程。如蔷薇科植物（苹果、桃、梨和樱桃等）和松柏类植物的种子必须经低温处理，即用低温层积法处理，将种子分层堆积在 5℃左右低温湿砂环境下 1～3 个月，后熟完成之后，萌发率可达 90％以上。大麦、小麦、粳稻、棉花种子经过 1～2 个月的常温干藏，即可完成后熟，达到最高发芽率。晒种可加速种子后熟过程。

经过后熟作用的种子，种皮透气透水性增加，酶活性和呼吸增强，有机物开始水解为可溶物，脱落酸含量下降，细胞分裂素含量先上升，以后随着赤霉素含量上升而下降。

4. 抑制物的存在

有些植物的种子不能萌发是由于存在抑制种子萌发的物质。抑制物质多数是一些低分子质量的物质，如 HCN、NH_3、乙烯等，较复杂的有芥子油、精油等；酚类物质有水杨酸、没食子酸、阿魏酸和香豆素等；醛类化合物有柠檬醛、肉桂醛等；生物碱类有咖啡碱、古柯碱等；还有内源激素脱落酸。这些物质存在于果肉（梨、苹果、番茄、柑橘、甜瓜）、种皮（大麦、燕麦、苍耳、甘蓝等）、胚乳（莴苣、鸢尾）或子叶（菜豆）中。洋白蜡树种子休眠是因种子和果皮内都有脱落酸，其含量分别达到 $1.7\mu mol/kg$ 和 $2.8\mu mol/kg$，当其脱落酸含量分别降至 $0.6\mu mol/kg$ 和 $1.8\mu mol/kg$ 时，种子就破除休眠而萌发。

种胚被覆物中抑制物质的存在有其重要的生态学意义。例如，生长在沙漠中的某些植物，在充分降雨后，抑制物质被淋洗掉，种子即发芽并利用尚湿润的环境条件完成其生活周期。如果雨量不足，不能完全冲洗掉抑制物质，种子就不萌发，继续休眠以适应极度干旱的沙漠环境。在生产上，对于果肉中存在抑制物质的西瓜、甜瓜、番茄、茄子等，可将种子从果实中取出，用流水除去抑制物质，促进种子萌发。

（二）种子和延存器官休眠的调节

在生产实践中有时需要延长种子的休眠，防止穗上发芽。例如，有些小麦、水稻品种的种子休眠期短，成熟后若遇到阴雨天气就会出现穗发芽，影响产量和质量。春花生成熟后，土壤湿度大时，花生仁会在土中发芽，给生产上造成损失，在其成熟时喷施 PP_{333} 可延缓萌发。

马铃薯块茎在收获后，一般有较长的休眠期，立即作种薯则需要破除休眠。生产上多采用赤霉素破除马铃薯块茎休眠，长期贮藏的洋葱、大蒜鳞茎等延存器官和马铃薯块茎，度过休眠期即会萌发。若要设法延长休眠，以安全贮藏保持其商品价值，生产上可用 0.4% 萘乙酸甲酯粉剂（用泥土混制）处理，或将马铃薯块放在架上摊成薄层，保持通风，可延长休眠，安全贮藏 6 个月。

第九节　植物衰老生理和调控

一、植物衰老的类型与意义

衰老（senescence）是植物体生命周期的最后阶段，在正常环境下，成熟的细胞、组织、器官和整个植株自然地发生机能衰退、逐渐终止生命活动的过程。衰老受植物自身遗传程序控制，但也受环境条件的影响，如秋季日照长度和温度。衰老的结果是死亡，其原因很复杂，围绕衰老及其调控的研究在持续深入之中。

1. 植物衰老的类型

根据植物与器官死亡的情况，植物衰老表现为多种类型：①多年生草本植物地上部衰老，如菊花、苜蓿等；②每年落叶木本植物叶片季节性衰老，如悬铃木、梧桐等；③老叶渐近衰老，如桂花、竹子、小麦和棉花等；④鲜果和干果的成熟衰老，如柑橘、橙等；⑤子叶和花器官的衰老；⑥导管、管胞等特殊类型细胞的衰老；⑦整株衰老，如玉米、水稻等。不同衰老类型可能受到相应的内部调控衰老基因的控制，诱发衰老和死亡。引起不同类型衰老的原因可以是内在的，也可以是外在的。

2. 衰老的生物学意义

总体而言，植物衰老既有其积极的一面，又有消极的一面。一方面，一二年生植物成熟衰老时，其营养器官贮存的物质降解，运转到发育的种子、块根、块茎等器官中，以利于下一轮生命周期的新器官的生长发育；多年生植物秋天叶子衰老脱落之前，输出大量物质到茎、芽、根中贮存，以供再分配和再利用，以适应秋去冬来不良的环境条件，有利于生存；一二年生植物叶片自基部向上依次衰老死亡，有利于植物保存和有效利用营养物质。另一方面，农作物受到某些不良因素影响时，适应能力降低，营养体生长不良，造成过早衰老，籽粒不饱满，引起粮食减产。这类负面影响应通过提高植物的抗衰老能力予以克服。

二、植物衰老过程中的生理生化变化

植物衰老首先从器官的衰老开始，然后逐渐引起植株衰老。植物叶片衰老过程中的生理生化变化表现在以下几个方面。

（1）水解酶活性增强。衰老过程中，叶片内蛋白质、糖类、核酸等发生分解，蛋白质含量、mRNA 含量、DNA 含量显著下降。分解形成的可溶性糖、核苷、氨基酸经韧皮部由衰老叶片运至植物其他部位，与此同时，矿物质也由衰老组织或器官运出。

（2）光合速率下降。在叶片衰老过程中，叶绿体首当其冲遭受破坏，叶绿体膨胀，间质中的酶失活，类囊体上的蛋白复合体裂解；叶绿素降解速率增加，含量迅速下降；而类胡萝卜素相对稳定，降解较晚，因此叶片失绿变黄是叶片衰老最明显的外观特征。叶片中色素降解含量下降、以 Rubisco 为主的可溶性蛋白质的降解、光合电子传递与光合磷酸化受阻等都将导致光合速率下降（图 2-33）。

（3）呼吸速率下降。在叶片衰老过程中，线粒体的结构相对比叶绿体稳定，呼吸速率下降较光合速率慢，直到衰老后期线粒体膜的完整性才消失。有些叶片衰老时，呼吸速率先迅速下降，后又急剧上升，再迅速下降，出现呼吸跃变现象。此外，叶片衰老时，呼吸过程中的氧化磷酸化逐步解偶联，产生的 ATP 数量减少，细胞中合成过程所需的能量不足，加快衰老。

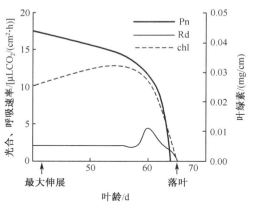

图 2-33　菜豆衰老叶片中生理生化变化

（4）生物膜结构变化。正常情况下，细胞膜为液晶态，膜脂中不饱和脂肪酸含量多，膜的流动性、柔软性和完整性强；当有 Ca^{2+}、Mg^{2+} 等二价离子结合到磷脂"头"部时，膜的稳定性得到提高。在细胞趋向衰老过程中，膜脂的脂态酸饱和程度逐渐增高，脂肪链加长，使膜由液晶态逐渐转变为凝固态，磷脂尾部处于"冻结"状态，完全失去流动能力。衰老细胞另一个明显特征是生物膜选择透性丧失，透性加大，膜结构逐步解体。此外，一些具有膜结构的细胞器如叶绿体、线粒体、核糖体和细胞核等，其膜结构在衰老期间发生衰老、破裂甚至解体，从而丧失其相应的生理功能，并会释放出各种水解酶类及有机酸至细胞质中，使细胞发生自溶现象，加速了细胞的衰老。

（5）植物内源激素的变化。在植物衰老过程中，植物内源激素有明显变化。已知植物五大类内源激素都与植物衰老有关。一般情况下，在植株或器官的衰老过程中，吲哚乙酸（IAA）、赤霉素（GA）和细胞分裂素（CTK）含量逐步下降，而脱落酸（ABA）和乙烯（ETH）含量逐步增加。

此外，叶片衰老过程中，会增加一些与水解酶、呼吸酶有关的 RNA 的合成，这些 RNA 可能具有调节衰老进程的作用。

三、植物衰老的特殊形式——程序性细胞死亡

程序性细胞死亡（programmed cell death，PCD）在植物胚胎发育、细胞分化和形态建成过程中普遍存在。叶片衰老过程中包括大量有序事件的发生，如有些植物的叶子是按照它们特有的发育顺序相继发黄、衰老、死亡、脱落，也有些植物在某一段时间内形成的所有叶子会在同一段时间里全部衰老死亡。因此，叶片衰老是一个 PCD 过程，该过程受核基因控制，导致细胞结构（包括叶绿体、细胞核等）发生高度有序的解体及其内含物的降解，大量矿质元素和有机营养物在衰老细胞解体后有序地向非衰老细胞转移而被循环利用。

同在动物 PCD 过程中出现特定家族蛋白酶一样，已经在衰老的豌豆心皮和叶片中检测到核酸酶积累和寡聚核苷酸片段，这为植物衰老与 PCD 之间的关系提供了新的证据。目前，植物 PCD 理论已成为一种备受关注的细胞衰老学说。

此外，对 PCD 的调控研究表明，一定量的 H_2O_2、植物激素 GA 和乙烯可以诱导 PCD，而 ABA 和 CTK 则抑制 PCD。

四、植物衰老的机制

有关植物衰老发生原因的假说有多种，如营养竞争假说、DNA 损伤假说、自由基损伤假说、植物激素调节假说等。尽管有证据表明营养物质的分配竞争在衰老中起作用，但不是引起衰老的初始原因，这里不加讨论，而营养竞争以外的其他假说的作用机制与 PCD 间存在着各种联系。

1. DNA 损伤假说及基因时空调控假说

前者的核心是基因表达在蛋白质合成过程中引起的误差积累是造成植物衰老的根本原因。当产生的误差超过某一阈值时，细胞机能失常，导致衰老。这种差误是由于 DNA 的裂痕或缺损导致错误的转录、翻译，从而在蛋白质合成过程中的一处或几处产生氨基酸排列顺序的错误或者是多肽链折叠的错误而出现并积累无功能的蛋白质（酶）的结果。

研究结果表明，叶片中蛋白酶基因的表达与叶片衰老过程相关，其中一些基因的表达具有衰老特异性。DNA 降解是导致衰老的主要原因。

在某些物理化学因子，如在紫外线、电离辐射、化学诱变剂等因素的作用下，DNA 受损伤，同时 DNA 结构功能遭到破坏，DNA 不能修复，使细胞核控制的合成蛋白质的能力下降，造成细胞衰老。研究认为，紫外线照射能使 DNA 分子中同一条链上

两个胸腺嘧啶碱基之间形成二聚体，影响 DNA 双螺旋结构，使转录、复制、翻译等受到影响。

基因的时空调控假说的核心在于：核基因在叶片发育的时间顺序和细胞内空间上控制着衰老进程。已有许多研究证据表明，在叶片衰老过程中，总 DNA 水平变化较小，而总 RNA 水平尤其是 mRNA 水平剧烈下降，一部分 mRNA 的数量减少或消失，另一部分 mRNA 出现或数量增加。运用差示筛选和减式杂交分离鉴定这些与衰老相关的基因，发现一些未曾在功能叶片中表达的基因在衰老期间被激活，一些低水平表达的基因表达得到增强，这一类基因称为衰老上调基因（senescence up-regulated gene）或衰老相关基因（senescence-associated gene，SAG），其中仅在衰老特定发育阶段表达的基因称为衰老特定基因（senescence specific gene，SSG）。与此同时，大部分基因在衰老时受到抑制而低水平地表达，有的甚至完全不表达，相应的 mRNA 水平下降，这一类基因称为衰老下调基因（senescence down-regulated gene），如编码与光合过程有关的蛋白质的转录丰度随叶片衰老而急剧下降。

2. 自由基损伤假说

对植物叶片衰老的研究中，自由基假说受到重视。该学说认为植物衰老是由于植物体内产生过多的活性氧自由基对生物大分子造成伤害的结果。活性氧是指化学性质极为活泼、氧化能力很强的含氧物质的总称，如超氧物阴离子自由基 O_2^-、羟基自由基 ·OH、过氧化氢 H_2O_2、脂质过氧化物 ROO^- 和单线态氧 $^1O_2$ 等，其中自由基为游离存在的、具有极为活泼的化学特性的、带有不成对电子的分子、原子或离子。在植物体内，活性氧可以在多个部位通过多条途径产生。如叶绿体可通过 Mehler 反应产生 O_2^-、H_2O_2，也可通过光敏反应产生 $^1O_2$，线粒体能在消耗 NADH 的同时产生 O_2^-、H_2O_2，过氧化物酶体通过乙醇酸氧化产生 H_2O_2。正常情况下，植物体内多余的自由基可以通过自由基清除酶类或一些能与自由基反应并产生稳定产物的非酶类自由基清除物质来清除。前者包括超氧化物歧化酶（SOD）、过氧化氢酶（CAT）、过氧化物酶（POD）、谷胱甘肽过氧化物酶（GSH－PX）等，后者包括维生素 E、谷胱甘肽、抗坏血酸、类胡萝卜素、甘露醇和疏基乙醇等，它们协同作用，使自由基的产生和清除处于动态平衡状态，植物体内自由基的浓度保持在较低的水平（$10^{-5} \sim 10^{-3}$ mol/L），不会引起作害。而当植物遇到不良环境条件或趋于衰老时，自由基产生与清除的代谢系统平衡被打破，清除自由基的酶活性和非酶物质水平下降，活性氧自由基的产生加快，加速乙烯生成，从而加速植物衰老和死亡。活性氧对植物的伤害作用表现在以下几个方面：首先是细胞结构和功能受损，如线粒体受到活性氧的攻击后，会出现肿胀，脊残缺不全，基质收缩或解体；其次是生物膜中的不饱和脂肪酸在自由基作用下发生膜脂过氧化自由基链式反应，导致膜相分离，破坏膜的正常功能；再次是活性氧会造成植物体内核酸结构的定位损伤和蛋白质的空间结构破坏而变性，使多种酶失活，从而明显抑制植物生长，引起早衰甚至死亡。

在对与衰老有密切关系的清除自由基的酶系统研究中，已发现 SOD 在植物叶片细胞的叶绿体、线粒体和细胞质中均有存在，主要功能是催化 O_2^- 歧化为 H_2O_2，后者在 POD（叶绿体内）或 CAT（线粒体或过氧化体内）作用下形成 H_2O_2。植物叶片衰老过程中都有 H_2O_2 的积累，因此，高水平的 H_2O_2 可能是叶片衰老死亡的触发因子。

脂氧合酶（LOX）通过催化脂质过氧化过程参与植物衰老调控过程，在植物发育到一定阶段或受到环境胁迫时，它催化膜脂中以亚油酸和亚麻酸的不饱和脂肪酸加氧产生脂质过氧化物自由基（ROO·），而 ROO·可自动转化为膜脂内过氧化物，并进一步降解为丙二醛。伴随着丙二醛含量的上升和膜脂过氧化的加剧，衰老加速。植物在开花后，过氧化的脂质含量会急剧增加，并且在脂氧化作用之前，LOX 活性急剧上升。因此，LOX 可能是导致植物细胞衰老死亡的重要因素之一。

衰老时往往伴随着 SOD、POD 和 CAT 活性的降低，以及 LOX 活性的升高。目前，以 SOD 为代表的、旨在通过转 SOD 基因提高 SOD 活性来延缓衰老的基因工程已成为植物抗衰老研究的热点课题之一。

3. 植物激素调节假说

植物激素对衰老过程有重要的调节作用。细胞分裂素是最早被发现具有延缓衰老作用的内源激素。离体的叶片和茎常常迅速衰老，但生了根的叶片和茎的衰老得以延缓，这是根合成和运出的细胞分裂素到达茎叶的缘故。在人工合成的细胞分裂素类物质中，6-苄基腺嘌呤（6-BA）应用最为广泛。细胞分裂素的延衰作用首先是促进 RNA 合成，然后是提高蛋白质合成能力，并通过影响代谢物的分配、移动使营养物质富积，从而推迟其衰老进程。

赤霉素和生长素对衰老的延缓作用有一定的局限性。低浓度的吲哚乙酸可延缓大豆叶片衰老，100mg/L 萘乙酸对延缓小麦叶片的衰老也有一定效果，但对大多数木本植物无效。赤霉素对阻止蒲公英、旱金莲以及一些落叶树叶片衰老有效，这是因为赤霉素对衰老叶片中的叶绿素、蛋白质和 RNA 的降解有不同程度的抑制作用。但赤霉素不能阻止红花槭、欧洲栗等植物的衰老，而对落羽松甚至有加速衰老的作用。

脱落酸和乙烯对衰老有明显的促进作用。研究表明，脱落酸可抑制核酸和蛋白质的合成，加速叶片中 RNA 和蛋白质的降解，并能促使气孔关闭。脱落酸在植物体内含量的增加是引起叶片衰老的重要原因。乙烯不仅能促进果实呼吸跃变，加快果实成熟，而且还可以促进叶片衰老。这与乙烯能增加膜透性、形成活性氧、导致膜脂过氧化以及增加抗氰呼吸速率、过多地消耗有机物质有关。乙烯生物合成抑制剂如 AVG、AOA、Ag^+、Ni^{2+} 等均可推迟果实成熟和叶片衰老。

茉莉酸类可加快叶片中叶绿素的降解速率，促进乙烯合成，提高蛋白酶与核糖核酸酶等水解酶的活性，加速生物大分子的降解，因而促进植物衰老。

总体来看，细胞分裂素和生长素具有延缓衰老的作用，而脱落酸、乙烯、茉莉酸和茉莉酸甲酯具有促进衰老的效应。一般认为，衰老不仅受某一种内源激素的调节，而且受激素之间平衡关系的调节，植物衰老进程受多种植物激素综合调控。如低浓度的 IAA 可延缓衰老，但浓度升高到一定程度时，可诱导乙烯合成，从而促进衰老。脱落酸对衰老的促进作用可为细胞分裂素所颉颃。此外，乙烯可能与脱落酸和细胞分裂素一起调控植物细胞的 PCD，进而调控衰老。

五、生态环境条件对植物衰老的影响

（1）温度。低温和高温均能诱发自由基的产生，引起膜相变化和膜脂过氧化，加速植物衰老。

（2）光照。植物叶片在光下比在暗中衰老得慢，暗中产生的 ABA 引起气孔关闭，促进衰老。强光和紫外线促进植物体内产生自由基，诱发植物衰老。长日照促进 GA 合成，利于生长，短日照促进 ABA 合成，利于脱落，加速衰老。光可抑制叶片中 RNA 的水解，在光下乙烯的前体 ACC 向乙烯的转化受到阻碍；红光可阻止叶绿素和蛋白质含量下降，远红光则能消除红光的作用，蓝光可显著地延缓绿豆幼苗叶绿素和蛋白质合成的减少，延缓叶片衰老。

（3）气体。O_2 浓度过高会加速自由基的形成，自由基的产生超过自身的消除能力时引起衰老。污染环境的 O_3 可加速植物的衰老过程。高浓度的 CO_2 可抑制乙烯生成和呼吸速率，对衰老有一定的抑制作用，5%～10% CO_2 并结合低温可延长果实和蔬菜的贮藏期。

（4）水分。水分胁迫会促进乙烯和 ABA 形成，加速蛋白质和叶绿素的降解，提高呼吸速率，促进自由基的产生，加速植物的衰老。

（5）矿质营养。氮肥不足，叶片易衰老；增施氮肥，促进蛋白质合成，则能延缓叶片衰老。Ca^{2+} 处理果实有稳定膜的作用，减少乙烯的释放，能延迟果实成熟。Ag^+（10^{-10}～10^{-9} mol/L）、Ni^{2+}（10^{-4} mol/L）可延缓水稻叶片的衰老。

第十节　器官脱落生理

（一）器官脱落的概念和类型

脱落（abscission）是指植物器官（如叶片、花、果实或枝条等）自然离开母体的现象。脱落可分为三种：一是由于衰老或成熟引起的脱落叫正常脱落，如叶片和花朵的衰老脱落，果实和种子成熟后的脱落；二是由于逆境条件（高温、低温、干旱、水涝、盐渍、污染、病害和虫害等）引起的脱落，称为胁迫脱落；三是因为植物自身的生理活动而引起的脱落，称为生理脱落，如营养生长与生殖生长的竞争、源与库的不协调、光合产物运输受阻或分配失控均能引起生理脱落。胁迫脱落与生理脱落都属于异常脱落。在生产上异常脱落现象普遍存在，常常给农业生产带来重大损失，如棉花蕾铃脱落率可达 70% 左右，大豆花荚脱落率也很高。因此，生产上采取必要措施减少器官脱落具有重要意义。但在某些情况下异常脱落或人工疏果和修剪有其特定的生物学意义，如减少水分散失，合理分配养料，延缓营养体衰老进程，使剩余果实和种子得以良好的生长发育，并能改善其品质。

（二）器官脱落的机制及其影响因素

1. 离层与脱落

器官在脱落之前往往先在叶柄、花柄、果柄以及某些枝条的基部形成离层（separation layer）。以叶片为例，离层是在叶柄的基部经横向分裂而形成的几层细胞，其体积小，排列紧密，细胞壁薄，有浓稠的原生质和较多的淀粉粒，核大而突出（图 2-34）。

多数植物叶片在脱落之前已形成离层，但处于潜伏态。叶片行将脱落之前，离层细胞衰退，变得中空而脆弱，纤维素酶（cellulase）与果胶酶（pectinase）活性增强，细

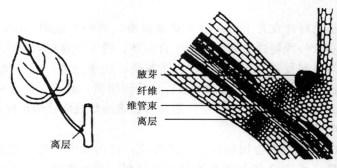

图 2-34　双子叶植物叶柄基部离层部分纵切面

胞壁的中层分解，细胞彼此离开，叶柄只靠维管束与枝条相连，在重力与风力等的作用下，维管束折断，于是叶片脱落。例如，菜豆叶片脱落时，纤维素酶活性增加，并已从离区分离出 pI 酸性和 pI 碱性两种纤维素酶，前者与细胞壁木质化有关，受 IAA 控制；后者与细胞壁分解有关，受乙烯控制。当器官脱落后暴露面木栓化所形成的一层组织称为保护层，可免受干旱和微生物的伤害。

器官脱落时离层细胞先行溶解，木本植物的叶片脱落，通常是位于两层细胞间的胞间层先发生溶解，于是相邻两个细胞分离，分离后的初生细胞壁依然完整；或者是胞间层与初生壁均发生溶解，只留一层很薄的纤维素壁包着原生质；而草本植物通常是一层或几层细胞整个溶解。

有些植物叶柄基部无离层产生，叶片也会脱落，如禾本科植物，有些植物虽有离层，叶片却不脱落。可见离层的形成并不是脱落的唯一原因。

2. 脱落与激素

（1）生长素。通常，植物幼叶中持续合成生长素，抑制叶片脱落。随着叶龄的增加，生长素合成能力下降，因此认为植物器官脱落与生长素有关。将生长素施在离层距茎远的一端（远轴端），可抑制器官脱落；施在离层距茎近的一端（近轴端），则促进脱落。即器官脱落与离层两侧的生长素含量有关，即生长素梯度学说（auxin gradient theory）。影响脱落的不是离层内生长素的绝对含量，而是离层两端生长素的浓度梯度。生长素浓度梯度大，即生长素含量远轴端大于近轴端时，离层不能形成，不发生脱落。相反，当生长素含量远轴端小于近轴端时，加快离层形成，器官脱落。

（2）乙烯。对乙烯产生感应的离层细胞内会合成纤维素酶与果胶酶，即乙烯会诱发纤维素酶和果胶酶的合成，并能提高这两种酶的活性，使离层细胞壁降解，引起器官脱落。Osborne 于 1978 年提出双子叶植物的离层内存在着特殊的乙烯响应靶细胞，乙烯促进靶细胞分裂，并产生和分泌多聚糖水解酶，使细胞壁中胶层和基质结构疏松，导致脱落。有人还认为叶片脱落前乙烯作用的最初部位不是离层，而在叶片中，乙烯可以阻碍生长素向离层转移（极性运输），提高离层细胞对乙烯的敏感性，即使在乙烯含量不再增加的情况下也可促进离层细胞纤维素酶及其他水解酶的合成，导致叶片脱落。此外，老叶生长素合成水平低下，老叶对乙烯的敏感程度高，因而对老叶外源施加乙烯则会促进落叶。受乙烯促进的脱落器官中，其离层区域的 RNA、蛋白质合成增强，而施用 RNA、蛋白质合成抑制剂，即使有乙烯存在，也不发生器官脱落。

（3）脱落酸。生长的叶片内脱落酸含量少，而在衰老的叶片和即将脱落的幼果中，脱落酸含量高。然而，脱落酸并非是导致器官脱落的直接原因。脱落酸的主要是作用是刺激乙烯的合成，并提高组织、器官对乙烯的敏感性，促进纤维素酶和果胶酶等的合成，加速植物衰老，引起器官脱落。

3. 外界生态条件对脱落的影响

（1）温度。温度过高或过低对脱落都有促进作用。棉花在 30℃ 以上，四季豆在 25℃ 以上脱落加快。在大田条件下，一方面，高温能引起土壤干旱促进脱落；另一方面，高温促进呼吸作用，加速有机物的消耗。而秋冬季低温霜冻是影响树木落叶的重要原因之一。

（2）氧气。提高 O_2 浓度到 25％～30％，能促进乙烯的合成，增加脱落；还能增加光呼吸，消耗过多的光合产物；低浓度的 O_2 能抑制呼吸作用，降低根系对水分及矿质的吸收，造成植物发育不良，导致脱落。

（3）水分。由于干旱引起植物叶、花、果的脱落，减少水分散失，使植物适应环境而生存。干旱导致植物体内各种内源激素平衡状态破坏，提高 IAA 氧化酶的活性，使 IAA 含量及 CTK 水平降低，促使离层的形成而导致脱落。淹水条件下土壤中氧分压降低，产生乙烯和无氧呼吸，导致叶、花、果的脱落。

（4）矿质元素。缺乏 N、Zn 能影响 IAA 的合成；缺少 B 会使花粉败育，引起花而不实；Ca 是细胞壁中果胶酸钙的重要组分。所以缺乏 B、Zn、Ca 能导致脱落。

（5）光照。强光能抑制或延缓脱落，弱光则促进脱落，如作物密度过大时，常使下部叶片过早脱落，原因是弱光下光合速率降低，糖类物质合成减少；长日照延迟脱落，短日照促进脱落，可能与 GA、ABA 的合成有关。

综上所述，器官脱落受多种因素的综合影响，在农业生产上，研究延迟或促进植物器官脱落的机制及其调控措施具有重要的意义。苹果采收前的落果，既降低产量，又影响品质。在生产上可通过水肥供应，适当修剪，以改善花果的营养条件，可收到保花保果的效果。在采收前使用 50～60mg/L NAA 可以防止脱落或延迟果实脱落一周或更长。为了保证"源"和"库"平衡，在开花期对一些开花过多的苹果和鸭梨喷施 40mg/L NAA，疏花疏果，对获得高产、优质果实有重要的作用。国外常采用乙烯合成抑制剂 AVG 等防止果实脱落，效果显著。生产上施用乙烯利促使棉花落叶，便于棉铃吐絮和机械采收。

参 考 文 献

蒋高明. 2004. 植物生理生态学. 北京：高等教育出版社

兰伯斯，蔡平，庞斯. 2005. 植物生理生态学. 张国平，周伟军译. 杭州：浙江大学出版社

李合生. 2006. 现代植物生理学. 第二版. 北京：高等教育出版社

潘瑞炽. 2004. 植物生理学. 第五版. 北京：高等教育出版社

翁树章. 2000. 华南特种果树栽培技术. 广州：广东科学技术出版社

颜启传. 2001. 种子学. 北京：中国农业出版社

颜启传，成灿. 2001. 种子加工原理和技术. 杭州：浙江大学出版社

Andel F，Hasson K C，Gai F et al. 1997. Femtosecond time-resolved spectroscopy of the primary photochemistry of phytochrome. Biospectroscopy，3（6）：421～433

Blazquez M A, Trenor M, Weigel D. 2002. Independent control of gibberellin biosynthesis and flowering time by the circadian clock in Arabidopsis. Plant Physiology, 130 (4): 1770~1775

Borthwick H A, Hendricks S B, Parker M V V. 1952. The reaction controlling floral initiation. PNAS, 38 (11): 929~934

Bulter W L. 1959. Absorption spectra in light-scattering materials. Journal of the Optical Society of America, 49 (11): 1130

Bunning E. 1960. Opening address-biological clocks. Cold Spring Harbor Symposia on Quantitative Biology, 25: 1~9

Davies W J, Zhang J H. 1991. Root signals and the regulation of growth and development of plants in drying soil. Annual Review of Plant Physiology and Plant Molecular Biology, 42: 55~76

Finnegan E J, Geuger R K, Peacock W J et al. 1998. DNA methylation in plants. Annual Review of Plant Physiology and Plant Molecular Biology, 49: 223~247

Hamner K C, Bonner J. 1938. Photoperiodism in relation to hormones as factors in floral initiation and development-contributions from the hull botanical laboratory 496. Botanical Gazette, 100: 388~431

Jones R L, Armstron J E. 1971. Evidence for osmotic regulation of hydrolytic enzyme production in germinating barley seeds. Plant Physiology, 48 (2): 137~148

Lejeune P, Kinet J M, Bernier G. 1988. Cytokinin fluxes during floral induction in the long day plant sinapis-alabal. Plant Physiology, 86 (4): 1095~1098

Lin T, Eduardo Z. 2000. Plant physiology. 3rd ed. Sunderland. Massachusetts: Sinauer Associates Inc.

McDaniel L L, Jone S C, Ghernal R L. 1992. The American type culture collection germ plasm resources for plant pathologists. Plant Disease, 76 (8): 762~767

Mohr H. 1966. Phytochrome-mediated induction of enzyme synthesis in mustard seedling. Naturwissenschaften, 53 (20): 531~542

Noir S, Combes M C, Anthony F et al. 2001. Origin, diversity, and evolution of NBS-type disease-resistance gene homologues in coffee trees. Molecular Genetics and Genomics, 265 (4): 654~662

Salisbury F B. 1955. The dual role of auxin in flowering. Plant Physiology, 30 (4): 327~334

Sharam H C. 2001. Cytoplasmic male-sterility and sources of pollen influence the expression of resistance to sorghum midge, stenodiplosis sorghicola. Euphytica, 122 (2): 391~395

Taiz L, Zeiger E. 2002. Plant Physiology. 4th ed. Sinauer Associates

Theissen G. 2001. Development of floral organ identify: story from the MADS house. Current Opinion in Plant Biology, 4 (1): 75~85

第三章　植物光合作用的生理生态

地球上绝大多数高等植物和少数微生物都属于自养植物（autophyte），少数高等植物和某些微生物属于异养植物（heterophyte）。自养植物利用日光能或化学能，将吸收的二氧化碳转变成有机物的过程，称为碳素同化作用（carbon assimilation）。植物的碳素同化作用包括细菌光合作用、绿色植物光合作用和化能合成作用三种类型，其中绿色植物光合作用是自然界规模最大的碳素同化作用，与人类生活的关系非常密切，因此，本章将重点介绍绿色植物光合作用的生理生态。

第一节　植物光合作用的概念和意义

光合作用（photosynthesis）是指绿色植物吸收光能，同化二氧化碳和水，制造有机物质并释放氧气的过程。

光合作用对整个生物界产生巨大作用：一是把无机物转变成有机物；二是将光能转变成化学能；三是维持大气中氧气和二氧化碳的相对平衡。由此可见，光合作用是地球上规模最大的把太阳能转变为可贮存的化学能的过程，也是规模最大的将无机物合成为有机物和释放氧气的过程。深入探讨光合作用的规律，弄清光合作用的机制，研究同化物的运输和分配规律，对于有效利用太阳能、使之更好地服务于人类，具有重大的理论和实际意义。

第二节　光　合　色　素

光合色素（photosynthetic pigment）即叶绿体色素，主要有三类：叶绿素、类胡萝卜素和藻胆素。高等植物叶绿体中含有前两类，藻胆素仅存在于藻类。

一、光合色素的结构与性质

（一）叶绿素

高等植物叶绿素（chlorophyll，chl）主要有叶绿素 a 和叶绿素 b 两种。它们不溶于水，而溶于有机溶剂，如乙醇、丙酮、乙醚及氯仿等。在颜色上，叶绿素 a 呈蓝色，而叶绿素 b 呈黄绿色。叶绿素 a 和叶绿素 b 的分子式如下：

叶绿素 a：$C_{55}H_{72}O_5N_4Mg$ 或 $MgC_{32}H_{30}ON_4COOCH_3COOC_{20}H_{39}$

叶绿素 b：$C_{55}H_{70}O_6N_4Mg$ 或 $MgC_{32}H_{28}O_2N_4COOCH_3COOC_{20}H_{39}$

叶绿素 a 与叶绿素 b 很相似，不同之处仅在于叶绿素 a 第二个吡咯环上的一个甲基（—CH_3）被醛基（—CHO）所取代后即为叶绿素 b。

叶绿素分子含有一个金属卟啉环的"头部"和一个叶绿醇（植醇，phytol）的"尾巴"。卟啉环由 4 个吡咯环以 4 个甲烯基（—CH ＝）连接而成。以氢的同位素氘或氚试验证明，叶绿素不参与氢的传递或氢的氧化还原，而仅以电子传递（即电子得失引起的氧化还原）及共轭传递（直接能量传递）的方式参与能量的传递。绝大部分的叶绿素 a 和全部的叶绿素 b 分子具有吸收和传递光能的作用。极少数特殊状态的叶绿素 a 分子具有光化学活性，可将光能转变为电能。

（二）类胡萝卜素

叶绿体中的类胡萝卜素（carotenoid）含有两种色素，即胡萝卜素（carotene）和叶黄素（xanthophyll）或胡萝卜醇（carotenol），前者呈橙黄色，后者呈黄色。胡萝卜素是不饱和的碳氢化合物，分子式是 $C_{40}H_{56}$，有 α、β、γ 3 种同分异构体。在一些真核藻类中还含有 ε-胡萝卜素。叶片中常见的是 β-胡萝卜素，它是由 8 个异戊二烯单位组成的一种四萜，含有一系列共轭双键，两头各有一个对称排列的紫罗兰酮环，不溶于水而溶于有机溶剂。它在动物体内水解后即转变为维生素 A。叶黄素是由胡萝卜素衍生的醇，分子式是 $C_{40}H_{56}O_2$。类胡萝卜素具有吸收和传递光能及保护叶绿素免受光氧化的功能。

一般情况下，叶片中叶绿素与类胡萝卜素的比值约为 3∶1，所以正常的叶子呈现绿色。秋天，叶片中的叶绿素较易降解，数量减少，而类胡萝卜素比较稳定，所以叶片呈现黄色。

全部的叶绿素和类胡萝卜素都包埋在类囊体中，并以非共价键与蛋白质结合在一起，组成色素蛋白复合体（pigment protein complex），各色素分子在蛋白质中按一定的规律排列和取向，以便于吸收和传递光能。

（三）藻胆素

藻胆素（phycobilin）是藻类主要的光合色素，存在于红藻和蓝藻中，常与蛋白质结合为藻胆蛋白，主要有藻红蛋白（phycoerythrin）、藻蓝蛋白（phycocyanin）和别藻蓝蛋白（allophycocyanin）3 类。它们的生色团与蛋白质以共价键牢固地结合，只有用强酸煮沸才能把它们分开。藻胆素的 4 个吡咯环形成直链共轭体系，不含镁和叶绿醇链，具有收集和传递光能的作用。

二、光合色素的吸收光谱

太阳辐射地面的光，波长为 300 ～ 2600nm，对光合作用有效的可见波长在 400～700nm。

当光束通过三棱镜后，可把白光（混合光）分成红、橙、黄、绿、青、蓝、紫 7 色连续光谱。如果把叶绿体色素溶液放在光源和分光镜之间，就可以看到光谱中有些波长的光线被吸收了，光谱上出现了暗带，这就是叶绿体色素的吸收光谱（absorption spectra）。用分光光度计可精确测定叶绿体色素的吸收光谱（图 3-1）。叶绿素对光波最强的吸收区有两个：一个在波长为 640～660nm 的红光部分，另一个在波长为 430～450nm 的蓝紫光部分。此外，叶绿素对橙光、黄光吸收较少，其中尤以对绿光的吸收最少，所以叶绿素的溶液呈绿色。叶绿素 a 和叶绿素 b 的吸收光谱很相似，但也略有不同：叶绿素 a 在红光区的吸收带偏向长波方向，吸收带较宽，吸收峰较高；而在蓝紫光区的吸收带偏向短光波方面，吸收带较窄，吸收峰较低。叶绿素 a 对蓝紫光的吸收为对红光吸收的 1.3 倍，而叶绿素 b 则为 3 倍，说明叶绿素 b 吸收短波蓝紫光的能力比叶绿素 a 强。绝大多数的叶绿素 a 分子和全部的叶绿素 b 分子具有吸收光能的功能，并可把光能传递给少数特殊状态的叶绿素 a 分子，发生光化学反应。

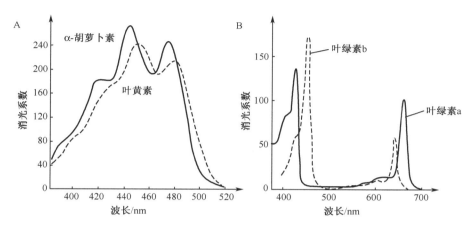

图 3-1 主要光合色素的吸收光谱
A. 类胡萝卜素；B. 叶绿素

　　胡萝卜素和叶黄素的吸收光谱与叶绿素不同，它们的最大吸收带在 400～500nm 的蓝紫光区（图 3-1），不吸收红光等长波光。藻蓝蛋白的吸收光谱最大值在橙红光部分，藻红蛋白在绿光、黄光部分。

三、光合色素的荧光现象和磷光现象

　　叶绿素溶液在透射光下呈绿色，而在反射光下呈红色，这种现象称为叶绿素荧光现象。当叶绿素分子吸收光子后，就由最稳定的、能量的最低状态——基态（ground state）上升到不稳定的高能状态——激发态（excited state）。

$$\text{chl} \quad + \quad h\nu \quad \rightarrow \quad \text{chl}^* \qquad\qquad (3\text{-}1)$$
$$\text{基态} \qquad \text{光子能量} \qquad \text{激发态}$$

　　叶绿素分子有红光和蓝光两个最强吸收区。如果叶绿素分子被蓝光激发，电子跃迁到能级较高的第二单线态；如果被红光激发，电子跃迁到能级次高的第一单线态。处于单线态的电子，其自旋方向保持原来状态，即配对电子的自旋方向相反，如果电子在激发或退激过程中自旋方向发生变化，使原配对电子的自旋方向相同，该电子就进入能级较单线态低的三线态。由于激发态不稳定，迅速向较低能级状态转变，能量有的以热的形式释放，有的以光的形式消耗。从第一单线态回到基态所发射的光就称为荧光（fluorescence）。处在第一三线态的叶绿素分子回到基态时的发出的光为磷光（phosphorescence）。荧光的寿命很短，只有 $10^{-10}\,\text{s} \sim 10^{-8}\,\text{s}$。由于叶绿素分子吸收的光能有一部分消耗于分子内部的振动上，发射出的荧光的波长总是比被吸收光的波长要长一些，所以叶绿素溶液在透射光下呈绿色，而在反射光下呈红色。在叶片或叶绿体中发射荧光很弱，肉眼难以观测出来，耗能很少，一般不超过吸收能量的5％，因为大部分能量用于光合作用。色素溶液则不同，由于溶液中缺少能量受体或电子受体，在照光时色素会发射很强的荧光。

另外，吸收蓝光后处于第二单线态的叶绿素分子，其贮存的能量虽远大于吸收红光处于第一单线的状态，但超过的部分对光合作用是无用的，在极短的时间内叶绿素分子要从第二单线态返回第一单线态，多余的能量以热的形式耗散。因此，蓝光对光合作用而言，在能量利用率上不如红光高。

叶绿素的荧光和磷光现象都说明叶绿素能被光所激发，而叶绿素分子的激发是将光能转变为化学能的第一步。现在，人们用叶绿素荧光仪能精确测量叶片发出的荧光，而荧光的变化可以反映光合机制的状况，因此，叶绿素荧光被称为光合作用的探针。

四、叶绿素的生物合成及其与环境条件的关系

植物体内的叶绿素是不断地进行代谢的，有合成，也有分解，用^{15}N研究可以证明，燕麦幼苗在72h后，叶绿素几乎全部被更新，而且受环境条件影响很大。

（一）叶绿素的生物合成

叶绿素是在一系列酶的作用下形成的。高等植物叶绿素的生物合成是以谷氨酸与α-酮戊二酸作为原料，然后合成δ-氨基酮戊酸（δ-aminolevulinic acid，ALA）。2分子ALA脱水缩合形成1分子具有吡咯环的胆色素原；4分子胆色素原脱氨基缩合形成1分子尿卟啉原Ⅲ，合成过程按A→B→C→D环的顺序进行，尿卟啉原的4个乙酸侧链脱羧形成具有4个甲基的粪卟啉原Ⅲ，以上的反应是在厌氧条件下进行的。

在有氧条件下，粪卟啉原Ⅲ再脱羧、脱氢、氧化形成原卟啉Ⅸ，原卟啉Ⅸ是形成叶绿素和亚铁血红素的分水岭。它如果与铁结合，就生成亚铁血红素；若与镁结合，则形成Mg-原卟啉Ⅸ。由此可见，动植物的两大色素最初是同出一源的，以后在进化的过程中分道扬镳，结构和功能各异。Mg-原卟啉Ⅸ的一个羧基被甲基酯化，在原卟啉Ⅸ上形成第5个环，接着B环上的—CH＝CH₂侧链还原为—CH₂—CH₃，即形成原叶绿素酯。原叶绿素酯经光还原变为叶绿素酯a，然后与叶绿醇结合形成叶绿素a，叶绿素b是由叶绿素a转化而成的。

（二）影响叶绿素形成的条件

（1）光照。光是叶绿素发育和叶绿素合成必不可少的条件。从原叶绿素酯转变为叶绿素酯是需要光的还原过程，如果没有光照，一般植物叶子会发黄。这种因缺乏某些条件而影响叶绿素形成，使叶子发黄的现象，称为黄化现象。然而，藻类、苔藓、蕨类和松柏科植物在黑暗中可合成叶绿素，柑橘种子的子叶和莲子的胚芽可在暗中合成叶绿素，其合成机制尚不清楚。

（2）温度。叶绿素的生物合成是一系列酶促反应，因此受温度影响很大。叶绿素形成的最低温度为 2～4℃，最适温度是 20～30℃，最高温度为 40℃左右。温度过高或过低均降低合成速率，原有叶绿素也会遭破坏。秋天叶子变黄和早春寒潮过后秧苗变白等现象都与低温抑制叶绿素的形成有关。

（3）矿质元素。氮和镁是叶绿素的组成成分，铁、铜、锰、锌是叶绿素合成过程中酶促反应的辅因子。这些元素缺乏时不能形成叶绿素，植物出现缺绿症（chlorosis），其中尤以氮素的影响最大。

（4）水分。植物缺水会抑制叶绿素的生物合成，且与蛋白质合成受阻有关。严重缺水时，还会加速原有叶绿素的分解，所以干旱时叶片呈黄褐色。

（5）氧气。在强光下，植物吸收的光能过剩时，氧参与叶绿素的光氧化；缺氧会引起 Mg-原卟啉IX 及 Mg-原卟啉甲酯积累，不能合成叶绿素。

此外，叶绿素的形成还受遗传的控制。即使在条件适宜的情况下，水稻、玉米的白化苗以及花卉中的花叶仍不能合成叶绿素。

第三节 光合作用的机制

光合作用机制是复杂的，迄今仍然未完全查清楚。已有研究表明，光合作用包括一系列复杂的光化学反应和酶促反应过程。

20 世纪初，Warburg 等在研究外界条件对光合作用的影响时发现，在弱光下增加光强能提高光合速率，但当光强增加到一定值时，光合速率便不再随光强的增加而提高，此时只有提高温度或 CO_2 浓度才能增加光合速率，由此推理，光合作用至少有两个步骤，其一需要光，其二与温度相关。在其后对光合作用机制有重大意义的研究是希尔反应的发现和水氧化钟模型的提出（详见本节"水的光解和放氧"）。后来又有人用藻类进行闪光试验，在光能量相同的情况下，一种用连续光照，另一种用闪光照射，中间间隔一间期，发现后者的光合效率比连续照光的高。上述试验表明光合作用不是任何步骤都需要光的。根据需光与否，将光合作用分为两个反应——光反应（light reaction）和暗反应（dark reaction）。光反应是必须在光下才能进行的、由光推动的光化学反应，在类囊体膜（光合膜）上进行；暗反应是在暗处（也可以在光下）进行的、由一系列酶催化的化学反应，在叶绿体基质中进行。近年来的研究表明，光反应的过程并不都需要光，而暗反应过程中的一些关键酶活性也受光的调节。

光合作用是能量转化和形成有机物的过程。在这个过程中首先是吸收光能并把光能转变为电能，进一步形成活跃的化学能，最后转变为稳定的化学能，贮藏于糖类中。

整个光合作用可大致分为三个步骤：①原初反应；②电子传递（含水的光解、放氧）和光合磷酸化；③碳同化过程。第一、第二两个步骤属于光反应，第三个步骤属于暗反应（表 3-1）。三个步骤是紧密联系又相互制约的。

表 3-1　光合作用中各种能量转变情况

能量转变	光能 →	电能 →	活跃的化学能 →	稳定的化学能
贮存能量的物质	光子	电子	质子、ATP、NAPH	糖类等
能量转变的过程	原初反应	电子传递、光合磷酸化		碳同化
时间跨度/s	$10^{-15} \sim 10^{-9}$	$10^{-10} \sim 10^{-4}$		$10 \sim 100$
反应部位	基粒类囊体膜	基粒类囊体膜		叶绿体基质
光、温条件反应	需光，与温度无关	不都需要光，但受光促进，与温度无关		不需光，但受光、温促进
光、暗反应	光反应	光反应		暗反应

一、原初反应

原初反应（primary reaction）是指光合色素分子对光能的吸收、传递与转换过程。它是光合作用的第一步，速度非常快，可在 ps（10^{-12}s）至 ns（10^{-9}s）内完成，且与温度无关，可在 $-196℃$（液氮温度）或 $-271℃$（液氦温度）下进行。

根据功能来区分，类囊体膜上的光合色素可分为两类：①反应中心色素（reaction center pigment，P），少数特殊状态的叶绿素 a 分子属于此类，它具有光化学活性，既能捕获光能，又能将光能转换为电能（称为"陷阱"）；②聚光色素（light harvesting pigment），又称天线色素（antenna pigment），它没有光化学活性，只能吸收光能，并把吸收的光能传递到反应中心色素，绝大部分叶绿素 a 和叶绿素 b、胡萝卜素、叶黄素等都属于此类。

聚光色素位于光合膜上的色素蛋白复体上，反应中心色素存在于反应中心（reaction center），但二者是协同作用的。一般来说，250～300 个色素分子所聚集的光能传给 1 个反应中心色素分子。每吸收与传递 1 个光子到反应中心完成光化学反应所需起协同作用的色素分子数，称为光合单位（photosynthetic unit）（图 3-2）。实际上，光合单位包括了聚光色素系统和光合反应中心两部分，因此也可以把光合单位定义为结合于类囊体膜上能完成化学反应的最小结构的功能单位。

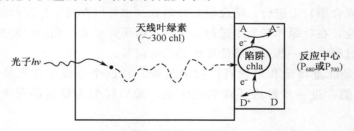

图 3-2　光合单位
天线色素分子捕获的一个光子传递到反应中心色素分子，在那里进行光
化学反应，发生电荷分离，D 为次级电子供体，A 为原初电子受体

当波长范围为 400～700nm 的可见光照射到绿色植物时，天线色素分子吸收光子而被激发，以"激子传递"（exciton transfer）和"共振传递"（resonance transfer）两种方式进行能量传递。

化学反应实质上是由光引起的反应中心色素分子与原初电子受体和供体之间的氧化还原反应。天线色素分子将光能吸收和传递到反应中心后，使反应中心色素分子（P）激发而成为激发态（P*），作为原初电子供体释放电子给原初电子受体（A），同时留下了"空穴"，成为"陷阱"（trap）。反应中心色素分子被氧化带正电荷（P+），原初电子受体被还原而带负电荷（A−）。这样，反应中心色素分子失去电子后又可从次级电子供体（D）那里夺取电子，于是反应中心色素恢复原来状态（P），而次级电子供体却被氧化（D+）。这就发生了氧化还原反应，完成了光能转变电能的过程。

$$\underset{\text{基态反应中心}}{D \cdot P \cdot A} \xrightarrow{h\nu} \underset{\text{激发态反应中心}}{D \cdot P^* \cdot A} \longrightarrow \underset{\text{电荷分离反应中心}}{D \cdot P^+ \cdot A^-} \longrightarrow D^+ \cdot P \cdot A^- \qquad (3\text{-}2)$$

这一氧化还原反应在光合作用中不断地反复进行，原初电子受体 A^- 要将电子传给次级电子受体，直到最终电子受体 $NADP^+$。同样，次级电子供体 D^+ 也要向它前面的电子供体夺取电子，依此类推，直到最终电子供体水。

二、电子传递与光磷酸化

反应中心色素分子受光刺激而发生电荷分离，将光能变为电能，产生的电子经过一系列电子传递体的传递，引起水的裂解放氧和 $NADP^+$ 还原，并通过光合磷酸化形成ATP，把电能转化为活跃的化学能。

（一）光系统

研究证实光合作用有两个光化学反应，分别由两个光系统完成。一个是吸收短波红光（680nm）的光系统Ⅱ（photosystem Ⅱ，PSⅡ），另一个是吸收长波红光（700nm）的光系统Ⅰ（photosystem Ⅰ，PSⅠ）。这两个光系统是以串联的方式协同作用的。

目前已从叶绿体的片层结构中分离出两个光系统，它们都是蛋白复合物，其中既有光合色素，又有电子传递体。PSⅠ颗粒较小，直径为11nm，多位于类囊体膜的基质侧；PSⅡ颗粒较大，直径为17.5nm，多数位于类囊体腔侧面。

1. PSⅡ

PSⅡ蛋白复合体至少含12种不同的多肽，多数为膜内在蛋白。PSⅡ中最大的蛋白质是结合叶绿素的内周天线蛋白（antenna protein）CP_{47} 和 CP_{43}，另外还有 D_1 和 D_2 两条核心多肽，这是PSⅡ复合体的基本组成部分。P_{680}、去镁叶绿素（pheophytin pheo）和特殊的质体醌（plastoquinone Q_A、Q_B）都结合在 D_1 和 D_2 上。在PSⅡ的外层是光合色素与蛋白质结合构成的 PSⅡ聚光色素复合体（PSⅡ light harvesting pigment complex，LHCⅡ）（图3-3）。

2. PSⅠ

PSⅠ蛋白复合体包括反应中心 P_{700}、电子受体（AO、A1 和 Fe-s）和 PSⅠ聚光色素复合体（PSⅠ light harvesting pigment complex，LHCⅠ）（图3-4）。

3. 细胞色素 b_6f 复合体

在PSⅡ和PSⅠ之间还有一个细胞色素 b_6f 复合体，包含两个 Cyt b_6、一个 Cyt f 和一个 Rieske Fe-S。它们是最重要的电子传递体，参与 PSⅡ 和 PSⅠ 之间的电子传递和

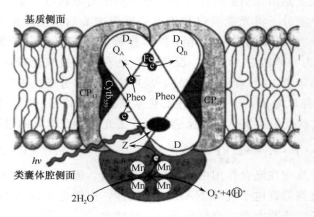

图 3-3　叶绿体类囊体膜上的 PSⅡ蛋白复合体（引自 Morris et al.，2000）

CP_{43}、CP_{47}：结合叶绿素的内周天线蛋白；D_1、D_2：相对分子质量分别为 $3.2×10^4$、$3.4×10^4$ 的两条多肽链；$Cytb_{559}$：血红素蛋白，由 α、β 两个亚基组成，与 D_1、D_2、PSⅡ构成反应中心；Q_A：与 D_1 蛋白质结合的质体醌；Q_B：与 D_2 蛋白质结合的质体醌；Pheo：去镁叶绿素；P_{680}：PSⅡ反应中心色素分子；MSP：锰稳定蛋白，与 Mn、Ca^{2+}、Cl^- 一起参与氧的释放，组成放氧复合体；Z：P_{680} 的电子供体，是 D_1 上的 Y_{161}；D：次级电子供体，是 D_2 上的 Y_{160}

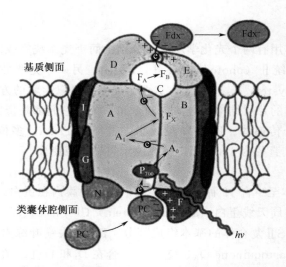

图 3-4　叶绿体类囊体膜上的 PSⅠ蛋白复合体（引自 Buchanan et al.，2000）

C、D、E：PSⅠ基质侧的外周蛋白；I、F、N、G：PSⅠ的膜内在蛋白；A、B：反应中心蛋白，在膜上二者结合为异二聚体状态；PC：质体蓝素；P_{700}：反应中心色素分子；A_0：PSⅠ的原初电子受体；A_1：PSⅠ的次级电子受体；F_X、F_A、F_B：PSⅠ铁硫蛋白；Fd：铁氧还蛋白

PQ 循环。

　　PSⅠ的光化学反应是长光波反应，其主要特征是 $NADP^+$ 的还原。当 PSⅠ的反应中心色素分子（P_{700}）吸收光能而被激发后，把电子传递给各种电子受体（A_0、A_1 和

Fe-S)，经 Fd（铁氧还原蛋白）在 NADP 还原酶的参与下，把 NADP$^+$ 还原成 NAD-PH。

PSⅡ的光化学反应是短光波长反应，其主要特征是水的光解和放氧。PS Ⅱ 的反应中心色素分子（P$_{680}$）吸收光能，经放氧复合体把水分解，夺取水中的电子供给 PS Ⅰ。

（二）光合链

光合链（photosynthetic chain，PHC）是指定位在光合膜上的、由一系列互相衔接的电子传递体组成的电子传递的总轨道。现在被广泛接受的光合电子传递途径是"Z"方案，即电子传递是由两个光系统串联进行，其中的电子传递体按氧化还原电位高低排列，使电子传递链呈侧写的"Z"形。

（三）水的光解和放氧

水的光解（water photolysis）是希尔于 1937 年发现的。他将离体的叶绿体加到具有氢受体（A）的水溶液中，照光后即发生水的分解而放出氧气。

$$2H_2O + 2A \xrightarrow[\text{叶绿体}]{\text{光}} 2AH_2 + O_2 \tag{3-3}$$

上述反应称为希尔反应（Hill reaction）。氢的接受体被称为希尔氧化剂（Hill oxidant），如 2,6-二氯酚靛酚、苯醌、NADP$^+$、NAD$^+$ 等。希尔第一个用离体叶绿体做试验，把光合作用的研究深入到细胞器的水平。

水的光解反应是植物光合作用最重要的反应之一，其机制尚不完全清楚。但已查明，在类囊体腔一侧有 3 条外周肽，其中一条 33 000Da 的多肽为锰稳定蛋白（manganese stabilizing protein，MSP），它们与 Mn、Ca^{2+}、Cl$^-$ 一起参与氧的释放，称为放氧复合体（oxygen-evolving complex，OEC）。对于水是如何通过 OEC 给出电子的问题，目前已有部分答案。

（四）光合电子传递的类型

光合电子传递有三种类型。

1. 非环式电子传递（noncyclic electron transport）

水光解放出的电子经 PSⅡ和 PSⅠ两个光系统，最终传给 NADP$^+$ 的电子传递。

$$H_2O \rightarrow PSⅡ \rightarrow PQ \rightarrow Cyt\ b_6f \rightarrow PC \rightarrow PSⅠ \rightarrow Fd \rightarrow FNR \rightarrow NADP^+ \tag{3-4}$$

按非环式电子传递，每传递 4 个电子，分解 2 分子 H$_2$O，释放 1 个 O$_2$，还原 2 个 NADP$^+$，需要吸收 8 个光子，量子产额为 1/8。同时 2 分子 H$_2$O 光解后，还将 4 个 H$^+$ 释放到类囊体腔内，并有 4 个 H$^+$ 从膜外基质进入类囊体腔。

2. 环式电子传递（cyclic electron transport）

PS Ⅰ 产生的电子传给 Fd，再到 Cyt b$_6$f 复合体，然后经 PC 返回 PSⅠ的电子传递。环式电子传递途径可能不止一条，电子可由 Fd 直接传给 Cyt b$_6$f，也可经 FNR 传给质体醌，还可以经过 NADPH 再传给 PQ。

$$PSⅠ \rightarrow Fd \rightarrow (NADPH \rightarrow PQ) \rightarrow Cyt\ b_6f \rightarrow PC \rightarrow PSⅠ \tag{3-5}$$

3. 假环式电子传递（pseudocyclic electron transport）

此类型是水光解放出的电子经 PSⅡ和 PS Ⅰ 两个光系统，最终传给 O$_2$ 的电子传递途径。由于这一电子传递途径是 Mehler 提出的，故亦称为 Mehler 反应。它与非环式电子传递的区别只是电子的最终受体是 O_2 而不是 $NADP^+$。

$$H_2O \rightarrow PS\,II \rightarrow PQ \rightarrow Cyt\ b_6f \rightarrow PC \rightarrow PS\,I \rightarrow Fd \rightarrow O_2 \tag{3-6}$$

因为 Fd 是单电子传递体，O_2 得到一个电子生成超氧阴离子自由基（O_2^-），它是一种活性氧。叶绿体中的超氧化物歧化酶（SOD）可清除 O_2^-。这一过程往往是在强光照射下，$NADP^+$ 供应不足的情况下发生的。这是植物光合细胞产生 O_2^- 的主要途径。

（五）光合磷酸化

叶绿体在光照下把无机磷（Pi）与 ADP 合成 ATP 的过程称为光合磷酸化（photophosph-orylation）。与 3 种光合电子传递的类型相似，光合磷酸化也被分为 3 种类型，即非环式光合磷酸化（noncyclic photophosphorylation）、环式光合磷酸化（cyclic photophosphorylation）和假环式光合磷酸化（pseudocyclic photophosphorylation）。电子传递是如何偶联 ATP 的合成呢？大量研究表明，光合磷酸化与电子传递是通过 ATP 酶联系在一起的。

三、碳同化途径

二氧化碳同化（CO_2 assimilation），简称碳同化，是指植物利用光反应中形成的同化力（ATP 和 NADPH），将 CO_2 转换为糖类的过程。二氧化碳同化是在叶绿体的基质中进行的，有许多种酶参与反应。高等植物的碳同化途径有 3 条，即 C_3 途径、C_4 途径和 CAM（景天科酸代谢）途径。

（一）C_3 途径

在 20 世纪 50 年代提出了二氧化碳同化的循环途径，又称为卡尔文循环（the Calvin cycle）。由于这个循环中 CO_2 的受体是一种戊糖（核酮糖二磷酸），故又称为还原戊糖磷酸途径（redu-ctive pentose phosphate pathway，RPPP）。这个途径中 CO_2 被固定形成的最初产物是一种三碳化合物，故称为 C_3 途径。卡尔文循环独具合成淀粉等光合产物的能力，是所有植物光合碳同化的基本途径。只具有卡尔文循环，按照 C_3 途径固定、同化 CO_2 的植物，称为 C_3 植物。

1. C_3 途径的化学过程

该过程大致可分为 3 个阶段，即羧化阶段、还原阶段和再生阶段。

（1）羧化阶段。核酮糖-1,5-二磷酸（ribulose-1,5-bisphosphate，RuBP）在核酮糖-1,5-二磷酸羧化酶/加氧酶（ribulose-1,5-bisphosphate carboxylase/oxygenase，Rubisco）催化下，与 CO_2 结合，产物很快水解为 2 分子 3-磷酸甘油酸（3-phosphoglyceric acid，3-PGA）。Rubisco 是植物体内含量最丰富的酶，约占叶中可溶蛋白质总量的 40% 以上，由 8 个大亚基（约 56 000Da）和 8 个小亚基（约 14 000Da）构成，活性部位位于大亚基上。大亚基由叶绿体基因编码，小亚基由核基因编码。

$$\begin{array}{c}CH_2O\text{\textcircled{P}}\\ |\\ C\!=\!O\\ |\\ HCOH\\ |\\ HCOH\\ |\\ CH_2O\text{\textcircled{P}}\end{array}\ +CO_2+H_2O\ \xrightarrow[\text{Mg}^{2+}]{\text{Rubisco}}\ 2\begin{array}{c}COOH\\ |\\ HCOH\\ |\\ CH_2O\text{\textcircled{P}}\end{array}$$

核酮糖-1,5-二磷酸　　　　　　　　　　　3-磷酸甘油酸

（RuBP）　　　　　　　　　　　　　　　（3-PGA）

（2）还原阶段。3-磷酸甘油酸在 3-磷酸甘油酸激酶 PGAK 催化下，形成 1，3-二磷酸甘油酸（DPGA），然后在甘油醛磷酸脱氢酶（GAPDH）作用下被 NADPH 还原，变为甘油醛-3-磷酸（GAP），这就是 CO_2 的还原阶段。

$$\begin{array}{c}COO\text{\textcircled{P}}\\ |\\ HCOH\\ |\\ CH_2O\text{\textcircled{P}}\end{array}\ \xrightarrow[\text{PGA激酶}]{\text{ATP}\quad\text{ADP}}\ \begin{array}{c}COO\text{\textcircled{P}}\\ |\\ HCOH\\ |\\ CH_2O\text{\textcircled{P}}\end{array}\ \xrightarrow[\text{NADP}^+-\text{GAP脱氢酶}]{\text{NADPH}\quad\text{NADP}^+}\ \begin{array}{c}CHO\\ |\\ HCOH\\ |\\ CH_2O\text{\textcircled{P}}\end{array}\ +Pi$$

3-PGA　　　　　　　　　　DPGA　　　　　　　　　　GAP

羧化阶段产生的 PGA 是一种有机酸，尚未达到糖的能级，为了把 PGA 转化成糖，要消耗光反应中产生的同化力。ATP 提供能量，NADPH 提供还原力，使 PGA 的羧基转变成 GAP 的醛基，这也是光反应与暗反应的联结点。当 CO_2 被还原为 GAP 时，光合作用的贮能过程即告完成。

（3）再生阶段。由 GAP 经过一系列的转变，重新形成 CO_2 受体 RuBP 的过程。这里包括了形成磷酸的 3-、4-、5-、6-、7-碳糖的一系列反应。最后一步由核酮糖-5-磷酸激酶（Ru5PK）催化，并消耗 1 分子 ATP，再形成 RuBP，构成了一个循环。C_3 途径的总反应式为：

$$3CO_2+3H_2O+9ATP+6NADPH+6H^+\longrightarrow GAP+9ADP+8Pi+6NADP^+ \qquad (3\text{-}7)$$

2. C_3 途径的调节

在 20 世纪 60 年代以后，人们对光合碳循环的调节已有了较深入的了解。C_3 途径的调节有以下几方面。

（1）自动催化调节作用。CO_2 的同化速率在很大程度上决定于 C_3 途径的运转状况和中间产物的数量水平。将暗适应的叶片移至光下，最初阶段光合速率很低，需要经过一个"滞后期"（一般超过 20min，取决于暗适应时间的长短）才能达到光合速率的"稳态"阶段。其原因之一是暗中叶绿体基质中的光合中间产物（尤其是 RuBP）含量低。在 C_3 途径中存在一种自动调节 RuBP 水平的机制，即在 RuBP 含量低时，最初同化 CO_2 形成的磷酸丙糖不输出循环，而用于 RuBP 再生，以加快 CO_2 固定速率；当循环达到"稳态"后，磷酸丙糖才输出叶绿体到胞基质。这种调节 RuBP 等中间产物数量，使 CO_2 的同化速率处于某一"稳态"的机制，称为 C_3 途径的自动催化调节。

（2）光调节作用。碳同化亦称为暗反应。然而，光除了通过光反应提供同化力外，还调节着暗反应的一些酶活性，如 Rubisco、GAPDH、FBPase、SBPase 及 Ru5PK 属于光调节酶。在光反应中，H^+ 被从叶绿体基质中转移到类囊体腔中，同时交换出 Mg^{2+}。这样基质中的 pH 从 7 增加到 8 以上，Mg^{2+} 的浓度也升高，而 Rubisco 在 pH8 时活性最高，对 CO_2 亲和力也高。其他一些酶，如 FBPase、Ru5PK 等的活性在 pH8

时比 pH7 时高。在暗中，pH≤7.2 时，这些酶活性降低，甚至丧失。Rubisco 活性部位中一个赖氨酸的 ε-NH_2 基在 pH 较高时不带电荷，可以在光下由 Rubisco 活化酶（activase）催化，与 CO_2 形成带负电荷的氨基甲酯，后者再与 Mg^{2+} 结合，生成酶-CO_2-Mg^{2+} 活性复合体（ECM），酶即被激活。光还通过还原态 Fd 产生效应物——硫氧还蛋白（thioredoxin，Td），又使 FBPase 和 Ru5PK 的相邻半胱氨酸上的巯基处于还原状态，酶被激活；在暗中，巯基则氧化形成二硫键，酶失活。

（3）光合产物输出速率的调节。光合作用最初产物磷酸丙糖从叶绿体运到细胞质的数量，受细胞质中 Pi 水平的调节。磷酸丙糖通过叶绿体膜上的 Pi 运转器运出叶绿体，同时将细胞质中等量的 Pi 运入叶绿体。当磷酸丙糖在细胞质中合成为蔗糖时，就释放出 Pi。如果蔗糖从细胞质的外运受阻，或利用减慢，则其合成速率降低，Pi 的释放也随之减少，会使磷酸丙糖外运受阻。这样，磷酸丙糖在叶绿体中积累，从而影响 C_3 光合碳还原循环的正常运转。

（二）C_4 途径

在 20 世纪 60 年代，人们发现有些起源于热带的植物，如甘蔗、玉米等，除了和其他植物一样具有卡尔文循环以外，还存在另一条固定 CO_2 的途径。由于它固定 CO_2 的最初产物是含 4 个碳的二羧酸，故称为 C_4-二羧酸途径（C_4-dicarboxylic acid pathway），简称 C_4 途径。由于这个途径是 M. D. Hatch 和 C. R. Slack 发现的，也称 Hatch-Slack 途径。现已知被子植物中有 20 多个科近 2000 种植物按照 C_4 途径固定、同化 CO_2，这些植物被称为 C_4 植物。

C_4 途径的 CO_2 受体是叶肉细胞质中的磷酸烯醇式丙酮酸（phosphoenol pyruvate，PEP），在磷酸烯醇式丙酮羧化酶（PEP carboxylase，PEPC）的催化下，固定 HCO_3^-（CO_2 溶解于水），生成草酰乙酸（oxaloacetic acid，OAA）。

$$
\begin{array}{c}
CH_2 \\
\parallel \\
CO\,\textcircled{P} \\
| \\
COOH \\
PEP
\end{array}
\; +HCO_3^- \;
\xrightarrow[\text{Mg}^{2+}]{\text{PEP羧化酶}}
\begin{array}{c}
COOH \\
| \\
CH_2 \\
| \\
CO \\
| \\
COOH \\
OHA
\end{array}
\; +Pi
$$

草酰乙酸由 NADP-苹果酸脱氢酶（malic acid dehydrogenase）催化，被还原为苹果酸（malic acid，Mal），反应在叶绿体中进行。

$$
\begin{array}{c}
COOH \\
| \\
CH_2 \\
| \\
CO \\
| \\
COOH \\
OAA
\end{array}
\;
\xrightarrow[\text{NADP-苹果酸脱氢酶}]{\text{NADPH} \quad \text{NADP}^+}
\;
\begin{array}{c}
COOH \\
| \\
CH_2 \\
| \\
CHOH \\
| \\
COOH \\
Mal
\end{array}
$$

但是，也有些植物，其草酰乙酸与谷氨酸在谷氨酸-草酰乙酸氨酶（glutamate ocaloacetic acid aminotransferase）作用下，OAA 接受谷氨酸的氨基形成天冬氨酸（aspartic acid，Asp），反应在细胞质中进行。

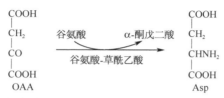

这些苹果酸或天冬氨酸接着被运到维管束鞘细胞（bundle sheath cell）中去。四碳二羧酸在 BSC 中脱羧后变成丙酮酸（pyruvic acid），再从维管束鞘细胞运回叶肉细胞。在叶绿体中，经丙酮酸磷酸双激酶（pyruvatephosphate dikinase，PPDK）催化和 ATP 作用，生成 CO_2 的受体 PEP，使反应循环进行，而四碳二羧酸在 BSC 叶绿体中脱羧释放的 CO_2，由 BSC 中的 C_3 途径同化为糖、淀粉（图 3-5）。

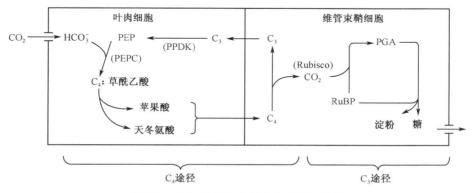

图 3-5 C_4 途径的基本反应在各部位进行

根据运入维管束鞘的 C_4 二羧酸的种类以及参与脱羧反应的酶类，C_4 途径又分 3 种类型：一是 NADP-苹果酸酶（malic enzyme）型（NADP-ME 型），如玉米、甘蔗、高粱等即属此类；二是 NAD-苹果酸酶型（NAD-ME 型），如龙爪稷、蟋蟀草、狗芽根及马齿苋等属于此类；三是 PEP 羧激酶（PEP carboxy kinase，PCK）型（PCK 型），如羊草、无芒虎尾草、卫茅及鼠尾草等属于此类。NADP-ME 型的初期产物是 Mal，而 NAD-ME 型和 PCK 型的初期产物是 Asp（图 3-6）。

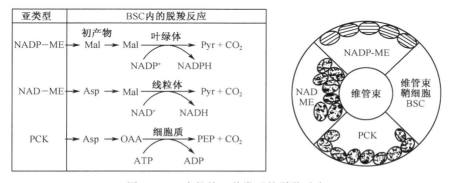

图 3-6 C_4 途径的 3 种类型的脱羧反应

C_4 二羧酸从叶肉细胞转移到 BSC 内脱羧释放 CO_2，使 BSC 内脱羧释放的 CO_2 浓度比空气中高出 20 倍左右，相当于一个 "CO_2" 泵的作用，能有效抑制 Rubisco 的加氧反应，提高 CO_2 同化速率。同时 PEPC 对 CO_2 的 K_m 值为 $7\mu mol/L$，而 Rubisco 对 CO_2 的 K_m 值为 $450\mu mol/L$，即 PEPC 对 CO_2 的亲和力高，因此，C_4 途径的 CO_2 同化速率高于 C_3 途径。C_4 途径的酶活性受光、代谢物运输的调节。光可活化 C_4 途径中的 PEPC、NADP-苹果酸脱氢酶和丙酮酸磷酸二激酶（PPDK），在暗中这些酶则被钝化。苹果酸和天冬氨酸抑制 PEPC 活性，而 G6P、PEP 则增强其活性。Mn^{2+} 和 Mg^{2+} 是 C_4 植物 NADP-苹果酸酶、NAD-苹果酸酶、PEP 羧化激酶的活化剂。

（三）景天科酸代谢（CAM）途径

在干旱地区生长的景天科（Crassulaceae）植物如景天（*Sedum alboroseum*）的叶子中有一个特殊的 CO_2 同化方式：夜间气孔开放，吸收 CO_2，在 PEPC 作用下与糖酵解过程中产生的 PEP 结合形成 OAA，OAA 在 NADP-苹果酸脱氢酶作用下进一步还原为苹果酸，积累于液泡中，表现出夜间淀粉、糖减少，苹果酸增加，细胞液变酸；白天气孔关闭，液泡中的苹果酸运至细胞质在 NAD-苹果酸酶、NADP-苹果酸酶或 PEP 羧酶催化下氧化脱羧释放 CO_2，再进入叶绿体参与 C_3 途径同化为糖、淀粉等；脱羧后形成的丙酮可以转化为 PEP，再进一步参与循环。丙酮酸也可进入线粒体被氧化脱羧生成 CO_2，再进入叶绿体参与 C_3 途径同化为糖、淀粉等，所以白天表现出苹果酸减少，淀粉、糖增加，酸性减弱。这种有机酸合成日变化的光合碳化谢类型称为景天科酸代谢（crassulaceae acid metabolism，CAM）途径（图 3-7）。

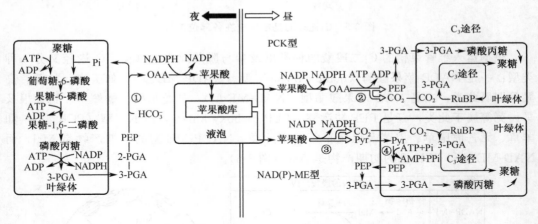

图 3-7　CAM 植物夜（左）与昼（右）的两类代谢
①PEPC（PEP 羧化酶）；②PCK（PEP 羧激酶）；③NADP-ME（NADP-苹果酸酶）或 NAD-ME；④PPDK（丙酮酸磷酸二激酶）

CAM 途径最早是在景天科植物中发现的，目前已知在近 30 个科、100 多个属、1 万多种植物中有 CAM 途径，主要分布在景天科、仙人掌科、兰科、菠萝科、大戟科、百合科及石蒜科。

CAM 植物多起源于热带，分布于干旱环境中，因此，CAM 植物多为肉质植物（但并非所有的肉质植物都是 CAM 植物），具有大的薄壁细胞，内有叶绿体和大液泡。

根据植物一生中对 CAM 的专一程度，CAM 植物又分为两类：一类为专性 CAM 植物，如景天等，其一生中大部分时间的碳代谢是 CAM 途径；另一类为兼性 CAM 植物，如冰叶日中花，它在正常条件下进行 C_3 途径，当遇到干旱、盐渍和短日照时则进行 CAM 途径，以抵抗不良环境。

CAM 途径与 C_4 途径基本相同，二者的差别在于 C_4 植物的两次羧化反应是在空间上（叶肉细胞和维管束鞘细胞）分开的，而 CAM 植物则是在时间上（黑夜和白天）分开的。

综上所述，植物的光合碳同化途径具有多样性，这也反映了植物对生态环境多样性的适应。但 C_3 途径是光合碳代谢最基本、最普遍的途径，同时，也只有这条途径才具备合成淀粉等产物的能力，C_4 途径和 CAM 途径可以说是对 C_3 途径的补充。

（四） C_3 植物、C_4 植物、C_3-C_4 中间植物和 CAM 植物的光合特征比较

根据高等植物光合作用碳同化途径的不同，可将植物划分为 C_3 植物、C_4 植物和 CAM 植物。但研究发现，高等植物的光合碳同化途径也可随着植物的器官、部位、生育期以及环境条件而发生变化。例如，甘蔗是典型的 C_4 植物，但其茎秆叶绿体只具有 C_3 途径；高粱也是典型的 C_4 植物，但其开花后便转变为 C_3 途径；高凉菜在短日照下为 CAM 植物，但在长日照、低温条件下却变成了 C_3 植物；冰叶日中花在水分胁迫时具有 CAM 途径，而水分状况适宜时，则主要依靠 C_3 途径进行光合作用。

到了 20 世纪 70 年代，又发现某些植物形态解剖结构和生理生化特性介于 C_3 植物和 C_4 植物之间，被称为 C_3-C_4 中间植物。迄今已发现在禾本科、粟米草科、苋科、菊科、十字花科及紫茉莉科等植物中有数十种 C_3-C_4 中间植物，如黍属的 *Panicum milioide* 和 *P. schenckii* 等。然而，大多数 C_3 植物、C_4 植物、C_3-C_4 中间植物及 CAM 植物的形态解剖结构和生理生化特性还是相对稳定且有区别的（表3-2）。一般而言，C_4 植物具有较高的光合效率，特别是在低 CO_2 浓度、高温、强光、干旱条件下，表现突出。

表 3-2 C_3 植物、C_4 植物、C_3-C_4 中间植物及 CAM 植物的结构、生理特征比较

特征	C_3 植物	C_4 植物	C_3-C_4 中间植物	CAM 植物
叶结构	BSC 不发达、不含叶绿体，其周围叶肉细胞排列疏松，无"花环型"结构（kranz type）	BSC 发达，含叶绿体，其周围叶肉细胞排列紧密，有"花环型"结构	BSC 含叶绿体，但 BSC 的壁较 C_4 植物的薄，叶肉细胞分化为栅栏、海绵组织	BSC 不发达，不含叶绿体，含较多线粒体，叶肉细胞的液泡大，无"花环型"结构
叶绿素 a/b	2.8 ± 0.4	3.9 ± 0.6	$2.8\sim3.9$	$2.5\sim3.0$
CO_2 补偿点 /(μg/L)	>40	5左右	$5\sim40$	光下:0～200 暗中:<5
固定 CO_2 的途径	只有 C_3 途径	C_4 途径和 C_3 途径	C_3 途径和有限的 C_4 途径	CAM 途径和 C_3 途径
CO_2 固定酶	Rubisco（叶肉细胞中）	PEPC（叶肉细胞中），Rubisco（BSC）中	PEPC,Rubisco（叶肉细胞和 BSC 中）	PEPC,Rubisco（叶肉细胞中）
CO_2 最初接受体	RuBP	PEP	RuBP,PEP（少量）	光下:RuBP 暗中:PEP
CO_2 固定的最初产物	PGA	OAA	PGA,OAA	光下:PGA 暗中:OAA

特征	C_3 植物	C_4 植物	C_3-C_4 中间植物	CAM 植物
PEPC 活性 /$[\mu mol/(L \cdot mg \cdot min)]$	0.3~0.35	16~18	<16	19.2
最大净光合速率（CO_2 计）/ $[\mu mol/(m^2 \cdot s)]$	10~25	25~50	中等	0.6~2.5
光呼吸/$[mg/(dm^2 \cdot h)]$	3.0~3.7	≈0	0.6~1.0	≈0
同化产物分配	慢	快	中等	不等
蒸腾系数	450~950	250~350	中等	光下：150~600 暗中：18~100

四、光合作用的产物

（一）光合作用的直接产物

在前述的高等植物 CO_2 同化的三条生化途径中，只有卡尔文循环（C_3 途径）具备合成淀粉、蔗糖、葡萄糖及果糖等产物的能力。

不同植物的光合直接产物的种类和数量是有差别的。大多数高等植物的光合产物是淀粉，如棉花、烟草、大豆等；而洋葱、大蒜等植物的光合产物是葡萄糖和果糖，不形成淀粉；小麦、蚕豆等植物的光合产物主要是蔗糖。植物的生育期和环境条件也影响光合产物的形成。一般成龄叶片主要形成糖类，幼龄叶片除糖类之外还形成较多的蛋白质。强光和高浓度 CO_2 有利于蔗糖和淀粉的形成，而弱光则有利于谷氨酸、天冬氨酸和蛋白质的合成。

（二）淀粉与蔗糖的合成

光合产物——淀粉是在叶绿体内合成的。C_3 途径合成的磷酸丙糖（TP）、FBP、F6P，可转化为 G6P、G1P，然后在 ADPG 焦磷酸化酶（ADPG pyrophosphorylase）作用下使 G1P 与 ATP 作用生成 ADPG，再在引子（麦芽糖、麦芽三糖）帮助下再形成淀粉。

$$G1P + ATP \xrightarrow{\text{ADPG 焦磷酸化酶}} ADPG + PPi$$

$$（葡萄糖）_n + ADPG \xrightarrow{\text{淀粉合酶}} （葡萄糖）_{n+1} + ADP$$

叶绿体内形成的部分 TP，可通过膜上的 Pi 运转器与 Pi 对等交换进入细胞质，经过 FBP、F6P、G1P 形成 UDPG（尿苷二磷酸葡萄糖），再生成蔗糖。

$$UDPG + F6P \xrightarrow{\text{蔗糖磷酸合酶}} 蔗糖磷酸 + UDP$$

$$蔗糖磷酸 + H_2O \xrightarrow{\text{蔗糖磷酸合酶}} 蔗糖 + Pi$$

（三）关于蔗糖与淀粉合成的调节

（1）光对酶活性的调节。在叶绿体内淀粉的合成中，ADPG 焦磷酸化酶是合成葡萄糖供体 ADPG 的关键酶。当照光时，随着光合磷酸化的进行，Pi 参与 ATP 的形成，Pi 浓度降低，则 ADPG 焦磷酸化酶活性增大；暗中，Pi 浓度升高，酶活性下降。此外，照光时，C_3 途径运转，其中间产物 PGA、PEP、F6P、FBP 及 TP 都对 ADPG 焦磷酸化酶有促进作用，有利于淀粉合成。光照同样也激活蔗糖磷酸合酶（sucrose phosphate synthase，SPS），促进蔗糖的合成。

（2）代谢物对酶活性的调节。细胞质中蔗糖合成的前体是 F6P，F6P 可在 PPi-F6P 激酶催化下合成 F-2,6-BP。Pi 促进 PPi-F6P 激酶而抑制 F-1,6-BP 磷酸（酯）酶活性，TP 则抑制前者的活性。当细胞质中 TP/Pi 低时，则可通过促进 F-2,6-BP 的合成而抑制 F-1,6-BP 的水解，F6P 含量降低，从而抑制蔗糖的合成。当细胞质合成的蔗糖磷酸发生水解并装入筛管运向其他器官时，则由于 Pi 的浓度升高，有利于叶绿体内的 TP 的运出，从而使细胞质中 TP/Pi 比值升高，而叶绿体中 TP/Pi 比值降低，这样便促进了细胞质中的蔗糖合成，从而抑制了叶绿体中淀粉的合成。

第四节　光　呼　吸

植物的绿色细胞在光下吸收 O_2、放出 CO_2 的过程称为光呼吸（photorespiration）。这种呼吸仅在光下发生，且与光合作用密切相关。一般生活细胞的呼吸在光照和黑暗中都可以进行，对光照没有特殊要求，称为暗呼吸。

光呼吸与暗呼吸在呼吸底物、代谢途径以及对 O_2 和 CO_2 浓度的反应等方面均不相同（表 3-3）。另外，光呼吸速率比暗呼吸速率高 3～5 倍。

表 3-3　光呼吸与暗呼吸的区别

项目	光呼吸	暗呼吸
底物	在光下由 Rubisco 加氧反应形成乙醇酸，底物是新形成的	可以是糖类、脂肪或蛋白质，但最常见的底物是葡萄糖。底物可以是新形成的，也可以是贮存物
代谢途径	乙醇酸代谢途径，或称 C_2 循环	糖酵解，三羧酸循环，戊糖磷酸途径
发生部位	只发生在光合细胞里，在叶绿体、过氧化物酶体和线粒体 3 种细胞器协同作用下进行	在所有活细胞的细胞质和线粒体中进行
对 O_2 和 CO_2 浓度的反应	在 O_2 质量分数 1%～100% 范围内，光呼吸随 O_2 浓度提高而增强，高浓度的 CO_2 抑制光呼吸	一般而言，O_2 和 CO_2 浓度对暗呼吸无明显影响
反应部位、条件	光下、绿色细胞	光、暗处生活细胞

一、光呼吸的生化历程

光呼吸的全过程是由叶绿体、过氧化（物酶）体和线粒体 3 种细胞器协同完成的。光呼吸实际上是乙醇酸代谢途径，由于乙醇酸是 C_2 化合物，因此光呼吸途径又称 C_2 光呼吸碳氧化循环（C_2-photorespiration carbon oxidation cycle，PCO 循环），简称 C_2

循环。

在叶绿体中形成的乙醇酸转移到过氧化体，由乙醇氧化酶催化，被氧化成乙醛酸和 H_2O_2，后者由过氧化氢酶催化分解成 H_2O 和 O_2。乙醛酸经转氨酶作用变成甘氨酸，并进入线粒体。2 分子甘氨酸在线粒体中发生氧化脱羧和羟甲基转移反应转变为 1 分子丝氨酸，并产生 NADH、NH_3，放出 CO_2。丝氨酸转回到过氧化物酶体，并与乙醛酸进行转氨作用，形成羟基丙酮酸，后者在甘油酸脱氢酶作用下还原为甘油酸。最后，甘油酸再回到叶绿体，经甘油酸激酶的磷酸化作用生成 PGA，进入卡尔文循环，再生成 RuBP，重复下一次的 C_2 循环，在这一循环中，2 分子乙醇酸放出 1 分子 CO_2（碳素损失 25%）。O_2 的吸收发生于叶绿体和过氧化物酶体内，CO_2 的释放发生在线粒体内。

二、光呼吸的生理功能

从碳素同化的角度看，光呼吸将光合作用固定的 20%～40% 的碳变为 CO_2 放出；从能量的角度看，每释放 1 分子 CO_2 需要损耗 6.8 个 ATP 和 3 个 NADPH。显然，光呼吸是一种浪费。

既然在空气中绿色植物光呼吸是不可避免的，那它在生理上有什么意义呢？目前认为其主要生理功能如下。

（1）消除乙醇酸的毒害。乙醇酸的产生在代谢中是不可避免的。光呼吸具有消除乙醇酸的代谢作用，避免了乙醇酸积累，使细胞免受伤害。

（2）维持 C_3 途径的运转。在干旱和高辐射胁迫下，叶片气孔关闭或外界 CO_2 浓度降低、CO_2 进入受阻时，光呼吸释放的 CO_2 能被 C_3 途径再利用，以维持 C_3 途径的运转。

（3）防止强光对光合机构的破坏。在强光下，光反应中形成的同化力会超过暗反应的需要，叶绿体中 NADPH/NADP$^+$ 的比值增高，最终电子受体 NADP$^+$ 不足，由光激发的高能电子会传递给 O_2，形成超氧阴离子自由基 O_2^-，O_2^- 对光合机构具有伤害作用，而光呼吸可消耗过剩的同化力，减少 O_2^- 的形成，从而保护光合机构中 PSII 的反应中心 D_1 蛋白免遭破坏。

（4）氮代谢的补充。光呼吸代谢中涉及多种氨基酸（甘氨酸、丝氨酸等）的形成和转化过程，它对绿色细胞的氮代谢是一个补充。

（5）减少碳的损失。在有氧条件下，光呼吸的发生虽然会损失一部分有机碳，但通过 C_2 循环还可收回 75% 的碳，避免了碳的过多损失。

第五节　影响光合作用的因素

植物的光合作用经常受到外界环境条件和内部因素的影响而发生变化。表示光合作用的变化指标有光合速率和光合生产率。

光合速率（photosynthetic rate）是指单位时间、单位叶面积吸收 CO_2 的量或放出 O_2 的量，常用单位有 $\mu mol/(m^2 \cdot s)$ 和 $\mu mol/(dm^2 \cdot h)$。一般测定光合速率的方法都没有把叶片的呼吸作用考虑在内，所以测定的结果实际是光合作用减去呼吸作用的差数，称为表观光合速率（apparent photosynthetic rate）或净光合速率（net photosynthetic rate）。如果把表观光合速率加上呼吸速率，则得到总（真正）光合速率。

光合生产率（photosynthetic produce rate）又称净同化率（net assimilation rate，NAR），是指植物在较长时间（一昼或一周）内，单位叶面积生产的干物质量。常用 g/（m² • h)表示。光合生产率比光合速率低，因为已去掉呼吸等消耗。

一、外部因素对光合作用的影响

（一）光照

光是光合作用的能量来源，是形成叶绿素的必要条件。此外，光还调节着碳同化许多酶的活性和气孔开度，因此光是影响光合作用的重要因素。

1. 光强度

（1）光强度-光合速率曲线。此曲线也称需光量曲线，如图 3-8 所示，在暗中叶片无光合作用，只有呼吸作用释放 CO_2（图中的 OD 段为呼吸速率）。随着光强度的增高，光合速率相应提高，当达到某一光强度时，叶片的光合速率与呼吸速率相等，净光合速率为零，这时的光强度称光补偿点（light compensation point）。在一定范围同，光合速率随着光强度的增加而呈直线增加；但超过一定光强度后，光合速率增加转慢；当达到某一光强时，光合速率就不再随光强度增加而增加，这种现象称为光饱和现象（light saturation）。光合速率开始达到最大值时的光强度称为光饱和点（light saturation point）。

一般来说，光补偿点高的植物，其光饱和点往往也高。例如，草本植物的光补偿点与光饱和点通常高于木本植物，阳生植物的光补偿点和光饱和点高于阴生植物，C_4 植物的光饱和点高于 C_3 植物（图 3-9）。大多数植物的光饱和点为 $360\sim900\mu mol/$（m² • s)，光补偿点为 $5\sim20\mu mol/$（m² • s)。光补偿点和光饱和点是植物需光特性的两个主要指标，光补偿点低的植物较耐阴，如大豆的光补偿点低于玉米，适于和玉米间作。环境条件不适宜，往往降低光饱和点和光饱和时的光合速率，并提高光补偿点。从光合机制来看，C_3 植物的量子效率应比 C_4 植物的大，因为 C_4 植物每固定 1 分子 CO_2 要比 C_3 植

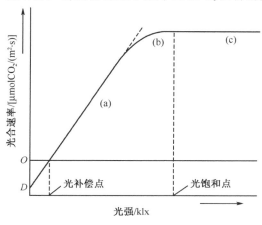

图 3-8　光强度-光合速率曲线

（a）比例阶段；（b）过渡阶段；（c）饱和阶段

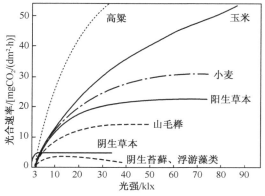

图 3-9　在适宜温度、正常的 CO_2 和不同光强度下各种植物的光合速率（引自 Larcher，1980）

物多消耗 2 个 ATP。但实际上 C_4 植物的表观量子产额等于或高于 C_3 植物，这是 C_3 植物存在光呼吸的缘故。

植物出现光饱和点的实质是强光下暗反应跟不上光反应，从而限制了光合速率随着光强度的增加而增高。因此，限制饱和阶段光合作用的主要因素有 CO_2 扩散速率（受 CO_2 浓度影响）和 CO_2 固定速率（受羧化酶活性和 RuBP 再生速率影响）等。所以，C_4 植物的碳同化能力强，其光饱和点和光强下的光合速率也较高。

在光强度-光合速率曲线的不同阶段，影响光合速率的主要因素不同。弱光下，光强度是控制光合的主要因素，曲线的斜率即为表观量子效率。曲线的斜率大，表明植物吸收与转换光能的色素蛋白复合体可能较多，利用弱光的能力强。实测的表观量子效率一般在 0.03～0.05 之间。随着光强度增高，叶片吸收光能增多，光化学反应速率加快，产生的同化力多，于是 CO_2 固定速率加快。此外，气孔开度、Rubisco 活性及光呼吸速率也影响直线阶段（a）的光合速率，因为这些因素都会随光强度的提高而增大，其中前两者的提高对光合速率有正效应，后者有负效应。

（2）光合作用的光抑制。光是植物光合作用所必需的，然而当植物吸收的光能超过其所需时，过剩的光能会导致光合效率降低，这种现象称为光合作用的光抑制（photo-toin hibition of photosynthesis）。

光抑制现象在自然条件下是经常发生的，因为晴天中午的光强度往往超过植物的光饱和点，即使是群体内的下层叶，由于上层枝叶晃动，也不可避免地受到较亮光斑的影响。很多植物，如水稻、小麦、棉花及大豆等，在中午前后经常会出现光抑制，轻者光合速率暂时降低，过后尚能恢复；重者则形成光破坏，叶片发黄，光合速率不能有效恢复。如果强光与其他不良环境（如高温、低温、干旱等）同时存在，光抑制现象更为严重。

关于光抑制的机制，一般认为光抑制主要发生在 PSⅡ。在特殊情况下，如低温弱光也会导致 PSⅠ 发生光抑制。正常情况下，光反应与暗反应协调进行，光反应中形成的同化力在暗反应中被及时用掉。但由于叶绿体基质中的 CO_2 浓度往往很低，RuBP 羧化酶的 K_m 值偏高，当光照过强时，常常出现暗反应能力不足引起的光能过剩。此时，一方面因 $NADP^+$ 不足使电子传递给 O_2，形成超氧阴离子自由基（O_2^-）；另一方面会导致还原态电子的积累，形成三线态叶绿素（chl^T），chl^T 与分子氧反应生成单线态氧（$^1O_2$）。O_2^- 和 $^1O_2$ 都是化学性质非常活泼的活性氧，如不及时清除，它们会攻击光合膜，引起叶绿素和 PSⅡ 反应中心的 D_1 蛋白降解，从而损伤光合机构。

植物在长期的进化过程中也形成了多种光保护机制：①细胞中存在着活性氧清除系统，如超氧化物歧化酶（SOD）、过氧化氢酶（CAT）、过氧化物酶（POD）、谷胱甘肽、抗坏血酸及类胡萝卜素等，它们共同防御活性氧对细胞的伤害；②通过代谢耗能，如提高光合速率，增强光呼吸和 Mehler 反应等；③通过叶黄素循环提高热耗散能力，叶黄素的 3 个组分紫黄质、环氧玉米黄质、玉米黄质可以在光照的条件下快速互相转化，耗散多余的能量；④PSⅡ 的可逆失活与修复；⑤LHCⅡ 的磷酸化和脱磷酸化引起的激发能在两个系统之间的再分配；⑥Cyt b_{559} 介导的环式磷酸化启动。上述机制可以保护光合机构，避免其被过剩光能伤害，是植物对强光的适应。

2. 光质

在太阳辐射中，对光合作用有效的是可见光。在可见光区域，不同波长的光对光合速率的影响不同。光合作用的作用光谱与叶绿体色素的吸收光谱是大致吻合的。在自然条件下，植物或多或少受到不同波长的光线照射。例如，阴天不仅光强减弱，而且蓝光和绿光的比例增加；树木冠层的叶片吸收红光和蓝光较多，造成树冠下的光线中绿光较多，由于绿光对光合作用是低效光，因而使本来就光照不足的树冠下生长的植物光合很弱，生长受到抑制。

水层也可改变光强度和光质。水层越深，光照越弱。水层对红光和橙光的吸收显著多于蓝光和绿光，深水层的光线中短波光相对增多。所以，含有叶绿素、吸收红光较多的绿藻分布于海水的表层，而含有藻红蛋白、吸收蓝绿光较多的红藻则分布在海水的深层。这是藻类对光照条件适应的一种表现。

（二）二氧化碳

二氧化碳（CO_2）是植物光合作用的最重要的原料，缺乏 CO_2，光合作用就不能正常进行。大多数作物的 CO_2 饱和点为 $800 \sim 1800 \mu mol/m^3$，而大气中 CO_2 的浓度约为 $350 \mu mol/m^3$，供应充足的 CO_2，有利用光合同化产物的积累。

1. CO_2-光合速率曲线

由 CO_2-光合速率曲线（图 3-10）可以看出，在光下，CO_2 浓度为 0 时，叶片只有呼吸放出 CO_2。

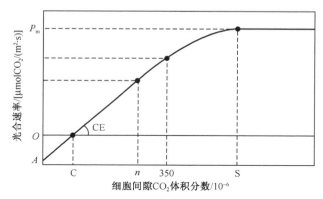

图 3-10 CO_2-光合速率曲线

n 点为空气浓度下细胞间隙 CO_2 浓度，其他各点含义同正文

随着 CO_2 浓度增高，光合速率增加，当光合速率与呼吸速率相等时，外界环境中的 CO_2 浓度即为 CO_2 补偿点（CO_2 compensation point，图中 C 点）。当 CO_2 浓度继续提高，光合速率随 CO_2 浓度的增加变慢，当 CO_2 浓度达到某一范围时，光合速率达到最大值（P_m），光合速率达到最大值时的 CO_2 浓度被称为 CO_2 饱和点（S）。

在低 CO_2 浓度条件下，CO_2 浓度是光合作用的限制因子，直线的斜率（CE）受羧化酶活性和量的限制。因而，CE 被称为羧化效率。CE 值大，则表示在较低的 CO_2 浓度下有较高的光合速率，亦即 Rubisco 的羧化效率较高。

在饱和阶段，CO_2 已不再是光合作用的限制因子，而 CO_2 受体的量，即 RuBP 的再生速率成了影响光合的因素。由于 RuBP 的再生受同化力供应的影响，所以饱和阶段的光合速率反映了光反应活性，即光合电子传递和光合磷酸化活性，因而 P_m 被称为光合能力。

C₄ 植物的 CO_2 补偿点和 CO_2 饱和点均低于 C₃ 植物。因为 C₄ 植物 PEPC 的 K_m 低，对 CO_2 亲和力高，并具有浓缩 CO_2 及抑制光呼吸的机制，所以 CO_2 补偿点低，即 C₄ 植物可利用较低浓度的 CO_2；C₄ 植物 CO_2 饱和点低的原因，与 C₄ 植物每固定 1 分子 CO_2 要比 C₃ 植物多消耗 2 个 ATP 有关，因为在高 CO_2 浓度下，光反应能力成为限制因素。尽管 C₄ 植物 CO_2 饱和点比 C₃ 植物的低，但其饱和点时的光合速率却往往比 C₃ 植物的高（图 3-11）。

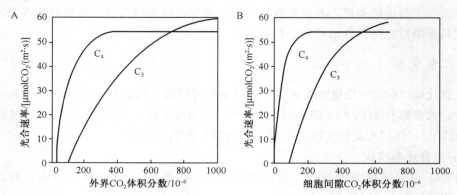

图 3-11　C₃ 植物和 C₄ 植物的 CO_2-光合速率曲线比较（Taiz and Zeiger，2002）

A. 光合速率与外界 CO_2 浓度；B. 光合速率与细胞间隙 CO_2 浓度。C₄ 植物为 *Tidestromia oblogifolia*，C₃ 植物为 *Larrea divaricata*

2. CO_2 供应

陆生植物所需的 CO_2 主要是从大气中获得的，CO_2 从大气到达叶绿体羧化部位的途径和遇到的阻力如下：

$$大气 \xrightarrow{r_e} 气孔 \xrightarrow{r_s} 叶肉细胞间隙 \xrightarrow{r_i} 叶肉细胞原生质 \xrightarrow{r_m} 叶绿体基质$$

r_e、r_s、r_i、r_m 分别表示扩散层阻力、气孔阻力、叶肉阻力和羧化阻力，其中较大的阻力为 r_s 与 r_m。CO_2 从大气至叶肉细间隙为气相扩散，而从叶肉细胞间隙到叶绿体基质为液相扩散，扩散的动力为 CO_2 浓度差。CO_2 流通速率（P，可代表光合速率）可用下式表示：

$$P = \frac{k(c_a - c_c)}{\sum r} = \frac{k(c_a - c_c)}{r_e + r_s + r_i + r_m} \tag{3-8}$$

式中，c_a 与 c_c 分别为大气和叶绿体基质中 CO_2 浓度，k 为系数。由上式可见，光合速率与大气至叶绿体间的 CO_2 浓度差成正比，而与大气至叶绿体间的总阻力成反比。凡是能提高 CO_2 浓度差和减少阻力的因素都可促进 CO_2 流通，从而提高光合速率。如建立合理的作物群体结构、加强通风、增施 CO_2 肥料等，均能显著提高作物光合速率。增施 CO_2 对 C₃ 植物的效果优于 C₄ 植物，这是由于 C₃ 植物的 CO_2 补偿点和饱和点较高的缘故。

（三）温度

光合作用的暗反应是由酶催化的化学反应，其反应速率受温度影响，因此温度也是影响光合速率的重要因素。在强光、高 CO_2 浓度下，温度对光合速率的影响比在低 CO_2 浓度下的影响更大，因为高 CO_2 浓度有利于暗反应的进行。

光合作用有温度三基点，即光合作用的最低、最适和最高温度。温度的三基点因植物种类不同而有很大差异（表 3-4）。耐寒植物的光合作用冷限与细胞结冰温度相近；而起源于热带的喜温植物，如玉米、高粱、番茄、黄瓜及橡胶树等温度低于 10℃ 时，光合作用即受到明显抑制。

表 3-4　在自然的 CO_2 浓度和光饱和条件下，不同植物光合作用的温度三基点　（单位：℃）

	植物种类	最低温度	最适温度	最高温度
草本植物	热带 C_4 植物	5～7	35～45	50～60
	C_3 农作物	−2～0	20～30	40～50
	阳生植物（温带）	−2～0	20～30	40～50
	阴生植物	−2～0	10～20	约 40
	CAM 植物（夜间固定 CO_2）	−2～0	5～15	25～30
木本植物	春天开花植物和高山植物	−7～2	10～20	30～40
	热带和亚热带常绿阔叶乔木	0～5	25～30	45～50
	干旱地区硬叶乔木和灌木	−5～1	15～35	42～55
	温带冬季落叶乔木	−3～1	15～25	40～45
	常绿针叶乔木	−5～3	10～25	35～42

低温抑制光合的原因主要是低温导致膜脂相变、叶绿体超微结构破坏以及酶的钝化。高温抑制光合的原因，一是膜脂和酶蛋白的热变性，二是高温下光呼吸和暗呼吸加强，净光合速率下降。C_4 植物的光合最适温度一般在 40℃ 左右，高于 C_3 植物的最适温度（25℃ 左右），这与 PEPC 的最适温度高于 Rubisco 的最适温度有关。温度对光合机构的影响涉及叶绿体膜的稳定性，而膜的稳定性与膜脂脂肪酸组成有关，膜脂不饱和脂肪酸的比例随生长温度的提高而降低。热带植物比温带植物的热稳定性高，因而其光合最适温度和最高温度均较高。

昼夜温差对光合净化率有很大的影响。白天温度较高，日光充足，有利于光合作用进行；夜间温度较低，可降低呼吸消耗。因此，在一定温度范围内，昼夜温差大有利于光合产物积累。

（四）水分

水是光合作用的原料之一，没有水，光合作用无法进行。但是，用于光合作用的水只占蒸腾失水的 1%，因此，缺水对光合作用的影响是间接的。

（1）气孔关闭。气孔运动对叶片缺水非常敏感，轻度水分亏缺就会引起气孔导度下降，导致进入叶内的 CO_2 减少。

（2）光合产物输出减慢。水分亏缺使光合产物输出变慢，光合产物在叶片中积累，对光合作用产生反馈抑制作用。

（3）光合机构受损。中度的水分亏缺会影响 PSII、PSI 的天线色素蛋白复合体和反应中心，电子传递速率降低，光合磷酸化解偶联，同化力形成减少。严重缺水时，甚至造成叶绿体类囊体结构破坏，不仅使光合速率下降，而且供水后光能力难以恢复。

（4）光合面积减少。水分亏缺使叶片生长受抑，叶面积减小，作物群体的光合速率降低。水分过多也会影响光合作用，因为土壤水分过多时，通气状况不良，根系活力下降，间接影响光合作用。

植物为适应干旱逆境，已形成一套适应机制应付一定程度的水分胁迫。大量试验证明，水分亏缺并非完全为负效应，植物在经受适度干旱后普遍存在着补偿效应，在其他条件不改变的情况下，作物在节约大量用水的同时，还可以提高产量或者保持不减产。作物在轻度干旱或干旱复水后产生的补偿效应表现在不同生理活动上，如生长发育、光合作用、水分利用、物质运输及籽粒产量等。光合作用是对干旱比较敏感的生理过程，植物生长在中度以上干旱逆境中，光合作用受到明显的限制，此时，光合作用降低的主要原因并非气孔限制，而是与叶绿体的功能障碍有关。

在水分胁迫下对植物光合作用的影响还与品种潜在活性有关。

（五）矿质营养、重金属和盐分

矿质营养直接或间接影响光合作用。N、P、S、Mg 是叶绿体结构中组成叶绿素、蛋白质和片层膜的成分；Cu、Fe 是电子传递体的重要成分；磷酸基团在光、暗反应中均具有重要作用，它是构成同化力 ATP 和 NADPH 以及光合碳还原循环中许多中间产物的成分；Mn 和 Cl 是光合放氧的必需因子；K 和 Ca 对气孔开闭和同化运输具有调节作用。因此，农业生产中合理施肥的增产作用，是靠调节植物的光合作用而间接实现的。

N 素对作物叶片叶绿素、光合速率和暗反应的主要酶活性以及光呼吸强度等均有明显影响，直接或间接影响作物光合作用。由于 N 素是叶绿素的主要成分，施 N 可促进植物叶片叶绿素的合成，且在一定条件下提高作物产量和品质；但施 N 素超过一定值后反而降低其同化速率，光合速率也有所降低。而适宜施 N 量也非固定值，光照水平可以改变最大光合作用与生长期需 N 量，光照强度在光合作用中具有调节 N 的限制作用功能，植物生长的"临界 N 浓度"与光照强度和温度等气候因素有关。

P 素参与三磷酸腺苷（ATP）等的能量代谢，又是膜脂与核苷酸的重要组分，在植物光合作用、呼吸作用和生物膜结构功能中起着重要生理作用。许多研究表明营养元素 P 对光合作用的影响很大，如缺 P 可降低棉花叶的扩展，还可导致菜豆光合能力、蒸腾速率和气孔导度等显著降低。

K 素是多种酶类的活化剂，可提高叶片叶绿素含量，保持叶绿体片层结构，提高光合电子传递链活性，促进植株对光能的吸收利用以及光合磷酸化作用和光合作用中 CO_2 的固定过程。K 在不同水平上影响植物光合作用，并促进其碳水化合物转化和运输。

在光合作用中，有些植物生长必需的微量元素不仅参与叶片叶绿素合成，还影响光合作用强度。大量试验研究表明这些微量元素缺乏时植物叶绿体遭到破坏，从而影响植物生长。

目前植物生长非必需的重金属元素，特别是 Cd、Pb 等重金属污染元素因对植物生长的危害及沿食链的传递作用而备受关注。研究结果表明 Cd 可能取代叶绿体酶中的 Fe^{2+}、Zn^{2+} 等活性微量金属元素而抑制了酶活性，进而影响植物叶绿体合成及植物光合作用。此外随 Pb 离子浓度的增加，各种作物的变化状况并非相同，小麦、水稻、油菜和玉米茎叶叶绿素含量均呈先增后降趋势，表现症状为叶片黄化失绿、茎叶萎蔫，这说明重金属已严重阻碍作物的光合生理活动。

长期盐胁迫下植物叶肉导度和光合面积下降是其生长受抑的主要原因，其中叶肉导度下降必然导致净光合速率下降。

（六）光合作用的日变化

在温暖、晴朗、水分供应充足的天气，光合速率随着光强而变化，呈单峰曲线：日出后光合速率逐渐提高，中午前后达到高峰，以后降低，日落后净光合速率出现负值。光强相同的情况下，一般下午的光合速率低于上午的，这是由于经上午光合后，叶片中的光合产物有所积累，发生反馈抑制的缘故。如果气温过高，光照强烈，光合速率日变化呈双峰曲线，大的峰出现在上午，小的峰出现在下午，中午前后光合速率下降，呈现光合"午休"现象（midday depression of photosynthesis）。这种光合速率中午下降的程度随土壤含水量的降低而加剧。引起光合"午休"的原因主要是大气干旱和土壤干旱。在干热的中午，叶片蒸腾失水加剧，如果此时土壤水分亏缺，植物的失水大于吸水，引起气孔导度降低，甚至叶片萎蔫，使叶片对 CO_2 吸收减少。午间高温、强光、CO_2 浓度降低也会产生光抑制，光呼吸增强，这些都会导致光合速率下降。还有人提出，光合"午休"现象与气孔运动内生节奏有关。

二、内部因素对光合作用的影响

据最近研究，植物光合作用中，叶片是光合作用最重要的器官，但其他绿色非叶片光合器官（如小麦旗叶鞘、穗下节、颖片、芒等）也具有重要光合功能，并且受叶片着生节位、叶龄、朝向等因素影响。

（一）非叶片光合器官的光合特性

赵丽英等（2007）对不同粒叶比小麦品种非叶片光合器官光合特性的研究结果表明，高粒叶比小麦品种的光合功能期较长，能以较小的叶面积维持较大的库容，因此非叶片光合器官对增加粒重起着重要作用。

（二）叶片着生节位

宋春雨等（2002）对向日葵不同节位叶片光合特性及其与产量关系的研究结果表明，中上部位叶对产量形成起决定作用，且品种之间有差异。

（三）叶龄

叶片的光合速率与叶龄密切相关。从叶片发生到衰老凋萎，其光合速率呈单峰曲线变化。新形成的嫩叶净光合速率很低，需要从其他功能叶片输入同化物。随着叶片的成长，光合速率不断提高。当叶片伸展至叶面积和叶厚度均最大时，光合速率达最大值。通常将叶片充分展开后光合速率维持较高水平的时期，称为叶片功能期，处于功能期的叶叫功能叶。功能期过后，随着叶片衰老，光合速率下降（图 3-12）。

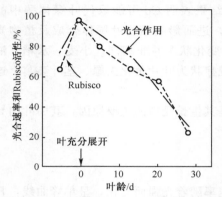

图 3-12　光合速率和 Rubisco 活性与叶龄的关系（鸭茅 *Dactylis glomerata*）

（四）叶片朝向

邱尔发等对不同年龄麻竹阴阳叶生态生理特性的研究结果表明，麻竹阳叶氮素、磷素浓度比阴叶高，但钾素浓度阳叶低于阴叶；从发笋初期至末期阴阳叶氮、磷、钾素浓度都呈逐渐减少的变化趋势，阴阳叶氮、磷、钾素浓度差异逐渐减小；阳叶在净光合速率、暗呼吸速率、CO_2 补偿点、光补偿点、光饱和点等方面较阴叶高，光呼吸较低，但不同年龄麻竹之间各指标变化有所不同。

三、同化物输出速率与积累的影响

植物体内源和库是相互协调的供需关系，库和源的强弱、光合产物从叶片输出的快慢影响叶片的光合速率。光合产物积累影响光合速率的原因如下。

（1）反馈抑制。例如，蔗糖的积累会反馈抑制合成蔗糖的磷酸蔗糖合成酶活性，使 F6P 增加，而 F6P 的积累又反馈抑制果糖-1,6-二磷酸酯酶活性，使细胞质以及叶绿体中磷酸丙糖含量增加，从而影响 CO_2 固定。

（2）淀粉粒的影响。叶肉细胞中蔗糖的积累会促进叶绿体基质中的淀粉合成和淀粉粒形成，一方面，过多的淀粉粒会压迫和损伤叶绿体；另一方面，由于淀粉粒对光有遮挡，从而阻碍了光合膜对光的吸收。

第六节　植物群体光合作用与光合生产力

植物群体的光合作用是指自然生态环境里植被植物群体中多种植物的总光合作用或是同一种作物（如水稻、小麦、玉米、棉花）田间单位面积［如每亩或每公顷面积］的光合作用，它与单位单叶或个体的光合作用是不同的，受到很多因素的影响。

一、植物群体光合作用的特性

一般地，群落的光合作用与组成群落个体种的净同化速率（net assimilation rate，NAR）、叶面积指数（leaf area index，LAI）和群落的发育时间（t）成正比，即

$$P = NAR \cdot LAI \cdot t \qquad (3-9)$$

由此可以看出，组成群落种的个体净光合速率越高、叶面积指数越大、时间越长，则群落的光合作用或净生产力越高。具有高光合生产力的群落一般群落结构比较复杂，组成群落种具有利用不同光照强度的能力。一般来说，除了草本群落和较矮小的栽培作物群落外，群落的净生产能力难以实际测定到。较大的同化箱可以实现在野外状态下对群落光合作用的测定，其原理与单叶光合的测定一样，都是测定一定时间段内 CO_2 浓度差，然后根据进气口的气体流速、群落面积和各种环境参数进行计算：

$$P = \frac{\Delta C \cdot F \cdot \rho}{A} \qquad (3-10)$$

式中，P 为群落的光合速率；ΔC 为进出同化箱的 CO_2 浓度差；F 为空气流量；ρ 为 CO_2 密度系数；A 为叶面积。密度系数与群落光合测定时的温度、大气温度和大气压有关。

对于较高大的植物群落，光合作用的计算一般采取数学模型估测法，其计算公式为：

$$NAR = \frac{dW}{dt} \cdot \frac{1}{A} \qquad (3-11)$$

式中，dW 和 dt 为植物群落重量和测定时间的变化。在实际操作中，两者的计算依下式：

$$NAR = \frac{W_2 - W_1}{A_2 - A_1} \cdot \frac{\ln(A_2/A_1)}{t_2 - t_1} \qquad (3-12)$$

式中，W_1 和 A_1 分别为时间 t_1 的群落干重和叶面积；W_2 和 A_2 分别为时间 t_2 的群落干重和叶面积。NAR 为净光合的量，一般用 $g/(dm^2 \cdot d)$ 表示。

在群落水平上，光合生产力除了与理论上的光合速率、光合面积和光合时间有关外，还与光在植物群落中的传输、叶面积指数的构成以及光在群落中的消减有关，下面将分段介绍有关的知识。

二、植物群体对光的吸收

利用合理密植或间作套种，可以充分利用日光。光能利用率提高了，产量当然也就提高了（当然经济系统是一个重要因素）。所谓合理密植，就是创造一个合理的作物群体。

群体适当才能更好地利用太阳能。群体的光合作用比起单叶的光合作用来，光饱和点要高得多，这是什么原因呢？这是因为群体中叶片的总面积增加很多。上层叶片受到太阳光的照射，吸收了部分太阳光，还有一部分光则反射到下层叶片上。中层和下层的

叶片主要是吸收漫散光（即从各个方面的叶子反射的光）和透射光，也能吸收一小部分直射光。这些叶片的光饱和点并不一定比上层叶片的光饱和点低多少，但它们所接受的光照强度却比上层叶片所接受的低得多。所以光照强度较高，透射光和漫射的强度也越高，中下层叶片可以充分利用。这就是群体的光饱和点比单片叶子的光饱和点高得多的原因。由此可见，合理密植后群体的光能利用率可以增高很多。

三、叶面积指数

叶面积指数（leaf area index，LAI）是一定土地面积上所有植物叶表面积与所占土地面积的比率。据现有资料，一般作物的最大 LAI（即生长期中总叶面积最大时的数值）约在 2.5 以下时，它与产量呈明显的正比，即产量随总叶面积成比例地增加；当 LAI 增大到 4～5 以上，则产量不再随叶面积的增大而增加。自然森林群落由于结构复杂，LAI 一般较大，如暖温带落叶阔叶林的 LAI 在 12 左右、热带雨林在 20 左右。

关于叶面积指数，还应考虑两个因素：一个是叶片在不同层次的分配比例，另一个是叶面积的动态。叶面积的动态是一个非常重要的问题，其动态是否合理，对产量的形成影响极大。一般说来，前期叶面积扩展应较快，以便较好地吸收日光，为后期器官形成打下良好的基础。

四、消光系数

要达到合理的群体结构，固然应当充分利用上述自动调节的作用，但更重要的是人为地进行调节。人工调节首先要考虑群体的大小。作物群体的大小可以用各种指标来表示，如播种量、基本苗数、总分蘖数、总穗数、花果数、叶面系数、根系大小等。除此之外，要实现套种或在林下发展经济作物，还必须充分考虑到群落下层所能透光的强度。当光透过好几层叶片时，叶片对光的吸收服从于兰伯特-皮尔（Lambert-Beer）定律，为适用于植物群落，可将消光的方程写成：

$$I = I_0 \cdot e^{-k\mathrm{LAI}} \tag{3-13}$$

式中，I_0 为照射到植物群落顶部的光照强度；I 为距顶部一定距离的光照强度；K 为植物群落的消光系数或称大田消系数（用于作物）；LAI 为叶面指数，即从顶部到测定处的总叶面积除以土地面积。

一般作物的消光系统约为 0.3 左右，所以根据上式，若叶面指数为 1，则 $I/I_0 = 0.5$。这就是说，当叶面指数为 1 时，到达地面上的光为群落上面光强的一半左右；同样，当叶面指数为 5 时，$I/I_0 = 0.03$，到达地面上的光为群落上面光强的 3% 左右。如果自然光强为 2000 μmol/（$m^2 \cdot s$），则叶面指数为 5，到达基部的光强约为 60 μmol/（$m^2 \cdot s$）。一般作物的补偿点在 30 μmol/（$m^2 \cdot s$）以下，所以最大叶面积指数为 5 并不会使最下层的叶子得不到补偿点以上的光。

五、光合作用与作物生产

植物干物质有 90%～95% 来自光合作用，农作物产量的形成主要靠叶片的光合作用，因此，如何提高作物的光能利用率制造更多的光合产物，是农业生产的一个根本性问题。

（一）光能利用率

通常把单位上土地面积上植物光合作用积累的有机物所含的化学能占同一期间入射光能量的百分率称为光能利用率（efficiency for solar energy utilization，公式中用E_u表示）。

植物光能利用率的最大值是多少？或者说，作物产量究竟能提高到什么程度？这是一个值得探讨的问题。现以年产量为 15t/hm² 的吨粮田为例，计算光能利用率。已知太阳辐射能为 5.0×10^{10} kJ/hm²，假定经济系数为 0.5，每公顷生物产量 30t（3.0×10^7 g，忽略含水率），那么光能利用率为：

$$E_u = \frac{3 \times 10^7 \, g/hm^2 \times 17.2 kJ/g}{5.0 \times 10^{10} \, kJ/hm^2} \times 100\% \approx 1.03\% \qquad (3\text{-}14)$$

按上述方法计算，光能利用率只有 1% 左右，如果作物最大光能利用率按 4% 计算，每公顷可年产粮食 58t。但实际上，作物光能利用率很低，即使高产田也只有 1%～2%。目前生产作物光能利用率不高的主要原因如下。

（1）漏光损失。在作物生长初期，植株小，叶面积系数小，日光大部分直射地面而损失掉。据估计，水稻、小麦等作物漏光损失的光能可达 50% 以上，如果前茬作物收割后不能马上播种，漏光损失将更大。还有大量不能吸收的非可见光以及反射光和透光损失。

（2）光饱和浪费。夏季太阳有效辐射可达 1800～2000μmol/（m²·s），但大多数植物的光饱和点为 360～900μmol/（m²·s），有 50%～70% 的太阳辐射能被浪费掉。

（3）环境条件不适及栽培管理不当。在作物生长期间，经常会遭到不适于生长发育和光合作用进行的环境条件，如干旱、水涝、高温、低温、强光、盐渍、缺肥、病虫及草害等，这些都会导致作物光能利用率的下降。

（二）提高作物产量的途径

作物的产量主要是由光合产物转化而来。提高作物产量的根本途径是改善植物的光合性能。所谓光合性能是指光合系统的生产性能，它是决定作物光能利用率高低及获得高产的关键。光合性能组分包括光合能力、光合面积、光合时间、光合产物的消耗和光合产物的分配利用，可具体表述为：

经济产量＝[（光合能力×光合面积×光合时间）－消耗]×经济系数

经济系数（economic coefficient）是指作物经济产量（economic yield）与生物产量（biological yield）的比值。按照光合作用原理，要使作物高产就应采取适当措施，最大限度地提高光合能力，适当增加光合面积，延长光合时间，提高经济系数，并减少干物质消耗。

1. 提高光合能力

光合能力一般用光合速率来表示。光合速率受作物本身光合特性和外界光、温、水、肥、气等因素影响，合理调控这些因素才能提高光合速率。

选育叶片挺厚、株型紧凑、光合效率高的作物品种，在此基础上创造合理的群体结构，改善作物冠层的光、温、水、气条件。

早春采用塑料薄膜育苗或大棚栽培，可使温度提高，促进作物生长和光合作用进行。合理灌水施肥可增加光合面积，提高光合机构的活性。

CO_2是光合作用的原料，增加空气中的CO_2浓度，光合速率就会提高。大田作物田间的CO_2浓度虽然目前还难以人工控制，但可通过深施碳酸氢铵肥料（含50％CO_2）、增施有机肥料、实施秸秆还田、促进微生物分解发酵等措施，来增加作物冠层中的CO_2浓度。在塑料大棚和玻璃温室内，则可通过CO_2发生装置，直接施放CO_2。通过CO_2施肥，可显著提高光合速率，抑制光呼吸。

2. 增加光合面积

光合面积是指以叶片为主的植物绿色面积。通过合理密植、改变株型等措施，可增大光合面积。

表示密植程度的指标中较为科学的是叶面积指数（leaf area index，LAI）。在一定范围内，作物 LAI 越大，光合产物积累越多，产量越高。近年来国内外培育的小麦、水稻、玉米等高产新品种，多为矮秆或半矮秆、叶片挺厚、分蘖密集、株型紧凑及耐肥抗倒的类型。种植此类品种可适当增加密度，提高叶面积指数，耐肥不倒伏，充分利用光能，因而能提高光能利用率。

3. 延长光合时间

延长光合时间可通过提高复种指数、延长生育期及补充人工光照等措施来实现。复种指数（multiple crop index）就是全年内农作物的收获面积对耕地面积之比。提高复种指数可增加收获面积，延长单位土地面积上作物的光合时间，减少漏光损失，充分利用光能。如通过间作套种，就能在一年内巧妙地搭配作物，从时间和空间上更好地利用光能。

在不影响耕作制度的前提下，适当延长作物的生育期也能提高产量。防止叶片衰老，特别是作物功能叶的早衰，是延长叶片光合时间、提高作物产量的重要措施之一。

4. 减少有机物质消耗

正常的呼吸消耗是植物生命活动所必需的，生产上应注意提高呼吸效率，尽量减少浪费型呼吸。目前降低光呼吸主要从两方面入手。一是利用光呼吸抑制剂去抑制光呼吸。例如，乙醇酸氧化酶的抑制剂 α-羟基磺酸盐类化合物，可抑制乙醇酸氧化为乙醛酸。用 100mg/L $NaHSO_3$ 喷洒大豆，可抑制光呼吸 32.3％，平均提高光合速率 15.6％，2,3-环氧丙酸也有类似效果。二是增加 CO_2 浓度，提高 CO_2/O_2 比值，使 Rubisco 的羧化反应占优势，光呼吸得到抑制，光能利用率就能大大提高。此外，及时防除病虫草害，也是减少有机物消耗的重要方面。

5. 提高经济系数

经济系数又叫收获指数。国内外许多研究证明，作物产量的增加有赖于收获指数的提高。例如，现代六倍体小麦与原始二倍体小麦相比，其高产的主要原因是其收获指数较高。提高收获指数应从选育优良品种、调控器官建成和有机物运输分配、协调"源、流、库"关系入手，使尽可能多的同化产物运往收获器官。在粮油作物后期田间管理上，为防止叶片早衰，加强肥水时，要防徒长贪青，否则，光合产物大量用于形成营养器官，经济系数下降，会造成减产。棉花适时打顶也有提高经济系数的效果。

参 考 文 献

胡学华，薄光兰，肖千文. 2007. 水分胁迫下李树叶绿素荧光动力学特性研究. 中国生态农业学报，15（1）：75～77

蒋高明. 2004. 植物生理生态学. 北京：高等教育出版社

金则新，柯世省. 2004. 云锦杜鹃叶片光合作用日变化特性. 植物研究，24（4）：447～452

兰伯斯，蔡平，庞斯. 2005. 植物生理生态学. 张国平，周书军译. 杭州：浙江大学出版社.

李合生. 2006. 现代植物生理学. 第二版. 北京：高等教育出版社

宋春雨，刘晓冰，金彩霞. 2002. 高温胁迫下光合器官受损及其适应机理. 农业系数科学与综合研究，18（4）：
  252～254

孙华. 2005. 土壤质量对植物光合生理生态功能的影响研究进展. 中国生态家业学报，13（1）：116～118

田纪春，王延训，唐绍磊. 2005. 不同类型超级小麦不同光合器官与籽粒产量的关系. 山东农业科学，4：12～14

王梅，高志奎，黄瑞虹. 2004. 茄子光系统Ⅱ的热胁迫特性. 应用生态学报，18（1）：63～68

王忠. 2000. 植物生理学. 北京：中国农业出版社

薛丽华，章建新. 2006. 大豆鼓粒期非叶光合器官与粒重的关系. 大豆科学，25（4）：425～428

张桂清，李锋，蒋水元. 2007. 两种土壤含水率下匙羹藤的光合及水分利用率的初步研究. 广西植物，27（3）：508～
  512

赵丽英，邓西平，山仑. 2007. 冬小麦在不同水分处理下旗叶叶绿素荧光参数的变化. 中国生态农业学报，15（1）：
  63～66

Buchanan B B，Cruissem W，Janes R L. 2003. Biochemistry and Mclecular Biology. Rockville，Maryland：American
  Society of Plant Physiologists

Gunning B E C. 1980. Spatial and temporal regulation of nucleating sites for arrays of cortical microtubules in root-tip
  cells of the water Fren Azolla Pinnata. European Journal of Cell Biology，23（1）：53～65

Hill R，Bendall F. 1960. Crystallization of a photosynthetic reductase from a green plant. Nature，187（4755）：417～
  424

Larcher J. 1980. Soybean breeding in Senegal. Agronomie Tropicale，35（2）：148～156

Morris K，Mackerness S A H，Page F et al. 2000. Salicylic acid has a role in regulating gene expression during leaf se-
  nescence. Plant Journal，23（5）：677～685

Salisbury F B. 1992. What remains of the cholodny - went theory - a potential role for changing sensitivity to aux-
  in. Plant Cell and Environment，15（7）：785，786

Taiz L，Zeiger E. 2002. Plant Physiology. 4th ed. Sunderland，Massachusetts：Sinauer Associates Inc.

第四章　植物呼吸作用的生理生态

植物呼吸代谢集物质代谢与能量代谢为一体，是植物生长发育得以顺利进行的物质、能量和信息的源泉，是代谢的中心枢纽，没有呼吸就没有生命。因此，研究呼吸作用的物质能量转变、调控过程及呼吸作用的生理功能，具有非常重要的意义。

第一节　呼吸作用的概念及其生理意义

呼吸作用（respiration）是指生活细胞内的有机物在一系列酶的参与下，逐步氧化分解成简单物质并释放能量的过程。依据呼吸过程是否有氧参与，可将呼吸作用分为有氧呼吸和无氧呼吸。

有氧呼吸（aerobic respiration）是指生活细胞利用分子氧（O_2），将淀粉、葡萄糖等有机物质彻底氧化分解为 CO_2，并生成 H_2O，同时释放能量的过程。例如，以葡萄糖为呼吸底物，有氧呼吸的总过程可用下列总反应式来表示：

$$C_6H_{12}O_6 + 6O_2 \longrightarrow 6CO_2 + 6H_2O \qquad (4-1)$$
$$\Delta G^{O'} = -2870 \text{ kJ/mol}$$

以蔗糖为底物时，有氧呼吸的总反应式如下：

$$C_{12}H_{22}O_{11} + 12O_2 \longrightarrow 12CO_2 + 11H_2O \qquad (4-2)$$

以淀粉为底物时，有氧呼吸的总反应式如下：

$$(C_6H_{10}O_5)_n + 6nO_2 \longrightarrow 6nCO_2 + 5nH_2O \qquad (4-3)$$

$\Delta G^{O'}$ 表示在 pH7 下标准自由能的变化。呼吸作用释放的能量，少部分以 ATP、NADH 和 NADPH 形式贮藏起来，为植物生命活动所必需；大部分以热能放出。水稻种子浸种催芽时，谷堆里的发热现象便是由于种子萌发时进行旺盛呼吸的结果。

有氧呼吸是高等植物进行呼吸的主要形式，然而在缺氧等条件下，植物也被迫进行无氧呼吸。

无氧呼吸（anaerobic respiration）是指生活细胞在无氧条件下，把淀粉、葡萄糖等有机物分解成为不彻底的氧化产物，同时释放出部分能量的过程。这个过程在微生物中称为发酵（fermentation）。酵母菌的发酵产物为酒精，称为酒精发酵，其反应式如下：

$$C_6H_{12}O_6 \longrightarrow 2C_2H_5OH + 2CO_2 \qquad (4-4)$$
$$\Delta G^{O'} = -226\text{kJ/mol}$$

高等植物细胞在无氧条件下，主要进行的是酒精发酵。例如，苹果、香蕉贮藏久了或水稻成堆催芽缺氧时产生的酒味，便是酒精发酵的结果。

乳酸菌的发酵产物是乳酸，称为乳酸发酵，其反应式如下：

$$C_6H_{12}O_6 \longrightarrow 2CH_3CHOHCOOH \qquad (4-5)$$
$$\Delta G^{O'} = -197\text{kJ/mol}$$

高等植物中，胡萝卜、甜菜块根和青贮饲料在进行无氧呼吸时也产生乳酸。

无氧呼吸中，底物降解氧化不彻底，在乙醇、乳酸等发酵产物中仍然含有比较丰富的能量，因而释放能量比有氧呼吸少得多。现今高等植物仍保留无氧呼吸能力，是植物适应生态多样性的表现。

　　呼吸作用的生理意义为：

　　（1）为生命活动提供能量。呼吸作用释放出的能量一部分以 ATP 形式贮存起来，不断满足植物体内各种生理过程（如植物对矿质营养的吸收和运输，有机物的合成和运输，细胞的分裂和伸长，植物的生长发育等）对能量的需要，未被利用的能量就转变为热能而散失掉。呼吸放热可提高植物体温，有利于植物的幼苗生长、开花传粉、受精等。

　　（2）为重要有机物质合成提供原料。呼吸作用过程中产生许多中间产物，如 α-酮戊二酸、苹果酸、甘油醛磷酸等，可作为合成糖类、脂质、氨基酸、蛋白质、酶、核酸、色素、激素及维生素等各种细胞结构物质、生理活性物质及次生代谢物质的原料。因此，可以说呼吸作用是植物体内有机物质代谢的中心。

　　（3）为代谢活动提供还原力。在呼吸底物降解过程中形成的 NADH、NADPH、$FADH_2$ 等可为脂肪和蛋白质生物合成、硝酸盐还原等过程提供还原力。

　　（4）增强植物抗病免疫能力。植物受到病菌侵染时，该部位呼吸速率急剧升高，以通过生物氧化分解有毒物质；受伤时，也通过旺盛的呼吸促进伤口愈合，使伤口迅速木质化或栓质化，以阻止病菌的侵染。呼吸作用的加强还可促进具有杀菌作用的绿原酸、咖啡酸等的合成。

第二节　呼吸代谢途径的多样性

　　呼吸作用是所有生物的基本生理功能。研究发现，植物呼吸代谢并不是只有一种途径，不同的植物、同一植物的不同器官或组织在不同生育时期或不同环境条件下，呼吸底物的氧化降解可走不同的途径。高等植物中存在并运行着的呼吸代谢途径有很多，首先是糖酵解及丙酮酸在缺氧条件下进行的酒精发酵和乳酸发酵，其次是丙酮酸在有氧条件下进行降解的三羧酸循环和戊糖磷酸途径，还有一条脂肪酸氧化分解的乙醛循环和一条乙醇酸氧化途径以及抗氰的交替途径（图 4-1）。它们在方向上相互连接，在空间上相互交错，在时间上相互交替，既分工又合作，构成不同代谢类型，执行不同的生理功能，相互调节、相互制约。

一、糖酵解

　　在一系列酶的作用下将葡萄糖无氧分解成丙酮酸（pyruvate）并释放能量的过程称为糖酵解（glycolysis），又称为 EMP 途径。糖酵解普遍存在于动物、植物、微生物的所有细胞中，是在细胞质中进行的。虽然糖酵解的部分反应可在质体或叶绿体中进行，但不能完成全过程。

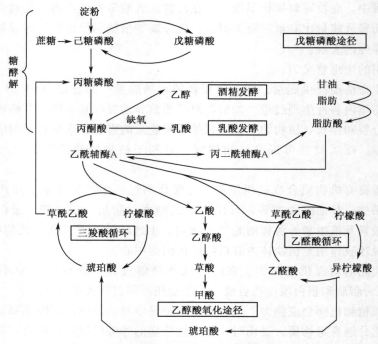

图 4-1　植物体内主要呼吸代谢途径相互关系

（一）糖酵解的化学过程

糖酵解的化学过程包括：己糖活化；果糖-1,6-二磷酸裂解成 2 分子的三碳糖；甘油醛-3-磷酸氧化脱氢形成磷酸甘油酸，再经脱水脱磷酸形成丙酮酸，并伴随有 ATP 和 NADH＋H$^+$ 的生成。一般情况下，以葡萄糖为呼吸底物，糖酵解的总反应式如下：

$$C_6H_{12}O_6＋2NAD^+＋2ADP＋2Pi \longrightarrow 2CH_3COCOOH＋2NADH＋2H^+＋2ATP＋2H_2O$$

$$(4-6)$$

糖酵解中糖的氧化分解过程中，没有 CO_2 的释放，也没有 O_2 的吸收，所需要的氧来自组织内的含氧物质（水分子和被氧化的糖分子），因此糖酵解途径也称分子内（intramolecular）呼吸。

（二）糖酵解的生理意义

糖酵解具有多种功能。首先，糖酵解的一些中间产物（如甘油醛-3-磷酸等）是合成其他有机物质的重要原料，其终产物丙酮酸在生化上十分活跃，可通过不同途径进行不同的生化反应：通过氨基化作用丙酮酸可生成丙氨酸；在有氧条件下，丙酮进入三羧酸循环和呼吸链，被彻底氧化成 CO_2 和 H_2O；在无氧条件下进行无氧呼吸，会生成酒精或乳酸。因此，糖酵解是有氧呼吸和无氧呼吸的共同途径。糖酵解逆转反应，使糖异生作用成为可能；同时，糖酵解中生成的 ATP 和 NADH，可使生物获得生命活动所需要的部分能量和还原力。

二、无氧呼吸

植物在无氧条件下通常发生乙醇发酵（alcohol fermentation），其化学反应过程是：糖酵解终产物丙酮酸在丙酮酸脱羧酶（pyruvic acid decarboxylase）作用下脱羧生成 CO_2 和乙醛：

$$CH_3COCOOH \xrightarrow{\text{丙酮酸脱羧酶}} CO_2 + CH_3CHO \qquad (4\text{-}7)$$

然后，乙醛在乙醇脱氢酶（alcohol dehydrogenase）的作用下，迅速被糖酵解途径中形成的 NADH 还原成乙醇：

$$CH_3CHO + NADH + H \xrightarrow{\text{乙醇脱氢酶}} CH_3CH_2OH + NAD \qquad (4\text{-}8)$$

酒精发酵的总反应式如下：

$$C_6H_{12}O_6 + 2ADP + 2Pi \longrightarrow 2CH_3CH_2OH + 2CO_2 + 2ATP + 2H_2O \qquad (4\text{-}9)$$

在缺少丙酮酸脱羧酶而含有乳酸脱氢酶（lactic acid dehydrogenase）的组织里，丙酮酸便被糖酵解途径中形成的 NADH 还原为乳酸，即乳酸发酵（lactate fermentation）：

$$CH_3COCOOH + NADH + H^+ \xrightarrow{\text{乳酸脱氢酶}} CH_3CHOHCOOH + NAD^+ \qquad (4\text{-}10)$$

乳酸发酵的总反应式如下：

$$C_6H_{12}O_6 + 2ADP + 2Pi \longrightarrow 2CHOHCOOH + 2ATP + 2H_2O \qquad (4\text{-}11)$$

在无氧条件下，通过乙醇发酵或乳酸发酵，实现了 NAD^+ 的再生，这就使糖酵解得以继续进行。

无氧呼吸过程中葡萄糖分子中的能量只有一小部分被释放、转化，大部分能量仍保存在丙酮酸、乳酸或乙醇分子中。可见，无氧呼吸的能量利用效率低，有机物质耗损大，而且发酵产物酒精和乳酸的累积对细胞原生质有毒害作用。因此，长期进行无氧呼吸的植物会受到伤害，甚至会死亡。

三、三羧酸循环

葡萄糖经过糖酵解转化成丙酮酸。在有氧条件下，丙酮酸通过位于线粒体内膜的丙酮酸转运器（pyruvate translocator），与线粒体基质中 OH^- 进行电中性交换，使丙酮酸进入线粒体基质，经氧化脱羧形成乙酰辅酶 A（乙酰 CoA）。乙酰 CoA 再进入三羧酸循环（tricarboxylic acid cycle，TCA 循环或 TCAC）彻底氧化成 CO_2，生成 ATP、NADH、$FADH_2$，并释放能量。整个反应都在线粒体的基质（matrix）中进行。

（一）由丙酮酸形成乙酰辅酶 A

丙酮酸在丙酮酸脱氢复合体（pyruvate dehydrogenase complex）催化下，氧化脱羧形成 NADH、CO_2 和乙酸，乙酸再通过硫酯键与辅酶 A（CoA）结合生成乙酰 CoA。乙酰 CoA 是连接糖酵解与 TCA 循环的纽带，反应式如下：

$$CH_3COCOOH + CoA-SH + NAD^+ \xrightarrow{\text{Mg}^+ \cdot \text{TPP、硫辛酸、FAD}}$$

$$CH_3CO \sim SCoA + CO_2 + NADH + H^+ \qquad (4\text{-}12)$$

在丙酮酸转化为乙酰 CoA 的过程中，除了产生 CO_2 外，脱出的两个氢原子被 NAD^+ 接受产生 NADH。NAD^+ 是 NADH 通过线粒体中的电子传递链再生的。

（二）TCA 循环的化学过程

TCA 循环又称柠檬酸循环（citric acid cycle）。由于该循环是英国生物化学家 Krebs 于 1937 年正式提出的，所以也称为 Krebs 循环。所谓 TCA 循环是指从乙酰 CoA 与草酰乙酸缩合成含有 3 个羧基的柠檬酸开始，经过一系列氧化脱羧反应生成 CO_2、NADH、$FADH_2$、ATP 直至草酰乙酸再生的全过程。

TCA 循环的总反应式如下：

$$CH_3CO \sim SCoA + 3NAD^+ + FAD + ADP + Pi + 2H_2O \longrightarrow 2CO_2 + 3NADH$$
$$+ 3H^+ + FADH_2 + ATP + CoA \sim SH \qquad (4\text{-}13)$$

从葡萄糖经糖酵解生成 2 分子丙酮酸，经氧化脱羧生成 2 分子乙酰 CoA，进入 TCA 循环进一步氧化脱羧，则总反应式可写成：

$$2CH_3COCOOH + 8NAD^+ + 2FAD + 2ADP + 2Pi + 4H_2O \longrightarrow 6CO_2$$
$$+ 8NADH + 8H^+ + 2FADH_2 + 2ATP \qquad (4\text{-}14)$$

（三）丙酮酸进入 TCA 循环的特点和意义

第一，丙酮酸经过 TCA 循环氧化生成 3 分子 CO_2，这个过程是靠被氧化底物分子中的氧和水分子中的氧来实现的。该过程释放的 CO_2 就是有氧呼吸产生 CO_2 的来源，当外界环境中 CO_2 的浓度增高时，脱羧反应受抑制，呼吸速率下降。

第二，丙酮酸经过 TCA 循环有 5 步氧化反应脱下 5 对氢，其中 4 对氢用于还原 NAD^+，形成 $NADH + H^+$，另一对从琥珀酸脱下的氢可将 FAD 还原为 $FADH_2$，它们再经过呼吸链将 H^+ 和电子传给分子氧结合成水，同时发生氧化磷酸化生成 ATP。由琥珀酰 CoA 形成琥珀酸时发生底物水平磷酸化，直接生成 1mol ATP。这些 ATP 可为植物生命活动提供能量。

第三，TCA 循环中虽然没有 O_2 的参加，但必须在有氧条件下经过呼吸链电子传递使 NAD^+ 和 FAD 在线粒体中再生，该循环才可继续，否则 TCA 循环就会受阻。

第四，乙酰辅酶 A 不仅是糖代谢的中间产物，同时也是脂肪酸和某些氨基酸的代谢产物，因此，TCA 循环是糖、脂质和蛋白质三大类有机物质氧化代谢的共同途径。

第五，TCA 循环的一些中间产物是氨基酸、蛋白质、脂肪酸生物合成的前体，如丙酮酸可以转变成丙氨酸，草酰乙酸可以转变成天冬氨酸等，然而，这些被抽走的中间产物必须得到补充，否则 TCA 循环就会停止运转。这种补充反应称为 TCA 循环的回补机制（replenishing mechanism）。

四、戊糖磷酸途径

Racker（1954）、Gunsalus（1955）等发现植物体内有氧呼吸代谢除 EMT—TCA 途径以外，还存在戊糖磷酸途径（pentose phosphate pathway，PPP），又称己糖磷酸

途径（hexose monophosphate pathway，HMP）。PPP 同 EMP 一样，也是在细胞质中进行的。

（一）戊糖磷酸途径的化学历程

戊糖磷酸途径是指葡萄糖在细胞质内经一系列酶促反应被氧化降解为 CO_2 的过程。该途径可分为两个阶段。

1. 氧化阶段

从 6mol 葡萄糖-6-磷酸（G6P）开始，经两次脱氢氧化及脱羧后，放出 6mol CO_2 和生成 6mol 核酮糖-5-磷酸（Ru5P）：

$$6G6P+12NADP^++6H_2O \longrightarrow 6CO_2+12NADPH+12H^++6Ru5P \qquad (4\text{-}15)$$

2. 非氧化阶段

6mol 的核酮糖-5-磷酸（共有 $6 \times 5 = 30$ 个碳原子）经 C_3、C_4、C_5、C_7 等糖，然后转变成为 5mol 葡萄糖-6-磷酸（同样含有 $5 \times 6 = 30$ 个碳原子）：

$$6Ru5P+H_2O \longrightarrow 5G6P+Pi \qquad (4\text{-}16)$$

以上两个阶段的反应表明，经过 6 次的循环反应之后，1mol 的 G6P 被分解生成 6mol CO_2，其总反应式如下：

$$G6P+12NADP^++7H_2O \longrightarrow 6CO_2+12NADPH+12H^++Pi \qquad (4\text{-}17)$$

（二）戊糖磷酸途径的意义

（1）该途径是一个不需要通过糖酵解而对葡萄糖进行直接氧化过程，生成的 NAD-PH 也可能进入线粒体，通过氧化磷酸化作用生成 ATP。

（2）该途径中脱氢酶的辅酶不同于 EMP－TCA 循环中的 NAD^+，而是 $NADP^+$。每氧化 1mol G6P 可形成 12mol 的 $NADPH+H^+$，它是体内脂肪酸和固醇生物合成、葡萄糖还原为山梨醇、二氢叶酸还原成为四氢叶酸的还原剂。该途径不生成 ATP。

（3）该途径的一些中间产物是许多重要有机物质生物合成的原料，例如，Ru5P 等戊糖是合成核酸的原料；赤藓糖-4-磷酸（E4P）和磷酸烯醇式丙酮酸（PEP）可以合成莽草酸，进而合成芳香族氨基酸，可也合成与植物生长、抗病性有关的生长素、木质素、绿原酸、咖啡酸等。植物在受病菌侵染及干旱等逆境条件下，该途径明显加强。

（4）该途径中的一些中间产物丙糖、丁糖、戊糖、己糖及庚糖的磷酸酯也是光合作用卡尔文循环的中间产物，因而呼吸作用和光合作用可以联系起来。另外，甘油醛-3-磷酸和果糖-6-磷酸也是 EMP 的中间产物，因此，它们也可通过 EMP 而被氧化。

五、乙醛酸循环

油料种子萌发时，贮藏的脂肪会分解为脂肪酸和甘油。脂肪酸经 β-氧化分解为乙酰 CoA，在乙醛酸循环体（glyoxysome）内生成琥珀酸、乙醛酸、苹果酸和草酰乙酸的酶促反应过程，称为乙醛酸循环（glyoxylic acid cycle，GAC），素有"脂肪呼吸"之称。该途径中产生的琥珀酸可转化为糖。

（一）乙醛酸循环的化学历程

GAC 从脂肪酸 β-氧化的产物乙酰 CoA 与草酰乙酸缩合为柠檬酸开始，然后柠檬酸异构化形成异柠檬酸，异柠檬酸又在异柠檬酸裂解酶（isocitratelyase）催化下分裂为琥珀酸和乙醛酸。在苹果酸合酶（malate synthase）催化下，乙醛酸与另一分子乙酰 CoA 结合生成苹果酸。苹果酸脱氢，重新形成草酰乙酸，可以再与乙酰 CoA 缩合为柠檬酸，从而形成一个循环。其反应结果是由 2 分子乙酰 CoA 生成 1 分子琥珀酸和 1 分子 $NADH + H^+$。反应式如下：

$$2CH_3CO{\sim}SCoA + NAD^+ + 2H_2O \longrightarrow \begin{array}{c} CH_2COOH \\ | \\ CH_2COOH \end{array} + 2CoASH + NADH + H^+$$

$$(4\text{-}18)$$

乙醛酸循环是富含脂肪的油料种子所特有的一种呼吸代谢途径。

Mettler 和 Beevers 等在研究蓖麻种子萌发时脂肪向糖类的转化过程中，对上述乙醛酸循环转化为蔗糖的途径做了重要修改：一是在乙醛酸循环体内乙醛酸与乙酰 CoA 结合所形成的苹果酸不发生脱氢，而是直接进入细胞质后再脱氢，逆着糖酵解途径转变为蔗糖；二是在乙醛酸循环体和线粒体之间有"苹果酸穿梭"发生；三是在线粒体中苹果酸脱氢生成草酰乙酸，草酰乙酸与谷氨酸进行转氨基反应生成天冬氨酸与 α-酮戊二酸，并同时透膜进入乙醛酸循环体，再次发生转氨基反应，所产生的谷氨酸透膜返回线粒体，而草酰乙酸则可继续参与乙醛酸循环。

由上可以看出，通过"苹果酸穿梭"和转氨基反应，解决了乙醛酸循环体内 NAD^+ 的再生和不断补充 OAA 的途径问题，这对保证 GAC 的正常运转是至关重要的。

（二）乙醛酸循环的特点和生理意义

乙醛酸循环是在乙醛酸循环体内完成的，含有两个特有的关键酶，即异柠檬酸裂解酶和苹果酸合酶。该循环是一个与脂肪转化为糖密切相关的反应过程，是油料种子萌发时特有的呼吸代谢过程，当种子内贮藏的脂肪耗尽，种苗叶片可进行光合作用时，GAC 停止运转，乙醛酸循环体随即消失。

六、乙醇酸氧化途径

乙醇酸氧化途径（glycolic acid oxidate pathway，GAOP）是水稻根系特有的糖降解途径，它的主要特征是具有关键酶——乙醇酸氧化酶（glycolate oxidase）。水稻一直生活在供氧不足的淹水条件下，当根际土壤存在某些还原性物质时，水稻根中的部分乙酰 CoA 不进入 TCA 循环，而是形成乙酸，然后，乙酸在乙醇酸氧化酶及多种酶类催化下依次形成乙醇酸、乙醛酸、草酸、甲酸及 CO_2，并且每次氧化均形成 H_2O_2，而 H_2O_2 又在过氧化氢酶（catalase，CAT）催化下分解释放 O_2，可氧化水稻根系周围的各种还原性物质（如 H_2S、Fe^{2+} 等），从而抑制土壤中还原性物质对水稻根的毒害，以保证根系旺盛的生理机能，使水稻能在还原条件下的水田中正常生长发育。

此外，在植物体内还存在着一条在氰化物存在条件下仍运行的呼吸作用，称为抗氰呼吸，这将在第三节中介绍。

由上可知，植物呼吸代谢途径具有多样性，这是植物在长期进化过程中对多变环境的适应性表现。然而，植物体内存在的多条化学途径并不是同等运行的，而是随植物种类、发育时期、生理状态和环境条件的不同有很大的差异。在正常情况下以及在幼嫩的部位、生长旺盛的组织中，均是以 TCA 途径为主；在缺氧条件下，植物体内丙酮酸有氧分解被抑制而积累，并进行无氧呼吸，其产物也是多种多样的；而在衰老、感病、受旱、受伤的组织中，戊糖磷酸途径加强。富含脂肪的油料种子在吸水萌发过程中，通过乙醛酸循环将脂肪酸转变为糖；水稻根系在淹水条件下则进行乙醇酸氧化途径。

第三节　电子传递与氧化磷酸化

生物氧化（biological oxidation）是指发生在细胞线粒体内的一系列传递氢和电子的氧化还原反应，因而有别于体外的直接氧化。生物氧化过程中释放的能量一部分以热能形式散失，另一部分则贮存在高能磷酸化合物 ATP 中，以满足植物生命活动的需要。

一、电子传递链

呼吸作用的电子传递（electron transfer）实际上是 NADH 和 $FADH_2$ 的氧化脱氢过程，但是 NADH 和 $FADH_2$ 的氢不是直接被细胞中的氧所氧化，而是要经过呼吸链的传递，最后才能与氧结合生成水。

电子传递链（electron transport chain）又称呼吸链（respiratory chain），是指按一定氧化还原电位顺序排列互相衔接传递氢（$H^+ + e$）或电子到分子氧的一系列呼吸传递体的总轨道。呼吸传递体可分两大类：氢传递体与电子传递体。氢传递体包括一些脱氢酶的辅助因子，主要有 NAD^+、FMN（FAD）、UQ 等。它们既传递电子，也传递质子；电子传递体包括细胞色素系统和某些黄素蛋白、铁硫蛋白。呼吸传递体除了 UQ 外，大多数组分与蛋白质结合以复合体形式嵌入膜内。

组成呼吸链有 4 种酶复合体（enzyme complex），另外还有一种 ATP 合酶复合体（图 4-2）。

（1）酶复合体 I。酶复合体 I 又称 NADH-泛醌氧化还原酶（NADH-ubiquinone oxidoreduc-tase），包括以黄素单核苷酸（flavin mononucleotide，FMN）为辅基的黄素蛋白和多种铁硫蛋白（FeS），还有泛醌（ubiquinone，UQ）、磷脂（phosphatide）。其功能在于催化位于线粒体基质中的 NADH + H^+ 的 2 个 H^+ 经 FMN 转运到膜内空间，同时再经过 FeS 将 2 个电子传递给靠近内膜内侧的 2 个 UQ（又称辅酶 Q，CoQ）。该酶的作用可为鱼藤酮（rotenone）、巴比妥酸（barbital acid）所抑制，都是抑制 Fe-S 簇的氧化和泛醌的还原。

（2）酶复合体 II。酶复合体 II 又称琥珀酸-泛醌氧化还原酶（succinate-ubiquinone oxi-doreductase），主要成分是琥珀酸脱氢酶（succinate dehydrogenase，SDH）、黄素

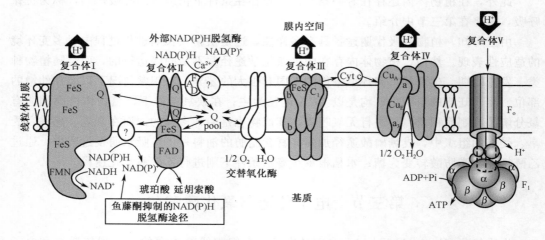

图 4-2 线粒体内膜上分布的 5 个酶复合体（引自 Taiz and Zeiger，2002）
酶复合体Ⅰ、酶复合体Ⅱ、酶复合体Ⅲ和酶复合体Ⅳ是电子传递链上的电子载体，酶复合体Ⅴ
是 ATP 合酶复合体

腺嘌呤二核苷酸（flavin adenine dinucleotide，FAD）、细胞色素 b（cytochrome b）和 3 个 Fe-S 蛋白。其功能是催化琥珀酸氧化为延胡索酸，并把 H 经 FAD 转移到 UQ 生成 UQH_2。该酶的作用可被 2-噻吩甲酰三氟丙酮（thenoyl trifluoroacetone，TTFA）所抑制。

（3）酶复合体Ⅲ。酶复合体Ⅲ又称泛醌-细胞色素 c 氧化还原酶（ubiquinone-cytochrome oxidoreductase），一般都含有 2 个 Cyt b（b_{565} 和 b_{560}）、1 个 Fe-S 蛋白和 1 个 Cyt c_1。其功能是催化 UQ 先自复合体Ⅲ细胞色素 b 获得 1 个电子，同时从基质中各摄取 1 个 H^+，生成 2 个半醌（UQH），2 个 UQH 再接受复合体Ⅰ FMN 传递来的 1 对电子，同时又从基质中各摄取 1 个 H^+，生成 2 个还原型泛醌（ubiquinol，UQH_2），生成的 2 个 UQH_2 通过构象改变移动到内膜外侧，在酶催化下将基质中摄取的 2 对 H^+ 释放到膜间空间，每个 UQH_2 中的 1 对电子中的 1 个交回 Cyt b，另一个电子经 Fe-S→Cyt c_1 传递到位于线粒体内膜外侧的 Cyt c（非膜内在蛋白的蛋白质），2 个 UQ 则从内膜外侧返回内侧，完成 UQ 循环（UQ cycle）。抗霉素 A（antimycin A）抑制从 UQH_2 到复合体Ⅲ的电子传递（也有人认为是抑制复合体Ⅲ中 Cyt b→Fe-S→Cyt c_1 的电子传递）。

（4）酶复合体Ⅳ。酶复合体Ⅳ又称 Cyt c-细胞色素氧化酶（Cyt c-cytochrome oxidase），相对分子质量为 160 000～170 000，含有多种不同的蛋白质，主要成分是 Cyt a 和 Cty a_3 及 2 个铜原子，组成两个氧化还原中心，即 Cyt a、Cu_A 和 Cty a_3、Cu_B，第一个中心是接受来自 Cyt c 的电子受体，第二个中心是氧还原的位置。它们通过 Cu^+/Cu^{2+} 的变化，在 Cyt a 和 Cyt a_3 间传递电子。其功能是将 Cyt aa_3 中的电子传递给分子氧，被激活的 O_2 再与基质中的 H^+ 结合形成 H_2O，基质侧的一对 H^+ 可通过复合体Ⅳ的质子通道或其他机制转运到膜间空间。CO、氰化物（cyanide，CN^-）、叠氮化物（azide，N^{3-}）同 O_2 竞争与 Cyt aa_3 中 Fe 的结合，可抑制从 Cyt aa_3 到 O_2 的电子传递。

（5）酶复合体Ⅴ。酶复合体Ⅴ又称 ATP 合酶（adenosine triphosphate synthase）。该酶由 F_o 和 F_1 两部分组成，所以又称为 F_oF_1-ATP 合酶。F_o 由 4 个不同亚基组成，是复合体的"柄"，镶嵌在内膜中，内有传递 H^+ 的通道；F_1 由 5 种 9 条亚基组成，是复合体的"头"，伸入膜内侧转移相连 ATP 水解的 H^+。

复合体Ⅰ～Ⅳ都是膜的内在蛋白，它们以 1∶1∶1∶1 的比率存在（图 4-3）。

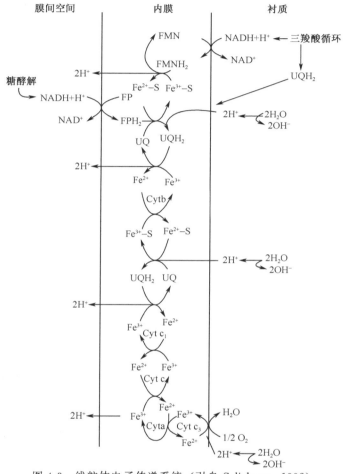

图 4-3 线粒体电子传递系统（引自 Salisbury，1992）

电子传递体在线粒体内膜上的分布是严格有序的，各组分具有氧化还原电位（E'_O）（redox-potential），值的大小就决定了它们在呼吸链上的位置顺序。一般而言，E'_O 的值越小（低氧化还原电位），代表其还原势越强，供电子的能力越强；E'_O 的值越大（高氧化还原电位），就说明其氧化势越强，接受电子的能力越强。电子总是从低氧化还原电位流向高氧化还原电位。NADH 的 E'_O 为 -0.32 V，而 O_2 的 E'_O 为 $+0.8$ V，因而电子能由 NADH 传递到 O_2。

二、氧化磷酸化

氧化磷酸化（oxidative phosphorylation）是指生物氧化中电子从 NADH 或 $FADH_2$ 脱

下，经电子传递链传递给分子氧生成水，并偶联 ADP 和 Pi 生成 ATP 的过程。它是需氧生物合成 ATP 的主要途径。电子沿呼吸链由低电位流向高电位是个逐步释放能量的过程。电子在两个电子传递体之间传递转移时，如果释放的能量满足 ADP 磷酸化形成 ATP 的需要，即视为氧化磷酸化的偶联部位（coupled site）或氧化磷酸化位点。实验证明，呼吸链的 4 个复合体中，复合体Ⅰ、Ⅲ和Ⅳ是 3 个偶联部位，复合体Ⅱ不是偶联部位。NADH 经呼吸链氧化要通过复合体Ⅰ、Ⅲ和Ⅳ 3 个偶联部位，可形成 3 mol ATP。FADH₂ 经呼吸链氧化只通过复合体Ⅲ和Ⅳ 2 个偶联部位，所以只形成 2 mol ATP。

氧化磷酸化作用的活力指标为 P/O 比，就是指每消耗一个氧原子有几个 ADP 变成 ATP；或每吸收一个氧原子与所酯化的无机磷分子数之比；或每传递两个电子与产生的 ATP 数之比。呼吸链中一对电子从 NADH 开始经细胞色素途径传至氧生成水，要进行 3 次 ATP 的形成，即 P/O 比是 3，但实际测定的结果往往是 2.4～2.7。另外，如果用抑制剂抑制电子传递，同时人为地造成一个跨膜 pH 梯度，也会合成 ATP。因此，关于氧化磷酸化 3 个偶联部位的认识已经被近代的 P. Mitchell 化学渗透偶联假说所取代。

在电子传递过程中所释放出的自由能是怎样转入 ATP 分子中的，这就是氧化磷酸化作用机制的问题。目前有三种假说：化学偶联假说（chemical coupling hypothesis）、构象偶联假说（conformational coupling hypothesis）和化学渗透偶联假说（chemiosmotic coupling hypothesis）。实验证据较充足的是英国生物化学家 P. Mitchell（1961）提出的化学渗透偶联假说，他因此获得了 1978 年诺贝尔化学奖。虽然化学渗透偶联偶假说受到广泛支持，但目前也有异议，不断有人提出一些修正的或新的假说。美国生物化学家 Boyer 提出的 ATP 合酶的结合转化机制（binding change mechanism）得到了更多的实验支持。

在氧化磷酸化过程中除了前述的电子传递抑制剂外，还有一些化合物能够消除跨膜的质子梯度或电位梯度，使 ATP 不能形成，从而解除电子传递与磷酸化偶联的作用，称之为解偶联作用（uncoupling），具有解偶联作用的化合物称为解偶联剂（uncoupler），如 2,4-二硝基苯酚（2,4-dinitrophenol，DNP）。DNP 呈酸性和脂溶性，在不同 pH 下，可结合 H⁺ 转移至膜内，能消除跨膜质子梯度，抑制 ATP 的形成。但 DNP 并不抑制呼吸链的电子传递，甚至会加速电子传递，自由能以热能的形式散失掉，形成"徒劳"呼吸。植物在干旱、冷害或缺钾等不良条件下，也会导致氧化磷酸化解偶联。此外，还有一类氧化磷酸化抑制剂（depressant），既不抑制电子传递，也不同于解偶联剂，它直接作用于 ATP 合酶复合体而抑制 ATP 合成，并能间接抑制 O_2 的消耗，如寡霉素（oligomycin）。

三、呼吸链电子传递途径的多样性

研究证明，在高等植物和微生物中，呼吸链电子传递途径至少有下列 5 条。

（一）细胞色素途径

这条电子传递途径在生物界分布最广泛，为动物、植物及微生物所共有。其特点是电子传递通过了复合体Ⅰ、复合体Ⅲ、复合体Ⅳ；对鱼藤酮、抗霉素 A、氰化物都敏感，每传递 1 对电子可泵出 8～10 个 H^+，因此该途径的 P/O 比是 3。

（二）电子传递支路 1

这条途径的特点是脱氢酶的辅基不是 FMN 及 Fe-S，而是另一种黄素蛋白（FP_2），电子从 NADH 上脱下后经 FP_2 直接传递到 UQ，这样就越过了复合体 I，不被鱼藤酮抑制，对抗霉素 A、氰化物敏感，每传递 1 对电子可泵出 6 个 H^+，因此其 P/O 比为 2 或略低于 2。

（三）电子传递支路 2

这条途径的特点是脱氢酶的辅基是另外一种黄素蛋白（FP_3），其 P/O 比为 2。其他与支路 1 相同。

（四）电子传递支路 3

这条途径的特点是脱氢酶的辅基是另外一种黄素蛋白（FP_4），电子自 NADH 脱下后经 FP_4 和 Cyt b_5 直接传递给 Cyt c，越过了复合体 I、III，只通过复合体 IV，因而对鱼藤酮、抗霉素 A 不敏感，可被氰化物所抑制，其 P/O 比为 1。

（五）交替途径（alternative pathway，AP）

这是植物呼吸链中存在的一条对氰化物不敏感的支路，故又名抗氰支路（cyanide-resistant shunt）。电子自 NADH 脱下后，经 FMN→Fe-S 传递到 UQ，然后不进入细胞色素电子传递系统，而是从 UQ 处分岔，经 FP 和交替氧化酶（alternative oxidase，AO）把电子交给分子氧，电子通过了复合体 I，越过了复合体 III、IV 位点，因而可被鱼藤酮抑制，不被霉素 A 和氰化物抑制，其 P/O 比为 1。

植物体内呼吸链电子传递途径多样性是植物适应多变环境的结果。邹喻萍等（1979）证明在同一水稻幼苗线粒体中同时存在着 4 条不同的电子传递途径，其中以细胞色素途径和交替途径为主要途径，植物对这两条途径的运行强度有自动调控能力。

四、末端氧化系统的多样性

末端氧化酶（terminal oxidase）是指能将底物上脱下的电子最终传给 O_2，使其活化，并形成 H_2O 或 H_2O_2 的酶类。这类酶有的存在于线粒体内，本身就是电子传递体成员，如细胞色素氧化酶和交替氧化酶；有的存在于胞基质和其他细胞器中，属于非线粒体的末端氧化酶，如抗坏血酸氧化酶、多酚氧化酶、乙醇酸氧化酶等。

（1）细胞色素氧化酶（cytochrome oxidase）。细胞色素氧化酶是植物体内最主要的末端氧化酶，承担细胞内约 80% 的耗氧量。该酶包括 Cyt a 和 Cyt a_3，含有两个铁卟啉和两个铜原子，其作用是将 Cyt a_3 的电子传给 O_2，生成 H_2O。该酶在植物组织中普遍存在，以幼嫩组织中比较活跃，与氧的亲和力极高，易受氰化物、CO 的抑制。

（2）交替氧化酶（alternative oxidase，AO）。交替氧化酶又称抗氰氧化酶（cyanide-resistant oxidase）。至今，具有酶活性的均一性的交替氧化酶尚未纯化，现在得到交替氧化酶基因克隆是用抗体筛选的。实验证实，$29\,000 \sim 3700 Da$ 一簇蛋白是 AO 的主要组分，Fe^{2+} 是 AO 活性中心的金属，AO 在植物和微生物中以氧化型二聚体和还原型二聚体存在，后者的活性明显高于前者，由此推断 AO 二聚体间的二硫键可能有调节其酶活性的作用。AO 的功能是将 UQH_2 的电子经黄素蛋白（FP）传给 O_2 产生 H_2O_2，再被线粒体内的过氧化氢酶转变为 H_2O 和 O_2。该酶对氧的亲和力比细胞色素氧化酶低，但比非线粒体末端氧化酶要高，易被水杨基氧肟酸（salicyl hydroxamic acid，SHAM）所抑制，对氰化物不敏感。

（3）酚氧化酶（phenol oxidase）。酚氧化酶包括单（元）酚氧化酶（monophenol oxidase）如酪氨酸酶（tyroxinase）和多（元）酚氧化酶（polyphenol oxidase）如儿茶酚氧化酶（catechol oxidase），均含铜，存在于质体和微体中，催化分子氧将各种酚氧化成醌，也可与细胞内其他底物氧化相偶联，从而起到末端氧化酶的作用。酚氧化酶在植物体内普遍存在。马铃薯块茎、苹果果实受到伤害后出现褐色，就是酚氧化酶作用的结果，因为醌对微生物有毒，因而对植物组织起到保护作用。植物组织受伤后呼吸增强，这部分呼吸称为伤呼吸（wound respiration），它直接与酚氧化酶的活性加强有关。制红茶时，要揉破细胞，通过多酚氧化酶的作用将茶叶中的酚类氧化，并聚合成红褐色的色素，从而制得红茶。酚氧化酶对氧的亲和力中等，易受氰化物和 CO 的抑制。

（4）抗坏血酸氧化酶（ascorbic acid oxidase）。抗坏血酸氧化酶可以催化分子氧将抗坏血酸氧化并生成 H_2O，其定位于细胞质中，在植物中普遍存在，以蔬菜和果实中较多，与植物的受精作用、能量代谢及物质合成密切相关。该酶对氧的亲和力低，受氰化物抑制，对 CO 不敏感。

（5）乙醇酸氧化酶（glycolate oxidase）。乙醇酸氧化酶是一种黄素蛋白酶（含FMN），不含金属，催化乙醇酸氧化为乙醛酸并产生 H_2O_2，与甘氨酸和草酸生成有关。该酶与氧的亲和力极低，不受氰化物和 CO 抑制。

植物体内末端氧化酶具有多样性，能使植物在一定范围内适应各种外界条件。例如，细胞色素氧化酶对氧的亲和力极高，所以在低氧浓度的情况下，仍能发挥良好的作用；而酚氧化酶对氧的亲和力弱，则可在较高氧浓度下顺利发挥作用。

五、抗氰呼吸及其生理意义

（一）抗氰呼吸的发现、产生及分布

在前述电子传递多条途径中除了常见的电子传递主路外，抗氰支路是最引人注目的。1929 年，Genevois 最早观察到在某些植物中，CN^- 对末端氧化过程不起抑制作用，在一般的植物中 CN^- 的抑制作用也不完全。汤佩松在 1932 年报道了 CO 不能完全抑制羽扇豆细胞色素氧化酶，自此以后，在植物体内存在着一条动物体内不具有的抗氰电子传递途径逐渐被世界公认。人们把这种在氰化物存在条件下仍运行的呼吸作用称为抗氰呼吸（cyanide resistant respiration），也就是对氰化物不敏感的那一部分呼吸，或者称为抗霉素 A 不敏感呼吸、氧肟酸敏感呼吸，也就是交替途径（AP）。

在高等植物中抗氰呼吸是广泛存在的，无论是单子叶植物还是双子叶植物都发现有

抗氰呼吸的存在，在已检测过分属于不同科目的200多种植物中都存在抗氰呼吸，只是运行程度不同，许多真菌、藻类、酵母也有抗氰呼吸，最近有人还提出在动物中可能也有抗氰呼吸。具有抗氰呼吸的部分植物名称见表4-1。抗氰呼吸又称为放热呼吸（thermogenic respiration），这是因为抗氰呼吸链电子传递所建立的 H^+ 电化学势梯度小，形成ATP少，大部分自由能以热能散失。抗氰电子传递途径的专一抑制剂有间-氯苯氧肟酸（m-CLAM）、水杨基氧肟酸（SHAM）、Disulriram 等。

表 4-1 具有抗氰呼吸的植物

单子叶植物纲	双子叶植物纲	
	木本类	草本类
天南星目	樟目	十字花目
天南星科	樟科	十字花科
东北天南星	鳄梨	芸苔
摩芋		甘蓝
克星特僵南星		欧白芥
意大利僵南星		藜目
斑叶僵南星	豆目	藜科
双芋	香豌豆	糖萝卜
大叶喜林芋	绿豆	红甜菜
具斑斑龙芋	菜豆	甜菜
臭菘	菜豆一种（*Phaseolus* sp.）	花葱目
百合科	豌豆	旋花科
洋葱	豇豆	番薯
禾本目	山毛榉目	茄目
禾本科	山毛榉科	茄科
大麦属一种（*Hordeum* sp.）	欧洲山毛榉	番茄
大麦	无患子目	烟草
稻属一种（*Oryza* sp.）	槭树科	马铃薯
稻	拟法国梧桐槭	伞形目
小麦属一种（*Triticum* sp.）	松柏目	伞形科
小麦	松柏科	胡萝卜
玉米	大西洋雪松	紫菀目
	黎巴嫩雪松	菊科
		菊芋

实验证明，将完整线粒体外膜除去，对抗氰呼吸没有影响，表明抗氰呼吸的交替氧化酶（AO）定位于线粒体内膜。关于抗氰呼吸中电子传递的分支点，虽然有人认为是从 Cyt b 分支的，但更多证据和普遍被接受的是在泛醌（UQ）分支。

（二）抗氰呼吸的生理意义

（1）放热效应。抗氰呼吸是一个放热呼吸，其产生的大量热能对产热植物早春开花有保护作用。由于抗氰呼吸的放热，花器官的温度与环境的温度相差可达22℃，还可增加胺类等物质挥发，引诱昆虫传粉，有助于花粉的成熟及授粉、受精过程。放热效应也有利于种子萌发。种子在萌发早期或吸胀过程中抗氰呼吸活跃。例如，棉花种子吸胀开始时抗氰呼吸只占35%，6h后达70%。这可能与棉花播种时气温低有关，是一种适应性表现。

（2）促进果实成熟。在果实成熟过程中出现的呼吸跃变现象，主要表现为抗氰呼吸速率增强。同时，研究也证明植物衰老和果实成熟与乙烯的形成密切相关，乙烯的形成与抗氰呼吸速率有平行的关系。并且，抗氰呼吸电子传递是乙烯促进呼吸的前提条件，乙烯刺激抗氰呼吸，诱发呼吸跃变产生，促进果实成熟和植物器官衰老。

（3）增强抗病力。李合生（1991）研究证明，甘薯块根组织受到黑斑病菌侵染后，抗氰呼吸成倍增长，而且抗病品种块根组织的抗氰呼吸速率明显高于感病品种，真菌感染组织状况也是如此，说明抗氰呼吸的强弱与甘薯块根组织对黑斑病菌的抗性有着密切关系。

（4）代谢协同调控。有人提出能量"溢流假说"，即在底物和还原力（NADH）丰富或过剩时，使细胞色素途径电子传递呈饱和状态，抗氰呼吸非常活跃，可分流电子，将多余的底物和还原力消耗。此外，当细胞色素途径受阻时，抗氰呼吸产生或加强，这样可以保证 EMP-TCA 循环，PPP 能正常运转，保证底物继续氧化，维持生命活动各方面的需要。

第四节　呼吸代谢能量的贮存和利用

一、呼吸代谢能量的贮存

在植物呼吸代谢中，伴随着物质的氧化降解，不断地释放能量，除一部分以热能散失外，其余部分则以高能键的形式贮存起来。植物体内的高能键主要是高能磷酸键，其次是硫酯键，其中以腺苷三磷酸（adenosine triphosphate，ATP）中的高能磷酸键最重要。生成 ATP 的方式有两种：一是氧化磷酸化，二是底物水平磷酸化（substrate-level phosphorylation）。二者相比，前者为主，后者仅占一小部分。氧化磷酸化在线粒体内膜上的呼吸链和 ATP 合酶复合体中完成，需要 O_2 参加。底物水平磷酸化在细胞质基质和线粒体基质中进行，没有 O_2 参加，只需要代谢物脱氢（或脱水），其分子内部所含能量的重新分布即可生成高能键，接着高能磷酸基转移到 ADP 上，生成 ATP。

$$NADH + H^+ + 3ADP + 3Pi + 1/2O_2 \longrightarrow NAD^+ + 4H_2O + 3ATP \tag{4-19}$$

$$UQH_2 + 2ADP + 2Pi + 1/2O_2 \longrightarrow UQ + 3H_2O + 2ATP \tag{4-20}$$

真核细胞中 1 mol 葡萄糖经 EMP—TCA 循环、呼吸链彻底氧化之后共生成 36 mol ATP。

二、呼吸代谢能量的利用

从呼吸作用的能量利用效率来看，真核细胞中 1 mol 葡萄糖在 pH7 的标准条件下经 EMP—TCA 循环—呼吸链彻底氧化，标准自由能变化（$\Delta G^{o'}$）为 2870kJ，而 1 mol ATP 水解时，其末端高能磷酸键（～P）可释放能量为 30.5 kJ，36 mol ATP 释放的能量为 30.5 kJ×36＝1098 kJ，因此，高等植物和真菌中葡萄糖经 EMP—TCA 循环—呼吸链进行有氧呼吸时，能量利用率为 1098/2870×100%＝38.26%，其余的 61.74% 以热的形式散失了，其转换率还是高的。

对原核生物来说，EMP 中形成的 2mol NADH 可直接经氧化磷酸化产生 6mol ATP，因此 1mol 葡萄糖的彻底氧化共生 38mol ATP，其能量利用率为（30.5×38/2870）×100%＝40.38%，比真核细胞要高一些。

在植物生命活动过程中，对矿质营养的吸收和运输、有机物合成和运输、细胞的分裂和分化，以及植物的生长、运动、开花、受精和结果等都依赖于 ATP 分解所释放的能量。

第五节　呼吸代谢与物质代谢的关系

一、呼吸代谢与初生代谢的关系

蛋白质、脂肪、糖类及核酸等有机物质代谢对植物生命活动至关重要，是细胞中共有的一些物质代谢过程，可将其称为初生代谢（primary metabolism）。其代谢途径中的物质称为初生代谢物质（primary metabolites product），是维持植物生命活动所必需的。呼吸代谢在植物体内蛋白质、脂肪、糖类及核酸等重要有机物质转化方面起着枢纽作用。

（一）呼吸代谢与蛋白质代谢

呼吸代谢中的有机酮酸通过加氨作用，形成"领头"氨基酸（head amino acid）——谷氨酸和天冬氨酸，再在转氨酶催化下通过转氨作用以及其他转化作用形成多种多样的氨基酸，进而合成各种蛋白质。其中，色氨酸可以合成植物激素 3-吲哚乙酸，甲硫氨酸可以合成乙烯。

（二）呼吸代谢与脂肪代谢

脂肪降解过程中所形成的甘油可经脱氢氧化形成磷酸丙糖，再逆糖酵解转变成蔗糖或经丙酮酸进入 TCA 循环——呼吸链彻底氧化生成 H_2O 和 CO_2；另一产物脂肪酸则经 β-氧化方式反复形成乙酰 CoA，再参与乙醛酸循环、TCA 循环及葡糖异生途径（gluconegenic pathway）转变成糖类。脂肪的合成与 PPP 密切相关。

（三）呼吸代谢与核酸代谢

呼吸代谢 PPP 的中间产物核酮糖-5-磷酸是合成核酸，包括 RNA 和 DNA 的原料。

二、呼吸代谢与次生代谢的关系

植物还能把上述一些初级代谢产物经过一系列酶促反应转化成为结构更复杂、特殊的物质，我们称这一过程为次生代谢（secondary metabolism）。其代谢途径产生的物质，称为次生代谢物质（secondary metabolites product）。

呼吸作用过程中的许多中间产物都可作为生物合成次生代谢物质的原料。前已述，植物呼吸代谢中 PPP 与莽草酸途径（shikimic acid pathway）直接相关，而大多数高等植物中的次生代谢物质都是通过莽草酸途径合成的。

植物体重要次生代谢产物及生物合成途径简述如下。

（一） 萜类

萜类（terpene）是植物中广泛存在的一类次生代谢产物，已知的萜类化合物超过了 20 000 种。萜类是由若干个以 5 个碳原子的异戊二烯（isoprene）为单位组成的化合物及其衍生物，因此也称萜烯类化合物（terpenoid）。绝大多数萜类化合物具有环状结构，也有链状的。萜类一般不溶于水，易溶于有机溶剂。

1. 种类

萜类化合物常根据组成分子的异戊二烯单位的数目分为如下几类。

（1）单萜（monoterpene），由 2 个异戊二烯单位组成，如柠檬酸、除虫菊、沉香醇等。

（2）倍半萜（sesquiterpene），由 3 个异戊二烯单位组成，如柠檬烯、法呢醇、棉酚等。

（3）双萜（diterpene），由 4 个异戊二烯单位组成，如植醇、赤霉素、冷杉醇等。

（4）三萜（triterpene），由 6 个异戊二烯单位组成，如固醇、三萜醇等。

（5）四萜（tetraterpene），由 8 个异戊二烯单位组成，如胡萝卜素、番茄红素等。

（6）多萜（polyterpene），由 8 个以上异戊二烯单位组成，如杜仲胶、橡胶等。

2. 生物合成途径

所有萜类化合物都是经异戊烯焦磷酸（isopentenyl pyrophosphate，IPP）合成的。其合成途径有两条，一条是甲羟戊酸途径，另一条是 3-PGA/丙酮酸途径，后一途径主要存在于叶绿体和其他质体内。

3. 功能

（1）植物挥发油、香料、固醇和植保素的组成成分。

（2）具有重要的药用价值，如红豆杉醇（taxol，亦称紫杉醇）是强烈的抗癌药物，还有人参皂苷和薯蓣皂苷等也有重要的药用价值。

（3）与光合作用、维生素 A 生成有关，如胡萝卜素、叶黄素。

（4）对植物有保护作用，如橡胶。

（二） 酚类

酚类（phenol）广泛分布于微生物和植物体内，一般以糖苷或糖脂状态积存在植物叶片及其他组织的细胞液泡中。酚类有些溶于水，有些只溶于有机溶剂。

1. 种类

（1）简单酚类。简单酚类是芳香族环上的氢原子被羟基、羧基、甲氧基等取代后的产物，如咖啡酸（caffeic acid）、阿魏酸（ferulic acid）、绿原酸（chlorogenic acid）及其衍生物如植保素（phytoalexin）、香豆素（coumarin）等（图 4-4）。

（2）类黄酮（flavonoid）类。其基本骨架中具有多个不饱和键，带有多个羟基，如黄酮（flavone）、黄酮醇（flavonol）、花色素苷（anthocyanin）和异类黄酮（isofla-vonoid）等（图 4-5）。

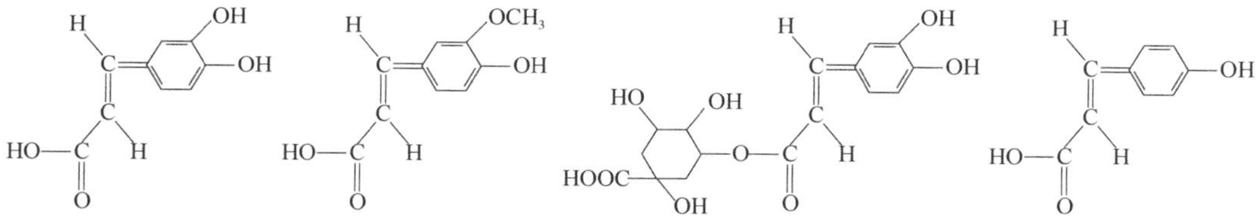

图 4-4　简单酚类化合物的分子结构

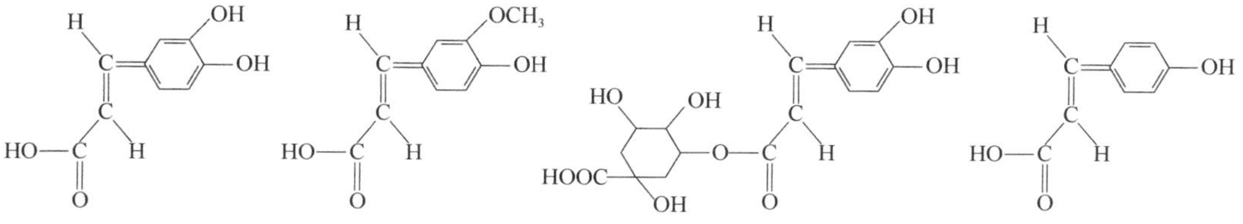

图 4-5　黄酮、黄酮醇、异类黄酮化合物的分子结构

（3）酚类多聚体。酚类多聚体是简单酚类和类黄酮类的聚合物，如木质素（lignin）、鞣质（tannin）等。

（4）醌类。醌型结构可看作是环状不饱和二酮，如苯醌、萘醌、蒽醌等。

2. 生物合成途径

酚类化合物有多条合成途径，其中以莽草酸途径（shikimic acid pathway）和丙二酸途径（malonic acid pathway）为主。绝大多数高等植物通过前一条途径合成酚类，真菌和细菌则通过后一途径合成酚类。大多数酚类物质合成以苯丙氨酸为原料。苯丙氨酸解氨酸（phenylalanine ammonialyase，PAL）是初生代谢与次生代谢的分支点，是形成酚类化合物中的一个重要调节酶。木质素是由简单酚类的醇衍生物（如香豆醇、松柏醇、芥子醇、5-羟基阿魏醇）经过氧化和聚合而形成。醌类是由苯式多环烃碳氢化合物（如萘、蒽等）衍生的芳香二氧化合物。

3. 功能

（1）具有防御病、虫侵袭作用：如豆科植物中的类黄酮豌豆素（pisatin）、菜豆素（phaseolin）、大豆素等都是酚类植保素；鱼藤根中的鱼藤酮（异黄酮类）有很强的杀虫作用；绿原酸、儿茶酚、原儿茶酚及醌类物质等都有杀菌作用；木质素（lignin）能增加细胞壁抗真菌穿透能力和限制病原真菌毒素向周围细胞的扩散。

（2）植物色素的主要成分：如类黄酮花色素苷参与花、果的着色，有利于传粉和传播种子。

（3）有药用价值：如芸香苷、肉桂酸、紫草宁等。

（三）含氮次生化合物

植物体内的含氮次生化合物主要包括生物碱、生氰苷和非蛋白氨基酸等，它们都具有防御功能。

1. 生物碱

生物碱（alkaloid）是一类含氮杂环碱性化合物，通常有一个含氮杂环，碱性即来自含氮杂环。生物碱种类很多，已知的达 5500 种以上，主要分布于草本双子叶植物中。最早发现的生物碱是从罂粟中提纯的吗啡（morphine），其他有名的生物碱有奎宁（quinine）、咖啡因（caffeine）、烟碱（nicotine）、可卡因（cocaine）、可可碱（theobromine）及秋水仙碱（colchicine）等。生物碱是植物体氮素代谢的中间产物，是由不同氨基酸衍生来的。例如，天冬氨酸的甘油衍生出烟碱，苯丙氨酸和赖氨酸衍生出秋水仙碱，赖氨酸衍生出六氢吡啶（piperidine）。但也有一些生物碱是通过萜类、嘌呤和甾类物质合成的。烟碱含于烟草及同属植物的叶中，也含于石松之中。烟碱的生物合成研究得比较清楚。烟碱由两个环状结构组成，其中的吡咯环是由鸟氨酸衍生而来的，嘧啶环是烟酸（nicotinic acid）衍生而来的。许多生物碱是药用植物的有效成分，如吗啡、麻黄碱、奎宁等。此外，生物碱是遗传物质核酸和生物素、维生素 B_1 的组成成分，有重要生理功能。

2. 生氰苷

生氰苷（cyanogenic glycoside）广泛分布于植物界，其中以豆类、蔷薇、木薯和玫瑰等含量较多。生氰苷是植物的一种防御物质，其本身并无毒性，一般存在于表皮的液泡中，而分解生氰苷的酶——糖苷酶（glycosidase）则存在于叶肉细胞内，当叶片被动物咬破后，生氰苷就会与酶混合发生裂解反应，氰醇（cyanohydrin）和糖分开，前者再在羟基腈裂解酶（hydroxynitrile lyase）作用下或自发分解为酮和释放出有毒的氢氰酸（HCN）气体。昆虫和其他动物取食含生氰苷的植物后，呼吸就被 HCN 抑制而中毒。东南亚和非洲居民常以木薯作为主食，一定要经磨碎、浸泡、干燥等过程，除去或分解大部分生氰苷后食用，以防中毒。

3. 非蛋白氨基酸

植物体内除含有 20 种蛋白质氨基酸之外，还含有一些"非蛋白氨基酸"（nonprotein amino acid），它们以游离态分布，不参与组成蛋白质，目前已被鉴定结构的达 400 种以上，常有毒，起防御作用，多集中分布于豆科植物中。由于结构上与蛋白质氨基酸类似，它们易被误认而掺入蛋白质，因此是一种代谢颉颃物。例如，刀豆氨酸（canavanine）的结构与精氨酸相似，当刀豆氨酸被动物食用后，可以被精氨酸 tRNA 误认而结合进蛋白，造成代谢紊乱或酶功能丧失。

随着分子生物学的迅速发展，参与次生代谢物质生物合成的许多关键酶都已被克隆。在苯丙烷类生物合成途径中的关键酶 PAL 常常为多个成员组成的基因家族所编码。查尔酮合成酶（CHS）是将苯丙烷类代谢途径引向黄酮类合成的第一个酶，在矮牵牛中已发现 4 个 CHS 的基因，基中 CHSA 和 CHSJ 仅在花中表达。异黄酮合成的关键酶即异黄酮还原酶（IFR）也已克隆，该酶的基因转录也受病原微生物诱导。此外，迄今已克隆了数种植物的萜类合成酶和萜类环化酶基因。目前已克隆的参与生物碱合成的酶有东莨菪胺 6-β 羟化酶、托品酮还原酶及小檗碱桥酶等。一般次生代谢途径中关键酶基因的表达，往往具有组织特异性，而且受到环境因素的调控。由于植物次生代谢与植物生长发育和人类生活关系密切，当今，利用细胞工程和基因工程调控植物的次生代谢，对于改良农作物、花卉及香料的品质、抗逆性，以及药用植物的开发，都有十分重要的意义。

第六节 呼吸作用的调节

植物呼吸作用的调节，主要是对参与代谢过程的酶调节。酶调节包括酶的合成和活性的调节，前者受基因控制，后者主要受代谢产物、无机离子及环境因子对关键酶活性的生化调节。下面主要讨论酶活性的调节。

一、糖酵解的调节

糖酵解过程中，磷酸果糖酶和丙酮酸激酶是两个关键酶。在有氧条件下，不仅会产生酒精发酵受抑制的所谓"巴斯德效应"（Pasteur effect），而且，糖酵解的速度也会减慢。这是因为有氧呼吸活跃，会产生较多的 ATP 和柠檬酸以及 PEP，都对两个关键酶的活性起反馈抑制作用。无氧条件下，积累较多的 Pi 和 ADP，则对上述两个关键酶起促进作用。当 NAD^+/NADH 的比值高时，对糖酵解的运转是有利的。此外，Ca^{2+} 抑制丙酮酸激酶，K^+ 和 Mg^{2+} 则为该酶的活化剂。

在植物体内，焦磷酸-磷酸果糖激酶（PPi-PFK）也可催化果糖-1,6-二磷酸（F-1,6-BP）的形成；果糖-2,6-二磷酸（F-2,6-BP）是 PPi-PFK 的强激活剂，同时还抑制果糖-1,6-二磷酸酯酶对 F-1,6-BP 的降解作用，有利于糖酵解的进行。Pi 对 PPi-PFK 起抑制作用，植物缺磷时会激活 PPi-PFK。

二、丙酮酸有氧分解的调节

催化丙酮酸氧化脱羧的丙酮酸脱氢酶是丙酮酸有氧分解最重要的关键酶，其活性受 CoA 和 NAD^+ 的促进，而受乙酰 CoA 和 NADH 的抑制。当 ATP 浓度高时，该酶会被磷酸化而失活，而丙酮酸浓度高时，则会降低该酶的磷酸化程度，提高酶活性，从而加速 TCA 循环的进行。柠檬酸多时，会减慢 TCA 循环的运转。在 TCA 循环中，NADH 和 ATP 对异柠檬酸脱氢酶、苹果酸脱氢酶等的活性均有抑制作用。NAD^+、ADP 为上述酶的激活剂。琥珀酰 CoA 对 α-酮戊二酸脱氢酶有抑制作用。AMP 对 α-酮戊二酸脱氢酶活性有促进作用。α-酮戊二酸对异柠檬酸脱氢酶的抑制和草酰乙酸对苹果酸脱氢酶的抑制是属于终点产物的反馈调节。

三、戊糖磷酸途径的调节

葡萄糖-6-磷酸脱氢酶是 PPP 的关键酶，受 NADPH 抑制。当 NADPH 被氧化利用生成较多的 $NADP^+$ 时，会促进 PPP 进行。NADPH 也抑制 6-磷酸葡萄糖酸脱氢酶活性。植物受旱、受伤、衰老及种子成熟过程中 PPP 都明显加强，在总呼吸中所占比例也加大。

四、电子传递途径的调节

植物体内呼吸代谢中，有两条主要电子传递途径，即细胞色素途径（CP）与交替途径（AP），它们之间可通过协同调节方式适应环境变化和发育进程的需要。例如，乌杜百合开花产热时剧烈增加的 AP 伴随着 CP 几乎完全丧失，这可满足细胞代谢活动的要求，有利于传粉、受精。实验证明，天南星科佛焰花序开花时，AP 的诱导物是内源水杨酸（salicylic acid，SA）。外源 SA 也可诱导 AP 的运行，同时诱导交替氧化酶基因的提前表达。当植物缺磷时，底物脱下的氢原子会经 UQ 进入 AP，CP 受阻，磷酸化作用受到抑制，这也是一种适应表现。

五、能荷调节

所谓"能荷"（energy charge，EC）指的是细胞中腺苷酸系统的能量状态。植物体内的 ATP、ADP、AMP 3 种腺苷酸在腺苷酸激酶（adenylate kinase）催化下，很容易发生可逆转变：ATP＋AMP $\Longleftrightarrow$ 2ADP。因此，细胞中 3 种腺苷酸浓度比值就成为调节呼吸代谢的一个重要因素。

$$能荷 = \frac{[ATP] + \frac{1}{2}[ADP]}{[ATP] + [ADP] + [AMP]}$$

生活细胞中能荷一般稳定在 $0.75 \sim 0.95$ 之间，当能荷变小时，ADP、Pi 相对增多，会相应地启动、活化 ATP 的合成反应，呼吸代谢受到促进；反之，当能荷变大时，ATP 相对增多，则 ATP 合成反应减慢，ATP 利用反应就会加强，植物呼吸代谢就会相应受到抑制。前述 EMP、TCA 循环及 PPP 中有多种酶受到 ADP 或 ATP 的促进或抑制。

第七节　呼吸作用的指标及影响因素

一、呼吸作用的指标

呼吸作用的强弱和性质，一般可以用呼吸速率和呼吸商两种生理指标来表示。

（1）呼吸速率（respiratory rate）。呼吸速率又称呼吸强度（respiratory intensity），是最常用的生理指标。通常以单位时间内单位鲜重或干重植物组织或原生质释放的 CO_2 的量（Q_{CO_2}）或吸收 O_2 的量（Q_{O_2}）来表示。常用的单位有 $\mu mol/g$、$\mu mol/(mg \cdot h)$、$\mu L/(g \cdot h)$ 等。

（2）呼吸商（respiratory quotient，RQ）。呼吸商又称呼吸系数（respiratory coefficient），是指植物组织在一定时间内释放 CO_2 与吸收 O_2 的数量（体积或物质的量）比值。

$$呼吸商 = \frac{释放 CO_2 的量}{吸收 O_2 的量}$$

二、呼吸商的影响因素

呼吸底物种类不同，呼吸商就有差异。

呼吸商的大小与呼吸底物的性质关系密切，故可根据呼吸商的大小来推测呼吸作用的底物及其种类和呼吸途径的改变。然而，植物材料的呼吸商往往来自多种呼吸底物的平均值。

环境的氧气供应状况对呼吸商影响很大，在无氧条件下发生酒精发酵，只有 CO_2 释放，无 O_2 的吸收，则 RQ 远大于 1。如果在呼吸进程中形成不完全氧化的中间产物（如有机酸），吸收的 O_2 较多地保留在中间产物里，放出 CO_2 就相对减少，RQ 就会小于 1。

三、呼吸速率的影响因素

（一）内部因素的影响

不同植物种类，呼吸速率各异，一般而言，凡是生长快的植物呼吸速率就高，生长慢的植物呼吸速率就低（表 4-2）。

表 4-2　不同植物种类的呼吸速率

植物种类	呼吸速率（氧气，鲜重）/[$\mu L/(g \cdot h)$]	植物种类	呼吸速率（氧气，鲜重）/[$\mu L/(g \cdot h)$]
仙人鞭	3.00	蚕豆	96.60
景天属	16.60	小麦	251.00
云杉属	44.10	细菌	10 000.00

同一植物的不同器官或组织，其呼吸速率有明显的差异，例如，生殖器官的呼吸速率较营养器官高；生长旺盛的、幼嫩的器官的呼吸速率较生长缓慢的、年老的器官为强；种子内胚的呼吸速率比胚乳高（表 4-3）。这些都说明了呼吸作用与生命活动有密切的关系。

表 4-3　不同植物的器官的呼吸速率

植物	器官	呼吸吸率（氧气，鲜重）/[$\mu L/(g \cdot h)$]
胡萝卜	根	25
	叶	440
苹果	果肉	30
	果皮	95
大麦	种子（浸泡 15h）	715
	胚	76

多年生植物的呼吸速率还表现出季节周期性的变化。在温带生长的植物，春天呼吸速率最高，夏天略降低，秋天又上升，以后一直下降，到冬天降到最低点。这种周期性变化除了外界环境的影响外，与植物体内代谢强度、酶的活性及呼吸底物的多寡也有密

切关系。

（二）外界条件的影响

1. 温度

温度对呼吸作用的影响主要表现为温度对呼吸酶活性的影响。呼吸速率在一定范围内随温度的升高而增高，达到最高值后，继续升高温度呼吸速率反而下降。呼吸作用最适温度是保持稳态的较高呼吸速率时的温度，一般温带植物为 25～35℃。呼吸作用的最适温度总是比光合作用的最适温度高。呼吸作用最低温度则因植物种类不同而有很大差异。一般植物在接近 0℃时，植物呼吸作用进行得很慢，而冬小麦在 0～－7℃下仍可进行呼吸作用；耐寒的松树针叶在－25℃下仍未停止呼吸。呼吸作用的最高温度一般为 35～45℃，最高温度在短时间内可使呼吸速率较最适温度的为高，但时间较长后，呼吸速率就会急下降（图 4-6），这是因为高温加速了酶钝化或失活。在 0～35℃ 生理温度范围内温度系数（temperature coefficient, Q_{10}）为 2～2.5，即温度每升高 10℃，呼吸速率可增高 2.0～2.5 倍。

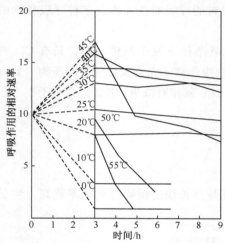

图 4-6 温度（结合时间）对豌豆幼苗呼吸速率的影响

预先将豌豆幼苗放在 25℃下，培养 4d，其相对呼吸速率为 10，再放到不同温度下培养 3h，测定相对速率的变化

2. 氧气

氧是有氧呼吸途径运转的必要因素，也是呼吸电子传递系统中最终电子受体，氧浓度的变化对呼吸速率、呼吸代谢途径都有影响，当氧浓度下降到 20% 以下时，植物呼吸速率便开始下降；从呼吸类型来看，氧浓度在 10%～20% 之间，无氧呼吸不进行，全部是有氧呼吸；当氧浓度低于 10% 时，无氧呼吸出现并逐步增强，有氧呼吸迅速下降。一般把无氧呼吸停止进行的最低氧含量（10% 左右）称为无氧呼吸的消失点（anaerobic respiration extinction point）。从有氧呼吸来看，在氧浓度较低的情况下，呼吸速率与氧浓度成正比，即呼吸作用随氧浓度的增大而增强，但氧浓度增大至一定程度，对呼吸作用就没有促进作用了，这一氧浓度称为氧饱和点（oxygen saturation point）。氧饱和点与温度密切相关，一般是温度升高，氧饱和点也提高。氧浓度过高，对植物有毒害，这可能与活性氧代谢形成自由基有关。相反，过低的氧浓度会导致无氧呼吸增强，产生酒精中毒，过多地消耗体内养料，使正常合成代谢缺乏原料和能量；根系缺氧会抑制根尖细胞分裂，影响根系内物质的运输，对植物生长发育造成严重危害。

3. 二氧化碳

CO_2 是呼吸作用的最终产物，当外界环境中 CO_2 浓度增高时，脱羧反应减慢，呼吸作用受到抑制。实验证明，CO_2 浓度高于 5% 时，有明显抑制呼吸作用的效应。植物根系生活在土壤中，土壤微生物的呼吸作用会产生大量的 CO_2，加之土壤表层板结，土壤深层通气不良，积累 CO_2 可达 4%～10%，甚至更高，因此要适时中耕松土、开沟排水，减少 CO_2，增加 O_2，保证根系正常生长。

4. 水分

水分是保证植物正常呼吸的必备条件。干燥的种子呼吸作用很微弱；当干燥种子吸水后，呼吸速率则迅速升高，因此，种子含水量是制约种子呼吸作用强弱的重要因素。整体植物的呼吸速率，一般是随着植物组织含水量的增加而升高，当受旱接近萎蔫时，呼吸速率会有所升高；而在萎蔫时间较长时，呼吸速率则会下降。

影响呼吸作用的外界因素除了温度、O_2、CO_2 及水分之外，呼吸底物的含量（如可溶性糖的含量）多少也会使呼吸作用加强或减弱；机械损伤可促使呼吸加强；一些矿质元素（如磷、铁、铜、锰等）也对呼吸有重要影响。

第八节　呼吸作用与农业生产

一、种子的呼吸作用与安全贮藏

（一）种子呼吸过程的变化

种子成熟过程中呼吸速率是逐步升高的，到了灌浆期呼吸速率达到高峰期。每粒成熟种子的最大呼吸速率是与贮藏物质最迅速的积累时期相吻合的。在种子内贮藏物质的积累出现高峰之后，呼吸速率便逐渐下降，其原因主要是由于细胞内干物质含量增加，含水量降低，线粒体结构受到破坏，部分嵴的结构消失所造成的。

种子收获后，暂时堆放时，种子堆里由于强烈的有氧呼吸，种子堆里由于呼吸放出的热量，温度急剧升高发热。为了防止刚收获高水分种子强烈呼吸伤害种子，应尽快通风降低种子水分和温度，或者采用及时干燥，尽快降低种子水分，降低种子呼吸强度。

（二）贮藏种子的呼吸特点

种子呼吸的性质随环境条件、作物种类和种子品质而不同。干燥的、果种皮紧密的、完整饱满的种子处在干燥低温、密闭缺氧的条件下，以厌氧呼吸为主，呼吸强度低；反之则以有氧呼吸为主，呼吸强度高。种子在贮藏过程中两种呼吸往往同时存在，通风透气的种子堆，一般以有氧呼吸为主，但在大堆种子底部仍可能发生厌氧呼吸。若通气不良，氧气供应不足时，则厌氧呼吸占优势。含水量较高的种子堆，由于呼吸旺盛，堆内种温升高，如果通风不良，便会产生乙醇，此类物质在种子堆内积累过多，往往会抑制种子正常呼吸代谢，甚至使胚中毒死亡。

（三）影响种子呼吸强度的因素

种子呼吸强度的大小，因作物、品种、收获期、成熟度、种子大小、完整度和生理状态的不同而不同，同时还受环境条件的影响，特别是水分、温度和通气状况的影响较大。

1. 水分

呼吸强度随着种子水分的升高而增加（图 4-7）。种子中游离水的增多是种子新陈代谢强度急剧增加的决定因素。

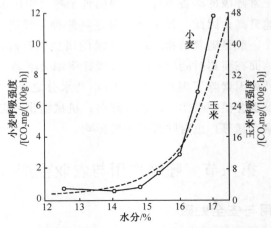

图 4-7　不同水分的玉米和小麦种子的呼吸强度（引自潘瑞炽，2004）

游离水即将出现时的种子含水量称为临界水分。一般禾本科作物种子临界水分为 13.5% 左右（如水稻 13%、小麦 14.6%、玉米 11%）；油料作物种子的临界水分为 8%～8.5%（油菜 7%）。

表 4-4 为不同水分小麦种子的呼吸强度，从表中可以看出，随着种子水分的升高，不仅呼吸强度增加，而且呼吸性质也随之变化。

表 4-4　小麦种子水分对呼吸强度和呼吸性质的影响

水分/%	100g 干物质 24h 内		呼吸系数	呼吸性质
	消耗 O_2/mg	放出 CO_2/mg		
14.4	0.07	0.27	3.80	缺氧
16.0	0.33	0.42	1.27	
17.0	1.99	2.22	1.11	
17.6	6.21	5.18	0.88	
19.2	8.90	8.76	0.98	
21.2	17.73	13.04	0.73	有氧

临界水分与种子贮藏的安全水分有密切关系，而安全水分随各地区的温度不同而有差异。禾谷类作物种子的安全水分，在温度 0～30℃ 范围内，温度一般以 0℃ 为起点，水分以 18% 为基点，以后温度每增高 5℃，种子的安全水分就相应降低 1%。在我国多数地区，水分不超过 14%～15% 的禾谷类作物种子可以安全度过冬、春季；水分不超过 12%～13% 可以安全度过夏、秋季。

2. 温度

在一定温度范围内种子的呼吸作用随着温度的升高而加强。在适宜的温度下，原生质黏滞性较低，酶的活性强，所以呼吸旺盛；而温度过高，则酶和原生质遭受损害，使生理作用减慢或停止。图 4-8 的曲线表明，几种水分不同的小麦种子，呼吸强度在 $0 \sim 55$℃ 范围内逐渐增强，温度超过 55℃，呼吸强度又急剧减弱。由此可见，水分和温度都是影响呼吸作用的重要因素，两者互相制约。干燥的种子即使在较高温度的条件下，其呼吸强度要比潮湿的种子在同样温度下低得多；同样，潮湿种子在低温条件下的呼吸强度比在高温下低得多。因此干燥和低温是种子安全贮藏和延长寿命的必要条件。

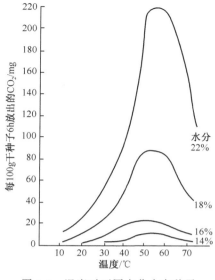

图 4-8　温度对不同水分小麦种子
呼吸强度的影响

3. 通气

空气流通的程度可以影响呼吸强度与呼吸方式。如表 4-5 所示，不论种子水分高低，在通气条件下的呼吸强度均大于密闭贮藏。种子水分和温度越高，则通气对呼吸强度的影响越大。但高水分种子，若处于密闭条件下贮藏，由于旺盛的呼吸，很快会把种子堆内部间隙中的氧气耗尽，而被迫转向缺氧呼吸，结果引起大量氧化不完全的物质积累，导致种子迅速死亡。水分不超过临界水分的干燥种子，由于呼吸作用非常微弱，对氧气的消耗很慢，即使在密闭条件下，也能长期保持种子生活力。在密闭条件下，种子发芽率随着其水分提高而逐渐下降（表 4-6）。

表 4-5　通风对大豆种子呼吸强度（每 100g 干种子 6h 放出的 CO_2 毫克数）的影响

温度/℃ ＼ 水分/% ＼ 通气情况	10.0		12.5		15.0	
	通风	密闭	通风	密闭	通风	密闭
0	100	10	182	14	231	45
2～4	147	16	203	23	279	72
10～12	286	52	603	154	827	293
18～20	608	135	979	289	3526	1550
24	1073	384	1667	704	5851	1863

表 4-6　通气状况对水稻种子发芽率的影响（常温库贮藏 1 年）（引自胡晋等，1988）

材料	原始发芽率/%	入库水分/%	贮藏方法	
			通气	密闭
珍汕 97A	94.0	11.4	73.0	93.5
		13.1	73.5	74.5
		15.4	71.5	19.0
汕优 6 号	90.3	11.5	70.2	85.6
		13.0	67.0	83.0
		15.2	61.0	26.5

通气对呼吸的影响还和温度有关。种子处在通风条件下,温度越高,呼吸作用越旺盛,生活力下降越快。生产上为有效地长期保持种子生活力,除干燥、低温外,进行合理的密闭或通风也是必要的。

4. 种子本身状态

种子的呼吸强度还受种子本身状态的影响。凡是未充分成熟的、不饱满的、损伤的、冻伤的、发过芽的、小粒和大胚的种子,呼吸强度都高;反之,呼吸强度就低。因为未成熟、冻伤、发过芽的种子含有较多的可溶性物质,酶的活性也较强,损伤、小粒的种子接触氧气面较大,大胚种子则是由于胚部活细胞所占比例较大。

可知种子入仓前应该进行清选分级,剔除杂质、破碎粒、未成熟粒、不饱满粒与虫蚀粒,把不同状态的种子进行分级,以提高贮藏稳定性。凡受冻、虫蚀过的种子不能作种用,而对大胚种子、呼吸作用强的种子,贮藏期间要特别注意干燥和通气。

5. 化学物质

据报道,磺胺类杀菌剂、CO_2、N_2 和 NH_3、氯气等熏蒸剂对种子呼吸作用也有影响,浓度大时,往往会影响种子发芽率。

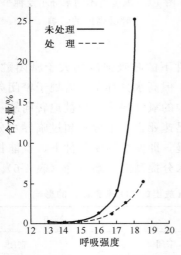

图 4-9 正常与有菌繁殖的小麦呼吸强度与含水量的关系

6. 间接因素

如果贮藏种子感染了仓虫和微生物,一旦条件适宜时便大量繁殖,由于仓虫、微生物生命活动的结果放出大量的热能和水汽,间接地促进了种子呼吸强度的增高(图4-9)。同时,三者(种子、仓库害虫、微生物)的呼吸构成种子堆的总呼吸,那就会消耗大量的氧气,放出大量的 CO_2,也间接地影响种子呼吸方式。这就加速了种子生活力丧失。

综上所述,呼吸作用是种子生理活动的集中表现。在种子贮藏期间把种子的呼吸作用控制在最低限度,就能有效地保持种子生活力和活力。一切措施(包括收获、脱粒、清选、干燥、仓房、种子品质、环境条件和管理制度等)都必须围绕降低种子呼吸强度和减缓劣变进程来进行。

二、果实、块根、块茎的呼吸作用与贮藏保鲜

当果实成熟到一定时期,其呼吸速率突然增高,最后又突然下降,这种现象称之为呼吸跃变(respiratory climacteric)。按成熟过程中呼吸作用的变化情况不同可将果实分两类:一类是呼吸跃变型,如苹果、梨、香蕉及番茄等;另一类是非呼吸跃变型,如柑橘、柠檬、橙及菠萝等。但后一类果实在一定条件下(如用乙烯处理)也可能出现呼吸跃变现象。

呼吸跃变现象的出现与温度关系很大,例如,苹果在贮藏过程中,若在 22.5℃ 贮藏时,其呼吸跃变出现得早而显著;在 10℃ 下就不十分显著,也出现稍迟;而在 2.5℃ 下几乎看不出来。

呼吸跃变产生的原因与果实内乙烯的释放密切相关。植物材料内存在抗氰呼吸电子传递系统是乙烯促进呼吸的必要条件，果实的呼吸跃变与乙烯形成相平行；在果实贮藏和运输中，重要的问题是延迟其成熟。具体措施：一是降低温度，推迟呼吸跃变发生的时间，香蕉贮藏的最适温度是 $11 \sim 14℃$，苹果是 $4℃$；二是增加周围环境的 CO_2 和 N_2 的浓度，降低 O_2 浓度，以降低呼吸跃变发生的强度，这样就可以延迟成熟，保持鲜果，防止生热腐烂。而在需要果品供应市场时，则可对贮藏中未成熟的果实进行人工乙烯处理，达到催熟的效果。

块根、块茎在贮藏期间是处于休眠状态，而不是像果实那样处于成熟之中。甘薯块根在收获后贮藏前有呼吸明显升高的现象，俗称"发汗"，但不像果实呼吸跃变那样典型。块根和块茎的贮藏原理和果实相似，主要是控制温度和气体成分。利用块根、块茎自体呼吸降低室内 O_2 浓度，增加 CO_2 浓度，即所谓"自体保藏法"，也有很好的贮藏效果，如甘薯块根的地窖贮藏。

三、呼吸作用与作物栽培

呼吸作用与作物体内物质的合成降解、物质的吸收运输和转化及生长发育关系密切，因此，作物栽培措施中许多都是为了直接或间接地保证作物呼吸能正常进行。早稻浸种催芽时要换水、翻动谷堆、用温水淋种，对芽苗期秧田实行湿润管理，寒潮来临时及时灌水护秧，寒潮过后适时排水，这些措施都是为了控制温度和保证氧气供应，以利于秧苗进行有氧呼吸，不致因低温、缺氧产生生理障碍，从而达到防止烂秧、培育壮秧的目的。在旱地栽培中，适时中耕松土、防止土壤板结；地下水位高的田块则要开深沟降低地下水位，有助于改善作物根际周围的 O_2 供应，降低 CO_2 浓度，保证根系正常呼吸机能。

参 考 文 献

蒋高明. 2004. 植物生理生态学. 北京：高等教育出版社

胡晋，戴心维，叶常丰. 1988. 杂交水稻及其三系种子的贮藏特性和生理生化变化. 种子. (1)：1～8

兰伯斯，蔡平，庞斯. 2005. 植物生理生态学. 张国平，周书军译. 杭州：浙江大学出版社.

李合生. 2006. 现代植物生理学. 第二版. 北京：高等教育出版社

潘瑞炽. 2004. 植物生理学. 第五版. 北京：高等教育出版社

颜启传. 2001. 种子学. 北京：中国农业出版社

Pichersky E, Gershenzon J. 2002. The formation and function of plant volatiles：perfumes for pollinator attraction and defense. Current Opinion in Plant Biology，5 (3)：237～243

Salisbury F B. 1992. What remains of the cholodny - went theory-a potential role for changing sensitivity to auxin. Plant Cell and Environment，15 (7)：785，786

Taiz L，Zeiger E. 2002. Plant Physiology. 4th ed. Sunder land，Massachusetts：Sinauer Associates Inc.

第五章　植物的水分生理生态

植物对水分的吸收、运输、利用和散失的过程，称为植物的水分代谢（water metabolism）。常说"有收无收在于水"，这表明水对农业生产的重要性。植物水分代谢的基本规律是作物栽培中进行合理灌溉的生理基础，通过合理灌溉可以满足作物生长发育对水分的需要，同时为作物提供良好的生长环境，这对农作物的高产、优质有重要意义。

第一节　水在植物生命活动中的作用

一、植物体内的含水量

水是植物体的主要构成成分，其含量一般占组织鲜重的 65%～90%。但含水量并不是固定不变的，它随植物种类、植物组织以及外界环境条件而变化。水生植物含水量在 90% 以上，中性植物含水量一般为 70%～90%，而旱生植物含水量可低至 6%。同一植物生长在不同环境中，含水量也会有差异。凡是生长在荫蔽、潮湿环境中的植物，其含水量比生长在向阳、干燥环境中植物的含水量高。不同发育时期、不同器官和组织中，含水量亦不同。例如，植物的根尖、幼苗、绿叶部分，生命力旺盛，代谢活动强烈，其含水量亦高，为 60%～90%；而茎秆为 40%～50%，休眠芽为 40%；干燥种子代谢活动很弱，其含水量很低，为 9%～14%。

二、水对植物的生理作用

水对植物的生理作用是指水分直接参与植物细胞原生质组成、重要的生理生化代谢和生长发育过程，可以概括为以下几个方面。

（1）水是原生质的主要组分。原生质含水量高，一般在 80% 以上。水可使原生质保持溶胶状态，以保证各种生理生化过程正常运行。原生质中蛋白质等生物大分子表面存在大量的亲水基团，吸引着大量的水分子形成一种水膜，维系着膜系统以及生物大分子的正常结构和功能。

（2）水直接参与植物体内重要的代谢过程。水是光合作用的原料，在呼吸作用和许多有机物质合成和分解的过程中均有水直接参与。

（3）水是各种生化反应和物质吸收、运输的良好介质。植物体内绝大多数生化过程都是在水介质中进行的。光合作用中的碳同化、呼吸作用的底物分解代谢、蛋白质和核酸代谢都发生在水相中。植物根系吸收、运输无机物和有机物、光合产物的运输分配亦是在水介质中完成的。

（4）水能使植物保持固有的姿态。足够的水分可使细胞保持一定的紧张度，因而使植物枝叶挺立，便于充分吸收阳光和进行气体交换，同时也可使花朵开放，利于传粉。

（5）细胞的分裂和延伸生长都需要足够的水。生长需要一定的膨压，缺水可使膨压降低甚至消失，植物生长就会受到抑制，植株矮小。

三、水对植物的生态作用

水对植物的生态作用就是通过水分子的特殊理化性质，给植物生命活动营造一个有益的环境。

（1）水是植物体温调节器。水分子具有很高的汽化热和比热容，因此，在环境温度波动的情况下，植物体内大量的水分可维持体温的相对稳定。在烈日曝晒下，通过蒸腾散失水分以降低体温，使植物不易受高温伤害。

（2）水对可见光的通透性。水只对红光有微弱的吸收，对陆生植物来说，可见光可以透过无色的表皮细胞到达叶肉细胞的叶绿体进行光合作用。对于水生植物，短波光可透过水层，使植物的光合作用正常运行。

（3）水对植物生存环境的调节。水分可以增加大气湿度、改善土壤及土壤表面大气的温度等。在作物栽培中，利用水来调节作物周围小气候是农业生产中行之有效的措施。例如，早春寒潮降临时给秧田灌水可保温抗寒；盛夏给大田喷雾（水）或给水稻灌"跑马水"可以增加作物周围的湿度，降低大气温度，减少或消除午休现象。

植物对水分的需要包括生理需水和生态需水两个方面。满足植物的需水对植物的生命活动及生长发育起着重要作用，这是农业丰产丰收的重要保证。

四、植物体内水分存在的状态

水在植物体内的作用，不但与其数量有关，也与其存在的状态有关。植物体内水分的存在状态有两种：自由水和束缚水。凡是被植物细胞的胶体颗粒或渗透物质的亲水基团所吸引，且紧紧被束缚在其周围，不能自由移动的水分，称为束缚水（bound water）。当温度升高时束缚水不能挥发，温度降低到冰点以下也不结冰。不被胶体颗粒或渗透物质的亲水基团所吸引或吸引力很小，可以自由移动的水分，称为自由水（free water）。当温度升高时自由水可以挥发，温度降低到冰点以下会结冰。

细胞内的水分状态不是固定不变的，随着代谢的变化，自由水/束缚水比值亦相应改变。自由水直接参与植物的生理过程和生化反应，而束缚水不参与这些过程，因此自由水/束缚水比值较高时，植物代谢活跃，生长较快，抗逆性较差；反之，代谢活性低，生长缓慢，但抗逆性较强。例如，休眠种子和越冬植物自由水/束缚水比值降低，束缚水的相对量增高，虽然其代谢微弱，生长缓慢，但抗逆性强；在干旱或盐渍条件下，也呈现出同样的变化规律。

第二节　化学势、水势

在化学反应或相变体系中，研究物质变化的可能性、方向性和限度时，化学势与水势是两个非常重要的指标，某一物质在两个区域间移动的方向可以由其所在的两个区域中的化学势差判定，水分在土壤—植物体—大气间运动时，其移动方向可以由水势判定。

水作为自然的一种物质，它的运动方向和限度同样遵循热力学第二定律。水的化学势用 μ_w 表示，其热力学含义为：当温度、压力及物质数量（水以外）一定时，体系中 1mol 的水的自由能。由于水分子不带电荷，故水溶液中水的化学势 μ_w 为

$$\mu_w = \mu_w^* + RT \ln a_w + V_{w,m} p + m_w gh \tag{5-1}$$

通常以水的摩尔分数 N_w 代替水分活度 a_w，并将式（5-1）移项得

$$\mu_w - \mu_w^* = RT \ln N_w + V_{w,m} p + m_w gh \tag{5-2}$$

为了突出水的化学势在水分生理的物理意义，通常把水的化学势除以水的偏摩尔体积 $V_{w,m}$，使其具有压力的单位，即在植物生理学中被广泛应用的概念——水势（water potential）。所以，水势就是偏摩尔体积的水在一个系统中的化学势与纯水在相同温度、压力下的化学势之间的差，可以用公式表示为

$$\psi_w = \frac{\mu_w - \mu_w^0}{V_{w \cdot m}} = \frac{\Delta \mu_w}{V_{w \cdot m}} \tag{5-3}$$

式中，ψ_w 代表水势；$\mu_w - \mu_w^0$ 为化学势差（$\Delta \mu_w$），单位为 J/mol，$1J = 1N \cdot m$（牛顿·米）；$V_{w,m}$ 为水的偏摩尔体积，单位为 m^3/mol。

则水势：

$$\psi_w = \frac{\mu_w - \mu_w^0}{V_{w \cdot m}} \tag{5-4}$$

水势单位用帕（Pa），一般用兆帕（MPa，$1MPa = 10^6 Pa$）来表示。过去曾用大气压（atm）或巴（bar）作为水势单位，它们之间的换算关系是：$1bar = 0.1MPa = 0.987atm$，$1atm = 1.013 \times 10^5 Pa = 1.013bar$。

偏摩尔体积（$V_{w,m}$）是指在恒温、恒压、其他组分浓度不变情况下，混合体系中 1mol 该物质所占据的有效体积。在纯的水溶液中，水的偏摩尔体积与纯水的摩尔体积（$V_w = 18.00cm^3/mol$）相差不大，实际应用时往往用纯水的摩尔体积代替偏摩尔体积。纯水的水势定为零，由于溶液中溶质颗粒会降低水的自由能，故任何溶液的水势皆为负值。植物叶片的水势一般为 $-0.3 \sim -1.5MPa$，环境不同会引起水势的变化（表5-1）。

表 5-1　几种常见化合物水溶液的水势和不同环境下植物叶片的水势范围

溶液	ψ_w/MPa	植物叶片	ψ_w/MPa
纯水	0	完全膨胀时	
Hoagland 营养液	-0.05	水分充足，生长快	$-0.2 \sim -0.8$
海水	-2.50	水分亏缺，生长慢	$-0.8 \sim -1.5$
1mol/L 蔗糖	-2.69	干旱下	
1mol/L KCl	-4.50	中生植物短期生存时	< -1.5
		中生植物叶片伤害时	$-2.0 \sim -3.0$
		沙漠灌木停止生长时	$-3.0 \sim -6.0$

第三节　植物细胞对水分的吸收

植物水分代谢都发生在细胞之中，植物吸水也是如此。植物细胞吸水主要有两种类型：一是渗透吸水；二是吸胀吸水。

一、植物细胞的渗透吸水

（一）植物细胞构成的渗透系统

液泡内的细胞液、原生质层以及细胞外溶液三者就构成了一个渗透系统。具有一定水势的细胞液和胞外溶液可通过原生质层发生水分子的扩散，水分子从水势高的系统通过选择性膜向水势低的系统移动的现象就称为渗透作用（osmosis）。含有液泡的成熟细胞以渗透作用为动力的吸水过程，称为渗透吸水（osmotic absorption of water）。

如果把具有液泡的细胞置于比较浓的蔗糖溶液（其水势低于细胞液的水势）中，细胞内的水向外扩散，整个原生质体收缩，最后原生质体与细胞壁完全分离。植物细胞由于液泡失水而使原生质体和细胞壁分离的现象，称为质壁分离（plasmolysis）。这个现象证明，原生质层确实具有选择性膜的性质，植物细胞是一个渗透系统。

如果把发生了质壁分离的细胞浸在水势较高溶液或蒸馏水中，外界的水分子便大量进入细胞，液泡变大，整个原生质体也随之扩大，与细胞壁相接触，慢慢地恢复原状，这种现象叫质壁分离复原（deplasmolysis），或称去质壁分离。

（二）植物细胞的水势构成

一般认为，植物细胞水势（ψ_w）组成为：

$$\psi_w = \psi_\pi + \psi_p + \psi_m \tag{5-5}$$

式中，ψ_π 为渗透势；ψ_p 为压力势；ψ_m 为衬质势。

（1）渗透势。由于溶质的存在而使水势降低的值称为渗透势（osmotic potential，ψ_π）或溶质势（solute potential，ψ_s）。渗透势值按下式计算：

$$\psi_\pi = -icRT \tag{5-6}$$

式中，c 为溶质的浓度；T 为热力学温度；R 为气体常数；i 为溶质的解离系数。

（2）压力势。如果把具有液泡的植物细胞放于纯水中，外界水分进入细胞，液泡内水分增多，体积增大，整个原生质体呈膨胀状态。膨胀的原生质体对细胞壁产生一种压力，这种压力叫膨压（turgor pressure）。同时，细胞壁则产生出一个大小相等、方向相反的对原生质体的压力，这一压力的作用是使细胞内的水分向外移动，即等于提高了细胞的水势。因此，把由于细胞壁压力的存在而引起的细胞水势增加的值叫压力势（pressure potential，ψ_p），其为正值。当压力势足够大时，就能阻止外界水分进入细胞液，则水分进出细胞达到平衡，水的净转移停止。这里正是由于细胞内正的压力势与负的渗透势相平衡，使细胞不再吸收水分，最终细胞的水势与外界纯水水势相等（即为零），但细胞液本身的水势永远是小于零的。

（3）衬质势。生长点分生区的细胞、风干种子细胞的中心液泡未形成，其水势组分即衬质势（matrix potential，ψ_m）。衬质势是细胞胶体物质亲水性和毛细管对自由水的束缚（吸引）而引起的水势降低值，对已形成中心大液泡的细胞，由于原生质仅为一薄层，细胞含水量很高，ψ_m 趋于零，在计算时一般忽略不计。

此外，重力对细胞水势也有一定的影响，常用重力势来表示。重力势依赖参与状态下水的高度、密度及重力加速度而定。当水高 1m 时，重力势为 0.01 MPa。水分在细胞水平移动时，其重力势通常略不计。

综上所述，对具有液泡的成熟细胞，其水势（ψ_w）的高低决定于渗透势（ψ_π）与压力势（ψ_p）之和，ψ_π 始终为负值，ψ_p 一般为正值，ψ_w 通常为负值。

$$\psi_w = \psi_\pi + \psi_p \tag{5-7}$$

植物细胞的渗透势因植物种类、体内外的条件不同而异（表 5-2）。一般来说，温带生长的大多数植物叶组织的渗透势为 $-0.1 \sim -2.0$ MPa；旱生植物叶片渗透势很低，可达 -10.0 MPa。渗透势的日变化和季节变化也较大，凡是影响细胞液浓度的外界条件，都能使渗透势值发生改变。

表 5-2　常见植物叶片的渗透势值范围

植物	渗透势/MPa	植物	渗透势/MPa
小麦[a]	$-1.00 \sim -1.40$	柳[b]	-3.60
玉米[a]	$-0.09 \sim -1.10$	白皮松[b]	$-2.00 \sim -2.50$
高粱[a]	$-1.20 \sim -1.80$	落叶树和灌木[b]	$-1.40 \sim -2.50$
棉花[a]	-1.30	常绿针叶植物[b]	$-1.60 \sim -3.10$
杨树[a]	-2.10	高山草本植物[b]	$-0.07 \sim -1.70$

注：表中数值均为各处植物正常生长时的测定值。a 为西北农业大学植物生理研究测定结果；b 引自 Frak 和 Cleon(1995)。

压力势与细胞的含水量关系极为密切，其值随含水量的变化波动很大。细胞 ψ_w 及其组分 ψ_p、ψ_s 与细胞相对体积间的关系密切，细胞的水势不是固定不变的，ψ_s、ψ_p、ψ_w 随含水量的增加而增高；反之则降低。植物细胞颇似一个自动调节的渗透系统。

（三）细胞之间的水分移动

水分进出细胞由细胞与周围环境之间的水势差决定，水总是从高水势区域向低水势区域移动。若环境水势高于细胞水势，细胞吸水；反之，水从细胞流出。对两个相邻的细胞来说，它们之间的水分移动方向也是由二者的水势差决定的。当多个细胞连在一起时，一排薄壁细胞间的水分移动方向，也完全由它们之间的水势差决定。植物体内组织和器官之间水分流动方向都是依据这个规律。

一般来说，在同一植株上，地上器官和组织的水势比地下组织的水势低，生殖器官的水势更低；就叶片而言，距叶脉越远的细胞，其水势越低。这些水势差异对水分进入植物体内和在体内的移动有着重要的意义。

二、植物细胞的吸胀吸水

干燥种子为什么会大量而快速地吸水？事实上这是一种亲水胶体（hydrophilic

colloid）吸水膨胀的现象。在干燥种子的细胞中，细胞壁的成分纤维和原生质成分蛋白质等生物大分子都是亲水性的，而且都处于凝胶状态，大部分水为束缚水，压力势为零，它们的水势就是衬质势。由于干燥种子具有非常低的衬质势，如苍耳种子的水势约为—100MPa，因此，它们对水分子的吸引力很强，这种吸引水分子的力称为吸胀力。因吸胀力的存在而吸收水分子的作用称为吸胀作用（imbibition）。未形成液泡的细胞以吸胀作用为动力的吸水过程，称为吸胀吸水（imbibitional absorption of water）。吸胀过程中的水分移动方向，也是从水势高的区域通过半透膜移向水势低的区域，因此，吸胀吸水是一种非典型渗透吸水。

一般来说，细胞形成中央液泡之前主要靠吸胀作用吸水。干燥种子的萌发吸水、果实和种子形成过程中的吸水、分生区细胞的吸水等，都是属于吸胀吸水。细胞内亲水物质通过吸胀力而结合的水称为吸胀水，它是束缚水的一部分。

第四节　水分的跨膜运输

一般认为水分的跨膜运输主要是通过单分子扩散和多分子微集流两种方式。前面提到的具液泡的成熟细胞的渗透吸水和未形成液泡的细胞的吸胀吸水则是扩散和集流两种方式的组合，也就是水分子通过细胞膜的方向和速度不单纯决定于水分子的浓度梯度或压力梯度，而是决定于这两种驱动力之和，依水势梯度而动。

一、单个水分子扩散

扩散（diffusion）是物质分子（包括气体分子、水分子、溶质分子）从一点到另一点的运动，即分子从较高化学势区域向较低化学势区域的随机的、累进的运动。水的蒸发、叶片的蒸腾作用都是水分子扩散现象。在短距离内，扩散可作为水运输的有效方式，如细胞间水分子转移、水分子通过膜脂双分子层进入细胞内（图 5-1）。在长距离的运输中，扩散的速率是远远不够的。因此，扩散不适合于长距离运输，如水分从根部运输到叶部。

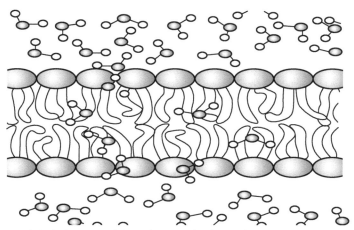

图 5-1　单个水分子通过膜脂双分子层的扩散（引自 Taiz and Zeiger，2002）

扩散速率是指在单位时间内，物质经单位面积的数量。一种物质扩散一定距离所需的时间，通常用物质在距起始点任意距离上的浓度达到起始点浓度的 1/2 所需的时间来量度。

$$t_c = 1/2c_o = K \cdot \frac{s^2}{D_s} \qquad (5-8)$$

式中，K 是依赖于系统形态的常数；s 代表距离；D_s 为物质的扩散系数，与扩散物质的分子大小、扩散介质有关。

二、水集流

在有压力存在的情况下，液体中大量分子成堆地集体运动，称为集流（mass flow 或 bulk flow），如水在水管中的流动、河水在河中的流动等，这种压力差可以由重力或机械力产生。集流是植物体内长距离运输的主要方式。在植物体内最常见的溶液集流是木质部导管和韧皮部筛管中溶液的流动。集流的流速与压力差成正比，与集流中溶质浓度关系不大。

植物体内水分的跨膜运输，除了依赖于水分子的跨膜扩散以外，也包括水分子通过膜上的水孔蛋白（aquaporin）形成的水通道的微集流运动（图 5-2）。

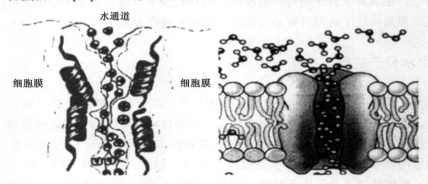

图 5-2　水分集流通过水孔蛋白形成的水通道（引自 Taiz and Zeiger，2002）

在植物体内，水孔蛋白广泛分布于各个部位，执行着不同的功能。例如，烟草的水孔蛋白优先在维管束薄壁细胞中表达，可能参与水分长的距离运输；水孔蛋白也分布于根尖的伸长区和分生区，说明它有利于细胞的生长和分化。水孔蛋白在植物细胞液泡膜上的存在，使其具有很高的透水性。

水孔蛋白的活性受磷酸化和去磷酸化作用调节，依赖于钙离子的蛋白酶可使特殊丝氨酸残基磷酸化，则水孔蛋白的水通道加宽，水集流通过剧增；如果蛋白磷酸（酯）酶将此磷酸基团除去，则水通道变窄，水集流通过量减少。

第五节　土壤中的水分与土壤水势

植物虽然可以通过叶面吸水，但数量很小，植物主要通过根系从土壤中吸收水分以满足自身需要，因此，在讨论植物如何吸水之前，有必要先讨论土壤中的水分。

一、土壤中水分的基本性质

土壤中的水分按物理状态分为三类：毛管水、重力水和束缚水（或称吸湿水）。毛管水（capillary water）指由于毛管力所保持在土壤颗粒毛细管内的水分。植物所吸收的水分主要是毛管水。重力水（gravitational water）指在水分饱和的土壤中，在重力作用下通过土壤颗粒间的空隙渗漏的水分。束缚水（bound water）指土壤颗粒或土壤胶体的亲水表面紧紧吸附的水，植物一般不能吸收利用。

按植物能否利用的生物分类法，土壤水分可分为可利用水和不可利用水，反映土壤中不可利用水的指标是永久萎蔫系数（或称永久萎蔫百分数）。所谓土壤永久萎蔫系数（permanent wilting coefficient）指植物刚刚发生永久萎蔫时，土壤中存留水分含量（以占土壤干重的百分率计），达到永久萎蔫时土壤所含的水分自然就是植物所不能利用的水。萎蔫系数因土壤种类不同而异，变化幅度很大，由粗砂的1%左右到黏土的15%左右（表5-3）。就同一种土壤而言，萎蔫系数与作物种类关系不很大。

表 5-3　不同植物在各种土壤中的萎蔫系数（水与土壤干重质量比）　（单位：%）

植物种类	粗砂	细砂	砂壤	壤土	黏土
水稻	0.96	2.7	5.6	10.1	13.0
小麦	0.88	3.3	6.3	10.3	14.5
玉米	1.07	3.1	6.5	9.9	15.5
高粱	0.94	3.6	5.9	10.0	14.1
燕麦	1.07	3.5	5.9	11.1	14.5
豌豆	1.02	3.3	6.9	12.4	16.6
番茄	1.11	3.3	6.9	11.7	15.3

表示土壤保水性能的指标主要有两个：最大持水量（greatest capacity）和田间持水量（field capacity）。最大持水量又称土壤饱和水量（soil saturation capacity），指土壤中所有孔隙完全充满水分时的含水量。这一数量大小与土壤质地（soil testure）有关。团粒结构良好的砂壤土最大持量为50%左右。田间持水量指当土壤中重力水全部排除，保留全部毛管水和束缚水的土壤含水量。它是土壤耕作性质的重要指标，当土壤含水量为田间持水量的70%左右时，最适宜耕作。

二、土壤水势

土壤中不同种类的水具有不同的水势。一般来说，低于-3.1 MPa的水为土壤束缚水，-3.1～-0.01 MPa的水为毛管水，高于-0.01 MPa的水为重力水。对于大多数植物，当土壤含水量达到永久萎蔫系数时，其水势约为-1.5 MPa，该水势称为永久萎蔫点（permanent wilting point）。与细胞的水势相似，土壤水势也由两个组分构成，即溶质势 ψ_s 和压力势 ψ_p，通常土壤溶液的浓度很低，因此 ψ_s 较高，约为-0.01 MPa。

不同土壤的田间持水量和永久萎蔫点值相差很大，但当不同土壤达到田间持水量或永久萎蔫点的水分含量时，其水势却相同。田间持水量减去永久萎蔫点所得的值，就是植物可利用的水分（available water）。当含水量达到田间持水量时，$\psi_{p\pm \text{壤}}$ 趋于 0，土壤水势由 ψ_s 决定。非盐碱土的 ψ_s 约为 -0.01 MPa，但会随盐浓度的变化而变化。

三、土壤中水分的移动

土壤中的水分总是处于不断的运动之中，除少量的水通过扩散作用移动外，土壤中大部分水是压力梯度的驱动下以集流的方式移动的。当植物从土壤中吸收水分时，消耗了根表面附近的水分，造成根表面附近水的压力下降，使其与邻近区域产生压力梯度。这样，水便沿着连续空隙，顺着压力梯度向根系移动。

土壤中水移动的速率取决于压力梯度的大小及水的传导率。水的传导率（hydraulic conductivity）是指在单位压力下单位时间内水移动的距离 [常用 m/(h·MPa) 表示]。它是测量土壤中水分移动难易程度的指标。传导率与土壤质地有关，砂土颗粒疏松，传导率高；黏土颗粒之间空隙小，传导率最小；壤土的传导率介于二者之间。此外，土壤水分含量和温度也影响传导率。当温度降低，土壤水分含量降低，则传导率降低；温度升高能使水的黏滞度降低，使传导率增大。

第六节　植物根系对水分的吸收

根系吸水是陆生植物吸水的主要途径，根系在地下形成一个庞大的网状结构，它们在土壤中的分布范围很广，其总面积是地上部分的几十倍。因此，根系在土壤中的吸水能力是相当强的。

一、根部吸水的区域

根系虽然是植物吸水的主要器官，但并不是根的各部分都能吸水。事实上，表皮细胞木质化或栓质化的根段吸水能力很弱，根的吸水主要在根尖进行。在根尖中，以根毛区的吸水能力最强。由于根系主要靠根的尖端部分吸水，当移栽苗木时，宜带土移栽；这可避免损伤根尖，从而提高成活率。

二、根系吸水方式及其动力

植物根系吸水主要依靠两种方式：一种是主动吸水，另一种是被动吸水。无论哪种方式，都依赖于细胞的渗透性吸水。

（一）被动吸水

植物叶片进行蒸腾作用时，水分从叶子的气孔和表皮细胞表面蒸腾到大气中去，气孔下腔附近的叶肉细胞因蒸腾失水而 ψ_w 降低，于是从相邻细胞取得水分。同理，相邻细胞又从另一个细胞取得水分，如此下去，便从导管吸水，最后根部就从环境中吸水。这种因蒸腾作用所产生的吸水力量，叫做蒸腾拉力（transpirational pull）。在整株植物中，这种力量可经过茎部导管传递到根系，使根系再从土壤中吸收水分。由于吸水的动力依赖于叶的蒸腾作用，故把这种吸水称为根的被动吸水（passive absorption of water）。蒸腾拉力是蒸腾旺盛季节中植物吸水的主要动力。

（二）主动吸水

根的主动吸水可由"伤流"和"吐水"现象说明。完整的植物在土壤水分充足、土温较高、空气湿度大的早晨，从叶尖或叶边缘排水孔吐出水珠，此现象称为"吐水"（guttation）。在秋天的早晨，常常可以看到田间水稻叶尖有这种吐水现象。

假若将一株很健壮的作物（如玉米）在近地面的基部切断，不久就会有水液从伤口流出，这种从受伤或折断的植物茎基部伤口溢出液体的现象称为伤流（bleeding），流出的汁液叫伤流液（bleeding sap）。若在切口处接一压力计，可测出一定的压力，这显然是由根部的活动引起的，与地上部分无关。这种靠根系的生理活动，使液流由根部上升的压力称为根压（root pressure）。以根压为动力引起的根系吸水过程，称为主动吸水（initiative absorption of water）。伤流是由根压引起的。

根压是如何产生的？土壤溶液在根内部沿质外体向内扩散，其中的离子则通过主动吸收进入共质体中，这些离子通过连续的共质体系到达中柱内的活细胞，然后释放到导管（vessel）中，引起离子积累，其结果是内皮层以内的质外体渗透势降低，而内皮层以外的质外体水势较高，水分通过渗透作用透过内皮层细胞，到达中柱的导管内。这样造成水分向中柱的扩散作用，在中柱内就产生了一种静水压力，这就是根压。只要离子主动吸收存在，那么这种水势差就能维持，根压也就能够存在。

根部的根压对导管中的水有一种向上的驱动作用。这种驱动力对幼小植物体水分转运可能起到一定的动力作用，但对高大的植物（树木）体，仅靠根压显然是不够的，因为一般植物的根压不超过 0.1MPa，只在早春树木未吐芽和蒸腾很弱时起重要作用。

三、根系吸水阻力

根系的主动吸水和被动吸水，均需克服土壤阻力、根土界面阻力及根的径向和轴向阻力，而这些阻力会随着根系生长、分布状况及土壤水分的变化而变化。据测定，根表面和内皮层存在有较大阻力；土壤变干时根系发生收缩，而使根土界面水流连续性受到破坏，使根土界面阻力（interfacial resistance）大为增加。这些阻力的存在以及土壤变干时的阻力增加，有利于缓冲木质部水势的变化与波动，但有碍于根系吸水。根系内皮层阻力增加可能有两种原因：一是凯氏带的存在，这使水分由质外体转至共质体时阻力增大；二是溶质在内皮层附近发生累积，水分向内渗透速度变慢。在湿土中，这种效应很小，随着土壤变干，这种效应增强。

目前的研究认为，根系吸水轴向阻力（axial resistance）较小，而径向阻力（radial resistance）较大。

四、影响根系吸水的因素

根系自身因素、土壤因素以及影响蒸腾的大气因素，均影响根系吸水。大气因素通过影响蒸腾而影响蒸腾拉力，间接影响吸水，这里主要讨论根的自身因素和土壤因素。

（一）根系自身因素

根系的有效性决定于根系密度总表面积以及根表面的透性，而透性又随根龄和发育阶段而变化。根系密度（root density）通常指单位体积土壤内根系长度（cm/cm³）。根系密度越大，根系占土壤体积比例越大，吸收的水分就越多。

根表面透性差异对根系吸水有显著影响，有人认为限制性表面实际为内皮层。根的透性随年龄和发育阶段及环境条件不同而差别较大，典型根系由新形成的尖端到完全成熟的次生根组成，次生根失去了它们的表皮层和皮层，被一层栓化组织包围，显然这些不同结构的根段对水的透性大不相同，当植物根系遭受严重土壤干旱时透性大大下降，恢复供水后这种情况还可持续若干天。

（二）土壤条件

根系通常分布在土壤中，所以土壤条件直接影响根系吸水。

1. 土壤中可利用水

植物主要通过根系从土壤中吸取水分，所以土壤水分状况直接影响着根系吸水。土壤中的水分并不是都能被植物所利用，土壤水分有可利用和不可利用水之区别。植物从土壤中吸水，实质上是根系和土壤颗粒彼此争夺水分。对植物而言，只有在超过永久萎蔫点以上的土壤中的水分才是可利用水（available water），其土壤水势范围为$-0.05\sim-0.3MPa$。当土壤含水量下降时，土壤溶液水势亦下降，土壤溶液与根部之间的水势差减小，根部吸水减慢，引起植物体内水量下降。当土壤含水量达到永久萎蔫点时，根部吸水几乎停止，不能维持叶细胞的膨压，叶片发生萎蔫，这对植物的生长发育不利。

2. 土壤通气状况

在通气良好的土壤中，根系吸水性强；土壤透气状况差，吸水受抑制。土壤通气不良造成根系吸水困难的原因主要是：①根系环境内O_2缺乏，CO_2积累，呼吸作用受到抑制，影响根系吸水；②长期缺氧下根进行无氧呼吸，产生并积累较多的乙醇，根系中毒受伤，吸水更少；③土壤处于还原状态，加之土壤微生物的活动，产生一些有毒物质，这对根系生长和吸水都是不利的。

3. 土壤温度

土壤温度不但影响根系的生理生化活性，也影响土壤水的移动性。因此，在一定的温度范围内，随土壤温度升高，根系吸水及水运输速率加快；反之则减弱。温度过高或过低，对根系吸水均不利。

低温影响根系吸水的原因是：①原生质黏性增大，对水的阻力增大，水不易透过细胞质，植物吸水减弱；②水分子运动减慢，渗透作用降低；③根系生长受抑，吸收面积减小；④根系呼吸速率降低，离子吸收减弱，影响根系吸水。

高温会导致酶失活，影响根系活力；还会加速根系木质化进程，使根吸收面积减小，吸水速率下降。

4. 土壤溶液浓度

土壤溶液浓度过高，其水势降低。若土壤溶液水势低于根系水势，植物不能吸水，反而要丧失水分。一般情况下，土壤溶液浓度较低，水势较高。在不低于 $-0.1MPa$ 的情况下，对根吸水影响不大，但当施用化肥过多或过于集中时，可使根部土壤溶液浓度急速升高，阻碍根系吸水，引起"烧苗"。盐碱地土壤溶液浓度太高，植物吸水困难，形成一种生理干旱。如果水的含盐量超过 0.2%，就不能用于灌溉植物。

第七节　蒸腾作用

一、蒸腾作用的概念及生理意义

蒸腾作用（transpiration）指植物体内的水分以气态方式从植物体的表面向外界散失的过程。蒸腾作用虽然基本是一个蒸发过程，但是与物理学上的蒸发不同，因为蒸腾过程还受植物气孔结构和气孔开度的影响，是一个生理过程。蒸腾作用在植物生命活动中具有重要的生理意义：第一，蒸腾作用失水所造成的水势梯度产生的蒸腾拉力是植物被动吸水和运输水分的主要驱动力，特别是对于高大的植物，如果没有蒸腾作用，植物较高的部分很难得到水分；第二，蒸腾作用借助于水的高汽化热特性，能够降低植物体和叶片温度，使其免遭高温强光灼伤；第三，蒸腾作用引起上升液流，有助于根部从土壤中吸收的无机离子和有机物以及将根中合成的有机物转运到植物体的各部分，满足生命活动需要。

二、蒸腾作用的方式及度量

（一）蒸腾作用的方式

植物体的各部分都有潜在的对水分的蒸发能力，按照蒸腾部位不同可分为 3 类：一是整体蒸腾，幼小植物体的表面都能蒸腾；二是皮孔蒸腾，长大的植物，茎枝上的皮孔可以蒸腾，称之为皮孔蒸腾（lenticular transpiration），木本植物具有皮孔蒸腾，但只占全蒸腾量的 0.1% 左右；三是叶片蒸腾，这是植物蒸腾作用的主要方式。

叶片蒸腾有两种方式：①通过角质层的蒸腾叫角质蒸腾（cuticular transpiration）。②通过气孔的蒸腾叫气孔蒸腾（stomatal transpiration）。角质蒸腾和气孔蒸腾在叶片蒸腾中所占的比重，与植物的生态条件和叶片年龄有关，实质上就是与角质层厚度有关。对一般植物的成熟叶片，角质蒸腾仅占总蒸腾量的 5%～10%，因此，气孔蒸腾是植物叶片蒸腾的主要形式。

（二）蒸腾作用度量的生理指标

常用的衡量蒸腾作用的定量指标如下。

（1）蒸腾速率（transpiration rate）。植物在单位时间内，单位叶面积通过蒸腾作用所散失的水量称为蒸腾速率，又称蒸腾强度，一般用 g H_2O/（m·h）表示。大多数植物白天的蒸腾强度为 15～250 g H_2O/（m·h），夜间为 1～20 g H_2O/（m·h）。

（2）蒸腾效率（transpiration ratio）。植物每消耗 1kg 水所生产干物质的量（g），或者说，植物在一定时间内干物质的累积量与同期所消耗的水量之比称为蒸腾效率或蒸腾比率。一般植物的蒸腾效率是 1～8g 干物质/kg 水。

（3）蒸腾系数（transpiration coefficient）。植物制造 1g 干物质所消耗的水量（g）称为蒸腾系数（或需水量，water requirement），它是蒸腾效率的倒数，一般植物的蒸腾系数为 125～1000。不同类型的植物常有不同的蒸腾系数，木本植物的蒸腾系数较草本植物为小，C_4 植物较 C_3 植物为小（表 5-4）。

表 5-4　几种主要作物的蒸腾系数（需水量）

作物	蒸腾系数	作物	蒸腾系数
水稻	211～300	油菜	277
陆稻	309～433	大豆	307～368
小麦	257～774	蚕豆	230
大麦	217～755	马铃薯	167～659
高粱	204～298	向日葵	290～705
玉米	174～406	甘蔗	125～350
甘薯	248～264		

表 5-4 中的数据是各种作物不同生育期的平均值。事实上，植物在不同生育期的蒸腾系数是不同的，在旺盛生长期，由于干重增加快，所以蒸腾系数小；而在生长较慢，特别是温度较高时，蒸腾系数变大。研究植物的蒸腾系数或需水量，对农业区化、作物布局及田间管理都有一定的指导意义。

三、气孔蒸腾作用

气孔（stomata）是植物叶片与外界进行气体交换的主要通道。气孔可以根据环境条件的变化来调节自己开度的大小而使植物在损失水分较少的条件下获取最多的 CO_2。当气孔蒸腾旺盛，叶片发生水分亏缺时，或土壤供水不足时，气孔开度就会减小以至完全关闭；当供水良好时，气孔张开，以此机制来调节植物的蒸腾强度。

（一）气孔的大小、数目、分布与气孔蒸腾

不同植物气孔的大小、数目和分布不同（表 5-5）。大部分植物叶的上、下表面都有气孔，但不同类型的植物其叶上下表面气孔数量不同。一般禾谷类作物如麦类、玉米、水稻叶的上、下表面气孔数目较为接近；双子叶植物如向日葵、马铃薯、甘蓝、蚕豆、番茄及豌豆等，叶下表面气孔较多；有些植物，特别是木本植物，通常只是下表面有气孔，如桃、苹果、桑等；也有些植物如水生植物，气孔只分布在上表面。气孔的分布与植物长期适应生存环境有关，例如，浮在水面的水生植物，气孔分布在叶上表面，有利于气体交换及蒸腾作用；禾谷类植物叶片较直立，叶片上下表面光照及空气湿度等差异很小，都可以进行气体和水分交换，故其上、下表皮的气孔数目较为接近（图 5-3）。

表 5-5　几种植物叶面气孔的大小、数目及分布

| 植物 | 气孔数/(个/mm²) | | 下表皮气孔大小 |
	上表皮	下表皮	长(nm)×宽(nm)
小麦	33	14	38×7
玉米	52	68	19×5
燕麦	25	23	38×8
向日葵	58	156	22×8
番茄	12	130	13×6
苹果	0	400	14×12
莲	40	0	—

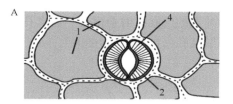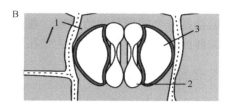

图 5-3　植物的两类气孔（引自 Taiz and Zeiger，2002）

A. 肾形（双子叶植物）；B. 哑铃形（单子叶植物）

1. 表皮细胞；2. 保卫细胞；3. 副卫细胞；4. 辐射状排列纤维素微纤丝

　　气孔的数目很多，但直径很小，所以气孔所占叶表面的总面积很小，一般不超过叶面积的1%。但其蒸腾量却相当于与叶面积相等的自由水面蒸发量的15%～50%，甚至达到100%。也就是说，气孔扩散是同面积自由水面蒸发量的几十到100倍，我们将气体通过多孔表面的扩散速率不与小孔面积成正比，而与小孔的周长成正比这一规律称为小孔扩散律（small pore diffusion law）。因此，如果若干个小孔，它们之间有一定的距离，则能充分发挥其边缘效应，扩散速率会远远超过同面积的大孔（图 5-4）。叶表面的气孔正是这样的小孔，所以在气孔张开时，气孔的蒸腾速率很高。

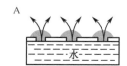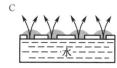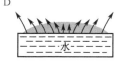

图 5-4　水分通过多孔的表面（A～C）和自由水面（D）蒸发情况的图解

A. 小孔分布稀疏；B. 小孔分布过密，彼此干扰大；C. 小孔分布适当，总蒸发量接近于自由水面；

D. 自由水面的蒸发量

　　气孔蒸腾分为两步进行：首先是水分在细胞间隙及气孔下腔周围叶肉细胞表面上蒸发成水蒸气，然后水蒸气分子通过气孔下腔及气孔扩散到叶外。气孔蒸腾速率的高低与蒸发和扩散都有关系。叶子的内表面面积越大，蒸发量越大，事实上，叶内表面积要比叶外表面积大许多倍，在这样大的内表面积上，水很容易转变为水蒸气。因此，气孔下腔经常被水蒸气所饱和，有利于水蒸气扩散到叶外。

　　气孔开度对蒸腾有着直接的影响。现在一般用气孔导度（stomatic conductance）表示，其单位为 mmol/（m·s），也有用气孔阻力（stomatic resistance）表示的，它们

都是描述气孔开度的量。在许多情况下气孔导度使用与测定更方便，因为它直接与蒸腾作用成正比，与气孔阻力成反比。

（二）气孔运动

气孔运动实质上是由于两个保卫细胞内水分得失引起的体积或形状变化，进而导致相邻两壁间隙的大小变化。

大多数植物气孔一般白天张开，夜间关闭，此即气孔运动。构成植物细胞壁的纤维素微纤丝束沿伸长的保卫细胞横向周围缠绕，由于这些微纤丝束的放射状分布，当保卫细胞吸水膨大时，其直径不能增加多少，而保卫细胞的长度可以增加，特别是沿其外壁增加，同时向外膨胀，微纤丝牵引内壁向外运动，如此气孔即张开（Mauseth，1988）。气孔的运动是一个相当复杂的过程，在同一叶片上的气孔有时会出现一些气孔开放而相邻气孔却部分关闭的现象，这样的气孔称为斑驳气孔（patchy stomata）。

（三）气孔运动的机制

关于气孔运动的机制，主要有以下 4 种学说（假说）。

1. 淀粉与糖转化学说

在光下，光合作用消耗了 CO_2，于是保卫细胞质 pH 增高到 7，淀粉磷酸化酶催化正向反应，使淀粉水解为糖，引起保卫细胞渗透势下降，水势降低，从周围细胞吸取水分，保卫细胞膨大，因而气孔张开。在黑暗中，保卫细胞光合作用停止，而呼吸作用仍进行，CO_2 积累，pH 下降到 5 左右，淀粉磷酸化酶催化逆向反应，使 G1P 转化成淀粉，溶质颗粒数目减少，细胞渗透势升高，水势增大，细胞失水，膨压丧失，气孔关闭。

2. K^+ 积累学说

近年来进一步的深入研究发现，在保卫细胞中并未检测到糖的存在；相反，K^+ 在保卫细胞中大量积累。20 世纪 70 年代，有人提出了气孔开张的 K^+ 积累学说，即在光下保卫细胞叶绿体通过光合磷酸化合成 ATP，活化了质膜 H^+-ATP 酶，使 K^+ 主动吸收到保卫细胞中，K^+ 浓度增高引起渗透势下降，水势降低，促进保卫细胞吸水，气孔张开。实验证明，大量的由保卫细胞的邻近表皮细胞提供的、平衡 K^+ 电性的阴离子是苹果酸根，而其 H^+ 则与 K^+ 发生交换，转运到保卫细胞之外。苹果酸则是由淀粉水解生成的磷酸烯醇式丙酮酸（PEP）经 PEP 羧化酶作用与 CO_2 发生羧化反应的产物。这里吸收 K^+ 与失去 H^+ 之间的平衡似乎不可能使渗透势降低；然而，当淀粉转化成有机酸以后，只有 H^+ 是可转运的，因此，这里发生的是非渗透性物质（H^+）的丧失和渗透活性物质（小分子有机酸根、糖、K^+）的增加。在黑暗中，K^+ 从保卫细胞扩散出去，细胞水势提高，失去水分，气孔关闭。

3. 苹果酸代谢学说

20 世纪 70 年代初以来，人们发现苹果酸在气孔开闭运动中起着某种作用。在光照下，当保卫细胞内的部分 CO_2 被利用时，pH 就上升至 8.0～8.5，从而活化了 PEP 羧化酶，它可催化由淀粉降解产生的 PEP 与 HCO_3^- 结合形成草酰乙酸，并进一步被 NADPH 还原为苹果酸。苹果酸解离为 2 个 H^+ 和苹果酸根，在 H^+/K^+ 泵驱使下，与 K^+ 交换，保卫细胞内 K^+ 浓度增加，水势降低；苹果酸根进入液泡和 Cl^- 共同与 K^+ 维持电中性。同时，苹果酸的存在还可降低水势，促使保卫细胞吸水，气孔张开。当叶片由光下转入暗处时，过程逆转，此即为苹果酸代谢学说（malate metabolism theory）。近期研究证明，保卫细胞内淀粉和苹果酸之间存在一定的数量关系，即淀粉、苹果酸与气孔开闭有关，与糖无关。

$$PEP + HCO_3 \xrightarrow{\text{PEP 羧化酶}} 草酰乙酸 + 磷酸 \tag{5-9}$$

$$草酰乙酸 + NADH（或 NADPH） \xrightarrow{\text{苹果酸脱氢酶}} 苹果酸 + NAD^+（或 NADP^+） \tag{5-10}$$

气孔运动的机制见图 5-5。

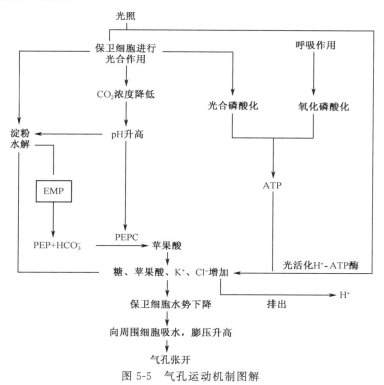

图 5-5　气孔运动机制图解

4. 玉米黄素假说

在 20 世纪 90 年代，Quinones 和 Zeiger 等根据一些有关保卫细胞中玉米黄素（zeaxanthin）与调控气孔运动的蓝光反应在功能上密切相关的实验结果，提出了玉米黄素假说，认为由于光合作用而积累在保卫细胞中的类胡萝卜素——玉米黄素可能作为蓝光反应的受体，参与气孔运动的调控。玉米黄素是叶绿体中叶黄素循环（xanthophyll cycle）的三大组分之一，叶黄素循环在保卫细胞中起着信号转导的作用，气孔对蓝光反应的强度取决于保卫细胞中玉米黄素的含量和照射的蓝光总量。而玉米黄素的含量则取决于类胡萝卜素库的大小和叶黄素循环的调节。气孔对蓝光反应的信号转导是从玉米黄素被蓝光激发开始的，蓝光激发的最可能的光化学反应是玉米黄素的异构化，引起其脱辅基蛋白（apoprotein）发生构象改变，以后可能是通过活化叶绿体膜上的 Ca^{2+}-ATPase，将胞基质中的钙泵进叶绿体，胞基质中钙浓度降低，又激活质膜上的 H^+-ATPase，不断泵出质子，形成跨膜电化学势梯度，推动钾离子的吸收，同时刺激淀粉的水解和苹果酸的合成，使保卫细胞的水势降低，气孔张开。因此，蓝光通过玉米黄素活化质膜质子泵是保卫细胞渗透调节和气孔运动的重要机制。

（四）气孔运动的调节因素

实验发现，气孔运动有一种内生昼夜节律（endogenous circadian rhythms），即使置于连续光照或黑暗下，气孔仍会随一天的昼夜交替而开闭，这种节律可维持数天。其机制尚待更深入研究。此外，许多外部因子能够调节气孔运动，可归纳为以下几个方面。

（1）CO_2。叶片内部低的 CO_2 分压可使气孔张开，高分压 CO_2 则使气孔关闭，在光下或暗中都可以观察到这种现象。其他外界环境因素（光照、温度等）很可能是通过影响叶内 CO_2 浓度而间接影响气孔开关的。

（2）光。在无干旱胁迫的自然环境中，光是最主要的控制气孔运动的环境信号。一般情况下，光照使气孔开放，黑暗使气孔关闭。一般认为不同波长的光对气孔运动的影响与对光合作用过程的影响相似，即蓝光和红光最有效。蓝光可激活质膜上的质子泵，促使保卫细胞质子的外流、钾的吸收、淀粉的水解和苹果酸的合成。

（3）温度。气孔开度一般随温度的升高而增大。在 30℃ 左右，气孔开度达最大，35℃ 以上的高温会引起气孔关闭。低温下长时间光照也不能使气孔张开。温度对气孔开度的影响可能是通过影响呼吸作用和光合作用，改变叶内 CO_2 浓度而起作用的。

（4）水分。叶片的水势对气孔开张有强烈的控制作用。当叶水势下降时，气孔开度减小或关闭。缺水对气孔开度的影响尤为显著，它的效应是直接的，即由于保卫细胞失水所致。

（5）风。高速气流（风）可使气孔关闭，这可能是由于高速气流下蒸腾加快，保卫细胞失水过多所致。微风促进蒸腾作用。

（6）植物激素。细胞分裂素可以促进气孔张开，而脱落酸（abscisic acid，ABA）可以促进气孔关闭。ABA 对气孔的这种调节作用已为近年来对根源信号传递理论的大量研究所证实。当土壤含水量逐渐减少时，部分根系处于脱水状态，产生根源信号物质脱落酸，并通过木质部运到地上部，促进保卫细胞膜上 K^+ 外流通道开启，向外运送 K^+ 的量增加；同时抑制 K^+ 内流通道活性，减少 K^+ 的内流动量，水势升高，水分外流，因而使保卫细胞膨压下降，气孔开度减小，甚至关闭气孔，这样能够使植物叶片避免过度水分散失，对有效利用土壤水分具有重要意义。图 5-6 总结了几种环境因素对气孔开度的影响。

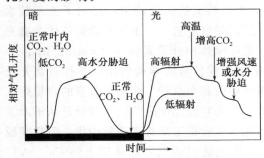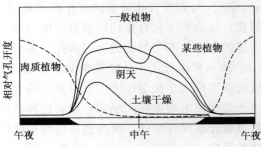

图 5-6　气孔对几种环境因子的反应

图中上部的箭头表示该因子改变的时间

四、影响蒸腾作用的因素

蒸腾速率主要是由气孔下腔内水蒸气向外扩散的力量和扩散途径中的阻力来决定。凡是能改变水蒸气分子的扩散力或扩散阻力的因素，都可以对蒸腾作用产生影响。

（一）内部因素对蒸腾作用的影响

气孔的构造特征是影响气孔蒸腾的主要内部因素。气孔下腔体积大，内蒸发面积大，水分蒸发快，可使气孔下腔保持较高的相对湿度，因而提高了扩散力，蒸腾较快。有些植物（如苏铁）气孔内陷，气体扩散阻力增大；有些植物内陷的气孔口还有表皮毛，更增大了气孔阻力，有利于降低气孔蒸腾。

叶片内部面积（指内部细胞间隙的面积）增大，细胞壁的水分变成水蒸气的面积就增大，细胞间隙充满水蒸气，叶内外蒸气压差大，有利于蒸腾。

叶面蒸腾强弱与供水情况有关，而供水多少在很大程度上决定于根系的生长分布。根系发达，深入地下，吸水就容易，供给根系的水也就充分，从而间接有助于蒸腾。

（二）环境因素对蒸腾的影响

1. 光照

光照对蒸腾起着决定性的促进作用。太阳光是供给蒸腾作用的主要能源，叶子吸收的辐射能，只有一小部分用于光合作用，而大部分用于蒸腾。另外，光直接影响气孔的开闭。大多数植物，气孔在暗中关闭，故蒸腾减少；在光下气孔开放，内部阻力减小，蒸腾加强。光照还可能通过提高气温和叶片温度而影响蒸腾。

2. 大气湿度

湿度可用蒸汽压值和相对湿度表示。蒸汽压值即水蒸气在大气中的分压，其大小直接反映了水蒸气分子的活动性，并与水蒸气分子的活动性成正比关系。因而，蒸汽压值表示法对于分析蒸腾具有直接意义。在一定温度下，大气所具有的最大蒸气压值，称为"饱和蒸汽压"，它随温度的升高而增大。相对湿度是反映水蒸气的大气饱和程度的指标，为实际蒸汽压占当时温度下饱和蒸汽压的百分比，它在生理研究中应用较多，是因为同样的相对湿度，在不同温度下可代表很不相同的实际蒸汽压；而同样的实际蒸汽压，在不同温度下，却相当于不同的相对湿度。当大气相对湿度增大时，大气蒸汽压也增大，叶内外蒸汽压差变小，蒸腾减弱；反之，蒸腾加强。

只要气孔开着，水蒸气从叶子内部向外扩散的速率，在很大程度上决定于细胞间隙的蒸汽压与外界大气的蒸汽压之差，大气的蒸汽压越大，蒸腾就越弱；反之，蒸腾就越强。也有例外情况，当水分供应不足或蒸腾过旺时，叶肉细胞水势下降，细胞间隙中水蒸汽不再饱和，此时气孔照常开着，但蒸腾微弱，这种现象称为"初干"。植物通过"初干"调节蒸腾作用的方式，称为非气孔调节（non-stomatal modulate）。

3. 大气温度

植物组织内水蒸气经常接近于饱和，而大气则亏缺很大。假定细胞间隙气压饱和，大气的蒸汽压为当时温度下饱和蒸汽压的一半，在 20℃时，蒸汽压差为 11.6mbar；当气温升到 30℃时，叶内外蒸汽压则变为 30.4mbar。可见，在 30℃时，其叶内外蒸汽压差几乎达 20℃时的 3 倍，蒸腾也会加快到接近 3 倍的速度。

事实上，气温和叶温不会相同，尤其在太阳直射下，叶温较之气温一般高 2～10℃，厚叶更显著。可见，气温增高时，气孔下腔细胞间隙的蒸汽压的增加大于大气蒸汽压的增大，所以叶内外的蒸汽压差加大，有利于水分从叶内逸出，蒸腾加强。

4. 风

风对蒸腾的影响比较复杂，微风能将气孔边的水蒸气吹走，补充一些蒸汽压低的空气，使边缘层变薄或消失，外部扩散阻力减小，蒸腾速率就加快。另外，刮风时枝叶扭曲摆动，使叶子的细胞间隙被压缩，迫使水蒸气和其他气体从气孔逸出；但强风可明显降低叶温，不利蒸腾。强风尤其使保卫细胞迅速失水，导致气孔关闭，内部阻力加大，使蒸腾显著减弱。含水蒸气很多的湿风和蒸汽压很低的干风，对蒸腾的影响不同，前者降低蒸腾，而后者促进蒸腾。

5. 土壤条件

植物地上蒸腾与根系的吸水有密切关系。因此，凡是影响根系吸水的各种土壤条件，如土温、土壤通气、土壤溶液浓度等，均可间接影响蒸腾作用。

影响蒸腾的上述因素并不是孤立的，而是相互影响，共同作用于植物体。一般在晴朗无风的夏天，土壤水分供应充足，空气又不太干燥时，作物一天的蒸腾变化情况是：清晨日出后，温度升高，大气湿度下降，蒸腾随之增强，一般在下午 14 时前后达到高峰；14 时以后由于光照逐渐减弱，作物体内水分减少，气孔逐渐关闭，蒸腾作用随之下降，日落后蒸腾迅速降到最低点。

第八节　合理灌溉的生理基础与意义

一、植物的水分平衡

在正常情况下，植物一方面蒸腾失水，同时不断地从土壤中吸收水分；这样就在植物生命活动中形成了吸水与失水的连续运动过程。一般把植物吸水、用水、失水三者的和谐动态关系叫做水分平衡。

植物对水分的吸收和散失是相互联系的矛盾统一过程。只有当植物吸水与失水维持动态平衡时，植物才能进行旺盛的生命活动。因此，在农林生产上，如何通过各种栽培措施以维持植物在一定含水量基础上的体内水分平衡，就成为保证农业高产稳产的重要问题。

维持植物水分平衡，一般从两方面着手，即增加吸水和减少蒸腾。通常应以前者为主，因为任何减少蒸腾的办法都会降低植物的光合性能，影响植物的生长和产量，所以兴修水利、保证灌溉是解决这一问题的主要途径。如果不能灌溉，就要根据植物的需要和水分来源来安排作物的种植。近年来发展的旱地农业就综合考虑了水分的平衡关系。

增加供水除灌溉外，还有蓄水（防止渗漏和径流）、保墒（防止蒸发）、除草（防止无益消耗）、经济用水（适时适量）等。发展节水技术如喷灌、滴灌等既能供水，又能防止蒸发，是值得推广的。

为了使作物良好地生长，避免严重的水分亏缺，在农业生产过程中就必须进行灌溉，而灌溉应依据植物的需水规律，进行合理灌溉，以保障植物水分在关键生育期的动态平衡。

二、作物的需水规律

作物从种子萌发到开花结实，不同发育期的需水量不同。例如，以小麦对水分的需要来划分，其整个生长发育阶段可分为5个时期。

（1）种子萌发——分蘖前期。这一阶段为幼苗期，主要进行营养生长，特别是根系发育快，而蒸腾面积小，因此耗水量少，对水分需要量不大。

（2）分蘖末期——抽穗期（包括返青、拔节、孕穗期）。这一阶段小穗分化，茎、叶、穗开始迅速发育，叶面积快速增大，消耗水量最多，这时代谢亦旺盛。如果缺水，小穗分化不良或畸形发育，茎生长受阻，矮小，产量低。植物对水分不足最敏感、最易受害的时期称为作物的水分临界期（critical period of water）。该时期的缺水会对产量构成严重的影响。小麦第一个水分临界期是花粉母细胞经四分体到花粉粒形成阶段。

（3）抽穗——开始灌浆。这时叶面积扩大基本结束，主要进行受精、种子胚胎发育和生长，如果供水不足，上部叶因蒸腾强烈，开始从下部叶或花器官抽取水分，引起粒数减少，导致产量下降。

（4）开始灌浆——乳熟末期。此时主要进行光合产物的运输与分配，若缺水，有机物运输受阻，造成灌浆困难，籽粒瘦小，产量低；同时水分不足也影响旗叶的光合作用，旗叶早衰，减少有机物合成。所以此期是小麦的第二个水分临界期。

（5）乳熟末期——完熟期。物质运输已接近完成，种子失去大部分水，逐渐变干，植物枯萎，已不需供水。

其他作物也有水分临界期。玉米水分临界期在开花至乳熟期，高粱在抽花序到灌浆期，豆类、荞麦和花生在开花期，水稻在花粉母细胞形成期和灌浆期。

不同作物对水分的需要量也不同。一般可根据蒸腾系数估算其对水分的需要量。C_3 植物蒸腾系数较大，为 $400\sim900$，C_4 植物蒸腾系数为 $250\sim400$。以作物的生物产量乘以蒸腾系数即可大致估计作物需要的水量，并作为灌溉用水量的一种参考。当然，实际应用时还应考虑土壤含水量、土壤保水能力、降水量等因素。

三、合理灌溉的指标

作物是否需要灌水，什么时候灌水，灌水量多大最适宜，这些问题都必须以当时的植物水分状况及土壤和气候情况来决定。以下介绍几种参考指标。

（一）土壤含水量

农业生产上有时是根据土壤含水量来进行灌溉，即根据土壤墒情决定是否需要灌水。一般作物生长较好的土壤含水量为田间持水量的 60%～80%，但这个值不固定，常随许多因素的改变而变化。要使灌溉符合作物生产的需要，最好以作物本身情况为依据。

（二）作物形态指标

（1）生长速率下降。有经验的农民往往根据作物的长势、长相进行灌溉。作物枝叶生长对水分亏缺甚为敏感，轻度缺水时，光合作用还未受到影响，但这时生长已严重受抑。

（2）幼嫩叶的凋萎。当水分供应不足时，细胞膨压减少，因而幼叶发生萎蔫。

（3）茎叶颜色变红。当缺水时，植物生长缓慢，叶绿素浓度相对增加，叶色变深。

（三）作物生理指标

（1）叶水势。叶水势是一个灵敏的反映植物水分状况的指标。当植物缺水时，叶水势下降。不同作物，发生干旱危害的叶水势临界值不同。表 5-6 列出了几种作物光合速率开始下降时的叶水势阈值。必须注意，不同叶片、不同取样时间测定的水势值是有差异的。一般取样时间以上午 9：00～10：00 时为好。

表 5-6　光合速率开始下降时的叶水势值

作物	引起光合速率下降的叶水势值/MPa	气孔开始关闭的叶水势值/MPa
小麦	−1.25	
高粱	−1.40	
玉米	−0.80	−0.48
豇豆	−0.40	−0.40
旱稻	−1.40	−1.20
棉花	−1.80	−1.20

（2）细胞汁液浓度或渗透势。干旱情况下细胞汁液浓度常比正常水分含量的植物为高，而浓度的高低常常与生长速率成反比。当细胞汁液浓度超过一定值后，就会阻碍植株生长。冬小麦功能叶的汁液浓度，拔节到抽穗期以 6.5%～8.0% 为宜，9.0% 以上表示缺水；抽穗后以 10%～11% 为宜，超过 12% 时应灌水。

（3）气孔状况。水分充足时气孔开度较大，随着水分的减少，气孔开度逐渐缩小；当土壤中的可利用水耗尽时，气孔完全关闭。因此，气孔开度缩小到一定程度时就要灌溉。如小麦气孔开度达 5.0～6.0μm、甜菜气孔开度达 5.0～7.0μm 就应该灌水。

必须指出，不同地区、不同作物、不同品种在不同生育期，不同叶位的叶片，其灌溉的生理指标都是有差异的。因此，实际应用时，需事先做好准备工作，结合当地当时的情况找出灌溉的生理指标。

四、合理灌溉增产的原因

合理灌水对农作物的正常发育和生理生化过程有重要的影响。当发生大气干旱或土壤干旱时，及时灌水可以使植株保持旺盛的生长和光合作用，同时还可消除光合作用的午休现象，促使茎叶输导组织发达，提高水分和同化物的运输速率，改善光合产物的分配利用，提高产量。

灌溉除满足植物正常的生理需水外，还能改善农田的土壤条件和气候环境，株间气温降低几度，相对湿度可提高很多，这对植物正常生长是极为有利的。植物良好的生长对环境水分条件的这种需要称为"生态需水"，它与维持作物正常生理活动的"生理需水"一样重要。盐碱地灌水，还有洗盐压碱作用。

由此可见，深入研究植物水分代谢及其调控机制，对实现作物水分高效利用和高产、优质有重要的理论与实际意义。

参 考 文 献

蒋高明. 2004. 植物生理生态学. 北京：高等教育出版社

兰伯斯，蔡平，庞斯. 2005. 植物生理生态学. 张国平，周书军译. 杭州：浙江大学出版社.

李合生. 2006. 现代植物生理学. 第二版. 北京：高等教育出版社

李合生. 2006. 现代植物生理学. 第二版. 北京：高等教育出版社

潘瑞炽. 2004. 植物生理学. 第五版. 北京：高等教育出版社

Aylor D E, Parlange J Y, Krikoria A D. 1973. Stomatal mechanics. American Journal of Botany, 60 (2): 163~171

Brodribb T J, Holbrook N M. 2003. Stomatal closure during leaf dehydration, correlation with Other leaf physiological traits. Plant Physiology, 132 (4): 2166~2173

Helene J, Christophe M. 2002. The role of aquaporins in root water uptake. Annals of Botany, 90: 301~313

Jesse B, Nippert H, Knapp A. 2007. Linking water uptake with rooting patterns in grassland species. Eco Physiology, 153: 261~272

Liu F L. 2005. Stomatal control and water use efficiency of soybean (*Glycine max*. L. Merr) during progressive soil drying. Environmental and Experimental Batany, 54: 33~40

Martre P, Morillon R, Barrieu F. 2002. Plasma membrane aquaporins play a significant Role during recovery from water deficit. Plant Physiology, 130 (4): 2102~2110

Suarez N, Medina B. 2006. Influence of salinity on Na^+ and K^+ accumulation, and gas exchange in *Avicennia germinas*. Photosynthetica, 44 (2): 268~274

Taiz L, Zeiger E. 2002. Plant Physiology. 4ht ed. Sinauer Associates

Wei C F, Steudle E, Tyree M T. 1999. Water ascent in plants: do ongoing controversis have a sound basis. Trends in Plant Science, 4: 372~375

第六章 植物矿质营养生理生态

植物在其自养代谢活动中，不仅需从土壤中吸收水分，还必须吸收矿质元素，并将吸收的各种矿质元素运输到需要的部位，加以同化利用，以维持其正常生命活动和特有的药物合成代谢途径，提高其抗病虫特性。植物对矿质元素的需要、吸收、转运、同化利用，重金属的伤害及合理施肥的增产作用是植物矿质营养（mineral nutrition）的基本内容。

第一节 植物必需的矿质元素及其生理作用

一、植物必需矿质元素的标准和分类

虽然在各种植物体内已发现有 70 种以上的元素，但这些元素并不都是正常生长发育所必需的，元素的必需性也不取决于其在植物体内的含量。1939 年，Arnon 和 Stout 提出了植物必需元素（essential element）的 3 个标准：不可缺少性、不可替代性和直接功能性。

根据上述标准，通过溶液培养法等研究手段，现已确定有 17 种元素是植物的必需元素：碳（C）、氢（H）、氧（O）、氮（N）、磷（P）、钾（K）、钙（Ca）、镁（Mg）、硫（S）、铁（Fe）、锰（Mn）、硼（B）、锌（Zn）、铜（Cu）、钼（Mo）、氯（Cl）、镍（Ni）（表 6-1）。在上述元素中，除来自于 CO_2 和水中的 C、H、O 不是矿质元素外，其余 14 种元素均为植物所必需的矿质元素。需要说明的是，国际植物生理学界对植物必需元素种类的确定尚有些争议，如 Na 和 Si 是否为植物的必需元素一直就有不同的观点。随着研究手段的更新和技术的进步，今后可能还会有一些元素被证明是植物所必需的。

表 6-1 植物的必需元素[*]

大量元素	植物利用的形式	在干物质中的质量分数/%	微量元素	植物利用的形式	在干物质中的质量分数/%
C	CO_2	45	Cl	Cl^-	1×10^{-2}
O	O_2,H_2O	45	Fe	Fe^{2+},Fe^{3+}	1×10^{-2}
H	H_2O	6	B	H_3BO_3,$B(OH)_3$	2×10^{-3}
N	NO_3^-,NH_4^+	1.5	Mn	Mn^{2+}	5×10^{-3}
K	K^+	1.0	Zn	Zn^{2+}	2×10^{-3}
Ca	Ca^{2+}	0.5	Cu	Cu^{2+},Cu^+	6×10^{-5}
Mg	Mg^{2+}	0.2	Mo	MoO_4^{2-}	1×10^{-5}
P	$H_2PO_4^-$,HPO_4^{2-}	0.2	Ni	Ni^{2+}	1×10^{-5}
S	SO_4^{2-}	0.1			

[*] 表中数值来自于多种植物的平均值,这些值在具体植物间可能会有较大差异。

根据植物对必需元素需求量的大小，通常把植物必需元素划分为两类，即大量元素（major element 或 macroelement）和微量元素（minor element，microelement 或 trace element）。大量元素（或大量营养，macronutrient）是指植物需要量较大，其含量通常为植物体干重 0.1% 以上，共有 9 种，即 C、H、O 3 种非矿质元素和 N、P、K、Ca、Mg、S 6 种矿质元素。微量元素（或微量营养，micronutrient）是指植物需要量极微，其含量通常为植物干重的 0.01% 以下，这类元素在植物体内稍多即会发生毒害，它们是 Fe、Mn、B、Zn、Cu、Mo、Cl、Ni 8 种矿质元素。

二、植物必需矿质元素的生理作用及其缺素症

必需元素在植物体内的生理作用概括起来主要有 4 个方面：①细胞结构物质的组成成分，如 N、P、S 等；②作为酶、辅酶的成分或激活剂等，参与调节酶的活性，如 K^+、Ca^{2+} 等；③电化学作用，参与渗透调节、胶体的稳定和电荷的中和等，如 K^+、Cl^- 等；④作为重要的细胞信号转导信使，如 Ca^{2+} 等。

各种必需矿质元素的主要生理作用及其缺乏病症简述如下。

（1）氮。植物主要吸收无机态氮，即铵态氮（NH_4^+）和硝态氮（NO_3^-），也可吸收利用尿素等有机态氮。氮的主要生理作用：①氮是构成蛋白质的主要成分，可占蛋白质含量的 16%~18%；②核酸、核苷酸、辅酶、磷脂、叶绿素、细胞色素及某些植物激素（如吲哚乙酸、细胞分裂素）和维生素（如维生素 B_1、维生素 B_2、维生素 B_6、维生素 PP 等）中也都含有氮。由此可见，氮在植物生命活动中占有重要地位，因此，氮又被称为生命元素。

（2）磷。磷通常以正磷酸盐，即 $H_2PO_4^-$ 或 HPO_4^{2-} 的形式被植物吸收。磷的主要生理作用：①磷是细胞质和细胞核的组成成分，它存在于磷脂、核酸和核蛋白中；②磷在植物的代谢中起重要作用，磷参与组成的 ATP、FMN、NAD^+、$NADP^+$、FAD、CoA 等参与光合作用、呼吸作用，是糖类、脂肪及氮代谢过程不可缺少的，此外，磷还能促进糖的运输；③植物细胞含有一定的磷酸盐，构成缓冲体系，对于维持细胞的渗透势起一定作用。

（3）钾。钾在植物中几乎都呈离子状态。钾的主要生理作用：①作为酶的活化剂参与植物体内重要的代谢，如钾可作为丙酮酸激酶、果糖激酶等 60 多种酶的活化剂；②钾能促进蛋白质、糖类和 IAA 的合成，也能促进糖的运输；③钾可增加原生质的水合程度，降低其黏性，增强细胞保水力，提高抗旱性；④钾在植物体内的含量较高，能有效地影响细胞的溶质势和膨压，参与控制细胞吸水、气孔运动等生理过程。

（4）硫。硫主要以硫酸根（SO_4^{2-}）形式被植物吸收。硫的主要生理作用：①含硫氨基酸几乎是所有蛋白质的组成成分，所以硫参与原生质的构成；②含硫氨基酸中半胱氨酸-胱氨酸系统能影响细胞中的氧化还原过程；③硫是 CoA、硫胺素、生物素的构成成分，与糖类、蛋白质、脂肪的代谢有密切关系。

（5）钙。钙以 Ca^{2+} 的形式被植物吸收。钙的主要生理作用：①钙与细胞壁形成有关，是植物细胞壁胞间层中果胶钙的成分；②钙与细胞分裂有关，因为有丝分裂时纺锤

体的形成需要钙；③钙具有稳定生物膜的作用；④钙有解毒作用，植物（尤其是肉质植物）代谢的中间产物有机酸积累过多对植物有害，Ca^{2+} 可与有机酸结合为不溶性的钙盐（如草酸钙、柠檬酸钙）；⑤Ca^{2+} 是某些水解酶的活化剂；⑥Ca^{2+} 可作为第二信使，与钙调素（calmodulin，CaM）结合成钙-钙调蛋白（Ca^{2+}-CaM）复合体参与信息传递，在植物生长发育中起重要的调节作用；⑦钙有助于植物愈伤组织的形成，对植物抗病有一定作用。

（6）镁。镁以 Mg^{2+} 形式被植物吸收。镁的主要生理作用：①镁是叶绿素的重要成分；②镁是光合作用及呼吸作用中多种酶的活化剂；③蛋白质合成时氨基酸的活化需要镁的参与，核糖体大、小亚基间的稳定结合需要一定的浓度的镁；④镁是 DNA 聚合酶及 RNA 聚合酶的活化剂，参与 DNA、RNA 的生物合成；⑤镁也是染色体的组成成分，在细胞分裂过程中起作用。

（7）铁。铁以 Fe^{2+} 或 Fe^{3+} 形式被植物吸收。铁的主要生理作用：①铁是许多重要酶的辅基，如细胞色素氧化酶、过氧化物酶、铁氧还蛋白中都含有铁，铁也是固氮酶中铁蛋白和钼铁蛋白的成分，在生物固氮中起作用；②催化叶绿素合成的酶需要 Fe^{2+} 激活。近年来发现，铁对叶绿体构造的影响比对叶绿素合成的影响更大。

（8）锰。锰主要以 Mn^{2+} 形式被植物吸收。锰的主要生理作用：①锰是植物细胞内许多酶（如己糖磷酸激酶、RNA 聚合酶、脂肪酸合酶以及硝酸还原酶等）的活化剂；②锰参与光合作用，是叶绿素形成和维持叶绿体正常结构所必需，光合作用中水的光解放氧也需要锰的参与。

（9）硼。硼以硼酸（H_3BO_3）的形式被植物吸收。硼的主要生理作用：①硼与植物的生殖有关，硼有利于花粉形成，可促进花粉萌发、花粉管伸长及受精过程的进行；②硼能与游离态的糖结合，使糖带有极性，从而使糖容易通过质膜，促进其运输；③硼与核酸蛋白质的合成、激素反应、膜的功能、细胞分裂、根系发育等生理过程有一定关系。

（10）锌。锌以 Zn^{2+} 形式被植物吸收。锌的主要生理作用：①锌是许多重要酶的组分或活化剂，如谷氨酸脱氢酶、超氧化物歧化酶、碳酸酐酶等；②锌也可能参与蛋白质、叶绿素的合成；③锌参与吲哚乙酸（IAA）的合成。

（11）铜。铜以 Cu^{2+} 或 Cu^+ 形式被植物吸收。铜是一些氧化还原酶如细胞色素氧化酶、超氧化物歧化酶等的组分。铜参与光合作用，是光合链中质体蓝素（PC）的成分。

（12）钼。钼以钼酸盐（MoO_4^{2-}）形式被植物吸收。钼是硝酸还原酶和固氮酶中钼铁蛋白的组成成分，因此，钼在植物氮代谢中有重要作用。

（13）氯。植物吸收 Cl^- 形式的氯。氯在光合作用水的光解过程中起催化剂作用。叶和根中的细胞分裂也需要 Cl^-。Cl^- 在调节细胞溶质势，维持电荷平衡方面起重要作用。

（14）镍。植物吸收 Ni^{2+} 形式的镍。镍是脲酶、氢酶的金属辅基，对植物氮代谢起重要作用。镍还能激活大麦 α-淀粉酶。

总之，植物缺乏上述任何一种必需元素时，其代谢都会受到影响，进而在植物体外观上产生可见的症状，即所谓的营养缺乏症（nutrient deficiency symptom）或缺素症。为便于检索，现将植物缺乏各种必需矿质元素的主要症状归纳如表 6-2 所示。

表 6-2　植物缺乏必需矿质元素的病症检索表

A 较老的器官或组织出现病症

  B 病片常遍布全株，长期缺乏则茎短而细

    C 基部叶片先缺绿，发黄，变干时呈浅褐色 ·· 氮

    C 叶常呈红或紫色，基部叶发黄，变干时呈暗绿色 ······································· 磷

  B 病症常限于局部，基部叶不干焦，但杂色或缺绿

    C 叶脉间或叶缘有坏死斑点，或叶呈卷皱状 ··· 钾

    C 叶脉间坏死斑点大，并蔓延至叶脉，叶厚，茎短 ································· 锌

    C 叶脉间缺绿（叶脉仍绿）

      D 有坏死斑点 ·· 镁

      D 有坏死斑点并向幼叶发展，或叶扭曲 ·· 钼

      D 有坏死斑点，最终呈青铜色 ·· 氯

A 较幼嫩的器官或组织先出现病症

  B 顶芽死亡，嫩叶变形和坏死，不呈叶脉间缺绿

    C 嫩叶初期呈典型钩状，后从叶尖和叶缘向内死亡 ······························· 钙

    C 嫩叶基部浅绿，从叶基起枯死，叶捻曲，根尖生长受抑 ················· 硼

  B 顶芽仍活

    C 嫩叶易萎蔫，叶暗绿色或有坏死斑点 ··· 铜

    C 嫩叶不萎蔫，叶缺绿

      D 叶脉也缺绿 ·· 硫

      D 叶脉间缺绿但叶脉仍绿

        E 叶淡黄色或白色，无坏死斑点 ·· 铁

        E 叶片有小的坏死斑点 ·· 锰

　　需要说明的是，判断植物缺乏哪种矿质元素时，应综合诊断，除通过病症诊断法（表 6-2）诊断外，还应考虑环境因素。在此基础上，通过对植物组织及土壤成分进行化学测定并比较分析（即化学分析诊断法），或通过喷施、浸渗等方法给植物补加某种元素后，看其症状是否消除（即加入诊断法），即可判定植物所缺乏的元素。

第二节　有益元素与稀土元素

一、有益元素

　　在植物体内，有些矿质元素并不是植物所必需的，但它们对某些植物的生长发育能产生有利的影响，这些元素称为有益元素或有利元素（beneficial element）。常见的有益元素有钠（Na）、硅（Si）、钴（Co）、硒（Se）、钒（V）、镓（Ga）等。除钠和硅在一些植物体内含量高外，其他几种有益元素在植物体内的含量（或需要量）都很小（微量），稍多即会发生毒害。

　　有益元素的生理作用如下。

　　（1）钠。钠对许多植物（特别的盐生植物）的正常生理活动是有利的。例如，钠能够促进滨藜属（*Atriplex*）盐生植物的糖酵解；Na^+ 可代替 K^+ 调节鸭跖草的气孔开关；Na^+ 可能参与 C_4 植物光合作用中丙酮酸从维管束鞘进入叶肉细胞叶绿体的过程。但如果环境中的钠盐过高，对大多数非盐生植物会造成盐胁迫。

（2）硅。植物吸收的硅的形态一般是单硅酸（H_4SiO_4）。硅在细胞壁和创伤中的沉淀，可以降低蒸腾作用，增强植株抗倒伏和抗病能力。硅能将土粒表面吸附的磷酸根离子置换入土壤溶液，有助于植物缓解缺磷症状。硅对植物生殖器官的形成可能有促进作用。

（3）钴。钴对许多植物的生长发育有重要调节作用。钴是维生素 B_{12} 的成分，其对共生固氮细菌是必要的。钴还是黄素激酶、葡萄磷酸变位酶、异柠檬酸脱氢酶等多种酶的活化剂。

（4）硒。硒对一些植物有利，可能与其有助于消除这些植物所敏感的磷的毒性有关。硒在植物中能形成类似于半胱氨酸和甲硫氨酸的含硒氨基酸，从而抑制蛋白质的正常合成及其功能，因此过量的硒对植物有害。

（5）钒。绿藻中的栅列藻（*Scenedesmus*）的生长需要极低浓度的钒。钒可能是部分地代替固氮酶中的钼而参与固氮作用。微量的钒对某些高等植物如玉米、甜菜等的生长有益。

二、稀土元素

在元素周期表中，原子序数为 57～71 的镧系元素有镧（La）、铈（Ce）、镨（Pr）、钕（Nd）、钷（Pm）、钐（Sm）、铕（Eu）、钆（Gd）、铽（Tb）、镝（Dy）、钬（Ho）、铒（Er）、铥（Tm）、镱（Yb）和镥（Lu）共 15 种，加上化学性质镧系相近的钪（Sc）和钇（Y）共 17 种元素统称为稀土元素（rare earth element）。土壤和植物体内普遍含有稀土元素。通常植物体内稀土元素含量的分布规律是：根＞茎＞叶＞种子，并且幼叶比老叶含量多。

稀土元素对植物有以下作用：可促进冬小麦等植物的种子萌发和初期生长；对植物扦插生根有特殊的促进作用；有助于增加植物叶绿素含量，提高光合速率；能促进大豆根系的生长，增加其结瘤数，提高根瘤固氮活性。目前，稀土元素已被广泛用于林果花卉及农作物生产等各个方面，因此，对植物来说，稀土元素实际上也可被视为有益元素。

第三节　植物细胞对矿质元素的吸收

植物对矿质元素的吸收主要是通过对矿质离子的吸收来实现的，而矿质离子通常作为重要的溶质（solute）存在于环境溶液中（也有一些矿质离子被环境中的固相物如土壤颗粒等所吸附）。由于细胞与其环境之间以细胞膜相隔，物质交流必须通过细胞膜（特别是质膜）来进行。因此，从一定意义上讲，细胞对矿质元素的吸收主要与溶质的跨膜运输（transport across membrane）有关。

根据离子跨膜运输是否与能量消耗有关，可以将植物细胞吸收矿质元素分为两种方式，即被动吸收和主动吸收。被动吸收（passive absorption）驱使离子跨膜运输的动力是跨膜电化学势梯度（transmembrane electro-chemical potential gradient），而主动吸收（active absorption）则是通过水解 ATP 产生的能量来驱动离子跨膜转运，从而吸收矿质元素。此外,细胞对某些大分子物质的吸收是靠胞饮作用(pinocytosis)实现的,但这种吸收方式不很普遍。

一、扩散作用与被动吸收

被动吸收是指细胞对矿质元素的吸收不需要代谢能量直接参与,离子顺着电化学势梯度转移的过程,即物质从其电化学势较高的区域向其较低的区域扩散。被动吸收主要包括单纯扩散(simple diffusion)和易化扩散(facilitated diffusion),后者又包括通道运输(channel transport)和载体运输(carrier transport)(图 6-1)。

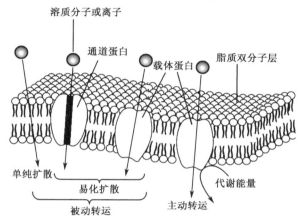

图 6-1　溶质跨膜转运的几种方式(引自曹仪植,1998)

(一)单纯扩散

溶液中的溶质从浓度较高的区域直接跨膜移向浓度较低的邻近区域即为单纯扩散。因此,当外界溶液的浓度高于细胞内部溶液的浓度时,外界溶液中的溶质就会扩散进入细胞内部。所以,细胞内外浓度梯度是单纯扩散的主要决定因素。

脂溶性较好的非极性溶质能够较快地通过膜,O_2、CO_2、NH_3 均可以单纯扩散的方式穿过膜的脂质双分子层。

(二)易化扩散

易化扩散是溶质通过膜转运蛋白顺浓度梯度或电化学势梯度进行的跨膜转运。在易化扩散中,不带电荷的溶质转运的方向取决于溶质的浓度梯度,而带电荷的溶质(离子)转运的方向则取决于该溶质的电化学势梯度。与单纯扩散一样,易化扩散可以双向进行,当跨膜双向传递的速率相同时,净化转移停止,两者最终都不会导致溶质逆电化学势的积累。参与易化扩散的膜转运蛋白有通道蛋白(channel protein)和载体蛋白(carrier protein),两者统称为传递蛋白或转运蛋白(translocator protein)。

1. 通道蛋白

通道蛋白简称通道(channel)或离子通道(ion channel)。它由质膜或液泡膜上的内在蛋白构成，横跨膜的两侧，其蛋白质多肽链在膜内能够形成通道的微孔结构域。通道蛋白具有离子选择性和门控（gating）作用这两个重要的功能特性。

门控作用表明离子通道是门控通道，即有"开"和"关"两种状态。只有在"门"开的状态下离子才可以通过。通道蛋白中还包括感受器（sensor）或感受蛋白（sensor protein），它可能通过改变其构象对适当的刺激作出反应并引起"门"的开和关。但通道"门"开关的确切机制尚不清楚。

图 6-2 是一个离子通道的假想模型：跨膜的内部蛋白中央的孔道允许离子（K^+）通过。K^+ 顺其电化学势梯度（由于质膜质子泵产生的细胞质一侧过量的负电荷），但逆其浓度梯度从通道左侧移向右侧。感受蛋白可对细胞内外由光照、激素或 Ca^{2+} 引起的化学刺激作出开或关的反应。

2. 载体蛋白

载体蛋白又称载体（carrier）、传递体（transporter 或 porter），有时也称其为透过酶（permease 或 penetrase）或运输酶（transport enzyme）。由载体转运的离子与载体蛋白有专一的结合部位，因此载体能选择性地携带离子通过膜。

由载体进行的转运可以是被动的（顺电化学势梯度进行，参与易化扩散），也可以是主动的（逆电化学势梯度进行，参与主动转运）。由于经载体进行的转运依赖于溶质与载体特殊部位的结合，而结合部位的数量又有限，所以载体运输有饱和效应（saturation effect）（图 6-3）。

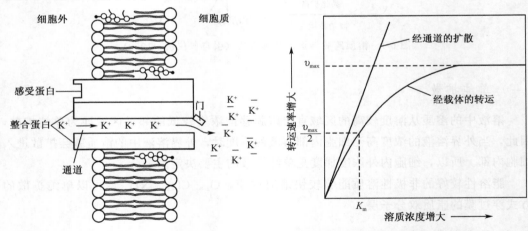

图 6-2　离子通道的假想模型　　　　图 6-3　离子通过载体和通道转运的动力
（引自李平华等，2004）　　　　　　　学分析（引自 Salisbury，1992）

从载体的饱和动力学特征可以推断，载体蛋白在运输过程中经历了构象变化，这种构象变化可能是相当微妙精细的。载体对所转运物质具有相对专一性，因此载体运输也有竞争性抑制。饱和效应和离子竞争性抑制是载体参与离子转运的有力证据。载体蛋白转运离子的速率为 $10^4 \sim 10^5$ 个/s，比离子通道的运输速率低，但选择性比通道蛋白高。载体可分为三种类型：单向转运体（uniporter）、同向转运体（symporter）和逆（反）向转运体（antiporter）。

单向转运体能催化分子或离子单向跨膜运输。质膜上已知的单向转运体有运输

Fe^{2+}、Zn^{2+}、Mn^{2+}、Cu^{2+} 等的载体。同向转运体是指载体与质膜外侧的 H^+ 结合的同时，又与另一分子或离子（如 Cl^-、K^+、NO_3^-、NH_4^+、PO_4^{3-}、SO_4^{2-}、氨基酸、肽、蔗糖等）结合，进行同一方向运输。反向转运体是指载体与质膜外的 H^+ 结合的同时，又与质膜内侧的分子或离子（如 Na^+）结合，两者朝相反方向运输（图 6-4）。

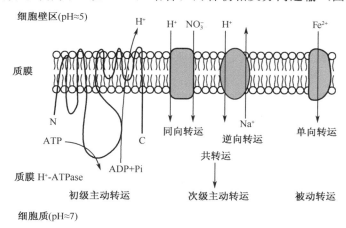

图 6-4　跨质膜三种类型载体运输示意图（引自李平华，2004）

二、主动吸收

主动吸收是指植物细胞利用代谢能量逆电化学势梯度吸收矿物质的过程。细胞膜上的 ATP 磷酸水解酶（ATP phosphorhydrolase，ATP 酶）催化 ATP 水解释放能量，驱动离子转运，是植物细胞吸收矿质元素的主要方式之一。图 6-5 是 ATP 酶主动转运阳离子的可能机制。

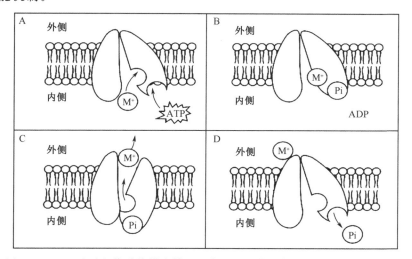

图 6-5　ATP 酶逆电化学势梯度转运阳离子的可能机制（引自潘瑞炽，2004）

A 和 B. 酶与细胞内的离子结合并被磷酸化；C. 磷酸化导致酶的构象改变，将离子暴露于外侧并释放出去；D. 释放 Pi，恢复原构象

三、胞饮作用

细胞可通过质膜吸附物质并进一步通过膜的内陷而将物质转移到胞内，或进一步运送到液泡内，这种物质吸收方式称为胞饮作用（pinocytosis）。胞饮作用属于非选择性吸收，因此，包括各种盐类、大分子物质甚至病毒在内的多种物质都可能通过胞饮作用而被植物吸收。这就为细胞吸收大分子物质提供了可能，但胞饮作用不是植物吸收矿质元素的主要方式。

胞饮作用的过程是：物质被质膜吸附时质膜内陷，物质和液体便进入凹陷处，随后质膜进一步内折，逐渐将物质和液体围起来而形成小囊泡。小囊泡向细胞内部移动，囊泡膜自溶，物质和液体便留在胞基质内；或者是小囊泡一直向内移动至液泡膜并与之相融，把物质和液体释放到液泡内。

第四节　植物根系对矿质元素的吸收

植物细胞对矿质元素的吸收是整个植物体吸收和利用矿质元素的基础，而植物体对矿质元素吸收的最主要器官是根系，根系对矿质元素的吸收情况影响着整个植物体的生长发育。

一、根系吸收矿质元素的区域

有关植物根系吸收矿质元素主要区域的问题，是植物生理学家经常争论的问题。有实验表明，植物根尖顶端能够积累大量的离子，而根毛区域积累的离子数则较少（图

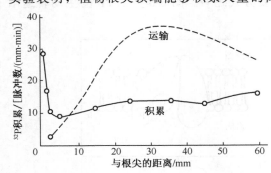

图 6-6　大麦根尖不同区域 ^{32}P 的积累和运输

6-6）。对这一现象的解释是，虽然根毛区积累的离子数少，但该区域的木质部已分化完全，所吸收的离子能够较快地运出，而根尖积累的离子则是由于该区域无输导组织不能及时运出造成的。综合离子积累和运出的结果可以确定，根毛区是植物吸收矿质元素的主要区域。

二、根系吸收矿质元素的特点

1. 对矿质元素和水分的相对吸收

由于植物主要吸收溶于水中的矿质元素，所以以往人们总认为矿质元素和水分成正比一起进入植物体。后来的研究发现事实并非如此。当植物吸水增强时吸收矿质元素也多，但不呈一定的比例，甚至吸水增强时吸收某些矿质元素少，吸水少时吸收某些矿质元素反而多。

吸水是由蒸腾拉力引起的被动吸水为主，而矿质元素的吸收则以消耗代谢能量的主动吸收为主。

2. 对离子的选择性吸收

离子的选择性吸收（selective absorption）即植物根系吸收离子的数量与溶液中离子的数量不成比例的现象。根系对离子的选择性吸收是以细胞对离子的选择性吸收为基础的。根细胞吸收离子的量不与溶液中离子的量成比例。

根系对离子的选择性吸收具体表现在以下两个方面。①植物对同一溶液中不同离子的吸收量不同。例如，水稻可以吸收较多的硅，但却以较低的速率吸收钙和镁；而番茄则以很高的速率吸收钙和镁，却几乎不吸收硅。K^+ 和 Na^+ 在化学结构上虽相似，但根细胞对 K^+ 的吸收不受 Na^+ 的影响，也不受其他许多一价或二价离子的影响。②植物对同一种盐的正、负离子的吸收量不同。例如，供给 $(NH_4)_2SO_4$ 时，根系对 NH_4^+ 的吸收远远大于对 SO_4^{2-} 的吸收，并伴随着根细胞向外释放 H^+ 以达到电荷平衡，结果会使土壤溶液 pH 降低，这种盐称为"生理酸性盐"（physiologically acid salt）。相反，供给 $NaNO_3$ 或 $Ca(NO_3)_2$ 时，根系对 NO_3^- 的吸收多于对 Na^+ 或 Ca^{2+} 的吸收，而且大多伴随着根系对 H^+ 的吸收和 OH^- 的释放，结果使土壤溶液 pH 升高，这类盐称为"生理碱性盐"（physiologically alkaline salt）。另有一类盐如 NH_4NO_3，根系对 NH_4^+ 和 NO_3^- 的吸收率基本相同，土壤溶液的 pH 基本不发生变化，这类盐则称为"生理中性盐"（physiologically neutral salt）。生产上施用化肥时应注意肥料类型的合理搭配，否则，长期施用某种生理酸性盐或生理碱性盐的化学肥料，会导致土壤酸碱度的改变，从而破坏土壤结构。

3. 单盐毒害和离子对抗

将植物培养在单一盐溶液中（即溶液中只含有一种金属离子），不久植株就会呈现不正常状态，最终死亡，这种现象称为单盐毒害（toxicity of single salt）。在能够导致单盐毒害的盐分中，阳离子的毒害作用明显比阴离子的毒害作用显著。无论单盐溶液中的盐分是否为植物所必需，单盐毒害都会发生，即使单盐溶液的浓度很低时也会使植物受害。例如，将海生植物放在和海水的 NaCl 浓度相同（甚至只有海水 NaCl 浓度的 1/10）的纯 NaCl 溶液中，植物很快就会死亡。

在单盐溶液中若加入少量含其他金属离子的盐类，单盐毒害现象就会减弱或消除，离子间的这种作用叫做离子对抗或离子颉颃（ion antagonism）。一般在元素周期表中不同族金属元素的离子之间有对抗作用，如 Ba^{2+} 或 Ca^{2+} 可以对抗 Na^+ 或 K^+。

关于单盐毒害和离子对抗的本质，目前尚无令人满意的解释。有人认为，该现象可能与原生质的亲水胶状态有关。Na^+ 和 K^+ 可使原生质水合度增大，黏度变小，而 Ca^{2+} 则相反，可使原生质的黏性增大，水合度变小，水合程度过大或过小都会使原生质体处于不正常的状态。所以，植物只有在含有适当比例的、按一定浓度配成的多盐溶液中才能正常的生长发育，这种溶液称为平衡溶液（balanced solution）。对陆生植物来说，土壤溶液一般也是平衡溶液，但并非是理想的平衡溶液，某些土壤常需要通过施用化肥，使其达到平衡，以利于植物的正常生长发育。

三、根系吸收矿质元素的过程

1. 离子吸附在根部细胞表面

对于土壤溶液中的矿质元素，根部细胞表面的 H^+ 和 HCO_3^- 可迅速与其中的阳离子和阴离子进行交换吸附，即土壤溶液中的阴阳离子被根细胞表面吸附，而 H^+ 和 HCO_3^- 则置换到土壤溶液中。这种交换吸附是不消耗代谢能量的，吸附速度很快（几分之一秒），当吸附表面形成单分子层时即达到饱和。

对于被土壤颗粒吸附着的矿质元素，根部细胞可通过两种方式进行交换吸附。①通过土壤溶液间接进行。根部呼吸释放的 CO_2 与土壤中的 H_2O 形成 H_2CO_3，H_2CO_3 从根表面逐渐接近土粒表面，土粒表面吸附的阳离子（如 K^+）与 H_2CO_3 的 H^+ 进行离子交换（ion exchange），H^+ 进行交换吸附，K^+ 即被根细胞吸附。K^+ 也可能连同 HCO_3^- 一起进入根部。在此过程中，土壤溶液好似"媒介"将根细胞与土粒之间的离子交换联系起来。②直接交换。根部和土壤颗粒表面上的离子是在吸附位置上不断振动着的，如果根部和土壤颗粒之间的距离小于离子振动的空间，土壤颗粒上的阳离子和根表面的 H^+ 便可以不通过土壤溶液而直接交换，使根获得阳离子，这种交换方式也称为接触交换（contact exchange）。

2. 离子进入根内部

上述被根表面吸附的离子可通过质外体或共质体途径进入根的内部。①质外体途径。质外体又称为非质体（apoplast）或自由空间（free space），它是指植物体内由细胞壁、细胞间隙、导管等所构成的允许矿质元素、水分和气体自由扩散的非细胞质开放性连续体系。自由空间的体积不易直接测得，但可由表观自由空间（apparent free space，AFS）或相对空间（relative free space，RFS）间接衡量。AFS 系自由空间占组织体积的百分比，可通过对外液和进入组织自由空间的溶质数的测定加以推算，一般 AFS 为 $5\% \sim 20\%$。离子通过质体扩散到达内皮层时，由于凯氏带的存在，必须转入共质体才能继续向内运送至导管。不过，在幼嫩的根中，内皮层尚形成凯氏带之前，离子和水分可经质外体到达导管。此外，在内皮层中有个别胞壁不加厚的通道细胞，可作用于离子和水分扩散的途径。凯氏带的存在，使离子转运时必须通过共质体，此时必然有载体的参与，这就使根系有选择地吸收离子，维持各种离子的内外浓度差，保证正常的生理状况。②共质体途径。离子由质膜上的载体或离子通道运入细胞内，通过内质网在细胞内移动，并由胞间连丝进入相邻细胞。进入共质体内的离子也可运入液泡而暂存起来。溶质经共质体的运输以主动运输为主，也可进行扩散性运输，但速度较慢。

3. 离子进入导管

离子经共质体途径最终从导管周围的薄壁细胞进入导管，其机制尚不明确。目前有两种相反的观点：一种观点认为，导管周围薄壁细胞中的离子以被动扩散的方式随水分流入导管，因为有实验表明，木质部中各种离子的电化学势均低于皮层或中柱内其他生活细胞中的电化学势；另一种观点则认为，导管周围薄壁细胞中的离子通过主动转运进入导管，因为也有实验指出，离子向木质部的转运在一定时间内不受根部离子吸收速率的影响，但可被 ATP 合成抑制剂抑制。总之，这个问题还需进一步探究。

根毛区吸收的离子经共质体和质外体到达输导组织的过程见图 6-7。

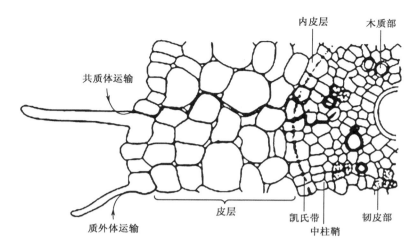

图 6-7 根毛区吸收的离子经共质体和质外体到达输导组织

（引自 Collins et al.，1963）

四、外界条件对根系吸收矿质元素的影响

根系发达程度、根系代谢强弱乃至地上部的生长发育与代谢等内部因素都会影响根系对矿质元素的吸收。同时，植物根系吸收矿质元素的过程也受多种外界环境条件的影响，其中土壤温度、土壤通气状况、土壤溶液 pH 和土壤溶液浓度等的影响最显著。这里主要介绍外界条件对根系吸收矿质元素的影响。

1. 土壤温度

在一定范围内，随着土壤温度的升高，根系吸收矿质元素的速率提高，因为温度影响根系的呼吸作用，从而影响其主动吸收。土壤温度过高或过低，都会使根系吸收矿质元素的速率下降。温度过低时，根系代谢弱，主动吸收慢，细胞质黏性增大，离子进入困难，土壤中离子扩散速率降低；但温度过高（如超过 40℃）会使酶钝化，影响根系代谢，造成矿质元素的吸收速率下降。高温还使细胞透性增大，矿质元素被动外流，造成根系净吸收矿质元素量减少。

2. 土壤通气状况

根系吸收矿质元素与呼吸作用密切相关，因此，土壤通气状况能直接影响根对矿质元素的吸收。土壤通气好可加速气体交换，从而增加 O_2，减少 CO_2 的积累，增强呼吸作用和 ATP 的供应，促进根系对矿质元素的吸收。试验表明，当 O_2 分压低于 3％时，水稻离体根的吸 K^+ 量随 O_2 浓度的提高而不断增加；番茄根在 5％～10％ O_2 分压时吸收 K^+ 量达到最大值。生产中开沟排水、中耕、晒田等措施，都是增进土壤通气、提高氧分压的有效措施。

3. 土壤溶液的浓度

在土壤溶液浓度较低时，根系吸收矿质元素的速度随着矿质元素浓度的增大而增大。但当土壤溶液中矿质元素含量达到一定浓度时，再增加这些元素的浓度，根系吸收矿质元素的速率也不会提高。这一方面可能是受细胞膜上离子载体和离子通道数量所限，根系对矿质元素的吸收已经达到饱和；另一方面，土壤溶液浓度过高、水势太低会对根系组织产生渗透胁迫，引起根系吸水困难，严重时会引起组织甚至整个植株失水而出现所谓的"烧苗"现象。因此，农业生产上不宜一次施用化肥过多，否则，不仅造成浪费，还会造成植物的伤害。

根系对矿质元素的吸收会使根系附近区域内的土壤溶液浓度降低，当此区域内的矿质元素移动速率低于根系吸收收速率时，该区域会逐渐成为营养耗尽区（nutrient depletion zone），这样，根系必须加强向其他区域的生长才能继续吸收到矿质元素。

4. 土壤溶液的 pH

①直接影响：组成根系细胞质的蛋白质是两性电解质，会直接影响根系对土壤溶液中阴阳离子的吸收。在酸性土壤中，根细胞蛋白质的氨基酸带正电荷，根易于吸附外界溶液中的阴离子；在碱性土壤中，氨基酸带负电荷，根易于吸附外界溶液中的阳离子。②间接影响：pH 通过影响土壤微生物的生长而间接影响根系对矿质元素的吸收。当土壤偏酸（pH 较低）时，根瘤菌会死亡，固氮菌失去固氮能力；当土壤偏碱（pH 较高）时，反硝化细菌等对农业有害的细菌发育良好。这些都会对植物的氮素营养产生不利影响。③土壤溶液 pH 间接影响土壤中矿质元素的可利用性（图 6-8）：这方面的影响往往比前面两点的影响更大。当土壤溶液 pH 升高，碱性加强时，Fe、Ca、Mg、Cu、Zn 等元素会逐渐形成不溶性化合物，植物吸收它们的量便逐渐减少。当土壤溶液的 pH 较低时，PO_4^{3-}、K^+、Mg^{2+}、Ca^{2+}、Mn^{2+} 以及碳酸盐、磷酸盐、硫酸盐等的溶解性增加，有利于根系对这些矿质元素的吸收。但如降雨和灌水时，磷、钾、钙、镁等来不及被植物吸收就可能被雨水冲走，因此酸性土壤（如红壤）往往缺乏这 4 种元素。当土壤酸性过强时，Al、Fe、Mn 等因溶解度过大，可引起植物中毒。

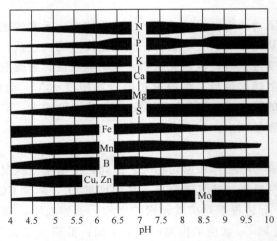

图 6-8　土壤溶液 pH 对矿质元素可利用性的影响（引自 Davis，1961）
黑带厚度代表养分的溶解度

总之，植物正常吸收矿质元素需要在适宜的 pH 条件下进行，但不同植物对土壤pH 的要求不同。大多数植物在 pH6～7 的土壤环境中生长发育良好，但有些植物（如茶、马铃薯、烟草等）适于较酸的土壤环境，有些植物（如甘蔗、甜菜等）适于较碱的土壤环境。

5. 土壤含水量

土壤中水分的多少对土壤溶液的浓度和土壤的通气状况有显著影响，对土壤温度、土壤 pH 等也有一定影响，从而影响到根系对矿质元素的吸收。不同性质的土壤含水情况不同，在农业生产中以具有团粒结构的土壤为好，这种土壤能较好地解决保水与通气之间的矛盾。

6. 土壤颗粒对离子的吸附能力

土壤中有许多无机或有机颗粒。无机颗粒含有 K、Ca、Mg、Fe 等，有机颗粒则含 N、P、S 等矿质元素。土壤颗粒表面一般都带有负电荷，因此易于吸附阳离子。被吸附的矿质阳离子不易流失，因而成为植物根系的一个营养库。这种现象可以防止施肥使土壤溶液浓度过高而危害植物，还可调节土壤溶液的化学组成，避免某一种离子过多而发生不平衡现象。被土壤颗粒吸附的阳离子可被其他阳离子代换，即阳离子交换，交换的程度称为阳离子交换能力（cation exchange capacity），它与土壤颗粒的性质有关。

NO_3^-、Cl^- 等阴离子通常被土壤颗粒的负电荷排斥而存在于土壤溶液中，因此易被水流淋失。不过，磷酸根或硫酸根可结合到含铁和铝的土壤颗粒上，从而减少流失。

7. 土壤微生物

土壤中有许多微生物，如各种真菌和细菌等。其中，固氮菌、根瘤菌等有固氮能力，而反硝化细菌等对植物矿质营养不利。

在土壤中，植物的根（一般是幼根）常常被真菌侵染而形成菌根（mycorrhiza）。菌根是非病原或弱病原的真菌，与根的活细胞间形成的互惠共生体（mutualistic association）。真菌从植物体中获取所需要的有机营养，植物根系则通过真菌增强了对矿质元素（特别是磷酸盐、硝酸盐、铵盐、钾、铜和锌等）和水分的吸收。

8. 土壤中离子间的相互作用

溶液中某种离子的存在会影响植物对另一种离子的吸收。例如，溴的存在会使氯的吸收减少，根细胞对钾的吸收受到铷的竞争性抑制（competitive inhibition），这可能与这些离子在质膜蛋白载体上有相同的结合位置有关。

第五节　叶片营养吸收

植物吸收矿质元素的主要器官是根系。植物通过根系以外的地上部分吸收矿质元素的过程称为根外营养。由于地上部吸收矿质元素的器官以叶片为主，所以，根外营养也叫叶片营养（foliar nutrition）。根外营养一般通过根外施肥或叶面施肥，即在叶面上喷洒营养液的施肥方式来实现。常用于作物根外施肥的肥料有尿素、磷酸二氢钾等。

叶片营养的有效性取决于营养物质能否被叶片吸收。通常叶片只能吸收溶解在溶液中的矿质元素，而且溶液必须很好地吸附在叶片上才易于叶片吸收。但有些植物的叶片很难附着溶液，或附着不均匀。为此，可在溶液中加入能降低液体表面张力的物质（表面活性剂或沾湿剂），如吐温、三硝基甲苯，或加入较稀的洗涤剂等。叶面喷施的矿质营养溶液可以通过气孔进入叶片，但主要是通过角质层（cuticle）裂隙进入叶片内部。溶液经角质层孔道到达表皮细胞外侧壁后，再经过细胞壁中的通道外连丝（ectodesmata）到达表皮细胞的质膜，进而被转运到细胞内部，最后到达叶脉韧皮部，其转运机制与根部吸收离子相同。

营养元素进入叶片的量与叶片的内外因素有关，嫩叶吸收营养元素比老叶迅速而且量大，因为两者的角质层厚度和生理活性不同。大气温度对营养元素进入叶片有直接影响，如在 30℃、20℃、10℃时棉花叶片吸收^{32}P 的相对速率分别为 100、72、53。由于叶片只能吸收溶液中的矿质元素，所以，溶液在叶片上存留的时间越长，可能被吸收的营养元素的量就越多。否则，溶液蒸发会使溶液浓度增高，引起叶片反渗透而被"烧伤"。因此，凡是影响液体蒸发的外界环境因素（如光照、风速、气温、大气湿度等）都会影响茎表、叶片对营养元素的吸收。根外施肥应选在凉爽、无风、大气湿度较高的时间（如阴天、傍晚）进行。根外施肥所用溶液的肥料质量分数一般以 2.0% 以下为宜。

根外施肥的优点是：①除某些植物（如柑橘类）叶片上的角质层较厚，叶面施肥效果稍差些外，大多数植物采用根外施肥效果都很好，特别是在植物迅速生长时期（营养临界期），或农作物生育后期根系吸肥能力下降，采用根外施肥可有效补充营养；②根外追肥可以避免土壤对某些元素的固定（如 P、Fe、Mn、Cu 等元素在碱性土壤中易被固定），且用量少，见效快；③根外施肥也是植物补充微量元素的一种好方法；④特别在土壤缺少有效水分时，进行根外追肥，效果显著。农业生产中喷施内吸性杀虫剂、杀菌剂、植物生长调节剂、除草剂和抗蒸腾剂等，都是根据叶片营养的原理进行的。可见，叶片营养在农业生产中具有很广的应用范围。

第六节 矿质元素在植物体内的运输与分配

根系吸收的矿质元素除一部分留在根内被利用外，其余大部分被运输到地上各部位；叶片吸收的矿质元素也会运送到根系等植物体的其他部位。在植物生长发育过程中，或当某种元素缺乏时，矿质元素同样会在植物体不同部位之间进行再分配。

一、矿质元素在植物体内的运输

（一）矿质元素在植物体内运输的形式

根系吸收的氮素，大部分在根内转化成有机氮化合物再运往地上部，氮的主要运输形式是氨基酸（主要是天冬氨酸，还有少量丙氨酸、甲硫氨酸、缬氨酸等）和酰胺（主要是天冬酰胺和谷氨酰胺），也有少量的氮素以硝酸根的形式向上运输。磷素主要以正磷酸盐形式运输，但也有一些在根部转变为有机磷化合物（如甘油磷脂酰胆碱、己糖磷酸酯等）而向上运输。硫的主要运输形式是硫酸根离子，但也有少数以甲硫氨酸及谷胱甘肽等形式运送。大部分金属元素以离子状态运输。

（二）矿质元素在植物体内运输的途径和速率

根系吸收的矿质元素经质外体和共质体途径进入导管后，随蒸腾流一起上升，或顺浓度差而扩散。叶片吸收的矿质元素可通过韧皮部向下运输到根部，也可以向上运输到枝叶；同时，也能从韧皮部横向运输到木质部后向上运输到叶片，最终也有一些离子可加入到离子循环中。

　　由根中上运的矿质离子，大部分进入叶片参与代谢和同化，多余的离子和从木质部横向运至韧皮部的离子，可以和光合产物一道通过筛管向下运输至根部，然后再由根部导管向上运输，从而参加到离子的循环中。

　　矿质元素在植物体内的运输速率与植物的种类、植物的生育期以及环境条件等因素有关，一般为 $30\sim100\text{cm/h}$。

二、矿质元素在植物体内的分配

　　矿质元素在植物体内的分配因离子在植物体内是否参与循环而异。有些矿质元素（如氮、磷、镁）进入植物体后，主要以形成不稳定的化合物被植物利用，这些化合物不断分解，释放出的离子可转移到其他需要的器官而被再利用。有些元素（如钾）在植物体内始终呈离子状态。上述两类元素是属于参与循环的元素，也称为可再利用元素。另有一些元素（如钙、铁、锰、硼、硫）在细胞中一般形成难溶解的稳定化合物，是不能参与循环的元素，也称为不可再利用元素。可再利用元素以氮、磷最为典型，不可再利用元素中以钙最为典型。

　　矿质元素除在植物体内进行运转和分配外，也可从体内排出。叶片中的养分（矿质元素、糖类等）可因雨、雪、雾、露而损失。这种现象多发生在植物衰老时期或衰老器官中。例如，热带雨季里生长的籼稻在生长后期，因雨水淋洗而损失的氮素可达其所吸收氮量的30％。一年生植物在生长末期，钾、镁的损失量分别达各自最高含量的1/3和1/10。在植株生长末期，根系也可向土壤中排出矿质元素和其他物质，被淋洗或排出到土壤中的物质，有些可被植物重新吸收，这种循环有一定的生态意义。

第七节　植物对氮、硫、磷的同化

　　植物所吸收的矿质养料在体内进一步转变为有机物的过程称为矿质养料的同化（assimilation）。本节主要讨论无机物氮、硫、磷同化为有机物的问题。

一、氮的同化

　　大气中含有约78％的氮气（N_2），但植物不能直接利用，须将 N_2 转化为结合态氮才能被利用，这个过程主要靠微生物的生物固氮来进行。由于土壤母质（由矿物岩石经过风化而成）中不含氮素，生物固氮实质上是土壤中有机氮与无机氮化合物最终的主要来源。土壤中总氮的90％是有机态氮。有机氮化合物主要由动植物和微生物遗体分解产生，其中小部分形成氨基酸、酰胺、尿素等而被植物直接吸收（尿素也可迅速分解为 NH_3 和 CO_2），大部分则通过土壤微生物转化为无机氮化合物（主要是 NH_4^+ 和 NO_3^-）后被植物吸收，但吸收的 NH_4^+ 和 NO_3^- 必须同化成有机氮化合物才能被植物进一步利用。

（一）硝酸盐的代谢还原

植物从土壤中吸收的硝酸盐必须经代谢性还原（metabolic reduction）才能被利用，因为蛋白质的氮呈高度还原状态，而硝酸盐的氮却呈高度氧化状态。

一般认为，硝酸盐还原按以下步骤进行：

$$\underset{\text{硝酸盐}}{\overset{(+5)}{NO_3^-}} \xrightarrow{+2e} \underset{\text{亚硝酸盐}}{\overset{(+3)}{NO_2^-}} \xrightarrow{+2e} \underset{\text{次亚硝酸盐}}{\overset{(+1)}{[N_2O_2^{2-}]}} \xrightarrow{+2e} \underset{\text{羟氨}}{\overset{(-1)}{[NH_2OH]}} \xrightarrow{+2e} \underset{\text{氨}}{\overset{(-3)}{NH_3}} \tag{6-1}$$

式中，圆括号内的数字为 N 的价位数. 整个过程需要 8 个电子，最后将 NO_3^- 还原为 NH_3，其中次亚硝酸盐和羟氨两个步骤仍未肯定。

1. 硝酸盐还原为亚硝酸盐

硝酸盐还原为亚硝酸盐是由硝酸还原酶（nitrate reductase，NR）催化的，其反应如下：

$$NO_3^- + 2e^- + 2H^+ \xrightarrow{\text{硝酸还原酶}} NO_2^- + H_2O \tag{6-2}$$

在 NR 催化的反应中，还原所需的一对电子由 NADH 提供，也有少数植物由 NADPH 提供。电子从 NADH 经 FAD、细胞色素 b_{557} 传至 Mo，最后还原 NO_3^- 为 NO_2^-（图 6-9），整个酶促反应为：

$$NO_3^- + NAD(P) + H^+ \xrightarrow{\text{NR}} NO_2^- + NAD(P)^+ + H_2O \tag{6-3}$$

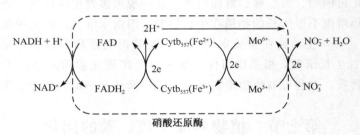

硝酸还原酶

图 6-9　硝酸还原酶催化反应

2. 亚硝酸盐的还原

NO_3^- 还原为 NO_2^- 后，NO_2^- 被迅速运进质体（plastid）即根中的前质体（proplastid），或叶中的叶绿体，并进一步被亚硝酸还原酶（nitrie reductase，NiR）还原为 NH_3 或 NH_4^+。在叶绿体中，还原所需的电子来自于还原态的铁氧还蛋白（Fd_{red}），它由叶绿体通过非环式光合磷酸化电子传递反应产生。其还原反应为：

$$NO_2^- + 6Fd_{red}(Fe^{2+}) + 8H^+ \xrightarrow{\text{NiR}} NH_4^+ + 6Fd_{ox}(Fe^{3+}) + 2H_2O \tag{6-4}$$

在非光合组织（如根）的质体中，还原 NO_2^- 所需要的 Fd_{red} 来源于 PPP 呼吸途径产生的 NADPH，经黄素蛋白-$NADP^+$ 还原酶催化将氧化态的 Fd_{ox} 还原为还原态（Fd_{red}），其酶促反应为：

$$NADPH + 2Fd_{ox}(Fe^{3+}) \rightarrow NADP^+ + 2Fd_{red}(Fe^{2+}) + H^+ \tag{6-5}$$

应该指出，在硝酸盐同化反应中，硝酸还原酶的调控占有重要地位。绿色组织中亚硝酸还原酶活性远远大于硝酸还原酶活性，这样可以避免亚硝酸盐在组织中积累引起毒性。因而，在硝酸盐转化为铵盐的过程中，硝酸还原酶催化为限速步骤。

（二）氨态氮的同化

氨态氮的同化在根细胞和叶细胞中都可进行。氨态氮的还原包括谷氨酰胺合成酶-谷氨酸合酶途径、氨基交换作用和谷氨酸脱氢酶途径。

1. 谷氨酰胺合成酶-谷氨酸合酶途径

氨态氮在谷氨酰胺合成酶（glutamine synthetase，GS）催化下与谷氨酸结合形成谷氨酰胺（图 6-10 反应①）。谷氨酰胺进一步在谷氨酸合酶（glutamate synthase）催化下与 α-酮戊二酸形成谷氨酸（图 6-10 反应②）。谷氨酸合酶又称谷氨酰胺-α-酮戊二酸转氨酶（glutamineα-ketoglutarate aminotransferase，GOGAT），因此，上述连续反应亦称为 GS-GOGAT 循环。以上反应形成的谷氨酰胺，也可在天冬酰胺合成酶（asparagine synthetase，AS）催化下将其酰胺氮转移给天冬氨酸而形成天冬酰胺（图 6-10 反应③）。Cl⁻ 对天冬酰胺合成酶有强烈的激活作用。

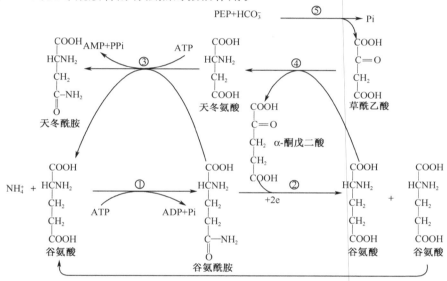

图 6-10　氨态氮同化为氨基酸和酰胺的途径

①谷氨酰胺合成酶；②谷氨酸合酶；③天冬酰胺合成酶；④转氨酶；⑤PEP 羧化酶

2. 氨基交换作用

前面形成的谷氨酸还可以通过转氨作用或氨基交换作用（transamination）将其 α-氨基转移给草酰乙酸的 α-酮基，从而形成天冬氨酸和 α-酮戊二酸（图 6-10 反应④）。该反应由转氨酶（aminotransferase）催化。在细胞质的胞液、叶绿体及微体中都有转氨酶。反应中的草酰乙酸系磷酸烯醇式丙酮酸羧化而来（图 6-10 反应⑤）。

3. 谷氨酸脱氢酶途径

谷氨酸脱氢酶（glutamate dehydrogenase，GDH）催化氨与 α-酮戊二酸结合生成谷氨酸。GDH 位于叶绿体和线粒体中。研究表明，GDH 对 NH_3 的亲和力很低（K_m 值为 $5.2\sim7.0$mmol/L），只需植物体内 NH_3 浓度较高时才起作用。

通过上述各种作用，氨最终进入氨基酸，进而参与蛋白质及核酸等含氮物质的代谢，并进一步在植物的生长发育中发挥作用。

（三）生物固氮

氮气（或游离氮）转变成含氮化合物的过程称为固氮（nitrogen fixation）。固氮有自然固氮和工业固氮之分。其中，工业固氮和自然固氮各占总固氮量（全球每年约 2.5×10^{11} kg）的 15% 和 85%。在自然固氮中，10% 是通过闪电进行的，90% 由生物固氮完成。生物固氮（biological nitrogen fixation）就是某些微生物把大气中的游离氮转化为含氮化合物（NH_3 或 NH_4^+）的过程。生物固氮的规模非常宏大，它对农业生产和自然界中氮素平衡都有十分重大的意义。

1. 固氮微生物的种类

生物固氮是由两类微生物实现的：一类是能独立生存的非共生微生物（asymbiotic microorganism）；另一类是与其他植物共生的共生微生物（symbiotic microorganism）。它们都是原核微生物（prokaryotic microorganism）。非共生微生物又可分为自养的（autotrophic）和异养的（heterotrophic），其中蓝藻是最重要的自养固氮微生物，固氮菌（*Azotobacter*）和梭状芽孢杆菌（*Clostridium*）分别是需氧（aerobic）和厌氧（anaerobic）异养固氮微生物的代表。共生微生物有与豆科植物共生的根瘤菌（Rhizobium）、与非豆科植物共生的放线菌，以及与水生蕨类红萍（满江红）共生的鱼腥藻等，其中以与豆科植物共生的根瘤菌最为重要。

由非共生微生物和共生微生物进行的固氮分别称为非共生固氮（或自生固氮）和共生固氮。在共生关系中，固氮微生物将其固定的氮供应给寄主，同时从寄主取得所需的营养物质。上述划分不是绝对的，例如，共生固氮的根瘤菌在低氧、提供碳源的条件下，也可能自生固氮。

在近 20 000 种豆科植物中有 15% 曾被检查过，这其中约有 90% 可以形成根瘤而固氮。另外，目前已知至少 8 科 23 属的非豆科植物可以形成根瘤固氮，如沙棘属（*Hippophae*）、杨梅属（*Myrica*）、水牛果属（*Shepherdia*）等。它们是土壤贫瘠地区的先锋植物。在这些共生固氮关系中，固氮细菌与寄主间往往有一定的特异性，它们能够互相识别。

上述固氮微生物所处生活场所主要为根际或叶际，因此又有根际固氮微生物与叶际固氮微生物之分。通常将植物所占据或影响到的那一部分土壤称为根际（rhizosphere），生活在此的固氮微生物叫做根际固氮微生物（如固氮菌、巴氏梭状芽孢杆菌等），它们可利用根系分泌物进行固氮。植物叶表面的那层空间称为叶际，生活在此的固氮微生物叫做叶际微生物，如叶面杆菌（*B. foliicola*）、克氏杆菌（*K. rubiacerum*）及固氮菌属中的某些种，它们可利用叶面上的雨露及叶片分泌物进行固氮。

2. 固氮酶

固氮微生物能够固氮，主要是固氮酶作用的结果。固氮酶（nitrogenase）是一种酶的复合体，由铁蛋白（Fe protein）和钼铁蛋白（Mo Fe protein）构成。

O_2 可使铁蛋白和钼铁蛋白不可逆的失活。在空气氧浓度下，铁蛋白半寿期（half-life）为 $30 \sim 45$ s，钼铁蛋白半寿期为 10 min。因此，固氮作用必须在缺氧或低氧条件下进行。需氧的固氮微生物在有氧条件下可通过适当机制创造缺氧环境来进行固氮。

3. 固氮的生化过程

固氮微生物通过固氮酶将 N_2 还原为 NH_3（NH_4^+）的过程中，所需的电子最终来自于寄主的呼吸作用。寄主呼吸作用将 NAD（P）$^+$ 还原为 NAD（P）H，电子又通过铁氧还蛋白（Fd）或黄素蛋白（flavodoxin）传递给铁蛋白，铁蛋白再将电子传递给钼铁蛋白，同时伴随着 ATP 的水解。ATP 的水解一方面有助于降低铁蛋白的氧化还原电位从而利于电子进一步传给钼铁蛋白，另一方面能够提供还原 N_2 所需的 H^+（ATP^{4-} $+H_2O \rightarrow ADP^{3-} + HOPO_3^{2-} + H^+$）。电子最终由钼铁蛋白传给 N_2 和 H^+ 形成 NH_3 和 H_2，其总反应式为：

$$N_2 + 8e^- + 16ATP + 8H^+ \xrightarrow{\text{固氮酶复合物}} 2NH_3 + H_2 + 16ADP + 16Pi \qquad (6\text{-}6)$$

据计算，高等植物固定 $1g$ N_2 要消耗 $12g$ 糖类，可见固氮酶转换速率较慢。如何减少固氮所需能量是生物固氮研究中亟待解决的问题之一。

总之，固氮作用是一个十分复杂的生化过程，对固氮作用的分子机制尤其是对固氮酶分子机制的深入研究，将有助于最终使非豆科植物实现结瘤固氮，改善植物的氮素营养。

二、硫的同化

硫是生物体生命活动不可缺少的重要元素之一。植物从土壤中吸收 SO_4^{2-}，或叶片吸收的 SO_2 与 H_2O 作用转化为 SO_4^{2-}，在根或地上部分进行同化，反应过程为：

$$SO_4^{2-} + ATP + 8e^- + 8H^+ \rightarrow S^{2-} + ADP + Pi + 4H_2O \qquad (6\text{-}7)$$

植物合成含硫有机物的第一步是将 SO_4^{2-} 还原合成半胱氨酸，为此，首先要对 SO_4^{2-} 进行活化。SO_4^{2-} 的活化有两步：①存在于质体的 ATP-硫酰化酶（ATP-sulfurylase）催化 SO_4^{2-} 与 ATP 反应生成腺苷磷酰硫酸（adenosine- 5′-phosphosulfate，PAPS）；②APS 激酶（APS-kinase）催化 APS 与 ATP 反应生成 3′-磷酸腺苷- 5′-磷酰硫酸（3′-phosphoadenosine- 5′-phosphosulfate，PAPS）。APS 和 PAPS 都是活化的硫酸盐，是可以相互转化的。其后，PAPS 可以在微生物中依次被还原为亚硫酸（SO_3^{2-}）和硫化物（S^{2-}）。在植物体中另一条途径是 APS 或 PAPS 先被转化为与酶结合的硫代磺酸（R-SO_3），再被还原为硫代硫化物（R-S$^-$）。形成的硫代硫化物或硫化物与 O -乙酰丝氨酸作用，在 O -乙酰丝氨酸硫解酶催化下合成半胱氨酸。该酶广泛分布于胞基质、质体和线粒体中。半胱氨酸进一步合成胱氨酸或甲硫氨酸，最后被用于合成蛋白质。

三、磷的同化

植物根系吸收的磷酸盐（HPO_4^{2-}）少数仍以离子状态存在于体内，大多数则在根部或地上部同化成有机物，如磷酸化的糖类、磷脂和核苷酸等。磷酸盐最主要的同化过程是通过光合磷酸化和氧化磷酸化及底物水平磷酸化，与 ADP 形成 ATP。

$$ADP + Pi \rightarrow ATP + H_2O \qquad (6\text{-}8)$$

第八节 药用植物吸收矿质元素的特点和有效药物积累的关系

药用植物除像普通植物一样吸收矿质元素维持正常的生命活动需要外，还有吸收特种矿质元素完成特定药物成分合成代谢的需要。因此了解药用植物吸收矿质元素的特点和促进有效药物成分积累的关系是有意义。

一、矿质元素与药用植物根系生长发育和有效成分积累的关系

（一）与根系生长发育的关系

中药材生长所需的营养元素有氮、磷、钾等 10 多种，缺乏或不足都会影响植物的生长发育和内外在品质。此外，药材中一种元素的吸收、蓄积，还往往与其他微量元素的状况密切相关。中草药中微量元素多处于天然的结合态，其活性作用胜过无机盐。人工栽培时施用微量元素肥料即可促进中草药生长和提高药物中某种元素的含量，进而催化增多某种有机物的合成量。

根类药材在苗期可适当追施氮肥，以促进茎叶生长，但不宜过多，以免徒长。中后期应多施磷肥、钾肥以促进根生长，少施氮肥以免茎叶徒长。缺钾的根类药用植物的新生根很少。例如，黄连缺钾根系发育不良，须根长度及稠密情况都不及正常供给全营养的植株，几乎无新的须根；缺氮的西洋参根的生长发育也较差，根细，增重少。

不同种药材对矿质元素的需求也不同。丹参是一种喜肥的药材，在一定范围内的营养液中营养元素浓度与丹参根的生长呈正相关，在相对较低的营养水平下，根的生长较慢，产量也低；反之，生长较快，产量也高。

西洋参根的生理减重时期，如要促进根系发育，可加强根际营养，或辅以根外营养，即可防止根重降低和缩短减重的时间。在氮磷营养不足的情况下，西洋参根扩大自身生长而提高根系吸收能力，在贫瘠的营养环境中生长，西洋参根重仍能增加。

人参花蕾期间叶展开至开花前应喷施磷酸肥，以促进参根的形成和长大，抑制人参生殖器官的生长发育和营养物质的损耗，对于提高参根产量和质量均有显著作用。

药用植物也需要一定的微量元素。不同药用植物所需的微量元素的种类不同。功能相似的中药，所含的金属元素的量有共性。微量元素是很多酶的活性中心。中药质量的优劣在很大程度上取决于药材生长的土壤中化学元素种类和元素含量，几乎所有中药都含有不同种类和不同比例的微量元素。罗炳锵等的研究表明，每一种地道药材都有几种特征性微量元素图谱，不同产地同一种药材之间的差异与药材生长的土壤中的化学元素含量有关。周长征等也证明细辛的药理活性与道地药材的微量元素含量有一定的相关性。

不同药材栽培中所需的微量元素及其含量也不同。锌是人体的必需微量元素，锌含量高的药材有利于提高机体免疫力。丹参根中含锌 $28.7\mu g/g$，在补血药材如当归、地黄等中含量是较高的。施用硫酸锌可提高丹参产量，叶面喷 2 次的干药产量可增产 62%，拌种增产 22.8%，叶面喷施 1 次增产 16.89%，苗期穴施增产 14.72%。切干率也有不同程度的增加。徐良等的实验表明，在人参栽培过程中，需肥量随生长年限的延长而增加。磷钾肥配合施用，人参可增产 73.3%，磷、钾、铜、锌、锰配合施用可增

产 87.7%，平均等级达到二级，平均单支重分别增加 44.0% 和 46.0%，折干率分别增加 2.61% 和 2.84%。微量元素混合施用效果最好，单施锰肥的增产为 30%，高于单施铜肥和单施锌肥的。此外，钙、镁、铁、硼、锌和铜对人参的生长代谢都有促进作用，花期喷施硼酸可提高人参小花的受精率近 10%，种子千粒重提高 3.5g。以 0.05% 硫酸锌和高锰酸钾浸种 30min，播种后 2 年，锰处理参根产量增加 18%，锌处理的增加 10%。0.3% 的硫酸锌浸种 15min，3 年后的参根增产 62%。党参栽培中，施用钼、锌、锰、铁等微肥可增产 5%~17.5%。单株根粗度和重量的增加以施锰的为最多，其次为锌，再次为钼，铁最少。

一至五年生的西洋参所需氮、磷、钾、铜、镁的量随着年限的增加而增加。二年生吸收量约为一年生的 5 倍，三年生的是二年生的 2.5 倍，四年生是三年生的 2.5 倍。微量元素中铁、锰的吸收量较多。

此外，适当运用一些植物生长调节剂，也能不同程度地增加产量。B$_9$ 溶液处理的人参会出现多芽现象，参根比率增加显著，这与 B$_9$ 可抑制人参地上部生长、减少芽生长中的物质消耗，因而有机养分更多向肉质根内运输有关。

（二）与有效成分累积的关系

药用植物与农作物一样，都需要大量的矿质元素，但不同的是要考虑其对有效成分含量的影响。施用的原则是药用植物的有效成分含量必须稳定，不能单纯地为了增加产量和提高成分含量而忽略成分的稳定性。我国中药材质量管理规范（GAP）中也强调有效成分的稳定、可控、无污染的重要性。

药用植物的药用成分有糖、苷类、木质素类、萜类、挥发油、鞣质类、生物碱类、氨基酸、多肽、蛋白质和酸、脂、有机酸类、树脂类、植物色素类及无机成分等。关于矿质营养如何影响这些物质的合成与积累的研究不多。赵杨景等的研究表明，土壤中钾、磷、锰、锌、镁和有机质含量的差异是当归道地性形成的主要生态因子，所以药用植物施肥应更多考虑如何不改变药材的道地性。此外，矿质元素的施用种类和数量要因药用植物的类别而异。如果某种肥料施用量过大，或土壤的酸碱度不适宜，或选用的肥料配比和施肥量不当，根类药用植物生长发育和有效成分的积累即会受到很大的影响。如丹参施用过量的氮肥做基肥将会影响出苗，干旱时会出现烧苗的症状，从而影响其生长发育和有效成分的积累。

含挥发油和生物碱类的药用植物，由于这类成分在形成过程中与蛋白质有密切关系，所以施用的氮肥量应比其他肥料多些，增施氮肥能提高生物碱类药材的成分含量。磷钾肥可促进根的生长发育，不仅提高产量，而且还可提高淀粉和糖类含量。施用钾肥有利于有机物质向根部运输，但如果钾肥施用过多，会使植物细胞含水量增高，从而对叶中生物碱的含量产生不良影响。

矿质营养与西洋参的次级代谢关系密切，贫瘠的营养环境中生长的人参根中总皂苷含量降低 17.6%。有研究表明，西洋参根的生长越差，皂苷含量越高，根中人参皂苷含量与根中氮磷钾含量以及根的粗细均呈负相关，根越细皂苷含量越高。

对于一些喜肥的根类药材，如丹参砂培的试验表明，营养液浓度与根的生长呈正相关，但对根中隐丹参酮含量则呈负相关，根生长越粗大，丹参酮含量就越低。因此栽培中应注意合理密植，这样在提高产量的同时，有效成分含量也能保持高水平。

微量元素及其含量过多会产生毒害，过少又发挥不了作用，都将影响药材的品级和药效，因此在栽培中施用微量元素时应根据土壤中微量元素种类和不同药材的需求进行，以保证药材中的微量元素符合标准。不同微量元素对不同药用植物根中有效成分影响不一样。在党参栽培中，锌有明显提高党参内在质量的作用，硫酸锌对多糖含量的正效应最大，锌、锰肥对醇浸出物含量和蛋白质含量影响较大，施用锰、锌、钼等微肥不仅能有效地提高党参产量和品级，而且不改变药材的有效成分。

对西洋参生长来说，适宜浓度的硒素能促进根系发育和干物质积累，但浓度高则表现抑制作用。

周晓龙等（1995）的白术施锌试验表明，锌肥对白术的生长发育、产量和商品率有较明显的影响，以苗期每亩施用 1.0 kg 98% 硫酸锌的效果最好，可增产 19%～27.7%，一级品率提高 7.4%～24.9%，根茎个体重提高 1.1%～14.7%。

以 67-V 为基本培养基培养的人参组织中皂苷的含量为 1.98%。培养基中添加微量元素铜、锌、钼、钴等后，组织培养物中皂苷含量大多数有提高，尤其是两种微量元素配合添加时提高较明显。

（三）矿质元素施用时的注意点

无公害的中药生产要求药材的硝酸盐含量不能超标，现有的商品药材中硝酸盐含量过高，主要是氮肥施用量过高、有机肥使用偏少和磷钾搭配不合理所致。因此无公害中药生产中施肥必须有足够数量的有机物返回土壤，以保持或增加土壤肥力及土壤生物活性。我国中药材生产质量管理规范（GAP）中，对中草药生产施肥准则规定"应根据不同种类药用植物的营养特点和土壤的供肥能力，确定肥料施用种类、时间和数量。种类以有机肥为主，方法以基肥为主，土壤施肥和叶面追肥相结合，允许施用经过充分腐熟达到无害化卫生标准的农家肥，禁止施用城市垃圾、工业垃圾、医院垃圾和粪便"。

施用微肥应和土壤中微量元素分析结合起来。微肥应施在土壤缺乏或含量低的田块中，提倡微肥与大量元素肥料配合施用。各种微肥均可与草木灰、石灰等碱性肥料混合，锌肥不可与过磷酸钙、铜肥不可与磷酸二氢钾溶液混喷。在与农药混合喷施时，要考虑肥效、药效的双重效果，施用的浓度过高，不但无益，反而有害。一般来说，各种微肥喷施的适宜浓度是：硼酸或硼砂溶液为 0.25%～0.5%；钼酸铵溶液为 0.02%～0.05%；硫酸锌溶液为 0.2%～0.95%；硫酸铜溶液为 0.01%～0.02%；硫酸亚铁溶液为 0.2%～1%。喷微肥的数量应根据生长状况而异，以茎叶沾湿为度。应选择无风的阴天或晴天的下午到傍晚时喷施，以减少微肥在喷施过程中的损失，利于叶片吸收。

二、矿质元素对药用植物次生代谢物积累的影响

据张檀等（2002）关于几种矿质元素对杜仲叶次生代谢物影响的研究结果发现，杜仲不同无性系（叶中）的 Cu、Mg、Zn、Fe、Mn、Co 6 种矿质元素含量差异极显著，从而说明树木的个性生长发育特性（遗传因素）是调控杜仲吸收矿质元素的重要因素。

通过通径分析发现，Mg 与各次生代谢物含量关系呈正相关。Mg 是以离子状态进入植物体的，在体内一部分形成有机化合物，一部分以离子状态存在。Mg 是叶绿素的成分，是叶绿素分子的中心原子，故它与光合作用关系密切；Mg 是许多酶（如葡萄糖激酶、果糖激酶、半乳糖激酶、磷酸戊糖激酶、乙酰辅酶 A 合成酶、谷氨酰半胱氨酸合成酶、琥珀酰辅酶 A 合成酶等）的活化剂，故与碳水化合物的转化和降解以及氮代谢有关；Mg 还是核糖核酸聚合酶的活化剂，DNA 和 RNA 的合成，以及蛋白质合成中氨基的活化过程都需要 Mg 的参加，Mg 为蛋白质合成所必需的核糖亚单位联合作用提供一个桥接元素，因此，Mg 在核酸和蛋白质代谢中起着重要作用，而这些初级代谢的速率及途径会直接影响次级代谢。由于 Mg 对乙酰辅酶 A 合成酶有活化作用，而乙酰辅酶 A 是糖酵解与三羧酸循环的一个连接环节，也是次级代谢的关键底物，称为"代谢钮"，它是次生代谢中黄酮类化合物、萜类化合物和橡胶等的起始物；另外，由于 Mg 是核糖核酸聚合酶的活化剂，大多数 ATP 酶的底物是 Mg-ATP，而 ATP 与丙酮酸合成磷酸烯醇式丙酮酸，磷酸烯酮式丙酮酸和 4-磷酸赤藓糖合成莽草酸，莽草酸又是黄酮类化合物和苯丙基类化合物的起始物。所以，Mg 直接影响次生代谢作用中的乙酰辅酶 A 途径和莽草酸途径，从而促进了杜仲中京尼平苷酸、绿原酸、桃叶珊瑚苷、京尼平苷、总黄酮和杜仲胶 6 种次生代谢产物的合成和积累。

第九节　重金属及其对植物生长发育和代谢的影响

据廖自基（1993）研究表明，在重金属污染中影响植物生长发育和代谢的主要是铜（Cu）、铬（Cr）、铅（Pb）、镉（Cd）、锌（Zn）、钴（Co）和汞（Hg）等。Cu 为人体必需元素，但摄取过多会干扰人体正常的新陈代谢，甚至造成中毒。环境中铜污染主要由冶炼、金属加工、机器制造、有机合成及其他工业排放含铜废水造成。Cr 是环境污染中的五毒之一，是一种毒性较大的致畸、致突变剂。而铬在工业上的应用越来越多，如印染、电镀、皮革、化工等行业排放的废水废渣都含有重金属铬。Pb 是对人类健康有害的常见微量元素之一，是汽车尾气排放物中危害较大的重金属之一，在人体内几乎可以引起所有重要器官的功能紊乱。人若长期在有铅污染的环境中活动，会出现痴呆、免疫力减弱、衰老加快。过量的重金属一旦进入土壤就很难予以排除，并且在生物体内还有有机化的趋势。重金属通过抑制作物细胞分裂和伸长，刺激和抑制一些酶的活性，影响组织蛋白质合成，降低光合作用和呼吸作用，伤害细胞膜系统，从而影响作物的生长和发育，更严重的是进一步通过食物链危及人畜健康。

根系是植物的重要器官，在植物的生长发育、生理功能和物质代谢中发挥重要作用，它感受环境信号，并在形态和生理上产生一系列反应。它作为植物与环境接触的重要界面，相对于茎叶等部位对环境更为敏感，更易对环境作出反应。研究表明，重金属胁迫可危害植物根系，造成根系生理代谢失调，进而生长受到抑制。而受害根系的吸收能力可能减弱，导致植物营养亏缺，进而影响植株地上部生长和生物量积累。多立安等采用砂培法研究了草坪植物早熟禾对不同浓度 Zn^{2+}、Cd^{2+}、Cu^{2+}、Pb^{2+} 胁迫的生长反应，结果表明，Zn^{2+}、Cd^{2+} 胁迫随浓度的升高对绿豆株高抑制作用加重，Pb^{2+} 胁迫对株高抑制不明显，而 Cu^{2+} 对根长和生物量有明显的抑制效应。廖自基（1993）的研究结果表明，在重金属递进胁迫浓度范围内，三种重金属胁迫对主根长和侧根数目等生长指标的影响差异较大。Cu^{2+} 和 Pb^{2+} 无论在低浓度抑制或高浓度胁迫均对绿豆主根长、侧根数、株高以及单株生物量无明显影响。而 Cr^{6+} 胁迫随浓度加大而抑制效应明显加剧，尤其是主根长和侧根数表现效应最大，高达 93% 和 96%。从形态上观察，高浓度下 Cr^{6+} 胁迫后植株表现矮小，上胚轴弯曲。

根尖是毒性敏感区域。根伸长受抑制是铝中毒的主要症状，细胞分裂也受到 Al^{3+} 的抑制；有丝分裂似乎是在 DNA 复制的 S 期受到阻碍。根尖受抑制是由于 Al^{3+} 干扰细胞壁的形成，即通过与胶质相连降低细胞壁的可塑性。不论这是铝的直接作用，还是由于铝进入共质体的作用，铝干扰细胞壁形成过程的位置尚不明了。最近发现铝可能干扰信号传导途径。由于根伸长受到抑制，根细胞变得更短和更宽。当生长过程中受铝毒害时，根伸长受阻，表现为短而粗，形成短根。当根的大部分暴露于铝中，而根尖没有放在铝溶液中时，植物生长不受影响。此外，仅有根尖暴露于铝时，则易见中毒症状，这证明根尖是铝毒害的主要作用位点。

镉、铜和汞影响蛋白质的磺酰基，从而钝化蛋白质。具有氧化还原作用的金属，如铜过量会造成氧化还原作用失控，引起有毒的自由基形成。自由基导致脂质过氧化和膜渗漏。一些重金属可以取代活性阳离子而钝化一些重要的酶。例如，锌代替 Rubisco 中的镁，降低该酶活性，从而降低光合作用。与锌一样，镉也影响光合作用。荧光法显示，先是卡尔文循环这个重要过程受到影响，接着引起光合系统 II 的功能下降。镉甚至会影响抗镉植物如芥属（芸香科）植物的矿质组成——降低叶片锰、铜及叶绿素的浓度，尽管这对生物产量并无影响。

重金属的主要影响多数出现在根部，表现为根伸长减弱。通过测定金属对根伸长的影响可定量评估植物对金属的抗性。镉对根干物质合成的影响往往要比对根长的影响小，根受影响后产生"粗短"根。锌的毒害作用可能是由于其与质膜结合导致吸水减少。锌的某些化学特性与汞相似，抑制水分吸收可能是由于其与水通道蛋白结合。镁的毒害引起布满脉络的萎黄病以及光合作用减弱。

第十节　合理施肥的生理基础

在农业生产中，作物的连年种植会使土壤的养分逐渐匮乏，而有些矿质元素在土壤中的含量本来就少，结果势必造成作物缺乏某些矿质养分。因此，合理施肥（fertilization）就成为提高作物产量和质量的一个重要手段。合理施肥就是根据矿质元素对作物的生理功能，结合作物的需肥特点进行施肥。

一、作物的需肥特点

1. 不同作物对矿质元素的需要量和比例不同

例如，收获籽粒的禾谷类作物，生育前期需较多氮肥，后期则要多施一些磷、钾肥，以利籽粒饱满；块根、块茎类作物，需要钾肥较多，以促使贮藏器官积累糖类；叶菜类作物需要多施氮肥，以使叶片肥大。

不同作物的生物学特性不同，其对矿质元素的需要也有所不同。例如，豆科作物可通过根瘤菌进行固氮，一般应控制氮肥的施用。但在根瘤尚未发育完全的幼苗阶段，或开花结实时期（此时根瘤菌得到的同化物减少，固氮减弱），可适量施些氮肥。豆科作物亦需要较多的磷、钾肥。另外，油料作物需镁较多，甜菜、油菜、棉花、苜蓿、亚麻对硼有特殊要求，应注意及时提供。

生产目的不同也是作物需肥不同的原因。例如，当大麦作粮食用途时，宜施氮肥，以增加籽粒中蛋白质的含量；但若供酿造啤酒用，则后期不宜施氮肥，以免蛋白含量过高而影响啤酒品质。

不同作物的生物学特性及生产目的不同，对所需肥料的形态也有所不同。例如，草本灰比 KCl 更适宜作烟草的钾肥，因为氯能降低烟叶的可燃性。水稻宜施铵态氮而不宜施硝态氮，因为水稻体内缺乏硝酸还原酶，且硝态氮在水田易流失。烟草施用 NH_4NO_3 效果最好，因铵态氮有利于芳香油的形成，使叶片燃烧时散发香味；硝酸有利于有机酸的形成，从而加强叶片的可燃性。此外，同种作物的不同品种对矿质元素的需要也可能有所不同，在具体施肥时应予以区别对待。

2. 同一作物不同生育期对矿质元素的吸收情况不同

种子处于萌发期时，因其本身贮有养分，故不需要吸收外界肥料；随着幼苗长大，吸肥量渐增，到开花结实期，吸收肥料的量达最大；以后，随着长势减弱，吸收下降，至成熟期则停止吸收；衰老时甚至有部分矿质元素排至体外。但不同作物生长习性不同，对元素的吸收情况也不同。稻、麦、玉米等开花后营养生长基本停止，后期吸收很少，施肥应重在前、中期；而棉花开花后营养生长与生殖生长仍同时进行，所以还应追加施花期肥。

在作物栽培中，将作物对缺乏矿质元素最敏感的时期称为需肥临界期（或植物营养临界期），如苗期；而把施肥的营养效果最好的时期称为最高生产效率期（或营养最大效率期）。一般以种子和果实为收获对象的作物，其营养最大效率期是生殖生长时期，如小麦幼穗形成期。

二、合理施肥的指标

作物在营养最大效率期对肥料的利用率最高，但这并不是说只需在这个时期施肥。作物对矿质元素的吸收是随其生长发育而变化的，因此，一般应在充足基肥的基础上分期追肥，以及时满足植物不同生育期的需要。具体施肥时，要分析土壤养分、作物生长发育和生理生化变化等情况，并以此为依据进行合理施肥。

（一）土壤肥力指标

通过土壤分析可以了解土壤肥力，即土壤中全部养分和有效养分贮存量。根据中国农科院调查，生产水平为 $6.0 \sim 7.5 t/hm^2$ 的小麦田，要求有机质质量分数达到 1%，总氮质量分数在 0.06% 以上。土壤肥力可为配施基肥提供依据，但土壤分析无法了解作物从土壤中吸收养分的实际数量，所以还应结合作物营养指标进行分析。

（二）作物营养指标

1. 形态指标

反映植株需肥情况的外部性状称为施肥的形态指标。作物的长相（株型或叶片形状）、长势（生长速率）是很好的形态指标。例如，氮肥多时，植株生长快，叶片大而软，株型松散；氮肥不足时，生长慢，叶片小而直，株型紧凑。

叶色也是很好的形态指标。首先，叶色可反映作物体内的营养状况（特别是氮素水平），叶色深绿，表明氮和叶绿素含量高；叶色浅，则二者含量均低。其次，叶色可反映植株代谢类型，叶色深，反映体内蛋白质合成多，以氮代谢（扩大型代谢）为主；叶色浅，反映体内蛋白质合成少，糖类合成多，植株以碳代谢（贮藏型代谢）为主。

形态指标直观、易懂，但因各种环境因素的影响，有时不易判断准确，而且一旦表现出来，表明植物体内缺乏此元素已经较严重。

2. 生理指标

反映植株需肥情况的生理生化变化称为施肥的生理指标。生理指标一般以功能叶作为测定对象。

（1）叶中元素含量。叶片营养元素诊断（或叶分析）是一种应用较广的植物营养分析方法。该方法是在不同施肥水平下分析不同作物或同一作物的不同组织、不同生育期中营养元素的浓度（或含量）与作物产量之间的关系，通过分析，可在严重缺乏与适量浓度之间找到一临界浓度（critical concentration），即作物获得最高产量时，组织中营养元素的最低浓度。如果组织中养分浓度低于临界浓度，就预示着应及时补充肥料。表6-3是几种作物中一些矿质元素的临界浓度，供参考。

表6-3　几种作物干重中一些矿质元素的临界质量分数　　　　　　（单位：%）

作物	测定时期	分析部位	$\omega(N)$	$\omega(P_2O_5)$	$\omega(K_2O)$
春小麦	开花末期	叶片	2.6~3.0	0.52~0.60	2.8~3.0
燕麦	孕穗期	植株	4.25	1.05	4.25
玉米	抽雄	果穗前1叶	3.10	0.72	1.67
花生	开花	叶片	4.0~4.2	0.57	1.20

（2）酰胺含量。作物能将体内过多的氮素以酰胺的形式贮存起来，避免氨毒害。顶叶含有酰胺，表示氮素营养充足；若不含酰胺，说明氮素不足。这一指标特别适合水稻等作物作为施用穗肥的依据。

（3）酶活性。一些矿质元素可作为某些酶的激活剂或组成成分，当缺乏这些元素时，相应的酶活性就会下降。如缺铜时抗坏血酸氧化酶和多酚氧化酶的活性下降，缺锌时碳酸酐酶和核糖核酸酶活性减弱，缺锰时异柠檬酸脱氢酶活性下降，缺钼时硝酸还原酶活性下降，缺铁时过氧化物酶和过氧化氢酶活性下降等。还有些酶在缺乏相关元素时其活性会上升，如缺磷时酸性磷酸酶活性高。根据这些酶活性的变化，便可以推测植物体内的营养水平，从而指导施肥。

（4）淀粉含量。氮肥不足往往会引起水稻、小麦叶鞘中积累淀粉，因此也可采用碘试法测定叶鞘中淀粉的含量。当叶鞘中淀粉含量高时，就应追施氮肥。

三、合理施肥与作物增产

合理施肥是通过无机营养来改善有机营养（光合作用等），从而增加干物质积累，提高产量。因此，施肥是增产的间接原因。

首先，合理施肥可改善光合性能。具体表现为增大光合面积、提高光合能力、延长光合时间、促进光合产物的分配利用等。施肥不当则会引起减产。

其次，合理施肥还能改善栽培环境（特别是土壤条件）。例如，施用石灰、石膏、草木灰等能促进有机质分解，也有利于土壤增温；在酸性土壤中施用石灰可降低土壤酸性；施用有机肥则营养全面，肥效长，还能改良土壤物理结构，使土壤的通气、温度和保水状况得到改善。

为了充分发挥肥效，除了合理施肥外，还要注意以下措施。

（1）适时灌溉。水是作物吸收和运输矿质元素的溶剂，并能显著地影响植物生长，因此，缺水会直接或间接地影响作物对矿质元素的吸收和利用。适时灌溉非常重要。

（2）适当深耕。适当深耕，增施有机肥料，改造盐碱地等措施有助于土壤物理结构的改善，提高土壤保水保肥能力，从而促进根系生长，扩大吸收面积，提高肥效。

（3）改善光照条件。施肥增产主要是光合性能改善的结果，所以要充分发挥肥效，必须改善光照条件。因此，在合理施肥的前提下，还应合理密植，保证田间通风透光。

（4）调控土壤微生物活动。土壤中的硝化菌能使 NH_4^+ 氧化为 NO_2^- 和 NO_3^- 而随水流失，而反硝化菌则可使 NH_4^+、NO_3^-、NO_2^- 转化为 N_2 而挥发。将氮肥增剂 2-氯-6-（三氯甲基）-吡啶与氮肥一起施用，可抑制硝化作用，减少氮素损失。另外，有机肥经过腐熟再施用，可利用微生物的分解而增加其有效性。

（5）改进施肥方式。传统的表层施肥会导致肥料的剧烈氧化、铵态氮的转化、硝态氮及钾肥的流失、某些肥料（如碳酸氢铵）的挥发、磷素易被土壤固定等情况，使肥效降低。深层施肥是施于作物根系附近 $5\sim10cm$ 深的土层，以避免上述情况的发生。深层施用球肥，可以逐步释放营养物质，持续为作物供肥。此外，由于根系生长的趋肥性，可促使根系深扎，增强其吸收能力。

参 考 文 献

草仪植. 1998. 植物生理学. 兰州：兰州大学出版社

韩建萍，梁宗锁，王敬民. 2003. 矿质元素与根类中草药根系生长发育及有效成分累积的关系. 植物生理学通讯，34（1）：78~80

蒋高明. 2004. 植物生理生态学. 北京：高等教育出版社

兰伯斯，蔡平，庞斯. 2005. 植物生理生态学. 张国平，周书军译. 杭州：浙江大学出版社

李合生. 2006. 现代植物生理学. 第二版. 北京：高等教育出版社

李平华，王增兰，张慧等. 2004. 盐地碱蓬叶片液泡膜 H^+-ATPase B 亚基的克隆及盐胁迫下表达分析. 植物学报（英文版），46（2）：93~99

潘瑞炽. 2004. 植物生理学. 第五版. 北京：高等教育出版社

张檀，郑瑞杰，李晓明等．2006．微生物在杜仲叶提取物中的作用研究．西北林学院学报，21（3）：101～104

周晓龙，厉金荣，米超斌．1995．白术锌肥试验初报．中药材．18（12）：599～601

Collins W T，Salisbury F B，Ross C W．1963．Growth regulators and flowering．3 antimetabolites．Planta，60 （2）：131～144

Davis J C．1961．Influence of bicarbonate ion concentration on pediastrum．American Journal of Botany，48（6）：542～556

Salisbury F B．1992．What remains of the cholodny-went theory-a potential role for changing sensitivity to auxin．Plant Cell and Environment，15（7）：785，786

Taiz L，Zeiger E．2002．Plant Physiology．4th ed．Sinauer Associates

第七章　植物营养物质的运输、分配和积累

　　高等植物各种器官既有明确的分工，又能互相协调，从而组成一个统一整体。其中叶片是进行光合作用合成同化营养物质的主要器官。同化物质的运输、分配和积累过程的正常有效性，直接关系到植物产量的高低和品质的优劣。因为植物经济产量不仅取决于同化物的多少，而且还取决于同化物向经济器官运输和分配的量的多少。所以，研究和了解同化物运输、分配和积累的生理机制及影响因素，不仅具有理论意义，而且具有重要的生产实践意义。

第一节　同化物运输的途径

　　高等植物的同化物运输不仅包括器官之间的运输，还包括细胞内和细胞间的运输。按照距离的长短，同化运输可分为短距离运输和长距离运输。短距离运输主要是指胞内与胞间运输，距离只有几个微米，主要靠扩散和原生质的吸收与分泌来完成；长距离运输指器官之间的运输，需要特化的组织，主要是韧皮部。

一、短距离运输

（一）胞内运输

　　胞内运输指细胞内、细胞器之间的物质交换，主要方式有：物质的扩散作用、原生质环流、细胞器膜内外的物质交换，以及囊泡的形成与囊泡内含物的释放等。

（二）胞间运输

　　胞间运输有共质体运输、质外体运输及共质体与质外体之间的替代运输。

　　（1）共质体运输。在共质体运输途径中，胞间连丝起着重要作用。胞间连丝是细胞间物质与信息交流的通道。无机离子、糖类、氨基酸、蛋白质、内源激素及核酸等均可通过胞间连丝进行转移。

　　（2）质外体运输。质外体是一个连续的自由空间，它是一个开放系统。同化物在质外体的运输完全是靠自由扩散的被动过程，速度很快。

　　（3）替代运输。植物组织内物质的运输常不限于某一途径，如共质体内的物质可有选择地穿过质膜而进入质外体运输；质外体内的物质在适当的场所也可通过质膜重新进入共质体运输。这种物质在共质体与质外体间替代进行的运输称共质体-质外体替代运输（图7-1）。

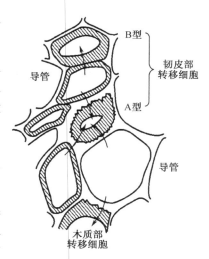

图 7-1　韧皮部与木质部的转移细胞
箭头表示溶质转移方向

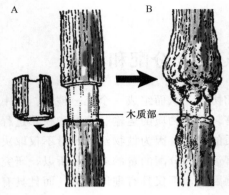

图 7-2　树木枝条的环割

A. 开始环割的树干；B. 经过一段时间的树干

二、长距离运输

用环割的方法已经证明，同化物的长距离运输是通过韧皮部的筛管（图 7-2）进行的。在果树开花期适当进行环割，截留上部同化物，可以有利于增加花芽分化和座果率。高空压条进行环割可以使养分集中在切口处，有利于发根。

被子植物的韧皮部是由筛管、伴胞和韧皮薄壁细胞组成的。筛管通常与伴胞配对组成筛管分子-伴胞复合体（sieve element-companion cell，SE-CC），并在筛管吸收与分泌同化物以及推动筛管物质运输等方面起重要作用。成熟的筛管细胞含有细胞质，但在发育过程中核及一些细胞器相继退化，出现了韧皮蛋白质（P 蛋白），呈管状、线状或丝状，能使筛孔扩大，有利于长距离运输。

第二节　同化物运输的形式、方向与速率

一、同化物运输的形式

叶片制造的光合产物有糖类、脂肪、蛋白质和有机酸等。蔗糖是同化物运输的主要形式。以蔗糖作为主要运输形式有以下优点：①蔗糖是非还原性糖，具有很高的稳定性，其糖苷键水解需要很高的能量；②蔗糖的溶解度很高，在 100℃ 时，100 mL 水中可溶解蔗糖 487g；③蔗糖的运输速率很高。以上几点决定了蔗糖适于长距离运输。

少数植物除蔗糖以外，韧皮部汁液还含有棉子糖、水苏糖、毛蕊花糖等，它们都是蔗糖的衍生物。有些植物含有山梨醇、甘露醇。另外，筛管汁液中还含有微量的氨基酸、酰胺、植物激素、有机酸及多种矿质元素等（表 7-1，图 7-3）。

表 7-1　烟草和羽扇豆的筛管汁液成分含量

成分	含量/(mmol/L)		成分	含量/(mmol/L)	
	烟草	羽扇豆		烟草	羽扇豆
蔗糖	460.0	490.0	钾	94.0	47.0
氨基酸	83.0	115.0	钠	5.0	4.4
磷	14.0	*	锌	0.24	0.08
镁	4.3	5.8	硝酸盐	**	极微
钙	2.1	1.6	pH	7.9	8.0
铁	0.17	0.13			

＊NA 空白；＊＊ND 未检测到。

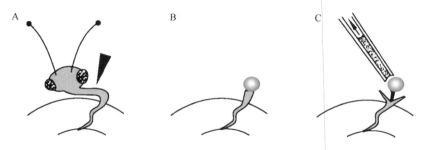

图 7-3　用蚜虫吻刺法搜集筛管汁液

A. 将蚜虫的吻刺连同下唇一起切下；B. 切口溢出筛管汁液；C. 用毛细管吸取汁液

二、同化物运输的方向与速率

同化物运输的方向取决于制造同化物的器官（源，source）与需要同化物的器官（库，sink）的相对位置。总的来说，同化物运输的方向是由源到库，但由于库的部位不同，方向会不一致。同化物进入韧皮部以后，可以向上运往正在生长的顶端、幼叶或果实，也可以向下运往根部或地下贮存器官，并且可以同时进行双向运输或横向运输。

不同植物运输速率各异，如大豆为 $84\sim100$cm/h，南瓜为 $40\sim60$cm/h。生育期不同，运输速率也不同，如南瓜在幼苗时期为 72 cm/h，较老时为 $30\sim50$cm/h。运输速率还受环境条件的影响，如白天温度高，运输速率快；夜间温度低，运输速率慢。成分不同，运输速率也有差异，如丙氨酸、丝氨酸、天冬氨酸较快，而甘氨酸、谷氨酰胺、天冬酰胺较慢。

除有机物的运输速率外，人们还提出了比集转运速率的概念。有机物质在单位时间内通过单位韧皮部横截面积运输的数量，即比集转运速率（specific mass transfer rate，SMTR），单位为 g/(cm·h)。

$$比集转运速率 = \frac{单位时间内转运的物质量}{韧皮部的横截面积} \tag{7-1}$$

以马铃薯为例，某块茎在 100d 内增重为 210g，同化物占 24%，地下茎蔓韧皮部的横截面积为 0.0042cm²，其比集转运速率为：

$$\frac{210 \times 24\%}{24 \times 100 \times 0.0042} \text{ g/(cm}^2 \cdot \text{h)} = 5\text{g/(cm}^2 \cdot \text{h)} \tag{7-2}$$

大多数植物的比集转运速率为 $1\sim13$g/(cm² · h)，最高的可达 200g/(cm² · h)。

第三节　同化物在源端的装载和在库端的卸出

一、同化物在源端的装载

同化物的装载是指同化物从合成部位通过共质体和质外体进行胞间运输，最终进入筛管的过程。

（一）装载途径

一般认为，同化物从韧皮部周围的叶肉细胞装载到韧皮部 SE-CC 复合体的过程中有两条途径：一是共质体途径，同化物通过胞间连丝进入伴胞，最后进入筛管；二是替代途径，同化物由叶肉细胞先进入质外体，然后逆浓度梯度进入伴胞，最后进入筛管分子，即"共质体—质外体—共质体"途径（图 7-4）。

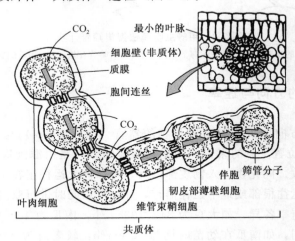

图 7-4　源叶中韧皮部装载途径的示意图（引自 Taiz and Zeiger，2002）

⟹表示共质体途径；——→表示非质体途径

（二）装载机制

过去曾用集流学说解释有机物在源端的装载，认为这是一个被动的物理扩散过程。现在的研究证明这是一个主动的分泌过程，受载体调节。其依据是：①对被装载物质有选择性；②需要能量（ATP）供应；③具有饱和效应。

还有科学家提出了聚合物陷阱模型（polymer-trapping model），认为叶肉细胞生成的蔗糖通过胞间连丝进入中间细胞，与半乳糖合成相对分子质量较大的棉子糖和水苏糖，然后通过通透性较大的胞间连丝进入筛管分子。实验证明，合成棉子糖和水苏糖的酶都位于中间细胞，可作为聚合物陷阱模型的证据。

二、同化物在库端的卸出

同化物的卸出是指同化物从 SE-CC 复合体进入库细胞的过程。蔗糖或其他同化物从筛管分子卸出到库的过程对于韧皮部同化物运输起重要的调节作用。

（一）卸出途径

同化物从韧皮部筛管卸出到"库"细胞的途径有两条。一条是质外体途径，卸出到贮藏器官或生殖器官大多是这种情况。玉米中，蔗糖在进入胚乳之前，先从筛管卸出到自由空间，并被束缚在细胞壁的蔗糖酶水解为葡萄糖或果糖，而后扩散到胚乳细胞再合成蔗糖，因为这些植物组织的 SE-CC 复合体与库细胞间通常不存在胞间连丝。在甜菜根和大豆种子中，蔗糖通过质外体时并不水解，而是直接进入贮藏空间。另一条是共质体途径，通过胞间连丝到达接受细胞，在细胞溶质或液泡中进行代谢，卸出到营养库（根和嫩叶）就是通过这一途径（图 7-5）。

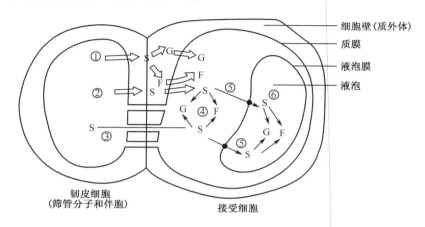

图 7-5 蔗糖卸出到库组织的可能途径（引自李合生. 2006）

蔗糖（S）可以在进入库细胞前先进入质外体①②，或从胞间连丝③进入细胞。蔗糖进入细胞前分解为葡萄糖（G）和果糖（F）①，也可以不变化②，有些蔗糖是在细胞质中水解为果糖和葡萄糖④，有些蔗糖则进入液泡后⑤可以不发生转变，也可分解为葡萄糖和果糖⑥，又可再合成蔗糖，贮存在液泡中

（二）卸出机制

同化物从韧皮部筛管卸出的机制尚不清楚，目前大致有两种观点。一是通过质外体途径的蔗糖，同质子协同运转，机制与装载一样，是一个主动过程。例如，大豆韧皮部卸出蔗糖对缺氧、低温敏感，说明蔗糖进入质外体是主动的、依靠载体的。二是通过共质体途径的蔗糖，借助筛管分子与库细胞的糖浓度差将同化物卸出，是一个被动过程。例如，玉米的韧皮部卸出蔗糖到质外体对缺氧、低温不敏感，是被动的。

第四节 同化物在韧皮部运输的机制

一、压力流动学说

德国植物学家明希（E. Munch）于 1930 年提出了压力流动学说（pressure flow theory），后经补充修改，其要点是：同化物在 SE-CC 复合体内随着液流的流动而移动，而液流的流动是由于源库两端之间 SE-CC 复合体内渗透作用所产生的压力势差而引起的。在源端（叶片），光合产物被不断地装载到 SE-CC 复合体中，浓度增加，水势降低，从邻近的木质部吸水膨胀，压力势（膨压）升高，推动物质向库端流动；在库端，同化物不断地从 SE-CC 复合体卸出到库中，浓度降低，水势升高，水分则流向邻近的木质部，从而引起库端压力势（膨压）下降。于是在源库两端便产生了压力势差，推动物质由源到库源源不断地流动。

但压力流动学说也遇到了两大难题。第一，筛管细胞内充满了韧皮蛋白和胼胝质（callose），阻力很大，要保持糖溶液如此快的流速，所需的压力势差要比筛管实际的压力差大得多。不过目前有人测定，大豆源库两端之间的实际的压力差有 0.41MPa，完全可以驱动韧皮部汁液集流运输的需要。第二，这一学说对于同一筛管内物质双向运输的事实很难解释。此外，按压力流动学说解释，同化物的运输与运输系统的代谢无关。事实上，有机物质的运输是一种消耗代谢能量的主动过程，与呼吸有密切的联系。例如，维管束的呼吸速率比其他部位高好几倍，对维管束进行冷却处理，运输受阻，用呼吸抑制剂处理叶柄，同化物运输过程明显受阻。

二、细胞质泵动学说

早在 19 世纪末，H. Devries 就提出原生质环流可能是有机物质运输的动力。20 世纪 60 年代，英国的 R. Thaine 等的试验也支持这一学说。该学说的基本要点是：筛管分子内腔的细胞质呈几条长丝状，形成胞纵连束（transcellular strand），纵跨筛管分子，束内呈环状的蛋白丝利用代谢能，反复地、有节奏地蠕动，把含有糖分的细胞质长距离泵走，在筛管内流动，被称之为细胞质泵动学说（cytoplasmic pumping theory）。

这一学说可以解释同化物的双向运输问题，因为同一筛管中不同的胞纵连束可以同时进行相反方向的蠕动，使糖分子向相反方向运输。但也有不同观点，认为在筛管中不存在胞纵连束，蔗糖不能在同一筛管内进行双向运输。

三、收缩蛋白学说

收缩蛋白学说（contractile protein theory）的基本要点是：筛管内的 P-蛋白是空心的、管状的微纤丝（毛），成束贯穿于筛孔，一端固定，一端游离于筛管细胞质内，像鞭毛一样颤动，可以推动集流运动。筛孔周围的胼胝质的产生与消失对这种蠕动进行生理调节。P-蛋白的收缩和伸展需要消耗代谢能量。20 世纪 60 年代我国著名学者阎隆飞证明，在烟草和南瓜的维管束中有一种能够收缩的蛋白，称韧皮蛋白（P-蛋白），类似于肌球蛋白，具有分解 ATP 的功能。

第五节　同化物的分配

一、同化物源和库

（1）代谢源（metabolic source）。代谢源指能够制造并输出同化物的组织、器官或部位。如绿色植物的功能叶，种子萌发期间的胚乳或子叶，春季萌发时二年生或多年生植物的块根、块茎、种子等。

（2）代谢库（metabolic sink）。代谢库指消耗或贮藏同化物的组织、器官或部位，如植物的幼叶、根、茎、花、果实、发育的种子等。

（3）源-库单位。对同一株植物，源与库是相对的。在某一生育期，某些器官以制造输出有机物为主，另一些则以接纳为主。前者为代谢源，后者为代谢库。随着生育期的改变，源库的地位有时会发生变化。

源-库单位的形成首先符合器官的同伸规律（根、叶、蘖同时伸长），其次还与维管束走向、距离远近有关，并且决定了有机分配的特点。

二、同化物分配的特点

同化物的分配（apportion）主要有以下几个特点。

（一）优先供应生长中心

所谓生长中心是指生长快、代谢旺盛的部位或器官。作物的不同生育期各有明显的生长中心，这些生长中心既是矿质元素输入的中心，也是光合产物的分配中心。例如，水稻、小麦分蘖期的蘖节、根和新叶，抽穗期的穗子，都是当时的生长中心。

（二）就近供应，同侧运输

叶片制造的光合产物首先分配给距离近的生长中心，且向同侧分配较多。

大豆开花结荚时，叶片同化产物主要供应本节的花荚，很少运到相邻的节。只有该节花荚去掉或本节花荚养料有余时，才运向别的花荚。

在果树上，果实获得的同化物也主要来源于附近的叶片，这样运输的距离最近。并且叶片同化物主要供应同侧邻近果实，很少横向运输到对侧，这可能与维管束走向有关。利用同位素示踪技术对甜菜进行的实验也得到了类似的结果（图 7-6）。

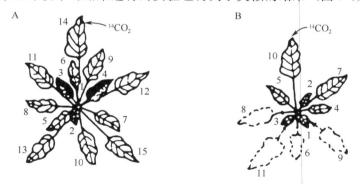

图 7-6　光合产物的同侧运输（引自 Joy，1964）

A. 向甜菜植株的一张成熟叶片供给$^{14}CO_2$ 4h 后，^{14}C 在各叶中的分布。明暗度表示放射性强度。^{14}C 仅运输给植株一侧的幼叶；B. 除去植株一侧的成熟叶片，仅保留未熟的幼叶，然后将$^{14}CO_2$ 供给未去一侧的一成熟叶片。结果在植株两侧幼叶与第 7 叶都有放射性。

叶片旁附注的数字越大，表示叶龄越大

（三）功能叶之间无同化物供应关系

就不同叶龄来说，幼叶顶部光合机构先发育成熟，但产生的光合产物往往较少，不向外运输，仍需要输入光合产物，供自身生长用。一旦叶片长成，合成大量的光合产物，就向外运输，此后不再接受外来同化物。即已成为"源"的叶片之间没有同化物的分配关系，直到最后衰老死亡。如给功能叶做遮黑处理，功能叶也不会输入同化物。

（四）同化物和营养元素的再分配与再利用

植物体除了已构成细胞壁的物质外，其他成分无论是有机物还是无机物都可以被再分配再利用，即转移到其他组织或器官去。当叶片衰老时，大部分的糖和 N、P、K 等都要撤离，重新分配到就近的新生器官，营养器官的内含物向生殖器官转移。例如，小麦叶片衰老时，叶内 85％ 的 N、90％ 的 P 都要转移到穗部。对于生长中心需要的物质来说，一是直接来源于当时根吸收的矿质营养和叶片制造的光合产物以及自身的光合产物；二是来源于某些大分子分解成的小分子物质或无机离子，即再分配、再利用的部分。

作物成熟期间同化物的再分配对提高后代的整体适应力、繁殖力以及增产都有一定的意义。通过这一机制，植株生育期内同化的物质毫不保留地供给新生器官，如果实、块根、块茎等。

同化物再分配这一特点可以在生产上加以利用。例如，我国北方农民为了避免秋季早霜危害或提前倒茬，在预计严重霜冻来临之前，将玉米连根带穗提前收获，竖立成垛，茎叶中的有机物仍能继续向籽粒中转移，这称为"蹲棵"，这样可以增产5％～10％。

第六节　同化物的分配与产量的关系

一、影响同化物分配的三要素

同化物分配到哪里、分配多少，受源的供应能力、库的竞争能力和输导系统的运输能力 3 个因素的影响。

（1）供应能力。供应能力是指源的同化物能否输出以及输出的多少。当源的同化物产生较少，本身生长又需要时，基本不输出；只有同化物形成超过自身需要时，才能输出，且生产越多，外运潜力越大。源似乎有一种"推力"，把叶片制造的光合产物的多余部分向外"推出"。源器官同化形成和输出的能力，称源强（source strength），光合速率是度量源强最直观的一个指标。

（2）竞争能力。竞争能力是指库对同化物的吸引和"争调"的能力。生长速率快、代谢旺盛的部位，对养分竞争的能力强，得到的同化物多。库对同化物有一种"拉力"，代谢强，拉力就大。库器官接纳和转化同化物的能力，称为库强（sink strength）。表观库强（apparent sink strength）可用库器官干物质净积累速率表示。

（3）运输能力。运输能力与源、库之间的输导系统的联系、畅通程度和距离远近有关。源、库之间联系直接、畅通、距离近，库得到的同化物就多。

二、同化物分配与产量的关系

有机物质的运输与分配，常与经济系数相联系：经济系数＝经济产量/生物产量。经济系数的大小取决于光合产物向经济器官运输与分配的数量。凡是有利于光合产物向经济器官分配的因素，均能增大经济系数，提高经济产量。

构成作物经济产量的物质有三个方面的来源：一是当时功能叶制造的光合产物输入的；二是某些经济器官（如穗）自身合成的；三是其他器官贮存物质的再利用。其中功能叶制造的光合产物是经济产量的主要来源。

根据源库关系，从作物品种特性角度分析，影响作物产量形成的因素有三种类型。

（1）源限制型。这种类型的品种其特点是源小而库大，源的供应能力是限制作物产量提高的主要因素。源的供应能力满足不了库的需要，如结实率低、空壳率高。

（2）库限制型。这类品种的特点是库小源大，库的接纳能力小是限制产量提高的主要因素。源的供应能力超过库的要求，结实率高且饱满，但由于粒数少或库容小，所以产量不高。

（3）源库互作型。此类型的品种，产量由源库协同调节，可塑性大，只要栽培措施得当，容易获得较高的产量。

第七节　同化物运输与分配的调控

影响与调节同化物运输与分配的因素十分复杂，其中品种株形和光合特性、糖代谢状况、植物激素起着重要作用。另外，环境因素也对同化物运输与分配有着重要影响。

一、品种株形和光合特性

（一）品种株形

作物群体是一个获取和转化太阳辐射能的体系，培育合理的群体结构，改善冠层内的辐射分布，提高光能利用率是获取高产的基础，历来备受研究者重视。小麦冠层的辐射分布及群体光合能力与品种类型和生态条件有着密切关系，例如，林忠辉等研究发现，青藏高原的冬小麦品种冠层消光系数较低，中下部叶片可得到较好的光照，不易发生早衰，并且可以承受较大的密度，容纳较高的绿叶面积和有效穗数。

（二）光合特性

作物干物质的90％～95％来自光合作用，光合作用是作物产量形成的基础。光合作用是一个极其复杂的生物物理和生物化学过程，晴天中午前后由于受高温强光作用水稻经常表现出光抑制现象，严重导致光氧化。一般认为光抑制是PSⅡ长期调控的机制，是PSⅡ反应中心的可逆失活。王荣富等研究表明，水稻在中午的强光高温条件下出现光抑制现象，表现光化学途径受阻，部分吸收的光能以热的形式耗散。水稻籽粒的灌浆需要大量光合产物供应，光合同化物的运输和分配是影响其产量的一个关键因素。

（三）不同光合器官

　　叶片是植物进行光合作用的主要器官，对籽粒产量的贡献已较为清楚。但许多作物的非叶器官或组织也能形成或含有叶绿素，并具有实际的或潜在的光合能力。开花后绿色茎鞘、穗处于有利于光合作用的位置，尤其在生育后期叶片逐渐衰亡的过程中，显得非常重要。关于不同器官对籽粒的贡献已有大量报道，但关于不同器官对籽重作用的基因型差异及其影响因子，却没有系统的研究。为了充分挖掘并发挥各器官的光合潜力在产量提高中的作用，魏爱丽等（2001）通过剪叶、包穗、包秆等处理研究了小麦不同器官对粒重的作用，并对其基因型差异进行了分析。结果表明，不同器官对千粒重的贡献在器官之间有极显著的差异，而在基因型差异不显著，对穗粒重的贡献在器官之间及基因型与器官的互作间呈极显著差异（穗和叶之间差异不显著），而基因型之间的差异不显著。各器官对籽重的贡献与株高有一定关系。在一定株高范围内，叶片对粒重的贡献随穗面积的增大而增加，穗对粒重的贡献随穗面积的增大而有减小趋势，茎鞘光合的贡献与穗面积和株高呈正相关，贮藏物质的贡献与叶片的贡献呈显著负相关。株高与千粒重间呈极显著正相关，与穗粒数呈极显著负相关；单茎叶面积与穗粒重呈显著正相关，穗面积、穗粒重与穗粒数呈显著正相关。

（四）冠层结构及其补偿功能

　　植物冠层结构（canopy structure）是指由其茎秆、上层叶片、穗、芒等或由其分枝和叶片等形成上部绿色光合器官层次分布的空间结构。例如，小麦、水稻、玉米等作物的冠层光合器官包括上部茎叶、穗、芒、叶鞘等部分。

　　同时，作物冠层结构还有一定的补偿功能。当各株之间空间较大时，可通过增加分蘖（禾谷类作物）、果树伸长分枝，在扩大光合器官占据空间或受虫害伤害和机械损伤时，加快生长，补偿冠层密度。

　　作物群体合理的冠层结构能最大限度截获光能合成光合产物，增加作物的光能生产力。

　　小麦冠层结构光合器官间具有一定的补偿作用。研究结果显示，3个时期剪去旗叶的单项处理和多项联合处理所造成的千粒重下降程度都显著增大，而保留旗叶的各种处理，则千粒重下降少。这一结果表明，光合器官之间有一定的补偿作用，其补偿能力以旗叶为最高，其次为倒二叶、芒、倒三叶。除去部分光合器官，可增加剩余部分光合率，而且当剪去旗叶后，其余光合器官的补偿较差，源的亏缺严重，导致千粒重下降较多。因此，在小麦的高产栽培和育种工作中，都应十分重视延长或增强小麦冠层器官的功能期，增源扩库，以期获得高产。

二、代谢调节

（一）细胞内蔗糖浓度的调节

　　叶片内蔗糖浓度高，在短期内可促进同化物从源的输出速率。例如，通过提高光强或增施 CO_2 的方法来提高叶片内蔗糖的浓度，短期内可以加速同化物从功能叶的输出速率。但从长期看，叶片内高浓度的蔗糖则会抑制光合作用。

（二）能量代谢的调节

同化物的主动运输需要消耗代谢能量。膜 ATP 酶的活性与物质运输关系密切。物质出膜、进膜都需要 ATP。ATP 的作用可能有两个方面：一是作为直接的动力，二是通过提高膜透性而起作用。用敌草隆（DCMU）和二硝基苯酚（DNP）抑制 ATP 的形成，会对同化物运输产生抑制作用。

（三）激素调节

植物激素对同化物的运输与分配有着重要影响。除乙烯外，其他 4 种内源激素都有促进有机物运输与分配的效应。例如，用生长素处理未受精的胚珠或棉花未受精的柱头，发现生长素有吸引有机物向这些器官分配的效应。又如，正在发育的向日葵籽实的生长速率与生长素的含量成正比。

关于植物激素促进同化物运输的机制，目前还不十分清楚，有以下几个方面的解释：①生长素与质膜上的受体结合，产生膜的去极化作用，降低膜势，并可能使离子通道打开，有利于离子及同化物的运输；也有人提出生长素是膜上 K^+/H^+ 交换泵的活化剂，通过刺激膜上的 K^+/H^+ 交换，促进物质运输；②植物激素能改变膜的理化性质，提高膜透性，如生长素，赤霉素、细胞分裂素均有提高膜透性的功能；③植物激素能促进 RNA 和蛋白质的合成，合成某些与同化物运输有关的酶，如赤霉素诱导 α-淀粉酶合成。

三、环境因素对同化物运输的影响

（一）温度

温度影响同化物运输的速率。糖的运输速率在 20～30℃ 时最快，高于、低于这个温度，运输速率下降。低温对运输的影响，一方面是由于低温降低了呼吸速率，减少了能量供应；另一方面是低温提高了筛管内含物的黏度。高温对运输的影响，一方面是筛板出现胼胝质；另一方面高温会使呼吸作用增强，消耗物质增多。此外，高温还会使酶钝化或被破坏，从而影响运输速率。

温度影响同化物的运输方向。当土温高于气温时，同化物向根部分配的比例增大；反之，光合产物向顶部分配较多。因此，对于块根、块茎作物，适当提高土温有利于更多的同化物运向地下部。

昼夜温差大小对同化物运输也有影响。如小麦从开花到成熟期，若适当增加昼夜温差，可使其夜间呼吸消耗少，穗粒重增大。我国北方小麦产量高于南方，原因之一就是北方昼夜温差大，植株衰老慢，灌浆期长。

（二）光照

光照通过光合作用影响同化物的运输与分配。功能叶白天的输出率高于夜间，用 [14]C-同化物进行的试验证明，植物照光后，运输速率迅速增加，2～3h 后达最高峰，进入黑暗以后又迅速下降。产生这种现象的原因可能是由于光下蔗糖浓度升高，合成ATP多，运输加快。

（三）水分

水分胁迫使光合速率降低，叶片细胞内可运态蔗糖浓度降低，影响向外输出，从而降低了筛管内集流的运输速率。但是，干旱条件下光合速率的降低并不与同化物向穗部的输出相一致。由于穗是一个竞争力很强的库，同化物的分配受抑制不大，而是向下部节间分配降低，从而使茎下部叶片与根系衰老死亡。

（四）矿质元素

影响同化物运输的矿质元素，主要是氮、磷、钾、硼等。

（1）氮。氮肥过多，较多的糖类用于形成植物营养体，不利于同化物向外输出，向籽粒分配减少，N过少则会引起功能叶早衰，减少源内同化物的积累。

（2）磷。磷肥促进有机物的运输。可能的原因是：①磷促进光合作用，形成较多的同化物；②磷促进蔗糖合成，提高可运态蔗糖浓度；③磷是ATP的重要组分，同化物的运输离不开能量。所以，作物成熟期追施磷肥可以提高产量。棉花开花期喷施过磷酸钙，能减少幼铃脱落。

（3）钾。钾能促进库内糖分转变成淀粉，维持源库两端的压力差，有利于有机物运输。

（4）硼。硼和糖能结合成复合物，这种复合物有利于透过质膜，促进糖的运输。硼还能促进蔗糖的合成，提高可运态蔗糖的浓度。作物灌浆期对叶片喷施硼肥，有利于籽粒灌浆，提高产量。在棉花开花结铃期喷施硼肥，有利于保花保铃，减少脱落。

第八节　药用植物有效成分累积和运输的特点

根类药材在中药材中占有重要地位。据全国调查，植物药材有320种，其中根茎类120种，占37.5%。

根类中草药是指药用根或以根为主并带有部分根茎的药材。根类药材的栽培中选地非常重要，应是土层深厚、土质疏松肥沃、排水良好的砂质壤土，还要深耕和施足基肥，不需留种的应及早打苔摘花。在秋季根或根茎膨大期间，要适当浇水和培土，深根类药材如黄芪、党参、桔梗和丹参等，应选坡地种植以便采挖。

一、药用植物根的生长发育

多数根类药材根的发育需要多年时间，如当归的肉质贮藏根的发育，第1年主要是根长度的生长，同时也产生各级侧根和增加侧根长度，扩大根部的吸收面积，以适应地上营养器官不断生长过程中对水和无机盐类的需要。幼根的主要功能是吸收水分和养分，供给地上部和其本身发育的需要，土壤水分多时，仍能良好生长。第2年或第3年移栽后，除了地下部分重新长出各级侧根外，主要是地上部分的生长，并陆续长出新叶，逐渐扩大叶面积，大量制造和积累同化产物，运向地下根部。根生长进入膨大期后，主根粗度明显增加，老根的贮藏功能增强，不但自身迅速长大，还贮存相当量的养分为来年所用，因此大量的碳水化合物等有机养分需在叶内合成后转运回根。此时根内的养分累积越多，越有利于第 2 年的生长。但是此时的根不耐土壤高湿和积水，水分过多则根易腐烂。

一些药用植物根的生长有一定的自我调节能力。如西洋参的根在茎叶生长旺盛时期，根系不发达的肉质根从外界吸收的养分不能满足地上部快速生长的需要，于是根将自身贮存的养分输送到茎叶，供期生长利用，这时根起营养源的作用，根干重减轻，这是一种不可避免的生理减重，此后根即迅速增长、增粗。

不同种药用植物根的生长发育一致。如当时在人工栽培条件下，完成个体发育需要 3 个生长季，而营养生长要两个生长季才能完成肉质贮藏根的形态发育。它不同于一般两年生有肉质根的植物，与一般多年生肉质贮藏根的植物也不一样，如人参、党参、大黄，这些植物年年抽苔开花却不影响其肉质贮藏根的发育，而当归一旦抽苔开花，其肉质贮藏根就受到严重影响，品质明显下降。在栽种中提前抽苔的植株，由于处于生殖生长形成花器官的阶段，消耗同化产物多，因而影响根内营养物质的贮藏，此时根的主要生理功能是吸收土壤中的水分和营养起支持作用，根的内部结构也发生变化，木质部所占的比例增大。有些药材，如黄连根茎每年有向上生长的特点，为保证根茎膨大部位的适宜深度，必须适时栽土。

多年生药用植物直根系的生长随着生长年限的增加而逐渐减缓。如人参，1～6 年生的生长速度快，10 年以上的人参根生长速度非常慢。根增重最快的时期是在果实种子收获以后，在此期间营养水分充足与否对根产量的影响很大。人参近红果期的参根增重率为 49.1%，红果期的增重率为 67.3%；果后参根生长期的参根增重率为 114.3% 和 156.4%，此期的参根生长率是果期的 2～3 倍。3 年生西洋参根，在果实成熟末期增长率为 80.26%，果后参根生长期的增长率为 132.39%。由此可知根生长发育最快的时期是果后，或种子成熟后至地上叶片枯萎时期。这一时期必须加强田间管理，防止积水、干旱和缺肥。

二、药物有效成分积累

根类药用植物的药效成分种类多，目前对有效成分的研究还不多。影响有效成分积累的因素除了耕作制度等人为因素以外，还受一些自然因素的影响。从经纬度来看，中草药中挥发油的含量越往南越高，而蛋白质的含量则是越向北越高。在一定范围内，药用植物的生物碱含量随温度的增高而增高。

有效成分积累动态与植物生长发育阶段是确定根类药用植物适宜采收期的两个重要指标。当有效成分含量高峰与药用部分产量高峰不一致时，应该考虑有效成分的总含量。有效成分的总量＝单产量×有效成分的百分含量。总量为最大值时，即为适宜采收期。药效成分的种类、比例和含量都受环境因素的影响，也可说是在特定的气候、土质和生态环境条件下的代谢产物。引种栽培时必须检查分析成品药材与地道药材在成分、种类以及各类成分含量比例上有无差异，只有这几个参数完全吻合时才算栽培引种成功。栽培措施也会影响有效成分的种类和含量的高低，如摘蕾减少人参生殖生长对养分的消耗，生殖生长的营养物质转用于营养生长，这样不仅将产量提高10％以上，而且还提高药效成分的含量。又如改变栽培人参的荫棚透光状况，管理从传统固定式一面坡全荫棚改成拱形调光棚，再辅以科学的施肥和灌水措施，不仅产量可以翻倍，而且药材的皂苷、氨基酸和多糖等药效成分也得到提高。例如，栽植西洋参的荫棚透光度为20％时，参根中皂苷含量最高，种植西洋参的土壤在pH 5.5～6.5时根中皂苷含量高于pH4.4时。

不收种子的根类药材应摘去花蕾，以促进根的生长发育。提前抽苔的一些药用植物不仅根的形态结构、根的次生韧皮部和次生木质部在根茎横断面上所占比例都发生变化，而且还影响有效成分，以致活的薄壁组织和分泌道减少，有效成分含量降低，薄壁细胞的细胞壁完全木质化，根质坚硬。因此要尽量避免提前抽苔开花。

人参属植物都含有皂苷。人参、西洋参和三七的皂苷以四环三萜类达玛烷型的皂苷为主。栽培年限长的含量高，短的含量低，光照适宜的含量高，摘蕾加上合理施肥的含量也高，成品加工后的皂苷含量最高，药理活性也随栽培年限的增长而增强。人参中皂苷含量不仅随栽培年限增长而增加，而且在1年内还随生长发育而波动，并不是呈直线上升。淀粉和还原糖的含量也随栽培年限延续而增加，但其增长速率逐年降低。

有些栽培年限不同的药用植物的有效成分含量无明显差异。如龙胆的地下部龙胆苦苷于第4年含量才开始下降，每年的不同生育期的龙胆苦苷含量也不同，枯萎期产量最高，全根有效成分总量以枯萎后至萌发期前为最高。

参 考 文 献

杜久元，周祥椿，杨立荣. 2004. 不同小麦品种植株光合器官受损对单穗籽粒产量的影响及其补偿效应. 麦类作物学报，24（1）：35～39

韩建萍，梁宗锁，王敬民. 2003. 矿质元素与根类中草药根系生长发育及有效成分累积的关系. 植物生理学通讯，34（1）：78～80

蒋高明. 2004. 植物生理生态学. 北京：高等教育出版社

兰伯斯，蔡平，庞斯. 2005. 植物生理生态学. 张国平，周书军译. 杭州：浙江大学出版社

李合生. 2006. 现代植物生理学. 第二版. 北京：高等教育出版社

魏爱丽，王志敏. 2001. 小麦不同光合器官对穗粒重的作用和基因型差异研究. 麦类作物学报，24（2）：57～61

薛丽华，章建新. 2006. 大豆鼓粒期非光合器官与粒重的关系. 大豆科学，25（4）：425～428

余泽高，向晓明. 2003. 小麦冠层光合器官不同时期对千粒重影响的研究. 湖北农业科学，3：21～24

张旺锋，王振林，余松烈等. 2002. 膜下滴灌对新疆高产棉花群体光合作用冠屋结构和产量形成的影响. 中国农业科学，35（6）：632～637

张伟，吕新，曹连莆. 2005. 不同氮肥用量对棉花冠屋结构光合作用和产量形成的影响. 干旱地区农业研究，23（2）：80～87

张显川，高照全，舒先迂等. 2005. 苹果开心形树冠不同部位光合与蒸腾能力的研究. 园艺学报，32（6）：975～979

张云华，陈丽娟，王荣富. 2006. 两系杂交稻PA64S/E32生育后期的光抑制和光合产物分配. 中国农学通报，22（4）：276～280

赵会杰，李有，邹琦. 2002. 两个不同穗型小麦品种的冠屋辐射和光合特征的比较研究. 作物学报，28（5）：

654～659

赵丽英，邓西平，山仑. 2007. 不同水分处理下冬小麦旗叶叶绿素荧光参数的变化研究. 中国生态农业学报，15（1）：63～66

Joy K M. 1964. Translocation in sugar-beet . I. assimilation of $^{14}CO_2$ distribution of materials from leaves. Journal of Experimental Botany，15（45）：485～498

Taiz L，Zeiger E. 2002. Plant Physiology. 4th ed. Sinauer Associates

第八章 水生植物的特殊生理生态

水生植物按其生活水环境的不同,将生活在陆地上江河湖泊淡水环境里的植物称为淡水水生植物;而将生活在海洋环境里的植物称为海洋植物。水生植物在长期的进化过程中形成了适应弱光、缺氧、水位变化和不同地质水环境的特殊形态结构,以及光合作用、呼吸作用、营养吸收等生理特性。水生植物是人类食物、药物、造纸、能源等的原料,也可为园林造景、护堤、引鸟、净化水质等提供来源,特别是净化江河、湖泊、海洋污染水质的新兴绿色植物,对研究和讨论水生植物的特殊生理生态及净化修复污染水质的机制具有重要的意义。

第一节 水生植物生态型分类

水生植物 (hydrophyte,aquatic plant,water plant) 是指生长在水中的、具有叶绿素、能进行光合作用生产有机物的自养型植物。水生植物按其生活水环境的水质不同可分为淡水水生植物和海洋植物;按其生长水生态环境的不同又可进行如下分类。

一、淡水水生植物的生态型分类

水生植物是个生态学名词,而不是分类学名称。根据淡水水生植物生长环境内水的深浅不同,以及它的形态、构造等特点,可将淡水水生植物分为四个主要生态类群。

(1) 挺水植物。挺水植物是茎、叶大部分挺伸在水面上的植物类群,主要分布在水边湿地到水深 1.5m 的水域,在浅水湖泊、港湾中生长最旺盛,常在浅水区布满整个水体。

挺水植物几乎都为水陆两栖种类,水生性弱;在空气中部分具有陆生植物特征,在水中部分 (主要是根、根状茎) 则具有水生植物的特征。典型挺水植物有芦苇、菰、香蒲、水葱、慈姑等。在挺水植物间常杂有浮叶植物和沉水植物等。

(2) 浮叶植物。浮叶植物是叶片漂浮在水面、根固着在水底的植物类群,主要分布在水深 1~2m 的水域,有时亦可生长在更深水域,但生长不旺盛。

浮叶植物常有沉水叶和浮水叶之分。常见的浮叶植物有菱、睡莲、莲和莼菜等,其间常杂生有一些沉水植物。

(3) 漂浮植物。漂浮植物是整个植物体都漂浮于水面或水中的植物类群,一般分布在静止 (稻田、池塘) 或流动性不大的水体及湖泊的港湾部分。漂浮植物常杂生在挺水植物和浮叶植物之间。

漂浮植物的根系退化成须状根,起平衡和吸收营养的作用。其常在叶柄或背面生有浮囊 (气囊),使叶浮于水面,或稍露于水面。典型的漂浮植物有槐叶萍、凤眼莲、无根萍和浮萍等。

（4）沉水植物。沉水植物是整个植物体沉没在水下、根生长在水底的植物类群，主要分布在水深1～2m水域，有的可达4m，最深可达6～8m，分布深度受透明度的影响极大，光照度决定沉水植物的分布下限。

沉水植物是典型的水生植物，其根或根状茎生于水底泥中，茎、叶全部沉没水中，仅在开花时花露出水面。典型的沉水植物多为眼子菜科、茨藻科的种类，此外轮叶黑藻、苦草、水车前等也是常见的种类。

二、海洋植物的生态型分类

海洋植物是海洋中具有叶绿素、能进行光合作用生产有机物的自养型生物，它们是海洋中最重要的初级生产者。

海洋植物包括孢子植物的海藻、单子叶的海草以及木本植物红树，种类繁多，它们广泛生长在寒带、温带、亚热带和热带海区。海洋植物主要生活在潮间带至潮下带海域，极个别种类生长在较深（100m）的水域。

海洋植物可分为海藻类植物、海草类植物、海洋木本种子植物等类型。具体类型和分布如下。

（一）海藻类植物

海藻是指生活在海洋中的藻类，是低等的孢子植物。海藻是海洋植物的主体，是人类的一大自然财富，目前可用作食品的海洋藻类有100多种。科学家们根据海藻的生活习性，把海藻分为浮游藻类和底栖藻类两大类型。

浮游藻类多为单细胞，个体较小，只要有光线的地方就有其分布，有些种类虽具有鞭毛，但仍是随波逐流，漂浮于水中，其数目和种类非常多，是海洋中最主要的初级生产力。常见的浮游藻类是硅藻和甲藻，是许多海洋动物及其幼体的优质饵料；但若海水富营养化，某些甲藻种类大量繁生，释放毒素，引发赤潮，则会致使鱼类及其他生物死亡，给生态环境和渔业生产带来巨大危害。

底栖藻类以固着器固着在潮间带及潮下带岩礁、沙砾等基质上，为多细胞，构造比较复杂，形态多样，有很多是重要的经济种类，某些种类常形成海藻床，为许多经济动物提供栖息地和食物。其中较大的海带长可达4～5m，最大的巨藻长可达60m以上。

底栖藻类主要有蓝藻、红藻、褐藻和绿藻4类。中国沿海常见、具有较高经济价值的种类有：蓝藻类的螺旋藻；绿藻类的孔石莼、浒苔、礁膜；褐藻类的海带、裙带菜、马尾藻；红藻类的石花菜、条斑紫菜、坛紫菜、龙须菜、长心卡帕藻等。其中海带、条斑紫菜、坛紫菜、龙须菜、长心卡帕藻是我国海藻养殖的主要种类。

（二）海草类植物

海草是生长在热带和温带海域沿岸浅水中的单子叶植物，为了长期适应海洋泥沙底基质的环境，通常具有发育良好的匍匐地下根状茎，以使各个个体在附着基质上交织生长得以巩固。潮间带到潮下带10～12m处均有分布。

海草的叶片扁平，呈带状，十分柔软，它们能经受海流的冲击而保持直立。海草种间的内部结构是相当一致的，属典型的水生植物，所有海草的叶片、短枝和根都有水生植物所具有的通气组织，这种特殊的薄壁组织是由一个规则排列的气道或腔隙构成的，有助于叶子漂浮和植物体的气体交换。

（三）海洋木本种子植物类——红树林

红树林是指以红树为优势种的植物群落，是热带和亚热带海滩上特有的木本植物，主要生长在潮间带上部至潮下带浅水沼泽泥沙质的海滩上，常常形成高矮不同的乔木和灌木丛林，即红树林。红树林是一种特殊的生态类型，它们长期生长在特殊的海水环境中，适应了盐、淡水交汇的环境，形成特殊的植物群落。

红树林具有保护海岸、滩涂，滋养鱼、虾、蟹等的作用。红树林生态系统是世界上最富多样性、生产力最高的海洋生态系统之一，对调节热带气候和防止海岸侵蚀起重要作用。

第二节　水生植物对水环境适应的生理特性和形态特征

水生植物长期适应水中的缺氧环境，根、茎、叶形成一整套通气系统，从而能够长期生长在水中。植物体全部或部分器官长期生长在水中，其在水下的叶片多分裂成带状、线状、而且很薄，以增加吸收阳光、无机盐和 CO_2 的面积。

一、水生植物对水环境的适应

水环境与陆地环境有明显的差别，主要表现为水体光照强度弱、氧气含量少、温度变化平稳、具流动性、密度大等特点。水生植物的生长、生存及繁殖与水环境各种因素有密切的关系，而水生植物生命活动又会影响水体环境，并使水环境按一定规律不断地变动。水生植物在长期演化的过程中，从植物体各器官的形态、结构到生长、繁殖等生理机能，都表现出了对水环境的高度适应。

（一）水生植物根对水环境的适应

水生植物的根在形态、构造、功能上都较退化，有的甚至无根；根分枝少或不分枝。水环境与陆地土壤不同，植物根可以蔓延无阻，根端不易受伤，所以不需要保护，无根冠存在，而常有根套起平稳作用；无根毛，整个根的表皮细胞都有吸收功能；内部结构中贮气组织发达，维管速退化。因沉水植物整个植物体都能吸收营养和水分，根的吸收作用降低，主要起固定植物体的作用。漂浮植物的根主要使植物体易于保持一定的位置，也具有吸收作用。

（二）水生植物茎对水环境的适应

水生植物，尤其是沉水植物的茎幼嫩而纤细，分枝少，表皮一般不具陆生植物防止水分蒸发的角质层，含有叶绿素，能进行光合作用。茎基本上由薄壁细胞（组织）组成，细胞间隙很发达，常形成很大的气室，以贮藏气体，便于内部细胞进行交换，并有利于漂浮。维管束集中在茎的中央，以增加茎的弹性，有抵抗机械损伤的作用；机械组织不发达，茎的可曲性很大，许多种类有多年生根状茎。

（三）水生植物叶对水环境的适应

（1）挺水叶。挺水叶由于与空气接触，具有与陆生植物相同的构造（由上表皮、下表皮、栅栏组织和海绵组织构成，具有表皮毛、角质层和气孔等）。例如，莲叶的表皮毛极发达，由于表皮毛的存在，水滴到莲叶上立即形成圆形水珠。

（2）浮水叶。浮水叶漂浮水面，构造比较复杂，为背腹异面叶；海绵组织发达；在下面或叶柄上常形成气囊，可以增加浮力，使叶浮于水面。叶的上面有许多气孔，有角质层，叶内有明显的栅栏组织。细胞内常有多数的结晶体，有抵抗外力压迫的作用。

（3）沉水叶。沉水叶沉没水中，其形态构造具有典型的水生特性。由于适应水环境的结果，叶向两个方向发展：一是叶变得纤细，分裂为多数细长的裂片；二是叶片呈较大的薄膜状，能减少阻力，增加相对表面积，适应水中光照弱的特点。叶内组织分化不明显，无栅栏组织和海绵组织的区别；无气孔，无角质层等；维管束、机械组织也极不发达，细胞间隙大。

依据植物体的发育阶段，以及与水环境接触的程度，叶的形态构造有所差异，这种异叶现象在许多水生植物中都可见到。异叶现象就是在一株植物体上，具有形态构造不同的叶。例如，既有浮水叶，又有沉水叶；或既有气生叶和浮水叶，又有沉水叶；或既有气生叶又有浮水叶。慈姑最初长出的是狭带形沉水叶，以后为卵形浮水叶，最后形成戟形的气生叶。

叶的变态在水生植物中也常能见到，如狸藻叶变为捕虫囊，捕捉水生小动物，补充养分的不足；槐叶萍在水下的叶细胞裂成根状，加强水分、养分的吸收和在水面的平稳性。

（四）水生植物生长与繁殖对水环境的适应

水生植物受水环境的影响，春季萌生、冬季凋亡都晚于陆生植物。以湖泊来讲，夏季浮游生物量最高，而水生植物秋季生物量最高，其中沉水植物的生物量最大，挺水植物次之。

水环境对花粉传播不及陆地可靠，所以无性繁殖成为水生植物主要的繁殖方法。植物体大多生长特殊的匍匐茎、球茎、根状茎或以冬芽进行繁殖，也可由植物体断片繁殖。轮叶黑藻、金鱼藻等植物的枝脱离母体后都能独立生活，生成新株。当植物体被水流、风浪折断时，靠水流移动到各处生长繁殖。冬芽有茎、叶，但节间短，叶密集在一起，贮存着丰富的营养物质，常在秋末形成以越过低温的冬季。轮叶黑藻、菹草等都能形成冬芽。

有性繁殖方面，水生植物多借助水力来授粉，为水媒花。沉水植物的繁殖器官往往都较特化。苦草是典型水媒花，为雌雄异株的植物体；雄花小，多数着生在花轴上，外有膜质的佛焰苞，仅有花萼，无花冠，成熟后雄花纷纷自行脱离花轴，浮至水面，依靠水流与雌花接触、授粉；雌花有管状佛焰苞，无花冠，有花萼，开花时螺旋形花梗将雌花送到水面，雌花浮于水面与雄花接触授粉，授粉后雌花闭合，花梗自行卷缩沉入水底，雌雄配子结合后形成果实和种子。

二、水生植物适应水环境的叶形态特征

生活在水体不同层次的水生植物，以不同的方式适应水生环境。

（一）沉水植物

沉水植物是典型的水生植物，整个植物体沉没在水下，与大气完全隔绝。沉水叶一般形小而薄，并常分裂成带状或丝状以增加对光、无机盐和 CO_2 的吸收表面积。在结构上，表皮细胞壁薄，无角质层，不具气孔器，能直接吸收水分和溶于水中的气体和盐类；表皮细胞含有叶绿体，对于光的吸收和利用极为有利，因此，沉水叶的表皮不仅是保护组织，也是吸收组织和同化组织。沉水植物叶肉不发达，细胞层次少，无栅栏组织和海绵组织的分化，但其中所含的叶绿体大而多，这也有利于光的透入、吸收和利用；叶肉中常有大的气腔或气道等通气组织，其中贮藏的大量气体可以被光合作用和呼吸作用所利用。由于沉水植物随水飘荡，所需的支持力也小，因此，叶脉的输导组织和机械组织极不发达。

（二）浮水植物

浮水植物的叶漂浮在水面，根部则生长在水面以下的水体中。浮水植物叶子的上表面直接受阳光的照射，下表面沉浸在水中，因此，其叶子的上半部具有旱生叶的特征，而下半部具水生叶的特征。上表皮具角质层，并有气孔器分布，细胞中没有叶绿体，下表皮没有气孔器，细胞中有时含有叶绿体；叶肉有明显的栅栏组织和海绵组织的分化，栅栏组织在上方，细胞层次多，含有较多的叶绿体，海绵组织在下方，形成十分发达的通气组织；维管组织和机械组织不发达，但比沉水植物更完善。

（三）挺水植物

挺水植物的茎、叶大部分挺伸在水面以上，而根部长期生长在水中。挺水植物叶的结构与普通中生植物叶的结构类似，但其叶肉的细胞间隙发达或海绵组织所占的比例较大，以保证根部的呼吸。

三、水生植物为避免缺 O_2 而形成通气组织的适应机制

湿生植物（如水稻）已演化成具有适宜在淹水土壤中生长的机制，其中最重要的适应机制是通气组织的形成。通气组织在植物中具有连续通气空间，以便 O_2 能从地上部或空气中运输到根部。许多植物中的一些特殊结构可使 O_2 从空气中扩散至植株中，如红树（mangroves）的气生根、粗柏（*Taxodium distychum*）的呼吸根，以及许多湿生植物树皮中的皮孔。

有通气组织的植物，它输送到根系的 O_2 往往比根系本身呼吸所消耗的 O_2 来得多，向根际周围扩散的 O_2 可以氧化潜在的有毒物质。当从还原土壤中拔起植株时，我们可

以看到这种现象：由于 FeS 的存在，根系本身呈黑色，但与根系接触的土壤则呈棕色或红色，这表明有氧化态 Fe^{3+}（铁锈）的存在，它的溶解度小于还原态 Fe^{2+}。

通气组织并未给植物带来很大的好处，这是因为通气组织的根系直径特别粗，从而可减少单位生物量的表面积。由于植物营养吸收受根系直径和表面积的影响很大，通气组织生长发育本身的消耗可能会降低每单位根生物量的营养吸收率。

通气组织也是土壤中气体与大气的交换通道。甲烷通常是细菌在厌氧土壤中的产物。在水稻田和自然湿地中，大多数甲烷是通过植株通气组织运输到大气中的。

第三节　水生植物获得光合碳源的特殊生理机制

对于地上面的植物，CO_2 可以通过气孔从空气中扩散进入叶肉细胞；而在水生植物中，因为缺乏气孔，叶片周围存在厚的界面层，且 CO_2 在水中传播速度慢等，使这种 CO_2 扩散途径受到限制。那么，水生植物是如何克服这些困难的呢？为了获得高光合速率而避免高光呼吸速率，水生植物必须有特殊的机制来获得充足的 CO_2 以满足光合作用的需要。本节主要讨论不同物种具有的不同机制。

水生植物生长环境的另一特征是光照强度低，许多水生植物的叶片性状类似于已经提到过的阴生植物。

一、水中 CO_2 供应

在淡水中，CO_2 含量丰富。在 $10\sim20℃$ 时，其分配系数（CO_2 在空气中和水中的克分子浓度之比）约为 1，此时水中 CO_2 的平衡浓度近似 $12.8\mu mol/L$。在这种情况下，水生植物周围的 CO_2 浓度和空气中的一样。但是溶解于水中的气体在水中的扩散速度要比空气中慢约 10^4 倍，导致在 CO_2 同化时，叶片周围的 CO_2 很快被耗尽。不利的是，叶片内 O_2 浓度的增加，不可避免地限制了 Rubisco 的羧化活性而有利于其加氧反应。

CO_2 只能通过扩散进入界面层。通过测定流动水的方向，现已知界面层的厚度和叶片大小的平方根成正比，而与流动水的流量成反比，其大小为 10（流水）$\sim50\mu m$（静水）。界面层的厚度经常是限制水生植物光合速率的一个主要因子。CO_2 在水中的溶解如下所示。

$$2H^+ + CO_3^{2-} \rightleftharpoons H^+ + HCO_3^- \rightleftharpoons CO_2 + H_2O \rightleftharpoons H_2CO_3 \qquad (8-1)$$
$$HCO_3^- \rightleftharpoons OH^- + CO_2 \qquad (8-2)$$

和 CO_2 相比，H_2CO_3 的浓度很低，因此通常把两者合并，称之为 $[CO_2]$。

CO_2 在碳酸氢盐间的相互转换很慢，特别是在缺少碳酸酐酶的情况下。无机碳化物的溶解主要取决于水中的 pH 浓度。在海水中，当 pH 从 7.4 升至 8.3 时，溶解在水中的各无机碳含量的变化如下：CO_2 在总无机碳库中的比例从 4% 下降至 1%，HCO_3^- 从 96% 下降至 89%，CO_3^{2-} 则从 0.2% 升到 11%。

在黑暗中，池塘和溪流中的 CO_2 浓度通常较高，超过与空气平衡的浓度，这主要是由于水中有机体的呼吸作用以及 CO_2 在水和空气之间的交换很慢所致。CO_2 浓度高时，水中的 pH 则相对较低。在水中的 CO_2 浓度迅速下降，pH 相应上升。pH 的上升是个不利因子，特别是在静水中。虽然溶解于水的所有无机碳（即 CO_2、HCO_3^- 和 CO_3^{2-}）浓度可能只下降几个百分点，然而高的 pH 影响了从 CO_2 到 HCO_3^- 的平衡，CO_2 的浓度下降很大。所以，对于水下仅能利用 CO_2 而不能利用 HCO_3^- 作为碳源的植物，其同化作用经常受 CO_2 供应不足的限制。

二、水生植物对碳酸氢盐的利用

除了利用 CO_2 外，许多水生植物还能利用碳酸氢盐作为光合作用的碳源，这可能是由于植物本身对碳酸氢盐的有效吸收，也可能是通过释放质子降低细胞外空间的 pH，导致反应合成 CO_2 的方向进行。在一些水生植物如水草（伊乐藻属，*Elodea canadensis*）中，从 HCO_3^- 转变到 CO_2 的反应也可被碳酸酐酶所催化。在一些物种的细胞外空间已经发现这种酶，如在毛茛属 *Ranunculus penicillatus* 这种水生植物中，碳酸酐酶与表皮细胞壁紧密结合。碳酸氢盐的有效吸收同样需要质子的释放，以提供推动力。

能利用碳酸氢盐的水生植物有增加叶绿体中 CO_2 浓度的机制。虽然这种 CO_2 浓缩机制和 C_4 植物的不同，但其效果却是相似的，即降低了 Rubisco 的氧化活性和 CO_2 补偿点。因为碳酸氢盐的利用，水生植物叶片内的 CO_2 浓度可能要比陆地 C_3 植物的高许多，这意味着它们并不需要和 CO_2 强亲合的 Rubisco 酶。与 C_4 植物类似，水生植物对 CO_2 的 K_m 相对较高，约为陆地 C_3 植物的两倍（表 8-1）。这一高的 K_m 值使得水生植物具有很高的 Rubisco 催化活性，该催化活性与利用 HCO_3^- 的绿藻 *Chlamydomonas reinhardtii* 的 Rubisco 催化活性相似。这种 Rubisco 专一活性相对较高，类似 C_4 植物而远高于 C_3 植物。

表 8-1　陆生和水生 C_3 及 C_4 植物 Rubisco 酶的 K_m 值（Yeoh et al.，1981）

序列	被测种的数目	光合途径	$K_m(CO_2)$	
			mM	Pa
陆生植物				
苔藓植物门	1	C_3	23	69
蕨类植物门	5	C_3	19	55
裸子植物纲	3	C_3	20	60
单子叶植物纲	3	C_3	17	51
	1	C_4	34	99
双子叶植物纲				
厚珠心纲	16	C_3	18	54
	3	C_4	30	90
薄珠心纲	8	C_3	19	57
水生植物				
绿藻门	4	C_3	60	180
苔藓植物门	1	C_3	40	120
单子叶植物纲	5	C_3	41	123
双子叶植物纲	4	C_3	40	116

注：数值转换方法指浓度转化为分压，采用 CO_2 溶解度为 334mmol/Pa、大气压为 100Pa。

即使环境中的 pH 很低，没有可利用的碳酸氢盐，黑藻（*Hydrilla verticillata*）等水生植物也有一种可诱导的 CO_2 浓缩机制。这些植物有一种可诱导的 C_4 类型的光合循环，其叶绿体内的 CO_2 浓度很高，能抑制光呼吸并降低 CO_2 补偿点，但它们不存在典型 C_4 植物所具有的花环型结构。当植株生长在低可溶性无机碳浓度的水溶液中时，这种机制就被诱导出来。在冠层很密、可溶性氧浓度很高时，这种特殊的 CO_2 浓缩机制就有明显的生态优点，此时，C_3 植物的光合作用速率被光呼吸降低至少 35％，而在黑藻中仅降低 4％。

三、从沉淀物中利用 CO_2

水生植物（如睡莲）有内在的通气系统，根系可以通过压力流吸收 CO_2，而后者即可用于光合作用。如果 CO_2 与空气中相平衡，以生长水芦荟为主的水池中将有一个比预期要低的 $\delta^{13}C$ 值（-0.91‰～-1.31‰）。由植物产生的差异很小的结果表明，主要是扩散限制了光合作用，而碳酸氢盐是一个重要的碳源（碳酸氢盐的 $\delta^{13}C$ 值明显低于 CO_2 的 $\delta^{13}C$ 值）。

具水韭属植物生长形式的水生植物（水韭），直接通过根系从沉积物中获得大部分光合作用所需要的碳（60％～100％）（表 8-2）。这种能力使它们能适应 pH 和低碳（"软水"）环境（图 8-1）。

表 8-2　海滨草属 *Littorella uniflora* 分别通过
叶片与根系从空气和根际环境中获取 $^{14}CO_2$（Nielsen et al.，1991）

来源 根际 CO_2 浓度/(mmol/L)	$^{14}CO_2$ 同化/[μgC/(g 叶片或根 DM)h]			
	叶片		根系	
	空气	根际	空气	根际
0.1	300	340	10	60
	(10)	(50)	(0.3)	(70)
0.5	350	1330	10	170
	(5)	(120)	(0.3)	(140)
2.5	370	8340	10	570
	(4)	(1430)	(0.3)	(300)

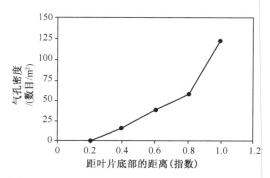

图 8-1　海滨草属 *Littorella uniflora* 正常叶片的气孔密度由下而上增加

（引自 Nielsen et al.，1991）

对陆地水韭属植物（*Stylites andicola*）而言，从沉积物输送到的 CO_2 也非常重要。这种植物很特别，没有气孔。

四、水生植物的景天酸代谢途径（CAM）

虽然水生植物绝无可能像沙漠植物一样受到水分不足的威胁，但一些水生植物（如水韭属物种）具有和沙漠植物相似的代谢途径——景天酸代谢（CAM）。这些植物在夜晚积累苹果酸，当水中所供应的 CO_2 很少时，其 CO_2 的固定速率和白天的同化速率相近。暴露在空气中的水韭属叶片与水下的叶片相反，其苹果酸的浓度没有昼夜变化。

为什么水生植物会具有通常在干旱地区植物才具有的代谢途径？水韭属植物中的 CAM 可能是对水中极低 CO_2 浓度（特别是白天）的一种适应。CAM 使植物在夜晚同化多余的 CO_2，这使得它们可以利用其他植物不能利用的碳源。虽然一些固定在苹果酸中的碳来自水中，主要是由水下有机体呼吸产生的，但也有一部分来自植物夜晚的呼吸作用。

五、水生植物间、水生和陆生植物间的碳同位素组成差异

不仅水生和陆生植物的碳同位素组成存在极大差异，在水生植物间也有明显差别（图 8-2）。低碳同位素鉴别说明，这种植物的光合作用可能是 C_4 途径，虽然它们并不一定具有典型的花环型结构。目前仅在禾本科一年生植物 *Neostapfia colusana* 中发现了发育良好的花环型结构。低碳同位素鉴别也可能表明植物是以 CAM 光合途径进行作用，然而这个途径似乎仅限于水韭科植物，因为其底物的同位素组成的 $\delta^{13}C$ 值通常为负（表 8-3）。在淡水植物中，有四个影响同位素辨别差异的因子。

（1）碳源的同位素组成。$\delta^{13}C$ 值在 $+1‰$（从石灰中来的 HCO_3^-）~ $-30‰$（来自呼吸作用的 CO_2）之间变化。空气中的 CO_2 的平均 $\delta^{13}C$ 值为 $-8‰$。水深度不同，碳源的同位素组成也不同（表 8-3）。

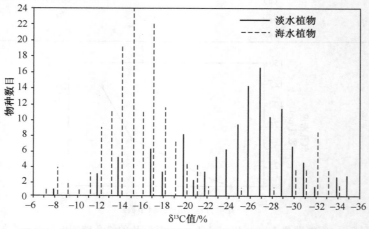

图 8-2　淡水与海水植物中碳同位素组成（$\delta^{13}C$ 值）的变化情况

（引自 Osmond et al.，1982）

表 8-3　水韭属植物 *Isoetes howellii* 水下与水上部分的碳同位素组成

（δ¹³C 值）（引自 Keeleyy and Busch，1984）　　　　　　　（单位：‰）

	池塘碳化物	$-15.5\sim-18.6$
水下		
	叶片	$-27.9\sim-29.4$
	根系	$-25.8\sim-28.8$
水上		
	叶片	$-29.4\sim-30.1$
	根系	$-29.0\sim-29.8$

（2）固定碳的植物物种。一些植物同化 HCO_3^-，其 δ¹³C 值为 $-1‰\sim+3‰$。

（3）水生植物具有 C_3、C_4 植物和 CAM 三种光合途径。

（4）通过碳扩散静态界面和碳的吸收是光合作用的重要限制因子，它将降低碳同位素鉴别。

因此，图 8-2 中差异产生的主要原因是碳源的同位素组成和扩散过程，它们比光合途径上的生化差异更为主要。

六、水生植物对碳酸盐沉淀的作用

在水生植物丰富的淡水系统中，水中光合有机体（如藻类 *Chara*、眼子菜属 *Potamogeton* 和伊乐藻 *Elodea*）酸化部分非原生质体，其利用碳酸氢盐的能力在淡水系统钙沉积的形成中有重要作用。根据下面这个反应式，许多富钙的沉积均来自于植物：

$$Ca^{2+} + 2HCO_3^- \longrightarrow CO_2 + CaCO_3 \tag{8-3}$$

上述反应式发生的碱性条件是由"极性"水生植物叶片上部提供的。被光合同化和沉积为碳酸盐的碳是等量的。如果在营养缺乏条件下，上述过程中释放的 CO_2 仅有部分被植物同化，那么其余部分的 CO_2 则散失在空气中；此外，如果碱性很低，则就转变成为空气中的 CO_2 向水中净转移的过程。

反应式（8-3）表明，水中光合有机体在全球碳循环中起了主要作用。此外，空气中 CO_2 浓度的增加有酸化效应，能溶解沉积物中的部分碳酸钙，因而它们也进一步增加了空气中的 CO_2 浓度。

七、海草的光合特征及其影响因素

（一）海水中光能的可利用性

光是光合作用的发动机，太阳光的获得对于海草光合作用至关重要。光能透过水域，但是光在水中的穿透力比在空气中小得多。光强随水深显著降低，甚至在十分清澈的海水中，海草在水下 200m 就已经不能进行光合作用。除了水的吸收之外，水中的可溶性物质和微粒对光的吸收也使得光在水中减弱更快。不同波长的光在水中被吸收的强度不一样，例如，在纯净的水中，波长在 550nm 以上的光很容易被吸收。由于浅海含有较多的微粒和不溶性有机物，光在浅海海水中的传播比在纯净的深海中要弱。在浅海海水中，光合有效辐射（波长 350～700nm）能达到的深度可在几米到几十米之间变化。海草的分布被限制在较浅的海水中，最大海草分布深度据报道是在水下 90m 处，大多数的海草种类分布在水下 20m 以上。海草定居的最大深度是在能收到 4%～29%水表面光的地方，平均最大深度是在能收到 11%水表面光的地方。

（二）海草的光合特征

与陆地植物相比，海草的光合速率相对较低，为 $3～13mgO_2/(gDW \cdot h)$；陆地 C_3 型和 C_4 型植物的光合速率则分别为 $10～75\ mgO_2/(gDW \cdot h)$ 和 $75～175\ mgO_2/(gDW \cdot h)$。海草的这种低光合速率与它完全沉水生活的特征是一致的，是对水下弱光环境的一种适应。所以从生理上说，海草属于阴生植物，但是海草的最大光合速率和陆地 C_3 型阴生植物（$12.5～37.5\ mgO_2/(gDW \cdot h)$)相比也是低的，这与其水下光照环境较陆地上的更不稳定有关。为了适应这种弱光环境，海草具有较低的光补偿点和光饱和点，如喜盐草属和二药藻属普遍具有较低的光补偿点。

海草的光合特征受到各种因素的影响。例如，光补偿点就会随海草植株地上部分和地下部分生物量比例的不同而不同，地下部分的生物量比例大，呼吸消耗就多，叶子就需要固定更多的碳源来满足整株植物的呼吸消耗，光补偿点就比较高。此外，叶片的厚度也是一个重要因素。Bronn（1989）对地中海海草的研究表明，光补偿点随叶片组织的厚度增加而增高，因为叶片越厚，其呼吸消耗越大，而且叶片单位组织内叶绿素 a 的含量越低。

生境的不同也会使海草的光合特征有所变化。例如，*Zostera noltii* 和 *Zostera marina*，前者分布在高潮线和低潮线之间，低潮时暴露在空气中；而后者却始终被淹没在水中，*Z. noltii* 和 *Z. marina* 的最大光合速率分别为 $14mgO_2/(gDW \cdot h)$ 和 $6mgO_2/(gDW \cdot h)$，光饱和点分别为 $236\mu E/(m^2 \cdot s)$ 和 $78\mu E/(m^2 \cdot s)$，可见高光合速率和高光饱和点是 *Z. noltii* 对强光环境的一种适应。*Z. marina* 随水深最大光合速率逐渐降低的现象也曾经被观察过。

底质对海草光合特征也有影响。例如，泰来藻从泥质底质到沙质底质，其叶和根、茎的比例下降，在泥质中，其比例为 1：3；在沙泥混合的底质中，比例为 1：5；在沙质中，比例为 1：7。在泥质中，有机质含量高，在沙质中，营养缺乏，需要较为庞大和生长良好的根系来吸收营养，所以生长在沙质底质中的泰来藻较生长在泥质中的具有更高的光补偿点以满足地下部分的呼吸消耗。

（三）温度对海草光合作用的影响

海草在 25～30℃时显示出最大饱和光强的光合作用，所能忍受的极端高温在 35℃左右。例如，大叶藻在低于 30℃时，光合作用随温度升高而加快，而在超过 35℃的高温时，光合速率骤降；泰来藻的最适温度是 29℃，在 29～32℃时其光合速率明显下降，在 33～34℃时光合速率十分缓慢。在低于 25℃时，大多数海草的光合速率开始下降，如二药藻（*Halodule uninervis*）在 16～19℃时光合速率明显下降。温度对光合作用的影响除了与海草本身有关外，与其生长环境也有很大关系。同一个种，由于生境不同，其最适温度及所能忍受的极端温度也有所不同。同样是大叶藻，生活在潮间带的最适温度就比生活在潮下带的要高 5℃ 左右；生长在美国阿拉斯加的大叶藻在 $-1.8℃$ 时仍然生长良好，生长在地中沿海岸的大叶藻则不能忍受 0℃ 以下的低温。

海草光合特征随季节的变化也是一个对温度适应的很好的说明。例如，生长在墨西哥的泰来藻在夏季最大光合速率能达到 $350\mu mol\ O_2/(gDW\cdot h)$，这时的温度为 30℃；而在冬季其最大光合速率最低仅为 $50\mu mol\ O_2/(gDW\cdot h)$，此时的温度为 16℃。这种季节变化在其他海草中（如分布在气候温和的地中海的种类）也同样能观察到。但是，在热带海域这种变化则不明显，因为那里温度的年变化并不明显。由此可见，光合作用的季节变化和当地的气温是紧密相连的，说明季节温度的变化是引起这种变化的重要因素之一。

（四）无机碳对海草光合作用的影响

1. 海水中可利用的无机碳源

CO_2 在海洋中很容易成为海草的一种限制因子。

水中 CO_2 对海草的限制使研究者们注意到另外一种在水中比较充足的碳源——重碳酸盐。在水中 CO_2 不仅可以溶解，还存在以下反应：

$$CO_2+H_2O\longrightarrow H_2CO_3\longrightarrow H^++HCO_3^-\longrightarrow CO_3^{2-}+2H^+ \tag{8-4}$$

但是，在海水中各种形式的无机碳所占的比例并不像上面的方程式所表示的那么均衡。当海水 pH 为 8.2、盐度为 35、温度为 15℃ 时，海水中无机碳的主要存在形式为 HCO_3^-，占到 90%，而溶解的 CO_2 仅占到 0.6%，大约 9% 是 CO_3^{2-}，还有微小的部分是未分解的 H_2CO_3。CO_2 和 HCO_3^- 的扩散系数是差不多的，但是由于 HCO_3^- 占的比例大，当海草叶子表面的化合物被叶子表皮细胞耗尽后，HCO_3^- 比 CO_2 扩散快得多。

2. 海草对 HCO_3^- 的利用

海草主要利用 HCO_3^- 作为碳源。海草对 HCO_3^- 的利用有着特别的方式。加入 ATP 酶（ATP-ase）抑制剂使得其光合速率降低，因为通过特殊的离子泵可使 HCO_3^- 直接进入细胞内，当 ATP 酶受抑制后，HCO_3^- 无法进入细胞使得光合速率降低。通过载体主动运输 HCO_3^- 进入细胞的系统也可出现在海草中。但是，由胞外具活性的碳酸酐酶（carbonic anhydrase，CA）催化 HCO_3^- 转化为 CO_2 扩散进入细胞的机制在海草中则更为普遍，CA 存在于细胞内即叶绿体和细胞质内，也存在于细胞外，主要是附在细胞膜的附近。胞外碳酸酐酶的介入加速了 HCO_3^- 向 CO_2 的转化，可维持 CO_2 恒定不断地向细胞供应以进行光合作用。然而，利用 HCO_3^- 的所有这些方式并不是独立进行的，而是同时进行。文献曾报道并证实大叶藻对 HCO_3^- 的利用同时存在两种利用系统。

（五）海草的光合代谢途径

大多数海草的光合代谢途径遵循 C_3 型光合代谢途径，即通过 Rubisco 来催化实现 CO_2 的固定。Rubisco 既能催化 RuBP 与 CO_2 的羧化反应，又能催化 RuBP 与 O_2 的加氧反应，所以酶催化反应的方向决定于 CO_2/O_2 的比值。由于环境常常限制无机碳的利用，而海草的光合作用又使得水中的 O_2 浓度上升，使得加氧反应加剧，羧化反应减弱，光呼吸增加，CO_2 固定的效率下降。海草为适应水中低 CO_2 环境并保持较高的光合速率，最大限度获得水中的无机碳，部分海草出现了拟 C_4 型光合代谢途径。在 C_4 型海草的光合代谢途径中，进入叶肉细胞的 CO_2 在 CA 催化下形成 HCO_3^-，在 PEPC 催化下与 PEP 结合，而 PEPC 与 HCO_3^- 的亲和力极高，能固定较低浓度的 CO_2，而且没有与 O_2 的竞争反应，因此固定 CO_2 的效率高；最后，其羧化产物转移到维管束鞘细胞时，发生脱羧反应，释放 CO_2，使维管束鞘细胞有相对较高的 CO_2 浓度，然后在叶绿体中进入卡尔文循环，促进 Rubisco 催化的羧化反应，而抑制加氧反应，降低了光呼吸。C_4 型海草的光合代谢途径能更有效地固定进入细胞的 CO_2，而直接利用 HCO_3^- 作为碳源的种类则具有更高的羧化效率，因为它进入细胞后可直接与 PEP 结合，而不用经过 CA 催化。在有光的条件下，C_4 型海草的光合代谢过程几乎没有 CO_2 的损失，所以 C_4 型海草在高光强和高温下有较高的光合效率，它具有高的最适温度（30～40℃）但是，C_4 型海草的这种"CO_2 泵"的运转是消耗 ATP 的，在光强较弱以及温度较低的情况下就体现不出优势。所以，大多数海草主要还是遵循 C_3 型光合代谢途径，只是在环境胁迫时一些海草种类能够激活 C_4 型光合代谢途径，使其 CO_2 的光合补偿点降低而克服光呼吸并增加对无机碳获取的能力。通常这种 C_4 型光合代谢途径是伴随着 C_3 型光合代谢途径产生的，当然也有以 C_4 型光合代谢途径为主的种类，如 *Cymodocea nodasa*。

（六）盐度对海草光合作用的影响

海草长期生活在海水中，能够适应一定盐度的海水，这是对盐生生境形成的一种适应。由于种类和生境不同，海草对盐度的忍耐程度也不一样。文献中对大叶藻的研究发现，它在淡水和 2 倍正常海水盐度的海水中几乎不能进行光合作用，而在正常盐度海水中光合速率达到最大；在 4 倍海水盐度的海水中，其叶子在 24h 内死亡。

从生理方面对海草的耐盐性进行研究的报道的并不多，最近对大叶藻耐盐生理的研究中有一些比较有意义的发现，比如，其质膜 H+-ATPase 远比其液泡膜 H+-ATPase 重要，即主要通过质膜 H+-ATPase 及 Na+/H+ 反转运酶的共同作用拒盐。另外，大叶藻中的离子区域化是发生于不同类型细胞之间的，即由光合细胞向薄壁细胞转运。再者，由于海水盐度的长期适应，其胞内的酶可能具有一定的耐盐能力。但是，上述情况是否在其他海草中也存在，这有待进一步研究证实。

第四节 水生植物的气体交换与输导代谢生理

水生植物能够生长在长期淹水的缺氧底泥中，根系输氧作用是其生存的关键因素之一。水生植物通气量的大小直接关系到植物生长的水深和根系在底泥中的扩展程度。另外，通气组织还为其他气体如 CO_2、CH_4 等的传输提供通道。

一、气体交换与输导代谢的类型

目前，气体交换与输导代谢的研究主要集中在探讨气体运动机制、O_2 和 CO_2 的交换和传输途径，以及 CH_4、C_2H_6、N_2O 等痕量气体的释放等方面。

（一）O_2

水生植物具有光合放氧的作用。白天，暴露在空气或水体中的植株部分能固定 CO_2 放出 O_2，一部分 O_2 直接释放到空气或水中，一部分则供自身呼吸作用消耗，还有一部分通过植物的通气组织向下输送到地下器官，经由根系向底泥中释放，这是水生植物根系呼吸作用和维持根区氧化状态所必需的；夜间或植株地上部分枯死使光合作用无法进行时，大气中的 O_2 也可以通过植物叶表面、茎秆等的孔隙进入植物体内，供植株呼吸或输送释放到底泥维持根区的氧化状态。

（二）CO_2

随着 O_2 自大气扩散到植物体内以及根系向底泥中释放，水生植物呼吸作用产生的 CO_2 沿着相反的方向自植物体向大气释放，底泥中微生物呼吸、降解作用产生的 CO_2 则自底泥向植物体和大气扩散。[14]C 跟踪试验表明，大量的 CO_2 从底泥向植物体内扩散，且水生植物通过光合作用可以固定来自底泥中的部分 CO_2。

（三）痕量气体

CH_4、C_2H_6 是厌氧底泥中有机物降解的主要产物，大约一半或更多的有机碳是被产甲烷细菌降解的。一般来说，对于一个富营养化湖泊而言，底泥 CH_4 释放速率为 $50 \sim 300 mL/$（$m^2 \cdot d$）。底泥中产生的 CH_4、C_2H_6 等气体可以直接通过水体向大气释放，也能通过水生植物通气组织经由根系到枝条、叶面释放到大气中。试验证明在种植萍蓬草的底泥中产生的 CH_4，有 3/4 是通过萍蓬草枝条释放的；白天，根系内的 CH_4 浓度达 10%，而伸出水面的幼枝条内的浓度大为减少。不仅活的植株是痕量气体的主要通道，枯死的植株也是 CH_4 等气体从底泥释放的通道。

此外，从大气到水生植物通气组织之间也存在着 N_2 的扩散梯度。

二、气体运动机制

气体运动方式与气体通过的孔隙大小有关。当孔隙足够大，远远大于气体分子自由运动的半径时，气体以扩散的方式通过；当孔隙大小只与气体分子自由运动半径相当时，气体只能借助由内外压强差诱导产生的对流渗透而过。因此，水生植物与大气、底泥之间的气体交换以及植物体内的气体传输方式主要有两种：扩散和对流。当气体在不同相连的空间存在一个浓度梯度，并且相连通的空间之间的孔隙足够大时，如植物茎叶的气孔等，气体便从高浓度空间流向低浓度空间，称之为分子扩散。其扩散规律可以用流体力学中 Darcy 扩散定律来描述：

$$Q = KAJ$$

式中，Q 为气体通量；K 为扩散系数；A 为通道面积；J 为浓度梯度。

但有不少研究表明，气体扩散的距离有限，大量的挺水和浮叶植物与外界的气体交换及气体在体内的传输过程更多的是通过对流来实现。通过对流作用加强了圆柱状茎秆和片状叶的气体交换与传输，也加强了氧气在根系中的扩散及从根系向根区的扩散。许多学者探讨了压强差引起气体对流作用的机制，认为热力学诱导和湿度诱导而引起的气体分子对流渗透作用是完成大部分气体交换的主要机制。这种方式可以用气体运动理论来描述：

$$E_s = FA^{-1} \Delta P^{-1}$$
$$\Delta P_t = P_a (T_i^{0.5} T_a^{-0.5} - 1) \quad （热力学诱导）$$
$$\Delta P_w = P_{wi} - P_{wa} \quad （湿度诱导）$$

式中，E_s 为气体对流效率 $[cm^3/(min \cdot cm^2 \cdot Pa)]$；$F$ 为气流速率 (cm^3/min)；A 为叶片面积 (cm^2)；ΔP 为压强差；ΔP_t 为热力学压强差；ΔP_w 为湿度压强差；P_{wi} 为叶片维管内湿度压强；P_{wa} 为大气湿度压强；P_a 为大气压强；T_i 为叶片内温度；T_a 为大气温度。

植物气体对流的发生主要有两种不同的压强机制。不同的植物，或以湿度诱导渗透为主，或以热力学压强传输为主；同一植物也可能拥有两种不同的压强机制，但在不同的条件下主要诱导机制有所不同。

三、气体交换与输导代谢的影响因素

根据水生植物的气体交换与输导的诱导机制，其代谢容量主要受光照、温度和湿度影响，此外还有地理因素和生存状况等的影响。

（一）光照

光照能加强水生植物的气体对流作用。水生植物在光照下，其枝条内的温度升幅远远高于环境温度的升幅，形成了一种"温室效应"。由于这种作用，导致了以下几种效应增强植物体的气体交换和传输：首先，增强了水生植物体内的水汽蒸发，维持内部的高湿度，加大了湿度诱导的压强梯度，加快了气体从大气中进入植物体内；其次，增加了植物体内的温度，提高了热力学诱导渗透，加快了气体对流。还有，周围大气更加干燥，湿度降低，减少了植物枝条表面湿度诱导对流的阻力。

光照加强了水生植物的光合作用，有效光合辐射比红外线更能诱导气体对流的发生，并且该过程导致的气体对流渗透的成分与空气组分相似。

光照还可能通过影响气孔的开度来影响植物体与外界的气体对流作用。强光刺激下气孔开度加大，大的气孔开度能帮助增加植物体与外界的湿度梯度，从而加强了大气气体向植物体枝条内的扩散。夜间，植物与外界的气体对流作用较弱亦有可能是大气湿度增加、气孔开度小或关闭、无光合作用的结果。在夜间或光照很弱时，周围环境相对湿度达 100%，芦苇叶内气流基本停止，而香蒲气孔关闭，气孔输导速率为零，对流作用明显受到抑制。

（二）温度

温度是影响气体交换的一个重要因子。前面提及的光照因子中有一项便是光照引起植物体内的温度升幅大于外界空气温度的升幅，形成更大的热力学压强差，加强了气体向植物体内的对流。周围环境温度的升高，也有利于植物体气体的对流。当环境相对湿度维持在 50% 时，温度为 24℃ 时的芦苇枝条的气流量比 17℃ 时高 50% 左右。随着环境温度的升高，狭叶香蒲的气体对流效率加大。在全日照条件下，温度是影响水生植物光合作用和气孔输导速率的最大的环境因子之一。气孔输导速率随着环境温度的升高而增加。对于香蒲而言，环境温度从 25℃ 升到 35℃，气孔输导速率由 349.9mmol/(m² · s)上升到 1298.3mmol/(m² · s)。

（三）湿度

湿度对水生植物的气体传输作用有着重要意义。湿度诱导机制表明，当水生植物的内部湿度与外界环境湿度存在着一定的差异时，气体对流作用便发生了。周围环境湿度越大，与植物体内的湿度相差就可能越少，湿度诱导的气体对流便弱；反之，当环境湿度越小，与植物体的湿度存在较大的差异时，湿度诱导的气体对流使气体大量进入植物体内。

（四）其他因素

不同的地理位置，水生植物的气体代谢容量不一样。低纬度地区的水生植物气体交换较活跃。水生植物的气体代谢也与叶龄有关，新鲜叶内的热力学诱导气体对流量高于老叶内的气体流量；而老叶内静压力较低，气体对流左右较弱，新鲜叶内静压力可达 47Pa · s/mm²，老叶内只有 3～3.5Pa · s/mm²。对于整株植物而言，切除了老叶后，剩余叶的内部压强有所增强，气体对流速率有所提高。CH_4 在老叶内的浓度高于新鲜叶内的浓度也表明老叶气体扩散慢、新鲜叶气流速率快。

此外，环境胁迫也会影响植物的气体交换速率。干旱、高盐条件下以及臭氧的存在都导致气孔输导速率下降。

四、气体代谢与水生植物的生长、分布

Den Hartog 等认为植物内部的气体交换容量和供给根系的 O_2 是否充足是水生植物能否在水中生存与生长的主要因素之一。一般来说，植物根系能吸收土壤中的 O_2 进行呼吸。但当土壤淹水、氧气耗尽时，植物根系呼吸作用和根区的好氧作用、脱毒作用便不能顺利进行，还原态的某些元素和有机物的浓度可达到有毒的水平。处于缺氧状态的植物根系和根区只有通过其他途径获得 O_2 才能正常地生长发育和脱毒。水生植物能通过通气组织向下传输 O_2，供根系呼吸和根区的脱毒作用，并向上输送 CO_2 供植物光合作用或排到大气中，维持水生植物在厌氧底泥中的正常生长发育。

水生植物的生长分布与其气体交换和输导容量密切相关。Ashraf(2002) 研究表明四倍体芸薹属植物（Brassica sp.）的生长（鲜重）与气孔输导速率、CO_2 通量呈显著相关性。植物通气量的大小直接关系到其生长和水深及根系在底泥中的扩展程度。

水生植物气体代谢不畅也是植株衰退的主要原因之一。直接的机械损伤、擦伤、水质和底泥的状态、水位的高低以及富营养化等因素都将导致芦苇的衰退。有研究表明，植物尸体的腐烂、超负荷有机物的冲击或富营养化等产生的植物毒素（有机酸、硫化物等）在芦苇组织中的富集是引起芦苇衰退的原因之一。

五、水生植物呼吸代谢的乙醇酸氧化途径

乙醇酸氧化途径（glycolic acid oxidate pathway，GAOP）是水稻根系特有的糖降解途径。它的主要特征是具有关键酶——乙醇酸氧化酶（glycolate oxidase）。水稻一直生活在供氧不足的淹水条件下，当根际土壤存在某些还原性物质时，水稻根中的部分乙酰 CoA 不进入 TCA 循环，而是形成乙酸，然后，乙酸在乙醇酸氧化酶及多种酶类催化下依次形成乙醇酸、乙醛酸、草酸和甲酸及 CO_2，并且每次氧化均形成 H_2O_2，而 H_2O_2 又在过氧化氢酶（catalase，CAT）的催化下释放 O_2，可氧化水稻根系周围的各种还原性物质（如 H_2S、Fe^{2+} 等），从而抑制土壤中还原性物质对水稻根的毒害，以保证根系旺盛的生理机能，使水稻能在还原条件下的水田中正常生长发育。水稻根系在淹水条件下，则有乙醇酸氧化途径运行。

六、水生植物交替途径的产热生理生态功能

在交替途径中，没与 ATP 产生相偶联的一个重要结果是氧化作用产生的能量以热量形式释放出来。

产热现象也发生在水生植物荷花（*Nelumbo nucifera*）的花序上，这也主要与交替途径相连。这些花序非常准确地调节着它们的温度（图 8-3）。尽管气温在 $10 \sim 30℃$ 变化，但花序温度仍保持在 $30 \sim 35℃$。具有这种温控现象的植物还有两类——喜林芋（*Philodendron selloum*）和臭菘（*Symplocar pus foetidus*）。研究表明，荷花中热的产生给予传粉甲虫以能量。对甲虫的整夜跟踪发现，当它们在觅食和交配时，花粉就会被带走。

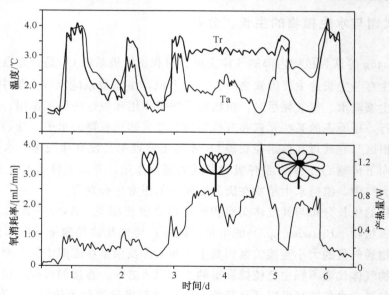

图 8-3　荷花（*Nelumbo nucifera*）中花托温度（T_r）和环境空气温度（T_a）的变化、氧消耗率及产热量的关系（引自 Schultze and Kondorosi，1996）

第五节　水生植物净化污染水体的生理机制和净化修复技术

随着城市工业化和乡镇企业的发展，我国江河湖泊和海洋水质污染日益严重，当今利用水生植物净化修复污染水质是一种净化修复污染水体的新兴绿色生物技术。因此，了解和研究水生植物净化修复污染水体的机理和技术是一个具有深远和现实意义的课题。

一、淡水水生植物对江河湖泊污染水体的净化修复机理和作用

（一）水生植物净化修复机理

高等水生植物在生长过程中，需要吸收大量的 N、P 等营养元素。当水生植物被运移出水生生态系统时，被吸收的营养物质随之从水体中输出，从而达到净化水体的作用。水生植物群落的存在，为微生物和微型生物提供了附着基质和栖息场所。这些生物能大大加速截留在根系周围的有机胶体或悬浮物的分解矿化。

此外，水生植物的根系还能分泌促进嗜磷、氮细菌生长的物质，从而间接提高净化率。浮水植物发达的根系与水体接触面积很大，能形成一道密集的过滤层，当水流经过时，不溶性胶体会被根系黏附或吸附而沉降下来，特别是将其中的有机碎屑沉降下来。与此同时，附着于根系的细菌体进入内源生长阶段后会发生凝聚，部分为根系所吸附，部分凝集的菌胶团则把悬浮性的有机物和新陈代谢产物沉降下来。

水生植物和浮游藻类在营养物质和光能的利用上是竞争者，前者个体大、生命周期长、吸收和贮存营养盐的能力强，能很好地抑制浮游藻类的生长。某些水生植物根系还能分泌出克藻物质，达到抑制藻类生长的作用。另外，水生植物根圈还会栖生某些小型动物，如水蜗牛，能以藻类为食。

挺水植物可通过水流的阻尼减小风浪扰动，使悬浮物质沉降。在易受风浪涡流及底层鱼类扰动影响的浅水湖泊底层，沉水植物有利于形成一道屏障，使底泥中营养物质溶出速度明显受到抑制。水生植物还能通过植物残体的沉积将部分生物营养元素埋入沉积物中，使其脱离湖泊内的营养循环，进入地球化学循环过程。湖边以挺水植物为主的水陆交错带，有利于对面源污染物的去除和沉淀等。总之，水生植物的存在，有利于形成一个良性的水生生态系统，并能在较长时间内保持水质的稳定。

（二）水生植物的净化修复作用

水生维管植物在水生生态系统中处于初级生产者的地位，通过自身的生长代谢可以大量吸收水体中的 N、P 等营养物质，吸附悬浮颗粒物，抑制低等藻类生长，富集重金属等。一般来说，几乎所有的水生维管束植物（简称"水生植物"）都能净化污水。水体污染物主要有金属污染、农药污染、有机物污染、非金属如 N、P、As、P 等污染及放射性元素如 Sr、Ra、U 等污染。水生植物对这些污染物的净化包括附着、吸收、积累和降解几个环节。

水生高等植物芦苇是国际上公认的处理污水的首选植物。100g 的芦苇，一天可将

8mg 的酚分解为 CO_2。目前，芦苇床人工湿地在我国已用于处理乳制品废水、铁矿排放的酸性重金属废水等。另外，水生植物对富营养化水体的治理也取得了很大的成就。

植物的皮、壳等对重金属废水也有净化的效果。棉秆皮、棉铃壳对重金属离子 Cu、Cr、Zn 有明显的吸附作用；谷子谷壳黄原酸酯对重金属离子 Hg、Pb、Ca、Cu、Co、Cr、Bi 等有良好的捕集效果；松木对 Cu 有脱出作用等。

（三）水生植物净化修复技术

1. 浮岛技术

植物浮岛主要是利用无土栽培技术并采用现代农艺和生态工程措施综合集成的水面无土种植技术，通过扎在水中的根系吸收大量的 N、P 等营养物质，对有机污染物起到促降的作用；植物根系、浮床和基质在吸附悬浮物的同时，也为微生物和其他水生生物提供了栖息、繁衍场所，兼可美化水域景观。

1995 年日本研究者首先在霞浦（土浦市大岩田）进行了一次隔离水域试验，在隔离水域上设置人工浮岛，一段时间后该水域水质有了明显好转；1996 年在土浦港设置人工浮岛，经调查结果显示浮岛对水质的净化起了重要作用；随后，又在滋贺县琵琶湖大约 1500 ㎡ 的水域里设置了 60 个人工浮岛，净化水质效果良好。日本在琵琶湖、霞浦、诹访湖等有名的湖泊和许多水库以及公园的池塘等各种水域采用的浮岛净化技术，不仅有效地净化了水质，而且大大改善了区域景观。

2. 人工湿地技术

人工湿地（constructed wetland）是 20 世纪 70 年代发展起来的一种废水处理新技术，与传统的污水二级生化处理工艺相比，具有净化效果好、去除 N 和 P 能力强、工艺设备简单、运转维护管理方便、能耗低、对负荷变化适应性强、工程建设和运行费用低、出水具有一定的生物安全性、生态环境效益显著、可实现废水资源化等特点。人工湿地是人工建造的、可控制和工程化的湿地系统，其基本原理是通过湿地自然生态系统中的物理、化学和生物作用来达到废水处理的目的。

加拿大潜流芦苇床湿地系统在植物生长旺季中的 TN 平均去除率为 60％，TKN 为 53％，TP 为 73％，磷酸盐平均去除率为 94％。英国芦苇床垂直流中试系统用于处理高氨氮污水，平均去除率可达 93.4％。靖元孝等（1998）在种植风车草的潜流型人工湿地中采用煤渣、草炭混合基质代替砂砾基质，以风车草（*Cyperus alternifolius*）为湿地植物构成垂直流人工湿地系统，以观察其对化粪池出水中 P、N 和有机物的净化效果。结果表明，对化粪池出水中的 COD、BOD_5、NH_4^+-N 和总 P 的去除率分别为 76％～87％、88％～92％、75％～85％ 和 77％～91％。

3. 水生植被的组建及恢复

在湖泊、水库组建常绿型人工水生植被，使之形成长期具有净化功能的季节性交替互补，不仅可以净化湖泊、水库内的水质，而且可以阻止大量的外来污染物进入水体。水生植物构成的水陆交错带对陆源营养物质截流作用的研究（如在白洋淀进行的野外实验）表明，湖周围水陆交错带中的芦苇群落和群落间的小沟能有效地截流陆源营养物质。

多种植物组合比单种植物能更好地对水体净化，目前有越来越多的试验研究采用多种植物的组合。这可能是因为：不同水生植物的净化优势不同，有的可以高效地吸收氮，有的却能更好地富集磷；每种植物在不同时期的生长速率及代谢功能各不相同，由此导致在不同时期对 N、P 等营养元素的吸收量也不同；随着植物发育阶段不同，附着于植物体的微型生物群落也会发生变化，微型生物群落的变化会直接影响植物对水体的净化率，当多种植物搭配使用时就有利于植物间的取长补短，保持较为稳定的净化效果；多种植物的组合具有合理的物种多样性，从而更容易保持长期的稳定性，而且也会减少病虫害。

4. 消落带植物修复

消落带是指水利工程因运行需要调节水位消长或自然水系最高水位与最低水位线之间形成的消落区域，一般包括河道堤岸型、湖泊堤岸型和水库岸坡型三种。水库消落带在库区水体与陆岸之间形成的巨大环库生态隔离带，是一种特殊的水陆交错湿地生态系统。

消落带植被能拦截陆岸水土流失带来的大量泥沙并吸收非点源污染物质，减少水库与河道的淤泥堆积与污染；以消落带植被为主体的消落带湿地生态系统能分解吸收库区水体中的营养物质，减少库区的富营养水平；消落带生态系统是河流生态系统的重要组成部分，其健康状况直接影响到大量生物的生存；消落带植被有固定河岸的作用，能防止堤坡因河水的冲刷而崩垮。

二、江河湖泊富营养化水体水生植物修复机理及影响因素

随着人类对环境资源开发利用活动日益增加，大量含有 N、P 营养物质的污水排入的湖泊、水库和河流，增加了这些水体的营养物质的负荷量。为了提高农作物产量，农田施用的化肥和牲畜粪便逐年增加，经雨水冲刷和渗透，进入水体的营养物质不断增多。这些人为因素的影响使湖泊及水库水体的污染及富营养化问题日益严重。

传统的污水处理方法须将污水收集到污水处理厂进行集中治理，虽然工艺成熟、处理效果理想，但建造、运行、管理费用过高，且在治理污染水体时需要进行换水，仅适用于较小型水体。水生植物生长过程需要吸收大量 N、P 作为营养物质合成自身物质，利用植物的这一生理生化特性，在被污染水体中有选择地种植一些植物，能够有效地吸收水体中的 N、P 元素，减轻水体的富营养化程度，实现对水体的原位修复，还能在一定阶段收获植物作为饲料，获得一定的经济效益。种植水生植物，特别是大型水生植物作为改善水质的一种高效低耗的方法日益受到人们的重视，近年来已成为环境领域的研究热点之一，多种以大型水生植物为核心的人工湿地工程技术被开发并应用到实际中来。

近年来，关于各种植物对水体修复效果的研究较为集中，而对植物修复营养化水体的机理和影响因素研究相对较少，黄亚等（2005）较为系统地归纳和总结了近年来国内外在植物修复机理方面的相关研究成果，可为今后的研究提供理论参考。

（一）水生植物对水体中氮磷的去除效果研究

水生植物在生长过程中需要吸收大量的营养物质，如每公顷香蒲每年可吸收 N

2630kg、P 403kg、K 4570kg。在植物成熟或死亡后，通过收割植物中止水体中的营养物质循环，可以达到控制水体富营养化的目的。目前国内外已利用芦苇、香蒲等植物吸收水体多余的营养物质，消除湖泊的富营养化，恢复水域的养分平衡。用于除去水中矿物营养的植物应具有下列特征：单位面积上有较大的群落数量；必须有较快的生长速度；能积累大量的矿物营养，特别是能积累通常与富营养化过程有关的 N 和 P；便于收获；具有一定的营养价值可以用作饲料或具有其他经济价值。

近年来，国内外研究了多种水生植物对氮磷营养物质的去除效果，结果表明：挺水植物、沉水植物、浮水植物都能有效吸收水体中的 N、P，降低水体的富营养化水平，尤其对去除氨态氮有显著效果，其中石菖蒲（*Acorus tatarinowii* Schott）可增加水体的溶解氧，对 N、P 的富集能力很强，且富集系数随培养时间的延长有增加的趋势。刘淑媛等利用人工基质无土栽培水芹（*Oenanthe decunbens*）、水蕹菜（*Ipanoea aquatica* Forsk）和多花黑麦菜（*Lolium multiflorum* Lam）三种经济植物，对净化富营养化水体取得良好的效果，为利用无土栽培经济作物净化富营养化水体提供了一种可行的方案。

R. D. Sooknah 等研究了三种植物（凤眼莲、石莲花、大藻）及其混合种植对牛奶厌氧消化废水中营养盐、盐度、有机物的去除效果，结果表明凤眼莲去除牛奶场厌氧消化废水中 COD（化学需氧量）及 N、P 的效果好于石莲花（*Hydrocotyleum bellata*）和大藻（*Pistia stratiotes*），并发现总凯氏氮、总磷、溶解态活性磷、总 COD、溶解性 COD 的浓度变化服从一级降解模型。植物去除污染物的能力可能与植物体的某些酶活性有关。

（二）水生植物修复富营养化水体的作用机制

研究表明，植物对 N、P 的同化吸收只占全部去除量的很小一部分，约 2%～5%，植物促进富营养化水体的净化的作用机制主要表现在促进反硝化作用、与微生物协同作用以及促进相关酶的活性等几个方面。

1. 促进反硝化作用

人工湿地去除水体中氮的机制首先是将有机氮氧化为氨态氮，再经过硝化细菌的硝化作用将氨态氮转化为硝酸盐氮，再在厌氧条件下由反硝化细菌将硝酸盐氮反硝化为氮气，最终达到除氮的目的。其中，反硝化通常是最终除氮的关键步骤，而缺氧环境是进行反硝化作用的必要条件（氧化还原电位低于 300mV）。植物根部所在底质周围通常处于缺氧状态，湿地的挺水植物能将空气传输到根部周围，使湿地植物能在缺氧条件下生长，为反硝化创造了适宜的氧环境。

反硝化作用除了跟氧环境条件有关以外，还与原水中 C/N 比有关，碳源是否充足是系统能否有效除氮的关键。植物的存在能够为反硝化作用提供充足的碳源。研究表明，C/N 比达到 5∶1 方能保证反硝化作用需要的碳源，如果 C/N 比低于 5∶1，碳源会成为反硝化作用的限制因素。

2. 植物与微生物的协同作用

湿地中的微生物与其净化功能之间存在显著关系，数量越多则去除率越高，其中污水中的 BOD_5（生化需氧量）的去除率与湿地细菌总数显著相关，氨态氮的去除率与硝化细菌和反硝化细菌的数量密切相关，污水中总大肠杆菌的去除率与湿地原生动物和放线菌数量也存在显著相关性。

张鸿等（1999）研究了凤眼莲和水芹两种人工湿地对武汉东湖污水中 N、P 净化率与硝化细菌、磷细菌的数量分布关系，结果表明：有植物组水体、底沙和根面的硝化细菌、磷细菌、反硝化细菌的数量高于无植物组；有植物组的根面微生物数量高于介质。实验中水芹、凤眼莲湿地中的硝化、反硝化细菌数量均高于对照，说明植物的存在有利于硝化、反硝化细菌的生存。

尽管植物对大多数污染物质有一定的耐受性，但是在污染水体中，植物的生长情况通常不佳，植株也较通常情况更为矮小。为了改善植物的生长状况，可向植物根部加入促进植物生长的细菌，这类细菌能降低植物体内抑制生长的乙烯含量，并为植物提供铁离子，从而显著增加植物种子的发芽率和植物的生物量，使植物修复过程更加迅速有效。

3. 湿地酶的作用

湿地酶在人工湿地净化污水过程中起到极其重要的作用。其中纤维素酶能酶促纤维素中的 β-1，4-葡聚键的水解，可将纤维素分解成为葡萄糖分子；磷酸酶能酶促磷酸酯的水解并释放出正磷酸盐；蛋白酶能酶解蛋白质和肽类等大分子氮化物，生成氨基酸；脲酶是一种酰胺酶，能酶促有机质分子中肽键的水解，基质的脲酶活性与基质的微生物数量、有机物质含量、总氮和速效氮含量呈正相关；过氧化氢酶几乎存在于所有生物体内，在某些细菌里的数量约为细胞干重的 1%，它能促进过氧化氢对多种化合物的氧化。湿地的过氧化氢酶活性与湿地呼吸强度和湿地微生物活动有关，在一定程度上反映了湿地微生物学过程的强度。

在复合垂直流构建湿地净化污水过程中，植物根区磷酸酶活性与总磷去除率相关性不显著，表明根区磷酸酶对磷的降解不是磷去除的主要因素。根区脲酶活性与酶凯氏氮去除率之间的相关性较显著，说明凯氏氮的去除以湿地脲酶对其降解为主要因素。时双喜（1997）研究了几种高等水生植物体内过氧化物酶活性与污水净化的关系，发现植物体内的酶活性与 COD 的去除量之间呈现一定的线性关系，且不同水生植物间存在着体内酶活性方面的差异，其顺序为凤眼莲＞水花生＞水芋＞浮萍＞水葱。

4. 水生植物系统对 N、P 去除机制的区别

一般认为，磷酸根离子主要通过配位体交换被吸附到 Al^{3+} 和 Fe^{3+} 的表面而被固定，但这只是改变了磷在湿地中的存在形式，并没有真正去除磷。在湿地中，氨态氮的硝化、有机物的厌氧降解、大气中 CO_2 向水中的溶解都会使 pH 降低，这就会使不溶性磷酸盐重新变成可溶性磷酸盐在水中释放出来。有研究发现，微生物同化作用对总磷的去除率为 50%～65%，植物摄取为 1%～3%，其余为物理作用、化学吸附和沉淀作用。

尽管植物对磷去除的直接贡献不大，但是植物表面附着的微生物对磷的同化作用间接来自植物的贡献。S. Korner 等（1998）研究了浮萍（Lemma gibba L.）覆盖的生活污水中各种因素（植物、微生物和藻类）对 N、P 去除的贡献，结果表明，大部分 N、P 的去除都直接或间接来自植物的贡献（包括吸附在植物表面的微生物进行的硝化和反硝化作用），浮萍对污水中的总氮和总磷去除的贡献分别占全部去除量的 30%～47%和 52%。

在张鸿（1999）等的研究中，水芹湿地中的硝化、反硝化细菌数量多于凤眼莲湿地，但前者对氨态氮的去除率却低于后者，说明在人工湿地对氮的净化机制中，植物的吸收起主导作用。相比之下，水芹、凤眼莲湿地的磷细菌数量均高于对照，且水芹湿地又高于凤眼莲湿地，这与水芹湿地对磷去除率高于凤眼莲湿地保持了一致，说明微生物对含磷化合物的转化在磷的净化过程中是一个限制性因子，湿地中植物的存在也强化了微生物对磷的积累。

（三）影响净化效果的因素

从植物修复富营养化水体的机制来看，影响植物净化富营养水体的因素有以下几个方面。

1. 植物物种的差异

水生植物修复富营养化水体的效果首先与植物物种有关，不同的植物，生长速率不同，对营养物质的需求和吸收能力不同，对微生物生长的促进作用不同，因而净化水体的能力也各不相同。Lauchlan 等（2004）研究了表面流人工湿地系统去除水体中总 N和总 P 的效果，结果证实：不同植物去除 N、P 的能力不同，在水葱、*Carex lacustris*、藨草、宽叶香蒲 4 种植物中，水葱的效果最好，藨草最差。在控制湖泊底泥营养盐释放方面，狐尾藻的效果要好于凤眼莲。高吉喜等研究发现 7 种植物对氮的去除率由高到低依次为：满江红＞慈菇＞水花生＞菹草＞金鱼藻＞茭白＞菱角。如果从去 N、去 P、易成活性和适用性 4 个方面综合考虑，慈菇和茭白最佳，金鱼藻、水花生和满江红次之，菹草和菱角最差。

2. 不同的富营养化程度水体中植物修复能力的差异

不同富营养化程度的水体中，植物修复的能力也有差异。在一定的浓度范围内，水生植物的净化率随水体中 N、P 等物质的含量增加而加大。

葛滢等（1999）研究了在轻、重度富营养化水体中不同植物的净化能力。对于重度富营养水体，空心菜的净化效果最好，凤眼莲和鸭跖草其次，灯芯草、知风草和水芹菜也有一定效果；对于轻度富营养化水体，鸭跖草、喜旱莲子草最好，凤眼莲、空心菜、酸模叶蓼均较好，石菖蒲、灯芯草、知风草、穿隆苔草、萱草略差，但可四季使用。

S. Korner 等（1998）研究了浮萍对生活污水中氮、磷的去除，并分析了不同氮、磷初始浓度与对应的降解速率常数的相关关系，结果表明：随着氮、磷初始浓度的降低，降解速率常数相应增加，但两者的变化趋势不同。当磷的初始浓度低至某一水平时，磷成为植物生长的限制因子，植物对磷的去除速率明显加快。

Li 等（2002）的研究发现，水体中磷的去除速率取决于植物生长速率和植物组织中的磷浓度，植物体中磷的浓度越高，植物去除水体中磷的能力越强。

3. 植物对不同存在形态氮的选择性吸收

如前所述，植物对去除水体中氮元素形态有一定的选择性。有机氮总是最先被植物吸收，但是对于无机态氮的去除，不同的研究得出不同的结论。有研究认为，植物优先吸收氨态氮和其他还原态氮，仅仅当氨态氮浓度极低或耗尽时，才会吸收硝态氮，即水生植物对氨态氮的去除率较高，且去除速率较快。王国祥等（1999）在研究中还发现，富营养化湖水流经植物群落后，硝态氮又不同程度的上升，表明氨态氮发生了硝化，被转化为硝态氮。但在高光等（1996）进行的伊乐藻、轮叶黑藻净化养鱼污水效果的试验中，NO_3^--N 的净化速率大于 NH_3-N 和 TN。植物对不同形态氮的去除效果还有待进一步研究。

4. 植物种植方式对净化效果的影响

由于同一水生植物对不同污染物的净化率不同，利用不同植物的生长特性进行适当配合种植有可能提高水体的总体净化效率。但是由于植物搭配种植也可能造成植物间竞争生态位及相互抑制生长，反而使总体净化效果受到影响。

高吉喜等（1997）的研究认为不同植物相互配合可提高植物对水体 N、P 的综合净化率。而 Fraser（2004）等的研究发现尽管植物的混合种植对去除水中 N、P 有显著效果，但并未发现与单一种植的效果有显著差异。在利用凤眼莲、石莲花、大藻三种植物处理 1∶1 稀释的牛奶场厌氧消化废水研究中，也发现植物搭配种植的去除效果并非是最优的。从这些不同的研究结果可以看出，不同的植物物种及实验条件、实验方法会导致相异的实验结果，植物的混合种植是否比单一种植更能有效地净化污水需要进行深入研究和探讨。

5. 其他因素

除了以上影响因素外，还有其他一些因素也会对植物修复营富养化水体的效果产生影响，如温度、光照、微生物等。一般来说，较高的水温下，植物生长旺盛，吸收的营养最多，同时生产量最大，有较高的净化率。光照对植物生长有重要的作用，在没有光照的条件下，水生植物不能进行光合作用，其生长受到抑制，净化效率也会受到影响。植物吸收氮、磷往往是与根系微生物的联合作用，微生物对氮的硝化以及有机物的降解有重要作用。灭菌处理对水生植物去除 TN 特别是 NH_3-N 的影响要大于对 TP 的影响。

三、海洋植物在近海污染水体的净化修复机理和作用

（一）近海水体污染的严峻现状

海洋污染已经成为威胁人类的十大环境祸患之一。根据 2002 年联合国环境规划署发布的《全球环境展望-3》，在过去的 30 年中，全球沿海和海洋环境持续退化，海洋污染不断加剧，尤其是近海污染问题日益严重。目前全球面临的主要近海污染问题是石油等有机物污染、富营养化、赤潮、重金属污染、非降解垃圾污染以及放射性污染等。近海污染已对人类产生了巨大危害。

在我国，随着近年来沿海地区人口的急剧增加、工农业和海洋养殖业的迅速发展、大量人工合成污染物的不合理排放，近海污染范围不断扩大，海域污染事件频繁发生，海洋环境污染的形势不容乐观。《2003 年中国海洋环境质量公报》显示，在全海域总体污染趋势有所减缓的同时，我国近岸海域污染依然严重，严重污染的海域主要分布在鸭绿江口、辽东湾、渤海湾、长江口、杭州湾、珠江口等局部水域。我国近海污染物普遍以 N、P 及油类为主，局部海区以有机氯农药、重金属为主。富营养化是我国近岸海域面临的主要环境问题。由于营养盐污染和有机污染逐年加重，20 世纪 90 年代以来我国近海赤潮发生的频率、面积、区域和损失都大为增加，2003 年共发生赤潮 119 起。近年来，我国沿海因赤潮灾害造成的直接经济损失已达上百亿元。

（二）植物净化修复技术的机理

随着对近海污染危害的认识，人们开展了各种对近海污染防治技术的相关研究及其应用，其中植物修复技术在治理近海污染中开始崭露头角。植物修复（phytoremediation）是指利用植物转移、容纳或转化污染物，使其对环境无害，并使污染环境得到修复与治理。植物修复技术作为一项新兴的技术，自20世纪80年代后期提出以来短短十几年时间，便得到了广泛的认同和应用。目前植物修复技术的研究正在防治水体、土壤和空气污染领域迅速兴起。研究证明，植物修复技术可用于污染环境中的有机污染物、重金属、放射性核素等的生物修复去除，为近海污染防治与修复提供了新途径。

植物修复机理可分为以下6种。

（1）植物提取（phytoextraction）。植物提取指应用可积累污染物的植物将环境中的金属或有机物污染物转运、富集于植物易于收集的部分。

（2）植物转化（phytotransformation）。植物转化指植物从土壤、水体等污染环境中吸收富营养化污染物或有机污染物，并通过植物体的代谢过程来降解污染物，将污染物部分或完全降解或结合进植物组织内，从而使污染物变得无毒或毒性较以前减小。

（3）植物固定（phytostabilization）。植物固定指利用植物降低污染物质在环境中的不稳定性和生物可利用性，防止污染物进入地下水或食物链，降低污染物对生物的毒性。

（4）根际生物修复（rhizosphere bioremediation）。根际生物修复又称植物激活或植物支持的生物修复（phytostimulation or plant-assisted bioremediation），是指植物根系及其根际微生物释放酶、有机酸等物质，对污染物质进行溶解、螯合、吸收或降解。

（5）植物挥发（phytovolatilization）。植物挥发指应用植物将挥发性污染物或其代谢产物吸收并挥发到大气中，从而清除土壤或水中的污染。

（6）根际过滤（rhizofiltration）。根际过滤指利用植物根部从水中或废水中吸收、富集和沉淀重金属、有机物等污染物，从而达到消除环境污染的目的。

（三）近海污染植物修复技术的国内外研究进展

对于近海污染的植物修复而言，主要是利用丰富的海洋植物来发挥其生物修复作用。海洋植物一般分为浮游植物、大型海藻、海洋种子植物三类，共1万多种。目前在近海污染的植物修复中，研究最多的是大型海藻和红树植物。

近几年，国内外主要致力于研究植物修复在海水养殖富营养化的治理、石油等有机污染物的治理、赤潮的防治、重金属污染的清除和沿海水质恶化的防治等海洋污染领域中的机理与应用，总体而言，在治理海水养殖富营养化方面的研究最多。

1. 海水养殖富营养化的植物修复

人们在海水养殖富营养化的治理研究过程中，发现大型海藻是海洋环境中非常有效的生物过滤器。将海藻与鱼虾贝类共养不仅可以提供资源，还有助于解决鱼虾贝类养殖中产生的富营养化问题，这一点引起了全世界科研人员的关注并开展了很多相关研究。近十几年来，国内外不但对海藻与鱼虾贝类共养进行了许多定性、定量的研究，还根据研究结果提出了综合养殖理论，并应用该理论进行了综合养殖体系的构建与实际应用。

江蓠属（*Gracilaria*）海藻是国内外研究较多的一类修复植物。国外科研人员发现 *Gracilaria tenuistipitata*、*Gracilaria verrucosa*、*Gracilaria chilensis* 等江蓠属植物可以利用鱼类养殖过程中产生的废物作为营养源，从而降低养殖水域中氮磷浓度，对海水富营养化有很大的改善，而单位水体养殖的经济效益也有所提高。我国科研人员对细基江蓠繁枝变种（*Gracilaria tenuistipitata* var. liui）与纹缟虾虎鱼、脊尾白虾、中国对虾、刀额新对虾、中型新对虾、锯缘青蟹、马氏珠母贝等多种养殖动物进行了共养研究，结果表明混养江蓠可以吸收 CO_2 和鱼虾贝类的代谢废物，具有显著的增氧效果，从而改善养殖水质，稳定水体 pH，提高单位养殖水域的经济效益。

除江蓠属海藻外，对紫菜属（*Porphyra*）和石莼属（*Ulva*）海藻的植物修复作用也研究较多，还对海带属（*Laminaria*）、角藻属（*Fucus*）、麒麟菜属（*Eucheuma*）和浒苔属（*Enteromorpha*）海藻及红树等海洋植物的植物修复作用进行了研究与探讨。从经济效益方面考虑，在海水养殖富营养化的植物修复中，可食用或可用作工业原料的、养殖技术成熟的海洋养殖藻类更受青睐。

通过研究，科学家们认为通过栽培江蓠、紫菜、石莼等大型海藻可以真正意义上消除营养负荷，植物修复效果非常明显，是减轻海水养殖富营养化的一种有效途径。在此基础上，科学家们提出了综合养殖理论，并开展了一系列综合养殖系统（integrated aquaculture system）、再循环养殖系统（recirculating aquaculture system）的筛选、构建与实际应用，发现与单一养殖相比，海藻可减少排放到环境中的营养物质，增加养殖体系的可持续性，减少养殖用水量，降低对环境的负面影响，保持稳定安全的水质条件。

2. 石油等有机物污染的植物修复

石油污染是目前最主要的海洋污染，而多环芳烃（PAH）、多氯联苯（PCB）等持久性有机污染物（POP）的危害也很广泛，目前国内外应用植物修复技术治理石油等有机物所造成的海洋污染的研究也正在兴起。庄铁诚等、Ke 等和 Tam 等的研究发现，红树及其根部微生物所构成的红树微生态系对石油、PAH、PCB 和农药等有机物污染有着良好的修复潜力。与无红树微生态系相比，红树微生态系可更高效和更快速地降解柴油、农药甲胺磷和芘，并能对石油污染产生的 PCB 和 PAH 进行高浓度富集。

除红树植物外，关于大型海藻对石油污染的植物修复也有所研究，Radwan 等在多种大型海藻上发现附着大量的石油分解细菌，这些大型海藻和细菌共同作用可有效降解石油污染物。

3. 赤潮的植物修复

不少学者认为通过栽培大型海藻可有效防治赤潮。汤坤贤等对细基江蓠繁枝变种对赤潮的消亡和水质的影响进行了研究，结果表明，江蓠可以加速中肋骨条藻赤潮的消亡，减轻赤潮生物死亡腐败对水体的污染，避免赤潮消亡后水体缺氧，减轻赤潮对环境的损害。

国内外研究还发现一些海藻及其提取物对赤潮微藻具有除藻作用。例如，小珊瑚藻、孔石莼、石芽藻、小海带、褐藻昆布及其提取物对多环旋沟藻等多种赤潮微藻的生长具有抑制作用，可以使赤潮微藻运动性降低，细胞变形并破裂。

4. 近海重金属污染的植物修复

在近海重金属污染的植物修复方面，对红树植物吸收富集重金属污染物的研究较多。研究发现红树植物对铅、汞、镉、铜、锌等重金属有相当程度的吸附及固定作用，还具有吸收某些放射性物质的作用，可有效地净化沉积物中的重金属，而所富集的重金属70%～90%贮存在不易被动物消耗的根和树干部分，因此，利用红树植物净化海域重金属污染是一种投资少而可行的治理途径。此外，一些海藻对铜、锶、镉、铅、镍、锰等重金属也有一定的吸收积累作用，例如，三角褐指藻对铅、镍具有较高的耐受力；海篙子对砷和锶具有超富集能力，对锰、镍、铜和铅也有较强的富集能力；海带对砷的富集作用也很强。

5. 污水的植物修复

污水排放是近海海域水质不断恶化的原因之一，研究证明海洋植物不但可以用于富氮污水的净化，还可用于农业、养殖业和工业污水的处理。随着保护海洋生态的迫切需要，海藻、红树植物在防治沿海水质的进一步恶化方面得到应用并正在兴起。刘玉、缪绅裕等研究发现红树林系统能有效包陷污水藻类，对污水具备较强抗性，对人工污染中氮的净化效果较好，因此用于处理人工污水的可行性较大。Jones 等还利用大型海藻 *Gracilaria edulis* 和牡蛎组成的生物过滤体系，大大改善了日本对虾养殖场排放污水的水质，使细菌浓度、叶绿素 a 含量和总悬浮颗粒都明显减少。

（四）植物修复技术治理近海污染的应用前景

植物修复作为一门新兴技术，由于具有明显的生态效益、经济效益和景观功能，故商品化的修复系统已被就用于污染水体、土壤和沉积物的治理，在近海污染修复方面也显现了广阔的应用前景。应用植物修复技术治理近海污染具有以下优点：①绿色安全，对人类和海洋环境副作用小、生态风险小，不必担心二次污染等问题，易于为人们接受；②易于后处理，不会形成二次污染，很少有废物和排放物，遗留问题少；③具有一定的生态景观效应，在对海洋污染进行植物修复的同时，红树植物、大型海藻等海洋植物还能缓解近岸海域生境恶化、改善生态系统结构失衡、减轻近岸海域生态压力；④生物量大，海洋植物作为海洋中的初级生产力其生物量是相当巨大的。

四、水生植物对污染水体重金属富集能力的研究

黄永杰等（2006）对 8 种水生植物对重金属富集能力进行了比较研究。结果显示，研究区域属于工业区，主要受厂矿、企业排放的含重金属废渣影响较大，从而该区域水体重金属背景值很高。水体重金属含量顺序为：Mn＞Cu＞Zn＞Cd＞Pb。8 种水生植物在重金属含量很高的水环境中没有出现生长率下降或死亡等毒害症状，且长势良好，说明它们对重金属 Cu、Pb、Cd、Zn、Mn 都具有一定的抗性。

不同水生植物以及同一水生植物的不同器官中的重金属含量绝对值有明显区别。8种水生植物仅有 Cd、Mn 绝对含量低于水体背景值（水鳖根 Mn 含量除外），其他水生植物重金属含量都高于水体背景值。水鳖根的 Cu、Pb、Cd、Zn、Mn 含量最高。水鳖茎叶除 Mn 含量低于空心莲子草外，其他 4 种重金属含量明显高于其他 7 种水生植物。

此外，植物体内的重金属主要积累于根部，茎叶部分含量相对较低。

　　不同水生植物以及同一水生植物的不同器官对不同重金属的吸收富集能力有明显差异。8 种水生植物不同器官的重金属 Cu、Pb、Zn 富集系数均大于 1，富集能力均较强。其中，香蒲对 Pb、Cd 的吸收能力表现为茎叶＞根。香蒲、水鳖、芦苇、中华慈姑、空心莲子草、浮萍等可作为重金属复合污染水体的修复植物。

第六节　污染水质里有害污染物对水生植物生理和生长的影响

　　虽然水生植物对污染水体具有净化修复能力，但是，当水体里面有害污染物（如多环芳烃、二甲基萘、LAS 和铅等）达到一定浓度时，就会影响或伤害水生植物的生理和正常生长，降低或丧失净化修复污染水体的能力，因此，了解有害污染物对水生植物生理机制和生长发育的影响是很重要的。

一、多环芳烃（萘）污染对水生植物生理的影响

　　多环芳烃（PAH）是一组列于美国环境保护署（EPA）黑名单上的优先有机污染物，其中一些因具有致癌、致畸、致突变作用及生物难降解性受到广泛重视。PAH 在环境中分布广泛，天然水体中浓度为 $0.001 \sim 10 \mu g/L$，工业废水中约 $1mg/L$。当有机溶剂存在时，PAH 在水中的溶解度将会大幅上升。现已在上海黄浦江某江段检测出了包括苯并（α）芘在内的多种 PAH。目前一些国家的环境科学家对多环芳烃的环境行为、毒害及其污染控制纷纷投入研究，取得了丰硕的成果。

　　作为杂草类的水生植物对其生长的水域起着一定的净化作用，但随着水体富营养化程度逐渐加剧，水生植物的过度繁殖已引起社会的关注。在我国不少城市采取了积极的措施来减少乃至最终消灭水生植物，以维持水体的通航、景观和其他用途。因此，如何有效利用水生植物成为当前迫切需要解决的一个难题。利用水生植物净化污水中的重金属、有机磷农药、酚及其他有害污染物的研究国内外已有报道，但利用水生植物净化污水中 PAH 的研究却鲜见报道。刘建武等（2002）研究了 PAH 对 5 种水生植物（如水葫芦、水花生、浮萍、细叶满江红和紫萍等）生长、光合作用及过氧化物酶（peroxidase，POD）活性的影响，以便进一步了解净化过程中，萘污染对水生植物的影响机制，为合理利用水生植物净化萘水体提供理论依据。他们的研究结果如下。

（一）5 种水生植物外观症状均受到萘的伤害

　　实验中观察到，萘污染对水生植物的外部伤害不仅与植物种类有关，而且与处理液中萘的浓度有关。从 5 种水生植物在含萘处理液中生长 5d 后的外观生长状况可以发现，水葫芦和水花生在处理液中受害程度较轻；浮萍、紫萍和细叶满江红受害程度较重，在处理后第 2 天就可观察出高浓度处理液中浮萍和细叶满江红叶尖出现轻微失绿，随着时间的进一步延长，低浓度处理液中也表现出受害症状，并且随萘浓度的增加，植物的外表伤害症状逐渐明显。紫萍和浮萍、细叶满江红的受害症状基本表现一致，首先叶尖失绿，其次叶片边缘失绿，在高浓度处理液中，整个叶片失绿、

萎蔫甚至腐烂。水花生的外伤症状出现在 6.5mg/L 和 16.1mg/L 处理液中，首先是幼嫩叶片失绿变黄，下部老叶片逐渐枯萎，在高浓度处理组中还出现成熟叶片由绿变紫红的症状。水葫芦仅在高浓度处理液中出现幼嫩叶片变黄的症状。萘对植物的伤害程度因植物种类不同而有差异，这也说明不同种类的植物对水体遭受萘污染的适应能力和反应灵敏程度有所不同。

（二）萘污染会降低 5 种水生植物的呼吸强度

植物的呼吸作用可以氧化分解呼吸底物，形成大量生物能（ATP）和新物质，所以呼吸作用不仅与植物体内贮存物质的分解有关，也与新物质的合成相联系，是植物体新陈代谢的主要过程之一。因此，植物的呼吸强度也可作为衡量其生长状况的一个指标。通过含萘污水对 5 种水生植物生长的影响试验后，水体中的萘对 5 种水生植物呼吸强度（R）的影响结果表明，萘对 5 种水生植物的呼吸强度有明显影响，随着污水中萘含量的增加，呼吸强度明显降低，二者呈负相关。5 种水生植物的呼吸强度均受到萘的抑制，但随植物种类不同而有些差异。水葫芦在 16.1mg/L 的萘污水中，5d 后呼吸强度降低 35.71%，而在相同条件下，水花生、浮萍、紫萍和细叶满江红呼吸强度分别降低 51.52%、86.36%、71.26% 和 83.95%。所以在相同条件下，水葫芦呼吸强度受萘抑制程度最轻，其次为水花生、紫萍，而浮萍和细叶满江红受到抑制程度最重。由于呼吸作用关系到体内贮存物质的分解和新物质的合成，所以水生植物呼吸强度受到抑制也会影响体内其他生理生化过程。

（三）萘污染会降低 5 种水生植物叶片叶绿素含量

叶绿素是植物进行光合作用的色素，叶绿素含量高低在一定程度上反映了光合作用水平。光合作用是植物生长的原动力，任何影响生长的因素必然影响光合过程。叶绿素的含量和组成是影响光合作用的物质基础，叶绿素含量低，光合作用弱，会导致植物鲜重降低，使植物不能正常新陈代谢。5 种水生植物在不同浓度萘污水（1.2mg/L、2.5mg/L、6.5mg/L 及 16.1mg/L）中生长 5d 后，20 个处理组的叶绿素含量均低于对照，而且随萘浓度的增加而降低。5 种水生植物的叶绿素含量随萘浓度的增加而下降，但植物之间也有所差异。水葫芦叶绿素总量在高浓度萘污水中 5d 下降了 37.64%，叶绿素 a 与叶绿素 b 的比值保持在 1.85～1.87，基本稳定；相同条件下，水花生叶绿素下降了 45.05%，叶绿素 a 与叶绿素 b 的比值为 2.00～2.07；浮萍、紫萍和细叶满江红在相同条件下叶绿素分别下降了 80.91%、48.32% 和 67.26%，叶绿素 a 与叶绿素 b 的比值分别在 1.75～1.81、1.65～1.72 和 1.72～1.78。叶片中叶绿素 a 与叶绿素 b 含量均随萘浓度的增加而减少，但两者的比值均在一定范围内保持稳定，说明萘对 5 种水生植物叶绿素 a、叶绿素 b 的破坏程度基本一致。

对 5 种水生植物叶绿素含量与萘浓度进行回归分析，发现它们呈显著负相关关系，并按照叶绿素总量与萘浓度负相关系数大小进行排列。结果表明，在相同时间内，5 种水生植物叶绿素均受到萘的破坏，且破坏程度随萘浓度的增加而明显升高。负相关系数大小表明，5 种水生植物叶绿素总量减少程度依次为浮萍＞细叶满江红＞紫萍＞水花生＞水葫芦，这说明水葫芦、水花生对萘污染的适应能力较强，而浮萍、细叶满江红对萘污染反应较灵敏，对萘污染适应能力较差，植物体内叶绿素含量也可用于检测萘的毒性及监测水体萘污染程度。

（四）萘对 5 种水生植物过氧化物酶活性有明显的影响

过氧化物酶是植物体内常见的氧化还原酶，可催化有毒物质氧化分解，是一种对环境因子十分敏感的酶。当环境被污染时，其活性和同工酶的活性都会发生急剧变化。过氧化物酶活性的增加是由于有害污染物进入植物体后对植物产生毒害作用，或者污染物自身通过一系列生理生化反应产生了对植物体有害的新物质。随着污染物及新物质的增加，过氧化物酶便以它们为底物，利用 H_2O_2 来促使它们氧化分解，以降低对植物自身的毒害。实验表明，不同浓度的萘处理液对 5 种水生植物的过氧化物酶活性有不同程度的影响。从结果发现，水葫芦、水花生体内过氧化物酶活性随萘浓度的增加而明显升高，相关分析表明，过氧化物酶活性（A）与萘浓度的相关方程分别为 $A = 13.67C + 1338.1$、$r = 0.799$ 和 $A = 22.29C + 1126.4$、$r = 0.8397$，这说明水葫芦和水花生过氧化物酶与萘浓度呈正相关。浮萍、紫萍和细叶满江红过氧化物酶活性在低浓度萘污水中随萘浓度的增加而上升，但在较高浓度时却相反，随萘浓度增加活性下降。这说明水葫芦、水花生对萘污水适应能力较强，能够有效提高过氧化物酶的活性，净化进入体内的有害物质，而另外 3 种植物的适应和净化能力则较差，因此也可以通过测定水生植物过氧化物酶的活性检测水体中萘污染程度。

（五）结论

（1）5 种水生植物外观症状均受到萘的伤害，随着萘浓度的增加，伤害程度加深，但不同种类植物之间受害症状及程度有所不同，水葫芦受害最轻，水花生次之，浮萍、紫萍和细叶满江红受害较严重，所以对萘污染的净化，水葫芦可作为首选对象。

（2）萘污染可降低 5 种水生植物呼吸强度、叶绿素含量，其程度与萘浓度呈负相关；就过氧化物酶活性而言，水葫芦、水花生与萘浓度呈正相关，而浮萍、紫萍和细叶满江红酶活性随萘浓度增加先升后降低，由此可说明在净化萘污水的过程中，不可能导致水生植物的过度繁殖。

（3）浮萍、紫萍和细叶满江红 3 种对萘污染较为敏感的植物可用于水体监测，其中浮萍的敏感性最大，可用作萘对水生植物的毒性检测；水葫芦、水花生过氧化物酶活性可作为水体受萘污染的生理指标。

二、LAS 和 AE 对水生植物损伤和生理生化特性的影响

（一）LAS 和 AE 对水生植物的损伤

LAS（直链烷基苯磺酸钠）、AE（脂肪醇聚氧乙烯醚）分别属于阴离子型和非离子型表面活性剂，主要用于配制各种洗涤剂，占有很大的市场份额，并被广泛应用于纺织、油田开采、化妆品及病虫害控制等工业领域。由于表面活性剂具有双亲媒物性，它在促进难溶性污染物的生物修复方面可能发挥的作用越来越受到人们的青睐。但大量应用的表面活性剂，且最终全部进入水体环境，会给环境造成严重的污染。因此，深入研

究表面活性剂对环境的负面影响显得十分必要。目前国内外广大学者已经予以一些关注，但以往的研究主要集中在微生物降解及对水生动植物的生理生化影响上，表面活性剂对水生植物损伤的形态学观察未见报道。刘红玉（2001）以 LAS 和 AE 为对象，从显微和亚显微水平研究了表面活性剂对水生植物水绵（*Spirogyra* sp.）和水浮莲（*Pistia stratiotes* L.）的损伤作用，为正确评价表面活性剂对生态平衡的破坏及水体富营养化的加速程度提供科学依据。

（二）LAS 对水生植物生理生化特性的影响

过氧化氢酶（CAT）和过氧化物酶（POD）是植物体内的保护酶，能清除细胞中活性氧化代谢产生的过氧化物，维持细胞的正常功能。

（1）表面活性剂对水生生物生长的影响与表面活性剂的浓度存在剂量—效应关系。当 LAS 浓度小于 1.0mg/L 时，对稀脉浮萍生长的抑制作用较小；但超过此浓度，抑制作用急剧增加，植物可能出现负增长，细胞的组织结构受到损伤。严重时，细胞乃至整个植株死亡。

（2）在阴离子型表面活性剂污染下，水生植物 CAT、POD 活性变化与 LAS 浓度存在着剂量—效应关系。当 LAS 浓度为 0～10.0mg/L 时，诱导 CAT、POD 活性升高，清除细胞中由于表面活性剂伤害产生的超氧自由基，维持细胞的正常生理功能。但若 LAS 浓度太高（大于 10.0mg/L），产生的过氧化物太多，则会超出保护酶消除过氧化物的能力范围，使细胞受到伤害，甚至死亡。细胞 CAT、POD 的活性变化，在亚致死浓度下，可在短时间内较灵敏地指示植物受伤程度，因此是一种比较理想的分子生态毒理学指标。

（3）植物保护酶活性水平与植物的类群有关。被子植物稀脉浮萍比低级的蕨类植物满江红的 CAT、POD 酶活性水平高，而作为低等植物的藻类水网藻，酶的活性水平最低，水网藻的 POD 酶活性基本为 0。

三、铅离子对海洋浮游植物生长的影响

近年来，随着沿海地区经济和工业的迅速发展以及海洋资源的进一步开发和利用，重金属已成为当今海洋的重要污染物。目前在中国沿海地区近岸海域海水中均监测到重金属铜，其中渤海湾、青岛近海、长江口、南海等海域海水的铅污染最为严重，超标率高达 95％，部分近海的污染含量已超过三类海水水质标准。

重金属日益严重的污染现状和它对海洋生态系统的严重危害早已得到了人们的重视，关于重金属的研究报道很多，研究表明少数重金属（如 Cu、Zn 等）是单细胞浮游植物所必需的微量营养元素，对浮游植物群体活力和生产力的动力学控制上有着重要的作用；但是对于 Pb^{2+} 等大部分重金属来说，在浓度较高时，则对浮游植物的生长产生明显的毒性作用。这些研究都是侧重于重金属对浮游植物毒性机理的研究，有关重金属对浮游植物整个生长过程影响的研究却未见报道。张莹莹（2005）在 Logistic 生长模型的基础上，引入 Pb^{2+} 浓度项探讨了不同浓度的 Pb^{2+} 对 8 种常见海洋浮游植物（如赤潮异弯藻、旋链角毛藻、中肋骨条藻、三角褐指藻、海洋原甲藻、裸甲藻、亚心型扁藻、

青岛大扁藻）生长过程的影响。

研究结果发现如下。

1. Pb^{2+} 对海洋浮游植物生长影响

从在不同 Pb^{2+} 浓度条件下旋链角毛藻、赤潮异变藻、三角褐指藻、中肋骨条藻、青岛大扁藻、亚心型扁藻、海洋原甲藻、裸甲藻的生长曲线看，在实验条件下，由于浮游植物种类的差异，Pb^{2+} 对不同浮游植物生长的影响有所不同。较低浓度 Pb^{2+} 对黄藻门的赤潮异弯藻，硅藻门的旋链角毛藻、中肋骨条藻、三角褐指藻，绿藻门的亚心型扁藻、青岛大扁藻生长可能有一定的促进作用，而高浓度 Pb^{2+} 对它们的生长表现为抑制作用。这与 Deviprasad 的实验结果一致。这可能是由于高浓度的 Pb^{2+} 能抑制藻细胞的光合作用并能与藻细胞内的谷氨酸、半胱氨酸络合形成生物螯合物 $PbPC_2$，降低藻细胞的生长速率，从而抑制藻类的生长。对甲藻门的海洋原甲藻、裸甲藻来说，Pb^{2+} 对其生长表现为抑制作用，并随着 Pb^{2+} 浓度的增加，抑制作用逐渐增强。这可能是由于甲藻细胞在生理及形态和构造上与其他藻类不同所致。

2. Pb^{2+} 条件下海洋浮游植物的生长方程

浮游植物的生长一般经历延缓期、指数生长期、稳定期三个过程，由此表现出 S 形曲线，这种 S 形曲线因生物种群生长特性的不同和所处环境条件的变化而呈现出多样性变化，目前主要采用 Mitscherlich、Brody、Bertalanffy、Gompetrz、Logistic 等生长模型来描述 S 形生长曲线，由于它们具有固定的拐点，都只能准确描述一种特定形状的 S 形曲线，其中 Logistic 生长模型适用于描述早期缓慢生长期长的生长过程，因此选择该生长模型描述海洋浮游植物的生长状况。

$$B_t = \frac{B_f}{1 + \frac{B_f - B_0}{B_0} e^{-\frac{4\mu_{max} t}{B_t}}} \qquad (8-5)$$

式中，B_t 为 t 时刻生物量（cell/mL）；B_0 为初始生物量（cell/mL）；B_f 为终止生物量（cell/mL）；μ_{max} 为最大生长速率常数 [cell/(mL·h)]；t 为时间（h）；e 为自然对数的底。根据式（8-5）定义生长速率参数 G_R（/h）：

$$G_R = 4\mu_{max}/B_f$$

代入式（8-5）可变为：

$$B_t = \frac{B_f}{1 + \frac{B_f - B_0}{B_0} e^{-G_R \cdot t}} \qquad (8-6)$$

这样，根据式（8-6）应用非线性拟合技术（如 Original7.0）对其进行拟和，即可得到 B_f 和 μ_{max} 拟合的相关系数 R^2 为 $0.907 \sim 0.993$，平均为 0.976，这可以很好地描述赤潮异弯藻、旋链角毛藻、中肋骨条藻、三角褐指藻、海洋原甲藻、裸甲藻、亚心型扁藻、青岛大扁藻在每一个 Pb^{2+} 浓度下的生长过程。

式（8-6）的生长速率参数 G_R 和终止生物量 B_f 都与 Pb^{2+} 浓度有关。对不同的浮游植物，为了进一步地描述 Pb^{2+} 浓度对浮游植物的最大生长速率以及生物量的影响，由结果可知，浮游植物生长速率参数 G_R 与 Pb^{2+} 浓度 c（Pb^{2+}）的关系可用 Lorentz 方程 [式（8-7）] 来拟合：

$$G_R = G_{RO} + \frac{2D}{\pi} \cdot \frac{\omega_{Pb}}{4[c(Pb^{2+}) - c(Pb^{2+}_{max})]^2 + \omega_{Pb}{}^2} \tag{8-7}$$

式中，G_{RO} 为最大生长速率参数（/h），根据式（8-7）利用非线性拟合得出，当 Pb^{2+} 完全抑制藻类生长时即 G_{RO} 最小极限值为 0；$c(Pb^{2+}_{max})$ 为生长速率参数量最大值时的 Pb^{2+} 浓度；ω_{Pb} 为 Pb^{2+} 浓度范围值（$\mu g/L$）；D 为 Pb^{2+} 浓度的改变量对生长速率参数的影响总量因子。应用 Lorentz 方程拟合的相关系数 R^2 为 0.866～0.998，平均为 0.930，可以较为准确地描述赤潮异弯藻、旋链角毛藻、中肋骨条藻、三角褐指藻、海洋原甲藻、裸甲藻、亚心型扁藻、青岛大扁藻的生长速率参数与 Pb^{2+} 浓度的关系。

由拟合曲线得到 Pb^{2+} 对 8 种浮游植物的最佳促进生长浓度和最大生长速率，见表 8-4。对于不同的浮游植物，能促进其生长的最大 Pb^{2+} 浓度不尽相同。以旋链角毛藻为例，$c(Pb^{2+})$ 在 $2523\mu g/L$ 时是促进其生长的最佳浓度，但在此浓度下，其他浮游植物的生长已受到抑制。

表 8-4　浮游植物与对照组最大生长速率比较

藻种	u_c /[cell/(mL·h)]	u_m /[cell/(mL·h)]	$c(Pb^{2+})$ /($\mu g/L$)
赤潮异弯藻	4 517	4 806	1 991
旋链角毛藻	51 946	60 772	2 523
中肋骨条藻	14 454	18 810	847
三角褐指藻	66 843	75 228	101
青岛大扁藻	10 986	13 285	627
亚心型扁藻	11 816	12 481	509
海洋原甲藻	5 929	5 929	→0
裸甲藻	3 142	3 142	→0

注：u_c 为对照组的生长速率，u_m 为 8 种浮游植物的最大生长速率。

B_f 与 $c(Pb^{2+})$ 的关系可用 GaussAmp 方程［式（8-8）］来拟合表示：

$$B_f = B_{f0} + Ae^{\frac{[c(Pb^{2+}) - c'Pb^{2+}_{max}]^2}{2\omega'_{Pb}{}^2}} \tag{8-8}$$

式中，B_{f0} 为浮游植物最小终止生物量（cell/mL），根据式（8-8），利用非线性拟合得出当 Pb^{2+} 完全抑制藻类生长时，即 B_{fo} 最小极限值为 B_0；A 为 Pb^{2+} 浓度的改变量对浮游植物生物量的影响总量因子；$c'(Pb^{2+}_{max})$ 为生物量最大值时的 Pb^{2+} 浓度（$\mu g/L$）；ω'_{Pb} 为 Pb^{2+} 浓度范围值（$\mu g/L$），拟合的相关系数 R^2 为 0.793～1，平均为 0.9471，可较好地描述赤潮异弯藻、旋链角毛藻、中肋骨条藻、三角褐指藻、海洋原甲藻、裸甲藻、亚心型扁藻、青岛大扁藻的终止生物量 B_f 与 Pb^{2+} 浓度的关系。

据进行函数作图拟合（Original 7.0），其拟和相关系数 R^2 为 0.775～0.998，平均为 0.921，表明应用此方程可以很好地描述不同浓度 Pb^{2+} 对赤潮异弯藻、旋链角毛藻、中肋骨条藻、三角褐指藻、海洋原甲藻、裸甲藻、亚心型扁藻、青岛大扁藻生长的影响。

Pb^{2+} 浓度的变化对浮游植物生长速率参数的影响，可用 Lorentz 方程形式来描述，而对浮游植物生物量的影响，则可用 GaussAmp 方程式来描述。当用该方程描述某种浮游植物的生长过程，它的拟合参数 $c(Pb^{2+}_{max})$、$c'(Pb^{2+}_{max})$ 的数值为 0 时，说明 Pb^{2+}

抑制该浮游植物的生长；当它的拟合参数 c（Pb_{max}^{2+}）、c'（Pb_{max}^{2+}）的数值大于 0 时，说明低浓度的 Pb^{2+} 对该浮游植物的生长有一定的促进作用，而 c（Pb_{max}^{2+}）的数值即为促进生长的最佳浓度。这样，应用该方程不仅可以根据浮游植物的生长情况推测相应海区的 Pb^{2+} 浓度；而且也可以预测不同浓度 Pb^{2+} 条件下，相应海区的海洋浮游植物的生长情况。根据文献报道，在培养液中添加过量的营养盐可以缓解重金属的毒性，也就是说营养盐与重金属离子之间可能存在拮抗作用。

参 考 文 献

成水平，吴振斌，夏宜琤. 2003. 水生植物的气体变换与输导代谢，27（6）：415～418

范航清，陈利洪. 2006. 中国濒危红树植物红榄李的种群数量及其分布. 广西科学，13（3）：180～185

黄亚，傅以钢，赵建夫. 2005. 富营养化水体水生植物修复机理的研究进展. 农业环境科学学报，24：379～383

黄永杰等. 2006. 八种水生植物对重金属集能力的比较研究. 海洋科学，25（5）：541～545

江玉，韩秀荣，张军等. 2002. 海洋浮游植物对2-甲基萘的生物富集研究. 青岛海洋大学学报，32（1）：101～106

蒋高明. 2004. 植物生理生态学. 北京：高等教育出版社

兰伯斯，蔡平，庞斯. 2005. 植物生理生态学. 张国平，周华军译. 杭州：浙江大学出版社

刘红玉等，周朴华，杨仁斌等. 2001. 阴离子型表面活性剂（LAS）对水生植物生理生化特性的影响. 农业环境保
护，20（5）：341～344

刘红玉，廖柏寒，鲁双庆等. 2001. LAS 和 AE 对水生植物损伤的显微和亚显微结构观察. 中国环境科学，21
（6）：527～530

刘建武. 2002. 多环芳烃（萘）污染对水生植物生理指标的影响. 华东理工大学学报，28（5）：520～536

牛玉璐. 2006. 水生植物的生态类型及其对水环境的适应. 生物学教学，31（7）：6，7

夏邦美，王永强. 2006. 海洋绿色能量之源-海洋植物. 森林与人类，6：66～69

夏立群，张红莲，简纪常等. 2005. 植物修复技术在近海污染治理中的研究与应用. 水资源保护，21（1）：32～35

鲜启鸣，陈海东，邹惠仙等. 2004. 3 种沉水植物水浸提液中有机酸成分分析. 植物资源与环境学报，13（3）：
57，58

张晓丽. 2007. 水的生态作用对植物叶结构的影响. 生物学教学，32（3）：9，10

张莹莹. 2005. 铅离子对海洋浮游植物生长影响的研究. 海洋科学，29（6）：28～32

Keeley J E，Busch G. 1984. Carbon assimilation characteristics of the aquatic CAM plant, isoetes-howellii. Plant
Physiology，76（2）：525～530

Nielsen S V S，Poulsen G B，Larsen M E. 1991. Regeneration of shoots from pea (*pisum-sativum*) hypocotyl ex-
plants. Physiologial Plantarum，82（1）：99～102

Osmond D L，Wilson R F，Paper C D. 1982. Fatty-acid composition and nitrate uptake of soybean roots during ac-
climation to low-temperature. Plant Physiology，70（6）：1689～1693

Schultze M，Kondorosi A. 1996. The role of lipochitooligosaccharides in root nodule orgauogenesis and plant cell
growth. Current Opinion in Genetic and Development，6（5）：631～638

Yeoh H H，Badger M R，Watson L. 1981. Variations in kinetic-properties of ribulose-1，5-bisphosphate carboxyla-
ses among plants. Plant Physiology，67（6）：1151～1155

第九章　植物对逆境的生理适应与伤害

在自然环境中，植物的生长发育受由于不同地理位置、气候条件及人类活动等的影响，会遭到各种各样的生物和非生物胁迫。植物在长期进化过程中形成了相应的防卫胁迫的生理适应措施，但当环境胁迫超过植物所能忍受的范围限度，就会致使植物受到伤害甚至死亡。因此，了解和研究植物对逆境的生理适应能力、探明植物的抗性生理、发展提高增强植物抗性的人为调控技术，对提高农作物产量和品质及药用植物次生代谢药物的生产都具有重要意义。

第一节　植物对逆境生理适应与伤害的概论

一、植物逆境的定义及种类

逆境（stress）是指对植物生长和生存不利的各种环境因素的总称，又称为胁迫。研究植物在逆境下的生理反应，以及植物对不良环境的抵抗能力称为逆境生理（stress physiology）。植物在长期的系统发育中逐渐形成了对逆境的适应和抵抗能力，称为植物的抗逆性（stress resistance），简称抗性。抗性是植物对环境的适应性反应，是在长期进化过程中逐步形成的，这种适应性形成的过程叫做抗性锻炼（hardening）。通过锻炼可以提高植物对某种逆境的抵抗能力。

逆境的种类多种多样，包括非生物胁迫（即物理胁迫和化学胁迫，如辐射、干旱、高温、低温、盐害及农药等）和生物胁迫（如病害、虫害、杂草等）（表9-1），这些胁迫因子之间可以相互交叉、相互影响。

表 9-1　逆境胁迫的类型（引自赵福庚，2004）

非生物胁迫		生物胁迫
物理胁迫	化学胁迫	
水分（旱害、涝害）	气体污染物（SO_2、氯气、氟化物、光化学烟雾等）	竞争
温度		
低温（冷害、冻害）	有机化学药品（除草剂、农药、化肥、杀虫剂等）	化感作用
高温（热害）		共生现象缺乏
辐射		
红外线，紫外线	无机化学药品（重金属污染等）	人类活动
强、弱可见光	盐碱土	病害（微生物）
离子辐射（α、β、γ、X 射线）	毒素	虫害（昆虫）
机械、声、磁、电等	土壤溶液 pH	草害（杂草）

二、逆境对植物的伤害

当胁迫因子作用于植物时，如果超过植物对逆境抗性能力最大限度，则胁迫因子能以不同的方式使植物受到伤害。胁迫因子对植物产生的伤害效应种类见图 9-1。胁迫因子首先使生物膜受害，导致细胞脱水，质膜透性加大，活性氧伤害导致膜脂过氧化，这种伤害称为原初直接伤害。质膜受伤后，膜系统破坏，一切位于膜上的酶活性紊乱，各种代谢活动无序进行，进一步导致植物代谢作用的失调，影响正常的生长发育，此种伤害称为原初间接伤害。一些胁迫因子往往还可以产生次生胁迫引起次生伤害。例如，盐分胁迫的原初胁迫是盐分本身对植物细胞质膜的伤害及其导致的代谢失调；另外由于盐分过多，使土壤水势下降，产生水分胁迫，使植物根系吸水困难，这种伤害称为次生伤害。

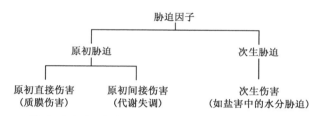

图 9-1　胁迫因子对植物产生的伤害效应种类（引自赵福庚，2004）

逆境导致植物代谢失调主要表现在以下几个方面。

（1）逆境对水分代谢的影响。实验证明，多种不同的环境胁迫作用于植物体时均能对植物造成水分胁迫。例如，干旱能导致直接的水分胁迫；低温和冰冻通过胞间结冰形成间接的水分胁迫；盐渍使土壤水势下降，植物难以吸水，也间接造成水分胁迫；高温与辐射使植物与大气间水势差增大，叶片蒸腾强烈，亦间接形成水分胁迫。一旦出现水分胁迫，植物就会脱水，对膜系统的结构与功能产生不同程度的影响。

（2）逆境对光合作用的影响。在各种逆境胁迫下，植物光合作用呈下降趋势，同化产物供应减少。例如，干旱、寒冷、高温、盐渍、水涝等均可使叶绿素含量下降、光合作用酶活性下降、钝化或气孔关闭，造成 CO_2 供应不足而使光合速率下降，同化物形成减少。

（3）逆境对呼吸作用的影响。逆境下，植物呼吸速率大起大落，其变化进程因逆境种类而异。例如，冻害、热害、盐渍和涝害时，植物的呼吸速率明显下降；而冷害和旱害时，植物的呼吸速率先升后降；植物发生病害时，植物呼吸显著增强。同时，植物的呼吸代谢途径亦发生变化，如在干旱、感病、机械损伤时，植物呼吸代谢途径所占比例会有所增强。

（4）逆境对物质代谢的影响。许多资料表明，在各种逆境下，植物体内的物质分解大于物质合成，水解酶活性高于合成酶活性，大量大分子物质被降解，淀粉水解为葡萄糖，蛋白质水解加强，可溶性氮增加。

（5）活性氧伤害。一旦植物遭受到逆境胁迫，体内的氧代谢就会失调，动态平衡被打破，活性氧（active oxygen）产生加快，而以 SOD、CAT 为主的保护防御系统遭到破坏，清除自由基的功能降低，致使活性氧在体内积累，即产生反应性氧种（reactive oxygen species，ROS）。ROS 在细胞中引起生物膜脂脱酯化和膜脂过氧化作用，加速膜蛋白（包括酶分子）链式聚合反应，使细胞膜系统产生变性，积累许多有害的过氧化产物如丙二醛（malondiadehyde，MDA）等；进一步造成叶绿体与线粒体等细胞器的功能损害以及 DNA 与其他生物大分子的降解，细胞结构与功能受到损伤，甚至导致细胞凋亡（图 9-2）。

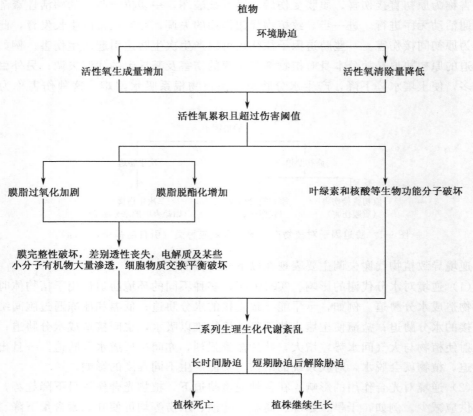

图 9-2　活性氧与植物膜伤害机制（引自王忠，1999）

三、植物对逆境的适应

植物对逆境的适应（或抵抗）主要包括避逆性和耐逆性两个方面。避逆性（stress avoidance）指植物通过各种方式在时间或空间上避开逆境的影响。例如，仙人掌的肉质茎贮存大量水分，一些植物叶表面覆盖茸毛、蜡质等避免干旱的伤害。耐逆性（stress tolerance）指植物在不良环境中，通过代谢的变化来阻止、降低甚至修复逆境造成的损伤，从而保证正常的生理活动，例如，有些北方针叶树种在冬季可以忍受 $-70 \sim -40\,℃$ 的低温。这两类抗逆性有时并不能截然分开，同一植物也可以同时表现出两种抗性。一般来说，避逆性多决定于植物的形态和解剖学特点，而耐逆性往往与原生质特性和内部生理机制有关。植物对逆境的适应有形态结构和生理代谢两方面。

（一）形态结构适应

植物对不良环境的适应在形态上有各种变化：有以根系发达、叶小以适应干旱条件；有扩大根部通气组织以适应淹水条件；有生长停止，进入休眠，以迎接冬季低温来临等。

（二）生理适应

植物对不良环境的生理适应主要有形成逆境蛋白、增加渗透调节物质和脱落酸（ABA）含量等方式，从而减少质膜系统的破坏，提高细胞对各种逆境的抵抗能力。

1. 逆境蛋白的表达

在逆境条件下，植物关闭一些正常表达的基因，启动一些与逆境相适应的基因。多种逆境都会抑制原来正常蛋白质的合成，同时诱导形成新的蛋白质，这些在逆境条件下诱导产生的蛋白质系统称为逆境蛋白（或胁迫蛋白，stress protein），如热激蛋白（hot shock protein，HSP）、冷响应蛋白（cold responsive protein，CORP）、病程相关蛋白（pathogenesis related protein，PRP）、厌氧蛋白（anaerobic protein）、紫外线诱导蛋白（UV-induced protein）、化学试剂诱导蛋白（chemical-induced protein）等。逆境蛋白可在植物不同生长阶段或不同器官中产生，也可存在于不同的组织中。组织培养条件下的愈伤组织以及单个细胞在逆境诱导下也能产生逆境蛋白。逆境蛋白在亚细胞的定位较为复杂，可存在于胞间隙（如多种病原相关蛋白）、细胞壁、细胞核、细胞质及各种细胞器中，特别是细胞膜上的逆境蛋白种类很丰富，而植物的抗性与膜系统的结构和功能密切相关。比较不同逆境下植物的逆境蛋白，可以发现不同逆境条件下有时能诱导出一些相同或相似的逆境蛋白。例如，缺氧、干旱、盐渍和 ABA 处理等能诱导产生一些热激蛋白，提高植物的抗热能力；病程相关蛋白也可由某些物质如水杨酸、乙烯诱导合成。这些现象暗示植物对逆境的适应可能存在着某些共同的机制，一种抗性基因有可能同时产生几种不同的逆境蛋白。

2. 渗透调节

多种逆境都会对植物产生直接或间接的水分胁迫。水分胁迫时，植物细胞会被动地丢失一些水分；除此以外，逆境还会诱导参与渗透调节的基因表达，主动积累各种有机物和无机物来提高细胞液浓度，降低渗透势，提高细胞保水力，从而适应水分胁迫环境，这种现象称为渗透调节（osmoregulation，osmotic adjustment）。渗透调节是在细胞水平上进行的，即由细胞通过生物合成和吸收、积累对细胞无害的溶质来完成，其主要功能在于保持细胞的膨压，从而维持原有的代谢过程，如气孔开放、细胞伸长、植株生长以及其他一些生理生化过程，是植物抵抗逆境的一种重要机制。

渗透调节物质主要有两大类：一类是由外界引入细胞中的无机离子（特别是 K^+），另一类是在细胞内合成的有机溶质，如蔗糖和偶极含氧化合物（如脯氨酸、多胺和甜菜碱等）。

逆境下细胞内常常累积无机离子来降低渗透势，特别是盐生植物常依靠这种方式来调节渗透势，这些离子包括 K^+、Na^+、Ca^{2+}、Mg^{2+}、Cl^-、NO_3^-、SO_4^{2-} 等。无机离子进入细胞后，主要累积在液泡中，因此无机离子主要是作为液泡的渗透调节物质。

脯氨酸（proline，Pro）主要是细胞质渗透物质，其在抗逆中的作用是：①作为渗透物质，保持原生质与环境的渗透平衡，防止失水；②Pro 与蛋白质结合能增强蛋白质的水合作用，增加蛋白质的可溶性和减少可溶性蛋白质的沉淀，保持这些大分子结构和功能的稳定；③水分胁迫期间，产生的氨可形成 Pro，起解毒作用，同时 Pro 也可作为复水后植物直接利用的氮源。

　　除脯氨酸外，其他游离氨基酸和酰胺类物质也可在逆境下起渗透调节作用，如水分胁迫下小麦叶片中天冬酰胺、谷氨酸等含量增加，但这些氨基酸的积累通常没有脯氨酸显著。

　　多胺（polyamine）是生物体代谢过程中产生的一类次生代谢物质，主要以游离态和结合态两种形态存在。游离态多胺还可以转化生成稀有多胺，如高精胺、高亚精胺、降精胺和降亚精胺等。各种胁迫条件下植物细胞内不同程度地积累特殊形态多胺，特别是结合态和稀有多胺。内源多胺含量的增加对植物抵御逆境有重要意义：①多胺能稳定膜结构；②抑制核酸酶和蛋白质酶的活性，防止蛋白质的降解；③作为细胞内渗透调节剂，调节细胞水分平衡；④抑制脂质过氧化作用以及抑制细胞壁降解，有利于清除自由基；⑤通过转化生成生物碱达到解毒目的。

　　甜菜碱（betain）是细胞质内的另一类亲和性渗透物质，在抗逆中具有渗透调节和稳定生物大分子的作用。多种植物在逆境下都有甜菜碱积累。甜菜碱化学名称为 N-甲基代氨基酸，通式为 $R_4 \cdot N \cdot X$。植物中的甜菜碱主要有 12 种，其中甘氨酸甜菜碱（glycinebetaine）是最简单且最早发现、研究最多的一种；丙氨酸甜菜碱（alaninebetaine）和脯氨酸甜菜碱（prolinebetaine）也是比较重要的甜菜碱。植物在干旱、盐渍条件下会发生甜菜碱的积累，抗性品种尤为显著。在正常植株中甜菜碱比脯氨酸高 10 倍左右；遇水分胁迫时，甜菜碱的积累比脯氨酸慢，解除胁迫时，甜菜碱的降解也比脯氨酸慢。

　　可溶性糖也是一类渗透调节物质，主要有蔗糖、葡萄糖、果糖和半乳糖等，如低温逆境下植物体内常常积累大量的可溶性糖（图 9-3）。可溶性糖增加的原因可能包括淀粉等糖类的分解及光合产物形成过程中直接转向低相对分子质量的蔗糖等。

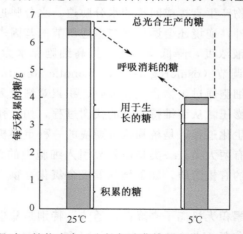

图 9-3　低温时，植物光合、生长与贮藏糖的变化（引自王忠，1999）

　　此外，盐藻等单细胞生物以甘油作为渗透调节物质。

　　应该指出，渗透调节是植物对逆境的一种适应性反应，参与渗透调节的溶质浓度的增加，不同于通过细胞脱水和收缩所引起的溶质浓度的增加，也就是说渗透调节是每个细胞溶质浓度的净增加，而不是由于细胞失水、体积变化而引起的溶质相对浓度的增加。虽然后者也可以达到降低渗透势的目的，但是只有前者才是真正意义上的渗透调节。生产实践中，可用外施渗透调节物的方法来提高植物的抗性。

3. 脱落酸（ABA）

在逆境条件下，ABA 和乙烯含量增加，而生长素、赤霉素、细胞分裂素含量降低，其中以 ABA 的变化最为显著。一般认为，ABA 是一种胁迫激素（stress hormone），又称应激激素，它调节植物对胁迫环境的适应。在低温、高温、干旱和盐害等多种胁迫下，植物体内 ABA 含量大幅度升高，这种现象的产生是由于逆境胁迫增加了叶绿体膜对 ABA 的通透性，并加快根系合成的 ABA 向叶片的运输及积累所致。ABA 主要通过关闭气孔、减少蒸腾失水、保持组织内的水分平衡，以及增加根的透性和水的通导性等来增加植物的抗性。

外施适当浓度（$10^{-6} \sim 10^{-4}$ mol/L）的 ABA 溶液可以提高植物的抗逆性，可能的原因是：①提高膜脂不饱和度，使生物膜稳定，减少膜的伤害；②减少自由基对膜的破坏，ABA 可延缓 SOD、过氧化氢酶等酶活性的下降，阻止体内自由基的过氧化作用，降低丙二醛等积累，使质膜受到保护；③促进渗透调节物质脯氨酸、可溶性糖等的增加及促进气孔关闭等。

四、植物对逆境的交叉适应

植物生长在自然环境中常常会遭到多种逆境，任何一种逆境都会影响或干扰正常生理过程，而且各种逆境对植物的危害往往是相互关联的，如盐分胁迫同时也会引起水分胁迫等。植物对各种逆境的适应也是相互联系的，如抗旱锻炼不仅能提高植物的抗旱性，而且也能提高植物的抗冷性。

植物与动物一样，也存在着交叉适应现象，即植物经历了某种逆境后，能提高对另一些逆境的抵抗能力，这种对不良环境间的相互适应作用称为交叉适应（cross adaptation）或交叉耐受。例如，低温、高温等逆境能刺激提高植物对水分胁迫的抗性；缺水、盐渍等预处理可提高植物对低温和缺氧的抗性。交叉适应现象表明植物对不同逆境的适应存在着某些共同的生理基础。植物在逆境条件下会导致 ABA 含量增加，ABA 作为逆境的信号激素诱导植物发生某些适应性的生理代谢变化，增强植物的抗逆性，因此就可以抵抗其他逆境，即形成了交叉适应性。实验证实，外施 ABA 能提高植物对多种逆境的抗性。

逆境蛋白的产生也是交叉适应的表现：①一种刺激（逆境）可使植物产生多种逆境蛋白，例如，一种茄属植物（*Solanum commerssonii*）茎愈伤组织在低温诱导的第 1 天产生相对分子质量为 21 110、22 000 和 31 100 的 3 种蛋白质；②多种刺激（逆境）可使植物产生一种逆境蛋白，例如，缺氧、水分胁迫、盐、脱落酸、亚砷酸盐和镉等都能诱导热激蛋白（HSP）的合成，多种病原菌、乙烯、乙酰水杨酸、几丁质等都能诱导病程相关蛋白（PRP）的合成。

多种逆境条件下，植物都会积累脯氨酸等渗透调节物质，通过渗透调节作用提高对逆境的抵抗能力。生物膜在多种逆境条件下也有相似的变化，而多种膜保护物质在胁迫下可能发生类似的反应，使细胞内活性氧的产生和清除达到动态平衡。

五、植物抗逆性的获得与信号转导

植物在生长发育过程中经常受到逆境胁迫，在环境与植物的相互作用中，植物不只是被动的受害者。近年来研究表明，植物具有对环境变化快速感知和主动适应的能力。

(一) 植物逆境反应与植物抗逆性的获得

植物在个体发育中，当环境发生变化时，往往会发生相应的性状变异。相应于自然环境的变异就是适应，相应于人工环境的变异就是驯化。这些变异性状在生物学中称为获得性状（acquired characteristics）。

植物在逆境下发生一系列变异。例如，冰叶日中花（*Mesebryanthemum crystallinum*）在盐渍或干旱条下生长时，其碳固定方式可由 C_3 途径转向 CAM 途径。逆境下通过细胞信号转导引起的变异只表现在细胞生理反应和表型上，称为逆境反应（stress response），也称为短期反应（short term response），如仅是激活酶和引起细胞运动等；逆境下通过诱导基因活化与蛋白质合成，发生基因型变异的称为抗逆性的获得（acquirement of stress resistance），也称为长期反应（long term response），如泌盐器官建成、光合碳同化途径的改变等。

Chapin（1987）认为，植物体内存在一个胁迫反应的中心系统，它可以被多种环境胁迫所激活（如营养匮乏、缺水等），由信号分子转导逆境强度，并通过蛋白激酶的级联磷酸化激活转录因子而协同诱导抗逆应答基因的表达，获得抗逆性。

(二) 参与逆境信号转导的主要信号分子

抗性基因对外界胁迫因子的识别，需要以细胞内准确而敏感的信号系统为基础。一些研究表明，在逆境下植物体内存在系统性传递信息的信号物，目前参与逆境信号转导的主要信号分子有 Ca^{2+}、蛋白激酶、H^+（pH）、ABA、ROS 和 NO 等，它们作为信号转导的参与者参与植物抗逆反应。

1. Ca^{2+}

Ca^{2+} 作为植物生长发育的第二信使已得到广泛认可，越来越多的研究表明，钙信使也参与植物对逆境的应答反应。

干旱和盐胁迫、热激、氧化胁迫及缺氧均可引起植物细胞 Ca^{2+} 浓度（$[Ca^{2+}]_{cyt}$）增加，即诱发植物细胞产生钙信号。一般来说，胁迫引起 $[Ca^{2+}]_{cyt}$ 增加有两个来源，一是来自细胞外质外体中的 Ca^{2+}；二是细胞内细胞器中 Ca^{2+} 库，如内质网中的 Ca^{2+}。不同逆境甚至同一逆境在不同植物中钙信号的来源可能不同。如低温诱导苜蓿细胞中 Ca^{2+} 的增加来自细胞外 Ca^{2+}，低温诱导拟南芥细胞中 Ca^{2+} 的增加和热激引起烟草细胞中 Ca^{2+} 的增加则来自胞外 Ca^{2+} 和胞内 Ca^{2+} 库，缺氧引起细胞中 Ca^{2+} 的增加则来自胞内 Ca^{2+} 库。

钙信使在植物适应逆境中的主要作用有：①通过调控基因表达而提高植物抗逆性；②通过调节一些蛋白酶活性而调节植物适应逆境的生理生化反应，如激活 CDPK 而调节蛋白磷酸化、通过调节抗氧化酶的活性提高植物的抗氧化性；③参与调节盐离子的选择吸收与转运，促进相溶性物质 Pro 合成；④参与 ABA 的信号转导和调节气孔关闭；⑤参与调节植物的交叉适应性等。

2. 蛋白激酶

参与环境胁迫信号的传递是蛋白激酶的重要功能之一，与逆境信号传递关系最密切的主要有钙依赖型蛋白激酶（calcium-dependent protein kinase，CDPK）、受体蛋白激酶（receptor protein kinase，RPK）、转录调控蛋白激酶（transcription-regulation protein kinase，TRPK）等。

CDPK 是植物和低等动物所特有，RPK 能直接识别胞外刺激，TRPK 参与基因的转录，它们在传递环境胁迫信号中的作用非常重要，但人们对此了解却很少。

3. pH

逆境胁迫下木质部汁液 pH 普遍升高，可能是早期的逆境胁迫信号。干旱时，质外体 pH 升高可能会引发 ABA 的前体物质水解而释放出 ABA，从而导致钙通道的开放，质外体 pH 进一步增加，于是由这种 pH 梯度形成液泡膜的电化学梯度，苹果酸与液泡中的 K^+ 一起运输到质外体，H^+ 进入保卫细胞，诱导气孔关闭。盐胁迫下，无花果（*Ficus carica*）的悬浮培养细胞的质膜和液泡膜 H^+-ATPase 共同参与了细胞质 pH 的调节，而脯氨酸的产生与 pH 密切相关。

4. ABA

抗性基因的诱导与 ABA 密切相关，外加的 ABA 可以诱导抗性基因的表达。ABA 通过诱导特异基因的表达广泛参与植物对环境胁迫（如干旱、低温、盐碱等）的响应过程。近年来，研究干旱对植物的胁迫时提出了根冠通讯理论，研究证实，干旱时 ABA 累积是一种主要的根源信号物质，经木质部蒸腾流到达叶片的保卫细胞，抑制内流 K^+ 通道和促进苹果酸的渗出，使保卫细胞膨压下降，引起气孔关闭、蒸腾减少。

植物细胞感受渗透胁迫信号后，通过一系列胞内信号转导分子，引起与 ABA 合成有关基因表达的改变，从而导致 ABA 合成。植物细胞感受胁迫信号至 ABA 合成的信号转导过程可能如图 9-4 所示。植物对渗透胁迫信号的响应大致有两条途径：一条是不依赖细胞合成 ABA 的信号转导途径（途径 1），另一条是依赖细胞合成的 ABA 的信号转导途径（途径 2）。

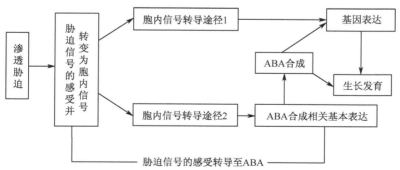

图 9-4 植物对渗透胁迫信号的感受、信号的转导和对生长发育的调节
（引自梁建生等，2001）

近年来许多实验室研究结果证明，Ca^{2+}/钙调蛋白、pH、环腺嘌呤二磷酸核糖

（cADPR）、依赖 Ca^{2+} 的蛋白质激酶（CDPK）、MAP 激酶（MAPK）等均参与 ABA 和（或）渗透胁迫信号转导途径。

5. ROS 和 NO

在植物胁迫适应（stress acclimation）中，高浓度的活性氧（reactive oxygen species，ROS）有毒性作用，低浓度的 ROS 可以作为胁迫信号分子。植物细胞中可能存在一种由 ROS 协同诱导的抗逆应答系统，具有信号整合与信号转导功能，ROS 可能是涉及植物交叉适应的介导分子。

在植物中，NO 功能也有二元性：高浓度的 NO 对细胞有严重伤害；低浓度作为信号分子，其作用往往是与 ROS 和 ABA 相互交联的。当病原菌侵害时，NO 和 ROS 共同作用诱导细胞的抗病反应。在拟南芥悬浮培养细胞中，NO 可以不依赖 ROS 的方式诱导细胞的程度性死亡。NO 是一个介导 ABA 诱导气孔关闭的关键信号分子。

除了上述信号分子以外，研究发现，由根向茎叶运输的细胞分裂素可能是干旱条件下调节气孔开闭的负化学信号物质，乙烯可以传递植物根淹水信息；茉莉酸、水杨酸、寡聚糖类、系统素、电波、水流及其静水压都在传递逆境信息中有重要作用。

植物在进化过程中形成了一套非常完善的适应不良环境的机制，同一信号刺激能引起不同的信号转导途径，各信号途径之间存在着复杂的交叉转导作用，各种各样的蛋白酶在转导逆境信号的过程中同样有交叉作用，所以在现有研究基础上彻底弄清各条信号转导途径以及各种蛋白激酶之间的相互关系，对于揭示植物逆境信号转导的机制有重要意义。

第二节 植物抗逆分子机制和激素调节的研究进展

一、植物抗逆分子机制的研究进展

随着分子生物学技术的不断发展，对植物适应逆境机制的研究从生理水平步入分子水平，研究的目的不仅在于从分子水平上解释植物适应逆境的机制，而且更希望获得各种抗逆基因，用于作物的抗逆育种。目前，已获得了许多与抗性有关的基因，为植物抗逆性的生物工程提供了可靠的理论依据和实践基础。

对植物抗逆性的分子机制研究表明，植物的抗逆性是由多基因控制的，而且许多胁迫因子对植物的伤害具有致死性。盐胁迫与干旱胁迫引起组织脱水；有些基因是冷诱导专一性基因，而另一些基因除对低温响应外，还能被干旱、高盐、ABA 等胁迫诱导，如脯氨酸的诱导合成。研究者发现，植物在低温和干旱条件下反应的分子机制非常相似，许多基因如 *RD*、*ERD*、*COR*、*LTI* 及 *KIN* 均受低温和干旱诱导。因此，研究者认为，一种植物尽管具有多种抗逆方式，但在干旱、盐、低温诱导的抗性方面具有共同的基因作用机制（周宜群等，2006）。

（一）与渗透调节有关的小分子有机物质的合成

干旱、盐、低温等胁迫因子作用于植物通常引起渗透胁迫，植物体内合成许多与渗透调节有关的小分子物质，通过渗透调节以降低水势，保证细胞正常的生理功能。一般来说，与渗透调节有关的小分子有机质包括三类：氨基酸类（如脯氨酸）、糖类（如甜菜碱、海藻糖）和醇类（如多元醇）。

1. 脯氨酸

脯氨酸是水溶性最大的氨基酸，具有较强的与水结合的能力。正常生长条件下，植物体内的脯氨酸含量较低；当在植物受到干旱、盐、低温胁迫时，其含量明显增加。脯氨酸有两种合成途径：鸟氨酸途径和谷氨酸途径，在胁迫下，后者占优势。脯氨酸合成过程涉及两个重要的酶：吡咯啉-5-羧酸合成酶（P5CS）和吡咯啉-5-羧酸还原酶（P5CR）。已从不同的植物中获得分离和克隆了这两种酶的基因。Northern blot 分析表明，*p5cs* 基因被干旱、高盐、ABA、低温所诱导，*p5cr* 基因在积累脯氨酸以降低渗透胁迫、在正常和胁迫条件下反馈调控脯氨酸合成水平等方面起重要作用。脯氨酸分解途径中的主要基因为 *ProDH* 基因。胁迫条件下，植物中脯氨酸的积累是两种途径相互调控的结果，即增加脯氨酸合成酶基因的表达量，同时抑制脯氨酸降解酶的活性。研究表明，盐胁迫下植物 *p5cs* 基因和 *p5cr* 基因的转录都有提高，*ProDH* 基因的活性被抑制。对玉米的研究表明，低温能诱导玉米胚芽中编码两种脯氨酸富集蛋白 HyRP（杂种脯氨酸富集蛋白）和 HRGP（羧脯氨酸富集蛋白）的基因的表达，这两种蛋白质都能明显地提高玉米的抗寒能力。Kishor 等（2002）将从乌头叶豇豆中克隆的 *p5cs* 基因与 CaMV35S 启动子连接后转入烟草中，发现转基因烟草的脯氨酸含量比对照高 10～18 倍，在干旱胁迫下，转基因烟草落叶少且迟，根比对照长 40%，生物量增加 2 倍，而且耐盐性也较对照组高。许多研究表明，脯氨酸的诱导合成与植物的抗逆性增强呈正相关。

2. 甜菜碱

甜菜碱是植物的一种重要的渗透调节物质。在干旱、高盐、低温胁迫下，许多植物细胞中积累甜菜碱类物质，以维持细胞的正常膨压。甜菜碱的渗透调节作用与脯氨酸相似。甜菜碱有 4 种：甜菜碱、甘氨酸甜菜碱、丙氨酸甜菜碱、脯氨酸甜菜碱。甜菜碱的生物合成主要在叶绿体中，合成途径由胆碱经由甜菜碱醛生成甜菜碱。胆碱单氧化酶（CMO）和甜菜碱醛脱氢酶（BADH）是合成甜菜碱过程中仅需的两种酶。研究表明，在渗透胁迫下，BADH 和 CMO 增加，酶活力也成倍增加，目前，*BADH* 基因是抗盐、抗旱基因工程中研究得较为深入的一个基因。Holmastrom 等（2003）将从大肠杆菌中克隆到的 *BADH* 基因导入烟草中，梁峥等（2005）将菠菜中的 *BADH* 基因转入烟草中，两者获得的转基因烟草的抗旱性皆得到提高。高凤华等（2005）从耐盐性很强的藜科植物山菠菜中克隆了 *BADH* 的 cDNA，将其导入草莓、烟草中，其耐盐性得到提高。

3. 多元醇

多元醇在植物中普遍存在，具有多个羟基，亲水力强，其在细胞中积累能有效维持细胞的膨压。高水平的多元醇的存在与渗透胁迫耐性有关，在植物抵御干旱、高盐中发挥作用。多元醇包括甘露醇、山梨醇、肌醇等。甘露醇、山梨醇等的分子结构、理化性质和生理功能接近。不同的糖醇在植物中积累，可能具有协同和累加效应，会更大地提高植物抗旱、耐盐等抗逆性。甘露醇-1-磷酸脱氢酶基因（*mtlD*）是合成甘露醇的关键基因。Tarazynski 等（2003）将从大肠杆菌中分离到的 *mtlD* 基因转化烟草，获得的转基因烟草能产生并积累甘露醇，与对照组相比耐盐性提高。目前，已将 *mtlD* 基因向水稻、八里庄杨等植物进行了转化并得到表达，转基因植物的耐盐性提高。此外，将双基因 *mtlD* 和 *gutD*（山梨醇-6-磷酸脱氢酶基因）转化烟草，转基因烟草的抗渗透胁迫能力有了极大提高。

（二）与抗逆相关的蛋白质合成

植物在干旱、高盐、低温等逆境胁迫下，体内出现一些新合成或合成增强的蛋白质，这些蛋白质可分为两大类：①功能蛋白；②调节蛋白和一些信号分子。

1. LEA 蛋白

Dure 等于 1981 年首次从棉花种子的发育晚期胚胎中发现了大量积累的一类蛋白质，命名为 LEA 蛋白（late-embryogenesis-abundant protein）。目前已在近 20 种高等植物发育种子中检测到 LEA 蛋白，大部分的分子质量为 10～30kDa。研究表明，LEA 蛋白虽然是阶段发育专一的，但可以被诱导，且无组织专一性。一般认为 LEA 蛋白的可能作用表现在：脱水保护剂、直接保护其他蛋白质或膜、作为调节蛋白而参与渗透调节、螯合离子作用等。目前已先后从棉花、大麦、水稻、油菜、番茄、小麦等多种植物中克隆了 *lea* 基因，并进行了基因转化研究。逆境胁迫因子可诱导 *lea* 基因的表达。*lea* 基因的表达具有三种途径：ABA 依赖型、ABA 诱导型和非 ABA 应答型。在受到干旱、高盐、低温、高温等环境胁迫而失水的营养组织中，LEA 蛋白会大量积累，在植物耐受胁迫过程中起到保护作用。调节 *lea* 基因表达的转录因子的过量表达也能够提高植物对各种非生物胁迫的耐性。

2. 水通道蛋白

水通道蛋白（aquaporin，AQP）又称为水孔蛋白，是植物中分子质量为 26～24kDa、选择性强、能够高效转运水分子的膜蛋白，也普遍存在于动物和微生物中。植物水通道蛋白具有促进水的长距离运输、细胞内外的跨膜水运输、调节细胞涨缩及运输小分子物质的功能。根据序列同源性将 AQP 分为 4 类：液胞膜水通道蛋白（TIP）、植物质膜水通道蛋白（PIP）、NLM 蛋白（NOD26 分布于豆科根瘤共质体膜上）和 SIP。水通道蛋白大量存在于参与水分、离子集流的细胞中，是渗透胁迫的响应物质之一，其表达与逆境胁迫之间的关系较为复杂，不能简单概括为上升或下降。AQP 的调节机制可以大致分为两种：通过调节 AQP 的活性来调节其功能（如磷酸化）；通过改变膜上 AQP 的含量来调节跨膜水流动（如改为合成速率）。研究表明，AQP 的表达受发育、干旱、低温、ABA 等的调节。林栖凤实验利用 RACE 技术获得了红树植物秋茄的 TIP 的全长 cDNA，与冬葡萄、花椰菜、拟南芥的 TIP 具有高度同源性，该基因在盐胁迫下的表达下降，可能有利于降低液膜水分渗透保持细胞水分。

3. 转录因子

基因转录水平上的调节是植物胁迫应答过程中极为重要的环节。植物中许多重要的功能基因的表达受到胁迫诱导或抑制，而转录因子参与了这一过程。在逆境胁迫中，植物的多个基因协同反应。一般认为，几个转录因子调节一组胁迫反应基因，或多个转录因子共同激活同样的基因。植物通过转录因子参与调节的对干旱、高盐、低温胁迫信号应答的途径有两种：依赖于 ABA 的途径和不依赖于 ABA 的途径。依赖于 ABA 的胁迫应答启动子区域含有 ABRE 元件，转录因子 bZIP、MYB 等与其结合发挥作用；不依赖于 ABA 的转录因子 DREB1 和 DREB2 与 DRE 顺式作用元件结合发挥作用。Zhang 等（2004）对转录因子参与调节的低温和干旱信号转导级联反应作了较为详细的描述，研究表明，4 种 CBF 蛋白中具有相同的结构基序，即 AP2 结构域，其作用是与诱导基因的启动因子中的 CRT/DRE 片段结合，诱导抗旱及抗寒的发生。以拟南芥为材料，研究表明，*CBF1*、*CBF2*、*CBF3* 基因是不依赖于 ABA 的，而干旱诱导表达的 *CBF4* 基因是由 ABA 控制的。CBF 转录因子的基本作用是在低温和涉及水分胁迫时保护细胞。过量表达 *CBF1* 和 *CBF3* 的转基因拟南芥与对照相比不仅抗冻，而且对干旱或盐害造成的水分胁迫也具有抗性。

4. 抗氧化酶

植物受到水分胁迫时，体内产生活性氧（ROS），称为氧胁迫，它破坏了植物体内的氧化-还原平衡体系，产生的活性氧使脂类、蛋白质代谢异常。一般认为，植物的抗氧化防御系统能起到清除体内活性氧，使细胞免受毒害的作用，其中，主要为合成与清除活性氧有关的酶类，如抗坏血酸过氧化物酶（APX）、超氧化物歧化酶（SOD）、过氧化物酶（POD）、过氧化氢酶（CAT）及谷胱甘肽还原酶等。其中，SOD 是所有植物在抗氧化作用中起重要作用的酶类，是植物体内第一个清除活性氧的关键酶。SOD 分为 Cu/Zn-SOD、Mn-SOD、Fe-SOD 三种类型。在盐胁迫下，抗氧化酶系的表达量大大增加。Allen 等（1995）研究发现，将 *SOD* 基因转入烟草增强了烟草的抗氧化能力，转 *SOD* 基因的棉花对冷冻逆境的抗冻性增强。

（三）关于信号转导途径

1. 蛋白激酶与信号转导

植物体感受外界胁迫信号，启动或关闭某些相关基因，以达到抵御逆境的目的。蛋白激酶在信号传递过程中具有重要作用，参与感应和转导胁迫信号。与植物干旱、高盐应答有关的植物蛋白激酶主要有受体蛋白激酶（RPK）、促分裂原活化蛋白激酶（MAPK）及钙依赖而钙调素不依赖的蛋白激酶（CDPK）等。其中，MAPK 包括 *ATMP3*（编码 MAPK 激酶）基因和 *ATMEKK1*（编码 MAPKKK 激酶）基因；CK-PK 包括 *AtCDPK1* 基因和 *AtCDPK2* 基因。研究表明，MAP 激酶级联系统在蛋白质水平上受到磷酸化和去磷酸化的调控；在转录水平上受到环境胁迫信号的诱导调控。Northenr blot 分析表明，在干旱和盐胁迫下，这两个基因的 mRNA 被迅速诱导。关于植物蛋白激酶的研究已取得很大进展，特别是双重特异性蛋白激酶（dual-specificity protein kinases）基因，2005 年从水稻中分离出的 *OsDPK1*、*OsDPK2*、*OsDPK3* 和 *OsDPK4* 即属此家族，这些基因被证明在植物中与抗逆应答反应相关。

2. SOS 信号转导途径

盐胁迫下，细胞内离子平衡的调节对于植物的耐盐性十分重要。Arizona 大学的朱健康研究室最先从拟南芥中发现了介导盐胁迫下细胞内 Na^+ 的外排及向液泡内的区域分布的基因，通过对获得的拟南芥突变体研究，定义了 5 个耐盐基因：*SOS1*、*SOS2*、*SOS3*、*SOS4*、*SOS5*，其中 *SOS1*、*SOS2*、*SOS3* 三个基因参与介导细胞内离子平衡的信号转导途径。研究表明，*SOS1* 基因编码一个假定的 Na^+/H^+ 逆向转运因子，盐胁迫

正调控 *SOS1* 基因的表达；*SOS2* 基因编码一个假定的丝氨酸/苏氨酸蛋白激酶，盐胁迫正调控 *SOS2* 基因表达；*SOS3* 基因编码钙结合蛋白和一个假定的 N-豆蔻酸化序列。关于植物在盐胁迫下的离子平衡的 SOS 信号途径，Chinnusamy 等做了较为详细的论述，图 9-5 说明了 SOS 信号转导途径中 *SOS1*、*SOS2* 和 *SOS3* 的作用方式。*SOS1*、*SOS2* 和 *SOS3* 在植物耐盐性的共同途径中发挥作用。植物对盐胁迫的反应之一是细胞质内的 Ca^{2+} 交换及 Ca^{2+} 感受蛋白的表达和活性的随之激活。SOS3 是一个 Ca^{2+} 感受器，编码 Ca^{2+} 结合蛋白。在 Ca^2 的存在下，SOS3 激活 SOS2 激酶，并与 SOS2 蛋白酶结合形成 SOS3-SOS2 激酶复合物，通过磷酸化激活 SOS1，SOS1 可通过质膜上的 Na^+/H^+ 逆向转运因子将 Na^+ 排除细胞外，阻止 Na^+ 在细胞内的积累。SOS1 的转录水平受 SOS3-SOS2 激酶复合物的调节。SOS2 也激活液泡膜上的 Na^+/H^+ 逆向转运因子将 Na^+ 转运至液泡内。Na^+ 通过 HKT1 转运因子进入细胞质也受到 SOS2 的限制。ABI1 调节 *NHX1* 基因的表达，而 ABI2 与 SOS2 相互作用通过限制 SOS2 激酶活性、或通过 SOS2 靶物质的活性负调节离子平衡。

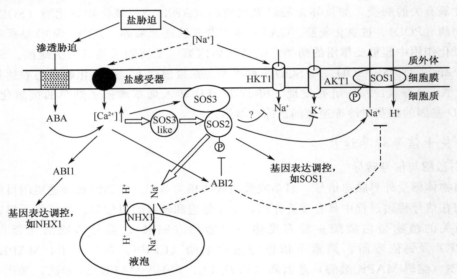

图 9-5　拟南芥中盐胁迫下的离子平衡的 SOS 信号途径

(引自 Chinnusamy et al.，2005)

　　目前，已从拟南芥中克隆了 Na^+/H^+ 运输载体基因——*AtNHX1*，研究表明该基因在植物的耐盐性方面具有重要功能。

　　分子生物学的迅速发展为作物的抗逆基因工程创造了基础条件，近年来发展的差异表达基因分离的技术方法，为成功地分离植物抗逆相关基因创造了有利条件。mRNA 差异显示技术（mRNA differential display，DD）使鉴别与分离新基因不再是一个难题，为抗逆基因的分离克隆开拓了新思路。抑制消减杂交（suppression subtraction hybridization，SSH）新技术的建立通过两次特异 PCR 扩增，使假阳性率大大降低，使分离低丰度的表达基因成为可能。1999 年 SSH 方法首次应用在植物上，涉及水稻、玉米、小麦、马铃薯、大豆、辣椒、胡萝卜、大麦、棉花、拟南芥、甜菜、人参等近 20 种植物。越来越多的研究表明，SSH 技术是植物特异表达基因克隆的切实有效的方法。

表达序列标签（EST）、DNA 微点阵分析、RNAi、knock-out 等技术也应用于植物抗逆相关基因的研究。新技术的应用有助于筛选植物抗逆相关基因、进行功能鉴定，从而深入了解植物抗逆性的分子机制，最终用于作物抗逆育种。

二、植物抗逆相关 ERF（乙烯反应因子）转录因子研究进展

植物生长发育过程中会遇到各式各样生物和非生物胁迫，在进化中相应形成了防卫胁迫的各种措施。植物胁迫应答（plant stress response）是主动抗性中的概念。植物识别各式各样胁迫信号、激活相应的信号转导途径、诱导大量植物防卫反应转录表达，从而使植物抗逆性得到表现。植物抗逆基因的转录调控（transcription regulation）已成为植物防卫反应研究中最具活力的领域之一。转录调控主要是通过特定的转录因子（transcription factor）与相应的顺式作用元件（cis-acting element）相互作用而实现的。转录因子也称反式作用因子（trans-acting factor），是指能够与基因启动子区域中顺式作用元件发生特异性相互作用的 DNA 结合蛋白，通过它们之间以及与其他相关蛋白质之间的相互作用激活或抑制转录。典型的植物转录因子具有 DNA 结合域（DNA-binding domain）、转录调控域（transcription regulation domain）（包括激活域或抑制域）、寡聚化位点（oligomerization site）和核定位信号（nuclear localization signal）等 4 个功能区域。转录因子通过这些功能区域在特定的时间进入细胞核内，直接或与其他转录因子的功能区域协同与特定基因启动子区域中的顺式作用元件相互作用来调控特异基因的表达。AP2/EREBP（apelata2/ethylene-responsive element binding protein）是一类植物特有的、与植物的胁迫应答有关的转录因子。这里简要介绍 AP2/EREBP 转录因子家族的一般结构和功能，阐述 AP2/EREBP 转录因子家族在植物抗逆应答中的作用。

（一）ERF 类转录因子家族

转录因子通常根据它们的 DNA 结合域的同源性分成不同的家族。转录因子家族成员除了 DNA 结合域外，其他部分的差异可能会很大。这些差异可能是因为生物在进化过程中进行了基因的扩增和重排，因此转录因子家族成员可能非常庞大。通常情况下转录因子根据与 DNA 结合区域的特点可以分为若干个家族，其中和植物逆境抗性相关的主要有 4 类：bAIP 类、WRKY 类、AP2/ERF 类和 MYB 类。

AP2/ER 类是植物中发现的一个转录因子大家族，它广泛地存在于多种植物中。最初从拟南芥的 APETALA2 蛋白中发现两个重复的 DNA 结构域，故称这类 DNA 结构域为 AP2 结构域，把这类含两个重复 AP2 结构域的转录因子称为 AP2 转录因子。后来又在马铃薯中发现了 4 种与乙烯应答有关的 DNA 结合蛋白 EREBP（ethyene-responsive element binding protein）。经序列比较发现这 4 个转录因子都含有一个同 AP2 型 DNA 结构域同源的 DNA 结构域，因此把这两类转录因子统称为 ERF 或 AR2/EREBP 转录因子。它们都含有由 60 个左右氨基酸残基组成的非常保守 DNA 结合区（即 ERF），且 N 段都含有起核定位作用的碱性氨基酸序列，此碱性亲水区决定这类转录因子与不同的顺式作用元件的特异性识别和结合。最近几年，Riechmann 等（2000）分析了拟南芥基因组全序列，发现有 144 个 AP2/EREBP 型转录因子，并根据含 DNA 结合

区的数目将它们分为 2 个亚族：①AP2（APETALA2）亚族，有 2 个 AP2/EREBP 结构域和 B3 结构域，共有 6 个成员；②EREBP 亚族，仅含 1 个 AP2/EREBP 结构域，共有 124 个成员，主要参与调控植物对激素（乙烯）、病原、干旱、高盐和低温等胁迫应答反应。而 Sakuma 等（2002）分析拟南芥基因组全序列，发现有 145 个 AP2/EREBP 型转录因子，并进一步将其分为 5 个亚族：AP2 亚族、RAV 亚族、DREB 亚族、ERF 亚族和 AL079349。蛋白质的三维分析表明，AP2/EREBP 的结构域含有 3 个 β 折叠，对识别各类顺式作用元件起关键作用。其中第二个 β 折叠中的第 14、19 位的两个氨基酸的差异决定了这类转录因子与不同的顺式作用元件的结合特异性。例如，DREB 类转录因子第 14 位氨基酸是缬氨酸（V14），第 19 位氨基酸是谷氨酸（E19），其中第 19 位的氨基酸并不保守，如水稻中的 OsDREB1 转录因子的第 19 位氨基酸就是缬氨酸。在 DREB 蛋白与 DNA 结合特异性方面，V14 的作用明显要比 E19 重要。这类蛋白质的 C 端还包含一个由 18 个氨基酸残基组成的双亲性的 α 螺旋核心结构域。该双亲性的 α 螺旋核心结构域可能参与其同其他转录因子或 DNA 的互相作用。

（二）ERF 类转录因子在植物抗逆功能上的研究

在植物的生活史中 ERF 类转录因子家族的 AP2 和 EREBP 转录因子亚家族分别行使不同的功能。AP2 转录因子亚家族参与植物的发育调控，如花的发育、器官和分生组织的特异性、胚珠和种子的发育等；EREBP 转录因子亚家族调节乙烯、水杨酸、茉莉酸、脱落酸、病原、低温、干旱及盐害等的分子应答，如调节与植物的生物胁迫有关的 PR 基因和 rd29A、rd19 等植物的非生物胁迫有关的基因的表达。EREBP 转录因子亚家族识别的顺式元件主要有 DRE/CRT、GCC box 等。

DRE 顺式元件（drought response element）是指核心序列为 TACCGACAT 的一段启动序列。它最初是在拟南芥 rd29A 的启动子中发现的，而 rd29A 是与拟南芥的低温、干旱、高盐等非生物胁迫应答有关的功能基因。与其相似的顺式元件是 CRT（C-repeat），包含与 DRE 核心保守区一样的序列 A/GCCGAC，主要存在于低温诱导的基因启动子中。因为它们普遍存在于干旱、高盐或低温胁迫应答基因的启动子中，所以统称 DRE/CRT 元件。刘强等（1998）利用酵母单杂筛选法分离出 DRE 元件的结合蛋白，对 DREB1 和 DREB2 的研究表明，DREB1A-C 仅对植物的低温胁迫应答而不被干旱和高盐胁迫所诱导。与之相反的，DREB2 能被干旱和高盐所诱导表达而不对低温应答。随后得到的 CBF4/DREB1D 被证明能被渗透胁迫和脱落酸诱导，且 DDF2/DREB1E 和 DDF1/DREB1 和 DREB2 之间可能存在交叉点。另外，研究发现 DREB1 对植物的低温胁迫应答不依赖于脱落酸诱导的信号转导途径。胁迫处理后 DREB1 和 DREB2 的表达量明显增加，而外源脱落酸的增加都对 DREB1 和 DREB2 的表达无影响。这表明植物体内存在依赖和不依赖脱落酸的抗生物胁迫的信号转导途径。rd29A 的表达同时受 DREB1、DREB2 和脱落酸的调控。除了 DBF1 外，拟南芥中的乙烯调控的转录因子 AtEBP 也参与同 bZiP 型转录因子 OCSBP 的互做来调节植物的非生物胁迫应答。另外，茉莉酸诱导的 ERF 型转录因子 ORCA2 的表达也可以增强植物对低温、干旱及高盐的抗性。可见 ERF 型转录因子通过各种信号转导途径调节植物的非生物胁迫应答。

植物受到病原菌的侵染产生防卫反应，几丁质酶、葡聚糖酶和渗调蛋白等病程相关（pathogenesis-related，PR）蛋白质的积累是抗病反应的标志，乙烯处理植物同样能诱导这些基因的表达。Hao 等（1998）对这些基因的启动子进行分析确定了含有 11 个碱基对的乙烯应答元件 TAGAAGCCGCC，AGCCGCC 是 GCC box 的核心序列。目前已知的 GCC box 存在于许多 PR 基因启动子区域中。乙烯和病害都能诱导 ERF 类转录因子的基因表达，它们和 GCC box 的相互作用提高了植物的抗病能力。植物中存在大量与生物胁迫应答有关的 ERF 型转录因子。植物对病原菌侵染的早期防卫反应中，通过独立于乙烯和水杨酸的蛋白激酶链式反应，GCC box、ERF1/ERF2 及其直向同源物在激活防卫基因的激发子应答转录中起着关键作用。

ERF 型转录因子还参与了植物生物和非生物胁迫的交叉应答。基因 *AtERF* 不仅受乙烯诱导，而且还受多种非生物逆境的诱导。伤害、低温、高盐或干旱多种非生物逆境对 *AtERF* 的诱导反应可能独立于乙烯信号转导途径，因为在乙烯不敏感 2（*ein2*）突变体中可以观察到这些基因的非生物逆境应答反应。相反，*ein2* 似乎调控 *AtERF3* 和 *AtERF4* 的高盐逆境诱导表达。基因 *AtERF* 的表达可能受依赖乙烯和不依赖乙烯的复合途径的调控。AtERF 蛋白行使转录因子的功能，能依赖或独立于乙烯信号而激活或抑制具 GCC box 基因的转录。番茄 ERF 类转录因子 JERF3 既是 GCC box 结合蛋白，又能识别 DRE 元件。*JERF3* 在番茄中能被乙烯、茉莉酸、低温、高盐和脱落酸诱导，同时能提高转基因烟草的耐盐性。相反，另一个番茄基因 *TSRF1* 在转基因烟草中调控生物和非生物胁迫抗性。

ERF 型转录因子在植物的胁迫应答中的广泛作用表明，转录因子在信号通路间的信息传递中对于激活多重抗性机制提供了极大的调节潜能，有可能帮助植物优先激活其中某一通路，而不是另一个，因而能够提供一个最优的防御。对植物胁迫信号通路中 ERF 型转录因子的了解有助于发展综合抗逆和广谱疾病抗性的策略。

（三）展望

对植物激素如乙烯在植物体内的信号转导途径的研究发现，在植物激素参与的复杂的信号转导途径中植物相关应答转录因子及其识别的顺式元件对调节有关功能基因的表达起到重要作用。植物中的转录因子家族成员可以参与一系列有关的信号转导途径以协调大量相关基因的表达。大量研究表明生物的基因表达调控是发生在转录水平的，而转录因子通过参与不同信号途径功能基因的表达调控，使植物可以对不同的信息特异而协调有效的表达相关的功能基因，使其合理地行使功能。ERF 转录因子家族广泛地参与植物的各种胁迫应答，同多种植物激素的信号转导途径有关。它们通过识别下游基因的特异性顺式元件调节相关基因的表达。其中许多转录因子可以同时参与多个胁迫应答，其策略可以是同时参加几个信号转导途径，也可以是同时识别几个顺式元件，如 AtERF、JERF3，为认识植物胁迫信号转导途径和信号转导机制提供了新思路。

三、植物激素抗逆性研究进展

植物激素抗逆性在植物的逆境生理研究中占据着十分重要的地位，如植物受到干旱、低温、盐害等环境胁迫时，细胞迅速积累 ABA。ABA 含量可作为抗旱性鉴定的评价指标之一。用低浓度 6-BA 处理水稻种子，可增强膜保护酶 SOD、POD 和 CAT 的活性，减缓膜脂过氧化作用和减少植物体内可溶性蛋白质总量，提高热稳定蛋白含量以及增加冷害水稻幼苗组织内 ATP 的含量，以增强水稻抗冷性。多胺在盐胁迫中能稳定细胞膜结构、清除自由基和活性氧、抑制乙烯合成等。通过研究逆境下内源激素和外施植物生长调节剂对植物抗逆性的作用，不但有利于揭示植物适应逆境的生理机制，更有助于在生产上采取切实可行的技术措施，提高苗木的抗逆性或保护植物免受伤害，为植物的生长创造有利条件。

（一）脱落酸与植物的抗逆性

逆境下植物启动脱落酸（ABA）合成系统，合成大量的脱落酸，促进气孔关闭，抑制气孔开放；促进水分吸收，并减少水分运输的途径，增加共质体途径水流；降低叶片伸展率（LER）；诱导抗旱特异性蛋白质合成，调整保卫细胞离子通道；诱导 ABA 反应基因改变相关基因的表达，增强植株抵抗逆境的能力。

一般认为，高等植物体内 ABA 有直接和间接两条合成途径，大多以间接途径即类胡萝卜素合成途径为主。逆境期间 ABA 的积累来源于束缚型 ABA 的释放和新 ABA 的大量合成。干旱初期，前者为 ABA 的主要来源，随着干旱时间延长，有大量新 ABA 的合成。干旱期间，ABA 的积累主要来自新合成的 ABA。植物根具备所有 ABA 合成所需酶和前体物质。逆境期间，根能"测量"土壤的有效水分，即根能精确感受土壤干旱程度，产生相应的反应，合成大量的脱落酸，将其从根的中柱组织释放到木质部导管，然后运输至茎、叶、保卫细胞，使气孔关闭，降低蒸腾作用，减少水分散失。

研究证实，干旱时 ABA 累积是一种主要的根源信号物质，经木质部蒸腾流到达叶的保卫细胞，抑制内流 K^+ 通道和促进苹果酸的渗出，使保卫细胞膨压下降，引起气孔关闭，使蒸腾减少。Davies 等（1991）发现，在部分根系受到水分胁迫时，即使叶片的水势不变，叶片下表皮中的 ABA 也增加，伴随的是气孔适度关闭。外施 ABA 能显著提高幼苗叶片的水势保持能力，轻度水分胁迫下外施 ABA 对水势的提高作用大于严重水分胁迫和正常供水，且对抗旱性强的品种的水势提高作用大于抗旱性弱的品种。干旱胁迫下 ABA 含量的增加也促进了脯氨酸的积累。ABA 能明显地阻止受旱玉米幼苗内 SOD、POD 和 CAT 活性的减弱，有效地调节活性氧代谢的平衡，抑制受旱玉米幼苗叶片 MDA 增生，从而减轻玉米旱害。在对乔木树种的研究中发现，中等浓度（2～3mg/L）的 ABA 处理能提高银中杨的抗旱性；而低浓度（1～2mg/L）的 ABA 处理对白榆苗木抗旱性表现出良好的调节作用。

许多研究表明，ABA 在寒冷条件下可以通过水分从根系向叶片的输送使细胞膜的通透性得以提高，增加植物体内的脯氨酸等渗透调节物质的含量和迅速关闭气孔以减少水分的损失、增加膜的稳定性、减少电解质的渗漏以及诱导有关基因的表达，从而提高植物对寒冷的抵抗能力；外施具有一样的效应。外源 ABA 预处理后，欧美山杨杂种无性系 EP0202 比低温锻炼后的叶片电解质渗秀率有一定的降低，耐寒性有所提高。

经 ABA 处理的大叶楠叶片的 O_2 产生速率、MDA 的含量变化明显低于未施 ABA 的叶片，而 SOD、CAT 活性也明显提高。外施 ABA 可以提高茶树的抗寒力，这种抗寒力的变化与茶树体内脯氨酸含量变化趋势一致。喷施外源 ABA 发现水稻幼苗在低温胁迫中及回温恢复中，自由基清除系统的膜保护酶——SOD 活性增加。ABA 预处理不仅大大提高了水稻幼苗的抗冷性，还出现了一系列有利于抗冷的生理变化：叶片褐色速率减慢，叶片鲜重下降减慢，叶片的受害程度减小，根系活力增加，可溶性糖含量增加，维持较高的蛋白质含量，过氧化物酶（POX）的活性增加，谷胱甘肽还原酶活性增加，叶片电解质渗透率减少，细胞透性降低。外施 ABA 增强植物的抗寒性，在农作物、经济林、草坪草等方面已得到充分证实。

（二）乙烯与植物的抗逆性

逆境乙烯（ethylene）在生物学系统中充当一个信号分子的角色，具有"遇激而增，信息应变"的性质和作用。近几年的研究发现，各种环境胁迫都能引起乙烯的增加，如机械胁迫、低温、水、盐、干旱等。目前，国外对逆境乙烯的产生有两种推测：一种认为逆境乙烯的产生仅是植物受害后的症状，可通过降低乙烯的量来提高植物的抗逆性；另一种认为逆境乙烯的产生是植物在逆境中的一种适应现象，它可能在植物逆境胁迫的感受和适应中通过启动和调节某些逆境适应相关的生理生化过程来诱导抗逆性的形成。

植物对淹水的反应与乙烯是密切相关的，体内乙烯会受刺激成几倍增加，通过扩散作用作为一种信使传播刺激信息，就地或在受影响的组织中打破原有的平衡。乙烯大量生成后，主要生理作用有：①刺激通气组织的发生和发展；②刺激不定根的生成。Pagen（1997）报道，番茄在渍水胁迫72h后，体内乙烯增至对照组的 20 倍；水稻沉水时节间生长速率的提高是 3 种植物激素——乙烯、脱落酸和赤霉素相互作用的结果。低氧分压诱导乙烯的合成，乙烯引起脱落酸水平的降低，而后者又是赤霉素的拮抗物，赤霉素则是引起节间生长的主要激素。因此，乙烯是通过促进生长来缓解淹水胁迫的。

张骁等（1998）认为，干旱胁迫下施用"乙烯利"不仅改善了植物体内水分状况，而且刺激了体内保护物质（如脯氨酸）的合成累积，稳定膜结构；同时，保护物质的存在也会加快壁物质的填充，进而增加壁的可塑性。有实验表明，在干旱处理前用不同浓度的"乙烯利"处理玉米幼苗，能显著改变其体内的相对含水量和渗透调节能力，增强其抗旱性。乙烯提高玉米幼苗抗旱性的生理基础可能是通过脯氨酸、SOD 和 POD 的抗氧化作用保护细胞膜免受破坏或破坏程度受到削弱而提高抗旱性。相反，也有实验证明，在干旱条件下小麦幼苗叶面喷施"乙烯利"，可以抑制 PEP 羧化酶（PEPCase）活性，降低叶绿素含量，增加丙二醛（MDA）累积，提高干旱条件下小麦幼苗叶水势，但复水后其水势恢复较对照慢，因而不利于小麦幼苗抵御干旱。

一般认为，乙烯对抗寒锻炼的启动无直接作用，但有人认为，"乙烯利"释放乙烯促进落叶休眠，增强抗寒力。对于香蕉来说，低温抑制了香蕉 ACC 的合成、降低了 ACC 的转化，减少了乙烯的生成。

（三）细胞分裂素与植物的抗逆性

近年来，细胞分裂素（CTK）及其类似物在植物抗逆性提高中的作用受到重视。研究表明，CTK 在植物抗逆和抗病虫害中有独特的作用。CTK 在植物多种胁迫中起到从根到冠的信息介质作用，温度逆境、水分亏缺、盐胁迫均使 CTK 含量发生变化。CTK 在根中合成，当根际环境紊乱，如水分亏缺时，根中的 CTK 合成和运输的量减少，而叶中 ABA 含量增加，叶片感受到信号而气孔关闭。

CTK 可直接或间接地清除自由基，减少脂质过氧化作用，提高 SOD 等膜保护酶的活性，改变膜脂过氧化产物、膜脂肪酸组成的比例，保护细胞膜，促进冷后水稻幼苗的生长，也可改变过氧化物酶等的活性，提高淹水后大麦和小麦的抗涝力。Yordanor（1998）指出，CTK 可增强玉米的抗冷性，增加玉米的产量。4-PU-30 对菜豆品种"Cheren"植株在水分逆境和高温逆境下有保护作用。

植物在受到昆虫一定程度的取食后，可促进植物的生长发育，弥补因昆虫取食而造成的营养和生殖的损失。如果植物生长环境良好，促进作用所增加的生长量可能超过取食的损失，对植物的生长和生存反而有利，这种现象被称之为植物的超越补偿反应（plant overcompensation response）。CTK 在该调控系统中承担重要作用。植物遭受昆虫取食后可通过降低气孔扩散阻力而提高光合作用，这是因为剩余叶片的 CTK 含量增加，可有效地促进气孔开放、抑制气孔关闭，加上地上部分遭受损失后，叶对根源 CTK 的相互竞争减少，从而相对增加了 CTK 的供应。

（四）多胺与植物的抗逆性

多胺（polyamine，PA）是生物体代谢过程中产生的一类次生物质，在调节植物生长发育、控制形态建成、提高植物抗逆性、延缓衰老等方面具有重要作用。多胺类物质包括二胺（如腐胺和尸胺）、三胺（如亚精胺、高亚精胺）、四胺（如精胺）及其他胺类。腐胺（putrescine，Put）、亚精胺（spermidine，Spd）和精胺（spermine，Spm）是植物体内较常见的 3 种多胺，与植物体对胁迫的反应关系密切。

1. 多胺在渗透胁迫中的作用

黄久常等（1999）对渗透胁迫和水淹下不同抗旱性小麦品种幼苗叶片多胺含量的变化进行了研究，发现在轻度渗透胁迫下，多胺含量有较为明显的增加，提出多胺在胁迫防御反应中可能起"第二信使"或生长调节物质的作用。张木清等（1996）用 0.4 mmol/L 的多胺（精胺、亚精胺和腐胺）处理渗透胁迫下的甘蔗心叶或愈伤组织后，愈伤组织的诱导和绿苗的分化受到促进，苗重增加；超氧化物歧化酶和过氧化氢酶活性增强，谷胱甘肽含量增多，丙二醛含量下降，并且说明了精胺、亚精胺的效果优于腐胺。腐胺水平的增加与 ADC 活性的提高是平行的，ADC 是一种受胁迫影响的酶，与细胞延长和抗逆性有密切的关系。

2. 多胺在水分胁迫中的作用

胡景江（2004）研究发现，外源多胺既可促进生长，又能显著提高作物的抗旱性。外源多胺对油松幼苗的生长具有明显的促进作用，而且在干旱条件下的促进效果比正常水分条件下更为显著。实验表明，外源多胺提高作物抗旱性的机制之一是能维持或提高保护酶活性，防止或降低膜脂过氧化作用对膜的伤害。在禾本科植物的研究方面，有人认为干旱初期，小麦根、叶中多胺含量的迅速升高可能是干旱胁迫反应的一个信号，有利于增强对干旱胁迫的抵抗能力，但后期胁迫程度增大，根、叶中多胺含量下降，细胞衰老进程加速。这一变化除与多胺代谢本身有关外，还可能与乙烯代谢中 ACC 合成酶与多胺代谢中的 SAMDC（S-腺苷甲硫氨酸脱羧酶）互相竞争同一底物 SAM（S-腺苷甲硫氨酸）有关。

各种胁迫间是相互关联的，多胺的变化也是大体呈现一致的，小麦在水分胁迫下与渗透胁迫下的表现一致，腐胺（Put）累计大于亚精胺（Spd）与尸胺（Cad）的含量。此外，干旱胁迫下，外源 ABA 可刺激 Put 的生成，但内源多胺和 ABA 的关系仍不明确，尚待进一步研究。

3. 多胺在盐胁迫中的作用

在盐胁迫下，多胺可有效地清除自由基与活性氧、进行渗透调节、维持膜的稳定性及抑制乙烯的合成。研究发现，多胺能有效地清除化学和酶系统产生的自由基，更重要的是它们能清除由衰老的微粒体膜所产生的超氧化物自由基。王晓云等（2000）的试验结果表明，通过喷施外源多胺和多胺合成前体，提高了花生体内多胺含量，同时提高了清除活性氧的保护酶类的活性，使脂过氧化程度降低。当植物处于盐渍环境中时，无机离子的积累对细胞产生一定的毒害作用，多胺可以降低植物体对 Na^+ 和 Cl^- 离子的吸收，从而降低 Na^+/K^+ 比值，进而提高植物耐盐性。多胺为脂肪族含氮碱，通常在生理条件下，多胺分子的质子化的氨基和亚氨基使其成为多聚阳离子，与细胞中多聚阴离子如 DNA、膜磷脂、酸性蛋白残基以及细胞壁等组分通过非共价键结合，从而稳定细胞膜的结构。多胺还可以通过调节清除活性氧和自由基相关酶的活性，而达到保护细胞膜、减轻盐害损伤的目的。

盐胁迫下施用外源 Put 能够激活淀粉酶和蛋白酶活性，提高菜豆种子的萌芽率；并可通过抑制淀粉酶和蛋白酶活性，提高核酸和光合色素含量，促进盐胁迫下幼苗的生长。江行玉等（2001）研究发现，外施 Spd 能够降低滨藜叶片内 Put/PAS 比值，提高 Put、Spd 和 Spm 含量；还能够提高叶片相对含水量，缓解吸水困难；降低叶片中 MDA 含量和相对电导率，减少质膜的伤害。Put 和 Spd 浸种均可缓解盐胁迫对大麦幼苗的盐害，促进生长和干物质积累，降低大麦功苗体内 Na^+/K^+。

4. 多胺在温度胁迫中的作用

温度胁迫一直是研究的热点，多胺的产生与温度有很大的关系。郑永华（1999）研究报道，枇杷果实在 1℃ 下贮藏时，Spm 和 Spd 含量逐渐下降，但 Spm 在 2 周后迅速回升并于第 3 周时达到高峰，随后又迅速下降，Spd 在 3 周后持续反弹上升。Put 含量在前 2 周缓慢上升，2 周后迅速积累并于第 3 周时形成高峰，随后也迅速下降。贮藏 3 周后的果实出现明显的冷害症状。在非冷害温度 12℃ 下贮藏时，多胺含量波动较小。低温贮藏时枇杷果实 Spd 含量的升高可能是果实对冷害的防卫的反应，Put 的积累可能是冷害的原因，Spd 的上升是冷害的结果。冷害发生前，一般多胺含量呈上升趋势，冷害发生后，其含量呈下降趋势。

（五）其他植物生长调节剂在提高植物抗逆方面的研究应用

矮壮素提高植物抗旱性的作用机制可能是通过提高体内 ABA 水平，然后由 ABA 诱导幼苗体内产生一系列适应、抵抗干旱的生理反应，如关闭气孔、降低蒸腾、保护质膜的结构和功能等，以提高幼苗的抗旱性。矮壮素能提高可溶性糖含量，降低膜透性，诱导番茄幼苗的抗寒性。矮壮素处理的植物受到水渍胁迫时，丙二醛含量比对照组低，脂质过氧化作用较弱；可溶性蛋白质含量增加，而保护酶 SOD 和 CAT 活性升高，抗氧化性物质 AsA 和 GSH 含量也增加。

稀土元素在抗干旱、温度、盐和病虫害胁迫中作用明显。用稀土元素喷施甘蔗，可以促进甘蔗叶片脯氨酸积累，使电导率降低、过氧化物酶活性提高，这些变化保持了甘蔗在干旱时细胞中的水分，稳定了质膜的结构，有利于甘蔗抗旱防寒。而且，稀土元素在植物受到高温和低温伤害时有一定的缓解效应。施用稀土后，叶片经低温 3~5℃ 处理，电解质外渗率降低，脯氨酸含量增加。稀土可提高小麦的抗盐能力，在抗病、抗污染方面也有重要作用。

PP_{333} 除了能显著延缓植株生长以外，还能提高植物的抗逆性。例如，PP_{333} 能增强菜豆抗 SO_2 伤害、抗冷和抗热胁迫的能力，提高稻苗耐旱性，提高草莓苗、棉花幼苗的耐盐性，以及加强苹果树早期抗霜的能力等。

苯甲酸、水杨酸、烯效唑等植物生长调节剂在抗逆实验和生产上调节剂在抗逆实验和生产上也有较多应用。

在逆境中，各个激素的变化不是孤立的，而是相互影响的。例如，在盐胁迫下，IAA 和 GA 促进多胺的产生，ABA 抑制多胺的合成，多胺与乙烯的合成存在竞争关系等。在逆境条件下 CTK 水平降低，减少 CTK 从根到苗的供应，可能引发地上部的基因表达改变以及 ABA、乙烯、水杨酸和茉莉酸的信号转导，从而导致其他代谢的变化，包括对逆境适应性的改变。

（六）展望

随着全球气候、土壤和水分环境的逐渐恶化，干旱、高低温胁迫、盐胁迫等问题也日趋严重，各国学者在这方面的研究也较多，特别是对激素抗逆机制的探索更为深入。在应用研究方面，较多的是在农作物和经济林方面，应该加大对园林及造林树种的激素抗逆研究。总之，通过对植物激素在不同逆境中的生理机制及应用研究，希望能为生产上提供植物激素抗逆的理论和优良品种，并有助于研究开发新型植物生长调节剂。

第三节　植物寒害生理和抗寒性

一、植物寒害的概念和分类

由低温引起植物伤害的现象，通称为寒害，包括冷害和冻害。植物对低温适应性和抵抗能力，统称为抗寒性（cold resistance）。

二、植物冷害生理和抗冷性

（一）冷害的概念与症状

零上低温时，虽无结冰现象，但能引起喜温植物的生理障碍，使植物受伤甚至死亡。零上低温对植物所造成的危害叫做冷害（chilling injury），而植物对零上低温的适应能力叫做抗冷性（chilling resistance）。

冷害是很多地区限制农业生产的主要因素之一，原产于热带和亚热带作物在生长过程中不能忍受 $0\sim10℃$ 低温，易发生冷害。冷害对植物的伤害除与低温的程度和持续时间有直接关系外，还与植物组织的生理年龄、生理状况以及对冷害的相对敏感性有关。温度低，持续时间长，植物受害严重；反之则轻。在同等冷害条件下，幼嫩组织器官比老的组织器官受害严重；生殖生长期比营养生长期对冷害敏感（花粉母细胞减数分裂期前后最敏感）。

根据植物对冷害的反应速度，可以把冷害分为两类。一类为直接伤害，即植物受低温影响几小时，最多在一天之内即出现伤斑及坏死，禾本科植物还会出现芽枯、顶枯等现象，说明这种影响已侵入细胞内，直接破坏了原生质活性；另一类是间接伤害，即植物在受低温危害后，植株形态并无异常表面，至少在几天之后才出现组织柔软、萎蔫，这是因为低温引起代谢失常、生物化学的缓慢变化而造成的细胞伤害。

（二）冷害引起的生理生化变化

（1）细胞膜系统受损。冷害使细胞膜透性增加，细胞内可溶性物质大量外渗，引发植物代谢失调。对冷害敏感的植物，胞质环流减慢或完全停止。

（2）根系吸收能力下降。低温影响根系的生命活动，根生长减慢，吸收面积减少，细胞原生质黏性增加，流动性减慢，呼吸减弱，能量供应不足，使植物体内矿质元素的吸收与分配受到限制，同时失水大于吸水，水分平衡遭到破坏，导致植株萎蔫、干枯。

（3）光合作用减弱。低温使叶绿素生物合成受阻，冷害叶片发生缺绿或黄化；各种光合酶活性受到抑制，如果伴有阴雨、光照不足，则光合速率下降更多。

（4）呼吸速率大起大落。冷害使植物的呼吸代谢失调，呼吸速率大起大落，即先升高后降低。冷害初期，呼吸作用增强与低温下淀粉水解导致呼吸底物增多有关。温度降到相变温度之后，线粒体发生膜脂相变，氧化磷酸化解偶联，有氧呼吸受到抑制，无氧呼吸增强，植物生长发育不良。这是因为无氧呼吸产生的 ATP 少，使物质消耗过快，还会积累大量乙醛、乙醇等有毒物质。

（5）物质代谢失调。植物受冷害后，水解酶类活常常高于合成酶类活性，酶促反应平衡失调，物质分解加速，表现为蛋白质含量减少，可溶性氮化物含量增加；淀粉含量降低，可溶性糖含量增加；内源乙烯和 ABA 含量明显增加。

（三）冷害的机制

冷害对植物的伤害大致分为两个步骤：第一步是膜相变，第二步是由于膜损坏而引起代谢紊乱，严重时导致死亡（图9-6）。在常温下，生物膜呈液晶相，保持一定的流动性。当温度下降到临界温度时，冷敏感植物的生物膜从液晶相转变为凝胶相，膜收缩，出现裂缝或者通道。这一方面使膜透性增大，细胞内溶质外渗；另一方面使膜结合酶系统受到破坏，酶活性下降，膜结合酶系统与非膜结合酶（游离酶）系统的平衡丧失，蛋白质变性或解离，于是细胞代谢紊乱，积累一些有毒的中间产物（如乙醛和乙醇等），时间过长，则细胞和组织死亡。由于膜的相变在一定程度上是可逆的，只要膜脂不发生降解，在短期冷害后温度立即转暖，膜仍能恢复到正常的状态；但如果膜脂含量降低，则表明膜受到严重伤害，就会发生组织死亡。

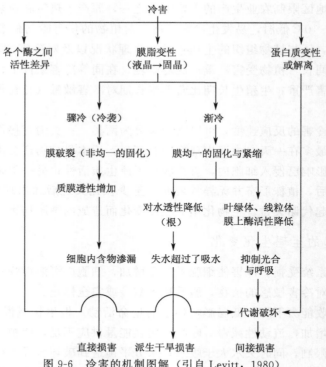

图 9-6 冷害的机制图解（引自 Levitt，1980）

据研究，膜脂的相变温度与膜脂不饱和度密切相关。膜不饱和脂肪酸指数（unsaturated fatty acid index，UFAI）即不饱和脂肪酸在脂肪酸中的相对比值，可作为衡量植物抗冷性的重要生理指标。同一种植物，膜脂中不饱和脂肪酸所占比例增大，即 UFAI 越高，膜脂相变温度越低，则抗冷性越强。植物就是通过调节膜脂不饱和度来维持膜的流动性以适应低温条件，例如，粳稻品种的膜中，含有较多的亚油酸和较少的油酸，其脂肪酸的 UFAI 明显高于籼稻品种，其相变温度也较低，故前者为抗冷性品种，而后者为冷敏感品种。一般来说，温带植物不饱和脂肪酸含量高于热带植物，故抗冷性较强。

当低温来临时，去饱和酶（desaturase）活性增强，不饱和脂肪酸增多，使膜在较低温度时仍保持液态，所以脂肪酸去饱和作用对植物细胞有一定的保护作用。增加膜脂中不饱和脂肪酸含量和不饱和度，就能有效降低膜脂的相变温度，维持膜的流动性，使植物不受伤害。

（四）提高植物抗冷性的途径

（1）低温锻炼。植物对低温的抵抗完全是一个适应性锻炼的过程，许多植物如预先给予适当的低温处理，以后即可忍受更低温度而不致受害，否则，植物突遇低温将严重受害。例如，春季采用温室、温床育苗，在露天移栽前，必须先降低室温或床温至 10℃左右，保持 1～2d，移入大田后即可抗 3～5℃的低温。研究发现，凡经低温锻炼的植物，其膜不饱和脂肪酸含量增加，相变温度降低，透性稳定细胞内 NADPH/NADP$^+$ 的比例增高，ATP 含量增加，这些变化都有助于抗冷性的形成与增强。

（2）化学诱导。脱落酸、细胞分裂素、2,4-D、油菜素内酯等均能提高植物的抗冷性。例如，在水稻苗期，用 10^{-4} mg/L 油菜素内酯浸根 24h，可增强秧苗抵抗低温能力，有利于培育壮秧。

（3）合理施肥。在低温到来之前，合理调整施肥种类，适当增施磷、钾肥，少施或不施速效氮肥，有助于提高植物抗冷性。

（4）选育抗冷性品种。通过基因工程、细胞工程及杂交育种技术选育抗冷性强的新品种。

三、植物冻害生理与抗冻性

（一）植物冻害的概念和抗冻性

冰点以下的低温使植物组织内结冰引起的伤害称为冻害（freezing injury）。冰冻常伴随着霜降，因此也称为霜冻。植物对零下低温的适应能力叫做抗冻性（freezing resistance）。

（二）冻害的类型及危害

冻害对植物的危害主要是由于组织或细胞结冰引起的伤害。由于温度下降的程度和速度不同，植物体内结冰的方式不同，受害情况也有所不同。

（1）细胞间隙结冰伤害。当环境温度缓慢降低，使植物组织内温度降到冰点以下时，细胞间隙的水开始结冰，即所谓的胞间结冰。胞间结冰对植物造成的伤害如下。①使原生质脱水。由于胞间结冰降低了细胞间隙的水势，使细胞内的水分向胞间移动，随着低温的持续，原生质会发生严重脱水，造成蛋白质变性和原生质不可逆凝固变性。②机械损伤。随着低温的持续，胞间的冰晶不断增大，当其体积大于细胞间隙空间时会对周围的细胞产生机械性的损伤。③融冰伤害。当温度骤然回升时，冰晶迅速融化，细胞壁迅速吸水恢复原状，而原生质会因为来不及吸水膨胀，可能被撕裂损伤。胞间结冰不一定使植物死亡，大多数植物胞间结冰后经缓慢解冻仍能恢复正常生长。

（2）胞内结冰伤害。当环境温度骤然降低时，不仅细胞间隙结冰，细胞内也会同时结冰。一般先在原生质内结冰，之后在液泡内结冰。细胞内冰晶体积小，数量多，它们的形成会对生物膜、细胞器和胞基质结构造成不可逆的机械伤害，必然导致代谢紊乱和细胞死亡。细胞内结冰一般在自然条件下不常发生，一旦发生，植物就很难存活。

（三）冻害的机制

关于冻害机制主要有两种假说，一是膜伤害假说，一是巯基假说。

（1）膜伤害假说。膜是结冰伤害最敏感的部位，许多实验证明，冰冻引起细胞的损伤主要是膜系统受到伤害。组成膜的脂质分子间非极性程度很高，分子间的内聚力小，当结冰脱水引起原生质收缩而产生内拉外张的应力时，脂质层被拉破，使膜选择透性丧失。这样，一方面造成细胞内的电解质和非电解质大量外渗（外渗液中主要是 K^+、Ca^{2+}、糖类）；另一方面，膜脂相变使得一部分与膜结合的酶游离而失活，光合磷酸化和氧化磷酸化解偶联，ATP 形成明显下降，引起代谢失调，严重时导致植株死亡。在所有膜系统的破坏中，叶绿体膜最先受损伤，从而使光合放氧受抑制；其次是液泡膜；

最后是原生质膜、线粒体膜的损伤。

（2）巯基假说。Levitt（1962）提出冰冻使植物受害是由于细胞结冰引起蛋白质损伤，当细胞内原生质遭受冰冻脱水时，随着原生质收缩，蛋白质分子相互靠近，当接近到一定程度时，蛋白质分子中相邻的巯基（—SH）氧化形成二硫键（—S—S—）。解冻时蛋白质再度吸水膨胀，肽链松散，氢键断裂，二硫键仍保留，使肽链的空间位置发生变化，蛋白质的天然结构破坏，引起细胞伤害和死亡。因此，植物组织抗冻性的基础在于阻止蛋白质分子间二硫键的形成。

（四）提高植物抗冻性的途径

（1）抗冻锻炼。在霜冻到来之前，缓慢降低温度，使植物逐渐完成适应低温的一系列代谢变化，增强抗冻能力。经过抗冻锻炼后，细胞内的糖含量大量增加，束缚水/自由水比值增大，原生质的黏度、弹性增大，代谢活动减弱，膜不饱和脂肪酸增多，膜脂相变温度降低，抗性增强。

（2）化学调控。用植物生长调节剂处理植物，可以提高植物的抗逆性。例如，生长延缓剂 AMO-1618、多效唑广泛用于果树，使植株矮化，促进花芽分化；同时这些生长延缓剂能抑制 GA 的合成，提高树木抗寒性。用 CCC 处理小麦、水稻、油菜等来提高其抗寒性也已在生产上应用。

（3）农业措施。除选育抗寒品种外，许多农业措施也可能在一定程度上提高植物抗寒性。例如，适时播种、培土、增施磷钾肥、厩肥、熏烟、冬灌、盖草、地膜覆盖等都可起到保护植物、预防寒害的作用。

四、植物对低温的适应性及信号转导

（一）低温下植物的适应性变化

植物在冬季来临之前，随着气温的逐渐降低，体内发生了一系列适应低温的生理生化变化，抗寒力逐渐增强。这种提高抗寒能力的过程称为抗寒锻炼（cold hardening）或低温驯化（cold acclimation）。在抗寒锻炼过程中，植物体内发生了适应性生理生化变化。

1. 含水量降低

入秋后，随着气温和土温下降，根系的吸水能力减弱，组织的含水量降低，自由水含量减少，而束缚水的相对含量增高。由于束缚水不易结冰，也不易流失，减少了细胞结冰的可能性，同时也可防止细胞间结冰引起的原生质过度脱水。所以束缚水/自由水的比值增加有利于植物抗寒性的加强。

2. 呼吸减弱

随温度缓慢降低，植物的呼吸作用逐渐减弱，消耗减少，有利于糖分的积累；呼吸微弱的植物整体代谢强度减弱，抗逆性增强。

3. 脱落酸含量增高，生长停止，进入休眠

随着秋季日照的缩短和气温的降低，植物体内的激素发生了明显变化，主要表现为生长素和赤霉素减少，脱落酸增多并被运输到茎尖，抑制细胞分裂与伸长，使生长停

止，形成休眠芽。冬小麦的核膜孔逐渐关闭，细胞核与细胞质之间物质交流停止，细胞分裂和生长活动受到抑制，植物进入休眠，其抗寒能力显著增强。

4. 保护物质累积

在温度下降过程中，一些大分子物质趋向于水解，使细胞内可溶性糖（如葡萄糖、蔗糖等）含量增加。可溶性糖能降低冰点，提高原生质保护能力，保护蛋白质胶体不致遇冷变性凝聚。霜冻后的白菜变甜就是这个原因。除可溶性糖外，脂肪也是保护物质之一，它可以集中在细胞质表层，使水分不易透过，代谢降低，细胞内不易结冰，亦能防止过度脱水。

5. 低温诱导蛋白形成

实验证明，植物经低温诱导能活化某些特定基因并经转录翻译合成一组新的蛋白质。例如，拟南芥、苜蓿、油菜、菠菜等经低温诱导后均有不同程度的新肽的合成，称为低温诱导蛋白（low-temperature-induced protein），也称为冷驯化蛋白（cold acclimation protein，CAIP）或冷调节蛋白（cold regulated protein，CORP），如同工蛋白、抗冻蛋白、胚胎发育晚期丰富蛋白（late embryogenesis abundant protein，LEAP）等。这些新蛋白质能降低细胞液的冰点，有利于植物在冰冻时忍受脱水胁迫，减少细胞冰冻失水。

（二）植物冷驯化及冷信号转导

冷驯化是与提高植物抗冷性有关的生物化学及生理学过程，主要包括寒驯化和冻驯化。寒驯化（cold acclimation）即喜温植物在中度低温 $10 \sim 12℃$ 下暴露数天后就能适应更低的非冰冻温度环境；冻驯化（freezing acclimation）即在零上几度低温处理植物，以提高它们耐受零下温度的能力。冷驯化是一个复杂的生物学过程，出现众多生理、生化和分子生物学上的变化，包括脯氨酸、甜菜碱、糖等渗透调节物质的增加，膜结构与组成的改变，调节植物基因的表达，合成一些特异性的低温诱导蛋白。

冷调节蛋白（CORP）在植物中的分布具有普遍性，冷驯化均能不同程度地诱导 CORP 产生。例如，菠菜在 $4℃$ 低温驯化 2d 后，出现了相对分子质量为 1.4×10^5、8.5×10^4、2.8×10^4 和 2.7×10^4 的 4 种新蛋白质；Cor 基因是一种多因子诱导型基因，在低温作用下，该基因被诱导启动，进而转录翻译成 CORP。据报道，植物体内抗冷基因超过 100 个，如拟南芥和大麦中至少含有 25 个抗冷基因，它们编码众多的 CORP，参与植物的许多代谢活动，在抗冷中发挥不同作用。据目前资料，CORP 可能具有以下功能：①作为抗冻剂，阻止冰晶的生成；②作为防脱水剂，防止脱水伤害细胞；③是细胞的保护性功能蛋白，在低温下起直接的保护作用；④许多 CORP 是冷胁迫下细胞主要代谢途径中关键酶基因的表达，维持低温下细胞的主要代谢活动；⑤一些 CORP 可能是低温信号转导系统的组成部分，参与低温信号转导过程。

植物的抗寒性是受众多微效抗冷基因调控的累积性状，许多基因的共同表达才能达到增强植物抗寒性的目的。了解植物响应冷信号转导途径是一个操纵植物冷驯化的重要途径。目前大多数研究者认为，Ca^{2+} 信使系统在低温信号转导过程中起着重要作用。低温导致了膜脂的脂肪酸链由无序状态变为有序，膜的外形与厚度也发生变化，使膜发生收缩，出现孔道或龟裂，透性增大等。这些变化刺激了质膜上 Ca^{2+} 通道，使 Ca^{2+} 通道开启，胞质外 Ca^{2+} 流入胞内，胞内 Ca^{2+} 浓度的提高能激活 Ca^{2+} 调节的靶酶（如 CDPK，依赖于 Ca^{2+} 的蛋白激酶）；或与 CaM 直接结合，引起 Ca^{2+} 信号的放大和传递，诱导 cor 基因的表达，生成 CORP，从而将 Ca^{2+} 变化所蕴含的低温信息表达为生理生化过程。Pearce（1999）提出了冷信号转导与 CORP 诱导生成的模型（图 9-7）。此外，ABA、H_2O_2、茉莉酸甲酯、水杨酸等信号转导因子也参与冷信号转导，能提高植物的抗寒性。

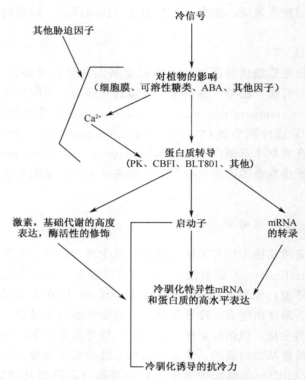

图 9-7 植物冷信号转导与 CORP 产生的可能途径（引自 Pearce，1999）

PK：蛋白磷酸激酶；CBFI：一种转录激活子；BLT801：一种转录后调控蛋白

第四节 植物热害生理与抗热性

一、植物热害和抗热性的概念

高温胁迫引起植物的伤害称热害（heat injury）。植物对高温胁迫（high temperature stress）的适应和抵抗能力称为抗热性（heat resistance）。

二、高温胁迫对植物的伤害

植物受高温危害后，会出现各种热害症状：叶片出现明显的水渍状烫伤斑点，随后变褐坏死，叶绿素破坏严重，叶色变为褐黄；木本植物树干（尤其是向阳部分）干燥、裂开；鲜果（如葡萄、番茄等）灼伤，有时甚至整个果实死亡；出现雄性不育，花序或子房脱落等。

（一）直接伤害

植物体受到短期高温后，会直接影响细胞质的结构，迅速出现热害症状，并从受害部位向非受害部位扩展。

（1）蛋白质变性。由于维持蛋白质空间构型的氢键和疏水键的键能较低，因此高温易使上述键断裂，破坏蛋白质的空间构型，失去二、三级结构，使蛋白质分子展开，失去原有生理活性。蛋白质的变性最初是可逆的，但在持续高温作用下很快能转变为不可逆的凝聚状态。

$$自然状态 \underset{正常温度}{\overset{高温}{\rightleftharpoons}} 变性状态 \overset{持续高温}{\longrightarrow} 凝聚状态$$

（2）膜脂液化。在高温作用下，构成生物膜的蛋白质与脂质之间的键断裂，使脂质脱离膜而形成一些液化的小囊泡，从而破坏了膜的结构，导致膜丧失选择透性与主动吸收的特性。膜脂液化程度与脂肪酸的饱和程度有关，饱和程度越高、越不易液化，则耐热性越强。

（二）间接伤害

由于高温引起细胞大量失水，进而引起代谢异常，使植物逐渐受害，该过程是缓慢的。高温持续时间越长或温度越高，伤害也越严重。

（1）代谢性饥饿。植物光合作用的最适温度一般都低于呼吸作用的最适温度，在生理上通常把光合速率与呼吸速率相等时的温度称为温度补偿点（temperature compensation point）。如果植物处于温度补偿点以上的较高温度，呼吸大于光合，贮存的营养物质消耗加快，造成饥饿，高温持续时间较长则会导致植物死亡。C_3 植物由于乙醇酸氧化酶温度系数 Q_{10} 较高，在高温下因光呼吸增强更易造成饥饿现象。

（2）有毒物质累积。高温时，植物组织内氧分压下降，无氧呼吸增强，积累乙醛、乙醇等有毒物质；高温抑制氮化物的合成，大量游离 NH_3 积累，毒害细胞。如果提高植物体内有机酸（如苹果酸、柠檬酸等）含量，则氨含量减少，酰胺增加，热害症状将大大减轻。肉质植物如仙人掌类等有机酸代谢旺盛，能减轻氨的毒害，抗热性较强。

（3）蛋白质破坏。高温下不仅蛋白质降解加速，而且合成受阻。原因在于：①高温使细胞产生自溶的水解酶类或溶酶体破裂放出的水解酶类使蛋白质分解；②高温下氧化磷酸化解偶联，ATP 减少，蛋白质合成受阻；③高温破坏了核糖体与核酸的生物活性，从根本上降低了蛋白质的合成能力。

（4）生理活性物质缺乏。高温使某些生化反应受阻，植物生长所必需的活性物质（如维生素、核苷酸、激素等）不足，导致生长不良或引起伤害。

三、植物抗热性的生理基础

（一）植物类型

植物抗热能力首先决定于生态习性，不同生态习性的植物对温度的反应不同，根据植物对温度的反应，可分为如下几种类型。

(1) 喜冷植物。例如，某些藻类、细菌和真菌，宜在零上低温（0～20℃）环境中生长发育，若在 20℃ 以上即受高温伤害。

(2) 中生植物。例如，水生和阴生的高等植物，地衣、苔藓等低等植物，宜在中等温度 10～30℃ 环境下生长发育，若超过 35℃ 即受伤害。

(3) 喜温植物。可以在 30～65℃ 中生长，其中一些植物在 45℃ 以上即受伤害，称为适度喜温植物，如陆生高等植物、某些隐花植物；有些植物在 65～100℃ 才受害，称为极度喜温植物，如某些蓝绿藻、真菌和细菌等。

由此可见，不同植物对高温的抵抗能力相差悬殊，一般来说，生长于干燥和炎热环境的植物，其抗热性高于生长在潮湿和冷凉环境的植物。C_3 与 C_4 植物相比，C_4 植物起源于热带或亚热带地区，其抗热性高于 C_3 植物。C_4 植物光合最适温度为 35～45℃，其温度补偿点高，在 40℃ 以上高温时仍有光合产物积累，而 C_3 植物光合最适温度为 20～30℃，其温度补点低，温度达 35℃ 以上时，已无净光合生产。

(二) 生育时期和器官

植物不同生育期、不同器官的抗热性也有差异。成熟叶片的抗热性大于幼嫩叶片，更大于衰老叶片；休眠种子抗热性最强，随着种子吸胀萌发，其抗热性逐渐降低；油料类种子的抗热性高于淀粉种子；果实随成熟度增加抗热性也增强；细胞汁液含水量（自由水）越少，蛋白质分子越不易变性，则抗热性越强。

(三) 代谢反应

植物的抗热性还与自身的代谢有关。①抗热性强的植物，体内蛋白质对热稳定，即在高温下仍能维持一定的正常代谢。蛋白质热稳定性主要决定于内部化学键的牢固程度和键能大小。凡是疏水键、二硫键多的蛋白质，在高温下越不易发生不可逆的变性与凝聚。一价离子可使蛋白质结构松弛，抗热性降低，二价离子可加固蛋白质分子结构，增强热稳定性，提高其抗热性。②抗热性植物体内的核酸也具备一定稳定性，这样可以维持正常的蛋白质合成，从根本上保证了蛋白质的代谢与更新。③植物的抗热性还与有机酸的代谢强度有关，因为有机酸可以消除因蛋白质分解而释放的 NH_3 的毒害，例如，生长在沙漠和干热山谷中的植物有机酸代谢旺盛，抗热能力相对较高。

四、热激反应及信号转导

植物在高于正常生长温度 5℃ 以上时，体内大部分蛋白质的合成和 mRNA 的转录被抑制，同时刺激诱导合成一些新的蛋白质，这种现象叫做热激反应（heat shock response，HSR）。生物体受高温刺激后大量合成一类蛋白质称为热激蛋白或热休克蛋白（heat shock protein，HSP）。高温下诱导合成的热激蛋白，使植物表现出较好的抗热性。

HSP 最早是在果蝇中发现的，现已证明普遍存在于动物、植物和微生物中。细胞对热激反应很迅速，热激处理 3～5min 就能发现 HSP 的 mRNA 含量增加，20min 可检测到新合成的 HSP。HSP 的相对分子质量为 $1.5 \times 10^4 \sim 10.4 \times 10^4$。根据 SDS 电泳的表观相对分子质量大小把植物 HSP 分为五大类：HSP110、HSP90、HSP70、HSP60 和小相对分子质量热激蛋白 smHSP。每一类 HSP 在结构上都具有不同程度的保守性，它们在生物条件下可能只有一种 HSP 起主导作用。目前，发现 HSP 位于细胞的胞基质、叶绿体、线粒体和内质网等不同部分。

分子伴侣（molecular chaperone，Cpn）是指与新生肽链的折叠、寡聚蛋白质的组装和蛋白质的跨膜运输有关的一类特殊蛋白质分子。研究发现，HSP 家族中很大一部分具有分子伴侣的作用，它不是构成分子组成的蛋白质，而是主要参与植物体内新生肽的运输、折叠、组装、定位，以及变性蛋白质的复性和降解。

热胁迫使许多细胞蛋白质的酶性质和结构组成变得非折叠或错折叠（misfold，蛋白质常常聚合在一起或沉淀），丧失酶结构及活性。HSP 具有分子伴侣的作用，可与这些变性蛋白质结合，维持它们的可溶性状态；或阻止错折叠，使错折叠得到合适的折叠，恢复原的空间构象和生物活性，有利于转运过膜，提高细胞的抗热性。HSP 不仅抗热，也抵抗各种环境胁迫，如缺水、ABA 处理、伤害、低温和盐害等。这说明细胞在一种胁迫下，会对其他胁迫有交叉保护（cross protection）作用。

植物对高温以及其他逆境胁迫的影响应是一个多基因控制的复杂过程。近年来发现，热激基因的表达能够被一些信号转导因子所调节。如胞内 pH、cAMP、Ca^{2+}、CaM、Na^+、IP_3、蛋白激酶和蛋白磷酸酶等。多方面的研究表明，Ca^{2+}- CaM 介导的信号转导途径可能参与热激基因表达的调节。热胁迫首先刺激膜上的受体，然后通过 G 蛋白激活磷脂酶产生 IP_3 和 DG；IP_3 刺激胞内钙库释放 Ca^{2+}，而 DG 转化成 PA 刺激膜上的 Ca^{2+} 通道使胞外 Ca^{2+} 进入胞内，激活热激基因的表达。

热激蛋白表达自我调节机制的一种可能的模式如图 9-8 所示。

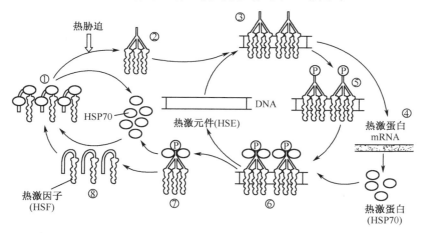

图 9-8　热激因子（HSF）循环激发热激蛋白（HSP）mRNA 的合成（引自 Bray，2002）
①在非胁迫细胞中，HSF 和 HSP70 结合，呈单体形式；②在热胁迫下，HSP70 从 HSF 解离出来，后者就成为三聚体；③活化的三聚体与 HSE 结合，成为 HSP 基因的启动子；④刺激 HSP mRNA 的转录，翻译成 HSP70；⑤HSE 与 HSF 结合，磷酸化；⑥HSP70 与磷酸化 HSF 三聚体结合；⑦HSP70 三聚体复合物；⑧把 HSE 解离，分解和脱磷酸成为 HSF 单体，再与 HSP70 形成另一个 HSP70/HSF 复合物

五、提高植物抗热性的途径

（1）高温锻炼。高温锻炼能够提高植物的抗热性。一般是将萌动的种子，在适当高温下锻炼一定时间，再播种。有人把鸭跖草属的一种植物在 28℃下栽培 5 周，其叶片抗热性与对照（生长在 20℃下 5 周）相比，耐最高温能力从 47℃提高到 51℃。

（2）改善栽培措施。栽培作物时充分合理灌溉，增加小气候湿度，促进蒸腾，有利于降温；采用高秆与矮秆、耐热作物与不耐热作物间作套种；采用人工遮阳；氮肥过多不利于抗热，因此高温季节少施氮肥等都是有效的措施。

（3）化学制剂处理。喷洒 $CaCl_2$、$ZnSO_4$、KH_2PO_4 等可增加生物膜的热稳定性；施用生长素、激动素等生理活性物质，能够防止高温造成损伤。

第五节　植物旱害生理与抗旱性

植物经常遭受到干旱胁迫的危害，全世界 14 亿 hm^2 余的耕地面积中，6 亿 hm^2 位于干旱、半干旱地带，其中没有灌溉条件的旱地约占耕地面积的 51.9%。干旱是限制我国农业生产的重要因素之一。因此，从植物本身出发，深入了解植物抗旱特性，揭示其抗旱机制，必将为改进旱地和节水农业栽培措施及选育抗旱品种提供理论依据。

一、植物旱害的概念及类型

当植物耗水大于吸水时，植物体内即出现水分亏缺，水分过度亏缺的现象称为干旱（drought）。旱害（drought injury）是指土壤水分缺乏或大气相对湿度过低对植物的危害。

（一）水分胁迫程度

植物水分亏缺的程度可用水势和相对含水量（RWC）来表示。肖庆德（1973）将一般中生植物水分胁迫程度划分三个等级。

（1）轻度胁迫。水势略降低零点几 MPa，或相对含水量降低 8%～10%。

（2）中度胁迫。水势下降稍多一些，但一般不超过 -1.2～-1.5MPa，或相对含水量降低 10%～20%。

（3）严重胁迫。水势下降超过 -1.5MPa，或相对含水量降低 20%以上。

（二）干旱类型

根据引起水分亏缺的原因，可将干旱分为三种类型。

（1）大气干旱。高温、强光、大气相对湿度过低（10%～20%），导致植物的蒸腾强烈，失水量大于根系的吸水量，造成植物体内严重亏缺。例如，我国西北等地就常有大气干旱发生。

（2）土壤干旱。土壤中可利用水缺乏，植物根系吸水困难，体内水分亏缺严重，正常的生命活动受到干扰，生长缓慢或完全停止。土壤干旱比大气干旱破坏严重，我国西北、华北、东北等地常有发生。

（3）生理干旱。由于土壤温度过低、土壤溶液离子浓度过高（如盐碱土或施肥过多）或土壤缺氧（如土壤板结、积水过多等）或土壤存在有毒物质等因素的影响，使根系正常的生理活动受到阻碍而不能吸水，使植物受旱的现象，其实质是 $\psi_{w植} > \psi_{w土}$。

二、干旱胁迫对植物的伤害

植物受到旱害后，细胞失去紧张度，叶片和幼茎下垂，这种现象称为萎蔫（wilting）。萎蔫可分为暂时萎蔫和永久萎蔫两种类型。夏季炎热的中午，蒸腾强烈，水分暂时供应不上，叶片与嫩茎萎蔫；到夜晚蒸腾减弱，根系又继续吸水，萎蔫消失，植物恢复挺立状态，这就是暂时萎蔫（temporary wilting）；当土壤已无可供植物利用的水分，引起植物整体缺水，根毛死亡，即使经过夜晚也不会恢复，这就是永久萎蔫（permanent wilting）。永久萎蔫会造成原生质严重脱水，引起一系列生理生化代谢紊乱，如果持续过久，就会导致植物死亡。

（一）细胞膜结构遭到破坏

植物细胞脱水后，破坏了细胞膜的有序结构。正常状况膜脂分子呈双分子排列，这种排列靠磷脂极性头部与水分子相互连接，所以膜内必须有一定的束缚水，才能保持这种膜脂分子的双层排列。干旱后，细胞严重失水，膜脂分子结构即呈无序的放射星状排列（图9-9），膜上出现空隙和龟裂，透性增大，电解质、氨基酸、可溶性糖等向外渗漏。例如，葡萄叶片干旱失水时，细胞的相对透性比正常叶片增高 3～12 倍。

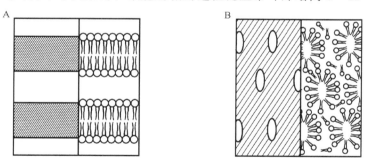

图 9-9　膜内脂质分子排列（引自 Levitt，1980）

A. 在细胞正常水分状况下双分子排列；B. 脱水膜内脂质分子成放射星状排列

（二）生长受抑制

发生水分胁迫时，分生组织细胞分裂减慢或停止，细胞伸长受到抑制，生长速率大大降低。故遭受一段时间干旱胁迫后的植株个体低矮，光合叶面积明显减少，导致产量显著降低。

（三）光合作用减弱

研究发现，随土壤水势降低，光合速率显著下降。从图 9-10 中可以看出，向日葵叶片水势低于 −0.4MPa 时，光合速率开始下降；水势低于 −0.7MPa 时，光合速率急剧下降，这种抑制作用既有对 CO_2 同化的气孔性限制，又有非气孔性限制。气孔性限制指水分亏缺使气孔开度减小，气孔阻力逐步增大，最终导致气孔完全关闭，这样在减少水分丢失的同时，也明显限制对 CO_2 的吸收，因而光合作用减弱；非气孔性限制指水分胁迫使叶绿体的片层结构受损，希尔反应减弱，PSⅡ 活力下降，电子传递和光合磷酸化受抑制，RuBP 羧化酶和 PEP 羧化酶活力下降，叶绿素含量减少等，总体表现为叶绿体的光合活性下降。

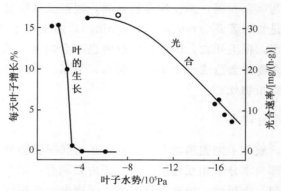

图 9-10　盆栽向日葵水分亏缺对叶片生长速率和光
合速率（干重计）的影响

（四）破坏了正常代谢过程

细胞脱水对代谢破坏的特点是抑制合成代谢，加强分解代谢。①干旱胁迫时，呼吸作用在一段时间内加强。随着水分亏缺程度加剧，呼吸速率逐渐降到正常水平以下。②干旱胁迫改变了植物内源激素平衡，促进生长的激素减少，延缓或抑制生长的激素增多，主要表现为 ABA 大量增加，乙烯合成加强，CTK 合成受抑制。③干旱胁迫时，蛋白质合成减少，降解加快，游离氨基酸增多，特别是 Pro 增多。水分胁迫下，细胞内也积累多胺类物质，特别是腐胺。④干旱胁迫时，细胞内 DNA 和 RNA 大量降解，其主要原因是干旱促使 RNA 酶活性增加，RNA 分解加快，DNA 和 RNA 合成代谢则被削弱。有人认为，干旱下植物衰老乃至死亡与核酸代谢受到破坏直接相关。⑤干旱敏感型植物受旱时，SOD、CAT 和 POD 活性通常降低。

（五）植物体内水分重新分配

水分不足时，植物不同器官或不同组织间的水分，按各部分水势大小重新分配。例如，干旱胁迫时，幼叶从老叶夺取水分，促使老叶的枯萎死亡，光合面积下降；地上部分从根系夺水，造成根毛死亡；幼叶从花蕾或果实中吸水，造成空秕粒和落花落果等现象。

（六）细胞原生质机械损伤

干旱对细胞的机械损伤是造成植株死亡的重要原因。当细胞失水或再吸水时，原生质体与细胞壁均会收缩或膨胀，但由于它们弹性不同，两者的收缩程度和膨胀速率不同。正常条件下，生活细胞的原生质体和细胞壁紧紧贴在一起，当细胞开始失水体积缩小时，两者一起收缩，到一定限度后细胞壁不能随原生质体一起收缩，致使原生质体被拉破。相反，失水后尚存活的细胞如再度吸水，尤其是骤然大量吸水时，由于细胞壁吸水膨胀率远远超过原生质体，使粘在细胞壁上的原生质体被撕破，再次遭受机械损伤，最终可造成细胞死亡。

三、植物抗旱类型和特征

（一）植物的抗旱类型

植物对干旱的适应和抵抗能力叫抗旱性（drought resistance）。由于地理位置、气候条件、生态因素等原因，植物形成了对水分需求的不同类型：水生植物（不能在水势为$-0.5\sim-1$MPa以下环境中生长的植物）、中生植物（不能在水势-0.2MPa以下环境中生长的植物）和旱生植物（不能在水势-4.0MPa以下环境中生长的植物）。一般来说，作物多属于中生植物，其抗旱性是指在干旱条件下不仅能够生存，而且能维持正常或接近正常的代谢水平，从而保证稳定的产量。所以研究植物抗旱性时，一方面要注意抗旱性强的旱生植物特点，另一方面要着重研究提高中生植物抗旱性的途径。

总体来说，旱生植物根据其干旱的适应和抵抗方式可分为三种。

（1）逃旱性。这类植物主要是通过缩短生育期以逃避干旱缺水的季节，如某些沙漠植物。

（2）御旱性。这类植物主要利用形态结构上的特点，保持良好的水分内环境，使植物在干旱条件下维持体内较充足的水分状况。

（3）耐旱性。这类植物具有忍受脱水而不受永久性伤害的能力。

（二）抗旱植物的一般特征

1. 形态特征

（1）根系发达、深扎，根冠较大，能有效地吸收利用土壤中的水分，特别是土壤深层水分。

（2）叶片细胞体积小或体积/表面积比值小，有利于减少细胞吸水膨胀和失水收缩时产生的细胞损伤。

（3）叶片气孔多而小，叶脉较密，输导组织发达，茸毛多，角质化程度高或脂质层厚，这样的结构有利于水分的贮存与供应，减少水分散失。

2. 生理特征

细胞渗透势较低，吸水和保水能力强。原生质具较高的亲水性、黏性与弹性，既能抵抗过度脱水，又能减轻脱水时的机械损伤。缺水时，正常代谢活动受到的影响小，合成反应仍占优势，而水解酶类活性变化不大，减少生物大分子的破坏，使原生质稳定，生命活动正常。

四、植物干旱诱导蛋白

干旱诱导蛋白（drought induced protein）是指植物在受到干旱胁迫时新合成或合成量增加的一类蛋白质。根据基因表达的信号途径与 ABA 的关系，可将其分为三类：①只能被干旱诱导；②既能被干旱诱导，又能被 ABA 诱导；③只能被 ABA 诱导。按其功能可分为两大类：第一大类是功能蛋白，在细胞内直接发挥保护作用，主要包括离子通道蛋白、LEA 蛋白、渗调蛋白、代谢酶类等；另一大类是调节蛋白，参与水分胁迫的信号转导或基因的表达调控，间接起保护作用，主要包括蛋白激酶、磷脂酶 C、磷脂酶 D、G 蛋白、钙调素、转录因子和一些信号因子等。下面介绍几类主要的干旱诱导蛋白。

（1）LEA 蛋白。在种子成熟时，发现其干燥胚中有一大家族的基因被渗透胁迫调节，这类基因编码胚胎发育晚期丰富（late embryogenesis abundant，LEA）蛋白。LEA 蛋白是种子发育后期产生的一类小分子特异多肽，它是伴随着种子成熟过程而产生的。LEA 蛋白起保护细胞膜的作用，因为其具有高度的亲水性并强烈地与水结合，能把足够的水分捕获到细胞内，阻止缺水时重要细胞蛋白质和其他分子结晶，稳定细胞膜。

（2）渗调蛋白。又称渗压素（osmotin）。渗透调节是植物适应干旱胁迫的一种普遍反应方式，渗调蛋白伴随着植物对外界各种渗透胁迫的适应而产生，并在植物的各个组织器官中大量积累。渗调蛋白的作用是：①在渗透胁迫下，吸附水分或改变膜对水的透性，减少细胞失水，维持细胞膨压；②螯合细胞脱水过程中浓缩的离子，减少离子毒害作用；③可能通过与液泡膜上离子通道的静电相互作用，减少或增加液泡膜对某些离子的吸入，改变该离子在细胞质和液泡的浓度，传递胁迫信号，诱导胁迫相关基因的表达，从而增加植物对胁迫的适应性。

（3）代谢酶类。干旱胁迫时，植物体内各种代谢酶类有很大的变化。一些酶的诱导，使得渗调物质的合成大大增加。另外一些酶的代谢产物成为植物传递胁迫的重要信号分子，对调整植物的代谢状态起重要作用。

干旱诱导蛋白在植物对逆境的适应过程中起重的保护作用，可以提高植物对干旱的耐胁迫能力。研究表明，在水分亏缺造成植物出现各种损伤之前，植物就对水分胁迫做出包括基因表达在内的适应性调节反应，这是植物自身的保护性选择。植物干旱诱导蛋白的功能主要有：①增强植物耐脱水能力；②参与渗透调节和水分运输；③保护细胞结构；④分子伴侣的作用，干旱诱导蛋白可能是分子伴侣，通过与变性或异常的蛋白质防止它们凝聚，或对水分胁迫时错误折叠的蛋白质，恢复其天然构象，从而避免细胞膜结构损伤。除了以上功能外，某些干旱诱导蛋白还有其他功能，如蛋白酶、核蛋白、蛋白抑制剂以及在信号传递过程中起作用的蛋白质激酶、RNA 结合蛋白等。在缺水时识别蛋白质成分的转录因子也已被发现。

五、提高植物抗旱性的途径

选育抗旱品种是提高作物抗旱性的最根本途径。此外，也可以通过以下措施来提高植物的抗旱性。

（一）抗旱锻炼

在种子萌发期或幼苗期进行适度的干旱处理，使植物在生理代谢上发生相应的变化，增强对干旱的适应能力。例如，播种前的种子锻炼用"双芽法"处理，即将吸水24h的种子在20℃下萌发，然后风干，反复3次播种。经过这种锻炼的种子，原生质弹性、黏度和保水性均有提高。

（二）合理施肥

合理施用磷、钾肥，适当控制氮肥，可提高植物的抗旱性。磷能促进有机磷化合物的合成，提高原生质的水合度，增强抗旱能力。钾能改善作物的糖类代谢，降低细胞的渗透势，促进气孔开放，有利于光合作用。钙能稳定生物膜的结构，提高原生质的黏度和弹性，在干旱条件下维持原生质膜的透性。

（三）生长延缓剂及抗蒸腾剂的施用

近年来应用生长延缓剂提高植物的抗旱性取得了一定的效果。例如，CCC等能增加细胞的保水能力；施用外源ABA可促进气孔关闭，减少蒸腾。抗蒸腾剂是用来降低蒸腾失水的一类药物，如塑料乳剂、高岭土、脂肪醇等。

（四）节水、集水、发展旱作农业

旱作农业是指较少依赖灌溉的农业生产技术，其主要措施有：收集保存雨水备用；采用不同根区交替灌水；以肥调水，提高水分利用效率；采用地膜覆盖保墒；掌握作物需水规律，合理用水。

第六节　植物涝害生理与抗涝性

一、涝害的定义及类型

土壤水分过多对植物产生的伤害称为涝害（flood injury）。水分过多的危害并不在于水分本身，而是由于水分过多引起缺氧，从而产生一系列危害。在低湿、沼泽地带、河湖边，发生洪水或暴雨过后常有涝害发生，给农业生产造成很大的损失。广义的涝害包括两层含义：①湿害（waterlogging, wet injury），指土壤水分处于饱和状态，土壤含水量超过了田间最大持水量时旱田作物所受的影响；②涝害（flood injury），指地面积水，淹没了作物的一部分或全部，使其受到伤害。

二、涝害对植物的伤害

涝害引起的危害主要是由于水涝导致缺氧后引发的次生胁迫对植物产生的伤害作用。

(1) 对植物形态和生长的伤害。水涝缺氧使地上部分与根系的生长均受到阻碍。受涝植株个体矮小，叶色变黄、根尖发黑，叶柄偏上生长。若种子淹水，则芽鞘伸长，叶片黄化，根不生长，必须通 O_2 后，根才出现。水涝缺氧还使线粒体数量减少，体积增大，嵴数减少；如果缺氧时间过长则导致线粒体失活。

(2) 引起乙烯的增加。许多研究指出，淹水条件下植物体内乙烯含量增加。如水涝时，美国梧桐乙烯含量提高 10 倍。高浓度的乙烯引起叶片卷曲、偏上生长、脱落，茎膨大加粗，根系生长减慢，花瓣褪色等。乙烯的合成是一个需氧过程，为什么涝害（缺氧）反而会促进乙烯合成呢？Bradford 等 (1981) 证明，水涝时促使植物根系大量合成乙烯的前体物质 ACC，ACC 上运到茎叶后接触空气即转变为乙烯。

(3) 对植物代谢的影响。涝害使植物的光合速率显著下降，其原因可能与阻碍 CO_2 的吸收及同化产物运输受阻有关。水涝主要影响植物的呼吸，有氧呼吸受抑制，无氧呼吸加强，ATP 合成减少，同时积累大量的无氧呼吸产物（如丙酮酸、乙醇、乳酸等）。测定结果表明，许多植物淹水时，苹果酸脱氢酶（有氧呼吸）降低，乙醇脱氢酶和乳酸脱氢酶（无氧呼吸）升高。有人建议，用乙醇脱氢酶和乳酸脱氢酶活性作为作物涝害的指标。

(4) 引起植物营养失调。遭受水涝的植物常发生营养失调，一是由于受水涝伤害后，根系活力下降，同时无氧呼吸导致 ATP 供应减少，阻碍根系对离子的主动吸收；二是缺氧使嫌气性细菌（如丁酸菌）活跃，增加土壤溶液酸度，降低其氧化还原势，土壤内形成有害的还原物质（如 H_2S 等），使必需元素 Mn、Zn、Fe 等易被还原流失，造成植株营养缺乏。

三、植物抗涝性的生理基础

抗涝性 (flood resistance) 是指植株对积水或土壤过湿的适应的抵抗能力。植物的抗涝性因其种类、品种、生育期而不同。例如，油菜比番茄、马铃薯抗涝；籼稻的抗涝性大于糯稻，粳稻最不抗涝。概括来说，淹水深、时间长、水温高则对植物产生的涝害最大。对淹水和湿地条件有良好适应性的湿生植物能够在长期渍水下存活，其有两种基本方式：一是避缺氧，即通过整株调节（如通气结构产生），从地上部获得根系需要的氧气；另一是耐缺氧，依靠乙醇发酵的开关和其他生化变化。作物的抗涝性大小决定于其形态和生理过程对缺氧的适应能力，有关植物耐渍适应机制归纳如图 9-11 所示。

(1) 形态特征。发达的通气系统是强抗涝性植物最明显的形态特征。通过这些发达的通气组织可以将地上部分吸收的 O_2 输送到根部或缺氧部位。以水稻和小麦为例，水稻幼根的皮层为柱状排列，而小麦为偏斜排列，前者的胞间空隙比后者大得多（图 9-12)，且成长之后，小麦根结构上没有变化，水稻根皮层内细胞大多数崩溃，形成特殊

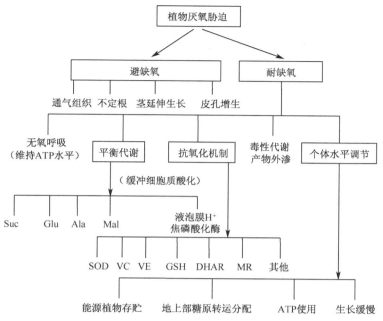

图 9-11 植物耐渍适应图解（引自王文泉，2001）

Suc：琥珀酸；Glu：谷氨酸；Ala：丙氨酸；Mal：苹果酸；SOD：超氧化物歧化酶；VC：抗坏血酸；VE：α-生育酚；GSH：谷胱甘肽；DHAR：脱氢抗坏血酸酶；MR：单脱氢抗血酸还原酶

的通气组织，通过这种组织把 O_2 顺利地运输到根中（图 9-13）。

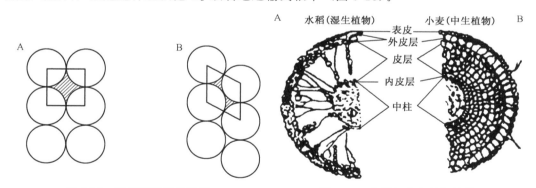

图 9-12 根皮层细胞的排列

A. 柱状排列（水稻）；B. 偏斜排列（小麦）

图 9-13 水稻与小麦的根结构

A. 水稻根的结构；B. 小麦根的结构

（2）生理特征。抗涝主要是抗缺氧带来的危害。某些植物（如甜茅属）在淹水时改变呼吸途径，开始缺氧刺激糖酵解途径，但以后戊糖磷酸途径占优势，从根本上消除有毒物质的形成；水稻根内乙醇氧化酶活性很高，以减少乙醇的积累；提高有氧呼吸的能力，玉米根缺氧时，通过细胞色素 c 的活性提高来维持线粒体膜上的电子传递。

（3）厌氧多肽。淹水缺氧和其他逆境一样，抑制原来的蛋白质的合成，产生新的蛋白质或多肽。实验证明，植物具有潜在的适应厌氧环境的能力，低氧信号能激活某些厌氧反应基因的表达，使同一种基因型的耐渍能力得到很大改善。

四、提高植物抗涝性的途径

①为了避免湿害，要开深沟，降低地下水位；②采用高畦栽培，可减轻湿害；③兴修水利，防止洪灾涝害发生；④及时排涝，结合洗苗，保证光合作用、呼吸作用顺利进行；⑤增施肥料，恢复作物长势。

第七节　植物盐害生理与抗盐性

一般在气候干燥的半干旱、干旱地区降雨量少而且蒸发强烈，盐分不断积累于地表；海滨地区由于咸水灌溉、海水倒灌等因素造成土壤含盐量较高；农业生产中长期不合理施用化肥及用污水灌溉都会导致土壤盐渍化。

我国盐碱土主要分布于西北、华北、东北和滨海地区，总面积达到 2000 万 hm^2，约占总耕地面积 10%，随着灌溉农业的发展，盐碱土面积还将不断扩大。因此提高作物耐盐性，加强盐碱土的生物治理与综合开发是现代农业中的重要课题。

一般来说，钠盐是造成盐分过高的主要盐类，习惯上把主要含 Na_2CO_3 和 $HaHCO_3$ 的土壤叫碱土，而把主要含 $NaCl$ 和 Na_2SO_4 的土壤叫盐土，但两者往往同时存在，因此统称为盐碱土。通常，土壤含盐量为 0.2%～0.5% 即不利于植物生长，而盐碱土的含量却高达 0.6%～10%，严重伤害了植物。

一、盐害对植物的伤害

土壤中盐分过多对植物生长发育产生的危害叫盐害（salt injury）或盐胁迫（salt stress）。一般将植物盐害分为原初盐害和次生盐害。原初盐害是指盐胁迫对质膜的直接影响，如膜的组分、透性和离子运输等发生变化，使膜结构和功能受到伤害；次生盐害是由于土壤盐分过多使土壤水势进一步下降，从而对植物产生渗透胁迫。另外，由于离子间的竞争也可引起某种营养元素缺失，干扰植物的新陈代谢（图 9-14）。

（1）渗透胁迫。土壤中可溶性盐分过多使土壤水势降低，导致植物吸水困难，严重时甚至会造成植物组织内水分外渗，对植物产生渗透胁迫，造成生理干旱。

（2）质膜伤害。高浓度的 $NaCl$ 可置换细胞膜结合的 Ca^{2+}，膜结合的 Na^+/Ca^{2+} 增加，膜结构破坏，功能也改变，细胞内的 K^+、PO_4^{3-} 和有机溶质外渗。实验表明，生长在 25mmol/L $NaCl$ 或 Na_2SO_4 溶液中的菜豆，其叶片中的 K^+ 强烈外流。因此认为，K^+ 外流现象不是渗透效应，而是盐离子破坏质膜透性，Na^+ 置换膜结合的 Ca^{2+} 所致。在盐胁迫下，细胞内活性氧增加，启动膜脂过氧化或膜脂脱脂作用，导致膜的完整性降低，选择透性丧失。

（3）离子失调。土壤中某种离子过多往往排斥植物对其他离子的吸收。例如，小麦生长在 Na^+ 过多的环境中，其体内缺 K^+，而且对 Ca^{2+}、Mg^{2+} 的吸收亦受阻；若磷酸盐过多会导致缺 Zn。

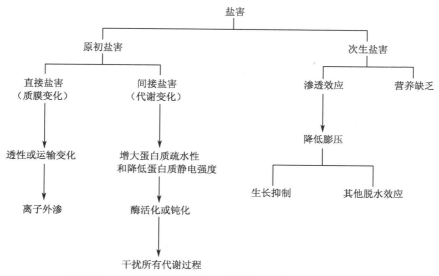

图 9-14　盐分过多对植物产生的伤害（引自 Levitt，1980）

（4）代谢紊乱。①光合作用下降。盐分过多使 PEP 羧化酶和 RuBP 羧化酶活性下降，叶绿素和类胡萝卜素的含量降低，气孔开度减小，气孔阻力增大，导致受胁迫植物的光合速率明显下降。②呼吸作用不稳。盐分过多对呼吸的影响与盐的浓度有关，低盐促进呼吸，高盐抑制呼吸。如紫花苜蓿，在 5g/L NaCl 营养液培养时呼吸比对照高40%，而在 12g/L NaCl 中呼吸比对照低 10%。③蛋白质合成受阻。盐分过多使蛋白质合成受阻，降解过程加快，一方面是因为盐胁迫使核酸分解大于合成，从而抑制蛋白质合成，另一方面高盐下氨基酸的生物合成受阻。④有毒物质累积。盐胁迫使植物体内积累有毒物质，如大量氮代谢中间产物，包括 NH_3 和某些游离氨基酸（异亮氨酸、鸟氨酸和精氨酸）转化成具有一定毒性的腐胺和尸胺，它们又可被氧化为 NH_3 和 H_2O_2 从而产生氨毒害。

二、植物的抗盐性

植物对土壤盐分过多的适应和抵抗能力叫抗盐性（salt resistance）。根据植物抗盐能力的大小，可分为盐生植物（halophyte）和甜土植物（glycophyte，淡土植物）两大类。前者可生长的盐度范围为 1.5%～2.0%，如碱蓬、海蓬子等；后者可生长的盐度范围为 0.2%～0.8%，如甜菜、棉花、水稻等。栽培植物中没有真正的盐生植物，都属于甜土植物，但它们对盐渍也有一定的适应能力。植物对盐渍环境的适应机制主要有避盐和耐盐两种方式。

1. 避盐

有些植物虽然生长在盐渍环境中，但细胞质内盐分含量不高，因而可以避免盐分过多对植物的伤害。这种对盐渍环境的适应能力称为避盐性（salt avoidance），可以通过拒盐、排盐和稀盐三种途径来达到避免盐害的目的。

（1）拒盐。这类植物细胞原生质对某些盐分的透性很小，即使生长在盐分较多的环境中，根本不吸收或很少吸收某些离子，从而避免盐分的胁迫。

（2）排盐（泌盐）。这类植物吸收盐分后并不存留在体内，而是主动通过茎叶表面上的盐腺（salt gland）和盐囊泡（salt bladder）排出体外，如滨藜属植物的盐腺是由一个囊泡组成。

（3）稀盐。某些盐生植物将吸收到体内的盐分加以稀释，其方式有两种：一种是通过快速生长，细胞大量吸水或增加茎叶的肉质化程度使组织含水量提高；另一种是通过细胞的区域化（compart mentalization）作用将盐分集中于液泡，使水势下降，保证吸水，从而降低细胞质 Na^+ 浓度。

2. 耐盐

（1）耐渗透胁迫。通过细胞的渗透调节适应由盐渍而产生的水分逆境。当植物受到盐胁迫时，通常在细胞内积累蔗糖、脯氨酸、甜菜碱等渗透保护物质（ospmoprotectant）来降低细胞的渗透势，由于它们不干扰细胞内正常的生化反应，因此将它们统称为相溶性物质（compatible solute）。K^+ 是高等淡土植物的渗透调节物质，Na^+、Cl^- 常是盐生植物的渗透调节物质。

（2）耐营养缺乏。有些植物在盐渍时能增加对 K^+ 的吸收；某些蓝绿藻能在吸收 Na^+ 的同时增加对氮素的吸收，可以维持营养元素平衡，耐营养缺乏。

（3）代谢稳定，具解毒作用。某些植物在较高的盐浓度中仍能保持一定酶活性，维持正常的代谢过程。例如，大麦幼苗在盐渍时仍保持丙酮酸激酶的活性。有些植物在盐渍环境中诱导形成二胺氧化酶以分解有毒的二胺化合物（如腐胺、尸胺等），消除其毒害作用。

（4）渗调蛋白。盐渍时能诱导出一些逆境蛋白，其中研究较多且较为重要的是相对分子质量为 $2.6×10^4$ 的一种蛋白质，该蛋白质在盐适应细胞中的含量相当高，可达总蛋白质的 $10\%\sim12\%$。该蛋白质的合成和积累发生在细胞对盐胁迫进行逐级渗透调整的过程中，称为渗调蛋白（osmotin），其有利于降低细胞的渗透势和防止细胞脱水，提高植物对盐胁迫的抗性。

三、植物耐盐的分子机制及信号转导

植物体内的盐胁迫信号转导途径包括渗透胁迫信号转导途径和盐过敏感调控途径（SOS 途径）。其中渗透胁迫信号转导途径又包括依赖 ABA 介导的信号转导途径和不依赖 ABA 的信号转导途径（图 9-15）。

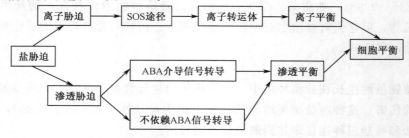

图 9-15　盐胁迫信号转导过程（引自赵福庚，2004）

研究表明，SOS 途径在植物耐盐中起关键性的调控作用，同时也控制着离子的动态平衡。SOS 途径是由 Aricona 大学的朱健康研究室于 2002 年最先从拟南芥体内发现的，该途径介导了盐胁迫下细胞内 Na^+ 的外排及 Na^+ 向液泡内的区域化分布。目前定义了 5 个耐盐基因：*SOS1*、*SOS2*、*SOS3*、*SOS4* 和 *SOS5*。其中，*SOS1*、*SOS2* 和 *SOS3* 3 个基因参与介导了细胞内离子平衡的信号传递途径。*SOS1* 是一种耐盐基因，它编码了质膜上的 Na^+/H^+ 反向运输蛋白。*SOS2* 可能编码一个调控蛋白，该蛋白质能控制和激活 K^+ 和 Na^+ 运输蛋白的活性。*SOS3* 基因编码带有 3 个 EF-手臂的钙结合蛋白，*SOS3* 的钙结合特性在决定植物在 Na^+ 离子胁迫下的钙信号方面可能起重要作用。*SOS* 基因家族介导的植物细胞内盐胁迫转导途径见图 9-16。

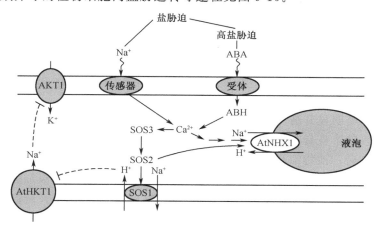

图 9-16　SOS 基因家族介导的植物细胞内盐胁迫信号的转导（引自 Zhu，2001）

此外，还从冰草中分离到编码水通道蛋白（MIP）的基因。在盐胁迫下，MIP 的基因转录水平大大提高，从而提高了水通道蛋白的表达量和细胞膜的透性，便于水分摄入，在没有蒸腾作用下，将水分迅速吸收到根中，并长距离运输到地上组织器官。这将是耐盐基因工程的一条新途径。

四、提高植物抗盐性的途径

（1）抗盐锻炼。用一定浓度的盐溶液处理种子，可明显提高植物抗盐性。具体方法是播种前先让种子吸水膨胀，然后放在适宜浓度的盐溶液中浸泡一段时间。

（2）使用生长调节剂。利用生长调节剂促进植物生长，稀释其体内盐分。例如，在含 0.15% Na_2SO_4 土壤中的小麦生长不良，但在播前用 IAA 浸种，小麦生长良好。

（3）培育抗盐作物。通过常规育种手段或采用组织培养、转基因等新技术选育抗盐突变体，培育新的抗盐经济作物，使其适应盐碱土环境。

（4）改造盐碱土。改造盐碱土措施有合理灌溉，泡田洗盐；增施有机肥，盐土种稻；种植耐盐绿肥（田菁），种植耐盐树种（白榆、沙枣、紫穗槐等），种植耐盐碱作物（向日葵、甜菜等）。

第八节 植物病害生理与抗病性

植物在生长和发育过程中常会遇到一些生物因素的危害，导致植物生病甚至死亡。植物病害（disease）是致病生物与寄主（感病植物）之间相互作用的结果。植物抵抗病原物侵染的能力称为抗病性（disease resistance）。在作物病害中，80％以上病害是由真菌侵染引起的。

一、病原物对植物的伤害

（1）水分平衡失调。受病原物侵染的植物首先表现为水分平衡失调，出现萎蔫、猝倒等症状。水分平衡失调的原因主要有：①病原物破坏根系，吸水能力降低；②病原菌破坏原生质结构，细胞透性加大，物质渗漏增加，蒸腾失水加快；③病原菌侵染后，寄主产生大量树胶、黏液类物质，使木质部堵塞，水流阻力增大。

（2）呼吸速率明显升高。染病植株的呼吸作用加强，往往比健康植株高 10 倍。这是因为病原微生物本身具有强烈的呼吸作用，但主要原因如下。①寄主呼吸速率加快。因为病原菌侵染后，植物细胞的正常结构受到破坏，酶与底物直接接触，呼吸酶活性增强。②染病部位附近的糖类都集中到染病部位，呼吸底物增多，呼吸加强。③由于病害引起的强烈呼吸，氧化磷酸化解偶联，大部分能量以热能释放出来，所以染病组织的温度升高，反过来又促进呼吸。④植物感病后，呼吸途径转向戊糖磷酸途径（PPP），感病后组织的多酚氧化酶活性明显增强，有利于植物抗病。

（3）光合作用下降。染病植株光合作用降低，原因可能是叶绿体结构受到破坏，叶绿素含量减少；叶绿体还原酶活性下降，CO_2 同化速率降低。例如，烟草花叶病毒（TMV）感染烟草 2d 后，希尔反应活性和光合磷酸化作用降低 40％，气孔阻力增大，对 CO_2 吸收受阻。

（4）激素发生变化。植物染病后的某些病害症状，如形成肿瘤、偏上生长、生长速率猛增等都与植物激素的变化有关。组织在染病过程中某些激素会明显升高，其中以 IAA 最为突出。实验证明，锈病能提高小麦 IAA 含量，而小麦的抗锈特性与组织中较高的 IAA 氧化酶活性有关。水稻的"恶苗病"就是一种称为赤霉菌的病原菌分泌赤霉素所致。

（5）同化物正常运输受阻。植物染病后，碳同化物较多地运向染病部位，这与染病部位组织呼吸升高直接有关。水稻、小麦的功能叶染病后，严重妨碍光合产物的输出，造成籽粒不充实，产量下降。

二、植物抗病机制

从植物生理学的观点来看，植物的抗病性是植物在形态结构和生理生化代谢等方面综合时间和空间上表现的结果，它是建立在一系列物质代谢基础上，通过有关抗病基因表达和抗病调控物质产生来实现的。这种抗病的形态结构、生理基础主要表现在以下 4

个方面。

（一）植物形态结构屏障

有些植物在组织表面有蜡被、叶毛，可以阻止病原菌到达角质层，减少侵染。有些植物如三叶橡胶老叶具有坚厚的角质层保护，能抵抗白粉病菌的侵染。

（二）氧化酶活性增强

当植物体被侵染时，该部分组织的氧化酶活性增强，以抵抗病原物。凡是叶片呼吸旺盛、氧化酶活性高的马铃薯品种，对晚疫病的抗性较大；凡是过氧化物酶、抗坏血酸氧化酶活性高的甘蓝品种，对真菌病害的抵抗力也较强。这就是说，植物呼吸作用与抗病能力呈正相关。呼吸加强能减轻病害的原因如下。①分解毒素。病原菌侵入植物体后，会产生毒素（如黄萎病产生多酚类物质，枯萎病产生镰孢菌酸），把细胞毒死。旺盛的呼吸作用就能把这些毒素氧化分解为 CO_2 和水，或转化为无毒物质。②呼吸有促进伤口附近形成木栓层的作用，伤口愈合快，可把健康组织和受害组织隔开，不让伤口扩大，防止病菌侵染。③抑制病原菌水解酶活性。病原菌靠本身水解酶的作用，把寄主的有机物分解，供它本身生活需要。寄主呼吸旺盛，能抑制病原菌的水解酶活性，病原菌得不到充分养料，病情扩展受到限制。

（三）组织局部坏死

有些病原菌只能寄生在活的细胞里，在死细胞中不能生存。抗病品种细胞与这类病原菌接触后，会形成广谱的过敏响应（hypersensitive response，HR），组织坏死，使病原体得不到合适的环境而死亡，这种死亡属程序性死亡（apoptosis），这是限制病原物扩展、蔓延的一种自卫反应。除此之外，在过敏响应之前，在受侵染细胞附近，时常产生活性氧，能启动一些有机分子自由基链反应，导致脂质过氧化作用、酶钝化和核酸降解。因此，活性氧作为过敏反应的一部分可使细胞死亡或直接杀死病原体。

（四）抑制物质产生

植物体内产生一些对病原物有抑制作用的物质，使植物有一定的抗病性。植物对病原物有防御反应的物质很多，主要有下列几种类型。

（1）植保素。植保素（phytoalexins，也称植物抗毒素或植物防御素）是植物受侵染后产生的一类低相对分子质量的抗病微生物的化合物。植保素能抑制微生物的生长，当病原菌入侵形成侵入点后，植保素局限在受侵染细胞周围积累，形成坏死斑，起屏障隔离作用，限制病菌进一步侵染，其产生的速率和积累的数量与植物抗病程度有关。至今已在 17 科植物中发现了 300 多种植保素，其中包括酚类植保素（绿原酸、香豆素等）、异类黄酮植保素（豌豆素、菜豆抗毒灵、大豆抗毒素等）和萜类植保素（甘薯酮、辣椒素）等。

（2）木质素。寄主细胞壁在感染病原菌后的木质化作用（lignification）是植物的一种抗病反应，胞壁木质化形成了对病原体进一步侵染的保护圈，使真菌等不能透过，并增强抗病原菌的酶溶解作用，同时也限制了水和营养物由寄主向病原菌的扩散，限制了病原菌的生长和增殖。在病原体感染后，植物细胞壁除木质化外，一种富含羟脯氨酸的糖蛋白（hydroxy proline richglycoprotein，HRGP，又称为"伸展素"，extensin）以及胼胝质累积，也有防止病原体生长的作用。

（3）抗病蛋白。当病原菌侵染植物时，植物体能生成一些抗病蛋白质和酶，以抵御病原体的伤害。

病程相关蛋白（pathogenesis related protein，PRP，也称病原相关蛋白）是植物受病原菌侵染后合成的与抗病有关的一种或多种新的蛋白质。PRP相对分子质量较小，一般不超过 $4.0×10^4$。PRP起源于寄主植物，种类很多，烟草中有33种、黄瓜中有8种，目前已在20多种植物中发现PRP。PRP在植物体内的积累与植物的局部诱导抗性（如过敏性响应）和系统抗性之间密切相关。

几丁质酶（chitinase）能水解许多病原菌细胞壁的几丁质，起到防卫作用。例如，黄瓜叶片感染烟草坏死病毒后局部的几丁质酶活性可增加600倍。人们已试图用基因工程方法提高几丁质酶水平来增强植株抗病性。

β-1,3-葡聚糖酶（β-1,3-glucanase）既能分解病原菌细胞壁的1,3-葡聚糖而直接破坏病原菌细胞，又能分解产生的低聚糖又可以诱导其他防卫反应酶系统（如PAL等）。寄主植物受病原菌感染时，β-1,3-葡聚糖酶常与几丁质酶一起诱导形成，协同抗病。

苯丙氨酸解氨酶（PAL）、肉桂酸-4-羟化酶（CA4H）和4-香豆酸-CoA联结酶（4CL）是苯丙烷代谢途径的关键酶，异类黄酮植保素、木质素以及多种次生酚类抗病物质都是通过苯丙烷代谢途径合成的。因此，这3个酶特别是PAL的活性与植物的抗病反应直接相关。

植物凝集素（lectin）是一类能与多糖结合或使细胞凝集的蛋白质，多数为糖蛋白。大豆、花生、小麦的凝集素能抑制多种病原菌的菌丝生长和孢子萌发；水稻胚中的凝集素能使稻瘟病的孢子凝集成团，甚至破裂。

（4）酚类化合物。健康植株体内含有大量的酚类化合物，如绿原酸、单宁酸、儿茶酚和原儿茶酚等，这些酚类物质对病原菌具一定的毒性。植株感病或受伤后，在多酚氧化酶和过氧化酶的催化下氧化成毒性更强的醌类物质。这些醌类物质对病原菌的磷酸化酶、纤维素酶等的活性有明显的抑制作用。

此外，一些植物体内还存在有机硫化合物。例如，葱属、十字花科植物体内的硫醚（蒜氨酸）、甘蓝科植物体内的异硫氰酸（芥子油）、皂素及氢氰酸等内源抗菌物质，它们对病原菌均有明显的抑制作用和溶菌作用。

三、植物抗病性的诱导及信号转导

植物对病原物的抗性可以通过诱导产生或增强。利用生物、物理、化学因子处理植物，改变植物对病害的反应，产生局部或系统的抗性，称为诱导抗病性（disease induced resistance）。能够诱导植物产生抗病性的因子，称为激发子（elicitor）。生物因子中有植物的各种病原物（如真菌、细菌、病毒等）、非致病生理小种等；非生物因子有病原菌的代谢产物、乙烯、水杨酸、低聚糖等。在激发子作用下，抗病基因被激活表达，有关抗病物质及酶系快速形成和大量积累，使植物抗性增强。

分离出 20 多种植物抵抗真菌、细菌和线虫的基因，称为 R 基因（R gene）。这些 R 基因大部分编码蛋白受体。当病原体激发子被 R 基因识别以后几分钟，复杂的信号途径就开启，引起信号传递串联，最后导致防御反应。这个串联使质膜透性迅速变化，R 基因刺激 Ca^{2+} 和 H^+ 流入细胞，K^+ 和 Cl^- 流出细胞。Ca^{2+} 流入细胞就会使激活氧化暴发，直接作用于防御和其他反应的信号，激活病原体信号转导途径的其他组分包括 NO、促分裂原活化蛋白（MAP）激酶、钙依赖蛋白激酶、茉莉酸和水杨酸等。

此外，人们还发现在局部过敏反应处植物还产生一类信号分子，顺着韧皮部传递到整株，并使植物对更多种的病原微生物产生颉颃作用，即所谓系统获得性抗性（systemic acquired resistance，SAR）。原始侵染几天后，SAR 就会发展，增加某些防御化合物水平，如几丁质酶及其他水解酶。作为 SAR 的内在信号的水杨酸，原始侵染后不久，在侵染处就增多，也在其他部分建立起 SAR。水杨酸甲酯和甲基水杨酸都是挥发性 SAR 物质，可诱导植株抗病性（图 9-17）。

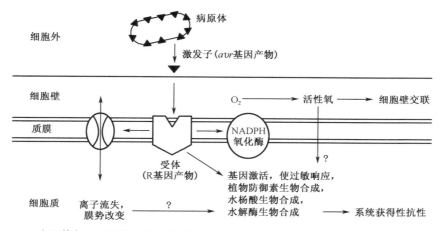

图 9-17　病原体侵入后植物防御感染的各种方式（引自 Pichersky and Gershenzon，2002）
病原体分子片段（激发子）引起复杂的信号途径，使得防御反应活化某些细菌蛋白激发子直接注入细胞，直接与 R 基因产物相互作用

四、提高植物抗病性的途径

①利用病原菌素降解酶基因的抗毒素基因工程，培育抗病品种，是抗病性改良的有效途径；②合理施肥，增施磷、钾肥；③开沟排渍，降低地下水位；④保证田间通风透气，降低温度；⑤施用生长调节剂（水杨酸、乙烯利等），诱导抗病基因表达。

第九节　植物抗虫生理与抗虫性

一、抗虫性的概念

虫害会造成农作物产量及品质的巨大损失，然而不同的植物种类，同一作物的不同品种对害虫的侵害具有不同的反应能力和适应方式。植物采用不同的机制避免、阻碍或限制昆虫的侵害，或者通过快速再生来忍耐虫害的能力，称为植物的抗虫性（pest resistance）。植物的抗虫性一般可划分为生态抗性和遗传抗性两大类。

所谓生态抗性（ecological resistance）是指由于环境条件（特别是非生物因素）变化的影响，制约害虫的侵害而表现的抗性。不少害虫有严格的危害物候期，作物的早播或迟播可以回避害虫的危害。

所谓遗传抗性（inheritance resistance）是指植物可通过遗传方式将拒虫性、抗虫性、耐虫性传给子代的能力。拒虫性是植物依靠形态解剖结构的特点或生理生化作用，使害虫不降落、不能产卵和取食的特性。耐虫性是由于植物具有迅速再生能力，可以经受害虫危害的特性。抗虫性是由于植物体内有毒的代谢产物，可以抑制害虫的生存、发育及繁殖，直至中毒死亡的特性。

二、植物抗虫的机制

（1）拒虫性的形态解剖结构和特性。主要是通过物理方式干扰害虫的运动机制，包括干扰昆虫对寄主的选择、取食、消化、交配及产卵。例如，棉花叶、蕾、铃上的花外蜜腺含有促进昆虫产卵的物质，无花外蜜腺的棉花品种至少减少昆虫 40％ 的产卵量，因而是一个重要的抗虫性状。又如，植物体内的番茄碱、茄碱等生物碱均对幼虫取食起抗拒、阻止作用，直至昆虫饥饿死亡。

（2）抗虫性的生理生化特性。有些昆虫具有偏嗜食物营养的弱点，当植物体内缺乏该营养物质时，就可成为抗虫特性之一。更多的抗虫性表现为植物腺体毛分泌物、次生代谢物对昆虫有毒，昆虫食用后，引起慢性中毒，直至死亡。如许多新转 Bt 基因抗虫棉，中棉 21、华棉 101 高含棉酚和单宁及杀虫结晶蛋白，可抗红铃虫、棉铃虫和棉蚜。

植物的抗虫性不是绝对的，经常受到气候条件和栽培条件的影响，光照弱、温度过高或过低都会使植物抗虫性明显降低，甚至会丧失抗生。例如，在光照减弱的情况下，茎秆硬度降低，小麦抗虫性会显著下降。栽培过密，通风透气差也会导致植物抗虫性下降，害虫就会大量发生，稻飞虱就是如此。

三、提高植物抗虫性的途径

①采用生物技术培育抗虫品种，如转 Bt 基因的抗虫棉、转 Bt 基因玉米、抗螟稻等，将成为提高作物抗虫性的重要手段。②栽培密度适当，控制氮肥使用，保证田间作物通风透光，健壮成长，可有效提高作物抗虫性。缺钾、缺钙都会降低植物的抗虫性。因此，合理施肥是提高植物抗虫性的重要措施。③根据某些害虫的危害物候期，可通过适当早播或迟播来提高植物的生态抗虫性。

第十节　植物环境污染伤害生理与抗性

现代交通工具和厂矿居民所排放的废气、废渣和废水，再加上现代农业大量应用化学农药所残留有害物质，远远超过了环境的自然净化能力，造成环境污染（environmental pollution)。环境污染不仅直接危害人们的健康和安全，也对动植物的生长发育造成损害，严重时可以造成动植物死亡，甚至破坏整个生态系统。就污染因素而言，可分为大气污染、水体污染和土壤污染。其中，以大气污染与水体污染对植物的影响最大，且易转化为土壤污染。

一、大气污染对植物的伤害

大气污染主要是燃料燃烧时排放的废气、工业生产中排放的粉尘和废气及汽车尾气等。大气污染物种类很多，主要包括硫化物、氧化物、氯化物、氮氧化物、粉尘和带有金属元素的气体。

大气污染（air contamination）危害植物的程度不仅与植物的类型、发育阶段及其他环境条件有关，也与有害气体的种类、浓度和持续时间有关。污染物进入细胞后如果累积浓度超过植物敏感阈值即产生危害，危害方式可分为急性、慢性和隐性危害。

（1）急性危害。较高浓度有害气体在短时间内对植物造成的伤害。叶组织受害时最初呈灰绿色，然后质膜与细胞壁解体，细胞内含物进入细胞间隙，叶片转变为暗绿色油浸或水渍斑，质地变软继而枯萎脱落，严重时全株死亡。

（2）慢性伤害。低浓度污染物在长时期内对植物形成的危害。叶绿素合成逐步被破坏，使叶片失绿，叶片变小，生长受抑制。

（3）隐性危害。更低浓度的污染物在长时期内对植物生长发育的影响。植物外部形态无明显症状，只造成生理障碍，代谢异常，作物产量及品质下降。

以下介绍几种主要污染物对植物的伤害。

1. SO_2 对植物的危害

SO_2 是我国目前最主要的大气污染物，排放量大，危害严重。如果空气中 SO_2 浓度大，并遇上雾等天气就形成酸雨，酸雨对植物和土壤的危害更大。

SO_2 主要来源于炼油厂、冶炼厂、热电站、化肥厂、硫酸厂。不同植物对 SO_2 的敏感性不同。总的来说，草本植物的敏感性大于木本植物，木本植物中针叶树比阔叶树敏感，阔叶树中落叶树比常绿树抗性弱，C_3 植物比 C_4 植物抗性弱。一般 $0.05\sim10$ mg/L 的 SO_2 浓度就可能危害植物。最敏感的植物有悬铃木、梅花、马尾松、棉花、大豆、小麦和辣椒等。其伤害症状为：针叶树先从叶尖黄化；阔叶树则先从脉间失绿，后转为棕色，坏死斑点逐步扩大，最后全叶变白脱落；单子叶植物由叶尖沿中脉两侧产生褪色条纹，逐渐扩展到全叶枯萎。SO_2 伤害的典型特征是受害的伤斑与健康组织的界线十分明显。

SO_2 危害植物的机制：①SO_2 是一种酸性气体，进入植物组织后可变成 H_2SO_3，使叶绿素变成去镁叶绿素而丧失功能，而且 H_2SO_3 与光合初产物或有机酸代谢产物（醛）反应生成羟基磺酸，抑制气孔开放、CO_2 固定和光合磷酸化，干扰有机酸和氮代谢；②SO_2 破坏生物膜的选择透性，使 K^+ 外渗，既破坏细胞内离子平衡，又使气孔调节开闭的灵敏度下降；③SO_2 破坏蛋白质的二硫键，使原生质、膜蛋白及酶活性受到影响；④SO_2 通过诱导产生氧自由基，对植物产生危害。

2. 光化学烟雾对植物的危害

石油化工企业和汽车尾气是一种以 NO 和烯烃类为主的混合气体。这些物质升到高空，在阳光（紫外线）作用下发生各种化学反应，形成 O_3、NO_2、醛类（RCHO）和硝酸过氧化乙酰（peroxyacetyl nitrate，PAN）等有害气体物质，再与大气中的硫酸液滴、硝酸液滴接触成为浅蓝色的烟雾。由于这种具污染作用的烟雾是通过光化学作用形成的，因此称为光化学烟雾（photochemical smog）。

臭氧（ozone，O_3）是光化学烟雾中的主要成分，所占比例最大，氧化功能极强。当大气中 O_3 质量浓度为 0.1mg/L，且延续 2～3h 时，烟草、玉米、番茄、大豆、苜蓿和白杨等敏感植物就会出现受害症状。植物受 O_3 伤害的症状一般出现在成熟叶片，嫩叶不易出现症状。植物受害初期叶面上出现红棕、紫红、褐色或灰色伤斑，随着受害程度的加剧，斑点由稀疏变为密集，并表成不规则的大型坏死斑；叶片弯曲，叶尖干枯，全叶脱落。

O_3 是强氧化剂，多方面危害植物的生理活动。①破坏质膜。O_3 能氧化膜中蛋白质和不饱和脂肪酸而使膜结构破坏，导致细胞内含物外渗。②破坏细胞正常氧化还原过程。O_3 能把—SH 氧化成—S—S—键，破坏以—SH 为活性基团的酶类（如多种脱氢酶），影响细胞内的各种代谢过程。③抑制光合作用。O_3 既阻碍叶绿素的合成，又破坏叶绿素的结构，使光合速率下降。④改变呼吸途径。O_3 抑制糖酵解，促进戊糖磷酸途径，有利于酚类化合物的形成（通过莽草酸途径），而酚类化合物易被氧化成棕红色物质醌类，因此 O_3 的伤害症状呈棕色、红色或褐色。

3. 氟化物对植物的危害

氟化物包括氟化氢（HF）、四氟化硅（SiF_4）和氟气（F_2）等。大气中氟化物的主要污染来源是使用冰晶石（$3NaF \cdot AlF_3$）、含氟磷矿[$Ca_3(PO_4)_2 \cdot CaF_2$]和萤石（CaF_2）等作为生产原料的工厂，如炼铝厂、磷肥厂、钢铁厂和玻璃厂等。在造成大气污染的氟化物中，排放量最大、毒性最强的是 HF，当其质量浓度为 $1～5\mu g/L$ 时，较长时间的接触即可使植物受害。就对光合作用的抑制作用而言，HF 的危害最大，Cl_2、O_3 和 SO_2 次之，NO_2 和 NO 危害较轻。

气态或尘态氟化物主要从气孔进入植物体内，但并不损伤气孔附近的细胞，而是顺着输导组织运至叶片和边缘和尖端，并逐渐积累。叶片受氟化物伤害的典型症状是：叶尖与叶缘出现红棕色或黄褐色的坏死斑，并在坏死斑与健康部分之间存在着一条暗色的狭带，未成熟叶片易受损害，枝梢常枯死。不同植物对氟坏物的敏感性有很大差异，其中以唐菖蒲、葡萄、芒果、梅、玉米和烟草最为敏感。氟化物危害植物的机制是：①取代酶蛋白中的金属元素，使酶失活；②氟是烯醇化酶、琥珀酸脱氢酶、磷酸酯酶的抑制剂，因此它能破坏许多酶促反应；③氟能阻碍叶绿素合成，破坏叶片的结构。

4. 氯气对植物的伤害

化工厂、农药厂、冶炼厂在偶然情况下会逸出大量 Cl_2。在同样浓度下，Cl_2 对植物的伤害程度比 SO_2 大 3～5 倍。Cl_2 进入叶片后很快使叶绿素破坏，形成褐色伤斑，严重时全叶漂白、枯卷，甚至脱落。

植物叶片具有吸收部分 Cl_2 的能力，但这种能力因植物种类而异。例如，女贞、美人蕉、大叶黄杨等吸收 Cl_2 能力强，Cl_2 含量达到叶片干重 0.8% 以上时仍未出现受害症状；而龙柏、海桐等吸收 Cl_2 能力差，叶中 Cl_2 占干重 0.2% 左右时即产生严重伤害。不同植物对 Cl_2 的相对敏感性不同，其中以白菜、菠菜、番茄、大麦和水杉等最为敏感。

二、水体污染对植物的伤害

随着工农业生产的发展和城镇人口的密集，含有各种污染物质的工业废水和生产污水大量排入水体，再加上大气污染物质、矿山残渣、残留化肥农药等被雨水淋浴，以致各种水体受到不同程度的污染，超过了水的自净能力，水质显著变劣，即为水体污染（water contamination）。

目前，我国水体污染十分严重。据调查，全国 27 条河流中有 15 条被严重污染。水体污染不仅危害人类的健康，而且危害水生生物资源，影响植物的生长发育。一般来讲，环境污染中的"五毒"是指酚、氰、汞（Hg）、铬（Cr）、砷（As）。它们对植物危害的质量浓度分别是：酚为 50mg/L、氰为 50mg/L、汞为 0.4mg/L、铬为 5～20mg/L、砷为 4 mg/L。

1. 酚类化合物对植物的危害

酚类化合物包括一元酚、二元酚和多元酚，来自石化、炼焦、煤气等废水。酚类也是土壤腐殖质的重要组分。用经过处理的、含酚量为 0.5～30mg/L 的工业废水灌溉水稻，不但无害反而促进生长；当污水中的含酚量达到 50～100mg/L 时生长受到抑制，植株矮小，叶色变黄；当含酚量高达 250mg/L 以上时生长受到严重抑制，基部叶片呈橘黄色，叶片失水，叶缘内卷，主脉两侧有时出现褐色条斑，根系呈褐色，逐渐腐烂死亡。蔬菜对酚类化合物的反应极为敏感，当污水中含酚量起过 50mg/L 时，生长明显受到抑制。

2. 氰化物对植物的危害

污水中的氰化物一般可分为两类：①有机氰化物，包括脂键氰和苦族氰；②无机氰化物，包括简单氰和较复杂的复盐或络合物，氰的络合物在一定条件下可分解出毒性很强的氢氰酸（HCN）。氰化物对植物的最大危害是抑制呼吸作用。氰化物对植物生长的影响与其浓度密切相关。例如，用污水灌溉水稻，氰化物含量为 1mg/L 时对生长有刺激作用；含量为 20mg/L 以下对水稻、油菜的生长无明显的危害；当达 50mg/L 时对水稻、油菜和小麦等多种作物的生长与产量都产生不良影响；如果浓度更高将引起急性伤害，根系发育受阻，根短且数量少。由于氰化物可被土壤吸附和微生物分解，所以水培时氰化物致害浓度大大低于污水灌溉的伤害浓度，如水培时，10～15mg/L 氰化物即会引起植株伤害。

三氯乙醛又叫水合氯醛，农药厂、制药厂及化工厂的废水中常含三氯乙醛。用这种污水灌田，常使作物发生急性中毒，造成严重减产。单子叶植物易受三氯乙醛的危害。在小麦种子萌发时期，它可以使小麦第一心叶的外侧形成一层坚固的叶鞘，阻止心叶吐出和扩展，以致不能顶土出苗。苗期受害则出现畸形苗，植株矮化，茎基部膨大，分蘖丛生，叶片卷曲老化，逐渐干枯死亡。三氯乙醛浓度越高，作物受害越重。

3. 重金属对植物的危害

工业污染水中常含 Hg、Cr、As、Cd、Pb 等重金属离子，即使浓度很低也会使植物受害，如污水中 Cr 含量达 1mg/L 即影响小麦的生长。若用 As 含量为 2mg/L 的溶液培养水稻，其生长受抑制；含量为 4mg/L 时，水稻分蘖减少，根黑褐色；当含量达到 20mg/L 时，水稻叶片萎蔫，根系变黑，全株枯死。Hg 可使光合下降，叶子黄化，分蘖减少，根系发育不良，植株矮小。As 可使叶片变为绿褐色，叶柄基部出现褐色斑点，根系变黑，植株枯萎。研究表明，重金属致伤的机制可能与蛋白质变性有关：①能置换某些酶蛋白中的 Fe、Mn 等辅基，抑制酶活性，干扰正常代谢；②能与膜蛋白结合，破坏膜的选择透性；③重金属离子浓度过高会破坏蛋白质结构，使原生质变性。

不同植物对重金属敏感性差别很大。某些植物能够富集重金属离子而不受危害，如蜈蚣草对 As 具有富集作用，其体内 As 含量可能达到环境中的上百倍。利用这些植物可以治理重金属离子污染。

三、土壤污染

土壤污染（soil contamination）是指土壤中积累的有毒、有害物质超出了土壤的自净能力，使土壤的理化性状改变，土壤微生物的活动受到抑制和破坏，进而危害了作物生长和人畜的健康。土壤污染主要来自大气污染和水体污染，因此，凡是有大气污染和水体污染的地区，必然产生土壤污染。此外，施用残留较高的化肥、农药也是土壤污染的一个原因。

土壤污染对植物的危害如下。①改变土壤的理化性状。土壤污染引起土壤 pH 的变化，破坏土壤结构，从而影响土壤生物的活动和植物的生长发育。例如，水泥厂附近的农田，土壤的碱度较高；冶炼厂附近的农田，由于 SO_2 形成酸雨后落入地面而提高了土壤的酸度。②土壤中的重金属是具有潜在危害的污染物，它不能被微生物所分解，可以富集于植物体内，并且可以将某些重金属转化为毒性更强的金属有机物。例如，Hg、Pb、As、Cu 等在土壤中残留期长，一定范围内对植物本身无大的危害，但可被植物吸收并逐渐积累，人畜食用后也会在体内积累而使蛋白质变性，引起慢性中毒。

四、提高植物抗污染能力的措施

（1）培育抗污染能力强的新品种。采用组织培养、基因工程等生物技术筛选抗污染突变体，培育抗污染新品种。

（2）抗性锻炼。用较低浓度的污染物来处理种子或幼苗，其抗性能得到一定程度的提高。

（3）改善土壤营养条件。改善土壤条件，创造适宜植株生长的 pH 范围，提高植株代谢强度，有利于增加其对污染的抵抗力。例如，当土壤 pH 过低时，施入石灰可以中和酸性，改变植物吸收阳离子的成分，增强植物对酸性气体的抗性。

五、植物与环境保护

植物在环境保护中具有多方面的作用，可以固土保水，防治风沙，调节温度、湿度，绿化环境，还可以净化环境和监测环境污染情况。

1. 利用植物净化环境

植物除了通过光合作用保证大气中 O_2 和 CO_2 的相对平衡外，对各种污染物也有吸收、积累和代谢作用，从而净化环境。

植物可以吸收环境中的污染物，如地衣、垂柳、山楂等吸收 SO_2 的能力强，积累较多的硫化物；垂柳、拐枣、油茶等能大量吸收氟化物，体内含氟量很高，但仍然能正常生长。除有毒气体外，粉尘也是大气污染的主要污染物之一，植物叶面有皱褶或分泌油脂，可吸附或黏着粉尘。水生植物中的水葫芦、浮萍、金鱼藻、黑藻等能吸收水体污染中的酚、氰、汞、镉、铅和砷等物质。但对已积累金属污染物的植物，一定要科学处理，不能用作药物、禽畜饲料和田间绿肥，以免引起污染物转移，影响人、畜健康。

植物可以分解污染物，有的分解成营养物质，有的形成络合物，从而降低了毒性。例如，酚进入植物体后，大部分参加糖代谢，和糖结合形成酚糖苷，对植物无毒，贮存于细胞内；另一部分被分解成 CO_2 和水或其他无毒化合物。氰化物在植物体内能被分解转变成如天冬氨酸和天冬酰胺等营养物质，参与正常的氮素代谢。

2. 利用植物监测环境污染

监测环境污染是环境保护工作的一个重要环节。除了应用化学分析或仪器分析进行测定外，植物监测也是一个重要方面。植物监测简便易行，便于推广。一般选用对某污染物高度敏感的植物作为指示植物。当环境污染物稍有积累时，植物就呈现出明显的症状。常用的指示植物见表 9-2。

表 9-2 几种常用的有毒污染物的指示植物

污染物	指示植物
SO_2	紫花苜蓿、棉花、核桃、大麦、芝麻、落叶松、雪松、马尾松、枫柏、杜仲和地衣
HF	唐菖蒲、玉米、郁金香、桃、雪松、落叶杜鹃、杏和李
O_2	烟草、苜蓿、大麦、菜豆、花生、白杨、三裂悬钩子和矮牵牛
PAN	牵牛、菜豆、苜蓿、莴苣、芹菜和大理花
NO_2	番茄、大豆、莴苣、向日葵和杜鹃
Cl_2，HCl	萝卜、复叶槭、落叶松、油松、菠萝、萝卜和桃
Hg	女贞、柳树
As	水葫芦

第十一节　太阳紫外线-B 辐射对陆生高等植物的影响

一、太阳紫外线的波谱和特征

太阳辐射为地球生物圈中的绿色植物提供了唯一能量来源，它包括从短波射线（10^{-5}nm）到长波无线电频率（10^5nm）的所有电磁波谱，其中大约 98% 的辐射在

300～3000nm 的波段内。紫外线（ultraviolet，UV）辐射是比蓝光波长还短的电磁波谱，位于 100～400nm 之间，约占太阳总辐射的 9％。依据在地球大气层中的传导性质和对生物的作用效果，通常将 UV 辐射分为 UV-A（315～400nm）、UV-B（280～315nm）和 UV-C（100～280nm）三部分。UV-A 波段的单个光子所具有的能量较低，不足以引起光化学反应，也不能同臭氧（O_3）分子反应。UV-B 辐射（ultraviolet-B radiation）为 280～315nm 波段内的一部分太阳 UV 辐射，UV-B 光量子的能量足以能打断 O_3 分子中氧原子间的化学键，因此能被 O_3 分子有效的吸收，减弱到达地球表面的 UV-B 辐射强度。对 UV-C 而言，即使在非常少的 O_3 条件下，也能极有效地被大气层中的分子氧（O_2）和 O_3 分子吸收。因此，在全球变化中，平流层臭氧（stratospheric ozone）的任何耗损将意味着降低对太阳 UV-B 辐射的吸收，从而导致到达地球表面的 UV-B 辐射明显增强。

UV 辐射（主要为 UV-A 和 UV-B）对人类健康的影响有积极的方面，这主要是由于它促进了内啡肽（nature endorphins）的产生，刺激了维生素 D 的合成。然而，它对人类健康的有害影响远远超过了有益的方面，最明显的效应是引起灼伤，即红斑（erythema），严重时可增加皮肤癌的发生概率并伤害眼睛的角膜和晶状体，引发白内障。不幸的是，所有这些症状可能会潜伏多年，所以往往被人们所忽略。

全球变化中近地表太阳 UV-B 辐射的增强，直接起因于大气层上部平流层中臭氧层（ozone layer）的耗损。平流层 O_3 主要集聚在地表上方大约 2550km 的高空，形成臭氧层。O_3 分子能有效地吸收来自外层空间的具有潜在危害的 UV 辐射（表 9-3），因此，臭氧层被认为是地球上生物尤其是陆地生物的保护层，它为地球上植物的进化提供了外部 UV 屏障（external UV screen）。

表 9-3　平流层臭氧分子的形成和分解过程

平流层中臭氧分子吸收紫外线辐射形成氧分子	$O_3 + UV$（200～300nm）$\Rightarrow O_2 + O$
	$O + O_3 \Rightarrow O_2 + O_2$
平流层上层氧分子吸收紫外线辐射形成臭氧分子	$O_2 + UV$（180～240nm）$\Rightarrow O + O$
	$O + O_2 \Rightarrow O_3$

英国科学家 Farman 等（1985）首次观测到南极上空的 O_3 空洞，后来从卫星提供的总臭氧图谱（TOMS）和其他一些仪器的测定资料得到证实。不仅南极上空存在着 O_3 的降低，在全球范围，平流层 O_3 也存在着降低的趋势。据估计，即使蒙特利尔协议在全球范围内得到严格执行，臭氧层耗损和近地表面 VU-B 辐射增强所造成的影响仍然会持续将近 50 年（Madronich et al.，1995）。

植物，尤其是陆生高等植物，是地球生物圈的一个重要组成部分。自然界即使不存在平流层 O_3 的耗损，一些 UV-B 辐射也能够达到地表，特别地赤道附近和正午时（sun noon）。植物需要阳光进行光合作用，不得不承受相伴的 UV-B 辐射的伤害。太阳 UV-B 辐射首先被认为是一种环境胁迫因子，研究的焦点集中在 UV-B 辐射对细胞核 DNA、质膜、生理过程、生长、产量和初级生产力的影响等方面（Caldwell et al.，1989）。

二、UV-B 辐射对植物光合作用的影响和光抑制

应用植物叶绿体、细胞悬浮液及完整叶片等进行的一系列研究表明，UV-B 辐射能抑制光合机构的伤害表现在多方面，如影响 PSⅡ 电子传递、干扰类囊体膜的功能、影响叶片气孔行为等。

植物叶片吸收 UV-B 波段的光量子后能够在许多方面扰乱光合作用过程，一般分为直接作用和间接作用两种形式。UV-B 辐射可以直接影响光合机构来扰乱光合作用过程。另外，通过光合色素的光降解、气孔功能或发育的改变，或者通过改变叶解剖结构和树体形态而改变叶中光合有效辐射（PAR；$400\sim700$nm）的传播方式等，都可能间接地调节 UV-B 辐射对植物的影响。

（一）直接影响

UV-B 辐射对光合作用的直接影响涉及光反应和暗反应两个阶段，主要包括叶绿体微结构的伤害、光合色素间激发转移的改变和 Calvin 循环酶活性的降低等。

UV-B 辐射能够改变光合机构类囊体膜上光系统Ⅰ（PSⅠ）和光系统Ⅱ（PSⅡ）反应中心的完整性，其中 PSⅡ 反应中心最敏感，一般认为 PSⅡ 反应中心是 UV-B 辐射引起光合限制的一个部位。PSⅡ 反应中心的光失活（photoinactivation）通常也称光抑制率下降的现象。光失活有两种独立机制：PSⅡ 反应中心供体侧光抑制和受体侧光抑制，它们都能引起电子传递的受阻并可能导致 D1 蛋白的降解。受体侧光抑制发生在高光强条件下，此时质体醌库完全处于还原态。光抑制发生时激发的 P680 引起电荷对的重组，形成三联体状态（^{3}P680），^{3}P680 与 O_2 反应后形成单线态氧（$^1O_2$），$^1O_2$ 对蛋白质和光合色素具有潜在的伤害作用，参与 D1 蛋白反应，并引起 D1 蛋白的降解。PSⅡ 供体侧光抑制发生在水氧化受阻和高活性 $P680^+$ 和 Tyr_z^+ 形成时，此时供体侧发生强氧化势的积累。$P680^+$ 能氧化与之相邻的辅助叶绿素和 β-胡萝卜素，也可能引起 D1 蛋白降解。

尽管增强 UV-B 辐射能够引起 PSⅡ 反应中心的光失活，但进一步分析一系列光合作用参数的变化历程表明，光抑制仅发生在 CO_2 同化受阻以后（Baker et al.，1997），似乎 PSⅡ 反应中心的光抑制并不是 UV-B 辐射影响植物叶片光合作用的主要因素。最新的研究认为，增强 UV-B 辐射时，Rubisco 的最大 RuBP 羧化速率（$V_{c,max}$）和最大非循环电子传递速率（J_{max}）的同时降低，可能源于一系列关键性叶绿体酶的破坏。Rubisco 活性或含量的降低会引起羧化效率的降低并将导致 $V_{c,max}$ 的降低；同时，其他 Calvin 循环酶活性的降低也将引起 RuBP 再生速率的降低并导致 J_{max} 的降低（Baker et al.，1997）。C_4 植物中，PEP 羧化能力在非常高的 UV-B 辐射强度下也有降低趋势（Vu et al.，1982）。

增强 UV-B 辐射引起 Rubisco 活性降低的同时，伴随着 Rubisco 大、小亚基（rbcS 和 rbcL）mRNA 转录水平的降低，其中 rbcS 的急剧降低能够被强 PAR 改善，说明 UV-B 辐射对 mRNA 转录水平的影响是可逆的。另外，UV-B 辐射对叶绿体 D1 蛋白的编码基因的表达也有影响。

（二）间接影响

Shaema 等（1998）观察到，经过几天的 UV-B 辐射，植物光合速率和气孔导度具有平行降低的趋势。UV-B 辐射也能直接影响气孔的开关速率，从而降低叶片蒸腾速率（Middleton and Teramura，1993），气孔限制的结果可能会导致水分利用效率的提高。

光合色素的光降解（phoyogradation）也能限制光合作用。伴随低 PAR 的强 UV-B 辐射更易导致光合色素的光降解，明显降低植物的叶绿素含量。考虑到叶绿素的效率，UV-B 辐射增强可能降低了叶片的光合能力。

植物光形态构成（photomorphogenesis）对 UV-B 辐射的响应也可以影响植株和冠层水平的光合作用。即使不存在光合速率的降低，叶片面积的减小也能够降低植株水平的光合作用。Ryel 等（1990）发现冠层形态的改变能够影响小麦和野燕麦混合群体的植株光截获，从而影响小麦和野生燕麦混合群体的植株光截获，从而影响这两个种的光竞争关系。相反，Sullivan 和 Termura（1992）发现，火炬松分枝光合作用的下降。植物体形态结构的改变在评价 UV-B 辐射的生态学意义时也很重要。在 UV-B 辐射下不同植物间形态和叶片结构的改变是不同的，这也可能会改变植物种群间对阳光等的竞争平衡。

三、UV-B 辐射信号的感受和转导

如上所述，DNA 和其他生物大分子对 UV-B 辐射具有吸收作用，由于 UV-B 波段光量子的能量足以能引起光化学反应，所以 UV-B 辐射对这些生物大分子具有直接的伤害作用。很明显，这种伤害过程并不需要特殊的光接受体和信号转导（signal transduction）。

然而，并不是所有的 UV-B 辐射的效应都表现为生物大分子的伤害。植物体对 UV-B 辐射有很宽的响应范围，如促进吸收 UV-B 光量子的 UV-B 吸收物质的合成，能保护植物避免 UV-B 辐射的伤害。在此种情况下，可能包括特殊的 UV-B 光接受体（UV-B photoreceptor）和信号转导过程，并引起特殊基因的表达和复制调节。

高等植物感受 UV-B 辐射和原初生理反应的机制，特别是对基因表达的调节过程目前还不完全清楚。Jenkins 等（1997）提出了几种可能的假说：①细胞核 DNA 直接吸收 UV-B 辐射，引起一些信号物质的产生，刺激特殊基因的转录速率；②植物体细胞通过产生活性氧来探测 UV-B 辐射，在这种情况下，UV-B 辐射后观察到的基因转录的增加，很可能是一种氧化胁迫反应而不是对 UV-B 辐射的响应；③通过高等植物中类似其他光接受系统的一种光接受体分子感受 UV-B 辐射，这可能是一种特殊的能吸收 UV-B 辐射的 UV/蓝光光接受体和生色团。可以肯定，上述三种假说并不相互排斥，有可能 UV-B 辐射通过平行的途径来调节基因表达（Bjorn，1997）。光生理学、生物化学和遗传学的研究也进一步表明，植物体内可能存在不同的光接受体类型（Jenkins et al.，1997）。

UV-B 信号的转导和 DNA 复制的偶联。刺激查耳酮合成酶基因（CHS）和其他基因的转录是 UV-B 信号转导的最终结果，CHS、苯丙氨酸解氨酶（PAL）和其他 UV

调节基因已经在几种植物中进行了研究，并且获得了 DNA 序列中涉及 UV-B 控制的基因的启动子资料。用皱叶欧芹（*Petroselinum crospum*）细胞培养和植物体的研究表明（图 9-18），UV-B 和蓝光是调节 CHS 转录的主要光质。UV-B 信号的转导终止于连接在光调节单位（LRU）区域的转录因子的作用，UV-B 能够调节相关转录因子的生物发生（biogensis）和活性。

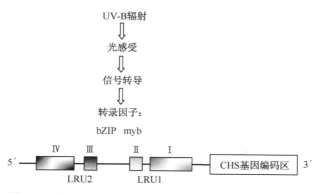

图 9-18　皱叶欧芹 CHS 基因启动段中与 UV-B 诱导相关
的涉及转录因子的 DNA 片段

LRU2 和 LRU1 为两个光调节单位；Ⅰ、Ⅱ、Ⅲ、Ⅳ 分别为
LRU2 和 LRU1 的转录因子

四、植物的保护机制

平流层 O_3 的形成为地球上生物的生存和进化提供了防护 UV 伤害的外界屏蔽；与此同时，在从水体向陆地进化的过程中，植物体本身也发展了多种越来越复杂的内部防护机制（Rozema et al.，1999），从而使得今天高等植物成为陆地植物的主要类群。植物体的各种防护机制有屏蔽作用、修复作用和活性氧清除作用。

（一）屏蔽作用

植物体能够屏蔽 UV-B 辐射引起的伤害，其机制包括产生 UV-B 吸收物质（UV-B absorbing compound）和叶表皮附属物质（如角质层、蜡质层）等。在大多数植物中，叶表面的反射相对较低（小于 10%），因此通过 UV-B 吸收物质的耗散可能是过滤有害 UV-B 辐射的主要途径（Caldwell et al.，1989）。

植物暴露在太阳 UV-B 辐射下，会刺激 UV-B 吸收物质的积累，这些保护物质主要分布在叶表皮层中，能阻止大部分 UV-B 光量子进入叶肉细胞，而对 PAR 波段的光量子没有影响。UV-B 吸收物质的增加可降低植物叶片对 UV-B 辐射的穿透性，减少其进入叶肉组织的量，从而避免对 DNA 等生物大分子的伤害。UV-B 吸收物质属于植物的次生代谢产物，主要包括羟基肉桂酸酯、类黄酮（黄酮醇、黄酮）和相关分子。类黄酮在 270nm 和 345nm 有最大吸收峰，羟基肉桂酸酯在 320nm 左右，因此它们都能有效地吸收 UV-B 辐射。尽管花色素苷的吸收峰位于 530nm 附近，但与肉桂酸酯化后也能提供抵御 UV-B 辐射的保护。

除了许多相关证据外，近期的遗传学研究直接证实了它们的屏蔽作用。采用不能合成 UV-B 吸收物质的突变体（如拟南芥 *tt4* 和 *tt5*）进行的大量研究表明，缺乏 UV-B 吸收物质与对 UV-B 辐射的敏感性密切相关。Stapleton 和 Walbot（1994）用类黄酮和花色素苷缺乏的玉米进行了研究，发现它们也能增加 UV-B 引起的 DNA 伤害。

次生代谢是植物在长期进化过程中对环境适应的结果。植物的次生代谢物质除了吸收 UV-B 辐射外，还具有其他功能：植物和微生物相互作用的信号分子、植物激素的调节、微生物和食草动物的化学防御、维持组织结构的完整性等。

（二）DNA 伤害的修复途径

由于叶表皮层中的 UV-B 吸收物质以及叶表皮层上的其他保护结构并不能 100% 有效地吸收有害的 UV-B 辐射，所以植物体还需要修复系统来维持整组基因的完整性。通常，生物体组织中负责剔除损伤的修复系统包括：光复活（photoreactivation，PHR）、切除修复、重组修复和后复制修复（Britt et al.，1996）。

光复活作用普遍存在于植物体中，通过 DNA 光裂合酶（DNA photolyase）专一性修复损伤的 DNA 分子。此酶具光依赖性，经蓝光或 UV-A（波长为 300～400nm）的激活后，通过光诱导的电子传递直接将嘧啶二聚体修复成它们原来的单碱基。事实上，UV-B 辐射引起的损伤能很快被这种依赖光的酶所修复（Sancar，1994）。许多研究表明，这种光复活作用在低可见光条件下并不有效。因此，早期的生长室或温室实验，由于相伴的 PAR 辐射较低，或 UV-B/PAR 的比率太高，往往过高地估计了植物对 UV-B 辐射的敏感性。切除修复通常认为是暗修复过程，包括核苷酸切除修复（NER）和碱基切除修复（BER）两种。尽管切除修复在高等植物中也普遍存在，但目前对修复途径的了解相对较少。

以上两种修复途径的相对贡献依赖于 DNA 的初始伤害程度。苜蓿（*Medicago sativa*）幼苗在高强度 UV-B 伤害下，两种类型的修复途径都对去除环丁烷嘧啶二聚体（CPD）有明显贡献。但在较低伤害水平下，仅仅可以探测到光复活作用（Quaite et al.，1994）。因此，尽管植物确实具有切除紫外线光产物的能力，但在最终去除 CPD 方面，光复活可能是适宜的修复途径。

（三）活性氧清除系统

许多研究结果表明，UV-B 辐射引起的进一步伤害作用可能间接源于活性氧（active oxygen）的产生。活性氧是植物的一种警报信号，主要包括超氧化物阴离子自由基（$\cdot O_2^-$）、羟自由基（$\cdot OH^-$）、单线态氧（$^1O_2$）和 H_2O_2。在正常生理条件下，植物代谢过程也会产生一些活性氧分子，属于电子传递系统不可避免的结果。

尽管机制尚不明确，增强 UV-B 辐射可以引起叶片产生过量活性氧分子（Takeuchi et al.，1996）。活性氧能与许多细胞组分发生反应，从而引起酶失活、光合色素降解和脂质过氧化等。有研究认为，强光下发生光抑制时，D1 蛋白的降解可能主要缘于活性氧分子的积累。活性氧积累也能影响碳代谢固定 CO_2 的酶，如 1,6-二磷酸果糖酶、3-磷酸甘油酸脱氢酶、5-磷酸核酮糖激酶等，这些酶都含有巯基，活性氧能导致二硫键的形成，从而引起酶失活。活性氧导致的一系列关键性叶绿素酶的失活可能是 UV-B 辐射引起光合作用下降的主要原因。

植物体具有一个高效的活性氧清除系统，由抗氧化酶的抗氧化物质构成。强 UV-B 辐射可以诱导叶内抗氧化防御能力的提高，包括低分子质量抗氧化物质（如抗坏血酸、谷胱甘肽等）含量的提高、抗氧化酶（如 SOD、POD、CAT、GR 等）活性的增强，这些都能有效地防御活性氧引起的伤害（Takeuchi et al.，1996）。此外，亲脂性维生素 E 和类胡萝卜素，以及酚类化合物和类黄酮化合物也能清除部分活性氧分子。

五、植株和群落水平的响应

近年来，鉴于室内实验往往难以反映自然界的实际状况，越来越多的 UV-B 实验开始集中在自然生长下的植物上，以求研究结果更加符合全球变化中臭氧层耗损所导致的 UV-B 辐射的增加状况，进而能更加客观地评价 UV-B 辐射的生物学和生态学效应。

（一）增强 UV-B 辐射对植物体的直接和间接影响

从整株植物和自然态系统水平的植物来考虑，UV-B 辐射对生长、生物量积累和植物体的生存等的影响可大致分为两类：直接影响和间接影响（表 9-4）。UV-B 辐射的直接影响包括 DNA 的伤害、光合作用的影响和细胞膜功能的扰乱。在 UV-B 辐射的直接作用中，DNA 的伤害可能比光合作用和细胞膜功能的伤害更加重要（Bjorn，1997）。通常认为，与强 PAR 辐射对光合作用的光抑制相似，UV-B 辐射也能导致 PSⅡ反应中心的光失活，引起光合作用降低。然而最近的研究表明，PSⅡ可能不是光饱和条件下 UV-B 直接抑制的关键部位，而很可能通过增强 UV-B 辐射影响类囊体膜功能，或影响参与 Calvin 循环的酶，而影响光合作用（Baker et al.，1997）。

表 9-4　增加 UV-B 辐射对植物的直接和间接影响

影响类型	影响结果
直接影响	1. DNA 伤害：环丁烷嘧啶二聚体（CPD）、（6-4）光产物
	2. 光合作用：PSⅡ反应中心、Calvin 循环酶、类囊体膜、气孔功能
	3. 膜功能：不饱和脂肪酸的过氧化、膜蛋白的伤害
间接影响	1. 植物形态构成：叶片厚度、叶片角度、植物体构型、生物量分配
	2. 植物物候：萌发、衰老、开花、繁殖
	3. 植物体化学组成：单宁、木质素、类黄酮

与早期的室内研究结论相反，在自然生态系统中，越来越多的证据表明，增加 UV-B 辐射对植物生长和初级生产并没有明显的直接影响；而增强 UV-B 辐射的间接影响，如叶片角度的改变等，可能对植株地上直立部分响应 UV-B 辐射具有重要意义。叶片厚度的增加可能会减轻 UV-B 辐射对叶细胞的伤害（Johanson et al.，1995），同样，叶片厚度的变化会引起 PAR 在叶肉细胞中的传输，这也会影响叶片的光合作用。因此，有研究认为，相对于 UV-B 辐射增强的直接影响，间接影响更有可能会引起农业生态系统和自然生态系统的结构和功能的改变（Rozema et al.，1997）。

（二）植物功能型对增强 UV-B 辐射的响应

植物对 UV-B 辐射的敏感性在不同物种和品种间存在着差异。在自然生态系统中，那些有较强适应性的物种有可能得到更多的资源（如光照、水分和养分等），在生长竞争中处于优势，从而会引起生态系统中群落结构的改变和物种多样性的变化。由于不可能对所有植物和品种进行筛选，因此有一些研究者参照其他环境因子的研究方法，采用植物功能型（plant function type）来划分对 UV-B 辐射的响应（Gwynn-Jones et al.，1999）。

依照功能群可以有几种不同的划分途径，包括从简单的植物群（如苔藓、灌丛、树木等）到基于生理适应的复杂类群划分（如抗旱性、抗冷性等）。

1. 依照植物生长响应分类

植物基础的生活型分类表明，苔藓植物属于 UV-B 辐射的敏感类群，这与它们大部分占据高等植物群落的遮阴底部位置有关。杂草类、灌丛、禾草和树木对 UV-B 辐射的敏感性依次降低，与 Day 等（1992）测定的 UV-B 穿透叶片的能力密切相关。UV-B 辐射的穿透能力在双子叶草本中最高，木本双子叶植物和禾草次之，松科针叶植物最低。

2. 依照 UV-B 吸收物质分类

UV-B 吸收物质的生产能力越高，植物对 UV-B 辐射和敏感性越低。尽管野外条件下关于 UV-B 吸收物质的研究相对较少，限制了植物敏感性的分类，但生长室内的研究结果表明，室内能表现增加 UV-B 吸收物质的类群中，植物种的百分比和自然条件下表现负响应的种类的百分比之间存在非常强的相关性（$R^2 = 0.988$，$P = 0.0015$）。而且，这种分类与依照生长响应进行的分类结果很相似。显然，不同植物生活型对 UV-B 辐射的敏感性差异主要决定于叶表皮层中 UV-B 吸收物质的含量。

3. 依照植物生理功能型分类

植物的生理功能型包括阴生和阳生、抗旱、抗冷及抗冻等。通常，阳生植物和具有抗旱、抗冷及抗冻特性的植物具有较强的适应 UV-B 辐射的能力。由于这些用来划分生理类型的特性也能够确定 UV-B 的敏感性，因此，依照这种分类区别有一定的可行性。

（三）太阳 UV-B 辐射的时空变化及植物适应性

决定某一地区、某一时间段太阳 UV-B 辐射强度的因素有很多，最主要的是依赖纬度和时间变化的太阳高度角（solar zenith angle）。太阳偏斜时太阳高度角度越大，太阳辐射经过大气层的路径越长；当太阳高挂于天空时，太阳辐射经过大气层的路径最短。尽管这对所有的太阳辐射波段都成立，但对 UV-B 波段的辐射特别重要，因为大部分的 UV-B 辐射集中在当地太阳正午时左右的 4h 内。因此，从赤道到极地，到达地球表面的太阳 UV-B 辐射相对于太阳总辐射具有较大的变化程度。太阳辐射随季节的变化也决定于太阳高度角。在中高纬度地区的冬季，太阳在天空很低，因此 UV-B 辐射强度比夏季小。当然，季节性 O_3 差异也会影响 UV-B 的变化。最大 UV-B 辐射通常发生在 6 月中旬而不是太阳高度角最小的夏至。另一个影响地球表面太阳 UV-B 辐射强度的因素是云层。云对 UV-B 辐射和 PAR 的降低程度不同，原因是 PAR 主要为直接辐射，而 UV 辐射具有高比例的散射辐射。此外，气溶胶、烟雾和地流层 O_3 也会吸收 UV-B 辐射，从而降低近地表的辐射强度。

　　植物生活型的丰富度和物种的多样性随海拔和纬度的增加而减少，沿这两个梯度存在着 UV-B 辐射强度的变化。UV-B 辐射随海拔升高而增强，一般情况下也随纬度增加而降低。因此，有人推测高海拔地区的植物种类对增加的 UV-B 辐射不敏感，而随纬度增加会有敏感性的增加。然而，这些海拔和纬度梯度与功能型划分的联系是非常勉强的，因为植物的功能型也依赖于其他因素（如景观和冠层结构）。实际上，Hubner 和 Ziegler（1998）对不同海拔三种高山植物的研究表明，高山植物具有很少的 UV-B 辐射前适应性（preadaptation）。鉴于此原因，一般很少采用海拔和纬度 UV-B 梯度研究植物对 UV-B 辐射的适应性。

参 考 文 献

胡景江，左仲武. 2004. 外源多胺对油松幼苗生长及抗旱性的影响. 西北林学院学报，19（4）：5～8

黄久常，王辉，夏景光. 1999. 渗透胁迫和水淹对不同抗旱性小麦品种幼苗叶片多胺含量的影响. 华中师范大学学报，（02）：259～262

江行玉，赵可夫，窦君霞. 2001. NaCl 胁迫下外源亚精胺和二环己基胺对滨藜内源多胺含量和抗盐性的影响. 植物生理学通讯，37（1）：6～9

蒋高明. 2004. 植物生理生态学. 北京：高等教育出版社

兰伯斯，蔡平，庞斯. 2003. 植物生理生态学. 张国平，周伟军译. 杭州：浙江大学出版社

李合生. 2006. 现代植物生理学. 第二版. 北京：高等教育出版社

李文正，张海文，王俊英等. 2006. ERF 转录因子及其在烟草抗逆性改良中的应用. 生物技术通报，4：30～34

李新梅，孙丙耀，谈建中. 2006. 甜菜碱与植物抗逆性关系的研究进展. 农业科学研究，27（3）：66～69

梁建生，庞佳英，陈云. 2001. 渗透胁迫诱导对植物细胞中脱落酸的合成及其调控机制. 植物生理学通讯，37（5）：447～452

刘武. 2007. 植物抗逆相关 ERF 转录因子研究综述. 农业生物技术科学，23（4）：78～80

师晨娟，刘勇，荆涛. 2006. 植物激素抗逆性研究进展. 世界林业研究，19（5）：22～26

王文泉，张福锁. 2001. 高等植物厌氧适应的生理及分子机制. 植物生理学通讯，37（1）：63～70

王晓云，李向东，邹琦. 2000. 外源多胺、多胺合成前体及抑制剂对花生连体叶片衰老的影响. 中国农业科学，33（3）：30～35

王忠. 1999. 植物生理学. 北京：中国农业出版社

张木清，陈如凯，余松烈. 1996. 多胺对渗透胁迫下甘蔗愈伤组织诱导和分化的作用. 植物生理学通讯，（03）：175～178

张骁，荆家海，卜芸华等. 1998. 2.4-D 和乙烯利对玉米幼苗抗旱性效应的研究. 西北植物学报，18（1）：97～102

赵福庚，何龙飞，罗庆云. 2004. 植物逆境生理生态学. 北京：化学工业出版社

周宜君，冯金朝，马文文等. 2006. 植物抗逆分子机制研究进展. 中央民族大学学报（自然科学版），15（2）：170～174

Allen R D. 1995. Dissection of oxidase stress tolerance using transgenic plants. Plant Physiol., 107：1049～1054.

Bray E A. 2002. Abscisic acid regulation of gene expression during water-deficit stress in the era of the *Arabidopsis* genome. Plant Cell and Environment，25（2）：153～161

Chinnusamy V, Jagendorf A, Zhu J K. 2005. Understanding and improving salt tolerance in plants. Crop Science, 45（2）：437～448

Davies W J, Zhang J H. 1991. Root signals and the regulation of growth and development of plants in drying soil. Annu Rev Plant Physiol Mol Biol，42：55～76

Gutterman Y. 1996. Environmental influences during seed maturation and storage affecting germinability in *Spergularia diandra* genotypes inhabiting the Negev desert, Israel. Journal of Arid Environmental, 34（3）：313～323

Hao D, Ohme-Takagi M, Sarai A. 1998. Unique mode of GCC box recognition by the DNA-binding domain of ethylene-responsive element-binding factor (ERF domain) in plant. J Biol Chem, 273: 26857~26861

Levitt J. 1980. Plant plasma-membrane water permeability and slow freezing-injury-reply. Plant Cell and Environment, 3 (3): 159, 160

Liu Q, Knsuga M, Sakuma Y et al. 1998. Two transcription factors, DREB1 and DREB2, with an EREBP/AP2 DNA binding domain separate two cellular signaltransduction pathways in drOught-and low-temperature-responsive gene expression, respectively, in *Arabidopsis*. Plant Cell, 10: 1391~1406.

Pagew, Morgan, Malcolmc. 1997. Ethylene and plant responses to stress. Physiologia Plantarum, 100: 620~630

Pearce R S. 1999. Molecular analysis of acclimation to cold. Plant Growth Regulation, 29 (12): 47~76

Pichersky E, Gershenzon J. 2002. The formation and function of plant volatiles: perfumes for pollinator attraction and defense. Current Opinion in Plant Biology, 5 (3): 237~243

Riechmann J L, Heard J, Yu G L, et al. 2000. Arabidopsis transcription factors: genome-wide comparative analysis among eukaryotes. Science, 290: 2105~2110.

Sakuma Y, Liu Q , Yamaguchi-Shinozaki K et al. 2002. DNA-binding specificity Of the ERF/AP2 domain of Arabidopsis DREBs, transcription factors involved in dehydration-and cold-inducible gene expression. Biochem Biophys Res Commun, 290: 998~1009.

Yordanor I, Tsonev T, Goltsev V et al. 1998. Gas exchange and chlorophyll fluorescence during water and high temperature stresses and recovery. Photosynthetica, 33: 423~431

Zhang J Z, Creelman R A, Zhu J K. 2004. From laboratory to field using information from Arabidopsis to engineer salt, cold, and drought tolerance in crop. Plant Physiology , 135: 615~621.

Zhu J K. 2001. Cell signaling under salt, water, and cold stresses. Current Opinion in Plant Biology, 4 (5): 401~406

第十章　植物化感作用的生理生化基础和生态意义

植物的化感作用是一种植物界普遍存在的生物学现象。我国农民早就发现作物连作减产的现象，而采用轮作栽培技术，增加作物产量。早在古希腊，人类已了解并记载了植物对周围其他植物生长产生影响的现象。早在 2000 多年前，人们就已发现，黑胡桃树下其他高等植物及杂草不能生长。1925 年，马赛的研究发现，黑胡桃树下植物的死亡分布线与黑胡桃的根系分布几乎一致。直至 20 世纪 70 年代，人们才开始重视和真正进行植物化感作用的研究。植物化感作用的研究已成为目前化学生态学最活跃的领域之一。植物化感作用涉及作物间套种植制度、设施园艺、林业生产、园林绿化、杂草和病害防治等。因此，了解和研究植物化感作用的生理生化基础及生态意义，为农、林、园艺和药物植物栽培提供科学理论指导具有重要意义。

第一节　植物化感作用的概念和类型

一、化感作用的概念

化感作用的英文为"Allelopathy"，它源于希腊语"Allelon"（相互）和"Pathos"（损害、妨碍）。植物化感作用的概念是由德国科学家莫利施在 1937 年首先提出的，莫利施将化感作用定义为：所有类型植物（含微生物）之间生物化学物质的相互作用。同时莫利施指出，这种相互作用包括有害和有益两个方面。20 世纪 70 年代中期赖斯根据莫利施的定义和对植物化感作用的研究，认为植物化感作用是指植物（含微生物）通过释放化学物质到环境中而产生的对其他植物（含微生物）直接或间接的有害作用。赖斯的定义中涉及了产生化感作用的物质是由植物所释放的化学物质，并强调了化感作用的结果对其他植物或微生物是有害的。现在的研究表明，化感物质作用的对象不仅仅是其他植物，有时甚至是同种植物。而化感作用的结果不仅包括有害的，也包括一些相互促进的效果。因此，又有人把化感作用称为植物的相生相克。

国际化感协会（IAS，1996）将化感作用定义为：由植物、真菌、细菌、病毒产生的化合物影响农业和自然生态系统中的一切生物生长与发育的作用。

二、化感作用的类型

植物化感作用的类型主要有：植物与微生物间的化感作用、植物间的化感作用（化感与自毒）、植物与草食动物之间的化感作用、植物与非草食动物之间的化感作用（包括人类）。

三、植物化感物质种类

植物中所发现的化感物质（allelochemical）主要来源于植物的次生代谢产物，分子质量较小，结构简单，主要分为水溶性有机酸、直链醇、脂肪族醛和酮、简单不饱和内脂、长链脂肪酸和多炔、醌类、苯甲酸及其衍生物、肉桂酸及其衍生物、香豆素类、类黄酮类、单宁、内萜、氨基酸和多肽、生物碱和氰醇、硫化物和芥子油苷、嘌呤和核苷等17类。其中酚类和类萜类化合物是高等植物的主要化感物质，它们分别是水溶性和挥发性物质的典型，这恰恰与雨雾淋溶和挥发是化感物质的主要释放方式相吻合。

（一）酚类化感物质

酚类化感物质是指分子结构中至少含有一个羟基直接连接到苯环上的芳基化合物，主要包括苯酚、羟基苯甲酸和肉桂酸衍生物、黄酮类、醌类和单宁五大类。水溶性是化感物质能在自然条件下显示化感效应的重要因素，但并不是水溶性的酚类物质都具有化感效应。酚类物质不仅是构成植物化学物质的一大类，而且是一类主要的化感物质，至今证明的酚类化感物质数量比所有其他类型化感物质的总量还要多，而且酚类化感物质的水溶性和成盐性特性使得它们很容易在自然条件下被雨雾淋溶和土壤吸收。

（二）萜类化感物质

萜类是第二大类化感物质，广泛存在于高等植物的叶和表皮细胞中。萜类是自然界存在的具有 $(C_5H_8)_n$ 通式的碳氢化合物及其含氧饱和程度不等衍生物的总称，其分子结构的碳架可看作是异戊二烯的聚合体。单萜和倍半萜多具有挥发性，它们不仅具有昆虫的引诱、忌避和传递信息等效应，而且也能杀菌和抑制邻近植物。灌木显示的化感效应主要是由于挥发性的单萜和倍半萜引起的。华南地区重要杂草胜红蓟能向环境释放单萜和倍半萜类化感物质，从而导致了化感效应。

（三）其他

少数植物如菊科植物能生物合成多炔类次生物质，它们对防御动物的取食具有重要意义。一些研究也发现多炔类次生物质具有化感潜力。

（四）化感物质间的相互作用

任何植物都不只合成一种化感物质，植物化感作用是众多化感物质共同作用的结果。一方面，植物生成的化感物质不论多少，都存在着高活性和低活性或无活性的差异；另一方面，在自然状态下多种来源的化感物质间的共同作用形成了有序但十分复杂的相互作用。化感物质间存在协同、加合、拮抗的作用。化感物质间协同作用的机制有4个方面：①抑制了受体对化感物质的解毒机制；②改变了非活性化感物质的结构，激活了其活性；③增强了化感物质穿透能力、运输能力，以更易接近其受体结构；④同时影响两个或两个以上植物生物合成的过程。

（五）胁迫下化感物质的变化

植物化感物质的产生和释放是植物在环境胁迫的选择压力下形成的。植物化感作用是植物在进化过程中产生的一种对环境的适应性机制。植物在胁迫条件下，化感物质产生量与释放量增加，植物释放的酚类和其他一些化感物质在环境胁迫时化感作用明显增强，对受化感作用植物影响的受体植物而言则是雪上加霜，这提高了化感作用植物在资源胁迫时的竞争能力。这是具有化感作用植物往往具有较强侵占能力的重要原因。

四、化感物质的释放途径

植物化感物质必须是那些能够通过有效途径释放到环境中的次生物质，这是化感物质区别于植物与昆虫、植物与其他动物之间相互化学作用物质的唯一特征。

（一）雨雾淋溶

雨雾等自然水分因子能够从活体植物的茎、叶、枝、干等器官表面将化感物质淋溶出来，水溶性的化感物质是很容易被淋溶到环境中的，一些油溶性的化感物质虽然在水中的溶解度很小，但在一些其他物质的共溶情况下，也可以被雨雾淋溶到环境中。植物组织的死亡和损伤可以加速化感物质的淋溶。植物体中含有许多对其他有机体有害的毒素，这些植物毒素在其活体中往往很难被淋溶出来，当植株死亡后，这些植物毒素特别是亲水性的毒素可以迅速地被淋溶出来。

（二）自然挥发

许多植物都可以向环境释放挥发性物质，尤其是在干旱和半干旱地区地植物。许多挥发物质能够抑制或促进临近植物的生长发育。Muller 等通过对南加州海岸灌木释放的挥发物质的研究，揭示了挥发性化感物质在化感作用中的价值。在澳大利亚，桉树释放挥发性萜类物质的化感功能也被进行了深入的研究。

许多化感物质可以同时通过雨雾淋溶和自然挥发两种途径进入环境。对一些植物而言，这两种途径是可以相互转化和共同发生的。当干旱、高温条件出现时，挥发途径是化感物质释放的主要方式；但当多降水、高温度情况出现时，淋溶成为化感物质释放的主要方式。

（三）根分泌和残根的分解

根分泌是指那些健康完整的活性植物根系由根组织向土壤中释放化学物质。一般而言，新根和未木质化的根是分泌化学物质的主要场所。谷类作物的化感作用主要是通过根分泌的途径进入土壤的，用 XAD-4 树脂采集根分泌物的技术，可以采集黑麦不同品种通过根分泌的羟基肟酸。谷类作物通过根分泌羟基肟酸的量与环境和自身的生长阶段有关，环境胁迫和成熟的作物能从根部分泌较多的羟基肟酸。根部除了能直接分泌化感物质外，另一个释放化感物质的途径是植物残根在土壤中分解而释放化感物质。死亡和损坏的植物根组织能被土壤中的水分淋溶或经土壤微生物或其他物理化学因子的作用而产生和释放化感物质到土壤环境中。

（四）植株的分（降）解

植物残株能释放化感物质已被普遍研究证实。植物通过残株分（降）解途径释放的化感物质是复杂的，通常可以认为有以下几类：①直接从植物残株释放出活性化感物质；②从残株释放的非活性化感物质经微生物作用而转化成活性物质；③微生物自身产生的活性化感物质；④植物残株释放的物质与土壤中原有化学物质相互作用而生成的活性化感物质。

（五）种子萌发和花粉传播

当种子开始萌发时，许多次生物质将进入环境土壤中，这些次生物质对种子邻近的土壤微生物或其他植物种子必将产生影响。种子萌发过程中释放的化感物质能够在微环境中维持一定的浓度，大多数植物的种子从母体植物中成熟脱落在母体植物的周围，植物产生的大量种子不仅能增加自身萌发和产生幼苗的机会，也可以通过释放化感物质而对微生物和其他植物显示化感作用，从而保证自身的萌发生长和空间资源。这些种子扩散的范围在一定程度上可以认为是植物显示化感作用的范围。

传统认为花粉仅仅是为了完成植物的生殖，但现代研究发现，一些植物，如 *Phleum pretense*，在授粉期间可以产生大量的花粉，花粉中含有大量的化感物质，这些化感物质可以有效地抑制邻近竞争植物的萌发、生长和发育。许多杂草如 *Parthenium ragweed* 的花粉能扩散到作物的叶斑孔表面释放化感物质，抑制作物果实的发育。同样，一些作物的花粉也能扩散而影响邻近杂草和作物的生长发育。

五、化感物质作用的机制及影响因素

（一）化感物质作用的机制

1. 影响细胞膜透性，抑制植物对养分的吸收

经化感物质处理后，酵母菌的细胞膜透性增加，K^+ 流失。脱氢中美菊素 C 是一种半萜类化合物，它可引起黄瓜子叶细胞膜的透性增强，并造成原生质体膜功能的破坏。

2. 抑制细胞分裂、伸长

化感物质可以通过多种方式抑制藻类细胞的分裂，从而减少藻细胞数量，如香豆素能阻断洋葱的有丝分裂过程。一些科学家研究发现，1,8-桉叶素能抑制有丝分裂的整个过程，而1,4-桉叶素只对有丝分裂前期有抑制作用。

3. 对植物激素的影响

水稻化感物质能提高受体杂草中吲哚乙酸氧化酶的活性，从而降低其吲哚乙酸的水平，破坏杂草的正常生长。刘秀芬等研究发现，阿魏酸能引起生长素、赤霉素和细胞分裂素含量的积累，并造成脱落酸含量的升高。

4. 对酶活性的影响

水稻化感物质可降低受体杂草幼苗生长中超氧化物歧化酶和过氧化氢酶的活性；麦菲等研究指出，苯甲酸苯环的羟基取代物通常可以提高黄瓜萌发时的异柠檬酸裂解酶的

活性，而甲氧基取代物则降低该酶的活性。

5. 对光合作用和呼吸作用过程的影响

高粱醌对阔叶杂草的作用是通过抑制其光合作用来实现的，主要是抑制光合系统Ⅱ中的电子转移。胜红蓟化感物质能显著降低萝卜中叶绿素的含量，进而影响植物的光合作用或叶绿素合成的酶系统。大豆化感作用能使根细胞呼吸作用降低，影响大豆对营养物质的吸收。

6. 对蛋白质合成的影响

化感物质能抑制氨基酸的运输和蛋白质的合成，例如，$50\mu mol/L$ 肉桂酸和阿魏酸能显著抑制莴苣幼苗蛋白质的合成过程；$1\mu mol/L$ 的阿魏酸就能影响细胞悬浮体中氨基酸合成蛋白质的过程。

值得注意的是，化感作用并不是某个化感物质单独起作用，而是几个化感物质协同作用的结果。此外，化感作用的发挥还受到多方面因素影响。

（二）影响化感作用的因素

1. 影响化感作用的内在因素

植物的遗传因子会对化感作用产生影响。具有不同的遗传背景的植物品种，其化感作用不同。水稻的品系多种多样，但对杂草起化感作用的却很少。

植物在生长发育的不同时期，其化感作用的潜力是不同的。林文雄等（2007）的研究发现，水稻在生长发育的不同叶龄期化感作用潜力不同，控制化感作用的基因的表达也不同。大部分具化感作用品种（组合）的化感作用随发育进程呈规律性的变化趋势。例如，水稻在生长发育的3～5叶期对受体植物的抑制作用较强，之后抑制作用有所下降，到8叶期又有所增强。

2. 影响化感作用的外在因素

无机环境条件如光照、温度、水、土壤性质等均对植物的化感作用产生影响。例如，长日照可提高许多植物酚酸和萜的含量，温度影响小麦幼苗中异羟肟酸的浓度等。相同的植物品系，在高水肥条件下，化感潜力强，而在低水肥条件下，化感潜力下降，但具抗病功能的黄酮含量会有所增加，且新的次生物质出现，这是植物在与环境长期选择过程中对特定环境压力适应的结果。

环境中的生物因素也会对化感作用产生影响，如水稻在稗草存在的情况下，能产生和释放更多的抑制物质，表明稗草能诱导水稻的化感抑制作用，水稻和稗草间可能存在识别机制。

虫害也会对小麦的化感作用产生影响，当蚜虫侵食小麦时，小麦体内的羟基肟酸的浓度急剧减少，导致小麦幼苗化感能力减弱。

六、化感作用的应用和生态意义

对植物化感作用的研究，使人们再次认识到植物与植物之间存在着相互影响、相互作用的关系，这在生产实践中具有重要意义。长期以来除草剂、杀虫剂的广泛使用，虽然带来很大的便利，但也造成了无可挽回的损失。除草剂、杀虫剂的使用对环境造成了巨大破坏，同时由于其作用迅速，这在一定程度上也破坏了生态平衡，使生态系统变得更加脆弱，而利用植物的化感作用相对来说更安全、经济。由于化感作用是生态系统中自然的化学调控现象，它对杂草的控制具有极强的专一性，且化感作用的调控是温和而缓慢的，因此，它既不会破坏生态平衡，也不会对生态系统造成压力，同时又达到了防治害虫的目的。在生产实践中，可在植物种质资源中筛选相生相克性状，用常现育种或生物技术（原生质体融合、基因工程等）将这种性状转移至栽培品种中去，以促进该品种对某些杂草的竞争优势。例如，冰草植株的水提液比小麦的水提液对杂草的毒性大，两者的第一代杂交种表现为冰草对杂草有高的抑制活性，含有大量冰草中存在的抑制物。寄生杂草独脚金在寄主根上的分泌物具有促进土壤中休眠杂草种子萌发的作用，可促使杂草在不适宜的条件下作"自杀性"的萌发。这就是生理意义上的除草剂。

也可利用化感作用中相生的一面，进行有益的植物组合。^{14}C 标记试验表明，晚熟大豆和玉米混作时，一方根的分泌物能促进另一方的离子吸收和积累，根据此原理，可以对植物进行科学配置，合理套种，以增加产量。

化感作用是一个涉及化学、植物学、生态学、农学等多领域的交叉学科。近年来，植物化感作用的研究再次成为国内相关领域研究的热点问题。

第二节　化感植物根际生物学特性研究进展

一、根系分泌物及其与根际生物体的互相作用

根系在其生长过程中向土壤释放的渗出物、分泌物、植物黏液、胶质和裂解物被许多学者统称为根系分泌物。这些物质对土壤的物理、化学和生物学性状具有直接影响，对土壤养分有效性、腐殖质及微生物活动具有直接或间接影响。根分泌物中的许多物质能够产生自毒作用，或对他种植物产生有益或有害的化感作用。在生态系统或农业生态系统中，化感作用在植物的优势种群形成、群落演替及作物生产性能等方面表现得相当突出。近十几年来，对于根际生物学、化学生物学的研究已经取得了很大的进展。相比之下，通过植物根系为媒介来研究根际细胞和根系分泌物的关系还处在起始阶段。在土壤中，根与根际生物体的相互作用相当复杂，受到许多土壤因素的影响，地下根际生物体以植物根系分泌物为媒介相互作用的机制比发生在地表的复杂（图10-1）。植物根系最明显的代谢特征是向根系周围分泌大量的物质，研究表明，5%～21%光合作用固定的产物被转移到了根际。供体植物向受体植物释放的化感物质最先进入到土壤，然后转移到受体植物抑制其生长，影响种子的萌发和微生物的分布等。这些化感物除受本身物理化学特性影响外，还受供体和受体所处的气候条件和土壤因素的影响，所以化感作用是一个复杂的现象。化感物质抑制受体植物的生长主要受到供体植物和受体植物生长条件的影响，土壤和植物是主要的影响因子。在根际存在复杂的生物群落，根系必须与入侵的邻近植物根系和以大量有机物质为营养的细菌、真菌和土存动物相互竞争空间、水分、矿物质营养等资源。因此，研究根际生态系统中根与根、根与微生物、根与动物等之间的相互联系以及化感物质在土壤中迁移规律与作用活性，对于深入理解化感物质是如何影响受体植物的生长发育有着重要的理论与实际意义。

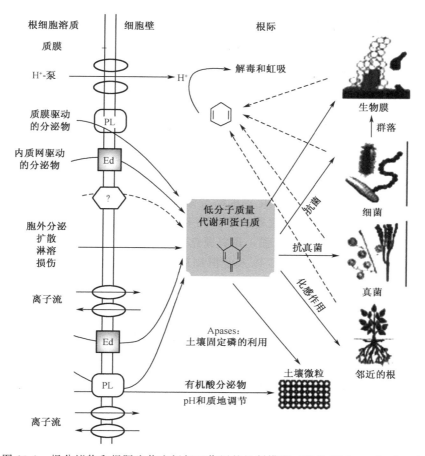

图 10-1　根分泌物和根际生物之间相互作用的机制模型（引自 Weir et al.，2004）

二、植物根分泌物的化感作用

（一）供体植物根分泌物对受体植物的化感作用

在自然环境中，一种植物的根系与其邻近植物根系持续保持着联系，并通过化学信使迅速识别和阻止其他植物根系的入侵。植物根系分泌物含有许多具有生物活性的化感物质（allelochemidal），对受体植物的影响主要表现为对种子萌发和幼苗生长的促进或抑制作用（图 10-1）。Tang 等研究了 *Bigalta limpograss* 根系分泌物的化感作用，指出供体植物根系分泌物中对受体植物生长呈抑制作用的主要是酚类化合物，并采用 GC-MS 分离检测出苯甲酸、苯乙酸、肉桂酸等 16 种酚酸类化合物。最近 Bais 等对矢车菊（*Centaurea maculosa*）的研究表明，入侵杂草 *C. maculosa* 根系分泌的儿茶素（＋）Catechin 和（－）Catechin 对其成功入侵起决定性的化学生态学作用；生物测定表明，（＋）Catechin 具有强抗菌功能，而（－）Catechin 则对其他作物和外来杂草有很强的化感作用。（±）Catechin 土壤植物能产生抑制作用的最低浓度约为 $100\mu g/mL$。（±）Catechin 对拟南芥和 *Centaurea diffusa* 具有毒害作用，当把 $100\mu g/mL$（－）Catechin

加入到拟南芥和 *C.diffusa* 根部时，出现细胞质浓缩、细胞死亡和 *C.diffusa* 根尖细胞质 Ca^{2+} 浓度（$[Ca^{2+}]_{cyt}$）升高。而当用相同条件处理 *C. maculosa* 时，没有发现 $[Ca^{2+}]_{cyt}$ 有明显升高。总之，根分泌的化感物质已经从定性和定量方面得以论证，这使得通常认为入侵植物主要是资源竞争的观点受到挑战。已有研究显示，植物的竞争和化感作用是相互关联而又不可截然分开的两种干扰植物种群的方式，在排除动物、微生物和环境因子的影响后，一个植物群落中何种植物形成优势群往往是植物种间的化感和资源竞争作用共同作用的结果。显然，在外来杂草的入侵过程中，竞争和化感作用机制也是必不可少的。林文雄等（2007）曾提出一种旨在有效区分资源竞争与化感作用的生物测试法，并用此测试法研究了水稻和入侵植物加拿大一枝黄花的化感作用，结果认为植物的化感抑草作用现象确实存在，化感水稻与稗草共生时，化感水稻对稗草所施加的生物干扰（interference）等于水稻化感抑草作用和资源竞争之和，特别是在资源有限时（如低 N 条件下）化感作用能力增强，是资源竞争的 4.5 倍；在入侵植物加拿大一枝黄花与小麦共生时，在低 N 条件下，该入侵植物对小麦的影响增强，化感作用是资源竞争的 1.7 倍。最近，Ridenowr 等在对北美入侵杂草 *C. maculosa* 和新生境植物 *Festuca idahoensis* 的种间关系研究时也发现，入侵杂草 *C. maculosa* 和新生境植物 *F. idahoensis* 两者虽都具有较强的竞争能力，但 *C. maculosa* 能从根部分泌化感物质，并利用其较强的资源竞争能力和化感作用特性最终排挤了新生境的 *F. idahoensis*。若在两种混合植物群落的土壤中，用活性炭吸附由 *C. maculosa* 根分泌的化感物质，则其入侵能力明显降低，表明化感作用在 *C. maculosa* 入侵过程中起主导作用。前人研究也发现野燕麦（*Avena fatua*）根系分泌物中的对羟基苯甲酸、香草酸、香豆素等对春小麦胚根与胚芽生长有明显的抑制作用；高山牛鞭（*Hemarthria altissima*）根系分泌出的苯甲酸、苯乙酸、苯丙酸，能抑制莴苣（*Lactuca sativa*）种子的萌发；此外，西方豚草（*Ambrosia psilostachya*）根际土壤对 *Amaranthus retroflexus* 等 7 种植物的生长都有较强的促进效应，即其根系分泌物对一些植物也可能有促进作用。

（二）供体植物根分泌物的自毒作用

当前研究植物根系分泌物的化感自毒作用（即连作障碍）及其形成原因主要集中在茄子、黄瓜、茶树、花卉、蔬菜等园艺和人工栽培的药用植物方面，研究还不够深入，只停留在现象观察及描述上。已有研究认为，导致连作障碍的原因有三种。一是土壤理化性质特别是土壤肥力下降。由于连作植物对土壤中营养元素的吸收具有其固有的规律性，同一种植物的长期连作，易造成土壤中某些元素的亏缺，而这些元素无法得到及时补充时，将直接影响下茬作物的正常生长，造成植物抗逆性下降，病虫害发生严重，最终导致产量和品质下降。二是植物活体向环境特别是土壤中分泌出一些自毒物质，并因此而产生自毒作用。因为植物在正常的生命活动中，会向环境释放一些次生代谢物质，这些分泌物在土壤中积聚，对植物自身会产生毒害作用，即植物的化感自毒作用（autotoxicity）。化感植物分泌的一些多酚类化合物会破坏膜的功能，化感物质抑制受体的SOD 和 CAT 酶活性，导致体内活性氧增多，启动膜质过氧化，破坏膜的结构；化感物质会降低受体中的赤霉素和生长素水平，从而抑制植物的生长；还有研究发现，化感物质明显抑制受体 ATP 酶的活性，从而影响受体的光合与呼吸作用，产生抑制植物生长发育的现象；有研究报道，自毒物质还影响植物对矿质元素的吸收。三是病原微生物数量增加，病虫害严重。同种植物的连作生长造成土壤植物的微生物区系发生变化，有益微生物减少，病原菌数量增加，导致植物病虫害加重，影响其产量与质量。

三、植物根分泌物对土壤微生物的影响

在土壤中，根系分泌物和根际微生物之间的相互关系非常重要，植物的根系通过分泌各种次生代谢物质对根际微生物的种类、数量和分布产生影响。植物分泌的次生代谢物大约有10万种，属于天然低分子物质。然而由于生境的异质性，致使植物不得不时常面对各种逆境，同时还要防御各种微生物、土存昆虫、入侵植物的侵扰。在这些胁迫条件下，植物的一些次生代谢物产量大大增高，对周围其他生物产生不利或有益的影响。尽管根际的生物多样性导致很难用常规的分子或遗传的方法来阐明植物的防御机制，但通过检测模式植物和微生物的相互影响和基因表达，能让我们更好地了解它们之间相互作用的媒介及其信息传递。

根系分泌物定性和定量的影响其周围的微生物，例如，在小麦（Triticum aestivum）的生长发育过程中，随着根系分泌物的增加，根际环境中反硝化细菌数明显增加；白三叶草（Triflium repens）根际土壤中的微生物数量和活性与根的长度和密度高度相关。前人研究认为植物为了防御病原微生物的侵扰，必须迅速且有选择地采取相应的机制，并有选择地向根际加大释放分泌物来抑制病原菌的产生。例如，小麦根系分泌能直接抑制小麦全蚀病原菌（Gaeumannomyces grainis）的菌丝发育，荞麦（Fagopyrum esculentum）的根系分泌物对小麦全蚀病菌也有明显的抑制作用，但豆类、棉花（Gossypium arborcum）和茄子（Solanum melongena）等的根系分泌物对黄萎病（verticilium）的抑制则是通过吸引 Talaromycee flowus 而起间接作用，但这都必然影响到其根和芽的生长。林文雄等（2007）研究地黄连作障碍的土壤微生物区系的结果表明，连作土壤中有益根际细菌如氨化细菌、好气性固氮菌、好气性纤维素分解菌、硫化细菌、硝化细菌的数量减少，真菌的生长也受到连作植物的抑制，而根际土壤中放线菌、反硝化细菌、反硫化细菌数量增多。显然，这样的土壤微生物环境不利于药用植物的健康生长。然而，也有一些药用植物却耐连作。我们以连作两年和多年的怀牛膝根际土壤为研究对象，对其微生物区系和酶活性的变化作了对比研究。结果表明，连作牛膝的根际土壤中细菌总数占绝对优势，放线菌次之，真菌最少；随着种植年限的增加，细菌的数量和比例明显增加，真菌数量变化较小，土壤由放线菌型向高肥的细菌型过渡；其中随着种植年限的增加，亚硝化细菌、反硝化细菌、好气性纤维素分解菌、硫化细菌的数量均明显增加，同时脲酶、蛋白酶、蔗糖酶和多酚氧化酶活性显著增强，过氧化氢酶活性却显著降低，因此认为在耐连作药用植物种植地的土壤微生物区系中，有益微生物可能与植物形成共生关系，或对病原微生物起拮抗作用，从而保证药用植物的健康生长；而在忌连作植物的种植地中，根围土壤中的养分劣化，特别是根系分泌物抑制微生物的生长导致其种群数量减少，尤其是与根部形成共生关系的有益微生物数量减少，破坏了土壤中原有的微生物区系，使得药用植物病虫增多，影响产量与质量。

然而，由于根际的复杂性和多样性，很难了解其对植物生长和形态上的影响。不同

植物种类或同种植物在不同发育阶段，其根系分泌物在组分和量上均有一定差异，且不同组分对根际微生物的生态效应不同，玉米（Zea mays）根系分泌物在不同生育期蛋白质与总糖含量有明显差异，这些物质的种类和数量差异对土壤微生物种群的分布有直接影响。凤眼莲（Eichhornia crassipes）根系分泌物组分中的氨基酸 Met、Gly、Ala、Asp、Ser、Val 和 Leu 均对根际杆菌属 F2* （Enterobacter sp. F2）有强烈的正趋化作用，而 Lys、Cus、Arg、Thr、Pro、Asn、Gln、Ile、Phe 和 Trp 则对该细菌产生负趋化作用，分泌物中的氨基酸作为根际微生态系统中的信息流，影响着该系统的降酚功能。

植物根系也会向根际释放一系列蛋白质以抵御病原微生物的侵染，虽然已经报道这些蛋白质是来自根的表皮细胞，但具体是哪一种蛋白质现在还不清楚。通过将绿色荧光蛋白（GFP）、人类胎盘分泌的碱性磷酸酶（SEAP）、内质网信号肽木聚糖酶转入转基因烟草（Nicotiana tabacum），发现重组体 GFP、SEAP 和木聚糖酶都是通过根系分泌出来的，带有内质网靶信号肽的重组蛋白优先被转移到细胞壁和胞外，结果表明，根分泌的途径和内质网分泌途径极其相似。

近年来国内外许多学者采用分子生物学的技术与方法研究土壤微生物的生物多样性问题并取得重要进展。据此，林文雄运用末端限制酶切片段长度多态性（T-AFLP）技术，首次研究了化感水稻根系分泌物对土壤微生物的影响，结果发现非化感水稻根际土壤的 T-RF 比化感水稻和空白土壤多，认为化感水稻的根分泌物在抑制其邻近的受体植物的同时，也抑制了其根际一些微生物的生长。

此外，近年来，利用基因标记进行微生态研究也取得较大进展，Gage 等以 GFP 为标记基因对 Rhizobium meliloti 和苜蓿的共植体形成的前期进行了研究，发现在赤霉素选择压力下质粒得以稳定表达；而在无选择压力下，将菌株 MB501/PTB93F 与寄主混合培养，3d 后在根部发现一些发光菌株，两周内数量一直在增加，可以看到菌株镶嵌在根系的表面和根毛上，经常出现在环状根毛顶端的微型菌落，整个菌落柱在入侵表皮细胞以前进行 2～3 次分支，侵染线在培养 1 周即可看到，宽度约 4 个细胞，菌体侵染方向与侵染线一致。Lee 等在研究植物原真菌对生防菌 Pseudomonas putida 相关基因表达的影响过程中，利用基因 pyrB（天冬氨酸酯围甲酰酶基因）构建了质粒 Priv11，导入 Pseudomonas putida，将卡那霉素抗性基因同源重组整合到细菌染色体上，这为研究菌株在土壤中的生态学提供了有效手段。Oparka 将 GFP 的编码基因置于根瘤组成启动子之后，利用 GFP 产生的绿色荧光可清楚地观察到根瘤菌与植物的侵染过程、共生情况。Leff 等利用 GFP 标记研究水生环境中的基因工程菌等。这些成果都为应用基因标记研究根际微生态系统提供了理论依据。

四、土壤环境对根分泌物的影响

化感物质在土壤中抑制植物生长的活性是其与植物和土壤成分相互作用的结果。林文雄等的研究结果表明，化感物质抑制活性受土壤成分的影响很大。同一水稻品种在沙培和土培不同培养方式下，其根系分泌物在介质中的存留形式与含量有一定的差异，这种差异可能源于土壤环境的不同。根系分泌物在土壤环境的滞留、转化、迁移等过程中，可能发生氧化、还原、水合、质子化以及微生物分解，化感作用是各类物质和环境因子如土壤、温度、水分、营养物质等综合作用的结果，其中可能同时存在着拮抗和协同作用。国内外许多学者的研究结果也表明植物化感作用潜力的高低是多种物质共同作用的结果，因此期望从中找出一种特征物质是不现实甚至是不可能的。当前许多研究是用水稻根系的水浸提液对受体生长影响来判定物质的化感作用强弱，该方法在化感物质种类的前期筛选中简化了环境影响因子，从而取得较好的研究结果，但忽略了化感物质经土壤后，最终影响受体植物的物质可能是已发生变化的存留形式，这在一定程度上会影响到对真正起到化感作用之物质判断的准确性。Inderjit 等的研究表明酚类化感物质在土壤中会失去化感作用。孔垂华等发现胜红蓟的类萜化感物质在土壤中会发生聚合反应。鉴于土壤是根系分泌物影响其他植物的必经途径，因此研究经土壤环境后的对受体植物产生作用的化感物质更具有实际意义，而土壤环境的复杂性和多变性给化感作用研究提出了新的挑战。

植物能依据不同的生物和非生物因子合成，释放不同种类和数量的次生代谢物质，以抵御环境胁迫和生物侵害。化感水稻"PI312777"和非化感水稻"Lemont"的根系分泌物中都有相同或相似的含氧萜类化合物，但二者的化感作用却差异很大，说明化感水稻品种能根据环境变化来调节自身分泌化感物质的种类和数量，以达到抵御外来之敌的目的。Shibuya 等研究表明化感物质的化学特性易受受体植物的诱导，但受到土壤环境因素影响更大。然而，化感物质在土壤中是如何运转并影响受体植物的生长发育，至今仍是一个难题。前人研究认为化感物质进入土壤能对受体植物起作用，只有它落于水中后被受体植物根系所吸收才会发生，并运用加苯酚于土壤泥水来模拟测试得到了验证。然而由于条件限制，化感物质在泥水中的数量是很难被测出的，通过离心分离法从泥水中得到一些决定性物质，这些物质在泥水中的抑制活性取决于其浓度而不取决于数量。Tongma 等在对墨西哥向日葵研究中也发现到类似的现象。因此，在泥水中化感物质抑制植物生长活性主要取决于其浓度。

前人研究还表明，根分泌物受到土壤中温度、空气、光照、养分等的影响。在适合植物生长的温度范围内，大多数植物的分泌速率一般随温度的升高而加强，但也有些植物在低温条件下释放更多的分泌物。Elroy 在无菌培养条件下进行试验，结果表明，豌豆、大豆、小麦或番茄在砂土或砂壤中生长，先使其干旱到萎蔫点，然后再浇水，根系氨基酸的分泌量较一直保持在湿润条件下的高。禾本科单子叶植物（小麦、水稻）在缺 Fe 胁迫下，根分泌一种非蛋白质氨基酸——麦根酸，这种物质可活化土壤中的难溶性 Fe 和其他金属元素，对这些离子进入植物体内起载体作用。另有报道，苜蓿（Medicago sativa）在缺 P 胁迫条件下根系分泌的有机酸有柠檬酸、苹果酸和丁二酸，其中柠檬酸的分泌量是正常供 P 时的 2 倍。可见，土壤环境对植物的根际生物学过程起重要作用，需要深入研究。

五、问题与展望

近年来，生物入侵已成为全球关注和研究的热点问题，生物入侵在许多地域引发了严重的生态和经济等问题，这些外来杂草的入侵已对农林和自然生态系统造成极大的危害。利用植物化感作用（allelopathy）控制农田杂草是 21 世纪发展可持续农业的生物工程技术之一。植物根系通过次生代谢向根际分泌大量物质，并以其为媒介与其他生物发生各种化学作用。在土壤环境中，化感物质的活性受到供体、受体及根际微生态环境等各方面因素的影响，并可能被土壤微生物所降解，但它们之间必然存在一定的互相适应、协同进化机制。通过现代生物技术与传统的生态学方法的结合，了解根分泌物与根际微生态系统相互作用中起着传递信息的因子，将有利于阐明其作用机制。因此，研究根与根、根与微生物、根与土壤动物等之间的相互联系及化感物质在土壤中的活性，对更好地了解化感物质是如何影响受体植物的生长发育有着重要的意义。

目前有关根际的研究趋向于整体性即根际生物学过程与机制的系统研究，这不仅涉及生物生态学方面，还涉及物理学和化学等相关领域，已成为国际科学前沿问题之一。从最基本的根际显微结构、根际微环境中物质迁移和调控、根际的物理、化学和生物环境动态、植物的营养遗传特性、根分泌物的作用及根系的信息传递，到植物与植物、植物与微生物、植物与土壤、微生物与土壤、微生物与微生物个体甚至群体之间的相互作用，积累了大量的研究结果。

第三节　植物与微生物间的化感作用

植物与微生物间的化感作用可分为共生化感关系和异生相克（他感作用）化感关系两类。

一、共生化感关系

这里所指的植物与微生物的共生，即在植物根际周围生长菌根的真菌、固氮菌或蓝细菌之间形成共生互利关系。植物从根菌固定的氨素吸收营养得益于生长发育，而微生物也从共生中得以生存并生长繁殖，形成互利的关系。

（一）与菌根的共生关系

1. 概况

大部分高等植物与菌根类真菌能形成共生关系。菌根与根系增加了共生植物在地下的吸收表面。对于内生菌根，这是一种重要机制，通过这一机制，菌根植物可获得不太有效且转移性差的一些养分，尤其是磷；对于外生菌根而言，另外一些机制，如有机酸和水解酶的分泌也可能起一定的作用。

菌根类关系促进植物的生长，尤其是在磷或其他养分短缺的条件下；在水分亏缺时，菌根关系可能也有一定的作用。这样，菌根具有重要的农业和生态意义。当养分供应充足时，它们对植物会产生碳的潜在吸引，故植物得益就少。但当磷供应充分时，植物会形成一些机制抑制共生关系。

菌根主要可分为内生菌根和外生菌根。

外生菌根中，真菌组织大部分露在根系外面。这种共生关系常见于树木和担子真纲的真菌之间。虽然外生菌根主要发生在木本的被子植物和裸子植物中，但在一些单子叶植物和蕨类植物中也有发现。内生菌根的大部分真菌组织都在根系皮层细胞内，其中重要的一组是泡状灌木菌根（图 10-2），常见于草本植物，但在树木尤其是热带林木中也有发现。桉树、柏（*Cupressus*）、柳（*Salix*）和杨（*Populus*）等植物同时具有内生和外生菌根。有时，在兰科和杜鹃花科中可发现不同的结构。

泡状灌木菌根（VAM）的这类真菌属 *Glomales*，其中以 *Glomus* 为最大的属。VAM 是以囊泡和灌木命名的（这种结构似树状，在根系皮层细胞间发现）。VAM 菌根被认为是最古老的菌根共生形式，但可见于系统发育上最高级的一些物种。少数物种具有完全抑制 VAM 真菌侵染的机制。在自然界，有 80％ 以上的物种的根系可为

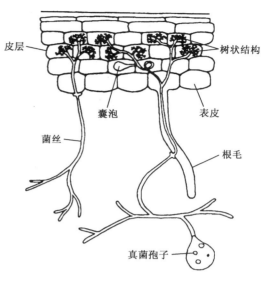

图 10-2　泡状灌木菌根入侵和结构
（引自 Lambers，2003）

VAM 真菌侵染。甚至是一些典型的外生菌根型物种，在缺少细菌培养液的情况下，也能形成 VAM 关系。

2. 侵染过程

在 VAM 建立过程中，从土壤孢子或相邻植物根系中长出的真菌丝与根系表面连接，随后分化形成附着胞并产生内部集群区。这一过程首先是真菌与植物间的识别，附着胞不能在非寄主植物的根系中形成。菌丝体经附着胞渗入根系，真菌通常由两细胞的表皮层进入（图 10-2）。入口通常是外皮层的通道细胞。据推测，内生菌根的真菌可从外皮层的通道细胞上接收某种信号，但该信号是什么尚不清楚。一旦到达根系内部，真菌就在次生细胞层中形成胞内圈，并随胞间生长进入根皮层。当到达皮层细胞内部时，菌丝分枝就不再受质膜的干扰而穿过皮层细胞。菌丝在细胞内形成上述的树状结状，环绕寄主的质膜。树状结构的功能，最有可能的是增加膜表面以利于代谢物交换，并促进寄主质膜与真菌菌丝之间的主动运输。菌丝可在皮层和土壤中繁殖。在许多 VAM 中，在后期形成贮存脂质的泡囊，它可在细胞内或胞间形成。VAM 的真菌不侵入内皮层、中柱或分生组织。业已证明，VAM 真菌在缺少寄主的情况下不能生长。

对兰科菌根已进行过较全面的研究。因有真菌在胞内大量生长，它们的结构与 VAM 很相似，但兰科的胞内真菌组织呈圈状而不是树状（图 10-3）。形成菌根的真菌属担子菌纲，许多属丝核菌属。一旦种子萌发，极少数存活的兰花幼苗依靠土壤有机物或由菌根从其他寄主上获取的有机物进行生长。例如，丝核菌属的许多种可在兰花或针叶松间形成共生关系。因此兰花并不是营腐生的，而是营真菌异养的（如寄生在真菌上），真菌与寄主之间并不表现为互利。

这些兰花在整个生命周期中都不进行光合作用，真菌始终起着重要作用。所有兰花，包括能进行光合作用的绿色成株在内，在共生关系中，真菌仍从土壤中吸收矿质营养。在杜鹃花科（Ericaceae）和岩高兰科（Epacridaceae）的菌根中发现大量侵染点，

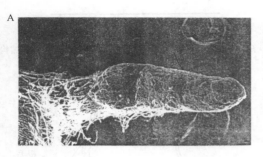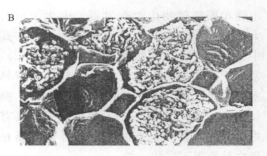

图 10-3　西澳大利亚地下兰花的菌根

A. 被真菌组织包围的小根；B. 根横切面，呈现细胞间的菌束

石楠（*Calluna*）的根为每 200mm 有一个 VAM 真菌侵染点，而高羊茅的根每 2～10mm 就有一个。这些菌根中，80％以上的体积都是真菌组织。这一比值比树状菌根大得多，可能是因为杜鹃花科和岩高兰科具有庞大的根系（根毛），这些根系的中柱外部细胞层很少（仅一两层）。在外生菌根中，真菌入侵点占到近 40％。侵染杜鹃花的真菌属子囊菌（如层杯菌）。少数几个真菌种，可能是子囊菌，与岩高兰科形成菌根共生，虽然它们的形态相似，但没有一个是与侵染杜鹃花科的真菌相同的。

外生菌根真菌的孢子在根际周围发芽并形成单核菌丝体。形成双核菌丝体则需要与另一种菌丝体融合，然后才能入侵根系，并形成包围根系的环状真菌菌丝。菌丝通常穿过胞间层进入皮层，并形成哈代网（图 10-4）。当菌丝与根系表面接触时，根系通过扩大直径和从顶端生长转向旱生分枝作出反应。大多数真菌具有形成外生菌根的能力，其中大部分属担子菌属和子囊菌属。

与病菌侵染相比，菌根真菌的入侵不会引起病症。根际周围出现菌根真菌，寄主首蓿根系的类黄酮就积累。这种表现与受到病菌入侵相似，但要弱得多。VAM 真菌在入侵的早期阶段会引起寄主的防御反应，这种防御随后被抑制。与防御有关的基因产物受树状细胞的制约，但胞间菌丝和囊泡不会产生防御反应。根系中真菌的生长速率和生长位置可能由植物防御机制的激活得到控制。

（二）与固氮生物的关系

1. 概况

在多数环境条件下，氮是限制许多植物生长的主要养分。地面上的氨易发生快速转换，因为它最后以 N_2 的形式进入大气。因此，大气 N_2 浓度的平衡就需要不断地还原。只有某些原核生物才能把 N_2 还原为 NH_3，这是一个对氧高度敏感的过程。最有效的固氮微生物与高等植物已形成了一定的共生关系，在这一共生关系中，高等植物提供固氮的能量和防氧系统。

与微生物建立共生关系进行固氮对于共生植物获取氮很重要，尤其是在氮严重限制植物生长的环境条件下。由于共生可降低对化肥的需求，所以这也是一种重要的农艺性状。非共生关系（如热带草根际的巴西固氮螺菌）也有发现，但它们与严格的共生体相比，并不具有特定的形态学结构。

由于共生固氮具有重要的经济意义，所以人们对固氮微生物和维管植物之间的关系进行了大量研究，涉及根瘤菌属、短根瘤菌、中国根瘤或固氮根瘤菌（统称为根瘤菌）

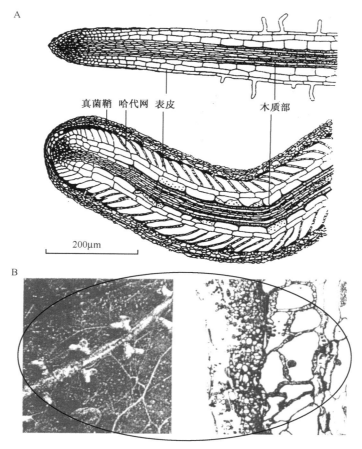

A

真菌鞘 哈代网 表皮   木质部

200μm

B

图 10-4　根周围真菌鞘和皮层中菌丝的外生菌根（A）及松树和
彩色豆马勃（*Pisoluthus tinctorius*）之间的外生菌根联系（B）

与豆科植物中多于 3000 个种之间的共生。*Parasponia* 是唯一一个与根瘤菌之间进行共生的非豆科物种。除 *Azorhizobium* 能同时诱导根部和茎形成根瘤外，其他都仅在根部形成根瘤。豆科由云实、含羞草和蝶形花三个亚科组成，每个亚科都有能形成根瘤的属。专一性低的亚科云实中，非根瘤种要多于其他两个亚科。根瘤菌与豆科作物间的共生在农业上发挥着巨大的作用，尤其是施肥较少的情况下。

也有一些非豆科物种与固氮微生物（不是根瘤菌）之间能形成共生关系。首先，8 个非豆科被子植物的 200 多个种与土壤细菌之间存在着放线菌菌根共生，这些共生都有根瘤形成。其次，*Macrozamia* 属和 *Gunnera* 属的一些种与蓝细菌（*Nostoc*，*Arabaena*）之间存在共生关系，有时在根间形成特定的形态学结构（如 *Macrozamia* 种的 *coralloid* 根）。尽管蓝细菌在独立生活时有光合活性，但其内源共生体只固氮而不固定 CO_2。此外，*Collema* 属的真菌与蓝细菌的共生中，蓝细菌具光合活性，这类共生在苔藓中有发生。

植物与固氮微生物间的主要共生关系（表 10-1），对农作物从环境中获取氮素具有重要意义。

表 10-1　植物与固氮微生物间的共生关系

植物种类	属	微生物	位置	固氮量/[kg N/(hm²·季)]
豆科	豌豆	根瘤菌	根部根瘤	10～350
		短根瘤菌		
	大豆，三叶草			
	苜蓿	短根瘤菌	根部根瘤	440～790
	田菁	固氮根瘤菌	茎部根瘤	未测
榆科	*Parasponia*	短根瘤菌	根部根瘤	20～70
桦木科	桤木	弗兰克氏菌	根部根瘤	15～300
木麻黄科	木麻黄	放线菌	根部根瘤	10～50
胡颓子科	胡颓子	放线菌		未测
蔷薇科	悬钩子	放线菌		未测
蕨类植物	满江红	鱼腥藻	叶背空隙的异形细胞	40～120
苏铁科	*Ceratozamia*	念珠藻	珊瑚状根	19～60
地衣	胶衣	念珠藻	菌丝间隙	未测

2. 豆科与根瘤菌共生中寄主与宿主的专一性

有关豆科与根瘤之间的关系已有详细的研究。它们中有许多具有高度专一性。例如，根瘤菌 *meliloti* 可侵染苜蓿、草木犀（*Melilotus*）和葫芦巴（*Trigonella*），但不能侵染三叶草。日本根瘤菌可与大豆形成根瘤，但与豌豆和苜蓿则不能。其他根瘤菌如菌株 NGR234 可感染 100 多个种，包括不同的属，其中也包括非豆科的 *Parasponia*。这种专一性由什么决定的？这种专一性为什么在不同的根瘤菌中表现不同？为明确这些问题，首先我们需要详细讨论一下根瘤菌的感染过程。

3. 豆科与根瘤菌间的感染过程

豆科根系先释放出特定的酚类物质（类黄酮、黄酮、黄烷酮和异黄酮）和甜菜碱，然后再形成根瘤。豆科受病菌微生物感染时会诱导产生相同的类黄酮进行抗菌。寄主植物的微小差异可能决定了细菌与植物间的互作是导致共生还是致病。类黄酮束缚细菌的基因产物，然后与根瘤染色体中的特定启动子进行互作。

1) **类黄酮的作用**

寄主与根瘤菌之间的专一性，某种程度上取决于寄主释放的类黄酮种类及根瘤菌对特定类黄酮种类的敏感性。专一性弱的根的菌根种要广，但如果类黄酮含量增加，也可发现这些专一性强的菌种对其有相应的反应。此外，非豆科植物也可分泌类黄酮，并且少数豆科分泌的类黄酮还可激活那些不能建立共生的根瘤菌种的启动子。因此，除类黄酮以外，其他因素对专一性也有作用。

图 10-5 简要说明了不同类黄酮的相对效应。

2) **根瘤菌 *nod* 基因**

nod 基因有三种。第一种是所有根瘤菌都具有的表现为有转录结构的 *nod* 基因，它可能传送某种寄主专一性。这种基因的产物是带有类几丁质取代基的脂肪—多聚糖。其次是普通的 *nod* 基因，在所有的根瘤菌种中都存在。最后一种是寄主专一性的 *nod* 基因，为特定植物赋予根瘤菌的专一性。普遍 *nod* 基因编码合成类几丁质脂肪-寡糖的酶，而专一性 *nod* 基因编码修饰细菌脂肪-寡糖的酶。这种修饰脂肪-寡糖被认为是 nod 因

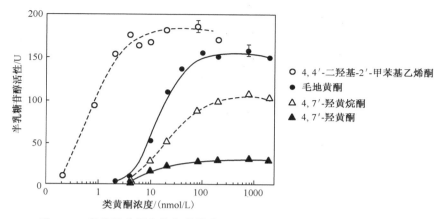

图 10-5　苜蓿根分泌物的各种类黄酮对根瘤菌基因（nod）表达的影响

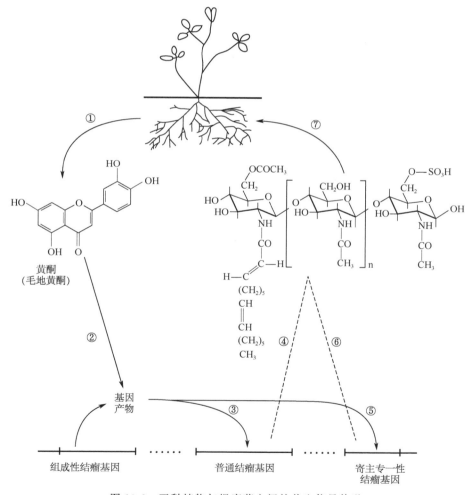

图 10-6　豆科植物与根瘤菌之间的共生信号传递
①根分泌类黄酮；②类黄酮与组成性表达根瘤基因的产物结合；③结合后激活普通 nod 基因；
④产生类几丁组成的脂质多糖；⑤类黄酮也激活专一性 nod 基因；⑥该专一性基因产物修饰脂质
多糖，形成根瘤；⑦豆科寄主根识别 nod 因子

子。nod 因子的类脂成分可穿透细胞膜。不同的侧基加到这一分子骨架，即确定了特定根瘤菌的专一性（图 10-6）。专一性弱的种形成许多不同的 nod 因子，而寄主范围窄的种则相反。也就是说，脂肪-寡糖的结构决定寄主植物能否识别是共生体还是病菌。由于 nod 因子在浓度较低（10^{-12} mol/L）的情况下就有效，因此可能存在着某种植物受体，但目前还未分离到这种受体。

3）细菌通过根毛入侵

随着寄主类黄酮和根瘤菌 nod 因子的释放，根际周围的细菌就可快速繁殖。细菌黏附在根毛上，并影响根毛，使其停止生长；幼嫩与年老的根毛不受影响。根毛细胞壁首先受影响，随后接触端部分水解。在这一过程中根毛卷曲，细菌吸附到根毛上。由于根瘤菌的出现，根毛上某些区域畸形，细胞壁降解，从而使细菌进入。细胞壁的凹陷形成一条感染线，这条线由细胞壁组分组成，与正常根毛的细胞壁组分相似。感染线沿根毛以 $7 \sim 10 \mu m/h$ 的速度繁衍，并为细菌到达根皮层提供了通道。线路的顶点是开口的，封闭会导致感染线停止发育。感染线的形成类似于表皮细胞壁的伸长，适应病菌的侵染。有 1％～5％ 的根毛可被感染，其中 22％ 的感染根毛可形成根瘤。大部分感染失败可能是由于植物形成了几丁质酶的缘故。这些酶可水解类几丁质 nod 因子。豆科植物有不同的几丁质酶，在感染的早期阶段，寄主产生几丁质酶降解根瘤菌的 nod 因子。通过这种方法，植物可防止细菌的入侵，使其不能形成共生。因此，几丁质酶是另外一种赋予寄主与宿主专一性的因子。在后期，不同的几丁质酶对同源的根瘤菌 nod 因子都有效。这可能存在着一种控制根瘤菌入侵的机制，以防止过多的、超出寄主所能承受的根瘤的入侵。此外，nod 因子的降解可阻止病菌因错误识别的入侵。根瘤菌株系产生的 nod 因子过多，相反会产生防御反应。植物活性几丁质酶降解 nod 因子及细菌 nod 基因的表达在侵染后期都会受到抑制。植物酚可能在抑制中起作用。如果根瘤菌不能识别来自植物的抑制分子，那么作为病菌的细菌就可识别，根瘤菌的进一步发育就停止。这就为寄主与宿主的专一性提供了另一种可能性。驯化作用在感染的早期阶段可能起作用，几丁质酶的作用列于图 10-7。

若感染成功，则内皮层与周皮的特定基因被激活，形成感染线使细菌进入。由于根瘤菌的出现，内皮层开始分离，分别位于原生质的两端，从而形成了新的分生组织，这些新的分生组织就形成根瘤。感染线向内生长，最后细菌占领了发育根瘤中心薄壁组织的细胞质。在感染的寄生植物细胞内，细菌继续分化一段时间，分化为类菌体，类菌体在实验室组培中生长具有收缩能力，可伸长变成各种形状。在许多豆科植物中，类菌体被周边类菌体膜包围，形成共生体，大多数共生体体积相似，但在一些根瘤中每个共生体只有一个已伸长且形态相似的类菌体，而在其他根瘤中，共生体可能有几个小杆状类菌体。前一种共生体存在于较典型的长柱形根瘤，即所谓的无限型（分生组织类），在三叶草和豌豆中有发现；后一种共生体普遍存在于圆形的有限型根瘤（无分生组织），如大豆与豇豆根瘤。共生体结构有许多种，少数豆科植物的根瘤中没有共生体，细菌则留在多分枝的感染线中。成熟的有限型根瘤与无限型根瘤大不相同，但开始时很相似。

4）共生关系建立的最后阶段

每个感染细胞可能含有上百个共生体。共生体膜来源于已感染皮层细胞质膜的内陷和细胞内食作用，该膜具选择透性，是类菌体与已感染细胞液代谢物交换的屏障。许多

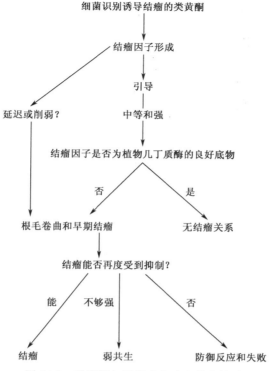

图 10-7　根瘤菌与豆科确定建立共生关系

根瘤的感染细胞间隙存在有小的未感染细胞，它们占到大豆根瘤中心总体积的 20%。胞间连丝连接已感染的细胞和根瘤中心未感染的细胞。这些胞间连丝提供物质交换，使碳源从未感染细胞运至已感染细胞，而氮化物则以相反方向运输。未感染与已感染细胞都含有大量的质体和线粒体。根瘤中已感染细胞与未感染细胞的共生固氮中有不同的代谢作用，有些根瘤的中心组织则没有未感染的细胞。

在大豆根瘤中，皮层细胞外围有一层内胚层细胞，内外依次围绕着几层次生皮层细胞。根瘤的中心区有几千个未感染的细胞。因周皮细胞会增殖，根瘤与中柱的导管组织相连。

寄主细胞中的基因表达模式受细菌影响而改变，其结果合成 30 多种不同的蛋白质，如根瘤素。这些根瘤素中只有少数具有生化特性，包括运载 O_2 的豆血红蛋白以及根瘤特异性形成的尿酸酶、谷酰胺合成酶和蔗糖合成酶。

（三）内源共生体

许多植物可被内寄生藻类真菌侵染，这些真菌在植株体内完成一生。真菌在植物体内通常形成非病菌的胞间关系。内寄生藻类经常随植物种子传播，但种子在长期贮藏中也可丢失这些内寄生藻类。通过发芽孢子的感染是进入共生体的另一途径。高等植物与内源共生菌间的关系已有不少研究。在牧草中，真菌可在寄主组织中形成生物碱，许多生物碱具有神经中毒的效果，从而使感染植物对家畜具有毒性，并增强其抗虫性（表 10-2）。

表 10-2　感染禾本科植物的内寄生真菌的抗食草效应

动物	寄主禾本科属	真菌内寄生属	评价
哺乳动物			
牛，马	羊茅	枝顶孢属	取食量下降，坏死，自然流产
牛，羊，鹿	黑麦草	枝顶孢属	取食量下降，颤抖，生长停滞，死亡
牛，山羊	须芒草	瘤座菌属	产奶量下降，死亡
牛	雀稗	多腔菌属	取食量下降，颤抖，坏死
昆虫			
黏虫	蒺藜草	瘤座菌属	回避，存活率下降，生长减慢
	莎草	瘤座菌属	延长发育时间
	羊茅	枝顶孢属	
	黑麦草	枝顶孢属	
	雀稗	多腔菌	
	针茅	艾特菌属	
	羊茅	枝顶孢属	回避
蚜虫	黑麦草	枝顶孢属	取食和产卵下降
谷象	黑麦草	枝顶孢属	完全致死
地老虎	鸭茅	香柱菌属	减少存活率和取食下降
面粉甲虫	黑麦草	枝顶孢属	群体生长减慢
草皮蛾	黑麦草	枝顶孢属	取食和产卵下降
茎象鼻虫	黑麦草	枝顶孢属	取食和产卵下降

　　一些物种由于受寄生藻类的感染，植株生长和种子形成加速。在牧草和内寄生藻类真菌的共生关系中，真菌从寄主中获得碳水化合物，并防御食草生物对寄主的危害，从而防止真菌本身受害（表 10-3）。与菌根真菌对菌根和非菌根植物的互作产生的影响相似，真菌内寄生藻类也可以影响植物间的相互竞争。例如，受真菌内共生体感染的草本植物缺乏营养，另外，也比未感染植株长得差。内寄生藻类的出现也可能影响牧草与食草生物间的相互竞争，并抑制真菌在小麦上发病。

表 10-3　受内共生体感染的禾本科上黏虫幼虫的存活和发育

粮食作物	感染	10d 后幼虫生物量/mg	群体存活率/%	蛹量/mg	群体天数/d
多年生黑麦草	＋	26.3	75	167	18.4
多年生黑麦草	－	35.6	65	155	18.7
苇状羊茅	＋	18.0	8	181	23.7
苇状羊茅	－	37.0	63	178	21.0
紫羊茅	＋	—	0	—	—
紫羊茅	－	33.4	43	163	20.9

　　真菌类寄生藻类的有无不是植物的特定性状，换句话说，它是以某种未知的方式依赖于环境条件。例如，在澳大利亚西部的石楠中，大多数真菌共生体在湿地上要比在旱地上小得多，即使是在同一物种的内寄生藻类共生中也一样。这体现了不同真菌内寄生藻类对水分胁迫的反应。

　　细菌与真菌一样，也可作为内共生体。一些促进植物生长的内生细菌，如在甘蔗组织中固氮的 *Acetobacter diazotrophicas*，来自马铃薯健康块茎中的内寄生藻类细菌有 6个属。许多细菌内寄生藻类可使寄主植物对病菌入侵更具有抗性，或可促进植物生长。但也有些内寄生细菌延缓植物生长或对植物生长没有影响。

二、异生相克的抗菌化感关系

植物经常遭受致病性真菌、细菌及病毒的入侵，但造成发病的情况相对较少。许多情况下，植物受侵袭后，由于病菌的致病率低或植物本身具有强的防御能力，病菌不能进一步生长，在植物体上不会留下明显的入侵痕迹。有些情况下，病菌入侵后，植物体上会留下其与病菌强烈互作后的痕迹，可以阻止已入侵病菌的进一步发展。在这些情况下，植物组织通常只会表现出主动的防卫功能，如产生抗病复合物（植物抗毒素即植物保素）、酶及结构增强物质等来抑制病菌的生长。

（一）组成性抗菌防御物

植物产生各种各样的具有抗菌效果的化合物（植物抗菌物质，phytoanticipin），其中有些已经在生态生物化学有关部分讨论过（如生物碱、类黄酮、木质素等）。

1. 皂角苷

皂角苷是一种植物糖苷，因其具有类似皂角的特性而得名。含皂角苷的常见物种是皂根（*Saponaria officinalis*）。这类植物过去种在纺织厂附近，其根、叶中的皂类提取物用于清洗纺织品。皂角苷由三萜类化合物、甾质或甾质糖碱分子组成，形成一条或多条糖链。现已清楚，角皂苷是抗真菌侵染的主要因子。例如，由于病菌入侵，燕麦组织受伤，导致细胞区室化被破坏，使某些酶与燕麦皂角苷B接触，水解去除C-26处的葡萄糖，从而产生真菌毒素物质，该毒素物质最终会引起膜的完整性受损。

2. 脂质转移蛋白

脂质转移蛋白是一种植物防御蛋白。萝卜（*Raphanus sativus*）、大麦（*Hordeum vulgare*）、菠菜（*Spinacia oleracea*）、玉米（*Zea mays*）和其他一些物种中，脂质转移蛋白具有不同程度的专一性，可抵抗几种不同的病菌。另外，在洋葱（*Allium cepa*）中，一些编码具有脂质转移活性的抗菌蛋白的基因，受真菌感染反应的正向调节。由于脂质转移并不是脂质转移蛋白的体内的作用，因此脂质转移蛋白这个名称不是很恰当，脂质转移蛋白的抗菌活性不能与其在体内转移脂质的功能等同起来。有关脂质转移蛋白如何抑制病菌生长的机制目前尚不清楚。

3. 外源凝集素

外源凝集素是防御食草动物的一种化合物，也具有抗菌效果。例如，针叶荨麻根际中的外源凝集素可水解真菌的细胞壁。组成性防御抗菌显然也要付出一定的代价。比较许多萝卜品种对真菌枯萎病（*Fusarium oxysporum*）的敏感性表明，最具抗性的品种相对生长率最低，反之亦然（图10-8）。组成性防御的真正机制目前尚不清楚，不过，这不太可能仅依赖于芥子油芥，因为这些防御物在体内含量甚微。生长缓慢、抗病

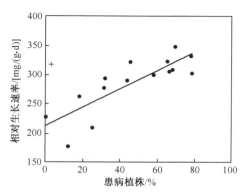

图 10-8　在无病原菌条件下 15 个萝卜品种的相对生长速率与尖镰孢抗生水平之间的关系

的萝卜，其叶片细胞壁内容物较多，而根细胞壁内容物明显较少，但由于含较多的细胞质成分（蛋白质），根也具有较高的生物密度。据推测，这种高浓度的蛋白质可以解释快而充分的抗性反应，不过是以较大的结构和转换成本为代价的。

一些植物病原性真菌已进化形成了解毒酶类，它们可以打破植物组成性或诱导性抗真菌入侵的防卫。大部分真菌能逃避植物皂角苷的毒性；一些真菌则通过仅在细胞外空间生长而避免毒害。感染番茄（*Lycopersicon esculentum*）的一些真菌，通过降低侵染处的 pH 来达到这一目的，因 pH 降到一定水平，番茄皂角苷（α-番茄苷，图 10-8）对膜完整性就无作用了。更主要的解毒机制是真菌膜成分的改变及皂角苷解毒的形成。

（二）植物对微生物侵袭反应

植物抗病原物的侵袭可产生过敏反应，如膜受损、坏死和细胞裂解。这些"自杀"反应通常只局限于受侵的单个细胞。一般认为这是植物牺牲局部感染组织（有时仅为一个或少数几个细胞）以阻止病菌向健康组织发展。许多物种中，植株会自发形成斑点状死组织（坏死）的突变体。对这些突变体的进一步分析表明，这种过敏反应是由植物或病菌的毒素物质形成引起的，部分是由于遗传控制的细胞死亡所致。过敏反应与细胞死亡不同，后者由于敏感植物与致病菌之间的相互作用，其死亡范围超出病菌感染点。在互作过程中，细胞死亡并不能有效地阻止病菌的繁殖或扩展。

过敏反应常促进活性氧（O_2^-、H_2O_2）的形成，这是通过与哺乳动物嗜中性粒细胞在免疫反应过程中相类似的信号途径产生的。活性氧关系到细胞壁降解、抗性提高。同时，活性氧也被认为对病菌有毒性。此外，活性氧可作为诱导防卫基因表达的第二信使。这些活性氧可能是由编码其他氧化酶的基因得到正向调控的产物（图 10-9）。这些基因的调控作用大大提高了植物受侵染组织的抗氰氧化途径。其他途径活性的增强促进电子流能通过戊糖磷酸途径和 NADP-苹果酸酶，从而形成防卫反应所需的碳架和 NADPH（图 10-9）。

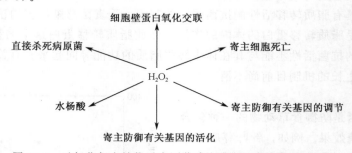

图 10-9 过氧化氢在植物对病原菌感染防御反应中的作用

在抗性植株对非致病菌的过敏反应中，入侵点周围的细胞进行细胞壁修饰，使得病菌酶难以对其消化。借此，植物细胞对病原菌形成了一个物理屏障。同时，抗性植物也产生植保素（即在未感染植物株中没有的那些低分子时抗生素）。植保素的化学性质极不稳定（图 10-10），亲缘关系较近的物种往往具有结构相似的植保素。微生物或其引发物诱导植保素的形成。病原菌中大量其他化合物（如碳水化合物和类脂）也可诱导形成植保素。另外，细胞壁成分（如葡聚糖或葡甘露聚糖）也可以诱导抗性品种快速合成植保素。不同植物合成不同植保素。

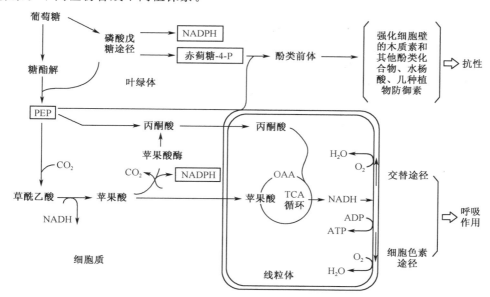

图 10-10　植物对病原菌抗性反应有关的主要代谢途径及其与呼吸作用的关系

　　抗性寄主受非致病性病菌的侵染（"不完全互作"）后，首先在体内形成合成植保素所需的酶，随后合成并积累植保素。这些化学物质在植物活细胞中合成，它们对寄主植物同样具有毒性，因此可导致植物细胞死亡。一些植保素（如大豆抗毒素）是线粒体电子传递链复合物Ⅰ的专一性抑制剂。利用专一性放射性免疫测定法测定大豆抗毒素，发现真菌大雄疫霉接种 2h 后，大豆根中有植保素形成。植保素首先在接种处积累。大豆抗毒素主要积累在表皮细胞，但在皮层细胞中也有发现。大豆抗毒素在接种处的积累要早于真菌菌丝的形成。抗毒素含量随着离接种处的距离增大而下降。

　　在几种病原系统中，植物对非致病性病菌的过敏反应及对致病性病菌的反应，会伴随产生对其他病原物侵染的系统获得性抗性。这些抗性体系包括水杨酸的积累和编码病原发生有关蛋白（PR）的基因活化。甲基水杨酸是一种称之为冬绿油的易挥发性液体，在大部分物种中是通过水杨酸形成的。烟草与烟草花叶病毒共培养所释放的主要物质就是甲基水杨酸。甲基水杨酸可能作为一种空气传播信号，激活侵染植物的健康组织和邻近植株中有关防卫反应的基因进行表达，从而激活抗病性。

　　茉莉酸甲酯和乙烯处理也可激活抗性基因。来自合成溶液和来自未受损冷蒿枝条的茉莉酸甲酯同等有效。这类化合物在受伤植物中经常会大量合成，是常见的次生代谢产物。蒿等植物用于间作前景看好，这种间作已提倡为控制危害生物的有效方法。

　　植物置于非致病性根际细菌（如萝卜中的荧光假单孢菌、黄瓜中的沙雷氏菌）中也会形成抗性。但是，在这种诱导形成的系统抗性中，水杨酸并不起作用。

（三）有机体间的信号传递

　　植物从环境中连续接收到信号，这些信号包括病菌与非致病性微生物所释放的化学信号（引发物）。抗性植株通过自身的防卫系统，对这些信号作出反应，包括小部分细胞的依次死亡及活细胞的物理化学防卫。一旦受病菌侵染后，无论是抗性植株还是生长敏感性植株，都会获得对同种或不同种病原菌此后侵染的更大抗性。近年来，已发现植物中存在明显的监视机制，它可识别微生物因子，并与病菌抗争。最近发现的由非致病性根际细菌诱导的抗性正日益受到人们的重视，它是植物对疾病产生免疫的过程中形成的，这有利于人们以环境友好的方式保护作物免受病菌危害。

第四节　植物间的化感作用（化感和自毒）

一、概述

植物间的相互化感作用的机制是当今生态学上争论的热点。植物间相互作用的范围可从积极作用（促进）到无作用乃至消极作用（竞争），从而影响相邻植物的生长表现（Bazzaz，1996）。当植物利用相同的生长限制资源（竞争资源）时便发生竞争，当一个个体产生不利于其相邻植物生长的化学物质时也会产生竞争（干扰竞争或异生相克）。两个个体间的相互竞争一般是不均衡的，往往其中一个个体产生的副作用要大于另一个个体。

一个种群是否会在竞争中取胜这样的问题与研究时间的长短有密切关系。短期竞争试验常常取决于资源获得和生长速率，而群落中某种群的持久平衡受资源获得速率、周边有效资源的耐性、所获资源转化为生物量的效率及所获资源保持力的影响（Goldberg，1990）。

一个种群的竞争力依赖于环境。没有在所有环境都有竞争优势的"超级种"，只不过某些环境有利于适应的性状，而这些性状在其他环境中竞争则处于劣势。那些已适应或能适应这种环境条件的种群才能在这些环境中生存并在竞争中获胜。另一些植物生长在更适宜的环境中，这些环境非生物胁迫较小。大多数种群在这些条件下可生存下来，但也只有一小部分是成功的竞争者。

生态生理学家试图从组成群落的植物个体的表现来解释竞争的相互作用，其面临的挑战是，在细胞、器官和整体植物水平上以现有的知识来逐步了解发生在自然作物群落中的过程。

处于周围竞争者中的植物，其最重要的功能就是躲避任何潜在的消极影响。除了产生适阴的叶片或是建成能吸收远处有效养分的根外，植物可能远离其邻居而生长，使叶片适应高辐射，根能提供良好的营养。这要求植物有识别相邻植物接近的机制，实际上这种识别机制确实是存在的。

二、植物竞争机制理论

已有几个理论框架用于预测植物竞争结果，它们都是解释竞争产生的机制。Grime（1977）认为，相对生长速率高的种群是有效的竞争者，因为快速生长使植物能支配较大的有效空间和得到较多的养分。如果这种观点是正确的，那么提高资源获得和生长速率的性状是有益的。另外，Tilman（1988）认为能最低水平地利用该种群消耗这一资源的水平要低于其他种群。以上两种理论是不相容的（Gracel，1990）。在短期生长试验中，特别是在高资源环境中，与快速生长有关的性状可能对竞争成功有利。但处于平衡时，当种群对资源供应影响最大时，一个种群对稀有资源利用的潜力会比其最大资源获得速率显得更为重要。

如果由于共同的有限资源耗竭引起资源竞争，那么至少有两种途径可使一个种群成为有效竞争者：降低资源利用水平（低 R^*）和适应低资源水平（Goldberg，1990）。这两种竞争的生理基础完全不同，这将在以后讨论。虽是生理适应，但促进低资源利用和适应低源供应的性状可能相互关联。

两种主要生理适应已作为在不同环境下竞争力的宽广模式基础做过讨论。首先，与通过减少组织利用来保护资源相反的一种适应是占据空间的快速增长或增加资源获得率（Grime，1977）。其次，与地上部收集光和 CO_2 相对应的一种适应是根获得水分或养料（Tilamn，1988）。因为这些适应机制，所以没有一个种群能在各种环境中都是优势竞争者，但可以在特定环境中生长和竞争成功。

自然环境中要比想象的更为残酷（Goldberg and Barton，1992）。当两个种群的生长受同一种资源限制时，便发生资源竞争。Grime（1977）认为，在资源充足的环境中竞争最为激烈，而在资源贫乏的环境中，适应低资源供应更为重要。竞争的影响在高和低资源环境中一样剧烈（Goldberg and Barton，1992）。竞争至少可能在最近受干扰的地区发生，在那里植物生物量低，或充足的资源供应缩小了资源极限。另外，共存种群可能受不同因素限制，因为各种群的物候学、高度及根系深度不同。为了减少竞争，植物必须利用邻近动植物不用的资源用于生长。

三、植物如何识别相邻生物的存在

植物可以识别相邻生物的接近，其机制为：首先，光合强度下降，这样减少可溶性糖的浓度，后者可被植物细胞识别；其次，特殊的色素，如隐性色素和植物色素，可识别辐射强度和红光/远红光的辐射比例。

生长于窄行和高密下的植物，接受红光/远红光比例要比长在宽行和稀密度的植物低（Kasperbauer，1987）。植物色素使植物在相邻植物降低光合强度前就可感觉到（图10-11）。避阴植物对相邻接近的一个重要反应是茎秆伸长速率增加。

如果有某些化学信号，如茉莉酮或其他挥发物产生，植物也能"闻"到地面上相邻植物的存在。与我们通常想象的完全不同，植物有高度灵敏度的化学识别系统，这在植物与周围生物的交流上起着核心作用（Boller，1995）。物理接触是植物识别周围植物的另一种途径。烟草的一种突变种，由于缺少乙烯受体而与周围植物无接触反应，这种突变体对"拥挤"不再有反应，也不会侵入毗邻的邻地。

植物也会因相邻植物对小气候的影响而感到地面上周围植物的存在，这种影响是由不同的热交换产生的，这可能会对竞争结果产生很大的影响。树苗在最初的几年中生长很好，但一旦地面被完全覆盖后，幼树生长迟缓，且易受寒冷危害。尽管一些影响可能是由于对养料和水的竞争而引起引的，但这不能解释所有的发现，包括对寒冷变得更为敏感。桉树幼苗在草中生长时，最低气温降低至2℃，受寒冷危害更为频繁。这种影响

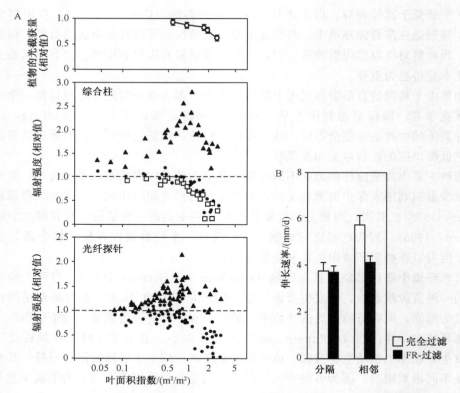

图 10-11　双子叶植物匀高冠层增加叶面积指数对光截获（上）和光照条件
（中、下）的影响

▲：远红光；●：红光；□：蓝光。B. 曼陀罗幼苗第一节间对相邻植株距离的伸长反应

虽小，但足以引起更大程度的光抑制、生长减小，最终使草丛中的幼苗生长期短于空
地。草丛的小气候对幼苗早期生长有负面影响，可以说明在春季草丛对幼树生长有竞争
性抑制作用。

　　已证明植物也能感知地下相邻植物的存在。例如，黑麦草与车前草的地下竞争使黑
麦草根量和长度明显下降，而对芽的生长没有任何影响。生长在加利福尼亚的两种丛木
树拟石楠花 *Haplopappus ericoides* 和 *H．venetus* 的根，通过在土壤剖面中根生的重
新分布，同样可以减少与一种侵入的多年生的肉汁植物冰花（*Carpobrotus deulis*）的
重叠。在两种丛木树周围去除冰花或导致木质部高水势，说明这种侵入的肉汁植物利用
了原来为两种树所用的水。着根方式的变化部分反映了高养分或水分有效区域根繁殖的
差异。当植物在水分和养分供应良好时，也会产生这样的影响，植物避开相邻植物根是
一种专一性反应。

　　化学互作（如根周围的他感物质的积累）有可能解释田间发现的许多现象。豚草
（*Ambrosia dumosa*）根的生长常被常绿香（*Larrea divaricata*）根所抑制，用吸附化感
物质的活性炭处理后，抑制作用减小。由常绿香根释放的一种缓慢扩散的化感物质也引
起相似的抑制。豚草根生长的种内抑制不受活性炭影响，它主要依赖于物理接触。与豚
草根直接接触所产生的抑制物特性还不大清楚，可能与触动形态发生过程有关。植物对
周围同一种群植物与对不同种群植物的反应是不同的。应该指出，对相邻植物根存在的

反应并不普遍。

依靠相邻植物支撑的攀缘植物，总能感知到机械支撑力的存在。一旦接触到支撑后，藤的伸长速率就下降。不是由相邻植物而是通过其他东西支撑，故攀缘植物群体要比无支撑的个体长得高。无支撑植物芽中的养分较多地用于分枝，这会增加遇到支撑物的概率和减少根养分的分配。这表明正是支撑本身，而不是相邻植物生理机能的任何一方面，影响了攀缘植物的分配方式。

显然，植物有感知其地上和地下相邻物的途径。植物的这种反应是为了免于竞争或成为竞争胜利者。所以，某些特性上可塑性大的植物可避开其相邻物，并利用相邻物不用的资源生长。当植物不得不相互竞争同一种有限资源时，是什么生理生态性状决定着竞争的成功呢？

四、植物特性与竞争力性状的相互关系

（一）生长速率和组织转换

田间研究、实验室试验及生态理论都一致证明了这样一个结论，即高资源环境下的种群具有高的相对生长速率（RGR），而低资源环境下种群通过减少组织消耗（高组织存活力）而不是通过增加资源获得而增强竞争力。高潜力 RGR 的生态优势是显而易见的：快速生长而迅速占据较大的空间，从而可优先利用限制资源（Grime，1977）。高 RGR 也可加速植物生命循环，这对于栖息并不持久的杂草十分必要。在生长分析和限制养料供应进行的短期竞争实验中均发现，快速生长种群要比慢速生长种群长得快，且产生较多的生物量。即使自然生长在贫瘠的沼泽地上，与周围的植物竞争时，RGR_{max} 大的种群生长快，生物量多，这至少在不到一个生长季的短期实验中是这样的（图 10-12）。在这些短期实验中，竞争力大者具有较高的叶面比和比根长，因为它们的根较强且根群密度较小（Ryser and Lambers，1995）。

为什么根直径小且组织密度低（如高的比根长）、叶片薄且组织密度小（如比叶面积大）的植物在贫瘠地较少呢？对于不同种群，如常绿植物和落叶植物，已证明快速生长的种群其低组织量密度与其叶片较高的转化率和较短养分贮存期有关。在不同禾本科植物的生态比较中，发现贫瘠地生长慢的种群与肥沃地生长快的种群相比，组织量密度高和转化速率低。植物器官转换必然导致植物叶片养分损失过半，且减少养分贮存期。短期内，快速生长可带来竞争优势，即使在养分供应受到严重限制时也是如此，但从长期上看有负面作用。从缺乏养分的环境中吸收养分难以补偿因组织转化所损失的养分。如试验时间长，那么组织损失和贮存期的差异将影响竞争结果，使快速生长种群被慢速生长种群所淘汰。

为什么低组织量密度与较大转化速率和较短贮存期有关？其部分原因是：高组织量密度反映细胞壁、厚壁组织和纤维等的高投入，这样降低了组织的食味与消化率，使组织能抵抗非生物逆境和食草生物。

在低养分供应下快速生长的种群，养分贮存期较短的三个原因是：种群以不同方式对环境中养分限制作出反应；快速生长种群对敏感营养期的典型反应是促进叶片衰老和从老叶中吸取养分用于形成新的组织；贫瘠地慢速生长的种群通过影响叶片的衰老和分

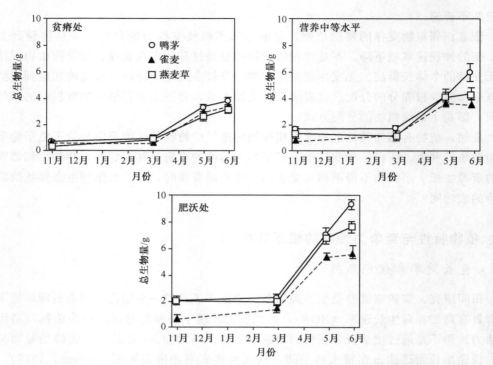

图 10-12 生长在营养条件不同的三种草甸上的三种草丛植物总生物量

配方式从而延缓新组织的产生。也就是说，环境因素诱导衰老的作用，快速生长种群要大于慢速生长种群。由于植物生理上了解得甚少，现在还无法解释这些生态学上的发现，不过结果是显然的：环境诱导快速生长种群衰老，导致更多的养分损失。

（二）分配方式、生长形态和组织质量密度

在肥沃条件下，剪秋罗具有高叶重比（LMR）的基因型与较低 LMR 的基因型相比，与黄花茅和蒲公英竞争时产量较高。在养分供应水平低时，这种分配方式则无优势，而且遗传上高比叶面积（SLA）的基因型丛生叶较少。有关 SLA 生态意义的这一信息是与引至委内瑞拉种植的非洲 C₄ 植物上的研究结果相一致的。在相对肥沃的地方，高 SLA 的引进种竞争强于当地 SLA 的 C₄ 种。在亚南极岛引进的高 SLA 草种剪股颖，能在防风地存活，但在防风地以外不能存活；而 SLA 较低的剪股颖，由于厚壁组织较多，生长于岛的大风带。SLA 较低的大线状莴苣（*Stephanomeria malheurensis*）与它的祖先 SLA 较高的小丝状莴苣（*S. exigua* ssp. *coronaria*）生长在相同的环境中，但在胁迫更大的地区不能生长。小丝状莴苣的个体数远远超过大丝状莴苣，而它们的 RGR 十分相似。高 SLA 与快速生长有关，而低 SLA 与持久性相关。这表明，高叶面积比是因为有高 SLA 和（或）高 LMR，且与低 RGR 相关，这在肥沃环境中占优势。另外，与低 RGR 有关的低 SLA，在相对不良的环境中有选择优势。

SLA 对于植物竞争力来说，是一项重要的地上部性状；比根长度（SRL）是一项重要的地下性状，它决定了植物对养分和水分等资源的竞争力。这可以用两种丛生冰草（*Agropyron*）与一种指示植物三齿蒿（*Artemisia tridentate*）的竞争来说明。丛生冰

草是一个引进种，竞争力强于当地种三齿蒿。

要成为地上及地下的成功竞争者，植物需要 SLA 和 SRL，这就需要一个低组织质量密度。在肥沃草地上的竞争种群必须具有低的叶片和根质量密度。

（三）可塑性

已讨论过光合作用、呼吸作用和生物量分配对光照和氧供应等环境因素的适应性。适应性强反映了一个基因型对一个特定性状的表型可塑性；而某一性状可塑性相对较小有可能是其他性状可塑性较大的结果。据研究，高可塑性可使植物不断开拓未耗竭的环境，使其在空间和时间不断变化的环境中保持优势，即维持资源的获得和保持适应力。相反，在预期资源供应少的地区，使植物生产限制在低水平上，且与生长慢相关对策应优先考虑。鉴于某个性状可塑性较高可能是由另一个性状可塑性较低引起的，因此上述这种论点难以佐明。

有实例证明，较高可塑性与特定环境下的竞争力有关。迟演替的种群与早演替的种群相比，有较大的潜力对遮阴进行光合特性的调整。一个经典例子就是茎秆伸长对遮光的反应。这种可塑性反应在植物与相邻植物的竞争中可能很重要。为了确定植物色素系统对于植物识别相邻植物和此后一些反应的重要性，Ballare 等（1994）以充分表达植物色素基因的烟草转基因植物作为材料进行研究。

现有的资料尚难以对养分供应的差异下结论。高资源环境下快速生长种群与低资源环境下慢速生长种群一样，在分配系数如根量比和茎秆量比上变化较小和（或）变化相似。这一点可用三种丛生冰草来说明，它们在不同土壤肥力的草地上共生（图 10-13）。数据整理很复杂，因为可塑性差的草种雀麦与其他两种草（燕麦草和鸭茅）相比，茎秆和株型较小。因此，在养料供应水平较高时对光的竞争可能会起作用。这一点是不是反证了快速生长种群可逆性较大的假说呢？调查表明，大多数种群不存在这种相关性。例如，在自然草地上比较植物时，一种可替代的解释是：具竞争力的快速生长草种与慢速生长草种相比，在养料供应水平相对高时集光能力和吸肥力较高，即使在使其生长率下降的肥力较低的土壤中也是这样。因此，生长率相似时，先天生长慢的草种与先天生长快的竞争者相比，其组织营养期较长。这样，它们将更趋于提高根量比，而不是揭示较大的可塑性，这反映了养分吸收力有限的结果。一个不很清楚的问题是怎样验证快速生长种群对养分供应有较大的可塑性这样一个有趣的假设。

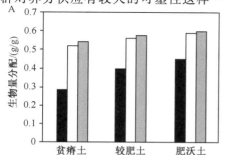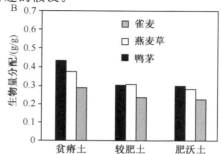

图 10-13　长于三种不同土壤肥力下的三种丛生禾本科草的茎、根与再生组织的生物量分配

A. 茎与再生组织；B. 根与再生组织

总之，高资源环境下的快速生长种群，某些性状可塑性较大，如对阴暗、周围植物和风反应的光合特性和茎秆伸长率。在对养分供应的反应上，植物地下部性状和形成可塑性如何尚难以定论。

五、与特定资源竞争有关的性状

（一）养分

上述已经阐述了快速生长与低养分供应耐性之间"交易"的生理基础。有证据表明生长在贫瘠土上的种群可将资源降到潜在竞争者可用水平之下吗（如 R^* ）？导致资源下降的过程又是怎样？关于 R^* 假说，最明确的证明来自一个田间实验。在实验中，几种自然生长于不同土壤肥力下的多年生高原草种进行单一种植，且在几个不同土壤肥力下竞争。三年中，生长较慢的种群单作与肥沃地高 RGR 种群单作相比，降低土壤硝酸盐和铵浓度的速度较慢。

另外，土壤硝酸盐的浓度对快速和慢速生长种竞争处理的作用与对慢速生长种单作处理的作用一样低，这与快速生长种更快地消亡是一致的。与实验中竞争获胜密切相关的性状是高的根生物量分配和低 RGR。高的根分配是与氮下降密切相关的植物性状。低 RGR 可降低损失率，提高对低供应率的耐性。

生长在瘦土上的植物种的吸收动力学不可能导致低的土壤溶液浓度，典型的是，这些种的养分吸收 I_{max} 较低，且 K_m 与生长在肥沃地的种不同。吸收动力学对土壤溶液浓度的影响，对于可移动养分较大（如硝酸盐），而对阳离子（如铵）和磷酸盐较小。在特定养分条件下，一些种往往具有另一些种所不具有的开发养分来源的能力，如非溶性磷酸盐或无机氮，但这并不能解释土壤中有效无机养分的下降。生长在养分竞争环境下必须具有发育良好的菌根，所以种间菌根联合体大小的差异不能说明不同的种降低土壤养分浓度的能力。

瘦土上生长的植物种降低养分的原因很可能是微生物固定养分，因为适应这种土上生长的植物残渣质量差且数量少。这些种的残渣氮和磷酸盐含量低，这样净矿化率也低。另外，残渣主要部分是根，它们与叶片相比，组织养分浓度较低，且分散在整个土壤中，这样固定区与吸收区一致。

养分贫乏的地区，具有最丰富的植物种群。在有些地方，激烈的养分竞争是生存的关键，那么许多种是怎样共生的呢？一些特定的性状使一些种能利用其他种不能利用的难溶性磷。尽管对不同形态的氮偏受性选择因植物种而异，但大多数植物种具有吸收各种可溶态氮及根据供应情况调节其吸收和合成的能力，外生菌根会破坏蛋白氮，使植物不能直接利用。许多情况下，一个群落中多个物种竞争性共生不是简单地利用特定资源和降低单种资源的能力，它涉及许多性状和抵抗不同环境的细微差异。

（二）水分

抗旱植物吸取土壤水分的机制业已清楚。一个物种越耐低水势，它越能使土壤含水量降低。当土壤水势降到潜在竞争者不能忍耐的水势以下时，它们就再也不能从土壤中吸取水分。使一个物种在低水势下仍保持活性的特性包括：渗透压调节和对根或叶片水势相对不敏感的气孔导度。

蒸腾是向大气散失水分和密集植被土壤干燥的主要途径。使含水量下降最大的物种并非是那些对低有效水抗性最强的种群。通常，抗旱力最大的物种有一套组态和生化性状，使之能保存水分（如 CAM 和 C_4 光合作用、低气孔导度、茎秆低导水率等）。在一个混合物种群落中，水分损失量最大的种群不是那些抗水分胁迫的种群。在抗性较小的物种休眠后，抗旱植物可能在水分吸取的最后阶段发挥着重要作用。在干旱环境下有许多有效的竞争途径，但并非全部都与抗低土壤水势有关。沙漠中其他有效竞争模式包括避旱和在水分充足时快速生长。

根和土壤间导度低或土壤导度低可能阻碍水从根中渗出。水通道蛋白活性夜间下降，从而减少水分在干燥土壤中的散失。水分从根渗入土壤可能被认为是一种不良的过程，但夜间释放的水分可在日间再利用。另外，湿土可促进根部养分吸收和延长共生微生物的活性，也可阻碍与干土接触时从根部发现化学信号。一些借静压上升的水分可被浅根竞争植物所利用。在北美洲西部的大盆地沙漠有一种浅根冰草，它利用的水分中有 $20\%\sim50\%$ 来自相邻北美蒿灌丛借静压上升的水分。糖槭树（Acersaccharum）也能借静压上升为生长在其下的草莓提供 $46\%\sim61\%$ 的水分。静压上升多的大的植株个体易获得水分，且要比浅根种长得高，所以它们不会因竞争而受到严重影响。

（三）光

由于两个原因，光的激烈竞争很少与地下资源的激烈竞争相一致：首先，地下资源充足是形成密集冠层、造成激烈的光竞争的先决条件，这种光竞争是在水分和养分对植物生长限制作用不大的情况下发生的。其次，地上部和根竞争的平衡限制了可同时分配给地上和地下的资源生物量。那些光竞争成功的物种往往是地上分配率较高的树。

和水分一样，光有效性下降最多的物种是那些不耐的物种。高大且叶面积系数大的物种光获得率高，而林下植物和迟演替的物种多为耐阴植物。因为光是一种很强大的直接资源，光的竞争通常是不平衡的，与较高的种相比，光对矮的种影响较大，下层物种对上层物种的影响不明显。

（四）CO_2

在大气中，CO_2 混合相对较好，所以与养分、水分或光相比，植物吸收引起的局部 CO_2 耗竭区较小。但是，光合作用常受 CO_2 的限制，尤其 C_3 植物。比较植物的光合作用方式，发现因大气中 CO_2 浓度的不同，物种的竞争力也不同。例如，预计光合强度在 35Pa CO_2 时达饱和的 C_4 植物，其生长对全球大气 CO_2 浓度升高的反应要比 C_3 植物弱。为了证明这一点，Johnson 等（1993）在竞争条件下比较了 C_3 与 C_4 植物的生长，CO_2 的浓度范围为工业时代前的水平到现在的 35Pa。如同预料，在高 CO_2 水平下，C_3 植物光合作用和生长的增量要比 C_4 植物大。而在低 CO_2 浓度下，C_4 植物比 C_3 植物增产；CO_2 上升时，C_3 植物是竞争优胜者（图 10-14）。如何估计图 10-14 中有关数据所表明的竞争力的变化呢？为了回答这个问题，在墨西哥北部用已知年代的土壤有机物分析[13]C，以便估计在更新世晚期和全新世早期间 C_3 和 C_4 植物相对数量的变化，结果表明，大约 9000 年前，C_3 物种有一个增长过程，南极冰的消融期表明，大气 CO_2

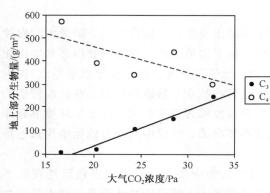

图 10-14　得克萨斯热带稀树草原种子库的 C_3 和 C_4 种群在 15～35Pa CO_2 浓度下生长 13 周后的地上部生物量

浓度有一个快速增长过程。来自粪堆的植物巨型化石表明，植物被变化与干旱度的增加相一致，这利于 C_4 种。除气候变化外，植被变化很可能是由于大气中 CO_2 浓度上升所引起的。

有证据表明，大气 CO_2 浓度的上升使 C_3 植物比 C_4 植物受益更多，这种证据来自对侵入性木本 C_3 豆科植物（密牧豆树）的研究结果。在以往的 150 多年中，这种侵入种在北美 C_4 占主导的草地上大量增加。当其单一种植时，与历史上较低的 CO_2 水平相比，在目前的大气 CO_2 水平下，它的地下生物量、N_2 固定量和水分利用率都有所上升。与小须芒草（C_4 植物）竞争，对生物量无影响。CO_2 水平的上升可能有利于其竞争，但这种灌木避开与相邻草种竞争的对策可能更为重要。

大气 CO_2 浓度升高会改变其他环境资源的获得，从而以难以预测的方式改变竞争平衡。在干旱的北美大草原，CO_2 上升引起土壤含水量提高，从而导致植物气孔导度和蒸腾下降。土壤含水量提高有利于高大 C_4 草种对 C_3 草种的竞争，这与所预料的光合作用对 CO_2 的反应正好相反。最近有一种观点指出，现有 14 个有关 C_3 和 C_4 植物竞争的研究，有 13 个是在相对肥沃的土壤上进行的，在这些条件下，可以想象，光合作用与生长和竞争力的关系最密切。目前，对另外 90％的地球表面上 CO_2 是怎样影响竞争的，人们几乎一无所知。

依赖于大气 CO_2 浓度的 C_3 和 C_4 植物的竞争结果说明光合作用是决定竞争性互作的一个主要因素，但如果我们仅以 C_3 植物作对比，情况仍是如此吗？有关"侵入"物种和早期演替木本物种及最终取代这些植物的物种的大量光合作用，已有不少报道。演替要比仅为竞争性互作复杂得多。不像常规的体育比赛，在演替竞争中，经焚烧或暴风摧残植被后，没有单个赢家。处于优势的一些物种，在竞争的某一时期是胜利者，因为它们可以有一段时间积累足够的碳和养分确保继续参与竞争。可通过营养再生、种子贮存或分配到其他部位等方式进入以后的竞争，但它们的前提条件是在营养生长的某个阶段要积累足够的碳和养分。在演替中，竞争确实起作用，且在演替后期，早演替的物种是弱的竞争者。在美国南部，两个外来藤本植物野葛（*Pueraia lobata*）和忍冬（*Lonicera japonica*）是主要的杂草，与当地的许多藤本植物相比，它们的光合速率十分相近。显然，这两个外来种强的繁衍性不能归因于高的光合速率。

六、植物之间的正向互作

不是所有植物之间的互作都是竞争性的。植物常常会改良周边环境和促进其生长及存活，特别是在幼苗期和在物质环境或水分及养分严重限制的生长地带。

在干热环境中，往往在其他植物保护的遮阴区首先长出幼苗。在沙漠中圆筒掌

（*Ferocactus acanthodes*）在幼苗期，死亡率高是因为其热容量低。处于其他植物遮阴下的幼苗，要比裸露下的幼苗低 11℃，且只能在阴凉区存活。

促进作用还包括养分有效性的提高。最典型的例子是在早期演替和其他低氮区，有 N_2 固定种的形成。N_2 固定植物的高氮残渣分解提高这些环境中氮有效性。其他情况下，有机物增加了下层植物水分和养分。其他有利之处还有土壤的氧化作用、土壤的稳定性作用及保护物质避免食草动物和授粉动物的侵扰等。

现实世界中，植物间的互作是竞争性和互利性的复杂混合体，两者通常是同时发生的。例如，在阿拉斯加的冰川湾，桤木属（*Alnus sinuata*）是一种对云杉（*Picea sit-kensis*）产生综合影响的早期群落，而云杉是最终演替优势物种。桤木通过增加氮和有机物加速云杉生长，但遮阴和根部竞争对云杉生长产生负面影响。同时，桤木残物埋藏幼苗，并为食种子动物提供栖息地，这样增加了幼苗的死亡率。经过长期作用，桤木的这种综合作用降低云杉密度和提高云杉个体生长。在许多研究中，都发现了与此相似的竞争和互利作用的综合体，一种植物对另一种植物的净化作用常随时间、气候和演替期的不同而有所变化。

七、植物与微生物的共生体

植物与微生物共生体间的共生关系会对竞争结果产生强烈影响。许多演替早期的木本物种（如在焚烧后）是固定 N_2 的豆科植物。当土壤中 N 水平上升时，其固定 N_2 率下降。在演替后期，这种先锋作物可能被食植性的节肢动物所食。为固定沙丘而从澳大利亚引入南非的金石欢（*Acacia saligna*）的竞争成功，部分归功于其与根瘤生物的共生。

如果竞争植物是菌根，那么也需要考虑其外部菌丝获取养分的能力。如果它们共用一种外部菌丝，那么存在于植物间的竞争将是外部菌丝获取养分。菌根的影响能改变不同种群间的平衡吗？当羊茅（*Festuca ovina*）幼苗生长在贫瘠的沙地时，在与其他种幼苗竞争中，生长有真菌 VAM 时要比缺乏 VAM 时差。而许多竞争种群的幼苗，除无菌根种群外，大多生长较好。比较多年生黑麦草（*Lolium perenne*）和双子叶植物车前草（*Plantago lanceolata*）的 RGR（单独生长或竞争生长，有或没有 VAM），结果表明，当植物单独生长时 RGR 相近且与其菌根状况无关；当竞争生长时，菌根植物车前 RGR 较高，而无菌根植物正好相反。这表明在草地上车前草可能依靠菌根共生。

当物种对菌根的依赖性不同时，竞争互作更为复杂。例如，两种北美大草原的草种，大须芒草（*Andropogon gerardii*）98％依赖于共生，洽草（*Koeleria pyranidata*）只有 0.02％依赖共生。当成对竞争时，大须芒草在有菌根真菌时占优势，而洽草在真菌缺乏时占优势。另外，当与另一种菌根较少的加拿大野黑麦（*Alymys canadensis*）竞争时，菌根上真菌以相似的方式影响竞争的效果和反应。在它们的自然栖息地，大须芒草在温暖季节生长，而洽草和加拿大野黑麦在土壤温度较低时生长最快，因为低温限制菌根的养分吸收。

一些草本先锋植物是无菌根植物。这些植物在演替早期生长良好，是由于它们具有从可用性极低的资源中释放磷酸盐的特殊本领或由于其磷酸盐获得能力大。在后期，菌根种群可遍及和取代无菌根种群。在与无菌根一年生芸薹的竞争中，当植物大小相似时，黍（*Panicum virgatum*）的生长和养分吸收率都有所下降；并且无菌根芸薹的生长与其在单一种植时是一样的。啃食牧草的菌根真菌弹尾目（节肢动物门）的存在增加无菌根芸薹的氮吸收。当无菌根芸薹幼苗不得不与提早三周发芽的菌根植物黍竞争时，情况恰恰相反；芸薹受到了竞争的负影响，而较大和较老的黍却不是这样。其原因部分是由于一年生无菌根植物逐渐被多年生菌根植物所取代。菌根真菌释放的其他化学物质在这种取代中可能起着十分重要的作用。这样，无菌根种群的萌发和幼苗生长会受到根际菌根菌丝的抑制（图 10-15）。当磷肥抑制菌根微共生菌时，对根生长的有害影响和无菌根种群的功能可能会减弱。这可能会导致我们得出错误的结论，即施磷肥而生物量大大增加的植物，其生长受磷酸盐的限制要比菌根植物的生长更严重。

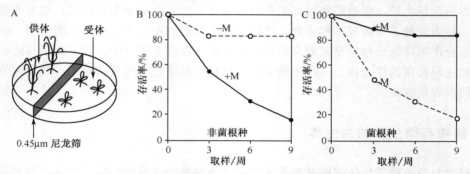

图 10-15　菌丝对有菌根和无菌根植物幼苗存活率的影响
A. 分析菌丝对有菌根和无菌根幼苗存活率的实验设计；B. 菌丝对无菌根植物幼苗存活率的影响；
C. 菌丝对有菌根植物百金花幼苗存活率的影响

　　菌根真菌会对无菌植物产生不良影响，但相反的情况也会发生。当大豆（*Glycine max*）在无菌根种群异株荨麻（*Urtica dioica*）的邻近处生长时，大豆根通过菌根真菌的传染作用而受到抑制。一种对真菌有毒的植物凝血素明显抑制真菌菌丝的生长，这说明这种植物凝血素可能与无菌根种群的存在对菌根植物生长的影响有关（图 10-16）。因为这种植物凝血素的作用，在首次施肥后 1h 达最强，而后减弱，即使再施肥也不起作用，所以菌根真菌可能有一套抵御这种植物凝血素的机制。然而尚无证据证明这一假说。其他对几丁质有高亲合力的植物凝血素没有抗真菌的性能。需要进一步肯定的是，

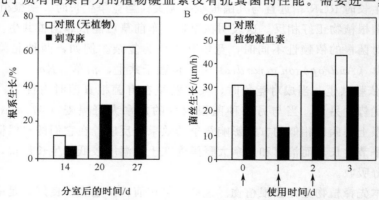

图 10-16　荨麻对土壤菌丝扩展和荨麻植物凝血素对真菌菌丝生长的影响
A. 荨麻生长和对照的土壤中菌丝的扩展；B. 荨麻素对真菌菌丝生长的影响

来自异株荨麻根部和地下茎的植物凝血素是否是这种无菌根植物对周围菌根植物产生影响的一个主要因素。

采食活动对竞争的相互作用也有很大的影响，它依赖于食草动物的选择力。被选择性地啃食的植物，由于防御力低或其他原因，与不被啃食的相邻植物相比，竞争力总是较小。在无选择的啃食中，缺少良好抵御机制的种群明显地更耐啃食。

八、演替

干扰后的种群组成的演替变化是早期和晚期演替物种栖息、生长和死亡的最终结果。在演替变化中，竞争作用和互利作用都起着重要的作用，在整个演替过程中，起决定作用的种群组分变化与可预测的生态生理预测变化有关。最初建立的群落生理，在原初演替（植物首次定居）和再次演替（焚烧或农耕后植物再次在先前生长的土地上定居）之间存在很大的不同。原初演替时土壤中所含氮素和有机物少。

原初演替的土壤缺少埋种坑，需要群落自行散落种子，而再次演替的土地既有埋在土中的种子，也有散落播种。原初演替的早期群落，它们的种子要比再次演替的种子小，同样再次演替的种子比以后演替的种子小（图 10-17），这可能是因为许多原初演替群落比再次演替群落分布范围更广。后期演替的群落竞争更为激烈。

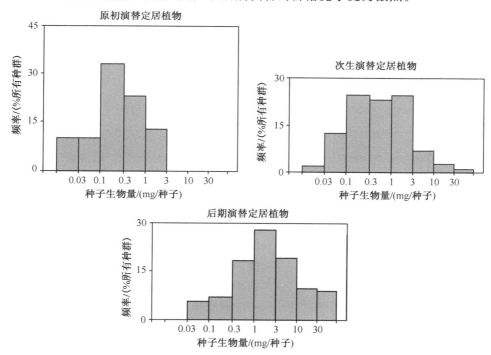

图 10-17　原初、再次和后期演替群落植物种的对数频率分布

综上所述，没有一个唯一的生态生理性状能使一个基因型具有竞争优势。竞争结果可能因突发事件如洪水、霜冻、干旱而不同，一个基因型如能较好地适应这些变化就能存活，而其他基因型将被淘汰。一个环境中的优势性状（如低组织密度）可能会在另一

个环境中成为劣势性状，在养分缺乏时低组织密度会导致较大的养分损失。在许多生理性状中，适应性状在不同环境中取得竞争成功是最为关键的。

在适宜的实验条件下生长，原初演替种群要比后期演替种群生长快。另外，原初演替栖息地的种群，RGR 要比生长在肥沃地的再次演替种群低（图 10-18），这表明在定居种群中低土壤肥力选择那些具有低 RGR 性状的种群。

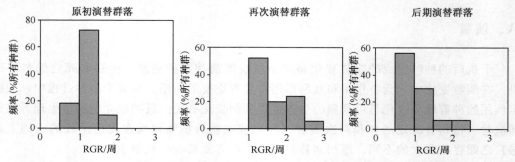

图 10-18 原初演替群落、再次演替群落和后期演替群落的 RGR 频率分布

早期演替的树或灌木比后期演替的植物具有较大的单位叶面积光合强度（表 10-4）。列于表中的灌木光合作用的光饱和率与最终的顶极树种山毛榉属（*Fagus sylvatica*）的光饱和率相比，只低(3~4)μmol/(m² · s)，很明显，高光合速率并不能说明早期种群会被后期种群所取代的原因。

表 10-4 绿篱中一批中欧木本植物的光合性状

单位光合能力	种名、演替时间、竞争力				
	黑刺莓 早期先锋 竞争力低	欧洲黑刺李 后期先锋	山　　楂 后期演替	田　　槭 后期演替	茶鹿子 后期演替 林下灌木
A_{max}[μmol/(m² · s)]	11~15	9~12	8~12	8~11	6~14
A_{max}时气孔传导率[mmol/(m² · s)]	150~250	350~450	350~500	150~200	150~350
单位叶片氮光合[μmol/(gN · s)]	8.6~11.6	4.7~6.3	3.6~5.3	4.3~5.9	4.5~10.5
单位叶片磷光合力[μmol/(gP · s)]	83~113	56~75	30~45	44~60	62~144

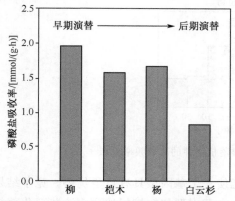

图 10-19 长于温室的阿拉斯加原初演替洪泛区树苗切根的磷酸盐吸收率

与光合作用相类似，很明显，早期和中期演替的种群要比后期演替的种群有更大的吸肥能力（图 10-19），这反映了定居种群的高生长潜力和高养分需求。

演替植物的死亡通常是由食草动物引起的。后期演替的种群与早期演替的种群相比，其长寿叶片具有较高浓度的防御混合物和较差的食味（图 10-20）。

总之，演替期间的生态生理性状变化与种群中较早表达的性状相同，相对于在低资源地带，这些种群在高资源地带竞争较为有效，这

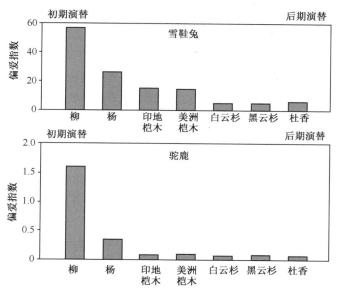

图 10-20　阿拉斯加初级演替泛滥平原两种食草动物对植物不同种的偏爱性

说明演替期间引起了种群替代的竞争平衡上的变化。

　　竞争优势可能基于植物的一种次要代谢，如有害于其他植物的拮抗化学物质的释放、溶解被固定的养分或沉淀有害土壤成分的混合物的分泌、螯合重金属的化学物的产生或减少食草动物侵害和病害影响的防御混合物的积累。

　　如果植物不产生这种防御混合物，那么它们可能在肥沃的环境中生长得更快。而在较长时期中，这样的植物会死于害虫或病菌的侵害，如欧洲的蔷薇（Crataegus）和澳大利亚的金合欢。当一些种群在一个缺乏害虫的国家推广时，这些种群可能会变成侵入种群（如来自于澳大利亚的金合欢，它被引入南非用于固定沙丘）。不同植物性状的表型可塑性大（如光合性能、养分获得率和茎秆伸长率）可能也有利于在竞争中获胜。另外，竞争优势可能依赖于与其他生物的互利关系。

第五节　植物与食草生物之间的化感作用

　　植物含有大量在初生代谢或生物合成过程中并不起作用的化合物，这些物质通常指次生代谢物，其中有许多物质在众多生态互作（如抵制食草生物等）中起作用。许多植物次生物在抵制食草生物的取食方面起作用，但一些食草生物已找到了解决这一问题的途径，甚至更喜欢那些含有特定次生物的植物。

一、植物防御食草生物的化学机制

　　化学防御在荨麻中很明显，并且与荨麻科植物的组成密切相关。一旦接触植株，茎或叶片上的茸毛尖端就断裂。这些茸毛壁很薄，且含硅，断开的茸毛尖端可渗入皮肤，由于茸毛内容物的释放，逐渐引起疼痛并使皮肤肿大。茸毛内容物的实质尚不清楚，以往的报道认为是生物胺。对于荨麻而言，食草生物的取食量与茸毛的数量呈负相关。

一些次生化合物抑制线粒体呼吸的特定反应。例如，从许多物种生氰化合物中释放出的氢氰酸，可抑制细胞色素氧化酶的活性。氟乙酸抑制 TCA 循环中的顺乌头酸酶。普拉黄酮（platanetin）是一种来自悬铃木芽中的类黄酮抑制剂，它可抑制外部 NADH 脱氢酶。许多豆科植物种子含有专一性的 α-淀粉酶（一种水解淀粉的消化酶）抑制剂。而另一些次生化合物的专一性弱，如丹宁沉淀蛋白质，因而干扰食物的消化。柳树中的有毒酚类葡萄糖苷可能与植物次生代谢的进化有关，因其对许多食草生物都有毒。但是，有些食草生物进化后具有抵抗这些化学防御的机制，并将葡萄糖苷作为诱饵。芥子黑经酶促转换成丙烯异硫氰酸，它可使芥子变得很辣（图 10-21）。在甘蓝和其他十字花科植物中，芥子黑吸引蝴蝶，同样也吸引特定的蚜虫和甘蓝根蝇。

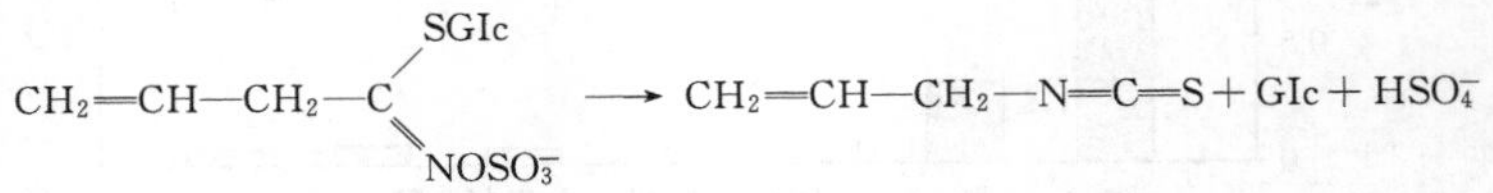

$$CH_2=CH-CH_2-C \overset{SGlc}{\underset{NOSO_3^-}{}} \longrightarrow CH_2=CH-CH_2-N=C=S+Glc+HSO_4^-$$

图 10-21 黑芥子硫苷酸钾的化学结构

甘蓝蛾通常只在含芥子黑的植株上产卵，含该化合物的滤纸也可作为替代物，其幼虫专门取食天然或人工加入的芥子黑。

白杨和柳树都含有大量的有毒酚类糖苷，包括水杨苷。水杨苷被水解和氧化，经消化形成水杨酸，水杨酸能使线粒体的氧化磷酸化解偶联。酚类糖苷的结构与许多拮抗物相似，这表明进化中形成拮抗物的动物在抗病与抗食草生物中起作用。

柳树的各个种中，酚类糖苷的总含量及其光谱各不相同（表 10-5）。酚类糖苷在以柳叶为食的甲虫取食模式中的作用已有不少研究。表 10-5 列出了用于甲虫取食试验的 8 种柳叶。所有试验中，不同柳叶对相应的甲虫取食量具高度相关（图 10-22）。酚类糖苷的总含量及其质量决定着甲虫的取食模式。

表 10-5 芬兰本国或引入的八种柳树种叶片中酚类糖苷的含量　（单位：mg/g 干重）

	柳皮苷	水杨苷	野草莓苷	三雄苷	毛柳苷	云杉苷	合计
野生柳树							
黑柳（S. nigricans）	48	3	0.2				51
深山柳（S. phylicifolia）	0.5	0.1	0.1	0.3	0.1		1.8
黄花儿柳（S. caprea）	0.3	0.2	0.1	0.1			1.2
五蕊柳（S. pendandra）		0.7	0.7				7.6
引进柳树							
水柳（S. cv. aquatica）	6.4	1.3	0.1				7.8
黄毛柳（Sldascylados）	9.9	2.0	0.2				12.1
蒿柳（S. viminalis）	0.1		0.1	0.1		0.2	1.5
三裂柳（S. triandra）		0.3			7.4		7.8

哺乳动物对林木的防御模式有重要影响，这些林木在整个冬天对哺乳动物的取食防御较脆弱。哺乳动物取食是林木死亡的一个重要原因，因为哺乳动物在冬天一般需要最高的能量来维持生命活动，而植物却不能通过生长补偿被食的组织。林木的防御很大程度上受生长发育的控制，这在幼年期可以得到充分的证明。总体上，幼年期林木对哺乳

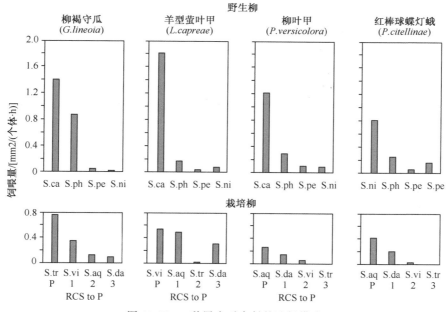

图 10-22　4 种甲虫对食料的选择模式

4 种当地原产和 4 种引进的柳树以两种不同类型的食料形式供应，偏受种列在左面，其他种按它们与该偏受种（P）的化学相似性（RCS）排列。柳树名见表 10-5

动物的取食防御很脆弱。随着取食，待青年期形成茎秆，次生代谢水平提高，可阻止进一步被取食。这些防御中包括醇溶性的萜烯，如赤杨的甜椒酸（papyriferic acid）和桤木的赤松素，可阻止取食使之维持体重所需水平以下，否则将导致氮和钠的失衡。

二、质量与数量型防御化合物

可阻止取食的次生代谢物通常分为质量型和数量型两大类。

质量型次生化合物的毒素物质通常含量较低，但也可占到一些种子鲜重的 10%。大多数化合物都属于这一类，包括生物碱、生氰糖苷、非蛋白质氨基酸、心脏糖苷、芥子油苷及蛋白质，它们的作用模式很广。

数量型次生化合物的毒素物质可降低食物的消化率或适口性，且总是在生物量中占很大的比例。它们大部分是酚类物质（酚酸、丹宁、木质素等）。丹宁和其他一些酚类化合物与被消化的蛋白质束缚在一起，通过抑制消化酶的活性而降低植物组织的消化，或干扰小肠壁中蛋白质的活性。与木质素一样，丹宁也增加叶片的硬度。

尽管区分质量型和数量型防御是一个有用的起始点，但两者的界线并非泾渭分明。许多酚类物质不仅对食草生物有毒，对某些动物具有更强的毒性。

三、植物与食草生物间的"军备竞赛"

"军备竞赛"生动地描述了植物中有毒防御物和动物中处理这些有毒物质机制的持

续进化。共进化有很多例子，但在一些食草生物中机制受抑制，这些食草生物可贮藏或降解质量型防御物，但很少有证据表明食草生物具有打破数量型防御的机制。

荨麻科的微茸毛可保护植株防御食草生物，但对一些毛虫无效。其中，有些毛虫可轻易地咬掉茸毛。蜗牛受荨麻叶片茸毛的影响很小。植物与食草生物，尤其是与昆虫总是在作斗争。从植物本身来看，互作的成功决定于自身能否抵制昆虫取食的能力。而从昆虫方面来看，互作的成功取决于能否从有毒植物防御物中获得保护能力，从而将其作为食源。

一个进行过深入研究的共进化实例是艾菊和朱蛾的组合（图10-23）。艾菊至少含有6种吡咯烷类生物碱，它们以含氮杂环和发生碱化反应著称，代表了植物防御中最大及最具组织结构的一组。狗舌草中高毒性生物碱可损坏肝脏，*Tyria jacobaea* 的幼虫不受这些生物碱的伤害，并能将狗舌草作为一种食源。它们积累毒素，直至发育为成熟蝴蝶。这种幼虫和蝴蝶对鸟类都是有毒的。这些动物的天然毒性与其黑色和亮黄色的警戒色相一致。除 *Tyria* 的幼虫外，还有一些动物能对付舌草中的有毒性生物碱。

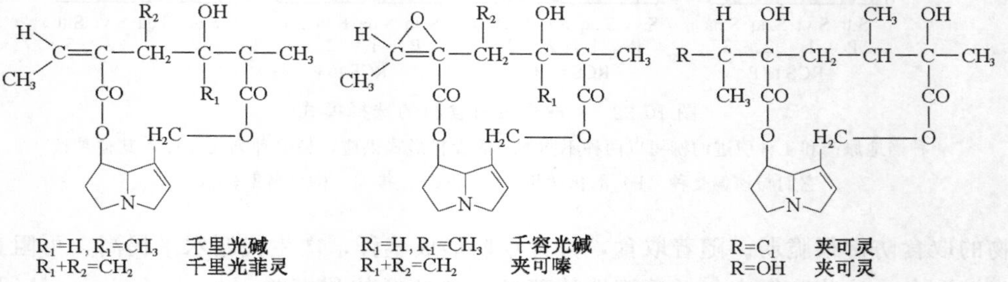

图 10-23　一些吡咯碱的化学结构

马利筋属和一种橙褐色美洲大蝴蝶的互作与狗舌草和 Tyria 间的互作相似；马利筋属与美洲大蝴蝶间的互作，因一种黑红色美洲大蝴蝶的介入而产生了一种很有趣的局面。马利筋属植株的乳汁中含心脏糖苷（牛角瓜碱 calotropine 和异牛角瓜碱 calactine）。心脏糖苷是一种烈性化合物，小剂量就可刺激心脏，稍高剂量就会致死，一些心脏糖苷的化学结构见图10-24；黑红色美洲大蝴蝶也具有相似的颜色，但它不含任何心脏糖苷。大部分捕食者受乳草属植物心脏糖苷的阻碍，但有两种墨西哥鸟能取食橙褐色美洲大蝴蝶的毛虫，这可能是由于它们具有解毒机制的缘故。

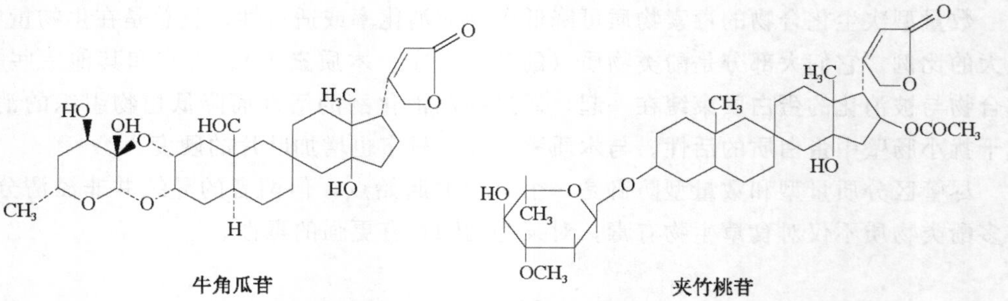

图 10-24　一些心脏糖苷的化学结构

能对付有毒植物并不一定会导致毒素的积累。哥斯达黎加的一种甲虫 *Caryeds bra-*

siliensis 的幼虫，多以薯蓣的种子为食。这些种子含有毒的非蛋白质氨基酸——刀豆氨酸（canavanine），它与精氨酸相似，数量上可达种子鲜重的 7%～10%。非蛋白质氨基酸因其抗代谢而有毒，也就是说，它们的结构与特定氨基酸的相同，但由这些氨基酸组成的蛋白质的三维结构和功能与含正常氨基酸的蛋白质不同。*Caryeds brasiliensis* 幼虫的抗性基于以下两点：第一，幼虫具有不同的 tRNA 合成酶，它能识别精氨酸和刀豆氨酸的差异；第二，它们具有高水平的脲酶，该酶可分解刀豆氨酸。因此，对幼虫来说，这些毒素是一个重要的氮源。

四、植物是如何避免被自身毒素毒害的

大多数防御动物的次生物质对植物本身也有毒。研究表明，110 个属近 2000 个种的植物可吸收 HCN，这些植物包括苜蓿、亚麻、樱、欧洲蕨和木薯等。HCN 抑制动、植物中的许多酶（如细胞色素氧化酶和过氧化氢酶），并使植株含有生氰化合物。那么，含生氰化合物的植物如何保护自身不受 HCN 的毒害呢？

生氰植物实际上并不贮存 HCN，确切地说，它们贮藏生氰糖苷，而生氰糖苷只有在水解时才形成 HCN，且这一反应受特定的酶催化。许多生氰化合物需要氨基酸作为前体，生氰化合物及相应的降解生氰化合物的酶分布于不同的细胞层（图 10-25）。一旦细胞受损，如被消化后，酶与底物就结合。例如，高粱中的一种生氰糖苷分布于叶细胞皮层的液泡中，而相应的水解酶则贮藏在细胞内。只要这种限制性区域存在，植物本身就不会产生问题。亚麻苦苷在橡树和木薯的茎部合成，经韧皮部运输至根部是如何避免 HCN 形成的呢？这很可能是非水解性的亚麻苦苷，而不是水解性亚麻苦苷本身在运输。

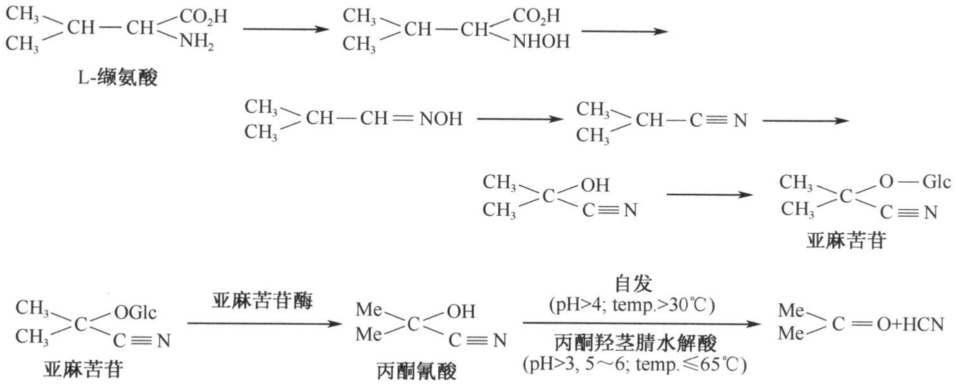

图 10-25　以缬氨酸作为前体的亚麻苦苷的合成

虽然通过区域化避免是最佳措施，但还需要其他一些解毒机制。植物中 HCN 的解毒是可能的，受 β-氰丙氨酸合成酶催化，L-半胱氨酸＋HCN ——→ β-氰丙氨酸。贮藏在种子中的生氰化合物中的氮可被动用，也可合成主要的氮代谢物，此外，蔬菜类植物器官中，生氰化合物可能会发生转化。

动物对生氰糖苷的抗性与硫氰酸酶有关。该酶催化氰化物形成硫氰酸。这一反应需

要来自巯基丙酮酸的硫。用硫氰酸处理受 HCN 中毒的患者，其原理与此相同。

　　苜蓿与其他物种一样，存在着氰化物的同素异构体。只有当编码亚麻苦苷酶的隐性基因与编码亚麻苦苷的隐性基因纯合时，才会产生生氰化合物。在欧洲南部，除了高原地区外，都以形成生氰化合物的品种为主。在欧洲西北部，大多数都是非生氰化合物的品种，而与其温度间的相关性还没得到满意的解释。可能存在着其他因素，如橡树受致病真菌侵染后会释放出 HCN，并表现出阻止真菌入侵的能力。但形成生氰化合物也有其不利的一面，因而品种与温度间的相关可能反映了病菌对温度的依赖性。与生氰化合物一样，许多生物碱也贮藏在特定的区室。罂粟胶乳具有丰富的囊泡，囊泡中含有吗啡及其合成与分解的酶。草莓、芸香及许多其他物种的细胞中也有相似的生物碱囊泡，贮藏小檗碱或其他生物碱及一些形成该碱过程中所需的酶。生物碱囊泡可以和中心液泡融合，从而沉积生物碱。

五、药用植物和作物保护用的次生代谢物

　　抵制食草生物或抑制病菌的次生代谢物，人类对它们的利用已有几百年历史了。柳树皮中含水杨酸，它与阿司匹林有密切关系，并已用作药物。奎宁是一种来自金鸡纳树树皮的生物碱，几个世纪前就被用来防治疟疾。其他一些药用次生代谢物列于表 10-6。其中有些目前仍在利用，一些是因其具有抗肿瘤活性而在利用。更有许多物质，包括未发现的，只要含该物质的物种不灭绝，就有可能被发现具有类似的效果。

表 10-6　人类已发现的次生代谢物

化学成分	物种	用途
阿司匹林	柳，杨	止痛
乌头碱	乌头	止痛
阿托品	颠茄	眼科学
金雀花碱	金雀儿	偏头痛
绿藜芦碱	藜芦	肌肉疾病，止痛
心脏糖苷	毛地黄，马利筋	心脏病
紫花苷	柳穿鱼	痔
奎宁	金鸡纳	疟疾
阿托品	颠茄	中毒
紫杉碱	红豆杉	中毒
毒芹素	毒芹	中毒
东莨菪碱	天仙子	中毒
除虫菊脂	除虫菊	杀虫剂
鱼藤酮	鱼藤	鼠类中毒
樟脑	樟	防蠹丸

　　人类也已发现这些次生代谢物的其他用处。很早以前，就已用紫杉碱制成弓箭。近年来，它们的利用日趋增加，包括目前广泛利用的对环境影响较小、产自茼蒿 (*Chrysanthemum cinearifolium*) 的杀虫剂——除虫菊酯。

　　粮食作物的祖先也含有许多有毒物质，包括番茄和马铃薯中的生物碱（图 10-26）。

幸运的是，通过育种大大降低了番茄和马铃薯中的生物碱含量，到 21 世纪初马铃薯无毒性物质就存在了。

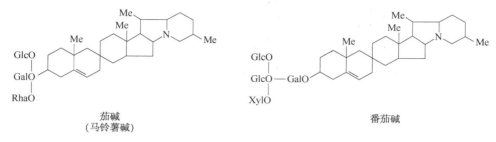

茄碱
（马铃薯碱）

番茄碱

图 10-26　番茄和马铃薯中的生物碱的化学结构

木薯、稷和蚕豆中的生氰糖在食品初加工时被处理成无毒。如果食物经正确处理，也可消除许多消化酶（蛋白酶、淀粉酶）的抑制剂。食用生的或未充分煮熟的豆是不健康的举动，因它们还存在有大量次生化合物。草中某些通常被用作香料的物质也已列入有毒名单，这些物质包括苯樟脑和辣椒素，不过少量摄入并不会引起什么问题。

当然，还有一些物质是应该绝对避免的，如生长在花生、玉米或其他粮食作物上的黄曲毒形成的真菌混合物。这类物质可导致严重的肝脏损伤或癌症。其他一些次生物因可减少某些癌症的危险，对人类健康具有明显的积极效应。这些物质包括所谓的富纤维食品中的类黄酮，这种酚类化合物可抑制性激素的形成，因此，它们可降低那些因激素变化而引起的癌症的发生率，包括乳腺癌和前列腺癌。

然而，食草生物可以适应特定蛋白酶的增加。这是因为它们可形成另外一些酶，而这些酶的活性不受植物形成的抑制剂的抑制。例如，一种 α-淀粉酶抑制剂可保护普通大豆的种子不受豇豆象鼻虫的侵袭，但对大豆象鼻虫或墨西哥大豆象鼻虫不具保护作用。墨西哥大豆象鼻虫幼虫提取物中的丝氨酸蛋白酶可快速消化普通大豆和红花菜豆的 α-淀粉酶，使之失活，但对野生普遍大豆或宽叶菜豆中的 α-淀粉酶不起作用。

外源凝集素与碳水化合物结合在一起，它们在防御中起作用。许多植物（包括橡皮树、雪花莲和苹果棘）含有外源凝集素，其中的外源凝集素位于树皮韧皮部薄壁组织中的蛋白质体上。有些外源凝集素对许多动物具有高毒性，但对病毒及一些真菌起良好的保护作用。尽管一些昆虫对外源凝集素表现出抗性，但吮吸式昆虫如蚜虫对外源凝集素具有高度敏感性。

六、环境对植物次生代谢物形成的影响

尽管特定的次生代谢物对特定物种具有专一性，但其含量随环境条件而有很大的不同。

（一）非生物因子

次生代谢物的含量取决于植物年龄，也取决于非生物环境因子（如光强、干旱胁迫、渍水、霜冻、污染及营养）。例如，银合欢（*Leucaena retusa*）细根中有机硫化物（COS、CS_2）的形成随硫酸盐供应增加而增多，特别是在幼苗中。松树遭受水分胁迫，

松香的形成减少，且更易被甲虫取食；云杉落叶，与食草生物吃树皮有关的类萜形成减少。其他一些植物中，胁迫会增加次生代谢物的形成。例如，与生长在最佳氮素供应条件下相比，柳树和其他许多树木一样，在氮素受限的条件下丹宁和木质素的含量增加。受水分胁迫影响，高羊茅和黑麦草的杂交种生物碱含量下降，而烟草中含量却上升。这种效应可能受由糖类调控的基因表达所调节。而编码光合作用酶的基因受碳水化合物的负向调节，其证据是大量防御基因受碳水化合物的正向调节。

已有两种假设解释环境对植物次生代谢物的影响。C/N 平衡（CNB）的假设可解释碳次生代谢物的投入水平，作为光合作用下生长间的一种平衡，反过来对植物的 C/N 平衡又很敏感。根据 CNB 假设，当营养充足时，植物将碳分配给生长；而低氮营养下，对生长的限制要比光合作用强，这样碳水化合物过量，从而形成碳次生代谢物（广义上是数量型防御）。这种假设可解释生长在贫瘠土壤的植物普遍具有高水平的植物防御，相应地，在氮营养供应充足或遮阴条件下，防御水平下降。例如，生长在贫瘠土壤的热带树木，其酚类物含量较高，取食率少于生长在肥沃土壤中的树木。这一假设也显示出生长快的植物在防御中投入的碳较少，这在热带树角果木（Cecropia prltata）的幼苗中已得到证实。

生长、分化平衡（GDB）假设可解释碳次生代谢物形成比例在季节和年度的变异。根据这一假设，只要条件允许细胞分裂和膨大，生长是碳投入的主要途径。而一旦遇到水分胁迫、光周期或其他限制生长、细胞分化、松香导管形成的任一环境因子，植物就将碳分配给松香和其他次生代谢物的形成。这种假设可解释松树在生长早期对南方松树甲虫侵袭脆弱性，并可解释在生长后期为什么会形成松香，尤其是当水分胁迫限制生长时。Herms 和 Mattson（1992）将这两种假设归纳为 GDB 假设的扩充，认为任一限制生长大于光合作用的元素缺乏都会促进次生代谢物的形成（图 10-27）。在资源利用率极低的情况下，元素吸收率太低，因维持呼吸而导致碳的大量消耗，以至于生长和次生代谢物的形成都受到限制。在扩充 GDB 模型中，当资源利用率相对较高时，快速生长的物种在形成次生代谢物方面投入的碳要低于缓慢生长的物种，最近的一些研究已证明这一点。Herms 和 Mattson 强调有必要进一步测试这一模型。这种研究对次生物质的分类可能具有很好的利用价值。

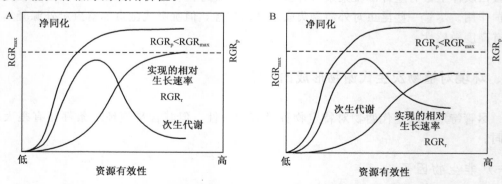

图 10-27 相对生长速率（RGR）、净同化速率和用于植物次生代谢的碳与资源有效性的关系
A. $RGR_p = RGR_{max}$；B. $RGR_p < RGR_{max}$

CNB 和 GDB 假设为这样的筛选模式提供了可能的机理，即缓慢生长植物的长命叶

片可较好地抵制病菌，并将动物的取食限制到最小。单个次生代谢物特定合成途径的实际生化分配，更多地受 CNB 和 GDB 假设中所指的调节。

（二） 相邻植株间防御的诱导与交流

次生代谢物的形成取决于食草生物的存在，即诱导防御。叶片的物理损伤通常会促进丹宁的形成，并降低叶片作为食源的品质。这类反应有时发生在几秒至几小时内（短时诱导），反应结果早在叶片中表现。例如，白杨木叶片被咀嚼后，随着 6-HCN 的释放，导致两种酚类糖苷的酶促水解，随后在昆虫肠内形成酚和邻苯二酚，结果昆虫就不能再取食更多的叶片。这样，它们必须一直在叶片间移动，从而更易受到天敌的威胁。短期诱导防御对那些最初造成叶片损伤的动物是有效的。

在受昆虫严重损伤后，通过邻近一群叶片可形成长期诱导防御。这类防御可保护植物免受大面积暴发的昆虫的灾难性取食。长期诱导通常与酚类或纤维的增加、叶片含氮量下降有关，并表现为叶片变小。长期诱导在经历过昆虫大暴发史的树群中容易发生。某些情况下，受昆虫取食的诱导要强于相应量的物理损伤，这表明该诱导防御与昆虫取食有着密切的进化关系。长期和短期诱导防御在快速生长的林木中最易建立，而缓慢生长的物种具有较高水平的背景（结构）防御，它一直可以防御食草生物的取食。

越来越多的证据表明，相邻且不相连的植物可相应增加防御物的含量，这表明在受动物取食后，植物相互间会进行交流。例如，敲打非洲树的叶子刺激捻（一种非洲古羚羊）取食，会引起丹宁的增加，并在 20min 内可使相邻树木的适口性下降，这对自然资源的保存可能很重要。例如，对于非洲嫩草，自然保存所需的量比所预料的生物量大得多。

叶片损伤对枫树相邻的影响并不是由于物质在根系间的转移，因为彼此分隔的植物中也发现有这种影响。挥发性物质在这种"树木间的交流"中起着作用，该物质可能是挥发性类萜和酚，也有可能茉莉酸。究竟是何种转导途径使该分子改变植物对食草生物的防御，至今还不清楚。

植物通过增加酚类含量对食草生物作出反应的范围存在很大差异。另外，常绿多汁物种在取食后表现出几乎不再生，但它具有最高的主要由取食诱导出的多酚、浓缩丹宁和沉淀蛋白质的丹宁。根据再生能力和取食诱导酚量，常绿硬叶种表现出中间型反应：在取食之前，它含有中等水平的酚。这表明受动物取食后，在诱导防御（逃避）和再生能力（忍耐）间存在平衡分配。

在银合欢中，根系或茎的损坏可大大促进有机硫化物（COS、CS_2）的形成，这类恶臭难闻的物质对真菌和食草生物有毒。

（三） 植物与其防卫者的交流

挥发性物质在植物与食草生物或寄生黄蜂间的交流和植物间的交流一样起作用。这些自养体系为植物与动物间的竞争共生提供了又一有力的证据。受小动物或毛毛虫取食的叶片，释放出挥发性物质，且各自又吸引小动物或寄生黄蜂。受侵食的植物形成的吸引物是专一性的，因为人工损坏叶片等不会形成这类物质。甘蓝一旦受甘蓝蛾的毛毛虫侵食，植株相应会形成特定的毛毛虫酶，并合成挥发性混合物。该混合物对寄生黄蜂具高度专一性。用杏仁的β-牛乳糖处理叶片会产生相似的反应，表明这类物质可作为一种诱发剂。玉米植株受草地夜蛾和甜菜黏虫幼虫的侵食会释放出吸引菊蛾的类萜、吲哚、肟和腈。吸引物的形成是有系统的。换句话说，它并不受植株损伤部位的限制，也不只是在未受损叶片中产生。

几种作物受相同的取食小动物荨麻夜蛾或甜菜夜蛾幼虫干扰后，分别对取食小动物柿蛾和夜蛾具有吸引力。每个物种形成自身的混合物，且吸引各自的"防卫者"。防卫者可识别不同物种释放出的取食诱导挥发物（图 10-28）。经自然选择，受取食诱导形成的吸引物存在广泛的遗传变异。

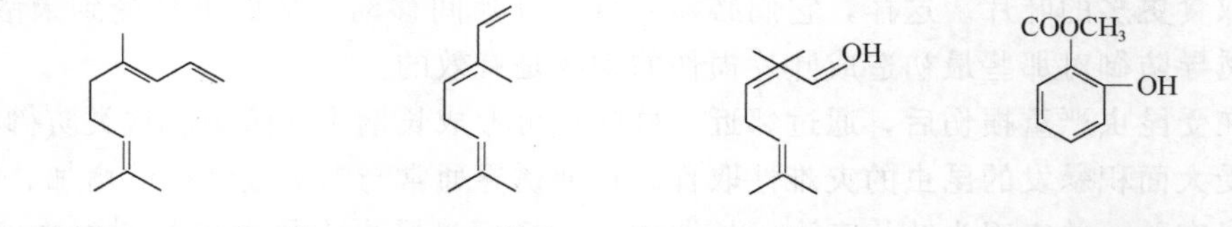

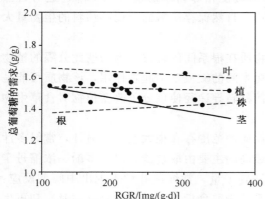

|4, 8-甲基-1, 3(E), 7-九三烯 | (E)-b-罗勒烯 | 芳樟醇 | 甲基水杨酸 |

图 10-28　受食草动物为害时菜豆叶片释放的挥发生物质的化学结构

七、化学防御的代价

次生物的形成需要碳的投入，当然也需要其他一些元素。如果生物含大量的次生物，这是否意味着它的代价要高得多呢？当代价以所需碳架和形成这些生物量所需能量的葡萄糖的克数表示时，答案并不是如此。缓慢生长的物种与快速生长的物种形成 1g 干物质所需的葡萄糖的量近似相等（图 10-29）。但每克鲜生物量或叶面积则不同，这是由于缓慢生长物种的叶片含水量低或叶片较小的缘故。

但是，这种代价确实与次生化合物的大量积累有关。这可用设想的一片含定量蛋白质的叶片来进行很好地描述。如果这些蛋白质中的一半被木质素或丹宁代替，那么它们的生理特性就可能下降。光合能

图 10-29　慢速和快速生长的草本植物生产生物量所需的葡萄糖量

力很可能也下降近一半。因此，保护叶片的代价较高，但这并不等于形成新叶的代价就高。相反，防御的代价很高，因为它要将基础生长的资源转换过来，而这又降低了植物的潜在生长率。

只有当修复取食损伤的代价超出防御代价时，在降低取食的次生化合物形成上大量碳的投入才能使植物有更好的适应性。这解释了为什么在非生长习性下缓慢生长的物种比在生长习性下快速生长的物种具有更明显的大量重要的次生物质。一方面，为形成防御性适应需要代价；另一方面，食草生物的胁迫又使植物在防御中进行投入（图 10-

30）。防御性适应后可导致食草生物产生进攻性适应。在食草生物或病菌不存在时，通过比较抗性和敏感性品种（基因型）的适应性来评价防御代价，其抗性代价不大，尽管大部分测试都在快速生长的作物上进行，它们并不会有很高防御代价。

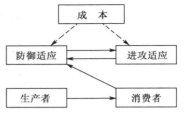

图 10-30　高等植物与动物在次生化合物上的互作

食草生物的进攻性适应有两种识别方法（图 10-31）。植物间的交流可导致相邻植株中防御物的积累，对植物交流的进化反应可限制交流或释放信号。植株中次生物质的积累可识别取食者，而食草生物对其作出的反应可限制其识别或加速对植物的取食，因此阻止了植物的防御。

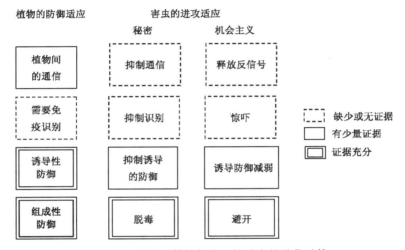

图 10-31　动物对付植物防卫性适应的进化对策

八、植物的次生化合物和信使

植物形成大量的次生物质，它们在防御和交流中起重要作用。植物如何通过专一性化学信号与其自身的"防卫者"进行交流？从生态学观点上看，这些新领域是很吸引人的，并且将在农业和林业上得到应用。例如，可以选用间作作物保护作物使之在一种良好的环境中生长。尽管间作作物能获得最大的益处，但间作作物无论如何也竞争不过相间的另一种作物。这就希望生态生理学家的次生化学物质和根系特性上确定适宜的特性，从而能最大限度地减少间作作物间的竞争，甚至带来益处。前述已发现的大量相关性状有利于鉴定合适的间作作物。

通过全面鉴定编码这些性状的基因，更好地了解植物防御物，可指导我们更好改良作物对食草生物的防御，从而降低触杀剂的需要量。但是，我们也应意识到，植物与动物间的竞争将会继续，对于新育成的各种作物品种，危害生物会发生共进化形成抗性。育成更好的作物品种，需要全面理解植物与有害生物间的复杂的化学互作。

第六节 外来入侵植物的化感作用及其应用前景

外来入侵植物不仅对本土物种、群落和生态系统产生重大影响，而且造成巨大的经济损失。作为全球变化的一个重要组成部分，随着全球化的发展，外来植物入侵有愈演愈烈之势。为了防止外来植物入侵带来更多生态、环境和经济的影响，深入理解外来植物入侵的机制显得尤为重要。目前，已有几种假说从不同的侧面解释外来植物的成功入侵，其中较有影响的是"多样性阻抗假说"（diversity resistance hypothesis）、"天敌解脱假说"（enemy release hypothesis，ERH）和"增强竞争力进化假说"（evolution of increased competitive ability hypothesis，EICAH）。虽然这些假说各自能成功解释一些入侵现象，但一些实验的研究结果并不总是支持已有的假说。这说明，外来植物的入侵机制是非常复杂和多样的，以单一的理论来解释是不现实的。近几年，从化感作用（allelopathy）角度探索外来植物入侵的机制成为一个热点。特别是有关外来植物入侵的化感物质作用机制、影响因素和开发利用前景等问题是很有意义的。

一、外来植物入侵的概念和化感作用

生物入侵是指一种生物在原产地以外国家或地区具有一定的分布和丰度，以繁衍后代，并且对入侵地的自然群落和生态系统造成破坏。目前我国外来杂草达 108 种，隶属 23 科 76 属，其中约 9 种已成为入侵种（国家环保总局，2004）。国内外学者针对入侵生物与被入侵群落之间的关系，提出了很多理论假说，如天敌逃避假说、资源波动假说、生物抗性假说、生态位机遇和空生态位假说、干扰假说等。化感作用作为外来种的入侵机制之一，已从国内外众多入侵种得到了证实，最近该机制更是被作为一种新的假说提出，即"AARS 假说"（allelopathic advantage against resident species hypothesis）或"新奇武器假说"（novel weapon hypothesis）。

外来物种进入新的生态系统是否能居留成功，并形成可自我维持的种群（或种群数量急剧增加且蔓扩张），通常与其生物学、生态学特征及群落的脆弱性有关。成功的外来种在新栖息地环境条件下往往通过排挤土著种获得成功，这种排挤的手段是多方面的，可以占据本地物种生态位，使本地种失去生存空间；也可以与当地物种竞争食物或直接杀死当地物种，影响本地物种生存；还可以通过形成大面积单优群落，降低物种多样性，使依赖于当地物种多样性生存的其他物种没有适宜的栖息环境。除此之外，外来植物为了争取更多的阳光、营养、水分和空间，不断地向环境释放化感物质，抑制邻近的植物生长，通过不断扩张自己的领地，使得土著种的种群数量不断减少萎缩。当然，外来植物排挤土著的手段并不是单一的，一般是几种手段协同作用。

植物化感作用是植物对环境适应的一种化学表现形式，而非外来植物所特有的，外来植物的化感作用是为了适应不良环境而达到与本地生物争夺生存空间的目的。Ridenour 等报道，北美入侵杂草 *Catauvea maculosa* 具有强烈的化感作用，其根部分泌化感物质排挤竞争能力很强的本地植物 *Festuca idahoensis*。另外，外来植物向环境中释放化感物质，这些化感物质进入土壤中，使得土著生物赖以生存的土壤环境改变，影响其对土壤养分的吸收，抑制了土著生物的种群发展。Callaway 等研究报道，入侵北美的杂草扩散矢车菊（*Centaurea diffusa*）在北美生长迅速，蔓延成灾，栽培试验结果显示，*C. diffusa* 在原产地亚欧大陆不能蔓延成灾是因为在原产地与 *C. diffusa* 生活在同一生境植物的根分泌的化感物质抑制了 *C. diffusa* 根系对磷的吸收，导致其生长受到抑制，而在北美这些类似的伴生植物的生长却被 *C. diffusa* 根系分泌物化感物质所抑制，表明了 *C. diffusa* 可通过释放化感物质影响入侵地伴生植物的营养吸收，从而实现成功入侵。

外来植物的化感作用研究是伴随着生物入侵和植物化感作用等领域的研究而发展起来的。近年来，随着植物化感作用及生物入侵机制研究的不断深入、实验仪器设备的完善，以及提取、分离和鉴定手段的进步，外来植物的化感作用越来越引起有关专家学者的重视。国外学者已经从种群和群落的层面上对外来植物化感作用开展研究。Bais 等报道了入侵北美的斑点矢车菊（*Centaurea maculosa*）分泌儿茶酚对拟南芥（*Arabidopsis thaliana*）根尖细胞的影响，研究发现，导致拟南芥根尖分生组织细胞质浓缩和细胞凋亡是由于儿茶酚引发活性氧（ROS）浓度升高，引起 Ca^{2+} 浓度升高，造成基因表达的改变，这一研究结果表明了外来植物化感作用在细胞生物学水平上迈出了一大步。

二、我国外来植物的化感现象

研究表明，传入我国的外来植物中有一部分已被证实存在化感作用，这些外来植物有些已经演化成恶性入侵植物。

菊科植物豚草属（*Ambrosia*）中的豚草（*A. artemisiiflia*）和三裂叶豚草（*A. trifida*）起源于北美洲，20 世纪 30 年代末传入我国，在我国东部地区迅速传播，它混杂并侵入农作物田如大麻、玉米、大豆等地和蔬菜地，以及果园、苗圃、牧场及风景旅游区，造成严重危害。研究发现豚草和三裂叶豚草释放化感物质对其周围的种子萌发和幼苗生长产生抑制作用。

菊科泽兰属的紫茎泽兰（*Eupatorium adenophorum*）原产南美洲墨西哥、哥斯达黎加等国，约于 20 世纪 50 年代初从中缅、中越边境传入云南南部，现已广泛分布于我国西南地区。它以单优势成片生长方式，排挤了其他植物的生存，它还能分泌毒素和激素，造成牲畜忌畏，危害牲畜健康。研究表明，紫茎泽兰对周围植物有化感作用。与其同属的飞机草（*Eupatorium odoratum*）系原产于美洲的有害杂草，分布于我国海南、云南南部和西南部地区，也被证实有化感作用。

薇甘菊（*Mikania micrantha*）为多年生草质藤本植物，原产于中美洲和南美洲，现在广泛分布于东南亚以及太平洋地区。它于 20 世纪 80 年代末 90 年代初传入我国广东沿海地区，其蔓延速度极其惊人，在广东省内伶仃岛国家级自然保护区已造成相当严重的灾害，致使树木枯死，大面积的乔灌丛林逆行演替成草丛，被称为"植物杀手"，是危害经济作物和森林植物被的主要害草。邵华等研究表明，薇甘菊生长迅速与其向周围环境中释放化感物质有着密切联系。

水葫芦（*Eichhonia crassipes*）原产南美洲，大约于 20 世纪 30 年代作为畜禽饲料和观赏植物引入我国大陆。曾利用其分泌化感物质抑制水生植物和藻类的生长的特性，将其作为净化水质植物推广种植。

原产于美洲的马缨丹（*Lantana camara*）现分布于我国南方的广东、广西和福建等省，已成为侵犯牧场、林场、茶园和果园的恶性杂草，严重破坏森林资源和生态系统；它同时也是"毒草"，牲畜和人不慎误食可引起食物中毒。研究表明马缨丹具有强烈的化感作用，能抑制周围植物的生长。

蟛蜞菊（*Wedilia chinensis*）原产于非洲，我国南方用其作为绿肥。蟛蜞菊在南方趋向高密度、单一种群生长。曾任森等通过实验证实了蟛蜞菊对邻近植物有化感作用，以此推断蟛蜞菊的化感作用是其抑制邻近其他植物生长和自身成片生长的重要原因。与蟛蜞菊同属的原产于热带美洲的三裂蟛蜞菊（*Wedilia chinensis*），于 20 世纪 70 年代引入我国，研究表明，三裂蟛蜞菊具有很强的化感作用，造成水稻、花生等农作物产量下降。

桃金娘科（Myrtaceae）的桉树属（*Eucalyptus*）植物，原产大洋洲大陆及附近岛屿，由于桉树具有生长速度快、适应性强、经济效益潜力大等特点，世界各国均大量引种。我国于 1890 年引进，现已成为我国南方重要的造林树种。但随着桉树人工林的发展，其生态问题也日渐突出。研究表明，人工桉树林的生态问题与其具有较强的化感作用有关，桉树的化感作用使得林下灌木和草本植物稀少，导致林内生物多样性下降及群落结构简单，直接后果是引起严重的水土流失。

胜红蓟（*Ageratum conyzoides*）是我国南方重要的杂草，研究表明胜红蓟具有明显的化感作用。

加拿大一枝黄花（*Solidago canadensis*）属多年生杂草，原产于北美洲，自 20 世纪 70 年代作为花卉植物引入我国，现在是我国东南地区一种常见的外来杂草。方芳等通过加拿大一枝黄花水浸提液对辣椒、番茄、萝卜、长梗白菜和小麦 5 种经济作物种子萌发和生长的影响测定，发现加拿大一枝黄花存在着强烈的化感作用，对供试作物种子的萌发表现为抑制作用。周凯等通过试验表明，加拿大一枝黄花根系水浸提液和根际土壤水浸液对白菜和萝卜种子的萌发具有抑制作用。

三、化感作用作为外来植物入侵机制的证据

（一）入侵植物对其他植物化感作用的证据

1. 外来入侵植物对不同地理来源植物化感作用比较研究的证据

成功入侵某一群落的外来植物对这一群落中的其他动植物的化感作用相比其原产地更强，成为化感作用是外来植物入侵机制的重要证据。

Callaway 和 Aschehoug 比较了扩散矢车菊对分别在原产地和北美与其共生的各三种杂草的竞争效应。北美洲的每一种杂草都与形态、大小相似的欧亚大陆的同属或近属杂草配对。这种杂草分别单独栽培与矢车菊进行成双栽培，所有的成双栽培都以沙子或混合活性炭（化感作用是否存在的证据）的沙子进行栽培。结果表明，在沙培时，扩散矢车菊对来自北美洲的杂草的抑制作用比对来自欧亚大陆的杂草强；活性炭对扩散矢车菊与来自不同生物地理区域的毁草的关系有明显不同的效应，施加活性炭使矢车菊对北

美洲杂草的竞争优势减少了，而增加了它对欧亚杂草的竞争能力。相应的，对一块栽培的扩散矢车菊和欧亚杂草而言，活性炭增加了前者对^{32}P的吸收，而减少了后者对^{32}P的吸收；而对一块栽培的扩散矢车菊和北美杂草来说，情况恰好相反。活性炭的效应说明化感作用可能在成功的植物入侵中发挥一定的作用。

2. 群落水平研究的证据

从植物群落学的角度来看，一些研究揭示，很多入侵植物可以通过化感作用影响本地植物群落演替、群落结构和动态，从而排挤其他植物，形成单优势种群群落，实现成功入侵。

豚草属（Ambrosia）的豚草（A. artemisii folia）、三裂叶豚草（A. tri fida）和毛果破布草（A. psilostachya）在世界各地广为分布，成为入侵杂草。由于它们具有强的化感作用，从而在与本土植物的竞争中处于优势，往往成为次生演替第一阶段的先锋种。例如，毛果破布草是弃耕地演替第一阶段的优势植物，并且能够保持到以后几个阶段，主要是得益于它的根际分泌物和腐落物对周围其他植物的萌发和生长有抑制作用。豚草在山麓次生演替中扮演重要角色，化感作用也是主要成因。

马缨丹（Lantana camara）是世界有名的入侵杂草，其强烈的化感作用是它实现成功入侵的原因之一。Gentle 和 Duggi 通过田间实验证明马缨丹主要是通过其化感作用对本土树种的抑制，从而在入侵受干扰的本地森林群落后，能够长时间保持它在林缘群落中的优势地位，并且影响被入侵群落交错带的动态。

一些外来入侵水生植物也会通过化感作用排挤本土植物，获得养分和光照等资源。例如，来自欧洲的大型沉水植物穗花狐尾藻（Myriophyllum spicatum）在美国东部和加拿大的一些水域中广泛分布，原因之一就是它通过分泌多酚类物质抑制本土浮游藻类，以获得充分的光照，形成穗花狐尾藻群落。

3. 种群水平研究的证据

从种群的角度，外来入侵植物能够在与本土植物的竞争中占据优势地位，除了资源性竞争外，化感作用是另外一个重要的机制，而且在有些情况下起主要作用。

在北美，源自欧亚大陆的矢车菊属（Centaurea）的斑点矢车菊（C. maculosa）、扩散矢车菊（C. di ffusa）和与之近属的俄罗斯矢车菊（Acroptilon repens）是造成经济破坏极大的外来入侵植物，并主要通过化感作用的途径快速替代本土种类。斑点矢车菊具有强烈的化感作用，并且在与本土植物的相互干扰中起了很大的作用，化感物质为根部分泌的外消旋儿茶酚，其幼苗萌发后 2～3 周内，儿茶酚的浓度就达到植物毒性水平。

4. 细胞和亚细胞水平研究的证据

最近，Bais 等综合利用多学科的研究技术，探明斑点矢车菊的化感物质外消旋儿茶酚的作用模式，在细胞和亚细胞水平上揭示化感作用在斑点矢车菊入侵过程中的重要作用。这一研究结果被认为是证明化感作用作为外来植物入侵机制的最有力的证据。斑点矢车菊根围外消旋儿茶酚的浓度可以达到 $500\mu g/mg$ 土壤以上。以 $100\mu g/ml$ 浓度的外消旋儿茶酚处理扩散矢车菊和拟南芥幼苗，就可以引起其根部细胞质浓缩和细胞凋亡，而且先是在根尖分生组织区和中间伸长区依次发生细胞质浓缩，接着通过中柱依次发生细胞凋亡。

荧光素双醋酸酯染色法（FDA）进行的研究也表明了这一点。施加外消旋儿茶酚后，先后出现活性氧大量增加、Ca^{2+} 浓度迅速而短暂的升高和 pH 失衡等反应。其动态的时间格局与外消旋儿茶酚所引起的细胞凋亡相似。这就说明，施加外消旋儿茶酚先引起细胞内 ROS 增加，随之引起 Ca^{2+} 浓度升高，从而导致一系列的最初以失去平衡为特征（如不能控制细胞 pH 的保持）的细胞死亡。

5. 生态模型的佐证

Goslee 等用一个生态模型评价化感作用在外来植物俄罗斯矢车菊入侵北美矮草草甸过程中的重要性（图 10-32）。模型的参数除化感作用外，还包括对土壤水分的竞争、土壤结构和气候状况。模拟结果表明，只有在本地种对这种入侵作物的化感作用敏感情况下，这种入侵作物才在群落占据优势地位。更重要的是，当模拟过程包括化感作用时，模型的输出结果与实际记录的群落的成分非常吻合；而在没有考虑化感作用时，二者相差很大。这一结果虽然不能作为证据，但是可以从侧面给予支持。

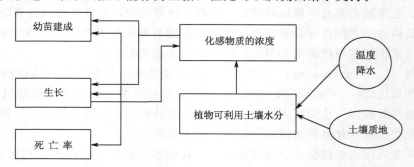

图 10-32　ECOTONE 模型表示土壤水分模块、化感作用和幼苗建成、
生长及死亡率等组分间的关系

（二）外来入侵植物对动物化感作用的证据

外来植物入侵一般比本土植物较少被草食动物取食，具体原因可能有以下几种：①入侵植物原产地的专食者没有或很少被引入和入侵地的广食性动物很少；②"行为约束假说"（behavioural constraint hypothesis），即本土动物较少取食不熟悉的植物，以避免植物对它的毒害；③"新防卫假说"（novel defense hypothesis），即认为入侵植物具有本土草食动物所没有适应的生物化学防御机制。事实上，很多植物都会产生一些次生代谢物使植物有毒或味道很差来抑制植食动物的取食，甚至使某些昆虫饿死也不取食这些有毒的食物。

很多入侵植物的化感物质对昆虫和大型植食动物具有防御作用。例如，胜红蓟挥发油及其主要成分胜红蓟素不仅具有杀虫性，而且引起昆虫拒食和延迟蜕皮。马缨丹对绵羊、牛和山羊有毒性，主要是由于其植株含有几种马缨丹烯。乳浆大戟（*Euphorbia esula*）由于体内存在巨大戟萜醇（ingeol）及其二酯，使动物少量取食后出现毒性反应，所以这一地区的牛和其他普遍的野生反刍动物很少取食乳浆大戟，这是造成它在美国中部平原形成入侵的原因之一。一种海藻（*Caulerpa taxifolia*）严重地入侵地中海海域，很大一部分原因就在于其分泌物对取食海藻的本土海洋动物（如一种海绵 *Geodia cydonium*）有毒性作用。

某些入侵植物甚至具有一套非常巧妙而有效的针对植食动物的化学防御体系，如芥末（*Alliaria petiolata*）。美国本土一种蝴蝶（*Pieris napi oleracea*）的宿主植物包括大多数的野生芥菜，然而一种从欧洲引进的具有强入侵能力的植物芥末却能保护自己不受这种昆虫的侵害。因为虽然成年个体可以在这种植物上产卵，但大多数的幼虫不能够成活。

（三）外来入侵植物对病原菌化感作用的证据

病原菌是控制植物种群的一个重要因素，入侵植物分泌的一些次生代谢物和生物活性蛋白等能够保护植物抵御病原菌的侵蚀，使自己取得防御优势，从而实现成功入侵。例如，Bais 等发现斑点矢车菊根部分泌的内消旋儿茶酚对根部的病原菌具有抗菌活性，能够促进斑点矢车菊的入侵。胜红蓟挥发油的主要成分胜红蓟素及其衍生物——单萜和倍半萜类化合物对植物致病真菌抑制活性非常显著。

（四）外来入侵植物化感物质间接作用的证据

除了直接的作用，入侵植物的化感物质还可以通过间接地影响土壤中的细菌或真菌来影响本土植物。例如，三裂叶豚草水浸液中的化学物质能够抑制根瘤菌的活动，影响大豆根瘤的形成，使大豆生长不良；或者可以通过化感作用抑制其他植物的生长使之更容易被真菌感染而使本身取得竞争优势。

四、化感作用作为外来植物入侵机制的假说及其启示

（一）化感作用作为外来植物入侵的机制——化学武器假说

在自然群落中，化感作用形成一种选择压力，长时间的进化使得受体植物对化感物质形成抗性，最后导致化感作用的影响不是那么明显。此观点同样可以用于植物利用化感物质对昆虫和大型食草动物进行的化学防御。可以由此假设：长期共存的植物已经进化出对彼此植物化感作用的抗性，动物也已进化出对某种植物的化学毒性物质的解毒能力，而没有与入侵植物共存的植物和动物则没有这种能力，表现为对其化学毒性的敏感性。

由于本土动植物对外来植物的化感物质比较敏感，某些外来植物可以利用它的化感作用与本土植物竞争，抵御植食性动物的取食和病原菌的感染，并因此在与本土物种的相互干扰中占据优势，扩大种群分布区域，增加种群数量，实现成功入侵。这种机制我们可称之为"化学武器假说"（图10-33）。

外来植物可以借助其化感作用实现成功入侵，但我们不应该就把化感作用看成在其他机制无法解释外来植物的候选，而应该把它与其他机制同等对待，只是各自解释的角度不同，在不同的环境中，它们的相对重要性有变化而已。当然，像其他的试图解释外来植物入侵的假说一样，这一假说不能够解释所有的现象。

（二）与外来植物自身的生物学特征相关的入侵的理论假说

入侵植物具有很强的繁殖能力，能产生大量的后代，甚至在有性繁殖的同时又能进

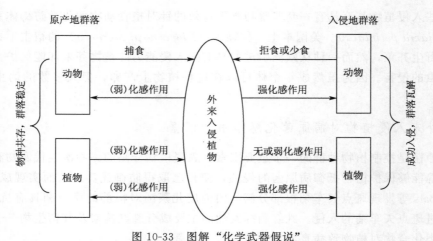

图 10-33　图解"化学武器假说"

入侵植物与其原产地群落和入侵地群落中动植物不同的化学关系及其导致的外来植物
的不同行为和生态学后果

行无性繁殖。成功地入侵种具有较宽的生态幅，耐阴，耐贫瘠，或可占据土著种不能利用的生态位。

　　Sutherland 比较了美国 1996 种植物的 10 种生活史特征，发现外来入侵植物比非入侵植物更趋于是多年生的、雌雄同株的、自交不亲和的等。而 Baker 早在 1974 年就提出了可能入侵种的 12 条生活史特征，如在许多环境中其发芽条件都能得到满足、从种子发育到性成熟的时间短、对环境异质性有较强的耐受力等，即著名的"Baker"特征，而许多具有这些特征的植物却不是杂草。

　　对植物入侵的研究也深入到了染色体和基因水平。研究的重点包括染色体倍性、大小与植物分布的关系，以及 DNA C_2 值与植物入侵性的关系等。

（三）与外来植物和被入侵群落相关的入侵的理论假说

　　"多样性阻抗假说"指群落的物种多样性越低，就越容易遭到外来种入侵，如一些小的岛屿以及农田等人工生态系统。这种假说在小尺度上得到了实验和理论的支持，但大尺度的野外调查和实验研究都有与之相反的结果，说明多样性和入侵性并不是呈负相关的，入侵种更趋于入侵当地植物物种多样性较高的热点地区和稀有生境。

　　"天敌逃避假说"是另一个比较有影响的理论。当入侵种到达一个新生境时，由于没有天敌的控制作用，入侵物种的种群数量很容易暴发成灾。然而世界各地很多引入天敌进行生物控制的方法都以失败告终，外来种到达新生境后遭到新的捕食者也是较普遍的现象，况且引入的天敌也是一种外来种，由此很难从现实的应用来支持"天敌逃避假说"。

　　除此之外还有"空生态位假说"、"干扰假说"、"资源机遇假说"、"生态位机遇假说"等。这些理论假说分别能解释一些入侵的例子，也可能某些入侵过程是好几种理论假说共同作用的结果。

　　生物入侵是一个复杂的问题，每一种理论假说都有其应用的局限性，很难用某一种假说来解释所有的入侵现象。因此有必要从不同方面对其入侵机制进行研究。

五、启示

从理论的角度，化感作用作为外来植物入侵的机制给我们许多的启示：①外来植物分泌的化感物质在一定程度上能够瓦解本土自然群落，降低其生产力，说明自然群落可能是比一般想象的联系得更为紧密的整体，外来植物的入侵可能打乱了长期共存的本土物种间内在的、协同进化的关系；②外来植物的化感物质对本土植物强烈作用说明，植物间的相互作用有可能是种间的、特异性的；③外来植物的化感作用在被入侵群落比其原来的群落的影响更大，说明植物间及植物和动物间相互作用都能推动自然选择，意味着自然群落是以某种功能上的有机整体进化的；④化感作用能够促进外来植物的入侵意味着化感作用对植物的地理分布可能起一定的作用。

从应用的角度，如果一种外来植物的成功入侵是由于它对资源的强有力的竞争，那么除草剂、生物控制和割除等方法有助于控制它。但如果它主要是通过化感作用而成功入侵的话，这些方法的效果就难以预测。实际上，作为生物控制的植食性动物会增强它的化感作用。而且在对具有化感作用的外来植物入侵的区域进行生态恢复时，要考虑对土壤等进行改良，降低土壤中的化感物质浓度，并选用它的化感物质耐受的植物种类。而且可从外来入侵植物中寻找出有生物活性的化合物，用于农作物病虫害防治和杂草控制等途径，以达到积极利用外来入侵植物达到控制的目的。引种时也应该注意该种植物的化感潜力，尽量避免引进具有强化感作用的植物。另外，不同的入侵种间也存在化感抑制作用，利用化感作用比较强的植物来控制另外的物种也是可以考虑的办法，如水葫芦（*Eichhornia crassipes*）用 3%（*w/V*）的马缨丹水浸液培养 21d 后基本全部死亡。

六、开发利用外来植物的化感作用

化感物质主要是活性次生物质，在研究外来植物的化感作用的同时，有学者提出利用外来植物的化感物质开发研制医药和植物源农药。何衍彪等报道，飞机草含有丰富的黄酮类化合物，这些黄酮类化合物对小菜蛾具有一定的产卵忌避、拒食作用。邵华等也报道了利用薇甘菊根、茎的水煎液可治疗多种疾病，如哮喘、癌症、风湿、疟疾、霍乱和感冒发热等。张茂新等认为，从薇甘菊提取挥发油对蔬菜害虫小菜蛾、黄曲条跳甲和猿叶虫具有显著的产卵驱避作用，同时也具有一定的触杀毒力。岑伊静等实验表明，薇甘菊乙醇提取物对橘全爪螨具有显著的产卵驱避作用，使全爪螨虫存活率下降。李云寿等研究表明，紫茎泽兰提取物对米象、玉米象、绿豆象和蚕豆象 4 种储粮害虫成虫具有强烈的熏杀活性，用 44.44mg/L 的紫茎泽兰熏蒸处理 48h 后，每种成虫死亡率均达到100%。王大力提出了豚草可作为药用植物资源和除草剂。胡飞等研究发现，胜红蓟产生并释放到土壤中的黄酮类物质对疮痂病菌、炭疽病菌、白粉病菌和煤烟病菌等柑橘园主要病原真菌具有抑制活性。黄寿山等研究表明，胜红蓟次生物质不仅对小菜蛾具有产卵忌避作用，而且能使小菜蛾成虫的生殖能力明显降低。胡绍海报道，胜红蓟素对蚜虫具有很强的毒杀作用。水葫芦分泌抑制藻类生长物质，可开发更有效、专一、能生物降解的杀藻剂净化水源。此外，国外学者报道入侵植物间存在化感抑制作用，利用一种外来入侵植物的化感作用来控制其他外来入侵种，上述研究成果为进一步合理开发和利用外来植物资源奠定了一定的基础。

我国是外来物种的引进大国，外来植物可通过多种渠道入境，研究外来植物的化感作用有助于回答"什么样的植物更容易成为入侵种?"的问题，有助于认识什么样的物种在什么样的环境下最具危险性，从而提高对外来生物入侵的预警能力。外来植物化感作用的研究对于生态学、农业、林业等领域的理论和实践具有现实的指导意义。

我国外来植物化感作用的研究起步较晚，由于外来生物入侵已引起政府和学术界的重视，因此，外来植物化感作用的研究发展较快，尤其在外来植物化感物质的分离、鉴定等方面的研究取得了一些进展，有的研究已在群落水平上探索不同生境条件外来植物化感作用的变化与入侵力的关系。但是，目前国内的研究报道多数还只是偏重于外来植物化感作用现象的描述，通过研究说明外来植物存在化感作用现象，偏重于对化感作用的定性研究，至于对外来植物化感作用机制研究和定量研究方面，无论是深度还是广度都不够；化感作用仅是生态因子之一，许多情况下并不是决定性因子，因此，外来植物进入新的生境并能成功地定居且扩散蔓延，化感作用在其中的地位如何、作用多大等许多问题有待于深入研究。许多现象的研究只是在实验室进行，忽略了环境条件对化感作用的影响。由于化感物质主要是次生代谢产物，其含量甚微，且有的易挥发或在空气中易与其他物质发生化学反应，这对化感作用研究方法提出了更高的要求。在供试植物化感物质的分离、纯化和鉴定在方法和标准上，学者们存在不同的看法，例如，有学者提出植物材料不能磨碎破坏植物组织来进行抽提，不能用有机溶剂来提取证实淋溶的化感作用等。因此，采用什么方法对化感物质进行提取、分离、纯化、鉴定和检测才能得出更令人信服的科学结论是当前化感作用研究中亟待解决的问题。化感物质在植物体内含量甚微，直接从植物中提取作为原料难度大、成本高。因此，人工模拟合成这些物质是开发利用这些外来植物的方向。

今后在外来植物化感作用研究方面要注重化感作用涉及的生理、生化和生态机制及细胞生物学、分子生物学基础的研究；进一步探索化感物质形成的机制和生物合成途径；从个体、种群、群落和生态系统4个层面开展研究，尤其是加强外来植物化感作用对生态系统影响的研究；在研究某一外来物种的化感作用时应综合考虑环境因素，应注重自然环境下的研究；建立外来植物化感作用检测体系，并制订统一检测标准；趋利避害，探索出防范外来植物入侵的机制，以实现生态资源的保护和农林业的可持续发展。

参 考 文 献

陈圣宾，李振基. 2005. 外来植物入侵的化感作用机制探讨. 生态科学，24（1）：69～74

兰伯斯，蔡平，庞斯. 2005. 植物生理生态学. 张国平，周书军译. 杭州：浙江大学出版社

李彦斌. 2007. 植物化感自毒作用及其在农业中应用. 农业环境科学学报，26（增刊）：347～350

连宾. 2007. 植物与微生物的化感作用. 南京师大学报，30（1）：88～94

林娟，殷全玉，杨丙钊等. 2007. 植物化感作用研究进展. 中国农学通报，23（1）：68～72

林嵩，翁伯琦. 2005. 外来植物化感作用研究综述. 福建农业学报，20（3）：202～210

林文雄，何海斌，熊君. 2006. 水稻化感作用及其分子生态学研究进展. 生态学报，26（8）：2687～2694

倪广艳. 2006. 外来入侵植物化感作用与土壤相互关系研究进展. 生态环境，16（2）：644～648

吴锦容，彭少麟. 2005. 化感——外来入侵植物的"Novel weapons". 生态学报，25（11）：3093～3097

谢群. 2005. 植物的化感作用及其应用. 中学生物学, 21 (1): 2~4

张岚. 2007. 园林植物化感作用研究现状与问题探讨. 浙江林学院学报, 24 (4): 497~503

张学文, 刘万学, 万方浩等. 2007. 紫茎泽兰不同部位化感作用研究. 河北农业大学学报, 30 (6): 68~76

Lambers H. 2003. Dryland salinity: a key environmental issue in southern Australia introduction. Plant and Soil, 257 (2): 5~7

Weir T L, Bais H P, Vivanco J M. 2004. Intraspecific and interspecific interactions mediated by a phytotoxin, (-) - catechin, secreted by the roots of Centaurea maculosa (spotted knapweed). Journal of Chemical Ecology, 30 (12): 2575, 2576

第十一章　药用植物细胞悬浮培养生理和促进愈伤 组织生长及药物合成环境的调控

第一节　药用植物细胞悬浮培养的概念和应用进展

一、药用植物细胞悬浮培养的概念

植物细胞悬浮培养（cell suspension culture）是根据植物细胞具有发育上的全能性，能够发育成为完整的植物体的理论，以单个游离细胞（如用果酸酶从组织中分离的体细胞，或花粉细胞、卵细胞）或由外植物体诱导生成的愈伤组织分离的分散细胞为接种体，放在反应器里或放在液体培养基的摇瓶里在摇床上进行细胞悬浮培养，为药物工厂化生产和人工快繁的方法。

二、药用植物细胞悬浮培养的应用进展

1. 工业化生产

利用细胞的大规模培养，有可能生产出人类所需要的一切天然有机化合物，如蛋白质、脂肪、糖类、药物、香料、生物碱及其他活性化合物。因此，近年来这一领域已引起人们的极大兴趣，许多产业部门纷纷投资进行研究。目前，大约已有 20 多种植物在培养组织中有效物质高于原植物，国际上已获得这方面专利 100 多项。近年来，用单细胞培养生产蛋白质，将给饲料和食品工业提供广阔的原料生产前途；用组织培养方法生产微生物及人工不能合成的药物或有效成分的研究正在不断深入，有些已投入工业化生产，预计今后将有更大发展。

中药材有许多是疗效明确的单一天然活性成分，如果能够通过工业生产获得这些天然复杂结构单一产物，将会大大缓解对野生资源的威胁。天然化合物往往结构复杂，常有多个不对称碳原子，化学合成难度较大或合成条件苛刻。而利用发酵工程则可以使生物细胞在人工条件下快速增殖并产生次生代谢产物，为人工资源的生产提供了技术平台。

近些年的研究发现，蛇足石杉和红豆杉中分别含有治疗老年痴呆和抗癌效果非常好的活性成分——石杉碱甲和紫杉醇，但这些活性成分在植物体内的含量很低，而植物在自然状态下生长又都很缓慢，即使引种栽培也因种种问题尚不能满足市场的需求。如果能利用发酵工程进行细胞的大规模培养，无疑可解决这一问题。科研工作者正试图在这些植物体内寻找参与次生代谢的某些共生真菌，希望通过共生真菌的发酵生产获得有关的活性物质。目前，紫杉醇的研究已取得阶段性的结果。

选择有效成分明确的植物细胞作为研究对象，通过筛选高产细胞系、改进培养条件和工艺进行药用植物细胞的发酵培养生产有效活性成分，目前已在人参、紫草、长春花、毛地黄、黄连等细胞培养方面取得成功。例如，从紫草培养细胞所获得的有效成分

紫草宁已经商品化；中国药科大学的人参毛状根已可以在 20t 发酵罐培养，提取的人参皂苷等活性成分已用于商品化生产。相信随着中草药有效成分及其生物合成途径的不断阐明，应用发酵工程来生产中药的某些活性成分的研究和商品化将会有更深入的发展。

2. 药用植物人工种植的快速繁殖

许多野生药用植物生态环境恶劣，结实率低，采种少，或者繁殖器官收获量低，难以用于大量的人工栽培。如利用大规模细胞悬浮培养及培养后再分化进行快速繁殖，可大大扩大药用植物的人工引种栽培，生产更多的药物。

由此可见，药用植物细胞悬浮培养是一种占用场地少、规模大、培养获得的愈伤组织同步性好、节约人力资源、可工业化生产药物的有效方法，是目前药用植物生物技术研究的热点。

第二节　药用植物组织和细胞培养的历史发展

一、植物组织和细胞培养发展简史

迄今，植物组织培养已有 100 多年的历史。19 世纪 30 年代，德国植物学家施莱登（M. J. Schleiden，1804～1881）和德国动物学家施旺（T. Schwann，1810～1882）创立了细胞学说。根据这一学说，如果给细胞提供和生物体内一样的条件，每个细胞都应该能够独立生活。1902 年，德国植物学家哈伯兰特（Haberlandt）在细胞学说的基础上，大胆提出要在试管中人工培育植物。他预言离体的植物细胞具有发育的全能性，能够发育成完整的植物体。这种细胞全能性的理论是植物组织培养的理论基础。

植物组织培养从提出设想到实践成功，经历了漫长而艰巨的历程。哈伯兰特本人，以及后来的德国植物胚胎学家汉宁（Hanning）等，都用植物的根、茎、叶、花的小块组织或细胞进行过离体组织或细胞的无菌培养试验。由于受当时科学技术发展水平和设备等条件的限制，他们取得的进展很小。然而这些探索性的试验为后人提供了许多值得借鉴的经验。

1937 年，美国科学家怀特（White）研制出了用于植物组织培养的培养基，并且认识到维生素和植物激素在植物组织培养中的重要作用。他和当时的一些科学家，用烟草的茎段形成层细胞和胡萝卜的小块组织，在人工培养的条件下，成功地诱导出愈伤组织（callus），植物组织培养终于取得了重大突破。但是他们还未能从愈伤组织中进一步诱导出芽和根。1948 年，我国植物生理学家崔正和美国科学家合作，用不同种类和比例的植物激素处理离体培养的烟草茎段和髓，发现腺嘌呤和生长素的比例是控制芽和根形成的主要条件之一。

由于植物组织培养技术在提高农作物产量、培育农作物新品种等方面具有广阔的应用前景，因此越来越受到各国科学家的重视。20 世纪 60 年代以后，植物组织培养技术开始在生产上应用，并且逐渐朝着产业化方向发展。随着科学技术的不断进步，植物组织培养这门崭新的技术将日益普及和深入，成为现代农业生产中重要的技术手段。

二、药用植物组织和细胞培养发展简史

20 世纪 60 年代，我国的科研工作者开始将该技术应用到药用植物的离体培养和试管繁殖研究中，研究的主要内容包括药用植物的植株再生、愈伤组织培养等。到目前为止，通过组织培养成功的药用植物至少已有 200 种，从常见的到珍稀、濒危的物种均有。其中已有 100 多种药用植物经离体培养成功地获得了试管植株，有些还利用试管繁殖技术生产用于栽培种植的药材。

药用植物组织培养并不仅限于再生植株的获得。例如，对人参、西洋参、紫草、红豆杉愈伤组织及细胞悬浮培养的研究，研究的大部分内容是从通过高产组织或细胞系的筛选与培养条件的优化等，以期降低成本及提高次生代谢产物的产量，再到更多集中于通过对次生代谢产物生物合成途径的调控来达到相同的目的。另外，近年来利用植物悬浮培养细胞或不定根、发状根对外源化学成分进行生物转化的研究也在悄然兴起，并取得了一定的进展。

用于研究的药用植物组织培养材料范围也逐渐扩大，开始以草本、木本或藤本植物的根、茎、叶、花、胚、果实、种子、髓、花药等组织或器官进行培养，发展到从器官诱导到愈伤组织、冠瘿组织、毛状根进行培养，再发展为细胞培养。目前还借助植物基因工程技术通过农杆菌介导的转化获得了多种转基因药用植物，提高药材的品质；利用转基因组织和器官培养生产药用成分等。

药用植物人参和硬紫草的细胞培养在日本已经工业化，日本黄连、毛花毛地黄的细胞培养也进行了中试。上海中医药大学进行了黄芪毛状根 30L 的大规模培养实验，取得了一定成果。中国医学科学院药用植物研究所也对丹参毛状根培养的大规模培养进行了一系列研究。但用于进行大规模工业生产的植物组织培养还不是很多，这可能与高等植物细胞培殖速度慢、产物浓度低及大面积种植药用植物等因素有关。我们应该看到，药用植物组织培养在品质改良、种质保护、有效成分生产等方面具有广泛的应用前景。但与农作物相比，用于药用植物的组织研究的种类却相对较少。因此，药用植物组织和细胞培养是有待进一步开发的研究领域。

第三节　药用植物组织和细胞培养的一般过程

目前已进行组织培养的药用植物种类不断增多，范围不断扩大，用于进行组织和细胞培养的外植体也多种多样，一般都需要以下几个程序。

1. 材料的选择和处理

从低等植物的藻类、菌类到高等植物苔藓、蕨类、种子植物的各个部分均可作为组织培养的材料。裸子植物多用幼苗、芽、韧皮部细胞；被子植物可采用根、茎尖、叶、芽、花（花芽、花托、花瓣、花丝、花药、花粉、子房、胚珠）等。但一般来说，生活力强的组织细胞易于获得分生能力强的愈伤组织或易于得到再生植株。所取材料在进行组织培养前必须经过洗涤和灭菌消毒处理，常用的消毒剂有乙醇、次氯酸钠、升汞、过氧化氢等。消毒剂所用浓度和处理时间可以参照有关文献，最终通过预试验来确定。

2. 培养基选择

药用植物组织培养多采用化学合成培养基，如 MS 培养基、B5 和 N6 培养基、White 培养基、LS 培养基等（配方参照有关文献）。这些培养基虽各有不同，但基本都由以下几类成分组成：糖类、无机盐类、氨基酸、酰胺和嘌呤、维生素、植物激素。另外，为获得良好的培养效果，有时还在培养基中添加天然产物如酵母提取物、水解蛋白、椰乳等。一般来说培养目的和培养材料不同，所选用的培养基也不尽相同。即使是同一培养材料培养阶段的不同也需要对培养基中的某些成分进行调整，如诱导生芽的培养基和诱导生根的培养基，其中生长素类和细胞分裂素类成分的配比完全不同。

3. 培养条件

接种到培养基中的外植体还需要在适宜的培养条件才能正常生长。培养条件主要有 4 个因素：温度、光照、通气和培养基的 pH。大多数植物组织培养温度为 20～28℃，最适宜的温度为 25～27℃。多数组织培养在散光条件下，光照强度依待培养的材料有所不同。在药用植物组织培养中还应注意，有些次生代谢物质的形成过程中，光照是重要的影响因素，因此有时也需要暗培养。通气对悬浮培养尤为重要，多数植物细胞需要良好的通气条件才能得到好的培养结果。培养基的 pH 是影响组织培养的另一重要因素，一般为 5～5.6，这是因为只有在适宜的 pH 范围内植物细胞才能正常地生长。

4. 培养过程

适时地对组织培养材料进行监控是必需的。不仅因为培养过程中可能会出现污染等问题，最主要是要根据材料的生长情况适时地对培养基和培养条件进行调整，以及及时地进行转接种。一般培养成熟的材料需要 2～4 周转接种一次，才能使培养材料保持旺盛的生活力。转接种时也应注意选择活力强的组织细胞进行继代。一般来说，结构疏散、颜色呈白色或淡黄色的愈伤组织和细胞活力较强。当然也不能一概而论，特别是一些药用植物，如培养红豆杉细胞因含有多种次生代谢物多数都呈褐色。

5. 细胞生长的测定

细胞液体悬浮培养后，需测定细胞增长率，细胞增长率＝（收获干重－接种干重）/接种干重×100%。检查细胞生长的生物量对有效药物生产是重要基础。因此，选用培养基和培养过程应创造最有利愈伤组织诱导和细胞生长的环境条件。

6. 培养物中药物的分析

药用植物细胞悬浮培养的最终目的是生产更多的有效药物。因此，应测定培养后培养物中药物化学成分的含量。

7. 新疆雪莲细胞悬浮培养和生产黄酮类活性成分的过程实例

（1）材料和培养方法。雪莲种子经 70% 乙醇消毒 40～60s，0.1% 升汞消毒 10～15min，无菌水冲洗 3～4 次，然后接种在 1/2MS 无激素培养基上，1 周后萌发出幼苗。用得到的幼苗叶片切段接种在 MS＋NAA 2.0mg/L＋BA 0.2mg/L 的培养基上，诱导愈伤组织。

（2）培养悬浮细胞时，取固体培养基上继代 15d 左右、分散性好的黄色愈伤组织，置于盛有 50mL 液体培养基的 250mL 摇瓶中，在 100r/min 的摇床上光照条件下恒温（25±1）℃进行悬浮培养。12d 继代 1 次。

（3）细胞生长的测定。液体培养细胞经尼龙网过滤，洗涤，60℃烘干至恒重，称量得干重。细胞增长率＝（收获干重—接种干重）/接种干重×100％。

（4）培养物中总黄酮的分析。总黄酮含量采用分光光度法：将 0.2g 干重细胞用 80％乙醇 10mL 超声提取 20min 后浸泡过夜，再超声提取 20min，过滤，吸取滤液 0.5mL，加 4.5mL 蒸馏水和 5％ $NaNO_2$ 0.3mL 摇匀，放置 6min，再加 10％ $AlCl_3$ 0.3mL，摇匀，静置 6min，再加 4％NaOH 4mL，最后加蒸馏水至 10mL，510nm 处测得 A 值。用芦丁标准品以同样方法测得标准曲线为：$C＝85.925\ 6A－0.830\ 98$，$r＝0.9992$，其中 C 为黄酮含量（mg/L），线性范围 10～60mg/L。

第四节　生物反应器细胞培养

一、生物反应器概述

生物反应器技术最早应用于微生物发酵。生物反应器所提供的封闭环境具有培养条件人为可控、培养液成分均一优化、工作体积大、单位体积生产能力高、物理和化学条件控制方便、可在线检测等优点。1959 年，Tulecke 和 Nickell 首次将微生物培养的发酵工艺应用到高等植物的悬浮培养，此后，研究利用生物反应器进行植物细胞的大规模培养工作逐步展开。当前，使用的植物细胞生物反应器主要有搅拌式、气升式、鼓泡式和转鼓式等几种（边黎明等，2004）。

目前药用植物细胞培养的生物反应器主要有搅拌式、气升式和螺旋管式。

二、主要生物反应器介绍

1. 搅拌式生物反应器

搅拌式生物反应器（stirred tank bioreactor，STB）通过桨式搅拌器来搅动培养液，确保培养液的养分和溶解氧浓度的均匀分布，达到大规模培养细胞的目的（图 11-1）。在培养过程中，培养液因搅拌的带动而使组织块表面的流体保持交换状态。培养液每隔数天更换一次，以确保营养物质的浓度并移除细胞代谢废物。

20 世纪 70 年代是搅拌式生物反应器进行植物细胞大规模培养的初期。和其他生物反应器相比较，搅拌式生物反应器的混合性能好、传氧效率高、操作弹性大、可用于细胞高密度培养、适应性广，因此，其在细胞悬浮培养中被广泛使用，已成为植物细胞培养的首选反应器。但搅拌式生物反应器容易产生过大的剪切力，对植物细胞的伤害较大，影响植物细胞的生长和代谢，从而限制了其应用范围。目前，所使用的搅拌式生物反应器都是在传统型的基础上经过改进而制成的。

2. 气升式生物反应器

气升式生物反应器（air lift bioreactor，ALB）利用气流上升冲力使细胞悬浮起来进行培养（图 11-2），依靠大量通气输入动量和能量，通过上升液体和下降液体的静压差实现气流循环，以使反应器内的培养液良好地传热、传质，并保证不产生死角。与搅拌式生物反应器相比，其优点是：①湍动温和均匀，剪切力小；②没有泄漏点，具有较好的防止杂菌污染的能力。因此，在 20 世纪 70 年代后期，植物细胞培养大多采用气升式生物反应器。但是，气升式生物反应器的缺点是操作弹性小，同时在细胞高密度培养时如果高通气量则会导致产生泡沫和高的溶氧，且泡沫中会夹带一些有用的挥发性物质（如 CO_2 等），这会严重影响植物细胞的生长；如低通量则易造成培养液混合不均。目前，人们仍在不断研究各种改进的气升式生物反应器。

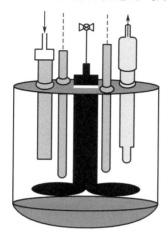   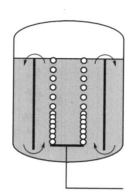

图 11-1　搅拌式生物反应器　　　　图 11-2　气升式生物反应器

3. 光生物反应器

　　光生物反应器（photobioreactor）是培养具有光合作用能力的细胞或组织的反应器系统，20 世纪 40 年代首次用于大规模培养蓝藻，目的是收获生物量作为饵料或提取其中的活性化合物。

　　光生物反应器是一套完整的培养体系，包括反应器主体、通气部分、照明系统和测定装置（图 11-3）。

　　（1）通气部分。由充气泵（或二氧化碳钢瓶及配气装置）、滤器（filter）、流量计（flowmeter）、气体分布器（sparger）及增湿器（humidifier）组成。

　　（2）照明系统。包括光源和定时器（timer）两部分。目前，报道过的用于培养大型海藻细胞或组织的光源有荧光灯（fluorescent lamp）和卤灯（halogen lamp）两种。

　　（3）测定装置。主要有 pH 电极（pH sensor）、溶氧电极 ［dissolved oxygen（D.O.）sensor］、温控电极（temperature sensor）等，用于在线监测反应器内部情况。

　　（4）反应器主体。设有进样管（inoculum tube）和取样管（sampling tube）等。

4. 鼓泡式生物反应器

　　鼓泡式生物反应器（bubble column bioreactor，BCB）是结构最简单的反应器（图11-4），气体从底部通过喷嘴或孔盘进入反应器，实现气体传递和物质交换。其优点是系统密闭，易于无菌操作；同时，由于不含任何转动装置，适合培养对剪切力敏感的细胞。然而，对于高密度及黏度较大的培养体系，鼓泡式生物反应器的混合效率会降低。

5. 循环管道式光生物反应器

　　与其他生物反应器相比较，植物和海藻细胞的全封闭管道式光生物反应器系统（图11-5）占地面积小（相当于同等产量规模大池生产系统的 5%）、可大幅度节省水和电

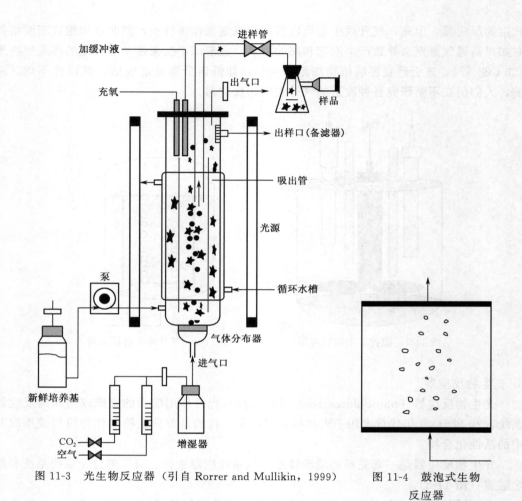

图 11-3　光生物反应器（引自 Rorrer and Mullikin，1999）

图 11-4　鼓泡式生物
反应器

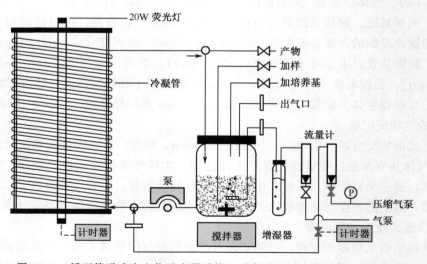

图 11-5　循环管道式光生物反应器系统（引自 Rorrer and Mullikin，1999）

等能源、减少原料消耗、可严格控制各种污染因子（一切外界化学性和生物性的污染因子都不能进入到培养系统中），保证了细胞的纯培养（图 11-5）。因此，全封闭管道式光生物反应器具有高度集约化生产、高光合效率、高产率等特点，且操作简便，易于管理。

三、生物反应器的选择

植物细胞培养的生物反应器是由微生物发酵罐发展而来的。由于植物细胞与微生物细胞不同，因此在了解植物细胞培养的特点上，除了增加光照系统外，还需要根据不同的植物细胞类型和细胞培养的目的进行生物反应器的选择和改进。

1. 植物细胞的特点

（1）植物细胞易黏附成团，形成聚集体。植物细胞的聚集有两种形式：一种发生在培养前期，幼小细胞分裂快，产生的新细胞没有及时分开，从而细胞聚集在一起；另一种发生在培养的对数生长期，由于多糖和蛋白质等的分泌，不仅培养细胞黏附在一起，而且细胞还黏附在反应器壁上。培养细胞的聚集成团，不利于物质的扩散。

（2）细胞较脆弱。植物细胞具有含纤维素的细胞壁，具较高的拉伸强度，因而对培养时产生的剪切力和物理压力等敏感。

（3）细胞生长慢。植物细胞代谢缓慢，生长速率也较低，因此所需要培养的时间长，对于长时间保持无菌环境是一个难题。

（4）适量氧气含量。与微生物细胞培养相比，植物细胞对氧的需求量较低。但是过低和过高的溶氧量都不利于植物细胞的生长。

2. 生物反应器的选择标准

根据植物细胞培养的特点，对于生物反应器的选择，在低流体压力下有效的氧传质是其标准。具体来说，主要注意以下几点。

（1）供氧能力和气泡在液体中的分散程度。

（2）反应器内流变液体的压力强度及其对植物细胞系统的影响。

（3）高细胞浓度混合的均匀性。

（4）控制温度、pH、营养物浓度的能力。

（5）控制细胞聚集体的能力。

（6）长时间保持无菌状态的能力。

第五节　植物药用成分合成的环境调控的生理代谢基础

自古以来，人们就注意到环境条件对植物药用成分的影响及对于药材质量的重要意义。中药材的地道性强调适宜的产地和最佳的采收时期，本质上是要求满足一定的环境条件（各种环境因子的时、空组合），以保证植物药用成分的含量和组分达到最佳。然而，至今为止对于药用植物生长环境的重视还停留于经验性的观察和总结，人们尚未从植物生理代谢这种生物学本质上去认识环境对植物药用成分的调控规律，因而也就未能更主动而有效地利用这些规律来指导野生药用植物的利用特别是药用植物的人工栽培，指导细胞悬浮培养环境调控。

一、植物药用成分合成的生物学基础——次生代谢

现代药学研究表明，许多植物药的药理作用与其所含的次生代谢产物有关。也就是说，植物药用成分绝大部分属于植物的次生代谢产物。

植物的次生代谢是相对于初生代谢或称基本代谢而言的，通常由初生代谢派生而来。早期认为次生代谢产物（也称次生产物、次生物质）是指植物中一大类对于细胞生命活动或植物生长发育正常进行并非必需的小分子有机化合物，但后期特别是近年来的研究表明，次生代谢产物在植物协调与环境关系中起着不可或缺的重要作用。

植物次生代谢具有不同于初生代谢的特点。植物次生代谢产物不仅具有明显的种属特异性，就是同一种或一类次生代谢产物在植物体内也不是普遍存在，而是限于一些特定的细胞、组织、器官或是特定的发育时期。植物次生代谢产物的种类繁多，结构迥异，从化学结构上通常归为萜类化合物、酚类化合物和含氮化合物（以生物碱为主）三个主要类群，每一类的已知化合物都有数千种甚至数万种以上。在各个类群的植物次生代谢产物中，均包含着大量的药用成分，表 11-1 仅是一个举例。

表 11-1　作为植物药用成分的植物次生代谢产物举例

次生代谢产物类群		植物	药用成分
萜类化合物	单萜	龙脑树（*Dryobalanops camphola*）	龙脑（冰片，bornel）
	倍半萜	青蒿（黄花蒿，*Artemisia annua*）	青蒿素（artemisinin）
	二萜	东北红豆杉（*Taxus cuspidata*）	紫杉醇（taxol）
	三萜	人参（*Panax ginseng*）	人参皂苷（ginsenosides）
	四萜	番茄（*Lycopersicon esculentum*）	番茄红素（lycopene）
	多萜	杜仲（*Eucommia ulmoides*）	杜仲胶（gutta-percha）
	甾体类	盾叶薯蓣（*Dioscorea zingiberensis*）	薯蓣皂苷（dioscin）
酚类化合物	简单苯丙烷类	丹参（*Salvia miltiorrhiza*）	丹参素（danshensu）
	香豆素类	光果甘草（*Glycyrrhiza glatbra*）	甘草香豆素（glycycoumarin）
	木脂素类	厚朴（*Magnolia officinalis*）	厚朴酚（magnolol）
	苯醌类	连翘（*Forsythia suspensa*）	连翘苷（forsythenside）
	萘醌类	胡桃楸（*Juglans mandshurica*）	胡桃醌（juglone）
	蒽醌类	金丝桃（*Hypericum monogynum*）	金丝桃素（hypericin）
	菲醌类	丹参（*Salvia miltiorrhiza*）	丹参醌（tanshinone）
	黄酮类	芸香（*Ruta graveolens*）	芸香苷（芦丁，rutin）
	鞣质（单宁）	木麻黄（*Casuarina pquisetifolia*）	木麻黄宁（casuarinin）
含氮化合物	生物碱	喜树（*Camptotheca acuminata*）	喜树碱（camptothecin）
	氰苷	百脉根（*Lotus corniculatus*）	百脉根苷（lotaustralin）
	芥子油苷	黑芥子（*Brassia nigra*）	黑芥子苷（sinigrin）

二、植物次生代谢受环境调控

植物次生代谢过程与植物的其他生理代谢过程一样，时时刻刻都受到植物生存环境的影响。环境因子从细胞生命活动的不同层次——核酸（基因表达）、蛋白质（相关酶的合成及酶活性）、代谢产物（各种酶促生物反应）水平影响次生代谢过程。植物也通

过次生代谢过程的调整来适应环境的变化（图 11-6）。

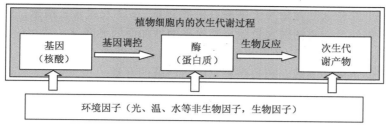

图 11-6　植物次生代谢与环境关系

　　一般认为，植物的次生代谢是植物在长期进化过程中与环境相互作用的结果。植物次生代谢产物不直接参与植物生长和发育过程，但影响植物与环境的相互关系，在植物提高自身保护和生存竞争能力、协调与环境关系中充当着重要的角色，其产生和变化比初生代谢产物与环境有着更强的相关性和对应性。因此，植物的药用成分无论是种类还是含量，都与植物的生存环境有着密切的关系。

　　从植物次生代谢与环境的关系看，次生代谢产物的产生可分为两种类型，即组成型和诱导型。有些次生代谢产物，无论植物处于何种生活状态，都按一定的含量不间断地合成与积累，即组成型。多数次生代谢产物，种类和数量与植物的生存环境和生活状态密切相关，属于诱导型。植物只有在特定的条件下才合成和积累一些特殊的次生代谢物，或显著地增加特定次生代谢产物在体内的含量。

　　植物生存的环境大体可分为两大类，即非生物环境与生物环境。已有许多研究工作证实了环境对植物次生代谢过程及其产物的调控作用，或者说是植物次生代谢过程及其产物对环境的适应。在这些次生代谢产物中，不乏大量的药用成分。

（一）植物次生代谢与非生物环境

　　非生物因子如温度、水分、光照、大气、盐分、养分等都会对植物的次生代谢产物产生影响。这里列举一些与植物药用成分相关的实例。干旱胁迫下，植物组织中次生代谢产物的浓度常常上升，包括氰苷及其他硫化物、萜类化合物、生物碱、鞣质和有机酸等。干旱胁迫导致喜树叶片中喜树碱的含量增加，高山红景天根中的红景天苷含量也因土壤含水量而变化，轻度的水分胁迫则有利于乌拉尔甘草酸的积累。

　　光强、光质和日照长短都对植物次生代谢有影响。遮光条件下 *Adenostyles alpina* 叶片中的生物碱和一种倍半萜（cacalol-trimer）的含量增加，而其他倍半萜的浓度降低。遮阴导致高山红景天根中的红景天苷含量降低，但却增加了喜树叶片中的喜树碱含量。红光成分增加可提高高山红景天根中的红景天苷含量，而蓝光成分增加则提高喜树叶片中的喜树碱含量。光照通过调节过氧化氢酶的活性显著地影响了长春花愈伤组织中长春多灵（vindoline）和蛇根碱等生物碱的生物合成。

　　早期的一些研究表明，土壤氮素的增加导致植物中非结构碳水化合物含量下降，从而使以非结构碳水化合物为直接合成底物的单萜类化合物减少，但以氨基酸为前体的次生代谢产物水平则提高；反之在使体内非结构碳水化合物增加的条件下，缩合鞣质、纤维素、酚类化合物和萜烯类化合物等含碳次生代谢产物大量产生，当然结果并不完全一致。高山红景天根中红景天苷的合成与积累需要适宜的氮素营养，过高过低都不利，而且在自然条件下红景天苷含量与土壤的有机质含量、pH 及氮素、磷素、钾素营养均有密切联系。喜树幼苗的喜树碱含量随氮素水平的增加而明显降低，适当的低氮胁迫对获取喜树碱有利，而且氨态氮/硝态氮的比例也影响喜树碱的合成与积累。同样，氮素形态也影响黄檗幼苗中小檗碱、药根碱和掌叶防己碱的含量。

一些研究工作观察到，伴随大气中 CO_2 浓度的升高，盐生车前叶片中咖啡酸含量和根部 p-香豆素、verbascoside 含量也增加。人参根部在高浓度的 CO_2 下增加了总酚酸和类黄酮的含量。

（二）植物次生代谢与生物环境

植物面对的生物环境比较复杂，包括昆虫和草食动物乃至人类的侵害、致病微生物的危害、植物之间的相互竞争和协同进化以及真菌的共生关系等。在植物与这些生物环境的相互作用过程中，作为药用成分的一些植物次生代谢产物发挥着重要的作用。

很多植物中的次生代谢产物对食草动物、昆虫等具有一定的防御作用，在植物防御反应中具有重要作用的生物碱，同时也是植物药用成分的重要类群。多数植物被取食后产生较强的诱导防御反应，某些次生代谢产物迅速增加以增强防御能力，如烟草在叶片受到伤害后烟碱的含量增加了 6 倍。植物间的化感作用是近年来颇受重视的研究领域，萜类途径产生的众多复杂化合物通常被认为是高效的化感物质，而其他次生代谢产物如生物碱、非蛋白氨基酸等也被发现具有化感潜势。菌根是自然界中一种极为普遍和重要的共生现象，近年来许多研究表明菌根真菌及共生过程影响植物的次生代谢，导致植物的次生代谢产物发生变化。研究表明，菌根共生可显著提高曼陀罗中生物碱的含量，内生菌根也影响喜树幼苗中喜树碱的代谢。有关致病微生物方面，陈美兰等观察到白粉病发生程度影响金银花药材中绿原酸的含量。

（三）次生代谢环境调控的分子机制

一些研究工作也在探讨环境调控植物药用成分的代谢机制。例如，对于包括喜树碱在内的吲哚类生物碱的代谢途径，人们已经了解了途径中一些关键酶和编码基因及表达特性。近年来人们更为关注植物体内信号物质如茉莉酸类化合物在植物次生代谢应答环境调控过程中的作用机制。烟草的机械损伤程度、受伤部位茉莉酸的合成量与整株植物的烟碱积累量显著正相关。茉莉酸类化合物诱导了烟草中鸟氨酸脱羟酶和腐胺 N-甲基转移酶（putrescine N-methyl transferase）的基因表达，从而促进了从鸟氨酸到烟碱的生物合成过程。同样，茉莉酸类化合物处理快速诱导了长春花中 ORCA（octadecanoid-derivative responsive catharanthus AP2-domain）的基因表达并激活先前存在的 ORCA，ORCA 与调控元件 JERE（jasmonate-and elicitor-responsive element）结合启动异胡豆苷合成酶基因。异胡豆苷合成酶是类萜吲哚生物碱合成的关键酶，将色胺和次番木鳖苷缩合成类萜吲哚生物碱的前体异胡豆苷。

三、认识植物药用成分环境调控规律的意义

人类利用药用植物来防病治病已有几千年的历史。当今的处方药有 25％左右来自

于药用植物。化学合成药物的巨额开发成本、漫长的研制周期及不可克服的毒副作用，更使植物的天然化学成分处于药物原料的不可取代地位。中药有效成分的含量直接关系到药材质量。不同环境生长的同一种药用植物，其药材质量常有很大差异，因而有道地药材之说。但是，对于绝大多数药用植物而言，我们并不清楚药用成分的变化与环境的对应关系。虽然目前已经开始制订中药的 GAP 标准以实行规范化种植，但这些标准多是依据中药传统产地的气候条件以及基于药用植物物候期观测而总结的最佳采收期编制"经验"标准，尚缺乏建立在深刻认识植物有效成分与环境因子关系基础上的"科学"内涵，因而尽管有了规范化的种植标准，却未必须能够保证规范而恒稳的药材质量。

因此，进行植物药用成分环境调控的基础研究，从植物的生理水平乃至分子水平揭示药用成分（次生代谢产物）与环境因子间的内在相关性，将使我们更清楚地认识到哪些环境要素左右着我们所关心的药用成分，从而阐明道地药材的道地实质，为建立高品质中药材生产管理规范提供真正而有力的理论指导。

植物的次生代谢与初生代谢是密不可分的，次生代谢途径源于初生代谢（图 11-7）。植物生产次生代谢产物，将会消耗大量的由初生代谢生成的物质和能量，从而影响甚至延缓植物的形态建成、生长发育及生殖繁育。那么，次生代谢对于植物有何意义？一般认为，植物在对环境的适应与进化的过程中，为应对环境变化逐渐演化形成了各种次生代谢途径，并生产相应的次生代谢产物来缓解环境的胁迫。

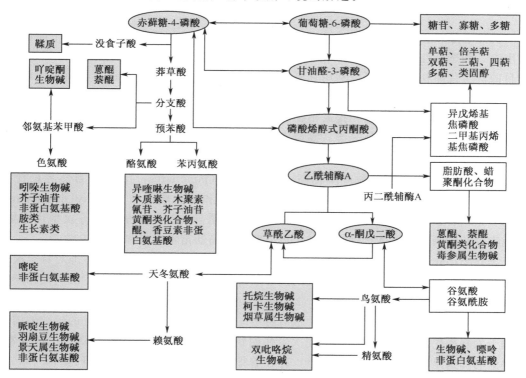

图 11-7　植物初生代谢与次生代谢的联系

野生植物多是生长在或多或少的逆境之中的，因而一些植物也就积累了各种各样的药用成分，为我们人类所利用。然而，对于人工栽培的药用植物而言，尽管提供了适宜的生长条件，植物也是"枝繁叶茂"，但药用成分常常并不丰厚，药材质量也就远不及野生植物。事实上，从植物的生理代谢角度来看，生长在"优越"环境下的植物面临胁迫是最少的，生产次生代谢产物应对逆境的必要性也就大大降低，某些源于次生代谢产物的药用成分自然也就减少。从植物代谢的物质和能量的平衡来看，初生代谢与次生代谢是矛盾的。对于以次生代谢产物为药用成分的药用植物而言，"高产"与"优质"似乎也是矛盾的。

一些研究者已经关注这个问题，指出药用植物的环境最适宜性概念与普通植物对环境的最适宜概念并不完全相同。因为有些植物生长发育的适宜条件与次生代谢产物的积累并不是平行的，所以在选择药用植物的生态适宜区时，除应考虑生长发育的适宜性外，还应分析研究药材产地与活性成分积累的关系。

由此看来，为了更高效地获取作为药用成分的植物次生代谢产物，我们有必要深入了解、认识植物次生代谢与环境的互作机制。研究植物药用成分的环境调控规律，有利于人类更有效、更合理地利用药用植物资源。

第六节　促进植物细胞培养生产次生代谢物的几种途径

（一）添加诱导子

诱导子是一种能引起植物过敏反应的物质，由于它在与植物的相互作用中能快速、高度专一和选择性地诱导植物特定基因的表达，进而活化特定次生代谢途径，积累特定的目的次生代谢物，所以可以利用它来提高植物次生代谢产物的产量。目前应用最广、研究最多的是真菌诱导子。

除真菌诱导子外，目前在提高植物次生代谢产物方面研究得较多的还包括寡糖素、茉莉酸类、金属离子和紫外光等。寡糖素作为一种植物调节因子，在诱导次生代谢物合成方面已越来越受到重视，甘烦远等在红花细胞悬浮培养过程中同时加入寡糖，可使红花细胞生长速率及 α-生育酚产率提高。茉莉酸类（jamonates，Jas）在自然界广泛存在，其主要代表物为茉莉酸（jasmonic acid，JA）和茉莉酸甲酯（methy1-jasmonate，MeJA），二者被认为是天然的植物生长调节剂，能诱导植物产生植保素等次生代谢物。宾金华等利用茉莉酸甲酯处理烟草幼苗可以明显提高幼苗木质素和 HRGP 含量。

诱导子活化植物次生代谢途径的一个明显的特点是具有种属专一性，即对特定次生代谢产物进行选择性诱导。筛选有效的诱导子必须首先解决两个问题：①次生代谢产物合成的途径及关键酶的结构和特性；②诱导子与次生代谢物之间结构与功能的关系。另外，在诱导子的纯化和结构分析方面也有待进一步研究，如果将人工合成的较纯的诱导子用于大规模生产次生代谢物，会使次生代谢物的产量大大提高，同时降低生产成本。诱导子的筛选是目前的一个研究热点，存在着很多争论，有待于进一步研究。

（二）前体饲喂

在植物细胞培养中加入次生代谢物生物合成的前体是提高次生代谢物产量的有效途径。这种方法在许多培养细胞中都取得了很好的效果。戴均贵等通过向银杏培养基中添加异戊二烯等前体物质，有效地提高了银杏内酯 B 的产量。元英进等研究东北红豆杉悬浮细胞培养提高紫杉醇含量和强化紫杉醇生产的方法，结果表明，加入前体物苯丙氨酸和乙酸钠对紫杉醇的生产均有明显的促进作用，且在实验范围内，随前体物浓度的增加，促进作用加强。

次生代谢物是通过一系列代谢过程产生的，其代谢过程的中间产物加入培养基后，往往能促进终产物的生成。但许多外源前体的加入又会抑制植物细胞的生长，从而也最终影响了次生代谢终产物的产量。就许多前体而言，存在一个前体的最佳添加浓度，前体浓度不同，对次生代谢物合成的影响也不同。

外源前体在细胞培养的不同时间添加，其对细胞生长的抑制作用与对次生代谢物合成的促进作用也有所不同，类似于前体的最佳添加浓度，前体的加入也有最佳添加时间，当外源前体在这个时间加入时，培养物的次生代谢物的产量要高于在其他时间加入时的产量。

另外，前体添加的数量和种类也对次生代谢产物的生产有影响，如在水母雪莲（Saussurea medusa Maxim）细胞悬浮体系中，苯丙氨酸和乙酸钠两种前体同时添加，对于雪莲细胞黄酮合成的促进作用强于它们单独加入。

（三）两相法培养

植物培养细胞所合成的次生代谢物一般贮存于胞内，有些虽然能分泌出来，但量很少，如何使细胞内次生代谢物分泌出来并加以回收，是提高含量、降低成本及进行细胞连续培养的关键。两相培养（two-phase culture）是指在植物细胞培养中加入水溶性或脂溶性的有机物，或者是具有吸附作用的多聚化合物，使培养体系由于分配系数的不同而形成上下两相，细胞在其中一相中生长并合成次生代谢物，而这些产物又通过主动或被动运输方式释放到细胞外，并被另一相所吸附。两相法培养的基本出发点是在细胞外创造一个次生代谢物的贮存单元。该培养法可以加入固相或疏水液相，形成两相培养系统，从而达到收集分泌物的目的。该法可减轻产物本身对细胞代谢的抑制作用，并可保护产物免受培养基中催化酶或酸对产物的影响。此外，由于产物在固相或疏水相中的积累简化了下游处理过程，所以可大幅度降低生产成本。

（四）调控培养条件

通过培养条件的调控，如培养基、光照、温度、通气、激素及胁迫等因子的调控，使细胞培养中产物有效分泌，实现胞内产物向胞外转移是提高生产率的有效手段之一，有机溶剂二甲亚砜是一种高度甲基化物质，可用于改变细胞壁/膜的渗透性，如二甲亚砜渗透处理能促进三七悬浮培养细胞，使该细胞有效释放胞内皂苷。激素作为诱导和调节愈伤组织生长的重要因素而用于次生代谢物的研究，但生长素和细胞分裂素的作用不大相同，一定浓度的生长素可以明显促进愈伤组织的生长，但通常会抑制次生代谢物的生成，如长春碱、天仙子、颠茄、罂粟等细胞培养物在有 2,4-D 存在时不产生生物碱，并且完全抑制蒽醌的生成；NAA 也会抑制紫草愈伤组织中紫草宁的产生，这主要是因为较高浓度的生长素会抑制次生代谢途径中一些重要酶的活性，从而使产物的合成受阻。

（五） 添加代谢产物合成抑制剂

植物次生代谢是多途径的，是植物体内一系列酶促反应的结果，在离体培养条件下有初生物质向次生物质的转化，也有次生物质之间的相互转化。如何抑制这些分支代谢中某些关键酶的活性，使反应朝有利于某一特定化合物的合成方向进行，是提高次生代谢物的另一条途径。例如，李弘剑等发现在青蒿素合成过程中加入固醇生物合成抑制剂双氧苯脒唑和氯化氯胆碱处理，可使代谢向合成青蒿素的方向移动，青蒿素合成量明显提高。

除了上述几种途径外，促进植物细胞培养生产次生代谢物的途径还有很多，如利用固定化培养技术转化植物细胞低廉的底物成价值高的次生代谢物、两步法培养技术、微室培养技术、高产细胞系的诱变与筛选、研制适合于植物细胞大规模培养的新型生物反应器等，植物培养技术的综合运用也是提高植物细胞培养生产次生代谢物的关键技术。

参 考 文 献

郭志刚，于金梅，刘瑞芝. 2002. 培养条件对盐生肉苁蓉愈伤组织生长的影响. 清华大学学报（自然科学版），42（12）：1598～1600

何培民. 2007. 海藻生物技术及其应用. 北京：化学工业出版社

黄璐琦，郭兰萍. 2007. 中药资源生态学研究. 上海：上海科学技术出版社

武利勤，郭顺星，肖培根. 2006. 新疆雪莲细胞悬浮的建立和黄酮类活性成分的产生. 中国中药杂志，30（13）：956～968

肖春桥，张华香，高洪等. 2005. 促进植物细胞培养生产次生代谢物的几种途径. 武汉化工学院学报，27（5）：28～31

杨坤，焦智浩，张根发. 2006. 肉苁蓉组织培养研究进展及应用前景. 中草药，37（1）：140～143

杨世海，陶静，刘晓峰等. 2006. 培养基碳源和氮源对甘草愈伤组织生长和黄酮类化合物合成的影响. 中国中药杂志，31（22）：1857～1859

Cheng X Y, Wei T, Guo B. 2005. Cistanche deserticola cell suspension cultures: phenylethanoid glycosides biosynthesis and antioxidant activity. Process Biochemistry, 40 (9): 3119～3124

Cheng X Y, Wei T, Guo B. 2005. Repeated elicitation enhances phenylethanoid glycosides accumulation in cell suspensis cultures of *Citanche deserticola*. Bionchemical Engineering Journal, 24: 203～207

Cheng X Y, Xu J F. 2002. Improvement of phenylethanoid glydcosides biosynthesis in *Cistanche deserticola* cell suspension cultures by chitosan elicitor. Process Biochemistry, 121: 253～260

Liu J Y, Guo Z G, Zeng Z L. 2007. Improved accumulation of phenylethanoid glycosides by precursor feeding to suspension culture of *cistanche salsa*. Biochemical Engineering Journal, 33: 88～93

Lu C T, Mei X G. 2003. Improvement of phenylethanoid glycosides production by a fungal elicitor in cell suspension culture of Cistanche deserticola. Biotechnolog Letters, 25 (17): 1437～1439

Ouyang J, Wang X D, Zhao B. 2003. Effects of rare earth elements on the growth of *Cistanche deserticola* cells and the production of phenylethanoid glycosides. Biotechnology, 102 (2): 129～134

Ouyang J, Wang X D, Zhao B. 2003. Light inteusity and spectral quality influencing the callus growth of *Cistanche deserticola* and biosynthesis of phenylthanoid glyceside. Plant Science, 165: 657～661

Ouyang J, Wang X D, Zhao B. 2005. Improved production of phenylethanoid glycosides by *Cistanche deserticola* cells cultured in an internal loop airlift bioreactor with sifter riser. Enzyme and Microbial Technology, 36 (7): 982～988

Rorrer G L, Mullikin R K. 1999. Modeling and simulation of a tubular recycle photobioreactor for macroalgal cell suspension cultures. Chemical Engineering Science, 54 (15): 3153～3162

第十二章　高山草甸药用植物生理生态

高山草甸生境是药用植物的重要分布和生长的特定区域。这种生境区域一般气候寒冷或温凉，湿润或干旱，矿质元素和微量元素丰富，有利于名贵植物药物如人参、红景天、藏红花、雪莲、贝母、羌活等形成次生代谢产物。因此，研究环境因子对这类药用植物逆境生理代谢机制，了解其对有效活性药物产量和质量的影响是很有意义的。

第一节　人参植物的生理生态

一、概述

人参（*Panax ginseng* C. A. Mey.），别名棒槌，野生人参又称"山参"，人工栽培人参称"园参"，为五加科人参属多年生宿根性草本阴生植物，主要以其干燥根及根茎入药，叶、花、果实也可入药，调节人体生理功能的平衡，主要成分为皂苷、挥发油、多种糖类等。人参生产于辽宁东部、吉林和黑龙江东部。俄罗斯和朝鲜也有分布。

（一）生物学特性

成年人参株高 30～60cm；直根系，主根肥厚、肉质，外皮黄白色，圆柱形或纺锤形，下部有分枝。根由芽苞、根茎、主根、支根、须根和根毛构成，须根上长有多数疣状物，俗称"珍珠疙瘩"。根茎俗称"芦头"，长度随参龄逐年增加，每年增生一节。根茎上的更新芽 6 月开始形成，7 月可看到，逐渐生长发育，到 10 月至次年植株地上部器官原始体都已形成，即称"芽苞"。茎直立，圆柱形，单一不分枝，光滑无毛，色绿或带紫。掌状复叶，具长柄，轮生于茎顶。小叶 3～5 片，椭圆形或长椭圆形，长 4～15cm，宽 2～6.5cm，叶端长渐尖，基部楔形，叶缘具细锯齿，叶脉上有少数刚毛。茎叶生长随参龄而异。一年生植株茎和叶柄无明显界线，具 3 片小叶称为"三花"；二年生植株具明显的茎与叶柄的分界，叶柄上着生 5 片小叶，为一枚 5 出掌状复叶，称为"巴掌"；三年生植株茎顶对生 2 枚掌状复叶，称"二甲子"；四年生植株茎顶轮生 3 枚掌状复叶，称"灯台子"；五年生植株茎顶轮生 4 枚掌状复叶，称"四批叶"；六年生以上植株也只轮生 5～7 枚掌状复叶，以后不再增加。伞形花序，单生于茎顶，总花梗长 20～30cm，稍比茎细，上面着生十至几十朵淡黄绿色小花，小花梗长约 5mm，苞片小条状披针形；花萼钟状，淡绿色 5 裂；花瓣 5 片，先端尖；雄蕊 5 枚，花丝短，雌蕊 1 枚，柱头 2 裂，子房下位，2 室。第三或四年开始开花结果。浆果状核果，扁球形或肾形，直径 5～9mm，熟时鲜红色。果实由绿变紫，再变成浅红、鲜红。内含种子 2 粒，种子扁圆形，乳白色，具坚硬的外种皮，有深浅不同的皱纹，种脐明显；内种皮薄，膜状；为有胚乳种子，胚很小，包在胚乳里。种子长 4.8～7.2mm，宽 3.9～5.0mm，厚 2.1～3.4mm。胚长 0.3～0.4mm，宽约 0.25mm。自然结果种子千粒重 26～28g，特大者千粒重可达 40g。花期 6 月，果期 6～8 月。

（二）地理分布

人参属（*Panax* L.）分布于北美、中亚和东亚等具有海洋性气候的部分地区，主产于俄罗斯（40°N～48°N）、中国（43°N～47°N）、朝鲜（33°N～36°N）、美国（30°N～48°N）。我国长白山为人参分布中心，以前山西、陕西及四川峨眉山等地部分山区也有少量分布。

人工种植人参的国家主要是中国、韩国、朝鲜和日本。我国人参的产量占世界产量的 80%，主产地分别是吉林长白山地区、通化地区和延边朝鲜族自治州，黑龙江省牡丹江地区，辽宁丹东和本溪地区。韩国人参约占全世界人参产量的 17%；朝鲜和日本有少量人参产出，约占世界总产量的 3% 以下。我国山参的产量占世界的 60%，俄罗斯占 40%。

吉林省是我国和世界著名的人参主产区，2004 年全省人参种植面积达到 4200 万 m^2，林下参面积 16 008 万 m^2（24 万亩）。鲜参总产量 1.5 万 t，人参产量约占全国的 89%，占世界的 71%。

（三）开发利用

1. 应用高新技术开发人参系列功能保健食品

人参对多种疾病具有良好的预防保健和治疗效果，特别是在抗疲劳、抗衰老、预防癌症和心血管疾病方面更具有独特的作用。人参系列保健产品的开发已有一定的历史，有大量的产品问世，包括人参饮品系列（口服液、饮料）、蜜制品、保鲜参、活性参、化妆品、酒制品（含啤酒）等。但这些产品保健功能针对性不强，科技含量较低，服用时不够方便，吸收效果较差，市场占有率低。因此，采用高科技手段开发保健功能针对性强、吸收好、见效快的人参功能性保健产品，变人参的原料产品为高科技产品，提高人参的附加值，对我国人参产业具有重要作用。

2. 应用超微细粉碎技术开发人参系列保健食品

将人参（生晒参、红参、活性参等均可）等原料粉碎到 1～6μm 的粒度，这一粒度能把细胞壁打碎，有效成分可以充分释放，在体内的吸收率可达 100%，大大提高了传统制品生物利用效率（30%～40%）。初步研究印证，人参粉颗粒粒度为 500nm～1μm 时总皂苷含量最高，而溶出时间比粗粉缩短 2/3，足以证明超微细粉起效快、药效高。应用这一技术，可以开发人参单味制剂、复方制剂、浸出制剂等新型保健食品。

3. 用人参单体成分或组分开发系列保健食品

人参中含有近 50 种人参皂苷单体和各种非皂苷成分，我国在人参皂苷单体和非皂苷产业化研究方面处于国际领先水平。含人参皂苷 Rg3 的"参一胶囊"作为癌症治疗辅助药物已经在市场上销售。人参皂苷 Rb1 可用来开发健脑促智和抗老年疾病、增强性功能的保健食品（药物），已完成工厂化生产工艺中试；人参皂苷 Rg2 作为治疗心脏病急救药物已进入临床研究阶段，人参皂苷 Rck 酶转化工厂化生产工艺已经成型；人参二醇组皂苷作为治疗心血管病新药已进入临床前研究。人参非皂苷成分精氨酸双糖苷（AFG）在人参中含量达 5%，具有改善微循环、抗疲劳、增强人体免疫力等功能，目前已完成工艺研究，极具开发价值；人参中焦谷氨酸具有胰岛素的作用，可用来预防糖尿病，已进入工艺研究进入中试阶段；以人参皂苷为底物合成的人参皂苷脂肪酸酯 OM_1，具有较强的抗癌活性（超过 Rck1.5 倍），而且毒性很低，其分离纯化工艺已进入中试阶段。

4. 应用人参开发护肤美容产品

人参的护肤美容作用已深为人们熟知，但目前尚不清楚人参的护肤因子是什么，只发现人参有清除自由基的作用。明确人参的护肤因子，开发人参系列护肤、美容、洗浴、化妆等新产品，对于方便消费者、提高人参的附加值具有重要作用。以丁家宜有限公司为"龙头"的一系列相关企业都在开发和研制以人参为原材料的美容产品，并且都取得了一定的研究成果和经济效益。

二、人参的化学成分

（一）化学成分

人参的活性成分主要有人参皂苷、人参多糖、挥发油、氨基酸、多肽等几大类，其中皂苷类是人参中主要的化学活性成分。

1. 皂苷类成分

人参皂苷是人参所含的最为重要的一类生物活性成分，约占人参组成的 3%。中外学者已从生晒参、白参、红参中分离鉴定了 50 多种人参皂苷。20 世纪 90 年代初，我国学者在人参茎叶中得到了 10 种新的皂苷成分，分别为 20-（R)-ginsenoside-Rh$_2$、20-（R)-ginsenoside-Rh$_3$、20-（R)-ginsenoside-La、20-（R)-ginsenoside-F4、25-hydrox-y-ginsenoside-Rg$_2$、25-hydrox-y-ginsenoside-Rh$_1$、25-hydrox-y-ginsenoside-Ia、25-hydrox-y-ginsenoside-Ib、koryoginsenoside-R$_1$ 和 koryoginsenoside-R$_2$。1978 年，李向高比较了人参不同部位人参总皂苷的含量，发现人参果实中所含的总皂苷为根含量的 4 倍。

此后，1991 年，日本学者 Yahara 等从人参果实中分离鉴定了 5 种人参皂苷：ginsenoside-Rb$_2$、ginsenoside-Rc、ginsenoside-Rd、ginsenoside-Re、ginsenoside-Rg$_1$，王建伟等（2004）就此 5 种皂苷含量与人参其他部位做了比较，指出人参果实中所含人参皂苷 ginsenoside-Re 含量高达 6%。对人参果实进行系统分析，并从人参果实中分离得到 3 种人参皂苷：ginsenoside-R b$_2$、ginsenoside-Rd 和 ginsenoside-Rg$_1$；较为系统地报道了人参果实成分，分离鉴定了 7 种人参皂苷：20（R)-人参皂苷构型异构体；也从人参果实中分离鉴定了 9 种人参皂苷，并对 3 种不同产地的人参果实进行了定性检出。不同产地的人参果实所含人参皂苷种类不同，表 12-1 列举了人参皂苷的种类。

表 12-1　人参中所含的各种皂苷

序号	名称	序号	名称
1	ginsenoside-Ra$_1$	17	malonyl-ginsenoside-Rc
2	ginsenoside-Ra$_2$	18	malonyl-ginsenoside-Rd
3	ginsenoside-Ra$_3$	19	ginsenoside-R$_4$
4	ginsenoside-Rb$_1$	20	ginsenoside-Fa
5	ginsenoside-Rb$_2$	21	ginsenoside-Re
6	ginsenoside-Rb$_3$	22	ginsenoside-Rf
7	ginsenoside-Rc	23	ginsenoside-Rg$_1$
8	ginsenoside-Rd	24	ginsenoside-Rg$_2$
9	ginsenoside-Rg$_3$	25	ginsenoside-Rh$_1$
10	ginsenoside-F$_2$	26	20-gluco-ginsenoside-Rf
11	ginsenoside-Rh$_2$	27	ginsenoside-RF$_4$
12	ginsenoside-R$_1$	28	ginsenoside-Rh$_3$
13	ginsenoside-Rs$_1$	29	ginsenoside-Rg$_5$
14	ginsenoside-Rs$_2$	30	ginsenoside-Rh$_4$
15	malonyl-ginsenoside-Rd$_1$	31	ginsenoside-Ro
16	malonyl-ginsenoside-Rb$_2$	32	ginsenoside-XⅦ

2. 糖类成分

人参根中有多种糖类，可分为单糖（葡萄糖、果糖、阿拉伯糖和木糖）、低聚糖（二糖、三糖和四糖）、人参多糖（淀粉和黏胶质）。20 世纪 80 年代以来，中、日两国学者对人参多糖进行了大量的研究。从人参根中分离得到 21 种多糖类成分，相对分子质量最大的达 180 万，最小的为 2500；从人参中分离鉴定了 11 种酸性杂多糖，并发现多糖在植株不同部位存在的形式不同，在根部以淀粉形式存在，在茎叶果中以杂多糖的形式积累；测定了国内外不同产地的人参中淀粉、果胶、寡糖、单糖的含量与组成并比较其异同，结果表明在组成上差异较小，在各成分含量上差异较大。对人参芦头与根中糖类物质进行比较测定，结果表明：①还原糖含量，芦头均高于根，各个部位还原糖含量由高到低依次为芦头＞主根＞须根＞侧根；②低聚糖含量，根高于芦头，各个部位低聚糖含量由高到低依次为须根＞侧根＞主根＞芦头；③多糖含量，根高于芦头，各个部位多糖含量由高到低依次为主根＞侧根＞芦头＞须根（陈巍等，2005）。

3. 挥发油类成分

到目前为止，已从人参挥发油性成分中鉴定了 90 多种化合物，其中榄香烯、金合欢烯等 8 个化合物为有效物质。人参根、茎、叶及花蕾各部分挥发油，不仅含量不同，而且性状和化学组成也各不相同。人参中的挥发油成分主要由倍半萜类、长链饱和羧酸及少量的芳香类物质组成，其中最重要的成分是倍半萜类。

4. 其他成分

人参中含有 17 种以上的氨基酸，其中一些是人体必需氨基酸。从人参根中还分离鉴定了水杨酸胺、麦芽酚及其葡萄糖苷、10 种有机酸和非皂苷类的水溶性苷等。人参中含有 12 种以上生物碱，如腺苷、精胺、胆碱等，以及少量的具有生物活性的低聚肽和多肽等成分。除上述成分外，人参中还含有多种对人体有益的微量元素、维生素及酶类成分，茎叶中还含有山柰酚、三叶豆苷、人参黄酮苷等黄酮类化合物以及酚酸类、甾醇类成分。

（二）药理作用

人参药理性温、味甘、微苦，有大补元气、固脱、生津、安神和益智的功能。现代医学证明，人参及其制品能加强新陈代谢，调节生理机能，在恢复体质方面有明显的作用，对治疗心血管疾病、胃和肝脏疾病、糖尿病、不同类型的神经衰弱症等均有较好疗效；还有耐低温、耐高温、耐缺氧、抗疲劳、抗衰老等作用；另外还可抗辐射损伤和抑制肿瘤生长，提高生物机体的免疫力。

（三）药用部分及制品

栽培人参在播种 6～9 年后，于秋季收获，主要以干燥根及茎入药。人参叶、花、果实也可入药。

人参加工的品种很多，有生晒参、红参、糖参、汤参、冻干参和保鲜参等。生晒参经干燥而成；红参经蒸制干燥而成；糖参经沸水烫后扎孔灌糖汁再干燥而成；汤参经沸水烫后干燥而成；冻干参又称活性参，经真空冷冻干燥而成；保鲜参经 ^{60}Co 射线照射灭菌或酒浸加入保鲜剂制成。

三、人参属药用植物组织和细胞培养的研究进展

人参属包括许多著名的药用植物，如人参（*Panax ginseng* C. A. Mey.）、西洋参（*P. quinquefolius* L.）、三七［*P. pseudo-ginseng* var. *notoginseng*（Burkill）Hoo et Tseng］、竹节参（*P. japonicus* C. A. Mey.）和珠子参［*P. japonicus* C. A. Meyer var. *major*（Burkill）C. Y. Wuet K. M. Feng］等，在人类保健和治疗上应用广泛。由于这些药用植物的大田栽培周期较长，并且容易受气候、环境、栽培条件以及病虫害的影响，长期供不应求，且价格较贵，因此应采用组织和细胞培养的方法来解决部分人参属药用植物的资源供应问题。

人参属愈伤组织的诱导与培养、试管苗再生、细胞悬浮培养、反应器培养及转基因器官培养等 5 个方面的植物组织与细胞培养的研究已取得很大的进展。日本和韩国已经分别实现了人参悬浮细胞和不定根培养的工业化；我国尽管已经开发了人参愈伤组织的一些产品，但在人参属药用植物组织和细胞培养的工业化方面还有一段路要走。

（一）愈伤组织的诱导与培养

1964 年，罗士韦等就开始了人参愈伤组织的培养，并获得了初步的成功；1974 年，Hang 等对西洋参愈伤组织进行了诱导和研究；1978 年，郑光植等利用三七的根茎诱导出了愈伤组织。从此，对人参属药用植物愈伤组织的研究全面开展起来。

（1）愈伤组织的诱导。迄今为止，人参属植物体各个部位，如茎尖、茎段、皮层、

花瓣、子叶等，都能成功诱导出愈伤组织。但是不同种人参属植物以及同一植物的不同器官的诱导条件不同，见表12-2。

表 12-2　人参属 5 种药用植物愈伤组织诱导时外植体的选择

植物	外植体
人参	根、茎、叶片、叶柄、花药、花丝、子房、果肉、原生质体等，其中以根和茎作外植体最为常见
西洋参	根、花蕾、花药（主根切块或根块的中心部分和外层部分愈伤组织诱导率较高，而花蕾或花药愈伤组织诱导率较低）
三七	根、根块、叶、叶柄、花序、花蕾（其中茎、叶柄和叶的诱导率最高；其次是花蕾和根块；根和根茎愈伤组织诱导率最低）
竹节参	花芽、茎、叶、根茎、根、须根
珠子参	叶柄

（2）培养基和培养条件。培养基的种类、植物生长调节剂、光照、pH、温度等对愈伤组织的诱导成功与否非常重要。表 12-3 列出了人参等 5 种植物愈伤组织诱导的最佳培养基和培养条件。

表 12-3　人参属 5 种药用植物愈伤组织诱导的最佳培养基和培养条件

植物	影响因素					
	培养基	生长素 / (mg/L)	细胞分裂素 / (mg/L)	pH	光照	温度/℃
人参	SH	2，4-D 5	KT 0.1	5.8	抑制生长	23±1
西洋参	MS	2，4-D 2.5	KT 0.8	5.8	色散光	23～27
三七	MS	2，4-D 2～3	KT 0.7	5.8	促进生长	26
竹节参	B5	NAA 3	6-BA 0.1	5.8	促进生长	25±2
珠子参	MS	NAA 2	KT 0.1	5.8	抑制生长	21±1

（3）诱导子的影响。周立刚等的实验表明，在培养基中分别加入适当浓度的红花、人参和黑节草的寡糖素，均能影响人参和西洋参愈伤组织的生长和皂苷的合成。

（二）试管苗再生

人参、西洋参、三七和竹节参的试管苗都已获得，这使得这些贵重药材的快速繁殖成为可能。人参、西洋参、三七和竹节参的试管苗可以通过形态发生途径如胚胎发生，或器官发生途径如不定芽的方式获得，培养基和培养条件见表 12-4 和表 12-5。

表 12-4　人参属 4 种药用植物胚胎诱导和分化的培养基和培养条件

植物	愈伤组织来源	诱导培养基	分化培养基
人参	叶柄、叶片、花冠柄和根	MS	3mg/L IAA＋3μmg/L GA$_3$ 的 1/2MS
西洋参	根	含有 0.5mg/L 2，4-D 的 MS	0.5mg/L BA ＋ 0.1mg/L NAA 的 MS 或 1/2 的 MS

植物	愈伤组织来源	诱导培养基	分化培养基
三七	花序	含有 1mg/L 或 0.5mg/L 2，4-D 的 MS	1.0mg/L 6-BA＋0.5mg/L KT＋ 0.5mg/ L IAA ＋2.0 mg/LGA₃ 的 MS
竹节参	离体花、茎、叶	含有 1mg/L 2，4-D 的 MS	1mg/L GA＋10mg/L BAPr 1/2MS

表 12-5　人参属 3 种药用植物器官发生途径的培养基和培养条件

植物	愈伤组织来源	分化的器官	基本培养基名称	培养基中激素种类和浓度/(mg/L)	培养条件
人参	叶	根	改良 MS		(26±1)℃光照
		营养芽	MS，其中蔗糖6％	2，4-D 2＋BA 0.5～5 或 NAA 3～5＋IAA 1～4＋BA	15～21℃
	茎	根	改良 67-V	NAA 5（或 IAA 5）＋硫胺素	(23±1)℃光照
		营养芽	改良 67-V	2，4-D 0.5＋KT 0.2～0.5	(23±1)℃光照
	根	根	改良 MS	2，4-D 5＋KT 2	(26±1)℃光照
		营养芽	B5	6＋BA 1＋赤霉素 1	(26±1)℃光：暗 ＝16：8
	花药	花芽	MS，其中 3％或 6％蔗糖	2，4-D 1～5（5 效果最好）	花蕾低温预处理，22～28 ℃自然光或黑暗
西洋参	子叶、茎、茎尖	不定芽	MS 或 White	NAA 0.2～1＋6-BA 0.5～1	20～22 ℃每天光照 12h
三七	花序	不定芽	MS	2，4-D 0.2＋6-BA 1.0＋NAA 2.0 或 2，4-D 0.2＋6＋BA 2.0 ＋NAA 0.5	(27±2)℃每天光照 10h

对于西洋参来说，将 MS 培养基中的 $MgSO_4 \cdot 4H_2O$ 含量由 370mg/L 降低到 92.5mg/L，可使愈伤组织生长速度提高 1.33％。

（三）细胞悬浮培养

与固体培养相比，细胞悬浮培养具有增殖速度快、培养规模大、提供大规模的均一培养物等优点，因此，也是人参属药用植物组织培养的研究重点。

（1）碳源的影响。当培养基中蔗糖的质量浓度从 20g/L 增加到 40g/L 时，三七细胞的干重从 8.9g/L 增加到 11.9g/L。过高质量浓度蔗糖（60g/L 以上）抑制三七细胞的生长，但有利于三七细胞中人参皂苷的合成：当蔗糖的质量浓度为 30g/L、接种量为干重 3g/L 时，在培养的第 26 天，人参细胞的产率最高，为 83％；当蔗糖质量浓度为 60g/L、接种量为 6g/L 时，人参皂苷的产量最高，为 275mg/L。

（2）氮源的影响。在各种营养物质中，氮源对人参和西洋参培养细胞中人参皂苷和人参多糖产量的影响最大。在 250mL 摇瓶培养中，当氮源的总浓度为 60mmol/L 时，人参和西洋参的生长速率和细胞的生物量随 NO_3^-/NH_4^+ 的值的变化而变化，对人参皂苷和人参多糖的合成也有影响；当只用 NO_3^- 作氮源时，西洋参中人参皂苷和人参多糖产量最大。如果初始浓度高于 20mmol/L，人参细胞的生长就会受到抑制；当氮源的浓度在 5～20mmol/L（NO_3^- 或 NO_3^-：NH_4^+＝2：1）时，人参皂苷的产量相对较高。

（3）磷源的影响。无机磷酸盐对人参、西洋参细胞生长以及人参皂苷、人参多糖产量有显著影响。当无机磷酸盐的浓度分别为 1.04mmol/L、0.65mmol/L 时，人参和西洋参细胞的生长最佳；当培养基中磷的浓度为 0.42mmol/L 时，人参细胞中人参皂苷和人参多糖产量最高，分别为 643mg/L、218mg/L；当培养基中磷的浓度为 1.25mmol/L 时，西洋参细胞中人参皂苷和人参多糖的产量最高，分别为 960mg/L、1.8g/L。

（4）金属离子的影响。研究表明，K^+ 的初始浓度和活性物质生物量的积累呈线性关系。细胞消耗的 K^+ 取决于培养基中初始 K^+ 浓度，并和对 N 源的消耗呈线性关系。K^+ 的浓度对人参多糖产量影响较小，但对人参皂苷产量的影响很大，K^+ 浓度为 20～80mmol/L时，增加 K^+ 的浓度可以显著提高人参皂苷的产量。钟建江等研究了 Cu^{2+} 对三七细胞生长及人参皂苷和多糖的影响，结果发现，在摇瓶培养中，Cu^{2+} 可以促进三七细胞的生长，增加了人参皂苷和多糖的产量。当 Cu^{2+} 的浓度为 $1.0\mu mol/L$ 时，人参多糖的含量和产量最高，分别为 0.016g/g 和 1260mg/L；当 Cu^{2+} 的浓度为 $6.0\mu mol/L$ 时，人参皂苷（0.04g/g 和 65.5mg/L）和人参多糖（0.041g/g 和 62.6mg/L）的产量和产率最高。当 MS 培养基中 Cu^{2+} 浓度为 $1\mu mol/L$、磷浓度为 3.75mmol/L、蔗糖浓度为 50g/L 时，三七细胞的培养效果较佳。

（5）诱导子的影响。诱导子是能够诱导植物细胞发生一种或几种反应，并形成特征性自身防御反应的分子。它可以通过改变次生代谢途径中催化酶的酶活力或活化次生代谢途径中特定酶基因，诱导新酶的形成，引起次生代谢途径通量和反应速率的改变，从而提高次生代谢产物的产量。诱导子的应用有时可以大大促进次生代谢产物的合成，许多学者在人参属药用植物细胞悬浮培养过程中做了尝试（表 12-6）。

表 12-6　人参属三种药用植物细胞悬浮培养中诱导子的应用

植物	诱导子种类	作用
人参	真菌	人参皂苷产率提高 30%，缩短培养周期
	超声波	人参皂苷含量提高 75%
	茉莉酸	人参皂苷含量提高
西洋参	真菌	促进细胞生长，人参皂苷含量提高 2 倍
三七	寡糖素	促进细胞生长，缩短细胞延迟期

（6）其他因素的影响。周立刚等从工艺学的角度研究了西洋参悬浮细胞培养的影响因素，结果表明，适合于细胞悬浮培养的培养液的体积为三角瓶总体积的 1/5～2/5，渗透压培养可以显著提高细胞中人参皂苷的含量，但会抑制西洋参细胞的生长。张以恒等（2001）对三七的高密度培养进行了研究，发现接种量对产物的形成有一定的影响，但对细胞增数的影响更大；在摇瓶培养中采用 12 层纱布比棉花塞更有利于氧的供应；在培养过程中适当补料可以增加三七细胞中人参皂苷和人参多糖的产量。

（四）反应器培养

植物细胞的反应器培养是实现工业化生产的前提。人参细胞的工业化大规模培养早在 20 世纪 80 年代已经在日本实现，在此基础上，人参不定根的大规模反应器培养也于近年在韩国投产。

1. 常用的反应器

对于人参属药用植物来说，常用的生物反应器有机械搅拌式和空气提升式两种。现在有一种新型的搅拌反应器——离心叶轮式生物反应器已用于三七细胞的高密度培养，其细胞产量和人参皂苷的产量比传统的涡轮式反应器明显提高。

2. 影响反应器培养的因素

（1）培养基。Woragidbumrung 等（2001）研究发现，在 1L 的空气提升式生物反应器中，添加 50% 的改良 MS 培养基，三七的细胞干重、生长速率、人参皂苷和人参多糖的产量比使用 MS 培养基高出很多。Hu 等的研究发现，使用改良 MS 培养基后，无论是在 1L 气泡柱反应器还是在同心管空气提升式反应器中，三七细胞的密度、生物合成速率、人参多糖和人参皂苷的产量和产率都比摇瓶培养中的高。

（2）pH。当 pH 稳定在 5.8 左右时，有利于人参、西洋参细胞的生长和人参皂苷产量的提高。

（3）氧分压。在生物反应器中，氧分压 21.3～29.3kPa 是三七细胞生长、人参皂苷和人参多糖合成的最佳范围。低浓度的分压不适合三七细胞的生长，但过高的氧分压也会限制三七细胞的生长、人参皂苷和人参多糖的产量。

（五）转基因器官培养

用毛状根农杆菌的 Ri 质粒转化人参细胞形成人参毛状根及利用土壤农杆菌的 Ti 质粒转化西洋参细胞形成冠瘿瘤，都已取得了成功。

1. 人参毛状根培养

人参毛状根中含有 Ri 质粒，其中有一段片段，它包含 rolA、rolB 和 rolC 3 个基因，其中 rolA、rolB 基因对人参毛状根中人参皂苷产量的影响很小，而 rolC 基因对该物质产量的提高具有重要作用。实验证明，人参毛状根具有可以在无激素的培养基上快速生长、拥有亲本植物的次生代谢途径、遗传稳定、生长迅速等特点。

（1）不同菌株的影响。Shu 等（2001）分别利用毛状根农杆菌 ATCC15834 和 MAFF03-01724 感染人参的叶柄形成毛状根。结果发现，毛状根农杆菌 ATCC15834 形成的毛状根中人参皂苷的产量高于毛状根农杆菌 MAFF03-01724 形成的人参毛状根。

（2）培养条件的影响。毛状根农杆菌 ATCC15834 转化成的毛状根，在不含植物激素的 B5 液体培养基中生长最好；在 half-macro-salt 加强 B5 培养基中，人参皂苷的产量最高。对于农杆菌 KTCT2744 转化的毛状根来说，以不含植物激素、pH 为 5.8、蔗糖浓度为 3% 的 1/2MS 培养基为基本培养基，氮源的浓度为 30mmol/L，磷酸盐的浓度为 0.62mmol/L，在 23℃ 下培养，其生长情况最好。当接种量为 0.4% 时，其生长速率最高。

（3）人参毛状根的反应器培养。在各种反应器中，波浪式反应器最有利于人参毛状根的生长，定期补充和更新培养基以及长期培养可以提高人参毛状根的产率和合成人参皂苷的能力。Jeong 等（2001）的实验证明，在 5L 的生物反应器中，经过 39d 的培养，毛状根的生物量是接种时的 55 倍；在 19L 的生物反应器中，经过 40d 的培养，毛状根的生物量是接种时的 38 倍。

2. 西洋参冠瘿瘤培养

（1）培养基的影响。西洋参冠瘿瘤在 MS 固体培养基上生长量最大；在 White 培养基上人参皂苷 Rb1 合成量最大。

（2）接种量的影响。接种量的多少对冠瘿瘤的生长有很大的影响。西洋参接种量鲜重在 2～6g/瓶时，对其生长有利；接种量鲜重为 6g/瓶时，人参皂苷产量较高。

（3）pH 的影响。当 pH 为 5.4 时，西洋参冠瘿瘤生长量最高；pH 为 5.6 时，西洋参冠瘿瘤在无激素的 MS 培养基上人参皂苷的合成能力最强，人参皂苷 Rb_1 的含量明显高于其他 pH 下的含量。

（4）肌醇的影响。在无激素的 MS 培养基内附加不同浓度的肌醇对细胞生长及人参皂苷 Rb_1 积累影响显著。肌醇质量浓度为 0.05g/L 时，明显促进人参皂苷 Rb_1 的积累，浓度过高或过低，都将抑制人参皂苷 Rb_1 的积累。肌醇质量浓度为 0.1g/L 时，有利于冠瘿瘤的生长。

综上所述，人参属药用植物的组织和细胞培养研究比较深入，涉及了组织和细胞培养的各个方面。更为重要的是，日本和韩国已经在人参悬浮细胞和不定根培养的工业化方面取得了成功。我国已经有通过人参愈伤组织培养开发的产品，但我国在人参属药用植物组织和细胞培养的工业化方面还没有成功，这与我国对该属药用植物的大量利用很不相称。相关学科应联合攻关，共同推进这项事业的进步。

第二节　红景天属植物生理生态

一、概述

红景天属植物（*Rhodiola rosea* L.）属于景天科（Crassulaceae），多年生草本或亚灌木，常具有肉质匍匐的根状茎。红景天具有抗缺氧、抗寒冷、抗疲劳、抗辐射、抗病毒等多种显著功能，还具有延缓衰老、防止老年疾病的功效，是一种适用于特殊地区开发的具有很大发展前途的环境适应性药物，近年来不但应用于加强新陈代谢、调节生理机能、轻身延寿的营养保健，而且航天事业的发展以及太空、深海、沙漠等特殊地区的开发也促进了红景天开发利用的纵深发展。

（一）种类和分布

全世界共有红景天属植物 90 多种，分布于东亚、中亚、西伯利亚及北美地区，我国约有 73 种、2 亚种、7 变种，分布较为广泛，从东北到西南呈人字形分布，主要分布在东北地区及甘肃、新疆、四川、西藏、云南、贵州等省（自治区），西藏有 32 种，新疆有 14 种，四川有 22 种，除少数种生长在海拔 2000m 左右的高山草地、林下灌丛或沟旁岩石附近外，大部分种生长于海拔 3500～5000m 的石灰岩、花岗岩、山地冰川、山梁草地或山谷岩石上，常密集生长，很少零星分布。红景天属植物能在极其恶劣而多变的自然环境如缺氧、低温干燥、大风、强紫外线照射、昼夜温差大等条件下生长，它们已从遗传上适应了高寒多变的恶劣环境，或具备了其他植物所没有的特殊适应性的物质。

（二）化学成分研究

关于红景天化学成分的研究，前苏联报道的很多，并已有综述报道。国内外进行化学成分研究及成分预测试的品种约 20 个，国内对以下种类研究较多：高天红景天（*Rhodiola sachalinensis* A. Bor）、德钦红景天［*Rhodiola atuntsuensis*（Praeg）. Fu.］、大花红景天［*Rhodiola crenulata*（Hook. f. et Thaoms）］、狭叶红景天（*Rhodiola kirilowii Maxim.* Var *Kiriloaii*）、喜马红景天［*Rhodiola himalensis*（D. Don）S. H. Fu］、帕里红景天［*Rhodiola phariensis*（H. Ohba）. S. H. Fu］、菱叶红景天、圣地红景天等，并先后分离出 40 多种化学物质，主要有脂肪、蜡质、甾醇、酚类化合物、黄酮类、有机酸、鞣质、蛋白质、水溶性挥发油成分、生物碱、红景天多糖等，尤以黄酮类居多，药理学研究表明，它们所含的红景天苷、红景天素、酪醇、二苯甲基六氢吡啶、超氧化物歧化酶（SOD）、岩白菜素等为其有效生物活性成分，另外还含有 21 种微量元素和 18 种氨基酸，其中 7 种为人体必需氨基酸，但各个种间含有的微量元素及氨基酸种类和含量差异较大。

（三）药理作用研究

近年来，红景天的多种药用功效吸引了许多国内外学者，对红景天的药理和毒理正在进行广泛地研究，从细胞与分子水平探究药物与机体相互作用机制的工作也已展开。

1. 抗衰老作用

红景天复方制剂可抑制过氧化脂质的形成，清除自由基，延缓细胞的退行性变化；红景天素可预防神经细胞核功能衰退，推迟和减少脂褐素的出现和堆积，减轻或推迟细胞代谢能力降低，维持血-脑屏障结构正常改善循环，维持神经突触正常结构及其神经元间功能联系，减轻大脑皮质超微结构老化征象，并起到延缓或预防衰老的作用。

2. 抗缺氧、抗疲劳作用

红景天可以显著提高在模拟海拔 4300m 高度人体的 PWC170 和无氧阈值，降低心率，提高人体在低氧状态的运动能力，其机制可能与其改善缺氧机体骨骼肌能量代谢有关；红景天可通过预防毛细血管的收缩而加快血液循环，提高对低氧环境的适应性；红景天还可提高机体的 ATP 含量，减少血乳酸形成，增加肌酸磷酸激酶含量和改善血清总蛋白含量，从而解除人体因大运动量产生的疲劳。

3. 对机体的双向调节作用

双向调节就是使机体偏高于正常指标的病态表现恢复或趋于正常，红景天对于维持机体平衡、进行双向调节有一定的作用，还可增强低温条件下人体抗寒能力和冷适应能力。

4. 抗辐射作用

红景天苷有防护 X 射线对脂质细胞膜损伤的作用；红景天多糖对受辐射小鼠的造血功能有保护作用，保护作用机制与盐酸胱胺相同；红景天素能降低骨髓多染红细胞微核产生率，抵制过氧化脂质的形成，可作为肿瘤患者放疗前的保护药及职业性放射工作人员的保健品。

5. 抗肿瘤、抗病毒作用

红景天素可抑制体外人喉癌细胞的生长速度和分裂能力，促进糖原合成。从红景天中提取的多糖对柯萨奇 B5（CoxB5）病毒感染细胞具有抵抗作用，可有效地阻止 CoxB5 病毒在宿主细胞内的复制过程。

6. 对中枢系统的影响

红景天可以增强脑的机能，并可能使其向年轻化的方向转化；红景天药物可使已偏离正常水平的中枢神经系统递质含量得到纠正或达到正常水平。

7. 对心血管系统的作用

红景天可减弱离体心肌的收缩性能，降低心脏负荷，改善心肌功能；能改善心肌的供血供养，减轻心肌细胞的损伤，保护心肌，还能改善微循环障碍，是治疗高原细胞增多症的有效药物。

红景天还具有抗损伤、增强机体免疫力的功能，另外，其成分岩白菜素对胃和十二指肠溃疡等也有效，在临床上主要治疗慢性气管炎和慢性胃炎。红景天还有抗肾间质纤维化和抗毒的作用，是一种抗毒肝素的治疗性药物。

红景天药理作用的研究为进一步利用、开发红景天提供了科学依据。

二、红景天的生物学特性

（一）红景天的形态学特征

红景天是多年生草本植物，主轴粗壮，分枝地上部分常有残留的老枝，1 年生花茎聚生在主轴顶端，长 10～20cm，叶互生呈条形至宽条形，长 7～10mm，宽 1～2mm，顶端极尖，无叶柄，全绿。花序顶生呈伞状，花两性，雌雄异株；萼片 5 枚，呈条状披针形，长约 4mm，宽约 1mm，顶尖基部宽；花瓣 5 枚，花色有红白两色，直立长 8～11mm；雄蕊 10 枚，较花瓣短，花瓣干后呈深紫色；鳞片扁长，心皮 5 卵状短圆形，长 6～9mm，菁突内有种子。

（二）红景天植物的生长发育规律

1. 幼苗生长规律

种子胚轴伸长快，子叶出土。子叶两枚，圆形，直径 1mm 左右，肥力足时可达 5mm，具长柄，鲜绿色，平展，几与柄垂直。生长一个月左右上胚轴变粗，色转为绿色。子叶增大，柄向两侧分开，个别植株生长出 1～2 枚似子叶状真叶。约 60d 后，多数子叶干枯，上胚轴加粗并变为地下根茎。顶端生出顶芽，该芽维持两周后发出上茎，并生有真叶。而生有子叶状真叶者，子叶不枯，也无地上茎形成。地上茎生长较快，一个月高达 5cm 左右，叶片生长 5～8 枚，长圆形或长圆状披针形，全株灰绿色。当年幼苗多数只生 1 枝幼茎，稀 2～3 枝。8 月中旬地上茎枯萎，根上茎上形成不等数的休眠芽，此芽有的再萌芽，有的不萌芽。当年幼苗主要进行营养物质的积累，扩大和形成营养器官，没有生殖生长。

2. 成株生长规律

植株返青后，叶小而密集，叶片边缘及叶尖带紫红色，向内卷，包着花序，呈美丽的"莲座"状。开花前茎叶生长慢，花序生长快，此时根据花序的形状及颜色能辨别雌雄株。雌株花蕾较大，深灰绿色或带紫红色；雄株花蕾较小，呈黄绿色，花药外露，开前紫红色，开后黄色。5月下旬进入盛花期，茎生长迅速，株高可达40cm，叶片肥大，常有畸形花出现。花后20d果实明显增大，色泽变深，6月下旬果转为红色，7月初变褐，这时可以采种。7月下旬开始枯萎。由于无霜期较长，植株又陆续开始萌发第二茬甚至第三茬，但开花不整齐。

3. 植株生长环境及病虫害观察

幼苗喜阴湿环境，应增加遮阴设施；成株生长过程则喜光，较耐干旱，忌水涝。

幼苗易发生猝倒病，可喷施1000倍百菌清防治；成苗在夏季高温多雨季节常出现烂根、早枯或死亡，可提早喷洒500倍代森锰锌或多菌灵防治。

植株也易生蚜虫，可喷施敌杀死、莱福灵等防治。

（三）红景天生育期对气象条件的要求

红景天一般在5月下旬至6月上旬开始萌发，8月底至9月中旬停止生长，生育期为80～100d，整个生长期中喜光、喜凉，耐干旱、低温、大风。

1. 红景天对温度的要求

红景天喜欢寒冷低温的气候，一般生长年平均气温$-4 \sim -9$℃，最高温月份的气温也应在4℃以下，月平均气温为1～4℃能正常生长发育，最适宜的月平均气温在2℃左右。在生长时期能短时忍受-10℃的低温风雪天气，但月平均气温超过4℃及低于0℃时对生长发育会产生不利影响。红景天在1年之中的生长发育只要有效积温≥100～200℃，这种气温条件在海拔4000m以上的高原高寒地区基本上能保证。

2. 红景天对光照的要求

红景天是一种喜欢强烈的太阳辐射的植物，它生长的地区一般要求年日照在2400h以上，太阳辐射在628kJ/（$cm^2 \cdot a$）以上，并且喜欢阳光的直接照射，对紫外线有着极强烈的吸收作用。高原上空气稀薄、水分少，对太阳光削弱少，在晴朗的天气时，太阳光紫外线越强对红景天的生长发育就越有利，而在多阴雪的年份红景天的生长发育就会受影响。

3. 红景天对水分的要求

红景天在土壤湿度适宜时才能萌动返青。根据实地考察和访问牧民，红景天萌动返青的早晚取决于冬、春降雪量的多少，如果冬、春降雪量多、气温达0℃以上时，红景天返青早，花茎分枝多，生长茂盛；反之，红景天的花茎分枝少，生长差；红景天在生长期间最有利于生长发育的天气是昼晴夜雨、"三晴两雨"和多阵性降水的天气。红景天生长的地区年降水量一般在600～800mm，最适年降水量为600～800mm。

4. 灾害性天气对红景天生长发育的影响

红景天虽然生长在风雪高原、严寒缺氧的乱石缝中，但由于目前是天然野生，整个生长发育期易受各种灾害性天气的影响，如冬干春旱、春末夏初的低温阴雪等天气都会给红景天的萌发带来危害；此外，夏季的高温、雨季开始的早晚、秋季降雪的早晚、气温的高低也对红景天生长期的长短带来一定影响。

三、解决红景天资源短缺的新途径

（一）人工引种栽培

由于红景天适合在高寒干燥的环境中生长，不耐高温、潮湿的气候及易发病等原因，大面积栽培至今尚未成功，目前尚无良策解决不耐高温的问题，而且在人工引种栽培时根茎腐烂较为严重。室内实验表明，农药恶苗灵（Ermilin）是防治红景天根腐烂的较好药剂，其次为福美双（Fumensun），但红景天根腐病防治及其发病关键原因的研究还不深入，据报道，利用植物激素处理红景天种子可促进种子的发芽。实验结果表明，播种前用50mg/L赤霉素加50mg/L ABT生根粉或100mg/L赤霉素加100mg/L ABT生根粉进行浸种，均可促进种子发芽，据田间播种、出苗、保苗及幼苗生长情况看，播种时间以8月上旬为好。

（二）组织培养及快速繁殖

红景天组织培养的诱导方式很多，国内以高山红景天的研究报道最多，探讨了高山红景天不同外植体脱分化能力的差异，以及不同种类及浓度的生长素和细胞分裂素的组合对愈伤组织的生长和分化的影响，从而筛选出较高愈伤组织诱导频率和植株再生能力的适宜培养基和培养条件。研究表明，高山红景天组织培养的最适温度为21～25℃，最适pH为5.8；黑暗对愈伤培养有利，光照对愈伤组织生长影响不显著，但不利于红景天贰的合成；诱导材料方面，以种子、叶片、茎为外植体诱导的愈伤组织分化能力较强，以根为外植体则不易诱导出愈伤组织，以胚轴为外植体诱导的愈伤组织不能分化。不同激素种类和浓度的组合对愈伤组织的生长和分化的效果不同，MS基本培养基附加1.5mg/L 6-BA、0.2mg/L NAA最有利于愈伤组织分化，而附加3.0mg/L 6-BA、0.3mg/L NAA最有利于愈伤组织生长；附加2.0mg/L 6-BA、0.25mg/L IAA芽的分化率高，加入GA0.05mg/L可使芽伸长速度加快，丛生芽在MS培养基上或B5附加IAA0.5mg/L的培养基上可诱导生根并形成完整植株，完全苗经炼苗后可移栽定植。另外，为保持愈伤组织的新鲜状态和旺盛的细胞分裂、生长能力，应在培养第20～25天转接继代，而作为培养物的收获可在培养第30天后进入缓慢静止期进行。可见，利用诱导愈伤组织分化成植株的方法可作为快速繁殖红景天的有效手段。

（三）细胞培养

利用植物细胞培养技术筛选出快速生长又能产生红景天有效生物活性成分的愈伤组织、细胞系来大规模生产药用成分，是解决红景天供不应求的有效方法之一。国内正在进行高山红景天细胞大规模培养的研究，以大连理工大学最为成熟。他们系统地研究了高山红景天细胞悬浮培养的动力学规律及过程调控，发现红景天贰合成与细胞生长偶联；在高山红景天细胞悬浮培养过程中，3.0mg/L 6-BA＋0.3mg/L NAA、60mmol/L氮源（其中NH_4^+：NO_3^-为1：1）、0.5～0.125mmol/L KH_2PO_4和200mg/L蛋白胨较适合细胞生长和红景天苷的积累；通过降低培养基pH能有效地诱导培养细胞中红景天甙的细胞释放，将诱导释放过的细胞组织转入到新鲜的生产培养基中，细胞仍然具有合成红景天苷的能力，并建立了细胞悬浮生长和营养成分摄取动力学及其计量关系；研究了致密愈伤组织颗粒内氧传递特性与细胞活性的关系；建立了高山红景天致密愈伤组织颗粒悬浮培养结构化动力学模型；探索了红景天苷生物合成的可能途径，认为苷元酪醇是经由莽草酸途径合成的，在此基础上又研究了前体及真菌诱导物的加入对红景天生物合成的调控作用，通过两种调控机制的组合运用最终使得培养细胞中红景天苷含量达到1.7%，已大大超过野生植株的含量，并进行了气升式反应器培养高山红景天愈伤组织颗粒的动力学与氧传递特性研究，最终在气升式反应器中实现了大规模培养，这都为高山红景天资源的开发和利用开辟了新的有效途径。

四、其他可能途径

通过组织和细胞培养的方法能使红景天苷产量大幅度提高，但成本的提高使商业应用价值受到了限制。因此，一方面在生物工程技术领域里要借鉴人参、紫杉醇等药用植物在生物技术上的方法；另一方面要对红景天主要有效活性成分的代谢途径进行探索，利用分子生物学方法，就可能在实验室内研制和生产其基因药物；或通过代谢工程克隆表达植物次生代谢酶基因，按其次生代谢途径合成预防和治疗作用的小分子化合物，最终实现红景天产品生产的现代化。

第三节　藏红花植物的生理生态

一、概述

藏红花（*Crocus sativus* L.）又名西红花、番红花、撒馥兰、泊夫兰，是鸢尾科番红花属球根类多年生草本植物，原产于地中海沿岸，在西班牙、希腊、印度、法国、伊朗等国盛产。我国最初的藏红花是由印度经西藏传入，目前在浙江、江苏、上海、山东、北京等地均有栽培。藏红花对生长条件的要求很高，由于在栽培条件下不能结实，仅靠球茎繁殖，种球存在严重的退化现象，种质资源短缺。在我国，国产藏红花仅能满足国内需求的20%，大部分依靠进口，因此藏红花在我国的发展是很有潜力的。科技部已将藏红花列入重点开发项目。

近年来，对藏红花的研究主要集中于藏红花的引种栽培技术，以及环境条件对其球茎的更新和花芽分化的影响等，以便为藏红花药物生产提供理论依据和实际方法，并已取得了较大的进展。

二、藏红花球茎的构造和花芽的分化

（一）球茎构造

藏红花为多年生草本球茎类植物。植株高 15～40cm，具有被鳞片的球茎；叶线形，丛生，基部被膜质鳞苞片；花序顶生，每一主叶丛有花 1～3 朵，花被 6 片，蓝紫色，雄蕊3枚，雌蕊1枚，子房下位，花柱细长，花柱顶端深裂，裂片伸出花被外，下垂，淡黄色，柱头深红色，气味芳香，子房3室，每室胚珠6～7粒，呈圆球形。

藏红花的主要有效药用部分集中在柱头中，主要含有番红花苷、番红花酸二甲酯、番红花苦苷、西红花醛等化学成分。

藏红花利用球茎繁殖，可从母球茎植株基部分化形成子代种植小球茎。这些子代种植球茎的大小和构造决定着分化成花芽的数量。每个母球茎植株的大小也会影响子代小球茎的形成，否则会导致无花现象。通常每个母球茎上仅能长出1～3个植株（图12-1A）。在无花植株基部形成的子代小球茎保持着其顶端分生组织的优势（图12-1B）。通常下季只有1个能萌发成芽（图12-1C和E）。其植株顶端分生组织则退化（图12-1F）。这些子代小球茎种植后，可在植株基部形成2～3个发育良好的侧芽（图12-1D），并能

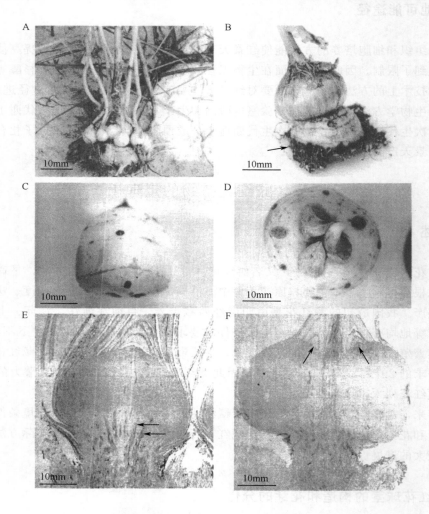

图 12-1　藏红花花芽构造和分化（引自 Molin et al.，2005）

A. 从母球茎长出多个植株；B. 从母球茎植株基部形成子代小球茎；C. 在非花茎基部形成的子代成熟球茎，剥去叶片后露出顶端优势芽；D. 在花茎基部形成的成熟子代球茎有3个侧芽；E. 在非花茎上形成的球茎的纵切面；F. 在花茎基部形成球茎的纵切面。

在下季萌发和形成新的子代球茎，从而增加球茎的数量。

（二）花芽的分化

藏红花通常在秋季开花，冬季为营养生长阶段，并在植株基部形成子代小球茎。从春夏干燥季节开始，叶片衰老和枯萎，芽进入休眠状态，其后，很快就在地下球茎里芽顶端发生从营养生长转变为生殖生长。花的形成直接关系到子代球茎的大小和数量。温度是影响花芽形成的主要因素。据 Molina 等引述，将藏红花球茎贮藏在 30℃ 和 80% RH 8 个月可抑制花芽的形成，而 23～27℃ 有利于花芽的形成。

三、光照和温度对藏红花芽形成的影响

藏红花的有效药用部分是花中柱头。因此，研究和了解藏红花花芽形成的条件对花柱头的产量和质量都具有重要意义。

（一）光照的影响

周生军等（2003）对藏红花生长环境适应性研究的结果表明，藏红花从幼芽生长至开花结果阶段，光对芽长、花朵/球茎（即每个球茎上有几个花朵）、开花期均有影响。这一阶段光对幼芽的生长有明显的抑制作用。随着光线强度的减弱，每个球茎开花的数量随之增多。但 1000～2000lx 范围内，随着光强度的减弱，开花数量却随之减少，这一段可能是温湿度的影响所致。同时，光线也影响着开花期。随着光强度的减弱，开花期也随之提前了 1～3d。在开花期，2000～4000lx 和 1000～2000lx 下的叶片长得明显好于 500～1000lx 下的试验球茎，移至 2000～4000lx 下，则叶片得到了明显生长。球茎繁殖阶段结束时，球茎数增长明显。

（二）温度的影响

西班牙的 Molin 等（2005）研究了温度对藏红花花芽形成的影响，发现虽然藏红花植物的生活史在所有生产国家都类似，但花芽形成的时期有很大的差异，其中温度影响最大。

1. 藏红花花芽形成对温度的要求

将藏红花球茎放在 23～27℃ 下孵化可达到最多的花芽形成（表 12-7）。

2. 温度对藏红花球茎上梢生长和开花的影响

据研究，球茎上梢良好生长有利于花的形成。Molina 等（2005）对孵化温度对梢生长和开花的影响研究结果见表 12-7 中。从表 12-7 可以看出，在三种处理温度下藏红花新梢长度、花期、开花日期在统计上差异显著，但每球茎花数和藏红花产量的差异不显著，这就表明 23～27℃ 是促进藏红花球茎花芽形成最适宜的温度。

表 12-7　孵化温度对藏红花球茎梢生长和开花的影响（引自 Molin et al.，2005）

项目	孵化温度		
	23℃	25℃	27℃
新梢顶尖长度/mm[A]	16.9a	8.8b	6.3c
花期[B]	8.9a	8.0b	7.0c
开花日期[C]	123a	128b	141c
每球茎开花数	2.2	2.2	2.3
每花藏红花量/mg	10.3	10.2	10.3

A. 显著性测 $P \leqslant 0.05$；B. 孵化 77d 后测定花发育的程度；C. 此处表示球茎孵化温度经 102d，然后移到 17℃。

（三）孵化时间对藏红花花芽形成的影响

孵化温度对藏红花花芽形成的影响的研究结果见图 12-2。从图 12-2 可以看出，藏红花球茎放在 25℃孵化 120d 要比在 30℃时花数多。特别值得注意的是，随着孵化时间的增加，其花数也增加，直到 120d 达到花数最多，但随后，随着时间延长，至 150～190d，花数反而下降。这就清楚表明，藏红花球茎的孵化催花时间也应选择适宜天数，才能达到催花的目的。

从上述研究结果可以明确，藏红花原基发生和形成的最适温度范围为 23～27℃。当然种类之间会有差异，如春季开花的种类则要求温暖—凉爽—温暖的温度促进花的形成，而开花的最适温度为 15～17℃。

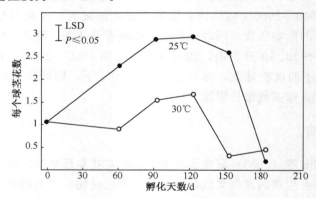

图 12-2　藏红花球茎在 25℃和 30℃孵化时间对花形成的影响

四、藏红花研究进展

（一）藏红花的药理、药效研究

藏红花的主要药效成分有藏红花酸（crocetin）、藏红花素（crocin，是藏红花酸与 2 分子龙胆二糖结合而成的脂）、藏红花酸二甲脂（dinmetycrocetin）、藏红花苦素（picrocrocin）、挥发油（主要为藏红花苦素的分解产物）。近年来，随着现代医药学和分子生物学等领域的飞速发展，对藏红花的药用价值有了比较详细的研究，逐步揭示了藏红花素类物质的药理作用，特别是其抗癌活性和抗癌机制的研究使得藏红花素类物质很有可能成为未来理想的抗癌药物之一。

1. 对心血管系统的作用

我国学者陈琼等的临床研究表明，藏红花可以调节纤维蛋白溶酶原激活剂和纤维蛋白溶酶原激活剂抑制物之间的平衡，改善冠心病、心绞痛患者纤维蛋白的溶解功能，减少血栓形成，而不良反应发生率明显低于阿斯匹林。

2. 抗癌及抗肿瘤的作用

近年来，研究人员对藏红花的活性成分及其抗癌机制进行研究，发现藏红花中的藏红花素、藏红花苦素、藏红花醛、藏红花酸具有明显的抗癌作用，特别是对白血病、卵巢癌、结肠癌、乳头肉瘤、扁平细胞瘤和软组织肉瘤都具有较强的抑制作用。考虑到水溶性和高抑制性等因素，藏红花素被认为是藏红花成分中最有希望的癌症治疗药剂之一。其作用机制可能是在分子水平上抑制癌基因的启动并破坏癌细胞 DNA 和 RNA 的合成酶系，使其不能正常合成。此外，藏红花素类物质还抑制细胞蛋白激酶的活性及原癌基因的表达。

Escribano 等发现，藏红花的萃取物可抑制人肿瘤细胞的生长。他们的研究结果表明，HeLa 细胞的 LD_{50} 剂量分别为：藏红花柱头乙醇萃取物 2.3mg/mL，藏红花素 3mmol/mL，藏红花醛 0.8mmol/L，藏红花苦素 0.8mmol/L。用藏红花素处理过的 HeLa 细胞出现溶胀和细胞膜破裂，显示其细胞毒性可能由胞外液体吸收导致。后来又报道他们从藏红花的球茎分离出一种蛋白多糖能显著抑制体外 HeLa 细胞的生长，其多糖部分（含 36.4% 的鼠李糖）占全分子的 94.5%，蛋白质骨架由天冬氨酸、天冬酰胺、丙氨酸、谷氨酸、谷氨酰胺、甘氨酸、丝氨酸构成。此外，他们还从藏红花愈伤组织中提取到这种蛋白多糖，并发现它对子宫上皮癌细胞也具有显著的细胞毒性作用（$IC_{50}=$ 7mg/mL）。

此外，藏红花酸（5～20mg/mL）、五羟黄酮（quercetin）（10～40mg/mL）和顺铂（cisplatin）（60～180mg/mL）均对人体横纹肌肉瘤（RD）细胞有抑制作用，其中藏红花酸和五羟黄酮只对 RD 细胞产生显著破坏，而顺铂则在对 RD 细胞产生抑制的同时，对正常的非洲绿猴肾（Vero）细胞也表现出轻微的毒性。Molnar 等（2000）发现，在抑制非洲淋巴细胞瘤病毒（EBV）早期抗原表达方面，藏红花酸酯不如藏红花素有效，藏红花和二葡萄糖基藏红花能抑制腺病毒感染细胞的早期肿瘤抗原表达，比三葡萄糖基藏红花酸更有效（浓度为 0.01～1.0μg/mL）。Wang 等的研究表明，藏红花素能抑制因 12-O-14 酰基磷酮-13 乙酸盐 TPA（A）诱发的大鼠上皮肿瘤，这是因为藏红花素能减弱 TPA 刺激细胞蛋白质的磷酸化水平，同时抑制 TPA 刺激细胞蛋白质的磷酸化水平，并抑制 TPA（A）诱导的原癌基因的表达。

3. 对肝胆的作用

藏红花有效成分为藏红花酸钠盐及藏红花酸酯，具有保肝利胆的作用。藏红花酸能降低胆固醇和增加脂肪代谢，可配合山楂、草决明、泽泻等传统中药，用于脂肪肝的治疗。

马安林等在探讨藏红花对酒精和四氯化碳所导致的肝损伤防治作用时，取 Wistar 雄性大鼠 5 组，分别灌喂生理盐水（A）、白酒（B）、白酒加藏红花（C）、白酒加四氯化碳

（D）、在 D 组基础上加藏红花（E），对 5 组大鼠血清 ALT 和肝脏组织病变学进行比较，结果发现，藏红花能降低白酒和四氯化碳所致的肝损伤，且有一定的防治作用。

4. 免疫调节作用

Escribano（2001）发现从藏红花中提取的蛋白多糖可以迅速活化蛋白激酶 C 和 NF-kappa B，促进巨噬细胞的活性，因而具有免疫调节和抗入侵功能。凌学静（2001）等通过对沪产藏红花的研究发现，用药组小鼠游泳耐力、细胞免疫和体液免疫均有增强，免疫器官重量及淋巴细胞转换率显著高于对照组。藏红花有活血化瘀、抗菌消炎的功效，可增强机体耐力，增强淋巴细胞增殖反应，临床上以此来提高机体细胞免疫和体液免疫。

5. 其他作用

藏红花提取物特别是藏红花素能有效抑制氧自由基及黄嘌呤氧化酶的活性，表现出抗氧化生物活性。Kazubo 等研究发现，藏红花乙醇提取物在麻醉的小鼠锯齿形脑回中，能有效防止乙醛引起的海马体长期增强效应的抑制作用，而不致影响小鼠的学习功能。

Premkumar 等（2001）研究发现，藏红花的水提取液可以显著抑制顺铂、环磷酰胺、丝裂霉素 C 和氨基甲酸乙酯等抗癌药所产生的生殖毒性，而抑制作用的大小与剂量没有显著关系。可以预见，藏红花与其他抗癌药配合使用，有望减少这些抗癌药的毒副作用。

目前认为肾小球肾炎发病机制与血小板及其释放的炎性介质有密切关系。抗血小板聚集的药物如藏红花用于干扰肾炎动物模型已取得了明显的疗效，其中藏红花起到抑制环氧化酶、减少前列腺素家族之一 TXA2 合成的重要作用，从而使肾毛细血管保持通畅，增加肾血流量，有利于免疫复合物的吸收，促进炎症损伤的修复。

（二）藏红花在我国的资源现状及扩大资源措施

目前，藏红花主要出产地在地中海、欧洲和中亚地区，其中西班牙、法国、伊朗、印度占主要地位。西班牙生产的藏红花质量最好，出口量也最多。在我国，藏红花只有少量分布，主要集中在西藏、浙江、江苏、上海等地。藏红花每朵花的柱头的大小和花柱的数量影响着总产量和质量，70 000～200 000 朵花才能够生产 1kg 干藏红花柱头。藏红花的采收和从花中分离柱头都是手工劳动，这 1kg 柱头需要 370～470h 的工作量。由于其产量极低，采收又耗时费力，在我国被列为名贵珍稀的汉藏药材。我国自 20 世纪 60 年代开始引种，在上海、浙江等地先后引种成功，实行室内培养，亩产干柱头 0.5～1.0kg。栽培条件下未见结实，这就使藏红花的有性杂交改良有极大的障碍，因而只能通过球茎无性繁殖，且繁殖过程中退化比较严重。花产量与球茎的大小有相关性，球茎变小，花产量随之下降，甚至不开花。我国在西藏、新疆也有种植，但藏红花产量远不能满足市场需求，每年都要进口大量产品，且藏红花的品质也参差不齐。另外，依靠田间种植提高产量需要扩大种植面积，这就与其他作物的种植发生矛盾。目前可尝试从以下几方面解决藏红花资源短缺的问题。

1. 培育优良品系，提高单位产量

通过改良藏红花的品系，寻找具有高产性状的藏红花进行种植是提高其单位产量的有效途径之一。在种植过程中曾发现花柱的数量在某些植株中超过 3 枚，如果能将这一性状保存下来，对提高亩产量将大有帮助。另外，也可通过改良栽培条件，在养分的施加上进行优化控制，如肥料的施加量和水的供给等。花芽分化期施用激素提高单株花中柱头的重量或每一球茎上花的数量，从而提高亩产量。

2. 细胞组织培养

植物细胞工程的快速发展为解决藏红花资源短缺问题提供了一个有效途径。藏红花组织培养最早见于丁葆祖等（1998）的报道，陈书安等在这方面也进行了一系列研究，结果表明，MS 是藏红花芽愈伤组织的最佳诱导培养基，而 B5 是叶子和花愈伤组织的最佳培养基。藏红花芽、叶和花愈伤组织的最佳诱导温度分别是 18℃、25℃ 和 21℃。光照是叶子愈伤组织诱导的有利因素，但不利于芽和花愈伤组织的诱导。1.5～2.0mg/L NAA 和 0.25mg/L 6-BA 是诱导愈伤组织的最佳激素组合。他们从 229 株细胞系中筛选出生长较快且不易褐化的细胞系 Corml，其藏红花素含量可达到 1677mg/L，为采用植物细胞工程法解决藏红花素资源短缺问题奠定了基础。

此外，清华大学郭志刚等也在这方面进行了深入研究，他们对人工栽培藏红花和藏红花培养细胞的主要成分、种类以及含量的差异进行了比较，对两类样品进行对比分析，借以考察藏红花细胞的培养效果，结果表明，不同产地的藏红花主要成分、种类和含量差异显著，与栽培藏红花相比，藏红花培养细胞中虽然代谢产物种类较少，但是其具有抗癌活性的藏红花素 A（crocinA）的含量高于野生型藏红花 2～3 倍。由此可见，利用细胞工程技术生产藏红花有效成分将大有前途。

第四节　雪莲植物的生理生态

一、概况

雪莲属菊科（Compositae）菜蓟族凤毛菊属（Saussurea）植物，是高寒地区民间常用的一类名贵中草药，民间多用于风湿性关节炎、妇女小腹冷痛、闭经、胎衣不下、麻疹不透、肺寒咳嗽、阳痿等症的治疗。近年来，雪莲作为民族药和民间药在抗炎镇痛、抗早孕、抗衰老及抑制癌细胞增生方面的作用备受关注，对雪莲药材的化学成分和药理作用已有不少报道（贾忠明等，2005）。

我国雪莲主要分布在海拔 4000m 以上的高原寒带地区，其生境特异，生长缓慢，人工栽培困难，长期以来掠夺性采挖已使雪莲资源严重匮乏，自然资源难以满足临床日益增长的需要。自 1987 年以来，瓦·古巴诺娃等对新疆雪莲进行了组织培养研究并获得再生植株；赵德修等（1999）利用细胞培养技术进行了水母雪莲有效成分的细胞天然合成并获得一定进展；1998～1999 年陈发菊等成功地进行了水母雪莲的组织培养并获得大量再生植株，这些研究工作为解决这一资源短缺问题提供了重要手段。

二、雪莲的种类及生境分布

雪莲多分布于我国新疆、青海、甘肃、四川、云南和西藏等省（自治区）的高寒地区。我国雪莲植物有 40 多种及 3 个变种，常被用作生药的雪莲植物有 12 种和 1 变种。药用雪莲植物种类、生境及分布列于表 12-8。

表 12-8 雪莲的种类及分布

植物名称	分布地	生长环境	海拔高度/m	植株形态
新疆雪莲 (S. involucrata Kar. et Kir.)	新疆、青海、甘肃	多生长于高山石缝、砾石和砂子河滩	4000~4300	多年生大型草本,株高15~35cm,叶丛生
雪兔子 (S. gassypiphora D. Don)	西藏	高山流石滩	4200~4700	多年生大型草本,株高25~30cm
三指雪兔子 (S. tridactyla Sch-Bip. ex Hook. f.)	西藏	高山流石滩	4300~5200	多年生小型草本,株高8~16cm
丛株雪兔子 (S. tridactyla Sch-Bip. var.)	西藏	高山流石滩	4600~4700	多年生小型草本,株高7~14cm
绵头雪莲 (S. laniceps Hand. Mazz)	四川西南、云南西北、西藏东部	高山流石滩或岩石缝中	4300~5280	多年生较大体型垫状草本,株高15~30cm
毛头雪莲 (S. eriocephala Franch)	云南	高山冰渍中	4100~4700	多年生较大体型草本,株高10~25cm
水母雪莲 (S. medusa Maxim.)	青海、甘肃、四川、云南、西藏	高山多砾石山坡和流石滩	4750~5600	多年生丛生草本,株高8~15cm
槲叶雪莲 (S. quercifolia W. W. Sm.)	四川西部、云南西北部	高山草坡	4000~4500	多年生簇生小草本,株高4~6cm
鼠麴雪莲 [S. gnaphaloides (Royle) Sch. Bip]	新疆、四川、西藏	高山沼泽碎石间	4500~5700	多年生簇生小草本,株高1~6cm
苞叶雪莲 [S. obvallat(DC.)Sch. Bip]	四川、云南、西藏		4100~5400	多年生大型草本,株高20~50cm
星状雪兔子 (S. stella Maxim)	青海、甘肃、四川西部、云南西北部、西藏	高山沼泽草地	4200~5400	一年或两年生无茎草本,株高5~10cm
小果雪兔子 [S. simpsoniana (Field. Et Gardn.] Lipsc.	新疆南部	高山流石滩	5200~5750	多年生小型草本,株高2~12cm
红雪兔 (S. leucoma Diels.)	云南丽江白雪山顶	高山石缝	4000~4300	多年生大型草本,株高12~200cm

　　在这 13 种雪莲中除三指雪兔子是丛株雪兔子的变种外,其余均具有种的分类特征。它们主要分布在 4000~5750m 的高海拔地区,这些地区气候多变,冷热无常,最高月平均气温只有 3~10℃,最低月平均气温则在零下十几度甚至几十度,生长环境十分恶劣。从分布范围来看,总的分布地很狭小,有些种如雪兔子、三指雪兔子和丛株雪兔子仅分布于西藏,生长在海拔 4200~5200m 范围的高山流石滩或石缝中;毛头雪莲和红雪兔仅云南有分布,生长在海拔 4100~4700m 的高山冰渍和高山石缝中;小果雪兔子只分布于新疆南部 5200~5750m 的高山石缝;其余种分布范围稍宽些,集中或零星生长在海拔 4000~5700m 的高山流石滩、高山沼泽草地、高山草坡和高山山顶碎石间。生长在这些生境下的雪莲植物大多为多年生草本,少为一年或两年生草本。植株高一般

为 5～30cm，最矮植株仅高 1cm，最高植株可高达 200cm。不同种雪莲植物在形态上的差异显著，如鼠麴雪莲和槲叶雪莲株高仅 1～6cm，为丛生或簇生；星状雪兔子、三指雪兔子、丛株雪兔子、水母雪莲及小果雪兔子株高也仅 5～16cm；新疆雪莲、雪兔子、绵头雪莲、毛头雪莲、苞叶雪莲和红雪兔株可高达 14～50cm；而红雪兔高达 200cm。

三、雪莲生物学和物候学特性

雪莲为多年生一次开花结实植物，从种子萌发到开花结实一般需要 5～6 年时间。

在营养生长期间，雪莲植株的地上茎不明显，根状茎粗短，稍露出地表，叶密集着生在根状茎上，呈莲座状。在每年的 4 月下旬至 5 月上旬，顶芽开始萌动并缓慢生长，分化出叶；8 月中旬至 9 月下旬，叶逐渐枯黄死亡。在根状茎顶部残留着棕褐色叶柄纤维，顶芽则由外围的叶纤维包裹进入休眠状态。

进入生殖生长的植株，顶芽在 4 月下旬至 5 月上旬开始萌动，随后迅速分裂分化，生长形成直立的地上茎；至 6 月中旬，茎顶部的复头状花序分化基本完成，密集排列成伞房状半球形，外围由淡黄色苞叶紧紧包围；至 7 月上旬，苞叶开始展开，复头状花序开始露出；7 月中旬，进入开花期。在同一生境中，雪莲不同植株间的开花时期极不同步，花期可持续 30d 左右，至 7 月下旬已开花的植株逐渐进入结实期，8 月中旬至 9 月中旬为果实成熟期，在此期间，已成熟的果实由于其冠毛受风力的影响而脱离母体散落，随之植株枯黄死亡。

四、雪莲的化学成分

在被用作民间草药的雪莲中，对药材化学成分研究得较多的有雪兔子、新疆雪莲、绵头雪莲、水母雪莲、星状雪兔子和丛株雪兔子 6 种。其化学成分包括黄酮类、生物碱、内酯、甾醇、多糖及挥发油等多种成分，主要次生代谢物是黄酮及黄酮苷类。各类化合物的成分如表 12-9 所示。

表 12-9　雪莲的化合物类型

化合物类型	化合物名称
黄酮类及黄酮苷类	(1)芹菜素,(2)山奈素,(3)金合欢素,(4)木犀素,(5)槲皮素,(6)芹菜素-5,6-二甲氧基黄酮,(7)芹菜素-6-甲氧基黄酮,(8)芦丁及总黄酮粗提物,(9)日本椴苷,(10)芹菜素-7-O-D-葡萄吡喃糖苷,(11)芹菜素-7-O-D-新陈苷,(12)芹菜素-7-O-L 鼠李糖(1-2)-D-葡萄吡喃糖苷,(13)木犀素-7-O-D-葡萄吡喃糖苷,(14)木犀素-7-O-L 鼠李糖(1-2)-D-葡萄吡喃糖苷,(15)槲皮素-3-O-D-葡萄糖苷,(16)槲皮素-3-O-L 鼠李糖苷,(17)柯伊利素-7-O-D-葡萄吡喃糖苷,(18)山奈素-3-O-L 鼠李糖苷
糖类	(19)蔗糖,(20)果糖,(21)葡萄糖,(22)新疆雪莲多糖(SIP),(23)精制雪莲多糖(SPS),(24)云南雪莲多糖(SPS)及多糖粗提物
生物碱	(25)秋水仙碱,(26)大苞雪莲碱(13-脯胺酸取代的二氢去氢广木香酯)及总生物碱

化合物类型	化合物名称
倍半萜内酯 及内酯苷	(27)3,8-二羟基-11-甲基愈创木内酯,(28)11,13-二氢去氢广木香内酯,(29)去氢广木香内酯,(30)大苞雪莲内酯(4,10)-环外亚甲基-8-羟基-11-甲基愈创木内酯,(31)母菊酯,(32)雪莲内酯-8-羟基,-1,5,6,11-愈创木二烯,(33)3-羟基-1,3-去氢广木香内酯-8-D-吡喃葡萄糖苷)香内酯-8-D-葡萄吡喃糖苷,(34)大苞雪莲内酯-8-D-葡萄吡喃糖苷
甾体类	(35)麦角甾烷-3,24-二醇,(36)谷甾醇,(37)豆甾-7-烯-3-醇,(38)豆甾烷醇,(39)香树素,(40)香豆素,(41)羽扁醇,(42)羽扁醇乙酸酯,(43)棕榈酸酯
木质素类	(44)牛蒡子苷,(45)阿克替酯素,(46)2-羟基-拉伯酰 B(2-hydroxylappaolB),(47)紫丁香苷
香豆精类	(48)东莨菪素,(49)伞形花内酯,(50)伞形花内酯-7-O-D-葡萄吡喃糖苷
蒽醌类	(51)大黄素甲醚
其他化合物	(52)二十七烷,(53)二十九烷,(54)三十一烷,(55)三十三烷,(56)三十三碳酸,(57)四十碳烯,(58)3-吲哚己酸,(59)对羟苯己酮,(60)正丁基-D-葡萄喃糖苷

以地上药用部分为材料,得到了 60 多个单体化合物以及供药理选用粗提物,并经红外光谱(IR)、紫外光谱(UV)、质谱(MS)、核磁共振谱(^{1}HNMR 和^{13}HNMR)、单晶-X 衍射、化学分析及样品对照确定了其中 60 个化合物,详细分类列于表 12-9。不同种雪莲植物的化学成分见表 12-10。通过对不同种雪莲的化合物类型比较发现,同属雪莲植物体内均含黄酮类化合物,近缘种如雪兔子和丛株雪兔子的化学成分类型基本相同;不同种雪莲又含有种的特征性化合物,如新疆雪莲中特有的大苞雪莲内酯和大苞雪莲碱,星状雪兔子中的金合欢素、日本椴苷、山奈素-3-O-α-L,鼠李糖苷及大黄素甲醚,这说明同属的雪莲花亚属和雪兔子亚属不同种的雪莲植物在化学成分上既有同一性又存在种的特征性差异。

表 12-10　不同雪莲化合物类型比较

化合物类型	新疆雪莲	雪兔子	丛株雪兔子	水母雪莲	绵头雪莲	星状雪兔子
黄酮	(5)～(8)	(1)(2)(5)(8)	(1)	(1)(4)(8)	(1)(4)	(1)～(3)
黄酮苷	(16)	(16)(10)～(12)	(10)	(11)～(16)	(9)(17)(18)	
糖类	(22)	(19)～(21)		(23)(24)		
生物碱	(25)(26)			(25)		
倍半萜内酯及内酯苷	(27)～(33)					
甾体类		(35)～(43)	(36)		(36)	
木质素类	(47)	(44)～(46)		(44)		
香豆精类		(48)～(50)	(48)～(50)		(48)(49)	
蒽醌类					(51)	
其他化合物	(60)	(55)～(57)	(55)～(57)		(54)(59)	

注:( )内数字为表 12-9 化合物种类的编号。

五、天山雪莲愈伤组织培养与次生代谢物形成的研究

目前实现人工栽培较难，加上人为盲目采挖，雪莲资源日益匮乏，雪莲物种濒临灭绝。运用植物组织培养技术进行雪莲次生代谢产物生产的研究越来越受到人们的重视。贾景明等（2005）研究不同理化因子对天山雪莲愈伤组织生长与总黄酮产量的影响，为实现天山雪莲产业化大规模培养奠定基础。

利用天山雪莲种子，MS＋3.2％蔗糖＋0.65％琼脂粉培养基进行愈伤组织诱导、继代和分化培养，获得紫红色愈伤组织，之后转移到分化培养基，经20d左右，愈伤组织出现顶点，10d后形成再生苗。具体结果如下。

（1）在愈伤组织的形成中，细胞分裂的速度受培养条件中温度的影响较大。温度高，细胞分裂速度快，产生的细胞小，组织衰老，褐化严重；温度低，细胞分裂速度慢，产生的细胞大。适宜的培养温度是（24±1）℃。

（2）天山雪莲愈伤组织的诱导及多态性对器官分化、细胞悬浮培养和天然物质形成都很重要。实验发现，紫红色团粒状的愈伤组织结构松散，生长旺盛，易于培养和继代；深紫色团粒状愈伤组织结构松脆，凋亡快，适宜于再分化培养，不利于长期继代培养；水渍状愈伤组织的细胞多为不规则形，细胞内液较多，生长缓慢，无光泽，属于衰败型的组织；白色颗粒状愈伤组织在有效激素调控下，通过继代有转变成为紫色愈伤组织的可能；淡黄色致密状和淡绿色致密状愈伤组织的细胞生长缓慢，细胞分裂频率低，经常处于芽分化状态。由于细胞分裂的多向性，少见形成再生植株。

（3）在培养过程中天山雪莲愈伤组织出现的多种形态，不仅表现在外形特征和继代难易程度上，更重要的是各类型愈伤组织在分化能力上有明显差异，白色和淡黄、绿色愈伤组织均未分化，仅紫红色愈伤组织细胞在一定条件下有分化能力，这可能与愈伤组织细胞的胚性化程度差异较大有关。因此，同一种基因型外植体诱导出的愈伤组织的类型是由其组成细胞决定的。当组成细胞的类型比例或者细胞状态发生变化时，愈伤组织就会表现出相应的改变，而通过控制不同状态的细胞比例，即可控制愈伤组织的形态。

（4）培养基组分对愈伤组织诱导和多态性的形成有直接影响，初始愈伤组织是由颜色、质地和形态有明显差异的细胞团块形成的。在实验涉及的6种培养基中，仅在MS培养基上诱导的愈伤组织经继代培养得到紫红色愈伤组织，说明MS培养基所含有的各种成分及其配比适合天山雪莲愈伤组织的生长和总黄酮的形成。

（5）天山雪莲愈伤组织形态、培养基组成和温度梯度变化是影响愈伤组织生物量增加和总黄酮产生的关键。芦丁是培养物中的主要成分，实验以芦丁作对照品按测定总黄酮含量的常规方法检测了培养物中总黄酮含量，通过继代培养可获得紫红色愈伤组织，这种愈伤组织细胞分裂旺盛，有效成分产出量大，同时也适合液体悬浮培养。

（6）通过对天山雪莲愈伤组织次生物质代谢影响因子的研究发现，愈伤组织生物量是次生代谢物形成的主要物质基础，培养初期诱导愈伤组织快速增殖，使其达到一定的生长量，在培养的中、后期延缓愈伤组织生长使其变得致密，实现有效成分的累积和增加。而温度是影响天山雪莲愈伤组织生物量和有效成分积累的重要环境因子之一。采用温度梯度培养方式即愈伤组织培养温度由28℃到26℃再到24℃梯度递减时，培养周期

15d，既有利于天山雪莲愈伤组织生长，又能获得更多的次生代谢物。

六、新疆雪莲愈伤组织反应器悬浮培养生产次生代谢物的生理和条件

（一）光温条件对新疆雪莲愈伤组织悬浮培养再分化能力的影响

1. 光质对出芽数和分化频率的影响

将反应器悬浮培养后的新疆雪莲愈伤组织分别在白光、红光、黄光、蓝光和绿光照射下诱导分化出芽，发现在中长波光照射下愈伤组织的分化情况较好，优于白光；短波长下分化情况劣于白光培养。其中，在黄光照射下分化频率最高（85％），红光下平均出芽数最高（2.2个/块）。

2. 光周期对出芽数和分化频率的影响

新疆雪莲愈伤组织的分化频率和平均出芽数随光照时间的延长而增加，在光照时间为16h/d时达到最大；当光照时间大于16h/d时，愈伤组织的分化频率和平均出芽数随光照时间的延长有所下降，这与野生新疆雪莲在自然状态下在长日照地区生长的生物节律吻合。在持续光照下愈伤组织的分化能力反而下降，说明昼夜交替是新疆雪莲愈伤组织分化所需要的。

3. 昼夜温差对出芽数和分化频率的影响

考虑到新疆雪莲的原产地新疆巴里坤地区属于典型大陆性气候，具有日照时间长、昼夜温差大的特点，因此在反应器培养后的再分化研究中考察了温差对愈伤组织分化的影响，将新疆雪莲愈伤组织分别在不同温差的人工气候箱中培养，采用白光照射，照射时间16h/d，白天温度设定为20℃，夜间温度则分别设置为10℃、15℃和20℃。实验结果表明，昼夜温差大小对愈伤组织的分化能力有显著的影响，二者呈负相关，当昼夜温差为0℃（即夜间温度与昼间温度相同，均为20℃）时，新疆雪莲的分化最好，分化频率和平均出芽数分别为76.7％和1.4个/块，说明新疆雪莲对昼夜温差反应不敏感。

4. 低温处理时间对出芽数和分化频率的影响

温度是影响植物生长、发育及光合作用的主要因素之一，适当的低温可以降低一些植物PSⅡ传递的光电子流量，促进分化相关酶的合成。为了研究低温处理时间对新疆雪莲愈伤组织再分化的影响，将反应器培养后的新疆雪莲愈伤组织在4℃下分别处理5d、10d、15d后转移到20℃人工气候箱中进行分化培养。实验结果表明，不同的低温处理时间对新疆雪莲愈伤组织的再分化能力有显著的影响，其中低温处理时间为10d时愈伤组织的分化最好，分化频率和平均出芽数分别为38.3％和0.6个/块；处理时间为15d时愈伤组织的分化能力大大降低，说明长时间的低温处理影响愈伤组织的分化。

（二）新疆雪莲悬浮的建立和黄酮素活性成分的产生条件

雪莲生长环境特异，生长周期长，加上人类长期的盲目采挖，已使雪莲的自然资源近于枯竭。通过悬浮培养来生产雪莲的有效成分，既可保护野生资源，又可以满足日益增长的中药需求。赵德修等建立了水母雪莲悬浮细胞系，但新疆雪莲悬浮培养的研究至今未见报道。武利勤等（2005b）以雪莲叶片为外植体诱导愈伤组织，建立了新疆雪莲的悬浮培养系，分析了黄酮素活性成分的产生条件。

从前人研究结果可得到以下结论。

（1）不同种类的液体培养基对植物细胞的生长和次生代谢产物的形成有很大的影响。MS 及由 MS 改良得到的 MG、MP 培养基适合水母雪莲细胞生长和总黄酮的形成，而新疆雪莲悬浮培养的适宜培养基是 N_6。悬浮培养细胞对液体培养基的响应程度可能与植物种类有关。N_6 培养基既适于新疆雪莲细胞的生长，又有利于细胞中总黄酮的合成。

（2）培养液 pH 通过影响液体培养基中矿质元素的存在状态来影响细胞对元素的吸收和利用。pH5～7 适于新疆雪莲细胞的生长和总黄酮的合成，以 pH5.8 为最佳条件。

（3）碳源是细胞生长的能量来源和构成细胞骨架的重要成分，新疆雪莲细胞培养中蔗糖有利于细胞生长和总黄酮的积累，其中以 50g/L 较为经济。葡萄糖不是适宜的碳源。

（4）接种量的不同也影响细胞的生长和总黄酮的积累。接种量太大，前期细胞快速生长造成营养的耗尽和供养的不足，最终导致细胞生长和总黄酮积累的降低。60～80g/L 的接种量有利于新疆雪莲悬浮细胞的生长和黄酮的合成。

（5）不同的植物生长物质组合可以调节细胞的次生代谢而影响目的成分的合成。植物细胞培养次生物质的合成和生长具有一定的负相关性。在新疆雪莲细胞培养中，也证明了这个结论。BA0.2mg/L＋NAA 2mg/L 是适宜细胞中总黄酮合成的植物生长物质组合，此时细胞中总黄酮为 5.11％；而 BA0.5 mg/L＋NAA 3mg/L 对细胞生长有利。

（6）植物组织、器官、个体的生长表现出慢—快—慢的生长大周期特性，而雪莲细胞的生长没有明显的延迟期即快速生长，12d 达到稳定期，这时细胞需要及时继代来保持旺盛的活力。

通过研究不同的培养基、培养基 pH、碳源、接种量和植物生长物质对新疆雪莲悬浮培养细胞生长和总黄酮的作用，明确了细胞培养的适宜条件，为新疆雪莲细胞大规模培养和工业化生产奠定了基础。

参 考 文 献

陈琼,顾仁樾,周端.1997.藏红花对冠心病心绞痛患者血流变学的作用.辽宁中医杂志,24(8):372～376

陈巍,高文远,贾伟等.2005.人参属药用植物组织和细胞培养的研究进展.中草药,36(4):616～618

郭巧生.2007.药用植物资源学.北京:高等教育出版社

黄德昌,岳安云,张启碧等.1994.高原人参——红景天的适生环境.资源开发与市场,10(5):214～216

黄晓东,高安娜,冯戬等.2006.我国藏红花研究文献分析.农业图书情报学刊,18(1):155～158

贾国夫.1997.红景天的研究概况及展望.四川草源,3;38～40

贾景明,吴春福,吴立军等.2005.天山雪莲愈伤组织培养与次生代谢物形成的研究.中药研究与信息,7(7):1～15

雷亮,赵兵,徐春明等.2006.光温条件对新疆雪莲愈伤组织反应器培养后再分化能力的影响.过程工程学报,6 (6):942～946

李伟,黄勤妮.2003.红景天属植物的研究及应用.首都师范大学学报(自然科学版),24(1):56～58

李再生.2005.资源植物藏红花研究进展.四川食品与发酵,4;2～4

王强,阮晓,颜启传.2007.珍稀药用植物红景天.北京:科学出版社

武利勤,郭顺星,肖培根.2006.新疆雪莲细胞悬浮的建立和黄酮类活性成分的产生.中国中药杂志,30(13):956～968

张卫东,秦佳梅,张增江.1995.高山红景天生长规律观察.中国野生植物资源,2;59,60

赵德修,李茂寅,邢建民等.1999.光质,光强和光期对水母雪莲愈伤组织生长和黄酮生物合成的影响.植物生理学报,

25(2):127~132

赵培,罗春丽.2006.藏红花抗癌活性物质的研究进展.国际检验医学杂志,27(2):140,141

周生军,路东旭,何进.2003.浅谈西红花对生长环境的适应性及其生药鉴别.西藏科技,5:61~63

Escribano J,Alonso G L,CocaPrado S M. 1996. Crocin,safranal and picrocrocin from saffron(*Crocus sativus* L.)inhibit the growth of human cancer cells *in vitro*. Cancer Lett,100(2):23~25

Escribano J,Piqueras A,Medina J. 1999. Production of a cytotoxic proteoglycan using callus culture of saffron corms (*Crocus sativus* L.). Biotechnol,73(1):53~57

Eseribano J,Rios I,Fernandez J A. 1999. Isolation and cytotodxic properties of a novel clycoconjugate from corms of saffron Plant(*Crocus sativus* L.). Biochem Biophys Acta,1426(1):217~219

Kee-Won Y,Hosakatte N M,Eun-Joo H et al. 2005. Ginsenoside production by hairy root culture of panax sinseng:influence of temperature and light quality. Biochemical Engineering Journal,23(1):33~36

Langhansova L,Konradova H,Vanek T. 2004. Polyethylene glycal and abscisic acid Improve maturation and regeneration of *Panax ginseng* somatic embryos. Cell Biology and Morphogenesis,22(10):725~730

Molina R V,Valero M,Navarro Y et al. 2005. Temperature effects on flower formation in saffron(*Crocus sativus* L.). Scientia Horticulture,103(3):361~379

第十三章 荒漠生境药用植物的生理生态

我国西北药用植物分布区包括新疆、青海、宁夏北部、甘肃西北部、内蒙古西部等地区。这些地区高山、盆地和高原相间分布，沙漠和戈壁面积大、分布广，区内为典型的大陆性气候，寒暑变化剧烈，温差较大，雨量稀少，极为干旱，年平均温度 $0\sim10^{\circ}C$，最冷月均温为 $-20\sim-8^{\circ}C$，最暖月均温为 $19\sim27^{\circ}C$，年降雨量为 $40\sim250mm$，风速大，沙暴最频繁。本区分布的药用植物有 1800 余种，其中重要药用植物有甘草、麻黄、宁夏枸杞、肉苁蓉、贝母、雪莲、沙棘等。这种干旱、寒冷、强光等恶劣生境有利于本区药用植物特定药物成分的次生代谢合成和积累，所以研究和了解本区重要药用植物生理生态对开发有效药用成分是很有意义的。

第一节 甘草植物的生理生态

一、概述

甘草（*Glycyrrhiza*）为豆科多年生半灌木状草本植物。甘草属全球约 30 个种，我国有 11 个种。其中乌拉尔甘草（*G. uralensis* Fish）、胀果甘草（*G. inflata* Bat.）、光果甘草（*G. glabra* L.）为最著名国药，列入《国家重点保护野生药材物种名录》，属于国家Ⅱ级保护药材。

我国是世界甘草主产国之一。我国甘草自然资源主要分布在西北、华北和东北地区，华东和西南地区也有少量分布。

我国是世界上甘草生产大国，20 世纪 80 年代我国甘草收购量为 5.525t，其中90％出口。甘草的用途十分广泛，可作为医药、食品工业、饲料等的原料，也是烟酒工业中生啤酒的发泡剂，及酱油、糖果、香烟及仁丹等的甜味剂，还可以提取黄色染料。此外，甘草渣含有大量纤维，可作为食用菌的培养基，渣提取液可用作石油钻井的稳定剂、灭火器的泡沫稳定剂及杀虫剂的湿润和黏着剂。甘草种子可作咖啡代用品，茎叶可作为家畜的重要冬储饲料。

二、甘草的生物学特性

甘草 多年生草本，高 $30\sim100cm$。根茎多横走，主根很长，外皮红棕色。茎直立，有白色短毛和刺毛状腺体。奇数羽状复叶；小叶 $7\sim17$ 片，卵形或宽卵形，长 $2\sim5cm$，宽 $1\sim3cm$，两面有短毛及腺体。总状花序腋生，花密集；花萼钟状，萼齿 5，外被短毛或刺毛状腺体；花冠淡紫色，二体雄蕊；子房无柄。荚果扁平，呈镰刀状或环状弯曲，外面密生刺毛状腺体。花期 $6\sim7$ 月，果期 $7\sim9$ 月。

胀果甘草 常密被淡黄褐色鳞片状腺体，无腺毛。小叶 $3\sim7$ 片，卵形至矩圆形，边缘波状。总状花序常与叶等长；荚果短小，直而肿胀，无腺毛；种子数目较少。花期7～8月。

光果甘草 果实扁而直，多为长圆形，无毛。种子数目较少。花期6～8月。

甘草是多年生、耐旱、耐盐碱的深根型草本植物，常连片生长，形成密群，覆盖地面，防风固沙，改良盐碱，其菌根含氮达30％，能很好地提高土壤的肥力，有突出的生态作用。

三、甘草的药物成分和功效

甘草以根和根茎为药物原料。甘草根及根茎主要成分是甘草甜素（glycyrrhizin），又称甘草酸（glcyrrhizin acid）。这一名称来自古埃及，意为甜根（sweet root），其甜度比蔗糖高170倍。乌拉尔甘草中甘草酸含量为5％～11％，甘草次酸含量为3％～7％。黄酮类化合物有甘草苷（liquiritin）、异甘草苷（lsoiquiritin）、新甘草苷（neo-liquiritin）、新异甘苷（neoisoliquiritin）和甘草利酮（licoficone）等。此外，含甘草新木脂素（liconeolignan）、非甘草次酸的苷元糖蛋白Lx、甘露醇、苹果酸、桦木酸（betulic acid）、天冬酰胺、烟酸、微量挥发油、生物素（biotin）（296μg/g）、葡萄糖（3.8％）、蔗糖（2.4％～6.5％）等。

甘草酸是一种糖基皂角苷，其结构为结合两个葡萄糖醛酸的五环三萜烯（图13-1）。甘草中三萜类成分是主要药理活性成分，主治脾胃虚弱、中气不足、咳嗽气喘、咽喉肿痛、心悸、惊痫、肝炎、胃溃疡等。甘草甜素和甘草次酸有抗肝硬化、降低谷丙转氨酶、镇咳、祛痰、镇静、抗菌、抗炎、抗过敏、增强非特异性免疫及肾上腺皮质激素的作用。甘草甜素还有降血脂、抗动脉粥样硬化及抗癌作用。甘草甜素还有抑制艾滋病病毒增殖的效果。甘草甜素、异甘草苷元、异甘草苷有解痉及抗溃疡活性。

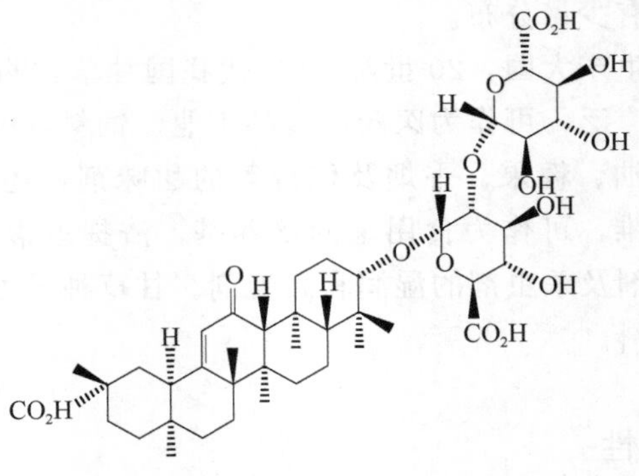

图 13-1　甘草酸的化学结构（引自 Hennell et al.，2008）

四、光质和 UV-B 胁迫对水培和钵栽甘草提高甘草甜含量的刺激作用

日本的 Fawzia 等（2005）就光质和 UV-B 胁迫对提高溶液培养和钵栽甘草植物根里甘草甜含量刺激作用进行了研究，得出以下结论：①钵栽比水培更有利于甘草植物体生长和提高甘草甜含量；②红光更有利于甘草植物体生长和提高甘草甜含量；③利用低

强度 UV-B 照射处理甘草钵栽植株可加快其甘草甜代谢合成。

五、甘草愈伤组织培养技术的研究

新中国成立以来，甘草的需求量呈大幅度增长，全国甘草常年需要量为 2 万 t 左右。多年来甘草药材主要依靠野生资源，但近年来由于对甘草的无节制采挖，我国甘草资源遭到了严重破坏，目前野生甘草的蕴藏量仅为 15 亿 kg，是新中国成立前的 50％。而人工栽培从播种到收获，一般需要 3～4 年且不易出苗。组织培养在药用植物上的广泛应用，为濒临灭绝的野生药用资源保护和生产替代品提供了新的途径。利用组织培养技术对甘草属进行的研究较早，如梁玉玲等（2002）研究了胀果甘草愈伤组织的培养、Kovalenko（1998）等建立了光果甘草毛状根培养体系。裴雁曦等（2000）研究了植物生长调节剂对甘草愈伤组织诱导的影响，陈巍等（2005）研究了利用甘草种子获得的无菌芽诱导愈伤组织及其形成条件，为大规模工业化生产提供了一定的理论依据。计巧灵（2006）对甘草耐盐性愈伤组织的诱导及植株再生的研究结果表明，可通过对乌拉尔甘草愈伤组织的诱导得到耐盐性甘草的再生植株。

（一）乌拉尔甘草愈伤组织培养的合理条件

陈巍等（2005）的研究结果中提出了乌拉尔甘草愈伤组织培养的合理条件。这里摘引如下，以供参考。

甘草种子消毒后接种于 MS 培养基上培养 4d，萌发后，取 0.5cm 长度的根中部作为外植体，接种在 MS＋2，4-D 2mg/L＋KT 0.7mg/L 的培养基上，培养 3d 后可获得最高的诱导率（83.78％），并且诱导组织生长旺盛。在诱导和培养愈伤组织 15d 时，愈伤组织达到最大生长量，所以在甘草愈伤组织培养 15d 左右时继代培养比较适宜。

（二）甘草耐盐性愈伤组织的诱导及植株再生研究

计巧灵（2005）研究认为，对耐盐性甘草愈伤组织再生植株的研究促进了在盐碱滩人工栽培甘草技术的发展。诱导乌拉尔甘草（*Glycyrrhiza uralensis*）无菌苗子叶块和胚轴段在含盐培养基上脱分化均已获得成功。逐步提高盐质量浓度诱导愈伤组织扩增，继之诱生不定芽，芽经扶壮后诱根，得到大量试管苗。结果表明，子叶块和胚轴段在 MS＋BA 1.5mg/L ＋2，4-D 1.2mg/L＋NaCl 100mg/L 中脱分化效果好，愈伤组织多为淡黄色，稍透明。NaCl 质量浓度增至 250mg/L 后愈伤组织长势很快下降，色暗，部分死亡。愈伤组织经无盐培养继代两轮后，转入 MS＋BA 0.5mg/L＋KT 1.0mg/L＋NAA 1.0mg/L＋NaCl 200mg/L 上分化出大量不定芽，说明不定芽的耐盐性是遗传所致。降温（18～22℃）、自然光照并添加适量的 GA_3 有利于壮芽形成，在诱导生根的83 个芽中，55 个生根，其中 1/2MS＋IAA 1.0mg/L＋NAA 1.0mg/L＋NaCl 200mg/L 最适宜生根，生根率达 66.26％。通过对耐盐性甘草愈伤组织的诱导可得到耐盐性甘草的再生植株。

六、甘草药材生产的研究进展

（一）灌木根菌接种的研究进展

Liu 等（2007）关于灌木菌根真菌对甘草生长、营养吸收和甘草甜生产的研究结果表明，在甘草培养中接种灌木菌根（AM）真菌可增加株高、叶片数量、梢和根鲜重及干重，改善 P 和 K 的吸收，提高其根组织甘草甜的产量。

（二）甘草里的褐黑激素可减少甘草植株 UV-B 照射引起的氧化伤害

Afreen 等（2006）关于甘草里褐黑激素（melatonin）对光质（红光、蓝光和白光）和 UV-B 照射反应的研究结果表明，将钵栽 3 月龄的甘草植物在低强度 UV-B、高强度 UV-B 和对照条件下处理（低强度 UV-B 照射 15d，高强度 UV-B 照射 3d）后，测定甘草根组织里褐黑激素的含量。结果表明，高强度 UV-B 照射处理甘草根的褐黑激素要比低强度 UV-B 照射处理的高 1 倍，说明 UV-B 可刺激甘草根里褐黑激素的合成，保护甘草免受逆境和氧化胁迫的伤害，因为褐黑激素具有抗氧化的作用。

（三）分子克隆甘草水通道蛋白 GuPIPI 的基因可提高抗干旱、盐碱和 ABA 胁迫的能力

Wang 等（2007）关于分子克隆甘草水通道蛋白基因 *GuPIPI* 提高抗干旱、盐碱和 ABA 胁迫的研究结果表明，水通道蛋白 GuPIPI 在非生物的胁迫下能良好表达，提高抗逆能力。

（四）NK 超高吸水性树脂可保持甘草正常生长发育所需水分

李布青等（2005）关于干旱条件下 NK 超高吸水性树脂在甘草栽培中的应用研究结果表明，1.0%左右超高吸水性树脂Ⅲ可保证甘草正常生长所需的水分；播种后种子表面覆沙 5～7cm、采用自然浸水方法能促进甘草的出苗及生长发育，有利于其抗旱保水功能的发挥，提高应用效果。

（五）利用 LC-DAD 方法快速测定甘草根和干燥水提取物里甘草酸方法

澳大利亚的 Hennell 等（2008）关于利用 LC-DAD 测定甘草根和干燥水提取物里甘草酸的研究结果表明，LC（高效液相色谱）方法与二极管阵列检测器 DAD 已发展成测定甘草酸的快速、灵敏和有效的技术。样品提取最有效的方法是将生药浸在液体甲醇里（50∶50，V/V）用超声波处理 2×30min 进行样品准备。甘草酸峰的标准分辨可利用 0.5（V/V）液体磷酸和乙腈（60∶40，V/V）组成平等移动相在 Varia Polaris RP C_{18}a（250mm×4.6m，5mm 密封）柱取得。色谱检测在波长为 200～400nm，数量测定预置在 254nm 波长。还应制备甘草酸含量在 14～558mg/mL 浓度的标准曲线。最后测出甘草根和干燥水提取物中甘草酸含量分别为（31.1±0.2）mg/g 和（40.4±0.3）mg/g。

（六）氮、磷、钾互作效应对甘草黄酮含量的影响

据李明等（2007）的研究结果，宁夏红寺堡扬黄新灌区沙壤灰钙土氮、磷、钾对甘草总黄酮含量影响大小为：施磷（负效应）＞施氮（正效应）＞施钾（负效应）；因子互作效应对甘草总黄酮含量影响大小顺序为 P×K＞N×P＞N×K；红寺堡扬黄新灌区沙壤灰钙土人工栽培甘草总黄酮含量≥5.0％以上的农艺措施为：施纯 N 119.6～138.8kg/hm²、施纯 P_2O_5 153.2～178.5kg/hm²、施纯 K_2O 90.9～105.6kg/hm²。

第二节 寄生药用植物肉苁蓉的生理生态

一、概述

肉苁蓉为列当科肉苁蓉属寄生性植物，全世界已报道的有 20 种，主要分布在地中海、亚洲和非洲。我国有 6 种，分布在西南和西北部，主要分布在我国西北荒漠地带。我国药用肉苁蓉有 4 个种及 1 个变种。

荒漠肉苁蓉（*Cistanche deserticola* Y. C. Ma）　多年生寄生性草本植物。本种主要寄生在灌木藜科植物梭梭［*Haloxylon ammodendron*（C. A. Mey.）Bunge］和白梭梭（*Haloxylon persicum* Bge. Ex Boiss et Buhse）的根上。未出土肉质茎粗壮，淡黄白色，有的基部为 2～3 分枝。肉质茎圆柱状稍扁，上细下粗，长 40～160cm，直径 5～10cm。鳞片状叶多数，下部叶紧密，三角状卵形或宽卵形，长 5～15mm，宽 10～20mm；上部叶稀疏，披针或狭披针形，长 10～40mm，宽 5～10mm。穗状花序伸出地面，长 15～50cm，苞片条状披针形、披针形或卵状披针形，长 2～4cm，宽 0.5～0.8cm，被疏毛或近无毛；花萼钟状，5 浅裂，长 10～15mm，裂片近圆形；花冠管状钟形，长 3～4cm，向内弯曲，管内面离轴方向有 2 条纵向的鲜黄色凸起，裂片 5，开展，近半圆形，花管淡黄白色，裂片色多变，淡黄白色或淡紫色或边缘淡紫色，干时变为棕褐色，花丝上部稍有弯曲，基部被皱曲长柔毛，花药顶端有聚尖头，被皱曲长柔毛；2 强雄蕊，近内藏；子房上位，基部有黄色蜜腺；花柱顶端内折，柱头近球形。蒴果卵形，2 瓣裂，褐色；种子多数微小，椭圆形或卵形。花期 5～6 月，果期 6～7 月。

盐生肉苁蓉［*Cistanche salsa*（C. A. Mey.）G. Beck.］及**白花盐苁蓉**（*C. Salva.* var. *albiflora* P. F. Tu. et Z. C. Lou.）　植株矮小，高 15～40cm，基部圆柱形。鳞片卵形至长圆状披针形，长 1～2.5m，宽 4～8mm。花冠管白色，花冠裂瓣淡紫色。寄生于盐爪爪、红沙枣、白刺等小灌木的根上。分布于内蒙古、陕西、甘肃、宁夏、新疆等省（自治区）。肉质茎维管束深波状。可作药用。

沙苁蓉（*Cistanhe sinensis* G. Beck）　植株高 15～70cm。茎圆柱形，下部鳞叶呈卵形，向上渐窄呈披针形，长 5～20mm。苞片长圆状披针形至条状披针形，花萼 4 深裂；花冠淡黄色，极少裂片带淡红色，干后常变蓝黑色。寄主有红沙［*Reaumuria soongarica*（Pall.）Maxim.］、珍珠柴（*Salsola passerina* Bunge）等。分布于西北沙漠地区。

管花肉苁蓉［*Cistanche tubulosa*（Schenk）Wight.］　茎上部叶为阔披针形，基

部平直，先端渐尖，叶脉不显，出土前茎叶均为黄白色，出土后鳞状叶逐渐变为淡绿色。总状花序顶生，苞片长卵形，小苞片长条形，比花萼稍短，花冠漏斗状，紫色，种子表面蜂窝状。药材形态与正品肉苁蓉相似，有的呈纺锤形、扁卵圆形或芋芳状等不规则形，表面暗红或灰黄棕色，坚硬无韧性；断面淡灰棕色，有的边缘为黑褐色胶质样，众多黑褐色点状维管束不规则散在；茎维管束不规则散在，有的束间空隙偶见韧皮纤维，鳞片无髓部，维管束6～13束，有侧分枝。其与正品肉苁蓉的区别在于正品呈扁柱形，表面暗棕色或棕黑色，断面暗棕色或黑棕色；多数黄棕色点状维管束排列成波状弯曲的环或略呈放射状；茎中柱点状维管束排列成波状弯曲环，鳞状髓部星状，髓射线明显，维管束多5束，无侧分枝，盛产于新疆。

中国肉苁蓉资源最丰富的地区是内蒙古和新疆。新疆肉苁蓉分布面积为18.20万hm^2（273万亩），蕴藏量5000余t，每年的收购量在600t左右。内蒙古产区采挖过度，收购量已从800～1000t降至300t以下。目前新疆也存在过度的采伐，肉苁蓉年收购量也从600t下降至不足200t，资源面临枯竭的危险。引种栽培工作正在进行，2004年初获成功，目前试验仍在进行，有望在3～5年内大面积推广。

二、肉苁蓉的药物成分和药理功能

（一）药用部分

肉苁蓉药用部分是其肉质茎。采收肉苁蓉春、秋两季均可，以3～4月肉苁蓉花序出土前为好，此时肉质茎营养内存，柔嫩滋润。采挖后，除去花序及顶端，切段，晒干，通常将鲜品置沙土中半埋半露，较全部曝晒干得快，干后即为甜大芸（淡大芸），质量好。秋季采收因水分大，不易干燥，故将肥大者投入盐湖中腌1～2年（盐大芸），质较次，药用时需洗去盐分。

（二）药物成分

一般肉苁蓉含麦角甾苷（不得少于0.80%）、胡萝卜苷、丁二酸、十三烷醇、十七烷、十九烷、二十一烷、N,N-二甲基甘氨酸甲酯、甜菜碱、8-表马钱子酸葡萄糖苷、β-谷甾醇、D-甘露醇、硬脂酸、睾丸酮等药物成分。

1. 化学成分种类

肉苁蓉属植物主要含有苯乙醇苷类、环烯醚萜及其苷类、木脂素及其苷类等成分。从1983年开始，日本学者Kobayashi等系统报道了对盐生肉苁蓉化学成分的研究，但后来守屋明、屠鹏飞等在进行不同国家、产地肉苁蓉植物的形态、化学成分比较时发现，Kobayashi等报道的盐生肉苁蓉原植物应为荒漠肉苁蓉，雷丽等（2003）将其成分归于荒漠肉苁蓉；此外还发现国产与巴基斯坦产管花肉苁蓉在形态、化学成分和寄生植物上都有较大区别，因此，有必要将二者的化学成分分别叙述。

目前已从荒漠肉苁蓉（Cd）中分离得到69种化合物，从巴基斯坦产管花肉苁蓉（Ct-P）中得到21种化合物，从国产管花肉苁蓉（Ct-C）中得到21种化合物，从鳔苁蓉（Cp）中得到11种化合物，从盐生肉苁蓉（Cs）中得到7种化合物。按化合物类型分类，具体情况见表13-1。

表 13-1 已从肉苁蓉属植物中获得的化学成分

分类	苯乙醇苷类	环烯醚萜及其苷类	木脂素及其苷类	其他
Cd	17	10	3	39
Cp	5	4	—	2
Cs	—	—	—	7
Ct-C	9	4	1	7
Ct-P	11	2	5	3

2. 化合物类型

（1）苯乙醇苷类（phenylethanoid glycoside，PhG）。PhG 的糖链部分仅由葡萄糖和鼠李糖组成；与苷元直接相连的中心糖为葡萄糖；除单糖苷外，中心葡萄糖连在中心葡萄糖的 6 位；在中心葡萄糖的 4 或 6 位常常连有咖啡酰基、阿魏酰基或香豆酰基等苯丙烯酰基类基团。PhG 为肉苁蓉属植物的主要成分，目前共分离得到 22 种，包括 1 种单糖苷、14 种双糖苷和 7 种三糖苷（表 13-2）。

表 13-2 肉苁蓉属植物中的苯乙醇苷类化合物

化合物名称	R_1	R_2	R_3	R_4	R_5	来源
2′-acetylacteoside	Ac	Rha	Cf	H	OH	Cd，Cp，Ct-P，Ct-C
Acteoside	H	Rha	Cf	H	OH	Cd，Cp，Ct-P，Ct-C
Cistanoside A	H	Rha	Cf	Gle	OMe	Cd，Ct-C
Cistanoside B	H	Rha	Fr	Gle	OMe	Cd
Cistanoside C	H	Rha	Cf	H	OMe	Cd
Cistanoside D	H	Rha	Fr	H	OMe	Cd
Cistanoside E	H	Rha	H	H	OMe	Cd
Cistanoside G	H	Rha	H	H	H	Cd
Cistanoside H	Ac	Rha	H	H	OH	Cd
Decaffeoylacteoside	H	Rha	H	H	OH	Cd
Echinacoside	H	Rha	Cf	Gle	OH	Cd，Cp，Ct-C，Ct-P
Isoacteoside	H	Rha	H	Cf	OH	Cd，Ct-P，Ct-C
Isosyringalide 3′-α-L-	H	Rha	Cm	H	OH	Ct-P
rhamnopyranoside Osmanthuside B	H	Rha	Cm	H	H	Cd
Salidroside	H	H	H	H	H	Cd
Syringalide A 3′-α-L-	H	Rha	Cf	H	H	Cd，Ct-P
rhamnopyranoside Tubuloside A	Ac	Rha	Cf	Gle	OH	Cd，Cp，Ct-P
Tubuloside B	Ac	Rha	H	Cf	OH	Cd，Ct-P
Tubuloside C	Ac	TA-Rha	Cf	Gle	OH	Ct-P
Tubuloside D	Ac	TA-Rha	Cm	Gle	OH	Ct-P
Tubuloside E	Ac	Rha	Cm	H	OH	Cp，Ct-P
Crenatoside（1）						

注：Ac，乙酰基；Cf，反式咖啡酰基；Cm，反式香豆酰基；Fr，反式阿魏酰基；Gle，β-D-吡喃葡萄糖基；Rha，α-L-吡喃鼠李糖基；TA，Rha-2″，3″，4″三乙酰基-α-L-吡喃鼠李糖基。

由于 PhG 的紫外吸收能力很强，尤其适用于高效液相色谱法（HPLC）分析，已有多位学者对本属各植物中的 PhG 成分进行了比较。守屋明等（2001）采用 HPLC 详细研究了肉苁蓉属植物的 PhG，发现所研究的 7 个植物样品都含有大量的 PhG，其中土耳其产盐生肉苁蓉的 PhG 总量最高，国产盐生肉苁蓉、卡塔尔产鳔苁蓉、巴基斯坦产和巴林产管花肉苁蓉的 PhG 总量较多，而国产荒漠肉苁蓉和管花肉苁蓉的 PhG 总量较少；他们还对每个植物中所含的 7 个 PhG 化合物进行了定量分析，结果发现 7 个 PhG 的含量各不相同。此外，他们还对国产荒漠肉苁蓉、巴基斯坦产管花肉苁蓉和卡塔尔产鳔苁蓉的愈伤组织进行了化学成分分析，在国产荒漠肉苁蓉的愈伤组织中 7 种化合物都存在，含量均比原植物提高许多；在巴基斯坦产管花肉苁蓉和卡塔尔产鳔苁蓉的愈伤组织中除原有成分外，还含有肉苁蓉苷 A，这些化学成分的含量也均比原植物有所提高。屠鹏飞等运用 HPLC 对国产 4 种及 1 种变种肉苁蓉类生药所含的 PhG 进行了定性和定量分析，结果表明，5 种生药都含有多种 PhG，其中荒漠肉苁蓉、栽培荒漠肉苁蓉、盐生肉苁蓉、盐生油肉苁蓉、白花盐苁蓉和管花肉苁蓉所含的 PhG 成分相似，而沙苁蓉与其他种差别较大。此外，对 5 个 PhG 成分进行了含量测定，5 种生药的含量各不相同。

（2）环烯醚萜及其苷类（iridoid and iridoid glycoside）。目前从肉苁蓉属植物中分离得到环烯醚萜 2 种，环烯醚萜苷 10 种（表 13-3）。肉苁蓉属植物的环烯醚萜苷具有以下特征：1 位连有葡萄糖；5，9 位为 β-H；4 位为羧基；6，7，8 或 10 位常常含有羟基，或失去羟基形成双键或环氧醚键。

表 13-3　肉苁蓉植物中的环烯醚萜及其苷类化合物

化合物名称	R	R$_1$	R$_2$	R$_3$	R$_4$	R$_5$	来源
环烯醚萜							
Cistachlorin	Cl						Cd
Cistanin	OH						Cd
环烯醚萜苷							
Bartsioside		H	H			OH	Cd
6-deoxycatalpol		H	H			OH	Cd，Cp, Ct-P
8-epideoxyloganic acid		COOH	H	H	H	H	Cd
8-epiloganic acid		COOH	H	OH	H	H	Cd, Ct-C, Ct-P
Geniposidie acid		COOH	H			OH	Cd, Ct-C
Gluroside		H	H		H	OH	Cd, Cp
Leonuride（ajugol）		H	OH	H	OH	H	Cd, Cp
Mussaenosidiec acid		COOH	H	H	OH	H	Cd, Ct-C
Phelypaeside（Ⅱ）							Cp
Adoxosidic acid		COOH	H		H	OH	Ct-C

（3）木脂素及其苷类（lignan and lignan glycoside）。从肉苁蓉属植物中已分离得到 1 种木脂素和 5 种木脂素苷，其中 2 种为新木脂素苷（表 13-4）。

（4）其他类成分。包括酚苷、单萜苷、生物碱、糖类、糖醇、甾醇等成分（表 13-5）。

表 13-4　肉苁蓉属植物中的木脂素及其苷类化合物

化合物名称	R_1	R_2	R_3	R_4	来源
Dehydrodiconiferyl alcohol-4-O-β-D-glucoside（Ⅲ）					Ct-P
Dehydrodiconiferyl alcohol-γ'-O-β-D-glucoside（Ⅳ）					Ct-P
Liriodendrin	Gle	OMe	Gle	OMe	Cd，Ct-P
（＋）-pinoresinol	H	H	H	H	Cd
（＋）-pinoresinol-O-β-D-glucopyranoside	H	H	Gle	H	Ct-P
（＋）-syringaresinol-O-β-D-glucopyranoside	H	OMe	Gle	OMe	Cd，Ct-P，Ct-C

表 13-5　肉苁蓉属植物中其他化合物

化合物名称	来源	化合物名称	来源
Syringin（V）	Cd，Cp，Ct-P	20-hydroxyecdysone（Ⅸ）	Ct-P
8-hydroxygeraniol Ⅰ-β-D-glu-copyranoside（Ⅵ）	Cd，Ct-P	β-sitosterol	Cd，Cp，Cs，Ct-C
Betaine	Cd，Cs	β-sitosteryl glucoside 3'-O-hep-tadecoicate（X）	Cd
N，N-dimethyl glycine methyl Ester	Cd	γ-valerolactone	Cd
Cistanoside F（Ⅶ）	Cd	2-nonacosanone	Cd
Cistanoside Ⅰ（Ⅷ）	Cd	Bis-2-ethyl-hexyl-phthalate	Cd
D-glucose	Cd，Cs，Ct-C	Succinic acid	Cd，Cs，Ct-C
D-fructose	Ct-C	Triacontanic acid	Cd
Sucrose	Cd	1-triacontanol	Cd
polysaccharides	Cd	8-hydroxygeraniol	Ct-C
Galactitol	Cd	Catalpol	Cd
		2，5-dioxo-4-imidazolidinyl-car-bamic acid	Cd
D-mannitol	Cd，Cs，Ct-C	（2E，6R）-8-hydroxy-2，6-dim-ethyl-2-octenoic acid	Cs
daucosterol	Cd，Cs，Ct-C		

　　国内学者运用 GC-MS 技术和超临界流体萃取技术（SFE）对肉苁蓉的脂溶性及挥发油成分做了大量研究，大致将其分为三类：C16～C28 的直链烷烃，酯类化合物和低分子质量的含氧、含氮化合物，棕榈酸和亚油酸等。热娜等（2008）研究了新疆产荒漠肉苁蓉、盐生肉苁蓉、沙苁蓉和管花肉苁蓉的氨基酸成分，分别检出 15、17、14 和 11 种氨基酸，其中盐生肉苁蓉的氨基酸含量最高，管花肉苁蓉含量最低。此外，还有关于荒漠肉苁蓉中糖类成分和微量元素的分析报道。

　　肉苁蓉化学成分的深入研究为进一步开发和利用肉苁蓉属植物奠定了坚实的基础。迄今为止，国内外学者对肉苁蓉属中各植物的化学成分的研究以荒漠肉苁蓉最为深入，管花肉苁蓉较系统，盐生肉苁蓉仅做了初步研究，而沙苁蓉和白花盐苁蓉的化学成分研究未见报道。本文对所有关于肉苁蓉属植物化学成分的研究进展做了全面综述，为肉苁蓉的深入研究及进一步应用、质量评价、新资源的开发和利用提供参考。

（三）肉苁蓉的药理功能

肉苁蓉药用部分为带鳞叶的肉质茎，具有补肾阳、益精血、润肠通便的功效，主治男子阳痿、女子不孕、血枯便秘等症，在补肾阳方剂中出现的频率最高。

国内外学者对肉苁蓉进行了广泛的药理活性研究，发现其活性成分主要为苯乙醇苷和多糖，并主要集中在荒漠肉苁蓉。

最近研究表明，肉苁蓉具有雄性激素样作用，能增强细胞免疫功能，清除自由基，抗脂质过氧化，增强体力，抗疲劳，抗肝炎，抗肿瘤，抗辐射，通便，镇静，抗衰老，促进创伤愈合和保护缺血心肌等。

肉苁蓉作为中草药在我国已有 1800 年的应用历史。目前，其主要产品有苁蓉酒、苁蓉口服液、苁蓉胶囊、苁蓉保健饮料，以及各种含有肉苁蓉的药丸、药膏、片剂、粉剂等产品。但目前产品形式较为单一，技术含量低，多为一般加工制剂。随着中医药事业的发展和对肉苁蓉药用成分及其药理分析和药用活性物质的深入研究，肉苁蓉的利用空间将会越来越宽，今后的贸易量仍会继续增长，肉苁蓉资源的供需矛盾将会日趋突出。

三、肉苁蓉松果菊苷积累与寄主柽柳的关系和次生代谢部位

管花肉苁蓉为全寄生植物，其自身不能进行光合作用，生长发育所需的碳水化合物全部来源于寄主柽柳。管花肉苁蓉中碳的存在形式与柽柳不同，指标性成分松果菊苷是柽柳光合产物经次生代谢后形成的，国内外对其次生代谢发生的部分未见报道。已有研究指出，植物体内的碳、氮化合物及有机酸等转入寄生植物体内之前，在吸器中进行了活跃的代谢加工和转化，或改变有机化合物各组分的比例，或产生一些寄主植物体内没有的有机化合物。另外，寄主植物体内也是一个很重要的有机化合物转化或合成的场所，Simier 等（2001）推测了寄主植物体内从磷酸丙糖到甘露醇的合成途径，另有学者证明了这一合成途径的存在。杨太新等（2007）在对管花肉苁蓉种子萌发、寄生过程、寄生环境、栽培技术和管花肉苁蓉干物质积累等研究的基础上，对管花肉苁蓉寄生过程与中国柽柳根粗变化的相关关系进行了分析，对柽柳-管花肉苁蓉不同部位的松果菊苷含量也进行了测定分析，为明确管花肉苁蓉松果菊苷的次生代谢部位提供了理论依据，对管花肉苁蓉人工栽培和次生代谢调控具有重要的指导作用。

1. 管花肉苁蓉生长与柽柳根粗变化的相关分析

由表 13-6 可见，随着管花肉苁蓉单株干物质积累量的增加，植株内的松果菊苷积累量显著增加（$P<0.01$）。管花肉苁蓉松果菊苷含量以 4 月时最高，之后迅速下降，松果菊苷含量与干物质积累量的变化呈显著负相关关系，$r=-0.9424$。

另由表 13-6 可见，随着管花肉苁蓉干物质积累量的增加，其寄生的柽柳根显著增粗，从 3 月时的单根粗 0.298mm 增加到 11 月时的单根粗 1.152mm，增加了 2.87 倍；而未接种管花肉苁蓉的柽柳根，从 3 月时的单根粗 0.306mm 增加到 11 月时的 0.496mm，仅增加了 0.62 倍。进一步分析表明，寄主柽柳根粗与管花肉苁蓉干物质积累量和松果菊苷积累量均呈极显著正相关关系，$r_{干物质}=0.9925$，$r_{松果菊苷}=0.9710$。以上

表 13-6　管花肉苁蓉生长与寄主柽柳根粗变化

月份	干物质积累量/（g/株）	松果菊苷/%	松果菊苷积累量/（g/株）	寄生肉苁蓉根粗/mm	未寄生肉苁蓉根粗/mm
3	0.34	21.29	0.07	0.298	0.306
4	0.75	30.59	0.23	0.332	0.314
5	1.94	28.51	0.55	0.376	0.332
6	6.22	27.58	1.72	0.434	0.348
7	24.70	20.12	4.97	0.496	0.364
8	59.92	14.23	8.53	0.618	0.392
9	104.17	11.28	11.75	0.892	0.454
10	130.62	10.05	13.12	1.046	0.482
11	138.58	9.76	13.53	1.152	0.496

结果表明，寄主柽柳根是柽柳和管花肉苁蓉物质运输的通道，随着管花肉苁蓉的生长发育，需要柽柳根运输更多的光合产物供给管花肉苁蓉植株，因而寄主柽柳根显著增粗。

2. 柽柳-管花肉苁蓉不同部位松果菊苷含量分析

由表 13-7 可见，未接种管花肉苁蓉的中国柽柳，其叶片、分枝和根中均未检测出松果菊苷成分。柽柳-管花肉苁蓉复合体中，不同部位和组织中的松果菊苷含量差异极显著（$P < 0.01$）。吸器韧皮部的松果菊苷质量分数最高，为 15.53%，高于其木质部 6.58 个百分点，且比管花肉苁蓉植株的松果菊苷含量高 2.98 个百分点。在与吸器相连的柽柳根 1 中也发现松果菊苷成分，木质部和韧皮部中的质量分数分别为 0.46% 和 0.47%，两者的松果菊苷含量相近但显著低于吸器韧皮部、木质部和管花肉苁蓉植株。远离吸器的柽柳根 2 中的松果菊苷含量很少，为 0.07%。以上表明，吸器韧皮部可能是管花肉苁蓉松果菊苷的次生代谢部位，这一问题有待于通过相关酶活性或基因表达进一步验证。柽柳根中也发现松果菊苷成分，且与吸器距离越远，松果菊苷含量越低，这可能是物质渗透作用或逆向运输的结果。

表 13-7　中国柽柳和管花肉苁蓉不同部位松果菊苷质量分数　　　　（单位：%）

项目	柽柳叶	柽柳枝	柽柳根 2	柽柳根 1		吸器		植株
				木质部	韧皮部	木质部	韧皮部	
柽柳-管花肉苁蓉	0.00	0.00	0.07	0.46	0.47	8.95	15.53	12.55
柽柳（未接种肉苁蓉）	0.00	0.00	0.00	0.00	0.00			

四、肉苁蓉愈伤组织诱导和组织培养生理进展

长期以来，由于滥采乱挖现象十分严重，肉苁蓉寄主梭梭等毁坏严重，迫切需要发展肉苁蓉的组织和细胞培养技术，使肉苁蓉在工业条件下大量分裂繁殖，累积野生植物的药物成分，以满足国内外日益增长的需要。由于肉苁蓉是寄生植物，其种子的萌发机制具有一定的特殊性。肉苁蓉的种子具有一个近球形胚，这种近球形胚只在寄主梭梭根

穿入种子内之后才刺激萌发。这种萌发的启动很可能与寄主的种胚某些细胞表面存在的化学因素的"识别"有关，而寄主梭梭根可能含有某些类似激素类物质刺激"芽管状器官"的形成。在肉苁蓉种子的愈伤组织诱导培养中，要克服肉苁蓉对寄主的依赖而使之萌发，这在愈伤组织诱导培养中很少有类似的报道。郭志刚等（2004）对盐生肉苁蓉愈伤组织培养方法与苯乙醇苷化合物合成进行了研究，认为愈伤组织中的主要化学成分与天然肉苁蓉基本相同。欧阳杰等（2002）对肉苁蓉种子愈伤组织诱导条件进行了研究，结果认为剥去种皮及热处理是肉苁蓉种子愈伤组织形成的关键。宋玉霞等（2006）对肉苁蓉愈伤组织培养及所含成分含量进行了研究，筛选出了适宜肉苁蓉愈伤组织培养的方法。

（一）肉苁蓉种子愈伤组织诱导的适宜条件

欧阳杰等（2002）对肉苁蓉种子愈伤组织诱导条件的研究结果表明，最适条件为：将种子剥去种皮，在50℃下进行1h热处理激活，然后接种在添加2，4-D（1mg/L）＋KT（0.5mg/L）＋GA₃（1mg/L）＋CH（500 mg/L）的MS固体培养基上（pH6.0），诱导时温度为25℃，暗培养，此条件下肉苁蓉种子愈伤组织的发生率为25％。剥去种皮及热处理是肉苁蓉种子愈伤组织形成的关键。

（二）肉苁蓉愈伤组织培养适宜条件

宋玉霞等（2006）对肉苁蓉愈伤组织培养条件的研究结果表明，肉苁蓉肉质茎的维管组织部分是诱导愈伤组织的最适外植体，鳞片叶次之，髓组织部分诱导效果较差。在暗培养25～27℃条件下，以B5为基本培养基附加6-BA（0.5～2mg/L）与IAA（0.5～1.5mg/L）诱导愈伤组织效果最佳；在半光照（光培养10h/d，暗培养14h/d）条件下，愈伤组织生长正常，最佳继代时间为25～30d。愈伤组织培养物中松果菊苷和洋丁香苷（毛蕊花糖苷）达4.37％。筛选出了适宜的肉苁蓉愈伤组织培养方法，且培养物中主要药用有效成分松果菊苷和洋丁香式（毛蕊花糖苷）的量达到并超过了《中国药曲》要求（0.3％）的标准。

参 考 文 献

陈巍，于泉林，高文远等. 2006. 甘草愈伤组织培养研究. 中国中药杂志，30（2）：713～715

黄璐琦，郭兰萍. 2007. 中药资源生态学研究. 上海：上海科学技术出版社

计巧灵. 2006. 甘草耐盐性愈伤组织的诱导及植株再生研究. 中草药，37（2）：265～268

雷丽，宋志宏，屠鹏飞. 2003. 肉苁蓉属植物的化成分研究进展. 中草药，34（5）：473～477

雷丽，宋志宏，屠鹏飞等. 2003. 盐生肉苁蓉化学成分的研究. 中草药，34（4）：293，294

李布青，郭肖颖，吴李君等. 2005. 干旱条件下NK超高吸水性树脂在甘草栽培中的应用. 核农学报，19（5）：382～385

李明，张清云，蒋齐等. 2007. 氮磷钾互作效应对甘草黄酮含量影响的初步研究. 土壤通报，38（2）：301～303

宋玉霞，郭生虎，张芦燕等. 2006. 肉苁蓉愈伤组织培养及所含有效成分量的研究. 中草药，37（8）：1237～1241

孙志蓉，王文全，马长华，等. 2004. 乌拉尔甘草地下部分生长分布格局及其对甘草酸含量影响. 中国中药杂志，29（4）：305～309

杨世海. 2006. 中药资源学. 北京：中国农业出版社

杨太新，张喜焕，蔡景竹. 2007. 管花肉苁蓉松果菊苷次生代谢部位研究. 中国中药杂志，32（24）：2591～2593

赵琳，郭志刚，刘瑞芝等. 2004. 肉苁蓉药材与盐生肉苁蓉培养细胞的主要成分对比研究. 中草药，35（7）：814～817

赵则海，祖元刚，唐中华等. 2005. 甘草生活史型的划分. 生态学报，25（9）：2341～2346

周秀佳，徐宏发，顺庆生. 2007. 中药资源学. 上海：上海科学技术文献出版社

Afreen F，Zobayed S M A，Kozai T. 2005. Spectral quality and UV-B stress stimulate glycyrrhizin concentration of *Gycyrrhiza uralensis* in hydroponic and pot system. Plant Physiology and Biochemistry，43（12）：1074～1081

Afreen F.，Zobayed S M，Kozai T. 2006. Melatonin in *Gycyrrhiza uralensis*：response of plant roots to spectral quality of light and UV-B radiaton. Jounal of Pineal Research，41（2）：108～115

Hennell J R，Lee S，Khoo C S et al. 2008. The determinnation of glycyrrhic acid in *Glycyrrhiza uralensis* Fisch. ex DC.（Zhi Gan Cao）root and the dried aqueos extract by LC-DAD. Jounal of Pharmaceutical and Bilmedical Analysis，47（3）：494～500

Liu J N，Wu L J，Wei S L et al. 2007. Effects of arbuscular mycorrhizal fungi on the growth，nutrient uptake and glycyrrhizin production of licorice（*Glycyrrhiza uralensis* Fisch）. Plant Growth Regul，52（1）：29～39

第十四章　低山丘陵药用植物生理生态

我国低山丘陵遍布全国各地，北起黑龙江，西邻青藏高原，东濒黄海、渤海，南至云贵高原、海南等地域。区域内气候条件变化大，所分布的药用植物种类繁多，如兴安百里香、黄芩、天麻、银杏、益母草、黄花蒿、山茶、肉桂等。了解和研究该生境代表性的药用植物生理生态，对开发和利用这类药用植物是很有意义的。

第一节　银杏植物的生理生态

一、概述

银杏（*Ginkgo biloba* L.）为银杏科银杏属植物。

银杏为第四纪冰川期后孑遗的唯一物种，一科一属一种。银杏在形态等方面有很大差异，品种类型很多，有人将银杏分为 7 个变种、3 个或 5 个栽培品种类型。栽培品种主要有大佛指、大佛手、洞庭皇、野佛指、大马铃、大金坠、大圆铃、大梅核等。

银杏树高可达 40m。树枝可分长短枝 2 种。叶在长枝上螺旋状散生，在短枝上簇生，具有长柄；叶片扇形，上缘浅波状，中央浅裂或深裂，叶脉二叉状并列。花单性，雌雄异株，球花生于短枝叶腋或苞腋，雄花序为柔荑状，与叶共同簇生于短枝上，螺旋状排列，每个短枝上有 3～8 个雄球花，花长 1.8～2.6cm，雄蕊 30～50 枚，疏松排列于花梗上。每一个雄花蕊有长 1～2mm 的短柄，柄的顶端有 1 对长形花药，每个花药中含有 1.5 万～1.9 万个花粉粒，花药成熟时开裂散出花粉。雌球花也着生于短枝顶端，每一短枝着生 1～8 朵雌花，每一雌花有长 1.2～4.8cm 的珠柄，珠柄顶端着生 1 对胚珠，仅一个发育成种子。种子由胚珠和珠被发育而成。种子为椭圆形或球形，梗长 1.5～5.5cm，种子长 2.5～3.5cm，宽 2.0～2.8cm，外种皮肉质，中种皮骨质，色白，内种皮膜质，胚乳丰富，有子叶 2 枚，因除去外种皮后其种子为白色，所以也称为白果。

银杏属于亚热带和暖温带树种，分布于我国的 20 多个省（直辖市、自治区），东到辽宁的丹东，北到抚顺，西到兰州，南达云南、台湾省；在年平均温度 14～18℃、冬春温凉、夏秋温暖湿润的气候条件下生长良好，在严寒的冬季（－20℃以下）易受冻害，在常夏无冬的热带生长不良；喜阳光充足；抗旱性较强，但不耐涝；对土壤要求不严，但在深而肥沃的土层生长良好，结实多。

银杏主要药用成分来自干燥种子和新鲜叶片。

二、银杏药用成分和药理功效

（一）药用成分

银杏植株药用部分主要来自种子和叶片。银杏种子称为白果，白果仁中一般营养成分有蛋白质、氨基酸、脂肪、胡萝卜素、维生素 B 等，淀粉含量约 45%，可溶性糖约 8.5%。烷基酚及烷基酚酸类成分有白果酸、氢化白果酸、氢化白果亚酸及白果醇、漆树酸等。甾体化合物有 β-谷甾醇、β-谷甾醇-葡萄糖苷、松醇等，还有黄酮类化合物。4-甲氧基吡哆醇是白果的主要毒性成分，生食有毒。

到目前为止，从银杏叶分离出的化学成分有 160 多种。这些化学成分主要有银杏黄酮类、萜内酯类、有机酸类、银杏酚酸及烷基酚类、聚异戊烯醇、甾类、醇类、多糖类等。黄酮类化合物分离鉴定出的共有 46 种。

刘玲玲等 1994 年报道，银杏叶中的有效成分为黄酮类，对治疗冠状动脉硬化症有效。据报道有 3 种双黄酮，为银杏黄素（ginkgetin）、异银杏黄素（isoginkgetin）及白果黄素（bilobetin）。此外，还分离出异鼠李素（isorhamnetin）、山奈酚（kaempfer-ol）、槲皮素（quercetin）等，它们可能以苷类结合状态而存在。

银杏的果皮和果肉中除含有鞣质、糖等成分外，还有多种酚酸，如白果酸（ginkgoic acid）、氢化白果酸（hydrogingkgolic acid）、氢化白果亚酸（hydroginkgolinic acid），以及酚类物质如白果酚（ginkgol）、银杏酚（bilobol）等。

银杏叶中含有多种苦味素，称银杏酚内酯 A、B、C（ginkgolide A、B、C）及白果内酯（bilobalide），银杏内酯属于二萜类衍生物，而白果内酯属倍半萜类。银杏的根、皮中除含有银杏内酯 A、B、C 外，还有银杏内酯 M；内酯 A：R_1＝OH，R_2＝R_3＝H，$[\alpha]_D^{24}$-53.4°（C_2H_5OH）；内酯 B：R_1＝R_2＝OH，R_3＝H，$[\alpha]_D^{24}$-52.6°（C_2H_5OH）；内酯 C：R_1＝R_2＝R_3＝OH，$[\alpha]_D^{23}$-14.7℃（C_2H_5OH）；内酯 M：R_1＝H，R_2＝R_3＝OH，$[\alpha]_D$-39°。

1988 年游松等报道，从银杏叶中用柱层析方法分离得到 8 种化合物，其中已确定 2 种为银杏内酯 B 和 C（图 14-1）。

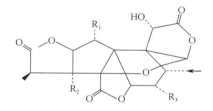

图 14-1　银杏内酯 B、C

这些苦味素的生物活性还未见报道。国外购买我国银杏叶或银杏叶加工的半成品，可能是和这些苦味素的深入开发利用有关。

（二）药理功效

白果仁性平，味甘、苦、涩，具有敛肺定喘、止带浊、缩小便的功效，用于痰多喘咳、带下白浊、遗尿尿频等的治疗。银杏叶能敛肺，平喘，活血化淤，止痛，用于肺虚咳喘、冠心病、心绞痛、高血脂症等的治疗。银杏叶制剂能扩张血管、防止血栓形成，用于治疗脑血栓、冠心病、心肌梗死等心脑血管疾病等。

（三）银杏叶的开发应用

当前，银杏叶的开发利用研究在国内外已成为一个热点，主要是对银杏叶药用价值的研究在心血管疾病的应用上取得了进展，且资源丰富。韩国每年有数千吨银杏加工制成药品，每年与银杏叶有关产品的销售额达 1.3 亿美元；在美国，这些产品的年销售额据说可达 20 亿美元；在法国，银杏叶中间体制成的药品年销售额为 6000 万美元。目前除中国外，世界上有 6、7 个国家正在相继研究、生产有关产品。

德国 SchWabe 药厂生产的银杏叶制剂"强力梯波宁"（Tebonin forte）（Ⅰ）是 20 世纪 60 年代即已行销很广的"梯波宁"（Tebonin）的更新换代新制剂。Ⅰ的组成为：100mL 滴剂含有银杏叶干浸膏（50∶1）4.0g，内含银杏黄酮苷 960mg 及萜内酯 240mg（包括银杏内酯及白果内酯）。薄膜片每片含银杏干浸膏（50∶1）40mg，内含银杏黄酮苷 9.6mg 及萜内酯 2.4mg。应用范围包括用于脑功能障碍、智力功能衰退和失眠症及其伴随的症状，如眩晕、耳鸣、头痛、记忆力减退、带有恐怖心理的情绪不稳定。支持治疗由于颈椎综合征引起的听力损害，治疗周围动脉血流障碍伴有肢体血流不畅（间歇性跛行）。其禁忌证：对银杏提取物有过敏性。服用Ⅰ很少见有胃肠病痛、头痛或皮肤过敏。

据报道，银杏树在中国大部分地区都有种植，其拥有量占世界总量的 70% 以上，可以说资源相当丰富。上海、江苏、沈阳、浙江、湖南、天津、山东等地近年来做了不少深入的研究开发工作，且有原料出口，但总体说来，我国的药物制剂研究、开发、生产水平和国外还有一定的距离。为此，由粗加工转向精加工来深入开发银杏系列的医药保健品，才能在国内外市场上有很好的使用价值和竞争力。要做到这一点，必须从植物学（栽培、品种、收获等）、活性成分、药理、药代动力学、提取分离工艺、质量标准及剂型选择等多方面开展研究，使之形成系统性的工作。

据赵成林（1997）报道，银杏外种皮是银杏种子硬壳外面的部分，俗称白果衣胞，只有在产地才能得到。产地在采收白果时，往往将其作为废物丢弃。据白果主产地江苏泰兴市的不完全统计，每年约有新鲜外种皮 4000 余 t 被丢弃。果农在剥离外种皮时，手上总要蜕掉一层皮，扔到河塘中，鱼虾也被毒死，由此可见，银杏外种皮中确存在一种有较强生理活性的物质。

银杏外种皮中含有的酸性成分，按化学结构的不同可分为白果酸（ginkgoic acid）、氢化白果酸（hydroginkgoic acid）、氢化白果亚酸（hydroginkgoic acid）、白果酚（ginkgol）、银杏酚（bilobol）等 16 种以上的酚酸性成分。白果酚酸类成分可看作是水杨酸分子在苯环 C_6 位连有较长侧链的系列化合物。该长链分烷基链和烯基链两大类，一般长链由 13～17 个碳原子组成。白果酚和银杏酚即是苯环上去羟基带有酚羟基的成分。

实际上银杏外种皮中所含化学成分与银杏肉、银杏叶中所含成分相近，唯银杏黄素、白果酚酸性成分略高，因此，充分利用稀少的植物资源，研究开发银杏外种皮确有必要。

银杏外种皮中的酚酸性成分具有抗菌、消炎、抗过敏、抗病毒、抗癌作用及化妆功能。因此，应该看到，银杏外种皮中的酚酸性成分是一个值得研究开发的活性成分，可在以下几个方面加以利用：外用于烧伤和体表溃疡；真菌感染的湿癣、脚气，多种皮肤病如痤疮、疥疮、皮炎等；可作为抗肿瘤药物深入研究；也可作为化妆品加以开发。日本在这方面已有专利问世，对防止皮肤衰老、润泽增颜、祛除皮肤色素斑块有较好作用。以银杏酚酸性成分为结构，还可研制成一系列新农药，有利于发展农业生产。

三、不同环境胁迫下银杏药用成分的变化

一般认为，胁迫环境能促进植物次生代谢药物的合成。何丙辉等（2003）对不同环境胁迫下银杏种群药用成分的变化进行了研究。

1. 不同水分条件下银杏药用成分含量的比较

图 14-2 为经过不同的干旱胁迫后银杏叶片试液中两种黄酮成分槲皮素和芦丁含量的对照比较，从图中可以看出，银杏幼树叶片中的黄酮成分以芦丁为主，槲皮素含量很低，干旱胁迫对槲皮素含量的提高有一定的促进作用。试验中，干旱胁迫处理 20d，槲皮素含量比干旱 15d 处理大 75%，比干旱 10d 处理大 53.8%；干旱胁迫反过来抑制了芦丁含量的增加，试验中干旱 20d 处理的芦丁含量不到干旱 10d 处理的 50%，干旱 15d 处理的芦丁含量仅为干旱 10d 处理的 41.8%。

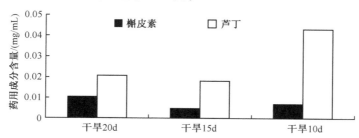

图 14-2　不同水分条件下银杏药用成分含量的比较

2. 不同光照条件下银杏药用成分含量的比较

图 14-3 为不同的遮阴处理后银杏叶片试液中两种黄酮成分槲皮素和芦丁含量的对照比较，从图中可以看出，两层遮阴处理对提高银杏幼树叶片中的黄酮含量有显著的促进作用，试验中，两层遮阴处理的槲皮素含量是不遮阴处理的 4.14 倍，芦丁含量是不遮阴处理的 3.06 倍；一层遮阴处理的槲皮素含量是不遮阴处理的 1.14 倍，芦丁含量是不遮阴处理的 1.41 倍。从试验可以看出，强光照条件对银杏黄酮的形成有抑制作用，不利于提高银杏药用成分含量；轻度遮阴有利于提高黄酮含量，但效果不明显；中度遮阴则能较大幅度提高银杏幼树黄酮含量。

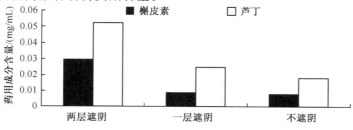

图 14-3　不同光照条件下银杏药用成分含量的比较

3. 不同养分条件下银杏药用成分含量的时间变化

（1）由不同施肥处理后银杏叶片试液中槲皮素含量的时间动态变化可以看出（图14-4），幼树叶片中槲皮素含量的第一个最高值出现在5~6月（施复合肥组出现在6月），然后其含量迅速下降，到8~9月出现第二个高峰（施复合肥组出现在9月），两个高峰间隔时间为2个月左右，然后其含量持续下降，直至11月银杏落叶。这一结果与 Lobstein 和 Rietschjako（1998）对银杏黄酮含量的测定基本一致。从三种不同处理的比较来看，施尿素处理组其槲皮素含量的最高值为 0.035mg/mL，比施复合肥组的最高值大 9.4％，比不施肥组的最高值大 20.7％，说明施尿素处理对提高叶片槲皮素含量有显著作用，施复合肥对提高叶片槲皮素含量有较好作用。

（2）图14-5为不同的施肥处理后银杏叶片试液中芦丁含量的时间动态变化，从结果可以看出，各施肥处理组幼树叶片中芦丁含量均出现两个高峰，两个高峰间隔时间为2~3个月，然后其含量持续下降，直至11月银杏落叶。从三种不同处理的比较来看，施复合肥处理组其芦丁含量的最高值为 0.05mg/mL，比施尿素组的最高值大 45.7％，比不施肥组的最高值大 121.7％；施尿素组芦丁含量的最高值也比不施肥组的最高值大 52.17％，说明施肥处理对提高叶片芦丁含量有显著作用，其中施复合肥处理作用最显著。

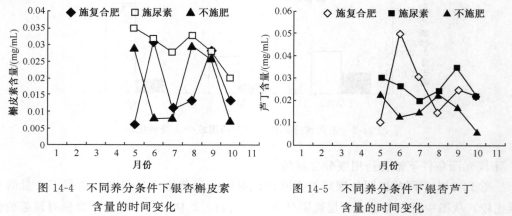

图14-4 不同养分条件下银杏槲皮素　　图14-5 不同养分条件下银杏芦丁
　　　　含量的时间变化　　　　　　　　　　　　含量的时间变化

吴向明等（2002）的研究结果表明，银杏叶中的银杏酸含量与季节有关，4月含量最高，其后逐渐降低，5~7月变化较小，7月后继续下降，到9月时已基本稳定，含量为 0.5％~0.6％。考虑到银杏叶中有效成分黄酮和内酯的含量，所以选择9月采收为宜，这时，银杏叶中有毒成分银杏酸含量相对较低，而有效成分则相对较高。

四、银杏内酯的生物合成途径和关键酶基因

（一）银杏内酯前体生物合成途径

所有天然萜类化合物（包括银杏内酯）都来自于两个基本的5碳通用前体——异戊烯基焦磷酸（isopentenyl diphosphate，IPP）和其异构物二甲基烯丙基焦磷酸（dimethylally diphosphate，DMAPP）。虽然植物萜类都来源于 IPP 和 DMAPP，但其生物合成却由两条截然不同的途径完成：一是经典的甲羟戊酸（mevalonate，MVA）途径；另

一是新近发现的 2-C-甲基-D-赤藓醇-4-磷酸 （2-C-methyl-D-erythritol-4-phosphate，MEP）途径。这两条途径分别在不同的亚细胞区域中进行；MVA 途径位于细胞质，MEP 途径位于质体，而且这两条途径所涉及的基因和酶也完全不同。

在过去的几十年中，MVA 途径曾被认为是萜类前体生物合成的唯一通用途径，直到 20 世纪 90 年代，另一条独立的萜类前体生物合成途径（即 MEP 途径）才首先在银杏中被发现，该发现阐明了银杏内酯的化学起源（图 14-6），即作为二萜类的银杏内酯是由位于质体的 MEP 途径提供 5 碳前体 IPP 和 DMAPP；同时该研究为植物次生代谢研究开辟了一个崭新的领域，成为萜类生物合成的里程碑。随后关于 MEP 途径分子水平的研究表明该途径定位于质体，其最初的前体物质是丙酮酸（pyruvate）和 3-磷酸甘油醛（glyceraldehyde 3-phosphate，G3P）。

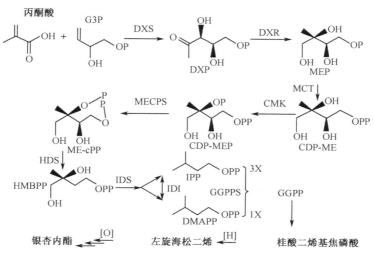

图 14-6　银杏内酯的生物合成途径

（二）银杏内酯前体生物合成途径中已经克隆的关键酶基因

近年来兴起的第二代基因工程——代谢工程技术是改造代谢途径、调控靶标天然产物合成的重要方法。而实现代谢工程的前提是开展天然产物生物合成途径的研究，包括分离和鉴定代谢途径上的功能基因，为代谢工程提供候选基因；明确途径中的限速步骤，提供代谢工程理想的作用靶点等。目前，已经克隆并鉴定了银杏内酯前体生物合成途径上的 6 个基因，即 $GbDXPS$、$GbDXR$、$GbMECT$、$GbMECPS$、$GbGGPPS$ 和 $GbLS$。这些基因的克隆为采用代谢工程技术在分子水平改造银杏内酯合成途径、提高其合成能力提供了必需的功能基因和作用靶点。

（1）1-脱氧-D-木酮糖-5-磷酸合成酶基因（DXPS）。它是 MEP 途径上的第一个酶，也是第一个关键酶，其作用是催化丙酮酸和 G3P 生成 1-脱氧-D-木酮糖-5-磷酸，该步骤是植物萜类合成的第一步限速步骤。为研究 DXPS 在植物质体类异戊二烯化合物及其衍生物合成中的作用，利用转 $dxps$ 基因提高或者降低拟南芥中 $dxps$ 的表达水平，对一些转基因株系进行了分析，结果表明，超量表达 $dxps$ 的植株异戊二烯类化合物的水平得到了提高，包括叶绿素、维生素 E、类胡萝卜素、脱落酸和赤霉素等；而在 $dxps$ 表达水平受到抑制的植株中，这些产物的量都降低了；$dxps$ 表达水平的改变导致了不同类异戊二烯（萜类）终产物量的改变这一事实，证实 DXPS 是质体 IPP 合成的一个关键酶。

Gong 等从银杏中克隆了 $dxps$（$GbDXPS$），该基因 cDNA 全长为 2795bp，编码区为 2154bp，编码长度为 717 个氨基酸的 DXPS。进一步的分析表明，银杏 DXPS 定位于质体，这与银杏内酯在质体中合成的事实相吻合；$GbDXPS$ 的组织表达谱分析结果表明，$dxps$ 在银杏根、茎叶、种皮和种子都表达，但是表达量各不相同，根中的表达量高于叶中的表达量，这与银杏内酯在根中合成的事实吻合；用甲基茉莉酸、脱落酸、乙酰水杨酸和硫酸铈铵等 4 种诱导子处理银杏细胞后，$dxps$ 的表达水平都得到了提高，同时伴随着 GB 量的提高。$dxps$ 表达量和银杏内酯量的正相关性表明由 DXPS 催化的该步酶促反应是银杏内酯生物合成的重要调节步骤，$dxps$ 是实现银杏内酯代谢工程的重要候选功能基因。

（2）1-脱氧-D-木酮糖-5-磷酸还原异构酶（DXR）。在 MEP 途径中，DXP 在 DXP 催化作用下经原子重排和还原生成 MEP，该反应是 MEP 途径上最重要的限速反应，也是萜类物质代谢工程最重要的靶点。作为 MEP 途径最重要的限速酶，DXR 是 MEP 途径代谢工程最理想的靶点。Gong 等（2001）采用 RACE 方法克隆银杏 dxr 基因（$GbDXR$），该基因 cDNA 全长为 1720bp，编码区长为 1431bp，编码定位于质体的长度为 477 个氨基酸的 DXR，组织表达谱分析表明，dxr 在银杏根、茎、叶、种皮和种子都表达，但是表达量各不相同，根中的表达量高于叶中的表达量，这同样与银杏内酯在根中合成的事实吻合。$GbDXR$ 的克隆和分析有助于在分子水平阐明银杏内酯前体生物合成的一个限速反应，为银杏内酯的代谢工程提供了一个理想的候选基因和作用靶点。

（3）2-C-甲基-D-赤藓醇-4-磷酸胞氨酰转移酶（MECT）。MECT 在 MEP 途径的酶促反应依赖于胞苷三磷酸（CTP）。在植物中，编码 MECT 的基因和 MECT 酶已从拟南芥分离得到。拟南芥 MECT 氨基酸序列 N 端包含一条质体转运肽序列，与 MEP 途径定位于质体的事实相吻合。Rohdich 等（2002）在大肠杆菌 $E. coli$ 细胞提取物中分离到蛋白质 ygbP（EcMECT）。为验证其功能，Rohdich 以 C 标记的 MEP 为底物将 ygbP 催化生成带有 [14]C 的 CDP-ME，将带 [14]C 标记的 CDP-ME 转入辣椒，结果在辣椒质体中检测到 CDP-ME 参与类胡萝卜素生物合成。

Kin 等用 RACE 方法在银杏中克隆到全长为 1411bp 的 GbMECT，编码长度为 327 个氨基酸残基的 MECT 蛋白；其 N 端 88 个氨基酸残基序列经绿色荧光蛋白标记实验证明为质体转运肽，其亚细胞结构定位于质体。利用 $mect$ 缺失的 $E. coli$ 菌株 NMW33 验证 $mect$ 功能，发现转入外源 $mect$ 基因的突变菌株在抗性 LB 平板上能复苏生长。

（4）2-甲基赤藓糖-2，4-环二磷酸合成酶（MECPS）。它是 MEP 途径中的第 5 个酶，催化 CDP-MEP 转变为 2-甲基赤藓糖-2,4-环二磷酸（2-C-methylerythritol 2，4-cyclodiphosphate，ME-cPP）。在植物中，考察 MECPS 功能的报道仅见于长春花，该基因能刺激长春花吲哚类生物碱的积累。Gao 等（2001）在银杏中克隆到 836 个碱基的 MECPS 的完整读码框（GenBank 序列号：AY971576），但遗憾的是没有相关文献报道。Kim 等（2003）在银杏中克隆到全长为 935bp 的 $GbMECPS$，编码长为 238 个氨基酸残基的 MECPS。将 *GbMECPS-GFP* 融合基因转入拟南芥，电镜检测发现在质体中能检测到融合蛋白发出的绿色荧光，这与 MECPS 定位质体的事实相吻合。将 *Gb-MECPS* 转入 *ygbB*（*MECPS*）缺失的 E. coli 菌株 NMW26，发现突变菌株恢复了生长能力，这证明 *GbMECPS* 具有替代 *ygbB* 基因，以及恢复大肠杆菌中 MEP 代谢途径的功能。

（5）香叶基香叶基焦磷酸合成酶（GGPPS）。包括银杏内酯在内的所有二萜类化合物的直接通用前体是具有 20 碳结构的 GGPPS。由 GGPPS 催化的缩合反应是萜类基本前体合成二萜共同前体的分支点，也是二萜生物合成调控的重要靶点。Engprasert 等（2002）从紫苏中克隆并鉴定了 *ggpps* 基因，提出 GGPPS 是从紫苏根中提取的二萜类化合物 forskolin（用于治疗心脏病）生物合成途径上的关键酶。Croteau 等（2004）从加拿大红豆杉 cDNA 文库中克隆并鉴定了 *ggpps* 基因的功能，Northern 杂交显示红豆杉的 *ggpps* 基因的表达受到化学信号诱导分子甲基茉莉酸（methyl jasmonate，MeJA）的调节，经过诱导的红豆极细胞中的 *ggpps* 基因的表达量比非诱导的红豆杉细胞中的表达量高得多，同时紫杉醇的产量也大为增加。Liao 等（2004）从曼地亚红豆极基因组中分离并鉴定了 *ggpps* 基因，发现该基因没有内含子；同时在其编码区上游的调控区域内分离到了具有 G-box 的顺式作用元件，分析为甲基茉莉酸反应元件，在分子水平上初步阐明了该基因受 MeJA 刺激表达上调的机制，使得对于 GGPPS 催化的该步反应的分子机制又深入了一步。

Liao 等（2004）从银杏中克隆到银杏的 *ggpps* 基因，cDNA 全长 1657bp，编码 391 个氨基酸残基的 GGPPS，其中 N 端具有由 79 个氨基酸残基组成的质体转运肽。生物信息学分析表明，*GbGGPPS* 基因同其他物种 GGPPS 基因一样具有两个高度保守的天冬氨酸富集区域，属于多聚异戊二烯基转移酶基因家族。*GbGGPPS* 催化 5 碳单位的基本前体缩合成为 20 碳 GGPP，为银杏内酯生物合成提供 20 碳的骨架。由此可见，GGPPS 是二萜生物合成途径上重要的调节基因，其催化的反应是二萜生物合成代谢调控的重要靶点。因而分离和鉴定银杏 *ggpps* 基因有助于阐明银杏内酯前体生物合成关键步骤的分子机制和为银杏内酯的代谢工程提供重要的候选基因和作用靶点。

（6）左旋海松二烯合成酶（LS）。类异戊二烯的环化是萜类生物合成中的关键步骤，在银杏内酯生物合成途径中 LS 起到最初的环化作用。GGPPS 在 LS 作用下环化，经质子传递、氧化作用，最终生成银杏内酯 A，随后经过各种修饰形成银杏内酯家族其他化合物。Hala 等在银杏 cDNA 文库中克隆到 *GblS* 基因，编码区长 2619bp，编码含 873 个氨基酸残基的蛋白质；LS 蛋白在 N 端也含有质体转运肽，这给银杏内酯在质体中的合成又提供了一个有力证据；序列中具有 3 个天冬氨酸富集区域，此结构推测与 LS 的环化功能相关；将外源 LS 导入大肠杆菌，结果生成了左旋海松二烯，表明该基因具有将 GGPP 环化为左旋海松二烯的功能。

（三）展望

心脑血管疾病是目前全球发病率最高的疾病之一，是世界卫生组织公布的人类健康头号杀手。由于银杏内酯在治疗心脑血管疾病方面有良好疗效，而且在增强记忆力、维持神经系统健康等诸多方面都表现出良好的效果，因此银杏内酯的相关领域研究成为当今植物次生代谢研究的热点之一。在银杏内酯生物合成研究中，多个相关的关键酶基因都已经被克隆，这为采用代谢工程策略遗传改良银杏、提高银杏内酯合成能力提供了必需的功能基因和作用靶点；而银杏遗传转化的成功为这些基因的遗传转化提供了必要的技术支撑。这两方面的研究使得实现银杏内酯的代谢工程不再遥远。在开展代谢工程研究时，面对众多的功能基因，如何选择最有价值的关键酶基因就显得十分重要。前人研究证明 DXR 是 MEP 途径中最重要的关键酶基因，其与下游关键酶基因的组合能够很好地提高目标产物量，如在薄荷中提高薄荷醇量；同时，线性 GGPP 分子的特有环化反应被公认为是特有萜类合成中最关键的一步反应。在有多个功能基因选择的情况下，同时选择 DXR 和 LS 构建双基因表达载体，遗传转化银杏可以获得理想的结果。由于银杏内酯的下游合成途径中还有多步反应的基因没有分离，故银杏内酯合成的分子遗传学和生物化学研究还将在较长时期内深入开展并成为植物科学领域的一个前沿方向和热点领域。随着功能基因组学、代谢组学和生物信息学研究手段的不断丰富，阐明银杏内酯整个合成途径的分子机制已经为期不远。

五、组织细胞培养合成银杏内酯和黄酮苷的研究

（一）组织细胞培养合成银杏内酯的研究

1. 培养基的选择及诱导子的添加

细胞培养是大规模生产次生代谢产物的一个有效途径。自从 1991 年 Carrier 在银杏愈伤组织悬浮培养检测到银杏内酯存在以来，利用银杏细胞培养获得银杏内酯的研究成为热门方向。银杏外植体在添加适当植物激素的 MS 固体培养基上均能诱导出银杏愈伤组织，其中子叶与幼叶诱导率较高。Park 等（2001）以银杏叶柄为外植体，用 MS 加 $5\sim40\mu mol/L$ 的 NAA 诱导愈伤组织，将愈伤组织采用细胞沉降体积百分率为 30%，添加 $20\mu mol/L$ NAA 的 MS 液体培养基进行悬浮培养，取得了较好的效果。

为增加目的产物产量，许多研究者致力于在细胞培养过程中添加外界诱导子，促进目的产物的积累。Kang 等（1996）在银杏悬浮细胞培养中添加甲基茉莉酸（MJ）和水杨酸（SA），0.01mmol/L MJ 使得 GA、GB 分别增加了 4.3 倍和 8.2 倍；1.0mmol/L SA 使得 GA 和 GB 分别增加了 3.1 倍和 6.1 倍。Gong 等（2002）采用 MJ、乙酰水杨酸（ASA）、花生四烯酸（AA）、硫酸铈胺（CAS）等诱导子处理银杏细胞，结合半定量 RT-PCR 技术，在分子水平上揭示了以上 4 种诱导子能有效调控银杏内酯合成。

2. 前体饲喂对银杏内酯产量的影响

在对银杏内酯代谢途径认识清晰的基础上，在细胞培养过程中进行前体饲喂也是提高目的产物的一个有效途径。Camper 等（2002）在培养基中加入银杏内酯的前体 GG-PP，取得了良好的培养效果；Dai 等在银杏悬浮培养过程中添加异戊二烯（isoprene）和牻牛儿醇（geraniol），银杏内酯量比对照组分别提高了 69% 和 13.8%；Kang 等（1998）研究悬浮培养的银杏细胞中银杏内酯的积累时发现，添加 MVA 途径或 MEP 途径前体均能加快细胞生长，添加 MVA 与 MEP 途径前体后，3-羟基-3-甲基戊二酰辅酶 A（HMG-CoA）可提高 GA 量达 3.5 倍，但对 GB 合成无影响，焦磷酸香叶酯（GPP）提高 GB 量最高，达 27 倍。该实验表明添加上游前体均可提高 GA 的积累，而

只有 IPP 以后的前体才能促进 GB 的合成。对前体饲喂的研究和对银杏内酯合成途径的深入认识，对靶向调控基因促进银杏内酯的合成具有积极的意义。

3. 银杏的遗传转化

裸子植物转基因操作是农杆菌介导的遗传转化的一大难题，银杏也不例外，在遗传转化方面一直难以取得满意结果。Laurain 等（2005）首次利用农杆碱型发根农杆菌菌株 GFBP2409 侵染银杏胚，诱导发根获得成功。2003 年，Radia 等用野生型发根农杆菌 A4 菌株侵染银杏合子胚，在 MS 培养基上产生愈伤组织小球，将小球转移到 White 培养基发现有发根形成。分子检测表明，*rolA*、*rolB* 和 *rolC* 基因已经整合到了宿主细胞基因组中。通过遗传转化银杏细胞得到毛状根，筛选银杏内酯高产量单克隆株系，是实现基因改良和工业化生物合成银杏内酯的有效途径，也是近年来基因改良技术研究的热点之一。

（二）高产黄酮苷银杏悬浮培养细胞系选育和继代培养的稳定性

银杏叶中主要有效成分为黄酮苷和萜内酯，具有多种药理作用。为满足市场需要，Carrier 等在 20 世纪 90 年代初就开始细胞培养生产黄酮苷和萜内酯的研究。细胞大规模培养生产黄酮苷的关键技术之一是选育性状稳定、生产能力强的细胞系。选择在缺氧胁迫条件下合成黄酮苷能力强的细胞系，研究细胞抗缺氧耐受与次生代谢物累积。基于这一原理，从 1997 年开始，刘佳佳等开始进行有关研究，并已取得良好进展。

1. 外植体来源对愈伤组织诱导和生长状态的影响

银杏 3 个品种实生苗的当年生根、茎、叶接种于附加 3mg/L 2，4-D 和 0.5mg/L KT 的 MS 培养基上，诱导愈伤组织后，分别在 MS 培养基上继代 5 次。从愈伤组织的诱导效果和生长状态来看，外植体的来源影响愈伤组织的诱导和生长状态。叶片的愈伤组织诱导率低。愈伤组织结构较松软、黄白色、生长缓慢，从第 5 代开始生长势转弱，开始出现黑色坏死；根、茎的愈伤组织诱导率高，愈伤组织结构较致密，生长速度快于叶片诱导的愈伤组织，生长势不因继代次数的增加而下降；幼茎诱导的愈伤组织呈黄绿色、根诱导的愈伤组织呈黄白色。

2. 培养基对愈伤组织生长和黄酮苷含量的影响

由于叶片诱导的愈伤组织长势弱，因此只选择根茎诱导的愈伤组织分别接种在 MS、B5、White、SH 培养基上，连续继代 5 次，每次周期 18d。结果表明，培养基的不同影响愈伤组织的生长和黄酮苷的合成，White 培养基不利于愈伤组织的生长，愈伤组织结块变硬，生长缓慢，但能促进黄酮苷的合成；MS 培养基利于形成分散性良好，结构松软的愈伤组织，但黄酮苷的含量最低；B5、SH 培养基上愈伤组织生长较快，结构较致密，分散性不好，但对黄酮苷的合成有利。这种培养基对愈伤组织生长和黄酮合成的影响不因愈伤组织的来源而有显著差异。不同来源的愈伤组织其生长速度和黄酮苷含量有差异，来源于根的愈伤组织中黄酮苷含量低于来源于茎的愈伤组织，不同品种间愈伤组织的生长速度和黄酮苷含量有差异。愈伤组织在继代过程中的生长速度和黄酮苷含量不稳定，变异系数为 0.04～0.15，愈伤组织在生长特性、黄酮苷合成的差异及继代过程中的不稳定性有利于选择生长速度快、黄酮苷含量高的悬浮细胞系。这是因为外植体细胞在诱导培养条件下脱分化形成具有分生能力的薄壁细胞，在这个过程中容易产生突变细胞，而且这些薄壁细胞在适应培养环境的过程中基因表达不稳定，也会发生基因突变。通过定向增加选择压既能提高突变的发生率，又能保存适应选择压的细胞系。

3. 悬浮培养细胞系的生长特性和黄酮苷合成能力比较

由于幼根诱导的愈伤组织黄酮苷合成能力低于幼茎诱导的愈伤组织，而在 B5、White、SH 培养基上连续继代培养的愈伤组织结构致密，分散性差，不能用于选育悬浮细胞系，因此选择在 MS 培养基上继代培养的幼茎诱导的愈伤组织，按缺氧胁迫小细胞团法选育悬浮培养细胞系，对选出的细胞系进行 7 代次的扩大和驯化培养，淘汰生长慢的细胞系，共选出 6 个细胞系，其中桐子果 3 个、梅核 2 个、小佛手 1 个，分别命名为 TZG-1、TZG-2、TZ-3、MH-1、MH-2、XFS-1。它们的生长特性、黄酮苷合成能力有差异。

选择效益是指选出的悬浮细胞在生长特性和黄酮苷含量等方面比原来愈伤组织的提高程度，定义选择效益（%）＝100×（悬浮细胞系值－愈伤组织值）/愈伤组织值。从结果可以看出，选出的悬浮培养细胞系细胞的生长速度比原来的愈伤组织提高幅度不大，最好的细胞系 TZ-1 也只比原来的愈伤组织提高 17.45%，但黄酮苷的合成能力显著提高，TZ-1 中的黄酮苷含量在培养周期结束时比原来的愈伤组织提高了 257.1%，达到细胞干重的 1.25%，因此缺氧胁迫小细胞团法是一种有效的选育高产黄酮苷细胞系的方法。

4. 银杏细胞系 TZ-1 悬浮培养研究

在选出的银杏细胞系中，TZ-1 的黄酮苷生产能力最强，在今后的研究中以此为实验材料，进行 TZ-1 生长和黄酮苷积累的动态研究。细胞经过 6d 左右的缓慢生长，随即生长明显加快，生物量显著增加，至 18d 时达到最高，细胞干重为 16.7g/L，比接种量增长了 3.77 倍，随后进入生长静止期，生物量略有下降。细胞中黄酮苷的含量在整个生长周期的变化趋势和细胞生长趋势相一致，也分为 3 个时期，在 18d 时达到最高，为细胞干重的 1.23%。研究结果表明细胞生长和黄酮苷的合成相偶联。

5. 银杏悬浮培养细胞系 TZ-1 在继代培养中稳定性的研究

在悬浮培养过程中，很多植物细胞由于形态分化受到抑制和染色体发生变异，目的产物含量降低甚至消失，如红豆杉中的紫杉醇，随着继代次数的增加，紫杉醇的含量迅速降低，因而建立具有高而稳定的目的产物的细胞系是实现细胞大规模培养生产次生代谢物的关键之一。他们对细胞系 TZG-1 进行了连续 6 代的继代培养，结果表明，在继代培养过程中，细胞的生长指数和黄酮苷含量没有随继代次数的增加而明显下降，其变异系数分别为 0.048 和 0.065，性状表现稳定。在反应器中的性状稳定性还需进行深入研究。

采用缺氧胁迫法从愈伤组织中选育高产黄酮苷细胞系取得明显效果，选出的细胞系黄酮苷的生产能力比原来的愈伤组织有了显著提高，且性状在继代过程中表现稳定，为今后实现银杏细胞大规模培养生产黄酮苷打下了良好基础。

第二节 黄花蒿植物的生理生态

一、概述

黄花蒿（*Artemisia annua* L.）为菊科蒿属药用植物，中药习称青蒿。该种在不同生态环境中生长，其体态略有变异。入药作清热、解暑、止疟、凉血、利尿、健胃、止盗汗用，此外，还可作外用药。南方民间取枝叶制酒饼或作制酱的香料。牧区作牲畜饲料。本种不同于植物学上称的"青蒿"（*A. carvifolia* Buch.-Ham. Ex Roxb.），二者药用功能虽然接近，但后者不含"青蒿素"，也无抗疟作用。

1971 年我国药学工作者从黄花蒿植物叶中提取分离得到一个具有过氧桥的倍半萜类化合物——青蒿素（artemisinin，QHS）。由于青蒿素及其衍生物蒿甲醚、双氢青蒿素及青蒿酯钠具有高效低毒的抗疟活性，尤其对具有抗氯喹能力的脑疟和急性疟有效，因此，对青蒿素及其衍生物的研究已经引起了全世界药学工作者的关注。

黄花蒿为一年生草本，植物有浓烈的挥发性香气。根单生，垂直，狭纺锤形；茎单生，高 100～200cm，基部直径可达 1cm，有纵棱，幼时绿色，后变褐色或红褐色，多分枝；茎、枝、叶两面及总苞片背面无毛或初时背面微有极稀疏短柔毛，后脱落无毛。叶纸质，绿色；茎下部叶宽卵形或三角状卵形，长 3～7cm，宽 2～6cm，绿色，两面具有细小脱落性的白色腺点及细小凹点，3（～4）回栉齿状羽状深裂，每侧有裂片 5～8（～10）枚，裂片长椭圆状卵形，再次分裂，小裂片边缘具多枚栉齿状三角形或长三角形的深裂齿，裂齿长 1～2mm，宽 0.5～1mm，中肋明显，在叶面上稍隆起，中轴两侧有狭翅而无小栉齿，稀上部有数枚小栉齿，叶柄长 1～2cm，基部有半抱茎的假托叶；中部叶 2（～3）回栉齿状的羽状深裂，小裂片栉齿状三角形。稀少为细短狭线形，具短柄；上部叶与苞片叶 1（～2）回栉齿状羽状深裂，近无柄。头状花序球形，多数，直径 1.5～2.5mm，有短梗，下垂或倾斜，基部有线形的小苞叶，在分枝上排成总状或复总状花序，并在茎上组成开展、尖塔形的圆锥花序；总苞片 3～4 层，内、外层近等长，外层总苞片长卵形或狭长椭圆形，中肋绿色，边膜质，中层、内层总苞片宽卵形或卵形，花序托凸起，半球形；花深黄色，雌花 10～18 朵，花冠狭管状，檐部具 2（～3）裂齿，外面有腺点，花柱线形，伸出花冠外，先端 2 叉，叉端钝尖；两性花 10～30 朵，结实或中央少数花不结实，花冠管状，花药线形，上端附属物尖，长三角形，基部具短尖头，花柱近与花冠等长，先端 2 叉，叉端截形，有短睫毛。瘦果小，椭圆状卵形，略扁。花果期 8～11 月。

含挥发油，并含青蒿素（Qing Hau Su $C_{15}H_{22}O_5$）、青蒿内酯Ⅰ、Ⅱ（arteannuin Ⅰ，Ⅱ）、α-蒎烯、樟脑、桉叶油素、青蒿酮等，此外还含黄酮类化合物；地上部分还含东莨菪内酯类化合物。青蒿素为倍半萜内酯化合物，为抗疟的主要有效成分，可治各种类型疟疾，具速效、低毒的优点，对恶性疟及脑疟尤其有效。

二、黄花蒿药用成分和药理功能

（一）药用成分

从黄花蒿中提取的主要化学成分为具有抗疟活性的青蒿素。

1. 青蒿素分子结构与抗疟活性的关系

在 QHS 分子结构与其抗疟活性的关系研究中，最为肯定的结果是分子中必须有过氧基团，无过氧基团将失去活性。过氧基是 QHS 分子中的关键结构，是抗疟活性的决定性因素。抗疟机制与发生一个过氧基的分解反应紧密相连。

保留 QHS 分子骨架，在骨架上引入一些基团，或去掉一些基团，对抗疟活性也有很大影响。QHS 分子中酮基还原后的产物二氢青蒿素比 QHS 的抗疟活性更强。酮基还原后衍生出的醚类、羧酸酯类、碳酸酯类化合物曾被广泛研究过，近 50 个化合物总的相对活性顺序是：QHS＜二氢青蒿素＜醚衍生物＜羧酸酯衍生物＜碳酸酯衍生物。分子骨架上 C6、C9 位置上去掉一个或两个甲基抗疟活性变化不大。C9 位置上引入基团位阻增大，活性也增加。这些结构上的变化有可能通过影响药物在体内的传输过程、与受体的结合或对疟原虫有毒杀作用的活性物质稳定性而使抗疟活性有一定的变化。

QHS 分子骨架中，有没有保留活性的更小结构单元是最值得关注的研究之一。一个尝试是保留分子中 4 个环中的 3 个环。去掉 A 环的化合物 2～5 中，化合物 2、4、5 失去了活性；去掉 C 环的化合物 6～8 甚至具有比 QHS 更高的活性。把 B 环中非过氧基 O 原子用 C 原子代替，形成的化合物 9～11 中，9、11 具有比 QHS 弱的抗疟活性，10 具有类似的 QHS 活性（图 14-7）。

这些结果表明分子骨架中，A、C 环和 1，2，4-三噁烷中非过氧基原子并不像过氧基一样是抗疟活性的决定性因素。这就为用结构简单、容易合成的 1，2，4-三噁烷类化合物或比 1，2，4--三噁烷更简单的化合物替代 QHS 提供了可能。

最近发现，与青蒿素结构相关的 1，2，4-三噁烷 4 位 C 上有无 αH 原子对其抗疟活性有重大影响（图 14-7）。化合物 13～15 因为不能发生 1，5H 原子转移形成碳中心自由基而没有活性，有 αH 的化合物 12 的抗疟活性比 QHS 更高。

值得注意的是，QHS 分子结构与活性关系大多来自体外实验，体内情况与体外实验结果存在差异，一些结论可能会有变化。两者之间更为肯定、准确的关系需要更加全面、深入的研究。

2. 青蒿素的合成

QHS 的全合成已有多条途径。最早的全合成是从异胡薄荷醇 16 开始，以其六元碳环为母体，在碳环上引进支链，形成 QHS 四环结构，整个过程共 13 步反应，总产率为 2.1%。

从香茅醛 17 开始，经过中间体青蒿酸 18 后到达 QHS 的合成，需 20 步反应，总产率 0.25%。

起始原料用具有光活性的胡薄荷酮 19 可以选择性地合成单个的 QHS 立体异构体，共 10 步反应，总产率 3.6%。

青蒿素是从菊科植物黄花蒿的叶和花蕾中分离获得的，分离步骤较多，费时费力，

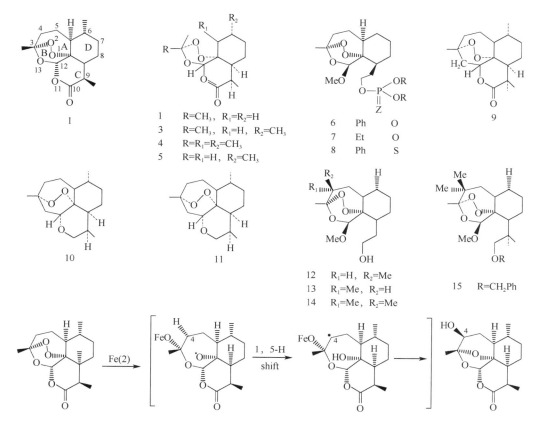

图 14-7　青蒿素的分子结构和抗疟活性基因

且不同采集时期和不同采集地对青蒿素提取物的品质有较大的影响。大量采集自然资源，势必会造成自然资源的枯竭，影响生态平衡，因此各国科学家都致力于人工合成青蒿素的研究。青蒿素的合成方法主要有化学合成、生物合成、衍生物的合成、植物组织培养。1976 年通过化学反应、光谱数据和 X 射线单晶衍射方法证明青蒿素为一种含有过氧基的新型倍半萜内酯，分子式为 $C_{15}H_{22}O_5$。

青蒿素的衍生物有很多种，目前研究较多的是青蒿素、二氢青蒿素、蒿甲醚、青蒿琥酯和蒿乙醚等。将青蒿素还原为二氢青蒿素后，对二氢青蒿素的第 12 位碳原子进行修饰，可合成青蒿素芳香醚衍生物。

（二）药理功效

研究发现青蒿素除具有高效的抗疟活性外，还具有抗病毒和抗肿瘤的活性。1993年 Woedenbag 等报道用 MTT 法检测与青蒿素有关的内过氧化物对艾氏腹水癌细胞有毒。青蒿素及其衍生物对鼠艾氏腹水瘤细胞、人鼻咽癌细胞（SUNE-1 和 CNE-1）和子宫颈癌细胞（HeLa）有作用，能抑制这些肿瘤细胞的生长；有研究表明，青蒿琥酯对人肝癌 BEL-7402 细胞及体内对裸鼠异体移植肝癌细胞生长均有明显抑制作用，可诱导 BEL-7402 细胞凋亡，$90\mu g/mL$ 青蒿琥酯作用于 BEL-7402 细胞 24h 凋亡率为 44.1%；用青蒿琥酯处理的 HepG 细胞可见梯状 DNA 和凋亡小体。另有研究报道，青蒿琥酯在人卵巢癌裸鼠移植瘤模型中，已被证实具有血管生成抑制作用，能明显地抑制移植瘤血管增生；青蒿琥酯还有直接杀伤肿瘤细胞的作用，使肿瘤细胞的生长受到明显抵制。二氢青蒿素对白血病、黑色素瘤、结肠癌、前列腺癌和乳腺癌细胞株高度敏感；作用于MCF-7乳腺癌细胞24h，可观察到细胞出现明显凋亡形态，表明二氢青蒿素抑制肿瘤细胞增殖可能与其促进凋亡有关；Singh等（1998）研究发现二氢青蒿素对正常人乳腺细胞没有明显的细胞毒作用，但对人乳腺癌细胞表现出了很强的杀伤能力，添加转铁蛋白能提高这种杀伤力。据此认为，青蒿素及其衍生物除了是抗疟疾的首选药物之外，还有望开发为抗肿瘤新药。

此外，青蒿素具有抗血吸虫、抗病毒、调节和抑制体液的免疫功能、提高淋巴细胞的转化率、利胆、祛痰、镇咳等功能。

最近研究发现，青蒿琥酯因具有抗白血病的效果而用来治疗慢性粒细胞白血病（Zhou et al.，2007），青蒿素和青蒿琥酯具有抗乙型肝炎病毒的效果（Marta et al.，2005），高甲醚和氯化血红素的交互作用对蠕虫具有毒害作用，这可防治血吸虫（Xiao et al.，2001）。

三、青蒿素在黄花蒿叶中的合成和储存部位

确定青蒿素的合成和储存部位是研究青蒿素生物合成的基础。Duke等（1996）的研究证实腺毛状分泌腺与青蒿素的储存密切相关，因为用有机溶剂很快地浸提有腺毛状分泌腺的叶片不损伤叶表皮，能得到青蒿素及前体，浸提无腺毛状分泌腺的叶得不到青蒿素及其前体。Ferreira等（1998）在研究黄花蒿开花过程中，发现黄花蒿组织中含有两种分泌腺，一种为非腺毛状 T 型网状分泌腺，另一种为腺毛状分泌腺，并且认为青蒿素在花中大量积累与腺毛状分泌腺在花中大量生成密切相关。然而 Weathers 等（2000）和 Liu 等（2002）的研究显示腺毛状分泌腺可能不是青蒿素唯一的储存位点，因为在不含腺毛状分泌腺的毛状根中检测到了高含量的青蒿素存在。综上所述，目前对于青蒿素的储存部位各研究者的观点还不尽一致，多数学者认为存在于腺毛状的分泌腺中，而且都是间接的证据。应用组织化学的方法，直接显示青蒿素的储存部位，结果表明，在腺毛状分泌腺和非腺毛状的 T 型网状分泌腺均有青蒿素的存在，并推测这两种结构也是青蒿素合成的主要部位。

四、提高青蒿素产量的研究进展

从黄花蒿中提取的青蒿素是我国独有的抗疟新药。其对脑型疟、恶性疟、间日疟及抗氯喹株疟有高效、速效、低毒的特点，被国际卫生组织指定为抗疟疾中药。目前青蒿素虽然能够通过人工合成，但是由于其成本高，难度和毒性大，未能投入工艺化生产，所以青蒿素主要还是从我国天然黄花蒿中提取。以往人们注重以改善黄花蒿的生长环境，如改善光照条件、温热条件、施用微量元素及生长素、密植、引种等方式来提高青蒿素在黄花蒿中的积淀。最近通过研究发现，可以通过特殊的栽培、组织培养、转基因方式提高青蒿素产量。

（一）育苗栽培多次收割法

Kumars 等（1997）报道青蒿素在黄花蒿体内的沉积量因黄花蒿的种类、生长发育时段及组织器官不同而变化。这是因为叶是光合作用的器官，也是青蒿素主要的积累器官，其中含青蒿素的量较高，而茎中的量仅为叶的 10%。通常，幼叶比老叶量高，但是幼苗在越冬期的青蒿素量也低。在黄花蒿叶内，青蒿素约从 3、4 月渐渐开始合成和积累，在 5、6 月开始升高，在 8、9 月达到顶峰。正在开花的植株中，青蒿素在叶中的量约占总量的 30%，而在冠状花序中约含 90%，根中的量在整个生长过程中都较低。

不过冠状花序中由于瘦果油的出现，青蒿素提取较困难。植株在生活力较强时收割，90% 的青蒿素聚集在叶和优质茎中，是化学提取的最佳时期，所以必须采用合适的栽培及收割方式才能很好地提高青蒿素的产量。

为了提高青蒿素的产量，首先要延长黄花蒿生长期。第一步得进行浸种催芽，整地做垄，播种施肥，得到较早的幼苗。黄花蒿种子无休眠现象，播种前不需特殊处理，但可以进行浸种催芽以提高种子的利用率。要特别注意种子的净度，种子净度对播种量有很大的影响。种子在光照条件下，15～25℃ 时萌发。在选好的地上以每公顷 3×10^4～3.75×10^4 kg 有机肥施入地面，然后翻耕土地，做垄 20cm。下种前 15d 可用稀腐熟人类尿水对苗床进行淋施。种子同一定比例的细土混匀，匀撒畦面，播种后覆盖一层薄细土掩种，再用喷雾器喷清水将苗床淋湿。为保温、保湿，可用农用地膜将苗床覆盖，如果条件允许可以在塑料大棚育苗。苗期宜追施清淡人畜粪水，也可追施一些氮肥，以每公顷 90kg 为宜，出苗后要注意防旱保苗。

通过大田移栽，获得壮株，并注意田间管理。应选择水源有保证的田地，苗高 5～10cm 时便可移栽，移栽时选择阴雨天或晴天下午进行，栽后淋足定根水。移栽按株行距 26.5cm×26.5cm 畦内挖穴，每穴栽 1 株，每公顷 1.13×10^5～1.8×10^5 株。许成琼（1999）认为移栽时间一般为 3 月上旬，而根外追肥可以提高黄花蒿的产量，叶面喷肥可以提高青蒿素在叶面的沉积量。中耕及病虫害的防治同普通种植法。

Kumars 等（1997）认为采用多次收获法（multi-harvest）可以提高黄花蒿产量，由于此种黄花蒿是提前种植的，大大地扩展了黄花蒿的生育期。一些适宜的环境条件中可以进行多次收割，3 月上旬移栽，于 6 月中旬、8 月上旬、9 月中旬及 11 月中旬收割，共收割 4 次。韦霄（1999）认为，这一段时间内，不仅要有合适的自然光照和气温，还要保证黄花蒿生长发育所需的充足的水分和养分，多施氮肥，调控田间的土壤含水量。为了保证苗的再生，应在植株顶部距地面 40～50cm 处剪割枝头，每株上都应保留一些嫩梢，收割时用花枝剪剪去老叶和顶部部分幼嫩的组织，促使枝条向侧面发枝。收割下来的叶子进行青蒿素的提取，其中的青蒿素量要远远高于其他组织。

Irfan 等（1999）通过实验发现，盐类或重金属类可以改变植物体内的渗透压，以至改变黄花蒿体内活性氧的量，加速了黄花蒿酸向青蒿素的转化。所以在最后一次收获之前，如果不是黄花蒿的留种田，可以在收割前 10～15d 喷洒少量的氯化钠盐溶液或乙酸铅溶液。虽然这样会导致黄花蒿枯萎，不能继续生长或生长缓慢，但是由于青蒿素沉积量变化较大，依旧提高了青蒿素的产量。而且这还可以减少青蒿素提取过程中的工作量和资源消耗量。

Kumars 等（2000）报道，3 月移栽的幼苗，间歇地收割了 4 次，11 月完成其全部生育过程，所得的青蒿素产量达到了 62kg/hm²，这要比普遍的栽培收割法的产量高得多。目前进行的大田实验中，所测得的各个性状的比例及相关分析说明了一个普遍存在的现象，即收割多次的叶的总产量比 1 次或 2 次的高。这是因为间歇性的收割会促使植株的再生，产生新叶。

这样，富含青蒿素的叶被及时收获，避免了青蒿素的流失及叶的脱落。显而易见，黄花蒿尽管是一年生植物，但其生长期长，具有健壮的根系、极其丰富的茎叶，枝叶排列有序，不相互遮光，具有较高的光合利用率，植株再生能力、抗病虫能力、根系吸收营养的能力强，从而可进行多次根上收获。

（二）组织培养法

利用植物组织培养来生产青蒿素是目前青蒿素研究的另一热点，可能成为大规模生产青蒿素的重要手段。自 20 世纪 80 年代以来，进行了大量的植物组织培养生产青蒿素的研究工作，Fulzzledpl 等（2001）对黄花蒿愈伤组织、悬浮细胞、芽和毛状根等培养物及各种培养体系进行了青蒿素合成的探索。

许多研究认为黄花蒿愈伤组织中不含青蒿素，但贺锡纯（1999）在愈伤组织伴随芽分化形成时，检测到了青蒿素约为干质量的 0.008%。Brown 和 Tawfit 等（2000）在分化苗长成的植株中，发现青蒿素的量达到干质量的 0.92%，高于野生植株。同时在其分化的芽和黄花蒿悬浮细胞培养液中发现青蒿素。由此可见，在未分化的黄花蒿植物组织中不含或含有极低水平的青蒿素，而一定的组织分化则可促进青蒿素的合成。所以在黄花蒿的组织培养过程中，应该使用大量的物质刺激愈伤组织分化成苗，从而获得高产量的青蒿素。

愈伤组织形成是整个组织培养的基础，不应忽视。在无菌条件下将已消毒的黄花蒿花序、花枝及叶片剪碎，分别接种于含有 6-BA 1mol/L＋2，4-D 0.5mol/L 及 6-BA 1mol/L＋KT0.5mol/L 的 MS 培养基上，在 24～28 ℃条件下避光培养 9d，诱导愈伤组织，5～10d 后伤口处即生长出白色或淡黄色的愈伤组织。将诱导 15～20d 的愈伤组织转继于新的培养基，并于恒温光照下培养。愈伤组织约 15d 转接 1 次。

将所得愈伤组织分别转入含有 IAA 0.1mol/L＋6-BA 1mol/L 及 IAA 0.1mol/L＋KT 1mol/L 的芽分化培养基上，每日光照 8h，分化出芽。在芽的分化过程中，影响青蒿素合成的因素很多，如黄花蒿的基因型、激素和基本培养基都对芽的发生有显著影响，而光强在 1000～6000lx 和温度在 20～30℃时对丛生芽的发生影响不大；尽量选用高产的黄花蒿来做接种物。

Woerdenbag 等（2001）研究发现，赤霉素（gibberellin）和水解酶蛋白等对黄花蒿芽中的青蒿素合成具有较强的刺激作用。Panieg 等（2002）试验发现，在诱导青蒿素芽的培养基中添加适量的赤霉素，会使芽中的青蒿素量提高 3～4 倍。另外，氧离子在黄花蒿丛生芽的诱导和青蒿素的生物合成过程中起着非常重要的作用。

Weathers 等（1999）利用发根农杆菌 15834 感染黄花蒿的芽尖和叶片，获得黄花蒿毛状根培养物，并且检测到青蒿素的量约为干质量的 0.43%。黄花蒿发根的诱导方法如下。消毒后的黄花蒿幼茎剪成 2cm 左右的小段，无菌滤纸吸取多余水分，插入不含任何激素的培养基。用接种针挑取活化的细菌涂抹于茎端切面上，25℃持续光照培养。等到接种部位发根长到 1cm 以上时，剪下发根置于添加赛孢霉素或羧苄青霉素的不含激素的固体培养基上进行杀菌培养。已完全无菌的发根在无激素培养基上继代培养，接种时只接 1～2cm 的根尖，25℃暗培养。在此种培养基中，pH 5.5～6.5 时最适于毛状根的生长及青蒿素的合成。在开始 25℃、后来 30℃的变温条件下培养，利于毛状根的生长及青蒿素的合成。光强为 3000lx，时间为 16h 最佳。

目前，黄花蒿组织培养的研究工作主要集中在利用生物技术的手段来进行组织培养的改进，如通过改进培养器皿从而得到高产青蒿素。Fulze 等（2003）利用 1L 生物反应器进行黄花蒿芽的悬浮培养，经过 30d 的分批培养可获得再生的植株，生物量提高了 4～5 倍。Park 等（2004）利用 2L 的长方形雾化培养器（mistculture system）培养黄花蒿芽，经过 4 周的培养，培养物增殖 8 倍，获得的黄花蒿芽可长出不定根。中国科学院植物研究所的一些专家通过摇瓶、气升式内环流生物反应器（internal loop airlift bioreactor）及雾化生物反应器（novelmist bioactor）获得高产黄花蒿及青蒿素。在气升式内环流生物反应器中，毛状根培养物均匀分布在生物反应器的筛网间，或以不锈钢网为附着点向周围生长，在 25℃和 12h 的光周期下，经 20d 获得培养物的生物量的干质量为 22.57g/L，青蒿素产量 374.4mg/L，为进一步利用生物反应器进行黄花蒿组织大规模培养生产青蒿素的研究工作奠定基础。气升式内环流生物反应器的工作流程图及黄花蒿和青蒿素的产量，充分说明气升式内环流生物反应器是目前比较合理的黄花蒿组织培养发生器。黄花蒿组织培养中运用该反应器，既能减少材料的浪费，又能很好地提高青蒿素的产量。

用组织培养技术获得青蒿素，此种方法有不破坏自然资源、不受自然条件限制的优点，还可能通过各种细胞及基因工程的手段获得高产青蒿素的新品系，具有其他方法无法替代的优越性，此类方法可能成为大规模生产青蒿素的重要手段。

（三）转基因克隆法

目前，研究人员又通过转基因方法来提高青蒿素的产量，是目前被认为最有发展潜力的提高青蒿素产量的方法。一般认为青蒿素的生物合成经由三大步骤：乙酸（acetic acid）形成法尼基焦磷酸（FPP），由 FPP 合成倍半萜（sesquiterpene），倍半萜内酯化形成青蒿素。目前认为这三个步骤分别与法尼基焦磷酸合成酶、倍半萜环化酶（epicedrol synthase）以及酶形成过程中的氧化酶有关。

在黄花蒿转基因过程中，多数是用农杆菌携带外源基因感染健壮黄花蒿植株，把外源基因插入到目标 DNA 的特定部位，最后对获得外源基因的植株进行继代培养，以得到性状稳定的高产黄花蒿品系。一些与青蒿素合成有关的基因被克隆，并且一部分被转移到大肠杆菌或黄花蒿中进行表达，如法尼基焦磷酸合成酶基因、倍半萜环化酶基因、萜类合成酶基因、杜松烯合成酶基因。

同时由于青蒿素及其衍生物的生物合成受到多个限速酶所调控，且一些编码限速酶基因的表达可能具有高度的组织和时空特异性，因此通过导入过量表达的相关限速酶基因或抑制其他分支途径的反义基因，可望提高转基因器官或植株中青蒿素及其衍生物的量。将改良的绿色荧光蛋白（GFP）基因插入到植物表达载体中，构建双 CaMV 35S

启动子驱动下的植物表达载体 PBIGFP。DNA 印迹分析表明，外源 GEP 基因已整合到转基因黄花蒿芽 G21 系的基因组中。在荧光显微镜下，观察到转基因黄花蒿芽中有较强的绿色荧光，表明绿色荧光蛋白基因在转基因黄花蒿芽中已表达。

这方面的研究虽然很多，但是由于种种因素的限制，以及人们对转基因物质始终存在排斥心理，这一方面的文献报道相对较少。

第三节　益母草植物的生理生态

一、概述

益母草为唇形科益母草属植物 *Leonurus japonicus* Houtt 的新鲜或干燥地上部分，原名茺蔚，别名益母艾、苦草、坤草等。一年生、二年生或多年生直立草本。茎下部叶宽大，3～5 裂，上部叶及花序上的苞叶渐狭或 3 裂，裂片渐狭，边缘具缺刻。轮伞花序多花，腋生，稀疏间断或密集成假穗状花序；小苞片钻形或刺状；花萼倒圆锥形或管状钟形，5 脉，顶端 5 齿，近相等或呈不明显二唇形，下唇 2 齿较长，靠合，上唇 3 齿直立；花冠筒伸出，冠檐二唇形，上唇直伸，全缘，下唇直伸或开展，3 裂，雄蕊 4 枚，前对较长，开花时卷曲或向下弯，后对平行排列于上唇片之下，花药 2 室，药室平行；花盘平顶；花柱顶端 2 等裂。小坚果锐三棱形，顶端平截，基部楔形。

益母草属植物全球分布约 20 种，我国有 12 种和 2 个变种，分布于全国各地，其中益母草为中药用药的主要植物，同时涉及药用的还有细叶益母草（*L. sibiricus* L.）、白花益母草 [*L. artemisia* (Lour) S Y. Hu var. *albiflorus* (Migo) S. Y. Hu]、大花益母草（*L. macranthus* Maxim.）、欧益母草（*L. pseudonacrathus* Kitag）、灰白益母草（*L. glaucescens* Bunge）等。

益母草是一种常见的活血化瘀药，《本草纲目》中称之为"血家之圣药"，被视为治疗妇科疾病的良药。现代药理学研究表明它有着广泛的生物学活性，能够治疗多种疾病，有广阔的应用前景。广大科研工作者对其的研究已经取得了不少的成果，但是其药效学物质基础还不清楚，已开发产品的市场竞争力不强，这些都有待广大药学工作者的进一步努力。

二、益母草的药用化学成分和药理功效

益母草利用其植物全株作为药用。

（一）药用化学成分

（1）生物碱。益母草全草含生物碱 0.11%～2.09%，其中益母草碱（leonurine）0.02%～0.12%、水苏碱（stachydrine）0.59～1.72%，还含有益母草啶（leonuridine）、益母草宁（leonurinine），其主要成分为盐酸水苏碱，所以在益母草生物碱的提取方面一般是以盐酸水苏碱为标准来测定的。近几年在生物碱的提取方面有了很大的改进，郭孝武等（1995）采用不同频率的超声波技术进行了研究，结果表明，以 95% 的

乙醇浸提，110kHz 超声 40min 比回流提取率高 1 倍，该法工艺简单、提取率高，有较高的开发价值。王坤等（1998）用外循环罐装式提取工艺，提取率高并且节省能源，缩短生产周期，适用于工业化生产。葛发欢等（2000）采用超临界 CO_2 萃取技术比常规法提高 10 倍。现在主要用薄层色谱法和高效液相色谱（HPLC）法测定益母草药材的生物碱的含量。不同的物候条件和微量元素对益母草碱的积累也有很大的影响，在含量方面，北方的碱性土壤（约 0.4%）比南方的酸性土壤要高。不同浓度的微肥均能提高益母草生物碱的含量，特别是过量浓度的铜肥、正常浓度的锰肥和过量浓度的硼肥均能提高益母草生物碱的含量。

（2）二萜。自 1982 年 Giuseppe 等从 *Leonurus sibiricus* 中分得 3 个新二萜类成分后，PoMing（1986）、Deniz（1987）、Georgi（1989）等先后从益母草属植物中分得 30 余种二萜类成分，除了 1998 年 Malakov 从 leonursmarrubiastrumu 分得的 leonubiastrin 属于 abietane 型外，其余都属于半日花烷型双环二萜（labdanediterpenoid）。在这之中，根据 C_{12} 上连接的五元环类型，其结构可分为 5 种类型：呋喃环型（Ⅰ），二氢呋喃环型（Ⅱ），内酯环型（Ⅲ），α、β 不饱和内酯环型（Ⅳ），四氢呋喃环型（Ⅴ）。利用乙醇超声提取法从白花益母草（*Leonurus sibiricus*）的地上部分中分离得到 2 个新呋喃双萜内酯成分——LS-1 和 LS-2，同时分离得到 4 个已知的呋喃双萜内酯成分——leonotinin、leonotin、dubiin、nepetaefuran。研究证明，以上 6 个化合物在组织培养中显示中度的抗白血病细胞（L1210）的细胞毒活性 [半抑制浓度（IC_{50}）为 50～60μg/mL]。从益母草中分离出 34 个二萜类成分，其中 labdane 型二萜类成分 prehispanone 是一种血小板活化因子的拮抗剂，能竞争性抑制血小板上的血小板凝聚因子（PAF）受体，从而达到抗凝血目的。近期张娴等（1998）又从益母草中分离出 2 个化合物——益母草酮 A 和 β-谷甾醇，其中化合物益母草酮 A 为一种新的 labdane 型化合物。

（3）阿魏酸。具有抗氧化、降血脂及血管调节多种生理活性的成分。罗毅等（1997）自益母草中提取分离阿魏酸（ferulic acid），并对其进行色谱鉴定，初步确定益母草中含有阿魏酸。研究者采用薄层色谱法和 HPLC 法鉴别不同提取溶媒制备的样品，各样品均从益母草中检出阿魏酸，以 5% 的 Na_2CO_3 超声提取最好。

（4）黄酮类。洋芹素（aprgennin）、芫花素及其苷、槲皮素（quercetin）、山奈酚（kaempferol）及其苷、芦丁。

（5）脂肪酸类、益母草种子含油量 37.5%，其中亚麻酸 11.6%、亚油酸 39.8%，从全草或种子里还检测出延胡索酸（fumaric acid）、月桂酸、油酸、亚油酸、亚麻酸、花生酸、硬脂酸、软脂酸等。

（6）挥发油。含挥发油 0.05%～0.1%，主要成分为 1-辛烯-3-醇、3-辛醇、β-罗勒烯-Y（B-ocimene-Y）、芳樟醇（linalool）、壬醇、copaene、β-榄香烯（elemene）、β-菠旁烯（β-bourbonene）等十多种挥发油类。王金辉等（2001）和丛悦等（2001）近期又从益母草的干燥地上部分的水提取物中经过大孔树脂、硅胶柱色谱、制备色谱和 HPLC 分离得到 2 个化合物，首次从该种植物中分离得到 2,6-二甲基-2E，7-辛二烯-1，6-二醇和 ajugoside。

（7）其他。刘晓河等（1997）采用水杨酸法测定还原性单糖的含量和水解后的总糖含量，从而间接测出益母草中的多糖含量，该方法简便、快速、准确，消除了样品中还原性单糖对多糖含量测定的影响。任晓伟等（2001）从细花益母草中测定到微量元素的存在，益母草含有 Zn、Cu、Mn、Fe、Ni、Pb、As、Se、Ge、Rb 等多种微量元素，其中 Fe、Mn、Zn、Rb 含量较高。邹其俊等（2000）的研究表明，益母草含有 A1、B、Po 等 18 种微量元素，含大量元素 Ca 和 Mg，并且叶和花中的微量元素多于茎中的微量元素，与调经活血的机制是一致的。其他的还有苷类如环烯醚萜苷类、苯丙醇苷类、似强心甾苷类等。此外还含有胡萝卜苷、益母草酰胺、豆甾醇、4-胍基丁醇、4-胍基丁酸等化合物。

（二）药理作用

1. 抗血栓形成

益母草主治月经不调、胎漏难产、行经腹痛及产后瘀阻等症。近年研究发现，用现代科技方法从益母草中提取的主要有效成分益母草碱具有显著的直接扩张外周血管、增加血流量、抗血小板聚集活性和降血黏等作用。丁伯平等（2001）的研究表明，益母草碱可有效降低血液黏稠度和提高红细胞变形能力。益母草水提液对血管平滑肌的收缩反应与浓度有关，高浓度时可能主要阻滞电压依赖性钙通道，而低浓度时可能主要激活受体调控性钙通道。益母草通过减少血液有形成分的聚集和降低血黏度，可预防和抑制微小血管血栓形成。20 只白兔随机分为益母草组和对照组，两组做双侧膝内侧动脉切断后吻合，制作微小血管血栓形成动物模型，术后做扫描电镜观察和用药前后血液流变学检查。益母草注射液能减少红细胞、血小板、纤维素和白细胞在受伤的小血管内壁的聚集，使红细胞压积、全血比黏度低、全血还原比黏度低和黏度指数显著降低。

2. 利尿

水苏碱能显著增加大鼠尿量，益母草碱也有一定效果，其作用均在 2h 内达到高峰。相比较而言，水苏碱作用更加迅速，而益母草碱作用较为和缓。尿液中的离子分析表明，两种生物碱成分增加 Na^+ 的排出量，从而使 K^+ 的排出量减少，Cl^- 也有所增加。可以看出，益母草可作为一种作用和缓的保钾利尿药使用。

3. 改善淋巴系统

文献研究表明，益母草注射液具有活跃淋巴微循环的作用，这无疑会对血瘀时的微循环障碍有一定的改善作用，对机体恢复内环境的恒定、免疫力的提高是有益的。另一项研究也表明，其明显增强失血性休克大鼠肠系膜淋巴管自主收缩频率及收缩性，扩张微淋巴管口径，使微淋巴管的活性增强，对失血性休克时的淋巴微循环障碍也有非常好的改善作用。

4. 兴奋子宫

马永明等（2000）在大鼠一侧子宫浆膜表面埋植一对银-氯化银双极电极并联机记录，分别注射不同剂量的益母草提取液如 0.1mL、0.2mL 及 0.4mL，对大鼠子宫肌电活动进行实验观察。结果表明，大鼠子宫肌电的慢频率加快，平均振幅增大；单波频率加快，最大振幅增大，并与剂量有关。子宫的兴奋作用可能是通过改变了与电活动有关的一些离子浓度，使起步细胞电活动加强及动作电位去极化速度加快所致，为抗着床、抗早孕提供了进一步的实验依据。

5. 抗诱变作用

朱玉琢等（2001）采用小鼠骨髓微核实验和小鼠精子畸形实验证明了益母草本身不

能诱发小鼠骨髓微核和小鼠精子畸形，但在与乙酸铅一同给药时，可使乙酸铅所诱导的畸形明显降低，说明益母草对小鼠遗传物质具有保护作用，即抗诱变作用。

6. 减少心肌损害

郑鸿翔和张峻（1999）观察益母草治疗心肌缺血在灌注损伤过程中氧自由基的变化，结果表明，益母草能够明显抑制血中和心肌组织中丙二醛的产生，保护超氧化物歧化酶和谷胱甘肽过氧化物酶的活性，其机制可能与益母草减轻氧自由基对心肌的损害有关。

7. 其他

抗炎、镇痛、抗痛经和抗孕等作用。

水苏碱是益母草的主要活性物质，所以其含量的提高是关键。现在很多药材的质量参差不齐，水苏碱的含量有很大的差异，可以尝试用组织培养的方法，利用不同的培养条件如不同浓度的碳源和钙源、各种生长调节物质、pH、光照和温度来改善培养环境，从而达到提高有效成分含量的目的。各种活性物质的产生机制、生物碱基因的检测、其前体和关键酶在高效表达中的意义都还未涉及。

三、环境条件和营养元素对益母草生长及水苏碱和总生物碱积累的影响

（一）物候对益母草生长和总生物碱积累的影响

据张飞联等（2000）研究报道，益母草系一年生或两年生草本，传统上以开花的地上部分入药。环境条件如光、温、水等会影响益母草的生长和总生物碱在植物体内的积累。他们的主要研究结果如下。

1. 物候对益母草生长的调控效应

一般而言，益母草种子在10℃的温度条件下，种子就能发芽。物候通过环境条件的综合效应，尤其是温度和土壤湿度对益母草种子发芽进行调控，主要表现在：春、夏季（3月上旬至7月下旬）播种，播种越早，出苗所需时间越长，播种越晚，出苗时间越短；秋、冬季（9月上旬至1月上旬）播种，播种越早，出苗时间越短，播种越晚，出苗时间越长，从而调控益母草的生长周期，这与种子播种后的温度和土壤湿度密切相关。秋季或冬季播种的益母草种子发芽后，幼苗经冬季低温春化作用，诱导益母草翌年抽苔、开花，这是益母草鲜用和反季节栽培的理论基础。避开低温春化作用，生产矮化莲座状、多叶片、不抽苔且具高总生物碱含量的鲜用益母草原材；利用低温春化作用，在初春播种前收获抽苔的益母草嫩苗、提高土地资源的利用率。

2. 温度对益母草总生物碱积累的影响及机制

Weeks等（1970，1974）在16℃、21℃、27℃和32℃不同温度条件下，测定烟草幼苗内总生物碱的含量，结果表明27℃是烟草总生物碱合成的最适宜温度，说明温度对总生物碱积累的影响无专一性的作用。低温的春化作用诱导莲座状益母草的抽苔，并随生长周期的延长、气温的升高，益母草内总生物碱含量逐渐减低，Ⅱ期（11月7日）播种的益母草，其植物体内总生物碱的含量正说明这个问题。温度对益母草总生物碱的影响无专一性作用，Ⅲ期（1月17日）、Ⅳ期（3月7日）、Ⅵ期（5月7日）播种的益母草，在8月7日同时收获，益母草内总生物碱的含量随生长周期的缩短而逐渐减少，同播种期（Ⅵ期和Ⅶ期）播种的益母草在不同收获期收获，总生物碱的积累也有类似的

表现，这是植物体内次生物质积累的时间效应性。此外，对 24h 内益母草总生物碱含量小时变化的跟踪试验表明，中午 12 时和次日凌晨 4 时为益母草总生物碱积累的最高峰，晚 22 时为最低峰，高、低峰相差 0.81 个百分点（盛束军，1998），说明温度的极端性对益母草总生物碱积累的影响无专一性。

3. 益母草反季节栽培物候学的建立以及在土地资源利用上的意义

益母草反季节栽培利用了低温对益母草的春化作用，种植高含量、高产量的益母草原料，在土地资源充分利用的前提下，建立了反季节栽培益母草的物候学理论。

常年反季节栽培益母草的种植周期为：3 月上、中旬播种，6 月下旬收获；6 月下旬播种，9 月下旬或 10 月上旬收获，这两季种植可获得 1.5kg/m² 益母草。此外，9 月下旬或 10 月上旬播种，12 月下旬至 2 月下旬收获，可作为春化作物的补充，但这一季种植必须建立在暖冬的气候条件下或大田塑料薄膜覆盖保温。

（二）氮、磷、钾对益母草生长及水苏碱和总生物碱的影响

1. 氮肥

由于氮肥与植物叶片的生长关系密切，而当年生益母草只长叶片，所以氮肥对生长指标和生物量的效果就非常显著。又由于氮是生物碱的有机组成部分，所以氮素对益母草总生物碱和水苏碱的生物合成产生了极大的促进作用，其作用机制还需进行深入研究。

2. 磷肥

磷以磷酸根形式存在于糖、磷酸、核酸、核苷酸、辅酶、磷脂、腐殖酸等中。磷在 ATP 反应中起关键作用，施磷能促进各种代谢正常进行，使植株生长良好，所以磷对氮和钾的肥效起到重要的支撑作用，对益母草总生物碱的促进作用就更明显。

3. 钾肥

钾能促进糖分转化和运输，使光合产物迅速转移到其他部位。钾供应充分时，糖类合成加强，纤维束和木质素的量提高，茎秆坚韧，抗伏倒。试验中也显出钾对益母草株高和生物量的促进作用。

总之，在本实验条件下，得出合理的需氮量为 37.5～44.0 g/m²，磷量为 37.4～54.3 g/m²，钾量为 31.6～34.4 g/m²，平均为氮 40 g/m²、磷 44.8 g/m²、钾 33.3 g/m²。氮、磷、钾最佳配比为 4：4.5：3.3。

氮、磷、钾是植物生物的基本三要素，但不同的植物对其需要量及比例是不同的，不同肥力水平的土壤，施用肥料的最佳用量差别很大，尤其是药用植物，对其精准施肥的研究不仅要追求产量，还要注重次生代谢产物的量，所以就需要针对其生物学特征和有效成分种类等进行系统研究。

（三）微肥对益母草生长和总生物碱积累的调控效应

1. 微肥的调控效应

不同浓度的微肥对益母草的生长都有不同程度的促进作用，特别是正常浓度的锰肥和过量浓度的铜肥，能显著提高益母草的单位产量，增产幅度分别达 43.6% 和 55.2%。不用浓度的微肥都能提高益母草内总生物碱含量，其中，正常浓度的锰肥和过量浓度的

硼肥，处理效果最佳，益母草内总生物碱含量分别达 2.15% 和 2.09%。正常浓度的锰肥和铜肥对益母草安全越夏，抗性优势最为明显；铁肥处理的益母草，越夏后单位产量有明显的提高。总之，喷施正常浓度的锰肥，对优质、高产益母草的栽培具有重要的实践意义。

2. 微肥作用的生理机制

铁肥以 Fe^{2+} 螯合形式被植物吸收，据推测，其一方面可能作为叶绿素合成的必需成分并参与光能吸收传递和光合电子传递过程，用正常浓度的铁肥处理，益母草越夏后，绿叶数/株明显多于其他微肥处理；另一方面，Fe^{2+} 作为许多酶（细胞色素氧化酶、过氧化物酶等）的辅基，过氧化物酶可能催化吲哚乙酸的氧化，参与 IAA 在植物体内的激素调控。锰肥以 Mn^{2+} 的形式被根系吸收后，直接参与光合作用中的氧发生过程（Eysteretal，1956），显著地促进植株叶片的生长；Mn^{2+} 对维持叶绿体结构是必需的；益母草喷施锰肥后，能显著提高益母草单位产量。锌肥与叶绿素形成和光合作用有关，并且是色氨酸合成酶的组分，能催化丝氨酸与吲哚形成色氨酸，而色氨酸又是生长素（IAA）合成的前体，因此不难解释过量浓度的锌肥能促进益母草植株的生长、长叶速度的加快和分蘖。此外，钼肥中的钼是构成硝酸还原酶不可缺少的元素，能提高吲哚乙酸氧化酶的活性，促进 IAA 分解，不使植物体内 IAA 浓度过高而阻碍益母草的生长。

参 考 文 献

陈立军，靳秋月，于利人等.2005.青蒿素及衍生物抗肿瘤研究进展.中草药,36(11):1754,1755

陈杨，朱世民，陈洪渊.1998.青蒿素类抗疟药研究进展.药学学报,33(3):234~239

陈叶，罗光宏，张永虎等.2005.细叶益母草种子发芽特性的研究.中草药,36(9):1401,1402

陈有根，余伯阳，董磊等.2001.青蒿素及其前体化合物的提取分离与鉴定.中草药,32(4):302~305

范美华，王健鑫，李鹏等.2006.益母草的研究进展.中国药物与临床,6(7):528~530

郭晨，刘春朝，叶和春等.2004.温度对青蒿毛状根生长和青蒿素生物合成的影响.西北植物学报,24(10):1828~1831

何丙辉，钟章成.2003.不同环境胁迫下银杏构件种群药用成分变化的研究.西南农业大学学报,25(1):7~9

刘佳佳，郭勇，郑穗平等.2001.高产黄酮苷银杏悬浮培养细胞系选育和继代培养稳定性研究.生物工程学报,17(1):94~97

刘玲玲，于心若.1994.银杏药用价值.中草药,25(4):219~221

刘万宏，陈敏，廖志华等.2007.银杏内酯的生物合成途径及生物技术研究进展.中草药,38(6):941~945

阮金兰，杜俊蓉，曾庆忠等.2003.益母草的化学、药理和临床研究进展.中草药,34(11):15~19

吴静，丁伟，张永强等.2007.提高青蒿素产量的生物技术研究进展.中草药,38(2):305~307

吴向阳，仰榴青，陈钧.2002.不同生长季节银杏叶中有毒成分银杏酸含量的测定.食品科学,23(12):94~97

徐建中，盛束军，姚金富等.2000.微肥对益母草生长和总生物碱积累的调控效应.中国中药杂志,25(7):20~23

张飞联，赵仕湘，吴爱娟等.2000.物候对益母草生长和总生物碱积累的影响.中草药,31(5):371~373

张燕，王文全，杜世雄等.2007.氮、磷、钾对益母草生长及水苏碱和总生物碱影响的研究.中草药,38(12):1881~1884

赵成林.1997.银杏外种皮中酸性成分的提取与药用探讨.中草药,28(4):250,251

Galasso V，Kovac B，Modelli A. 2007. A theoretical and experimental study on the molecular and electronic structures of artemisinin and related drug molecules. Chemical Physies,335(2-3):141~154

Kiewert C，Kumar V，Hildmann O et al. 2007. Role of GABA ergic antagonism in the neuroprotectivr effects of bilobalide. Brain Research,1128(1):70~78

Mathen M，Suseela M，Ashok K K N et al. 2005. analgesic and anti-inflammatory activity of *Lenonurus sibiricus*. Fitoterapia,26(4):359~362

第十五章　热带和亚热带药用植物的生理生态

我国热带和亚热带地域广阔，高温多雨，冬暖夏长，干湿季节分明，中草药物资源非常丰富，估计有9800种，主要有三七、芦荟、杜仲、天麻、枇杷等。为了开发利用本区的中草药材，研究本区药用植物的生理生态和最新的研究及发展动态是很有意义的。

第一节　三七植物的生理生态

一、概述

在中草药加工中，以五加科人参属植物三七〔*Panax notoginseng*（Burk.）F. H. Chen〕的干燥根作为药用。

三七为多年生草本，根状茎短，竹鞭状，横生，肉质根长2～4cm，直径约1cm，干时有纵皱纹。地上茎单生，直立，光滑无毛，高达60cm。掌状复叶，具长柄，3～4片轮生于茎顶；小叶3～7，椭圆形或长圆状倒卵形，边缘有细锯齿，伞形花序顶生，花序梗从茎顶中央抽出，长20～30cm。花小，黄绿色；花萼5裂；花瓣、雄蕊皆为5。核果浆果状，近肾形，熟时红色。种子1～3，扁球形。花期6～8月，果期8～10月。本品药材主根呈类圆锥形或圆柱形，长1～6cm，直径1～4cm。表面灰褐色或灰黄色，有断续的纵皱纹及支根痕。顶端有茎痕，周围有瘤状突起。体重，质坚实，断面灰绿色、黄绿色或灰白色，木质部微呈放射状排列。气微，味苦回甜。筋条呈圆柱形，长2～6cm，上端直径约0.8cm，下端直径约0.3cm。剪口呈不规则的皱缩块状及条状，表面有数个明显的茎痕及环纹，断面中心灰白色，边缘灰色。

三七植物喜温凉、阴湿环境，怕严寒、酷热、积水。由于其对生长的环境条件有特殊要求，现仅存于中国西南山区，主产云南文山、砚山、西畴县和广西靖西、那坡、德保等县。种植于海拔400～1800m的森林下或山坡上人工荫棚下。

栽种后第3（4）年夏末秋初花开前采挖。分开主根、支根及茎基，曝晒至半干，用力搓揉，再曝晒，重复数次，置麻袋中加蜡打光。

三七是我国人工栽培较早的名贵中药材，据有关文献记载，三七使用历史近600年，栽培历史近500年，但迄今未发现现存的野生种群。

三七因自古以来就被公认为具有显著的活血化瘀、消肿定痛功效而被誉为"金不换"、"南国神草"。三七在药品和保健食品开发方面具有广阔的开发应用前景和市场潜力。由于三七有广泛的用途、奇妙的效应，目前全国已有160多种药品以三七为原料，280多家工厂生产三七制品。著名的"云南白药"、"三七冠心宁"等药就是以三七为主药。

三七是常用中药，其制剂很多，例如，生三七粉、片，熟三七粉、片，云南白药，血塞通注射液，田七（三七）花精，云南花粉三七口服液，三七蜜精等；其他用途如三七流浸膏、三七煮鸡、三七护肤品等。2003 年 11 月文山三七通过了国家 GAP 认证，成为全国首批通过 GAP 认证的药材品种。目前除云南、广西种植外，南方各省也开始引种栽培。

二、三七的药用成分和药理功能

（一）三七的药用成分

三七是我国传统名贵中药材。我国学者已对三七中的化学成分进行了较为系统的研究，从三七中分离到皂苷、黄酮、多糖等多种活性成分。三七的主要有效成分之一是三七皂苷类成分（人参皂苷、三七皂苷）。

迄今为止，从三七的不同部位已经分离到了 30 余种单体皂苷成分。三七皂苷含量成为三七质量控制的主要依据。《中华人民共和国药典》2000 年版规定，采用双波长扫描方法测定三七中人参皂苷 Rg_1、Rb_1 的含量，作为三七质量控制的标准。近年来，采用 HPLC 分析三七药材及其制剂的皂苷含量的研究时有报道。

Wu 等（2007）也从三七植物叶片中发现了两种新的化学成分——3β，6a，12β-三醇-22，23，24，25，26，27-己醇-达玛脂-20 酮和达玛-20（22），24-二烯-3β，6a，12β-三醇。

郑莹等（2006）在研究三七植物茎叶中黄酮类成分时，分离得到 6 个黄酮类单体化合物，分别鉴定为：山奈酚（kaempferol，Ⅰ）、槲皮素（quercetin，Ⅱ）、山奈酚-7-O-α-L-鼠李糖苷（kaempferol 7-O-α-L-rhamnoside，Ⅲ）、山奈酚-3-O-β-D-半乳糖苷（kaempferol 3-O-β-D-galactoside，Ⅳ）、山奈酚-3-O-β-D-半乳糖（2→1）葡萄糖苷〔kaempferol 3-O(2″-β-D-glucopyranosyl)-β-D-galactopyranoside，Ⅴ〕、槲皮素-3-β-D-半乳糖（2→1）葡萄糖苷〔quercetin 3-O-(2″-β-D-glucopyranosyl)-β-D-galactopyranoside，Ⅵ〕。结论认为，除山奈酚（kaempferol，Ⅰ）、槲皮素（quercetin，Ⅱ）之外，其余 4 个化合物均为首次从该植物中分离得到，Ⅲ与Ⅵ为首次从该属植物中分离得到。

（二）三七的药理功效

三七的主要药用活性成分为人参皂苷 Rb_1 和人参皂苷 Rg_1 等多种三七皂苷类化合物。

三七性温，味甘、微苦，具有散瘀止血、定痛消肿等功效，用于咯血、吐血、衄血、便血、崩漏、外伤出血、胸腹刺痛、跌打肿痛等症。

三、三七皂苷类化合物的积累规律及影响因素

（一）三七皂苷类化合物的积累规律

三七皂苷类化合物是三七的主要有效成分，因此研究三七各个生长时期皂苷类化合物积累规律，对确定三七合理的采挖期是很有意义的。崔秀明等（2001）的研究结果表明，皂苷是三七生理活性的次生代谢产物。三七皂苷的积累与三七的生理活动密切相关。4～7 月是三七的营养生长高峰，三七皂苷含量明显减少（三七皂苷的绝对值没有

减少，含量减少是因为总物质增加所致）；8～10月是三七的生殖生长高峰，三七皂苷含量显著增加。三七的生殖生理活动可能有利于三七皂苷的形成，三七生殖生理活动产生的某种内源物质是否在三七皂苷生物合成过程中产生重要的生理作用，三七皂苷的生物合成机制与生殖生理有关还是与气候变化有关等问题有待进一步深入研究。

传统上三七质量主要依据主根大小和外观式样进行评价，三七的采挖期主要是依据三七的产量进行确定，缺乏内在质量评价依据。研究三七的皂苷积累规律是从质量角度确定三七采挖时期的主要依据。研究结果表明，从三七皂苷含量的积累规律来看，三七的最佳采挖期为10～12月，与传统习惯的采挖期相吻合，说明我国几百年来形成的三七采收期能够保证三七的质量，具有科学依据。

（二）影响因素

1. 三七生长环境与三七皂苷含量的关系

崔秀明等（2001）的研究结果表明，生长环境对三七皂苷含量有一定的影响。其中日照时数和光照强度对三七皂苷的形成有重要影响，是所有生态因子的主导因素。

2. 三七鲜根皂苷含量比干根高

马妮等（2004）研究结果表明，鲜根三七皂苷含量比三七干根的皂苷含量高，而且三种单体皂苷降低程度依次为 $Rg_1 < R_2 < Rb_1$，可能是在干燥过程中受热破坏所致。

三七鲜根更易加工，应结合产区优势及鲜根三七皂苷含量高的特点，加强以三七鲜根为原料的产品开发。

3. 根腐会降低三七根中的皂苷含量

孙玉琴等（2004）的研究结果表明，三七根腐后比正常三七总皂苷含量平均降低了30.88%，R_1、Rg_1、Rb_1 三种单体平均含量分别降低了 25.53%、11.26%、17.82%。三七的皂苷含量随根部腐烂程度的增加而减少，但根部腐烂对 R_1、Rg_1、Rb_1 三种单体皂苷的比例无显著影响。

4. 不同产地三七根茎中单体皂苷含量有差异

崔秀明等（2005）研究结果表明，2000 年版《中华人民共和国药典》中规定了三七主根中 Rb_1、Rg_1 的总量不低于 3.8%。三七皂苷 R1 为三七特有的皂苷成分，Rd 在三七中的含量也较高，应在评价指标中体现。通过对不同产区三七根茎皂苷含量的测定，三七根茎中的 Rb_1、Rg_1、R_1、Rd 总量应不低于 7% 为宜。

全国 90% 的三七分布在云南省文山州的文山、砚山和马关 3 县。对文山 8 个样品、马关 3 个样品、砚山 4 个样品共 15 个样品的 4 种单体皂苷进行分析，发现三七根茎中人参皂苷 Rg_1 含量最高，平均达 4.5%，其次为人参皂苷 Rb_1，平均为 2.5%；人参皂苷 Rd 平均含量为 1.5%；三七皂苷 R1 含量较小，平均为 0.6%。结果表明，不同产地各单体皂苷的含量有一定差异。

四、三七组织和细胞培养的条件和技术

（一）三七组织和细胞培养的意义

随着三七产业的迅速发展，人们试图应用现代生物技术扩大资源和种源，发展现代

工厂化生产技术，开展了愈伤组织材料选择，培养基种类和成分，促进三七皂苷合成的化合物等研究，并已取得可喜的进展。

（二）三七组织培养的条件

种胚（张琪等，1989）、花序（李伟荣等，1992）、茎切段（许鸿源等，2004）和叶器官（许鸿源等，2007）均可作为组培外植体，可获愈伤组织。

许鸿源等（2007）的研究结果表明，陈伟荣等曾以三七花序的愈伤组织为材料，用6-BA 和 KT 两种细胞分裂素诱导获得胚状体，但其同时将 6-BA、KT 和 GA_3 混合使用，且没有相应的排除性对照组，致使无法确认 6-BA、KT 在诱导三七胚状体发生中的具体贡献。甘烦远等（2007）曾报道 6-BA 有促进三七愈伤组织芽分化的作用，但分化率不高，且未出现胚状体。在许鸿源等（2005）的研究中，无论是茎器官的愈伤组织，还是叶器官的愈伤组织，单独使用 6-BA 或 KT 都未能诱导胚状体的发生及再生植株的建成。然而单独使用 LFS，却被反复证明能诱导三七茎段、叶柄及叶片等不同器官胚状体的发生，并促进胚状体萌发生长成再生植株。特别是对胚状体的诱导率高达 80％以上，这一结果对进一步研究三七器官发生机制、三七人工种子的制备、三七种源的优化等都具有积极意义。

LFS 对茎器官胚状体的诱导质量浓度是 2mg/L，而对叶器官则只需 0.5mg/L，说明叶器官对 LFS 更敏感。尤其叶片是诱导胚状体最佳的材料，同等条件下，胚状体发生速度快，诱导率也最高。

综合现有对三七胚状体诱导与植株再生的研究工作表明，LFS 与 KT、BA、ZT 等相比，是目前唯一能够被确认可以诱导三七多种器官愈伤组织再分化出胚状体，并使其发育成再生植株的植物细胞分裂素。

（三）三七细胞悬浮培养的条件和诱导子的利用

1. 三七细胞悬浮培养

首先选择适合的外植体（如叶器官或茎切段等）在 MS 培养基上诱导愈伤组织（黑暗、25℃），然后从生长在 MS 培养基上的愈伤组织取 1％～5％（w/V）的新鲜细胞接种到搅拌式生物反应器的液体培养基里，一般为 25℃、80r/min，使细胞均匀分布和生长繁殖 2 周时间。

2. 利用诱导子的研究

1）甲基茉莉酸的利用

Zhong 等（2005）的研究结果表明，在离心式搅拌生物反应器里加入 $200\mu mol/L$ 甲基茉莉酸（melyl jasmonate，MJA），可使高密度细胞培养的三七人参皂苷的产量提高。在 3L 和 30L 的离心搅拌式生物反应器里，人参皂苷单体 Rg_1、Re 和 Rb_1 的产量都有较大幅度的提高。在 30L 离心搅拌式生物反应器里，当没有诱导甲基茉莉酸时，人参皂苷 Rg_1、Re 和 Rb_1 的产量分别是（42±8）mg/L、（42±9）mg/L 和（41±6）mg/L，但是加入诱导甲基茉莉酸后，产量分别上升到（104±6）mg/L、（71±5）mg/L和（95±6）mg/L。在 3L 离心搅拌式生物反应器里，Rb 和 Rg 的比值在加入甲基茉莉酸后稍有改善，但是在 30L 离心搅拌式生物反应器里没有出现差异。

这项工作对了解在植物细胞培养时，大规模生产对人参皂甙单体产生的影响是有帮助的。

Wang 等（2005）的研究结果，不仅肯定了在三七细胞振荡培养和气生式发酵罐培养时加入甲基茉莉酸能增加人参皂苷的产量，而且证明连续两次添加 MJA 可重复诱导，促进人参皂苷继续进行生物合成。当两次添加 MJA 细胞培养时，人参皂苷 Rg_1、Re、Rb_1 和 Rd 含量进一步增加，分别从（0.32 ± 0.02）mg/100mgDW 至（0.43 ± 0.02）mg/100mgDW、从（0.36 ± 0.02）mg/100mgDW 至（0.46 ± 0.03）mg/100mgDW、从（0.72 ± 0.06）mg/100mgDW 至（1.09 ± 0.07）mg/100mgDW、从（0.08 ± 0.01）mg/100mgDW 至（0.14 ± 0.02）mg/100mgDW。最有趣的是，在重复添加 MJA 的培养过程中，Rb1 生物合成酶（UDPG-人参皂苷 Rd 葡糖生物合成酶）活性也随之增加，可继续刺激诱导人参皂苷的生物合成。为了进一步改善细胞培养密度和人参皂苷产量，可采用重复添加 MJA 诱导子和蔗糖的饲喂方法。最后在人工反应器（ALB）里分别达到（27.3 ± 1.5）g/L 和（2.02 ± 0.06）mg/100mgDW，人参皂苷 Rg_1、Re、Rb_1 和 Rd 的最高产量达到（111.8 ± 4.7）mg/L、（117.2 ± 4.6）mg/L、（290.2 ± 5.1）mg/L 和（32.7 ± 8.1）mg/L。该研究结果对三七植物细胞培养中有效地大规模生产生物活性人参皂苷是很有帮助的。

2）化学合成 2-羟乙基茉莉酸对三七细胞培养中人参皂苷生物合成的诱导作用和改善其非物质性的效果

Wang 等（2006）的研究结果表明，在三七细胞培养 4d 时加入 2-羟基茉莉酸（HEJA）200μmol/L，比添加 MJA 更能刺激人参皂苷的生物合成和有效改善其不均匀性，其总皂苷量和 Rb/Rg 比例分别增加 60％和 30％，并且 Rb1 生物合成酶［鸟苷二磷酸葡糖-人参皂苷葡糖氨基转移酶（UGRdGT）］的活性也有所提高。利用 HEJA 诱导的人参皂苷 Rg_1、Re、Rb_1 和 Rd 的产量分别为 MJA 刺激产量的 1.3 倍、1.3 倍、1.7 倍和 2.1 倍。

3）利用化学合成 2-羟乙基茉莉酸调节三七细胞培养人参皂苷生物合成基因转录作用

过去的研究已明确，人工合成的 2-羟乙基茉莉酸（HEJ）能高效诱导三七细胞的人参皂苷的生物合成。在 Hu 等（2008）的实验中，从三七细胞里克隆了三萜类物质（包括人参皂苷）生物合成有关的 SQS（鲨烯合成酶）、SE（环氧酶）和 ASC（环阿屯醇合成酶）基因的 cDNA，同时研究了 HEJ 诱导时三七细胞中这三个基因转录的变化。

研究结果发现，当用 HEJ 或 MJ 处理调节内源 JA 的生物合成时，SQS 和 SE 基因向上调节，而 CAS 基因向下调节。通过上调 SQS 和 SE 基因的表达和下调 CAS 基因的表达，diethydithiocarbamate 能有效地抑制 JA 的生物合成，降低 HEJ 的诱导，人参皂苷的生物合成同时被抑制。结果表明，在三七细胞合成人参皂苷时，JA 扮演了一个重要的信号转录角色。这些结果对将来植物细胞培养合成人参皂苷的理解和操作是有帮助的。

4）胞外钙浓度和钙传感对三七细胞合成人参皂苷 Rb_1 的效果

Cai 等（2004）的研究结果表明，接种 3d 的三七细胞里，人参皂苷 Rb_1 合成决定于培养基上 Ca^{2+} 浓度（$0\sim13$m mol/L）。在浓度为 8mmol/L 时最适，人参皂苷 Rb1 含量达到最高水平（1.88±0.03）mg/gDW，Ca^{2+} 浓度为 0 和 13mmol/L 时，分别高出 80％和 25％。这就可以确定，人参皂苷 Rb_1 生物合成决定 Ca^{2+} 浓度。

为了了解外源信号转导及 Ca^{2+} 对皂苷合成影响的机制。对培养中的人参细胞进行分析发现，细胞内钙调蛋白的含量与 CCDNK（一种 NAD 激酶）和 CDPK（钙决定蛋白激酶）的活性以及人参皂苷 Rb1 生物合成酶（UDPG）的活性有关。随着外源钙离子的浓度从 0 增加到 13mmol/L，胞内 CCDNK 含量也相应增加。而在钙离子浓度为 8mmol/L 时，CDPK 和 UGRdGT 的活性达到最大，这一浓度也是人参皂苷合成的最适浓度。最终发现，钙离子影响人参皂苷的合成可能是通过 CaM、CDPK 和 UGRdGT 等信号转导途径来实现的。通过调节外源钙离子的浓度来控制人参皂苷的合成也是一条有效途径。

第二节　芦荟植物的生理生态

一、概述

芦荟是百合科（Liliaceae）芦荟属（Aloe）多年生肉质草本植物，原生于非洲南部热带地区，我国云南的野生芦荟是 1000 多年前由国外传入的。目前，芦荟属植物包括变种共有 500 多种，各国竞相开发的只有 5～6 种。①库拉索芦荟，我国叫翠叶芦荟（curcaoaloe），学名为 Aloe barbadensis Mil，也称美国芦荟。株林高 0.5～0.6 m，叶片长而厚，含叶肉多，这是美国大规模种植和用于加工生产的品种，是国外研究得最多的一个品种。②开普芦荟（cape aloe），学名为 Aloe ferox Mill，又称青鳄芦荟或好望角芦荟，特征是薄片呈半透明状，别名叫"透明芦荟"，叶片宽而短，这个品种的研究数据较少，国内还没有报道。③木立芦荟，学名为 Aloe arborescens Mill，我国叫鹿角芦荟，又称直立芦荟、木本芦荟或大芦荟，目前在日本广为种植和加工生产，是民间保健药品和食品的原料，国内外研究得较多。④中国芦荟，又名华芦荟，学名为 Aloe vera L. var. Chinesis（Haw）berg，是翠叶芦荟的变种，因叶片上布有白色斑点，又叫斑纹芦荟，叶片分生能力很强，生长速度快，与翠叶芦荟相比，株体小，叶片较薄，每片叶含叶肉量也少，而且株体老化速度快，我国学者对此品种研究较多。⑤皂苷芦荟，学名为 Aloe saponaria Haw，含有皂质，国外有关其成分分析的报道，国内目前尚未进行这一方面的研究。

目前这些常用的芦荟品种缺乏可靠的产品含量分析数据，其中对多糖含量的报道虽然较多，但结果相差很大，因此在确定加工原料的品种时，缺乏准确的科学依据，而且在产品的加工过程中，缺少不同的加工方法对这些活性成分影响的分析监测数据。

芦荟性苦、寒，具有清肝热、通便的功效，主治胃溃疡、哮喘、便秘、小儿疳积、惊风、外治湿癣。

目前我国野生的有 2 个变种，都是引进药用种类。我国除药用外，美容行业也大量使用，数量日增，供不应求，目前大多为进口药材，库拉索芦荟从西印度群岛进口，称"老芦荟"；好望角芦荟从南非进口，称"新芦荟"。

中国芦荟种植发展很快，主要品种有三个：美国库拉索芦荟（翠叶芦荟）、中华芦荟和日本木立芦荟。全国 31 个省（直辖市、自治区）除西藏外均有栽培，尤以海南、云南、福建、广东等省较为集中。海南省芦荟种植面积已达 400 多 hm²，占全国种植总面积的 60%。云南省元江是中国野生芦荟发源地，元江芦荟现种植 333.5 多 hm²，占全国总种植面积的 40% 以上。据不完全统计，芦荟在我国的栽培面积已由 200hm² 增加到现在的 800.4hm²。

二、芦荟药用成分和药理功能

（一）芦荟的药用成分

芦荟药用成分主要取自其叶片汁液的浓缩干燥物。据研究报道，芦荟化学成分主要包括酚类、萜类及甾体、糖类、有机酸以及生物碱类等。其中，蒽醌（anthraquinon）和芦荟苷（素）（aloin）是芦荟的重要功能活性成分。又据徐呈祥等（2006）研究报道，芦荟含有多种生物活性成分，如芦荟素（aloin）、后莫拉特芦荟素（homonataloin）、芦荟大黄素（aloe-emodin）、芦荟多糖（poly-sacchride）等，主要存在于叶片的同化组织和维管束中。王红梅等（2003）对芦荟属植物酚类化合物进行了研究，从中分离鉴定出 6 种化合物：芦荟大黄素（Ⅰ）、大黄素甲醚（Ⅱ）、大黄酚（Ⅲ）、大黄素（Ⅳ）、2-丙烯酸 3-（4-羟基苯）-甲基酯（Ⅴ）、4-甲基-6，8-二羟基-7 氢-苯并［de］-蒽-7-酮（Ⅵ）。

（二）芦荟的药理功能

现代药理实验证明，芦荟属植物中的有效部位或有效成分具有抗癌、消炎、抗菌、抗病毒、抗虫、解热、保肝和增强免疫等功效。近年来药理和临床研究表明，芦荟胶具有抗炎、抗紫外线辐射、抗病毒、提高人体免疫机能等功能，并对肿瘤细胞和爱滋病毒也有抑制作用。因此，芦荟叶的分泌物在医药和化妆品工业中备受国内外重视。

三、芦荟叶内芦荟素的积累特点

（一）芦荟维管束的结构与芦荟素的积累的相互性

王太霞等（2003）的研究结果证明，木立芦荟和中华芦荟叶中大型韧皮薄壁细胞的维管束都含芦荟素，而木立芦荟及中华芦荟叶中内轮维管束都不含芦荟素。为此，维管束中的大型韧皮薄壁细胞与芦荟素的积累密切相关，维管束中是否有大型韧皮薄壁细胞可作为判断是否含有芦荟素的解剖学指标（图 15-1）。

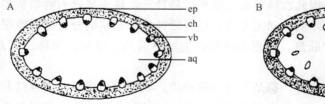

图 15-1 芦荟叶横切面轮廓图

A. 木立芦荟叶横切面轮廓图；B. 中华芦荟叶横切面轮廓图

ep：表皮；ch：同化组织；vb：维管束；aq：储水组织；ev：外轮维管束；iv：内轮维管束

（二）芦荟素细胞的发育和蒽醌类物质的积累

Hausen（1998）曾指出芦荟属植物叶的维管束内存在大型薄壁细胞，并认为这些细胞产生芦荟素，称之为芦荟素细胞（aloin cell）。王太霞等（2003）研究发现，在叶内原形成层束分化成维管束初期，原形成层束外侧的一层细胞发育成维管束鞘。原生韧皮部筛管产生时，其外方尚保留1~2层原形成层细胞，当后生韧皮部和木质部开始分化时，此层细胞分裂。在后生韧皮部和木质部发育成熟过程中，这些细胞体积逐渐增大并液泡化，发育成为大型薄壁细胞（芦荟素细胞），位于筛管外侧。据此，芦荟叶维管束内的大型薄壁细胞的来源与韧皮部相同，属于特化的韧皮部薄壁组织细胞。用乙酸铅处理过的上述材料的切片观察表明，芦荟素细胞在细胞体积增大并液泡化时，液泡内出现了蒽醌类物质沉淀物，在成熟细胞的大液泡中充满沉淀物，此时，在荧光显微镜下芦荟素细胞发出橘黄色荧光。因此，此种芦荟素细胞是芦荟叶内蒽醌类物质的主要储存场所。

（三）芦荟属植物叶的表皮细胞特征与芦荟素含量的关系

据文献报道，芦荟叶中芦荟素等蒽醌类物质的含量受内部结构和环境因素两方面的影响。胡正海等（2001）比较了不同芦荟属植物叶的结构和芦荟素的含量，其研究结果证明蒽醌类物质主要存在于芦荟叶维管束中的大型韧皮薄壁细胞中，芦荟素的含量与大型韧皮薄壁细胞的发达程度呈正相关。Chauser-Volfson Alejandra 等研究了光照强度对芦荟素含量的影响，证明强光照使叶中芦荟素含量降低（Chauser，1998；Alejandra，2000）。李建军等（2004）的研究结果表明，木立芦荟的芦荟素含量最高，库拉索芦荟的含量次之，皂质芦荟叶的含量最低。根据他们早期研究结果，木立芦荟和库拉索芦荟叶中都有大型韧皮薄壁细胞，而皂质芦荟中大型韧皮薄壁细胞极不发达（Li，2003），其后研究结果进一步证实芦荟属植物叶中芦荟素的含量与大型韧皮薄壁细胞的发达程度呈正相关，与胡正海等的研究结果一致。研究结果还表明，虽然木立芦荟和库拉索芦荟叶中都有大型韧皮薄壁细胞，但其叶中芦荟素的含量仍存在显著差异。扫描电子显微镜观察结果证明，木立芦荟角质膜表面呈瘤状突起且较厚，而库拉索芦荟和中华芦荟的角质膜表面较平且较薄。这说明木立芦荟角质膜能反射更多光线，减弱光线进入叶的深层组织，使叶中芦荟素含量增高，这一结果与 Cuauser 和 Alejandra 等的研究结果相符，也就是说，在大型韧皮薄壁细胞都发达的前提下，芦荟属植物叶表皮角质膜表面纹饰和厚度是影响芦荟素含量的因素之一，角质膜越厚，芦荟素含量越高；在叶中大型韧皮薄壁细胞不发达或缺少情况下，无论角质膜厚或薄，芦荟素含量都很低。

（四）芦荟叶片不同部位芦荟素含量的变化

以色列的 Gutterman 等（2000）的研究结果表明，芦荟苷是一种次生酚醛代谢物，分布在植物中作为防御外来侵扰的物质。嫩叶中芦荟苷的含量较高。在叶片顶部1/3处芦荟苷含量最高，在其底部1/3处含量最低；叶片顶部中心和边缘含量较高，底部中心和边缘含量较低。叶片割掉的时间越长，新长出的叶片中芦荟含量越高。

四、环境条件对芦荟药用化学成分合成的影响

药用植物次生代谢物的生物合成受环境因素的影响很大。一般认为胁迫环境有利于药用植物次生代谢药物的合成。

（一）氮水平对芦荟次生代谢物含量的影响

汪吉东等（2006）的研究结果认为，氮素是影响芦荟产量与品质的首要因素，参与植物体内酚类和蒽醌类次生代谢产物的生物前体合成。供氮浓度从 5.0mmol/L 增加到 10.0mmol/L 时，叶片的维生素 C 含量显著增加；继续提高供氮水平，叶片维生素 C 含量则明显下降；蒽醌含量则随施氮水平的上升而不断增大，但施氮 10.0mmol/L、15.0mmol/L、17.5mmol/L 的处理间没有显著性差异。芦荟苷含量变化趋势和维生素 C 含量相似，以施氮 10.0mmol/L 为最高，其含量分别是其他处理的 1.4 倍、1.2 倍、1.4 倍、1.3 倍。由此可见，芦荟在供氮 10.0mmol/L 时能够获得较高的产量和蒽醌含量、较低的硝酸盐含量和高的维生素 C 和芦荟苷含量，适宜的供氮水平是芦荟高产优质的保证。

（二）长期盐胁迫会抑制芦荟的生长

徐呈祥等（2006）的研究结果表明，200mmol/L NaCl 处理显著抑制芦荟生长，叶片长度、宽度、厚度和重量显著减小，含水量和叶绿素含量降低，干枯死亡的叶片数显著增多，根系周界和根系密集区显著缩小，单株干重降至对照的 65.02%，单株鲜重只及对照的 38.32%，至开花期花葶低矮、细弱，开花株数明显减少；100mmol/L NaCl 处理对库拉索芦荟生长的抑制作用显著减轻，且可正常开花，花期未见缩短，但至处理结束时新叶的长度，处理结束时单叶的厚度和鲜重、根系密集区范围以及叶片和全株的鲜重、根系的干重和鲜重均显著小于对照；而 50mmol/L NaCl 处理与对照无显著性差异。盐胁迫对库拉索芦荟全叶原汁出汁率及理化性质的影响与对生长开花的影响相似，其中 50mmol/L、100mmol/L NaCl 处理间多数指标值无显著差异，与对照相比，多数指标值处于有益水平。综合评判，库拉索芦荟具有咸水微咸水灌溉栽培的潜力。

（三）不同生境对中国芦荟凝胶活性成分的影响

王振宇等（2002）的研究结果表明，云南元江产的中国芦荟凝胶中所含的活性成分要高于黑龙江温室内产的中国芦荟；积温高、土壤呈弱酸性的条件下，中国芦荟凝胶中的蛋白质、有机酸含量较高。

（四）水分胁迫对芦荟药用成分合成的影响

兰小中等（2007）的研究结果表明，芦荟苷含量与土壤含水量呈极显著的负相关，水分胁迫增加了单位干质量叶片中的芦荟苷含量；叶片中的主要药用成分之一多糖含量明显下降，总糖的含量也不断减少；而可溶性糖和脯氨酸含量明显上升，与土壤含水量呈显著负相关；受到水分胁迫的中华芦荟与对照比较，整株、地上部分和根的鲜重均下

降，并且胁迫强度越大，降低越多，说明随着水分胁迫不断增加，中华芦荟次生代谢活跃，光合作用减弱，同化能力下降，积累的碳水化合物总量不断减少，芦荟苷含量增多。而在一定程度的水分胁迫处理中，可溶性糖和脯氨酸含量的增加与其增强植物抗性的生理功能密切相关，随着干旱失水，芦荟多糖含量及生物量的减少降低了芦荟的经济价值。

第三节　枇杷植物的生理生态

一、概述

枇杷属（*Eriobotrya*）隶属于蔷薇科（Rosaceae），其形态特征为：常绿乔木或灌木。单叶互生，边缘有锯齿或近全缘，羽状网脉，通常有叶柄或近无柄，托叶多早落。花两性；成顶生圆锥花序，常被绒毛；萼筒杯形或倒圆锥形，萼片5，宿存；花瓣5，倒卵形或圆形，无毛或有毛，芽时呈卷旋状或覆瓦状排列；雄蕊10～40；花柱2～5。基部合生，常被毛；子房下位，合生。2～5室；每室有2胚珠；梨果肉质或干燥，内果皮膜质，有1粒或数粒大型种子。

枇杷属植物约有30种，分布于亚洲温带和亚热带地区。《中国植物志》（1974）记载中国产13种。近年又有新的发现，如1980年在西藏墨脱发现有椭圆枇杷（*E. elliptica* Lindl.），1985年四川汉源、石棉首次发现了大渡河枇杷（*E. prinoides* Rehd. et Wils. Var. *daduheensis* H. Z. Zhang）。

中国枇杷属植物有15个种和变种，现分布于长江流域及长江以南各省（自治区）。各植物种或变种均有其特定的分布区域。其中枇杷［*Eriobotrya japonica*（Thunb.）Lindl.］分布最为广泛，产于甘肃、陕西、河南、江苏、安徽、浙江、上海、江西、湖北、湖南、四川、贵州、云南、西藏、广西、广东、福建、台湾、海南等19个省（直辖市、自治区），各地广行栽培。四川、贵州、湖北、湖南、广西、广东、浙江等省（自治区）的山地仍有野生者。大花枇杷［*E. cavaleriei*（Levl.）Rehd.］分布也很广，产于四川、贵州、湖北、湖南、江西、福建、广西、广东等地，现四川青城山、湖北星斗山等地仍可见野生者。台湾枇杷［*E. deflexa*（Hemsl.）Nakai.］分布范围居第三，除台湾、海南外，广东、广西、云南东部也有分布，现在海南尖峰岭仍可见野生者。香花枇杷（*E. fragrans* Champ.）产于广东、广西、云南、西藏等地，现在云南龙陵小黑山仍可见野生者。栎叶枇杷（*E. prinoides* Rehd. et Wils.）分布于云南东南部和四川南部、西部，现在云南蒙自、四川汉源等地仍可见野生者。栎叶枇杷的变种大渡河枇杷（*E. prinoides* Rehd. et Wils. var. *daduheensis* H. Z. Zhang）分布于四川西部的石棉、汉源等地。麻栗坡枇杷（*E. maipoensis* Kuan）产于云南东南部靠近中越边境的麻栗坡。腾越枇杷（*E. tengyuehensis* W. W. Smith）产于云南西部高黎贡山，现在腾冲狼牙山等地仍可见野生者。怒江枇杷（*E. salwinensis* Hand.-Mazz.）产于云南西部高黎贡山。齿叶枇杷（*E. serrata* Vidal.）产于云南、广西，多分布于云南西双版纳及其附近，以南滚河自然保护区内较为常见。南亚枇杷窄叶变型［*E. bengalensis*（Roxb.）Hook. *f. angustifolia*］产于云南中部，现在易门县大龙漱水源林内仍有零星分布。倒卵叶枇杷（E. obovata W. W. Smith）产于云南中部，现在安宁大瓜箐仍可见野生者。窄叶枇杷（E. henryi Nakai）产于云南东南部。小叶枇杷［E. seguinii (Levl.) Card. et Guillaumin］产于贵州西南部、云南东南部和广西西部。椭圆枇杷（E. elliptica Lindl.）产于西藏墨脱。此外，在山东临朐出土有大叶枇杷（E. miojaponica Hu et Chaney）化石。

中国是枇杷原产国和主要生产国。枇杷于唐朝传入日本，故日本古时称"唐枇杷"。1784年瑞典植物学家 Thunberg 到日本，按系统分类法，把枇杷命名为蔷薇科欧楂属（后来才重立枇杷属）枇杷种；同年，法国巴黎植物园从广东引去枇杷。1787年，英国皇家植物园也是从广东引去枇杷。枇杷现已传遍世界，如日本、韩国、印度、巴基斯坦、泰国、老挝、越南、美国、加拿大和中南美洲诸国，欧洲的地中海沿岸各国，北非和南非、马达加斯加、澳大利亚、新西兰等都有栽培。主产国为中国、西班牙、阿尔及利亚、日本、印度、意大利、巴西、以色列等。主产地区常分布在南北纬20°～35°，但在海洋性气候或有大水体调节下，可分布至45°。

枇杷果实在春末夏初成熟，果实圆形或卵形，呈白色、黄色至橙黄色。又因其果肉柔软多汁、甜酸适口、风味佳美和营养丰富，深受人们喜爱。100g枇杷果肉含蛋白质0.4g、脂肪0.1g、碳水化合物7g、粗纤维0.8g、灰分0.5g、钙22mg、磷32mg、类胡萝卜素1.33mg、维生素C 3mg，是优良的营养果品。尤以红肉枇杷的类胡萝卜素最多，白肉枇杷的氨基酸特别是谷氨酸含量最高，其味之鲜美，更为多种水果所不及。其果汁富含钾而少钠，适宜需低钠高钾患者的需要，是重要的保健果品。枇杷果实除鲜食外，还是加工罐头、果酱、果膏、果冻和果酒的好原料。

枇杷的花、果、叶、根及树白皮等均可入药。花可治头风，鼻流清涕；果实具止渴下气、利肺气、止吐逆、润五脏之功能；根治虚劳久嗽、关节疼痛；树白皮可止吐逆不下食；枇杷最重要的药用部分是叶，枇杷叶中主要成分为橙花叔醇和金合欢醇的挥发油类及有机酸、苦杏仁苷和B族维生素等多种药用成分，具清肺和胃、降气化痰的功用，为治疗肺气咳喘的要药。

二、枇杷的化学成分和药理作用

（一）果实的化学成分

枇杷果实含有水分78.0%、碳水化合物10.6%、纤维素10.2%、脂肪0.5%、蛋白质0.4%和其他成分0.3%。种实里含有34%的淀粉。在可溶性物质中，有维生素、氨基酸、矿物质、脂肪酸和可溶糖等。英国的Femenia等（1998）对枇杷果实各部组织的非乙醇溶残留物（AIRS）糖和其他成分含量（表15-1）以及矿质元素含量（表15-2）进行了测定。

（二）叶片化学成分和药理作用

枇杷叶全年可采，一般常在春末采摘鲜叶。晒干或烘干。有些地区拾取落叶，干燥备用。

表 15-1　枇杷果实各部分组织非乙醇溶性残留物中糖类和其他成分含量
[μg 脱水糖]（引自 Femenia et al.，1998）

化学成分	外果皮	鲜果肉	内果皮	种皮	种实	毛状花托
水分	63.4	101.2	90.4	78.4	93.9	85.9
蛋白质	52.7	103.8	46.5	52.4	146.1	63.3
灰分	57.8	46.1	49.0	27.7	26.8	36.1
鼠李糖	11.8	18.2	12.1	9.4	17.2	7.2
岩藻糖	4.3	7.2	1.9	5.0	6.7	4.2
阿拉伯糖	201.9	194.7	174.4	138.8	223.0	84.4
木糖	32.4	29.6	81.5	81.6	33.5	67.4
甘露糖	11.3	11.3	6.6	25.7	32.8	16.7
半乳糖	53.4	82.4	113.7	136.4	92.2	156.7
葡萄糖	172.9	163.5	130.0	118.2	199.0	151.1
水解纤维素葡萄糖	14.5	19.7	13.4	10.8	34.7	15.4
糖醛酸	221.2	197.6	168.3	164.8	83.4	225.6
酯类/%	58	47	17	16	3	51
总糖	709.1	704.4	688.5	679.9	687.9	713.1
木质素	100.2	13.9	91.7	107.1	25.7	97.7

表 15-2　枇杷果实各部分组织非乙醇溶 AIR 中矿质元素含量
[μg 矿质元素]（Femenia et al.，1998）

矿质元素	外果皮	鲜果实	内果皮	种皮	种实	毛状花托
Mg	1.61	4.42	5.43	1.44	3.00	2.26
Ca	28.04	20.51	18.50	12.29	4.34	20.25
Na	1.13	0.51	0.96	0.17	1.34	0.34
K	1.32	0.94	1.40	0.35	13.52	0.71
P	0.13	1.99	1.67	0.00	1.88	0.11
Fe	0.20	0.38	0.34	0.17	0.16	0.15
Cu	0.15	0.16	0.35	0.09	0.03	0.17
Mn	0.02	0.03	0.05	0.02	0.01	0.03
Zn	0.06	0.10	0.25	0.08	0.06	0.16

（1）叶片特征。叶呈长椭圆形或倒卵形，长 $12\sim30cm$，宽 $3\sim9cm$，先端尖，基部楔形，边缘上部有疏锯齿，基部全缘；上表面灰绿色、黄棕色或红棕色，有光泽，下表面淡灰色或棕绿色，密被黄色茸毛；主脉于下表面显著突起，侧脉羽状；叶柄极短；被棕黄色茸毛。革质而脆，易折断。无臭，味微苦。药材以叶完整、色绿、叶厚者为佳。

（2）主要化学成分。皂苷、苦杏仁苷、熊果酸、齐墩果酸、酒石酸、柠檬酸、苹果酸、鞣质、维生素 B_1 和维生素 C、山梨糖醇及微量砷。鲜叶含挥发油，油中主要成分为橙花叔醇和合欢醇。

（3）功用和主治。清肺和胃，降气化痰。用于肺热咳嗽、咳血、胃热呕逆、小儿吐乳等的治疗。

三、枇杷生理学特性

（一）枇杷种子干燥和贮藏特性

枇杷种子为顽拗性（recalcitran seed）种子，在整个发育过程中一直保持着高水分和较旺盛的代谢活力。其种子对脱水和低温较为敏感。因此，枇杷种子采收后，不耐干燥和低温，不耐贮藏，容易丧失发芽力。枇杷种子适于潮湿水分 25%～30%，RH80%和低温（0～8℃）保存。据陈俊松等（1999）研究，外源 0.05～0.25mmol/L 的抗坏血酸（ASA），0.05～5.0mmol/L 的还原性谷胱甘肽（GSH）和 0.05～0.5mmol/L 的 Ca^{2+} 处理能有效地增强种胚防御过氧化的能力，缓解氧自由基对种胚的伤害，提高脱水劣变的种子活力。

（二）促进枇杷种子发芽和幼苗生长的调控

Refaey 等（2005）的研究结果表明，应用潮湿低温和 GA_3 处理可促进种子解除休眠和发芽。最佳的处理方法是在（5±1）℃潮湿低温条件下处理 3 周或者 1 周后，用 250ppm GA_3 浸种 20h，分别显著提高发芽率88%和85%，并且可加快发芽，50%发芽天数（T_{50}）由对照 56d 缩短到（30.5±40.7）d。

（三）枇杷花芽和营养芽形成以及花期的激素调节

1. 枇杷花芽和营养芽形成的激素调控

刘宗莉等（2007）的研究结果表明，低水平 GA_3 和低水平 IAA 对枇杷花序原基的形成和花器官的分化起着促进作用，在花芽诱导期相对较高的 ZT 水平和 ABA 水平有利于花芽分化；在形态分化期，也要求较高的 ZT 水平 和 ABA 水平。ABA 含量在枇杷成花过程中的变化特征最明显，暗示其在枇杷的成花中扮演主导角色，没有 ABA 的持续升高，就不能导向成花；另一个有可能与之起作用的是 IAA，后者在关键的时候（8月中旬）有所下降。

2. 早熟枇杷适时花期的调控

邱继水等（2005）的研究结果表明，广东中北部山区栽种枇杷，在夏梢转绿期的 6月中下旬，灌水保持土壤湿润，适当施肥，可获得结果母枝适时老熟，增加枝条长度和叶片数。在结果母枝老熟期的 8月上旬，喷施"控梢灵"或PP333，可提高结果母枝成花率，缩短花期，并且抽生的花穗紧凑，便于疏果后套袋，果实成熟期提早，商品果产量提高。因此，培育适时成熟、长度和粗度适宜的结果母枝，配以化学调控，是广东中北部山区高效栽培枇杷的技术关键。特别是 6月中下旬出现高温干燥、8月上旬出现频繁降雨天气的条件下，此项措施显得更为重要和关键。

四、枇杷生长发育对生境的要求

环境条件会影响枇杷的生长发育和开花结果，枇杷原产于北亚热带，喜温暖，要求光照充足、较多雨量和潮湿的空气，喜砂质土壤和向阳坡地，或土层深厚、疏松、富含有机质、保水、保肥能力强而不易渍水的土地。不利的环境因素都会影响枇杷的正常生长发育。

（一）冻死温度

枇杷的耐寒性随其发育程度而变化，花蕾期比较耐冻，多在$-7 \sim -5℃$时冻死，幼果在$-3℃$时开花出现冻坏果，刚落瓣后的幼果比较耐冻，越往后越弱。一般情况是开花越迟，抗冻性越强。温度越低，持续时间越长，则冻死率越高。

（二）干旱的影响

罗华建等（2004）的研究结果表明，干旱会抑制枇杷的生长，其中以株高和叶面积受抑制的程度最大，而影响了光合面积的增加，势必减少光合产物的积累和分配，进而影响枇杷的丰产稳产及优质果品的形成，因此，搞好果园配套设施，保持正常水分供应，是实现枇杷丰产稳产优质栽培的基础。

（三）高浓度 CO_2 对不同水分条件下枇杷生理的影响

张放等（2003）的研究结果表明，高 CO_2 浓度对不同水分状态下的枇杷叶片光合速率（Pn）均有明显的促进作用，使枇杷叶片荧光参数 Fv/Fm 值、Fv/Fo 值及 ΦPSⅡ明显提高，而在水分胁迫时，高 CO_2 浓度使枇杷叶片荧光参数 Fv/Fo 值及 ΦPSⅡ下降幅度明显减少；高 CO_2 浓度也使 SOD、POD 及 CAT 酶活性显著提高，但在水分胁迫时，高 CO_2 浓度下的 SOD、POD 及 CAT 酶活性上升幅度明显较小，膜脂过氧化水平的上升幅度也较小，可见 CO_2 浓度升高对水分胁迫所造成的氧化损伤有一定的缓解作用。

（四）镉（Cd）胁迫对枇杷生长和光合速率的影响

余东等（2007）的研究结果表明，高浓度的 Cd 对枇杷生长有显著的抑制作用，且随着 Cd 浓度的增加，这种抑制作用越明显。枇杷对 Cd 的敏感程度表现为根＞叶＞茎。Cd 胁迫使枇杷叶片叶绿素以及类胡萝卜素含量下降，叶绿素 b 比叶绿素 a 和胡萝卜素（Car）更容易受到伤害，叶绿素 b、类胡萝卜素的含量基本同步减少。Cd 胁迫影响枇杷叶片的光合作用，造成光合效率的降低，净光合速率下降。

（五）$NaHSO_3$ 对枇杷光合速率的促进作用

周慧芬等（2003）的研究结果表明，低浓度（2～8mmol/L）的 $NaHSO_3$ 对光合速率的有促进作用，作用效果长达 6d；高浓度（16mmol/L）的 $NaHSO_3$ 对光合速率的促进作用不明显。$NaHSO_3$ 配合 1mmol/L KCl 和 5 mmol/L 6-BA 施用，对光合速率的促进效果更明显。

（六）CPPU 和 GA 花后处理对枇杷果实性状的影响

张谷维等（1998）的研究结果表明，枇杷果实种子大，可食率低，如果果实无核，可食率就增加，吃起来也方便，市场销路也好。GA 花前处理诱发枇杷单性结实的无核果率高，果形指数大，果肉厚，可食率高，但无核果较正常果小，并常发生果实变形和裂果，易患日灼等生理障碍，且可溶性固形物含量较有核果低，以及延迟成熟等，从而降低无核果的商品价值。本试验 CPPU 20×10^{-6} mol/L 在 2 月中旬喷果和 GA 1000×10^{-6} mol/L 花后处理，以及 GA 1000×10^{-6}＋CPPU 20×10^{-6} mol/L 花后喷果 3 次等处理，除了增大有核果外，也产生了不同比例的无核果，可不同程度克服 GA 花前处理所产生的上述问题。

五、枇杷果实次生代谢物的合成和变化

（一）不同类型枇杷果实着色期间果肉类胡萝卜素含量的变化

熊作明等（2007）的研究结果表明，果实进入着色期后，果肉叶黄质含量迅速下降，至果实成熟时下降平缓，而 α-胡萝卜素、β-胡萝卜素、β-隐黄质和玉米黄素成分均呈上升趋势，尤其在采收前 7～14d 上升迅速。果实成熟后，"大红袍"果肉的类胡萝卜素总量为"青种"的 4 倍左右。

（二）枇杷果实成熟和贮藏过程中有机酸的代谢

何志刚等（2005）的研究结果表明，枇杷鲜果中的有机酸有苹果酸、乳酸、草酸、酒石酸、富马酸、柠檬酸、丙酮酸等，其中主要有机酸为苹果酸（约占 85％），其次为乳酸（约占 10％），草酸、酒石酸的含量较低，富马酸微量，不含乙酸和琥珀酸，随着采收成熟度的提高与贮藏时间的延长，有机酸的种类增加，总酸含量下降，有机酸代谢消耗主要是苹果酸的代谢消耗。MAP 保鲜主要是通过抑制苹果酸的代谢来减少有机酸在贮藏过程中的消耗。

（三）枇杷果实发育期间酚类成分的代谢

Ding 等（2007）的研究结果表明，枇杷果实里含有 5-咖啡酰奎宁酸（绿原酸）、新绿原酸（neochlorogenic acid）、对羟基苯甲酸、5-P-feruloy lquinic acid、原儿茶酸、4-咖啡酰奎宁酸、表儿茶素、O-香豆酸（O-Coumaric acid）、阿魏酸（ferulic acid）、P-香豆酸。在果实发育早期以新绿原酸占优势，酚类成分浓度高，且种类多，但随着果实发育进程而不断降低。可是，绿原酸浓度却随着果实的成熟而增加，在成熟果实中占优势。因此，绿原酸浓度的大量升高是枇杷成熟的标志。在所有测定枇杷品种中酚类成分种类均相似，但总酚类成分含量变化范围为 81.8～178.8mg/100g。在枇杷果实发育早期绿原酸生物合成途径中，苯丙氨酸解氨酶 PAL、4-香豆酸、CoA 连接酶（Cl）和羟基肉桂酰 CoA 奎尼酸盐羟基肉桂酰转移酶（CQT）活性较高。在采收前 3 周开始降低，直到采收前 1 周升至高峰。由此表明，在枇杷果实发育成熟期，这些酶活性的变化与绿原酸浓度的变化有关。

参 考 文 献

蔡礼鸿.2000.枇杷三高栽培技术.北京:中国农业出版社
常秀莲,王长海,冯咏梅等.2003.4 种芦荟的物理性质及多糖含量的测定.食品与发酵工业,29(9):1～4
崔秀明,陈中坚,王朝梁等.2001.三七皂苷积累规律的研究.中国中药杂志,26(1):24,25

崔秀明,董婷霞,陈中坚等.2002.三七多糖成分的含量测定及其变化.中国中药杂志,37(11):818～820

何志刚,李维新,林晓姿等.2005.枇杷果实成熟和贮藏过程中有机酸的代谢.果树学报,22(1):23～26

胡正海,沈宗根,李景原.2001.芦荟属植物叶的结构与蒽醌类物质的关系.中草药,32(4):347～350

金赞敏,王长海,刘兆普.2004.盐胁迫对芦荟几项生理生化指标的影响.食品与发酵工业,30(10):1～4

李建军,李景原,朱命炜.2004.3种芦荟属植物叶的表皮扫描电镜观察及芦荟素含量的测定.西北植物学报,24(8):1397～1401

刘宗莉,林顺权,陈厚彬.2007.枇杷花芽和营养芽形成过程中内源激素的变化.园艺学报,34(2):339～344

罗华建,刘星辉.2004.干旱对枇杷生长的影响.中国南方果树,33(3):26,27

邱继水,周碧容,曾扬等.2005.早熟枇杷适时花期的调控.中国南方果树,34(6):38～40

汪吉东,刘兆普,郑青松.2006.供氮水平对芦荟幼苗生长、硝酸盐和次生代谢产物含量的影响.植物营养与肥料学报,12(6):864～868

王红梅,陈巍,施伟等.2003.芦荟酚类化合物的成分研究.中草药,34(6):499,500

王太霞,李景原,胡正海.2002.芦荟维管束的结构与芦荟素积累的相关性.广西植物,23(5):436～439

王太霞,李景原,沈宗根等.2003.芦荟叶内芦荟素细胞的发育和蒽醌类物质的积累.实验生物学报,30(5):361～364

王振宇,杨春瑜,高昌菊.2002.不同生境中国芦荟凝胶活性成分的分析.植物研究,22(2):216～219

熊作明,周春华,陶俊.2007.不同类型枇杷果实着色期间果肉类胡萝卜素含量的变化.中国农业科学,40(12):2910～2914

徐呈祥,郑青松,刘友良等.2006.长期盐胁迫对库拉索芦荟(*Aloe vera*)生长和汁液理化性质的影响.土壤学报,43(3):478～484

余东,李永裕,邱栋梁等.2007.镉(Cd)胁迫对枇杷生长和光合速率的影响.农业环境科学学报,26(增):33～38

张放,陈丹,张士良等.2003.高浓度 CO2 对不同水分条件下枇杷生理的影响.园艺学报,30(6):647～652

张谷雄,高凯碧,王小凤.1998.CPPU 和 GA 花后处理对枇杷果实性状的影响.中国南方果树,27(1):30,31

赵依东,陈雪金,江新官等.2001."东湖早"枇杷植物学特征及物候期研究.中国南方果树,30(6):29,30

郑莹,李绪文,桂明玉等.2006.三七茎叶黄酮类成分的研究.中国中药杂志,41(3):176～178

周慧芬,郭延平,林建勋等.2003.NaHSO3 对枇杷和毛叶枣叶片光合速率的促进作用.果树学报,20(6):239～241

Cai J Y,Zhong J. J. 2005. Impact of external calcium and calcium sensors on Ginsenoside Rb1 biosynthesis by panax notoginseng cells. Biotechnology and Bioengineering,89(4):444～451

Chang K D,Kazuo C,Yoshinori U et al. 2007. Metabolism of phenolic compounds during loguat fruit development. J Agric Food Chem,49(6):2883～2888

Femenia A,Garcia C M,Simal S. 1998. Characterisation of the cell walls of loquat(*Eriobotrya japonica* L.)fruit tissues. Carbohydrate Polymers,35(3):169～177

Gutterman Y. Chauser V E. 2000. Peripheral defence strategy:variation of barbaloin content in the succulent leaf parts of *Aloe arborescens* Miller(liliaceae). Batanical Journal of the Linnean Society,132(4):385～395

Hu F X,Zhong J J. 2008. Jasmonic acid mediates gene transcription of ginseuoside biosynthsis in cell cultures of panax notoginseng treated with chemically synthesized 2-hydroxyethy1 jasmonate. Process Biochemistry,43(1):113～118

Wang W,Zhang Z Y,Zhong J J. 2005. Enhancement of ginsenoside biosynthsis in high-density cultivation of Panax notoginseng cells by various strategies of methyl jasmonate elicitation. Appl Microbiol Biotrchnol,67(6):752～758

Wang W,Zhao Z J,Xu Y F et al. 2006. Efficient induction of ginsenoside biosynthysis and alteration of ginsenoside heterogeneity in cell cultures of panax notoginseng by using chemically synthesized 2-hydroxyethy1 jasmonate. Appl Microbiol Biotechnol,70(3):298～307

Wang X Y,Wang D,Ma X X et al. 2008. Two new dammarane-type bisdesmosides from the fruit pedicels of panax notoginseng. Helvetica Chimica Acta,91(1):60～65

Wu L J,Wang L B,Gao H Y et al. 2007. A new compound from the leaves of *Panax ginseng*. Fitoterapia,78(8):556-560

Zhong J J,Zhang Z Y. 2005. High-density cultivation of panax notoginseng cell culture with methy1 jasmonate elicitation in a centrifugal impeller bioreactor. Eng Life Sci,5(5):471～474

第十六章　湿地药用植物的生理生态

湿地几乎遍布地球上任何地域。迄今，最综合性的湿地（Wetland）定义是美国鱼和野生动物管理局的湿地科学家几年考察之后于 1979 年采用的。这个定义是在一份题为《美国湿地和深水生境的分类》报告中提出的，即"湿地是陆生系统和水生系统之间过渡的土地，在这些土地上，水位经常在或接近地表，或为浅水所覆盖……湿地必须有下述三个特征中的一个或一个以上：①土地上至少周期性地生长着优势的水生植物；②基质中不透水的水成土壤占优势；③基质非土壤，在生长季的某些时候被水所饱和或被浅水所覆盖。"

我国江河湖泊延伸边缘有大量的湿地。在这种湿地上分布着许多药用植物，如菖蒲、泽泻、青蒿、半枝莲、益母草等。了解和研究这类药用植物的生理生态及次生代谢合成机制对开发利用湿地药用植物是很有意义的。

第一节　菖蒲药用植物的生理生态

一、概述

菖蒲属（*Acorus*）系菖蒲科（Acoraceae C. A. Agardh）植物，在我国资源丰富，全世界的品种我国都有，共 7 个品种和 2 个变种，它们是水菖蒲（*Acorus calamus* L.）、石菖蒲（*A. tatarinowii* Schott）、长苞菖蒲（*A. rumphianus* S. Y. Hu）、金钱蒲（*A. gramineus* Soland）、茴香菖蒲（*A. macrospadiceus* F. N. Wei）、香叶菖蒲（*A, xiangyeus* Z. Y. Zhu）、宽叶菖蒲（*A. latifolius* Z. Y. Zhu）、细根菖蒲（水草蒲变种）（*A. calamus* L. var. *verus* L.）及金边菖蒲（石菖蒲变种）（*A. tatarinouii* Schott var. *flavo-marginatus* K. M. Liu）。其中研究报道最多的是水菖蒲、石菖蒲及金钱蒲 3 个品种。

该属植物为多年生草本，具匍匐根状茎，有香味；叶剑形，排成 2 列，具平行脉；肉穗花序，总苞叶状，花小，两性，花被片、雄蕊各 6，均分二轮排列，雌蕊由 2～3 心皮合生，胚珠多数；果实浆果状。

可应用于昏迷、癫痫、癫狂、冠心病、心绞痛、心率失常、中风、眩晕、耳鸣、耳聋、萎缩性胃炎、脑外伤、弱智、鼻渊的防治。

二、菖蒲的药物成分和药理活性

（一）菖蒲属植物的化学成分

1）单萜类

菖蒲属植物中的单萜成分主要集中在挥发油部分。根据 Giacomo 用 GC-MS 分析方法检测水菖蒲（*A. calamus* L.）挥发油部分及醇提物的研究，单萜成分大约有 20 个，其结构简单，为常见单萜化合物。

2）倍半萜类

从水菖蒲分离的倍半萜化合物有 23 个，其中榄烷型 3 个，吉马烷型 5 个，杜松烷型 3 个，菖蒲烷型 8 个，愈创木烷型 1 个，桉叶烷型 2 个，其他类型 1 个，其名称、分子式、物理性质等见表 16-1 所鉴定的倍半萜类化合物有单环、双环和三环 3 种。

表 16-1　倍半萜化合物

序号	名称	结构类型	分子式	物理性质
1	Shyobunone	榄烷型（elemane）	$C_{15}H_{24}O$	无色液体
2	Epishyobunone	榄烷型（elemane）	$C_{15}H_{24}O$	无色液体
3	Isoshyobunone	榄烷型（elemane）	$C_{15}H_{24}O$	无色液体
4	Calameone（of calamendiol）	杜松烷型（cadinane）	$C_{15}H_{30}O_2$	Mp 169℃
5	Preisocalamendiol	吉马烷型（germacrane）	$C_{15}H_{24}O$	
6	Isocalamendiol	杜松烷型（cadinane）	$C_{15}H_{26}O_2$	黏性油
7	Calamenone	其他类型	$C_{15}H_{24}O_2$	Mp 154℃，无色柱晶
8	Acoronene	菖蒲烷型（acarane）	$C_{15}H_{22}O_2$	油状物
9	Acolamone	吉马烷型（germacrane）	$C_{15}H_{24}O$	无色液体
10	Isoacolamone	吉马烷型（germacrane）	$C_{15}H_{24}O$	无色液体
11	Acoragemacnone	吉马烷型（germacrane）	$C_{15}H_{24}O$	无色液体
12	（一）-cadala-1，4，9-triene	杜松烷型（cadinane）	$C_{15}H_{22}$	
13	Expoxyisoacoragermacrone	吉马烷型（germacrane）	$C_{15}H_{24}O$	
14	2-hydroxyacorenone	菖蒲烷型（acarane）	$C_{15}H_{24}O_2$	油状物
15	2-acetoxyacorenone	菖蒲烷型（acarane）	$C_{15}H_{24}O_3$	油状物
16	Epiacorone	菖蒲烷型（acarane）	$C_{15}H_{24}O_2$	油状物
17	1-hydroxyepiacorone	菖蒲烷型（acarane）	$C_{15}H_{24}O_3$	针晶
18	Epiacoronene	菖蒲烷型（acarane）	$C_{15}H_{22}O_2$	油状物
19	1-hydroxyacoronene	菖蒲烷型（acarane）	$C_{15}H_{22}O_2$	油状物
20	Acorusdiol	桉叶烷型（endesmane）	$C_{15}H_{24}O_3$	黏性物
21	Aconsnol	桉叶烷型（endesmane）	$C_{15}H_{24}O_2$	油状物
22	Acorone	菖蒲烷型（acarane）	$C_{15}H_{24}O_2$	油状物
23	Calamusenone	愈创木烷型（guanane）	$C_{15}H_{22}O$	
24	Tatarol	松香烷型（abietane）	$C_{20}H_{34}O_2$	
25	Tataroside	松香烷型（abietane）	$C_{26}H_{44}O_{12}$	

3）二萜类

从石菖蒲（A. tatarinowii Schott）中分离鉴定了 2 个二萜类化合物，均为松香烷型（abietane）类化合物，其名称、分子式和结构等见表 16-1。

4）苯丙素类

从水菖蒲（A. calamus L.）（Ⅰ）和金钱蒲（A. gramineus Soland）（Ⅱ）中分离

鉴定了 14 个苯丙素类化合物，多为简单的苯丙素类化合物，只有 2 个木脂素类化合物（33，34），其名称、分子式、物理性质等见表 16-2。

表 16-2　苯丙素类化合物

序号	名称	分子式	物理性质	来源
1	1, 2-dirnetboxy-4- (1' Z-propenyl) benzene	$C_{11}H_{14}O_2$	油状物	II
2	1, 2-dimetboxy-4- (E-3'-methyloxnanyl) benzene	$C_{11}H_{14}O_3$		II
3	β-asarone	$C_{12}H_{16}O_3$	液体	I，II
4	γ-assrone	$C_{12}H_{16}O_3$	无色油	II
5	1, 2, 4-trmethoxy-5- (E-3'-methyloxiranyl) benzene	$C_{12}H_{16}O_4$		II
6	α-asarone	$C_{12}H_{16}O_3$	Mp 59℃	I，II
7	Z-3 (2, 4, 5-trimethoxyphenyl) -2-propenal	$C_{12}H_{14}O_4$	Mp 85℃	I
8	2, 3-dihydro-4, 5, 7-trimethoxy-1-ethyl-2-methyl-3- (2, 4, 5 trimethoxyphenyl) indene	$C_{24}H_{32}O_6$	Mp 84℃	I
9	Acoradin	$C_{24}H_{32}O_6$	Mp101℃，针品	I
10	Acoramone	$C_{12}H_{16}O_5$		I
11	1- (2, 4, 5-trimethoxyphenyl) -propane-1, 2-dione	$C_{12}H_{14}O_5$	油状物	I
12	Asarone	$C_{12}H_{16}O_3$	油状物	I
13	1- (2, 4, 5-trmethoxyphenyl) -1-methoxypropan-2-ol	$C_{13}H_{20}O_5$	油状物	I
14	1 (P-hydroxyphenyl) -1- (O-acetyl) prop-2-ene	$C_{11}H_{12}O_3$	浅黄油状	I

5）黄酮类

从水菖蒲（*A. calamus* L.）中分离鉴定了 3 个黄酮类化合物，分别为 1 个黄酮醇苷元（40）、1 个黄酮碳苷（41）和 1 个山酮苷（42），其名称、分子式、物理性质等见表 16-3。

表 16-3　黄酮、生物碱和三萜皂苷类化合物

序号	名称	分子式	物理性质
1	Galangin	$C_{15}H_{10}O_5$	Mp 280℃
2	Luteolin 6, 8-C-diglucoside	$C_{27}H_{30}O_{18}$	
3	4, 5, 8-terimethoxy-xanthone-2-O-β-D-glucopyranosyl (1→2) -O-β - D -galactopyranoside	$C_{28}H_{36}O_{16}$	Mp 270℃
4	Tatarine A	$C_{17}H_{13}O_3N$	棕黄色结晶，mp150～152℃
5	Tatarine B	$C_{13}H_{17}O_5N$	无色结晶，mp133～135℃
6	Tatarine C	$C_{15}H_{20}O_6N_2$	灰黄色粉质
7	Tataramide A	$C_{17}H_{16}O_3N$	
8	Tataramide B	$C_{36}H_{36}O_8N_2$	
9	1β, 2α, 3β, 19α-tetrahydroxyurs-12-en-28-oic acid- 28-O-1-β-D-glucopyranosyl (1→2) -β-D-galactopytanoside	$C_{24}H_{68}O_{16}$	Mp 94℃
10	3β, 22α, 24, 29-tetrahydroxyolean-12-en-3-O-l-β-D-arabinosyl (1→3) - β-D-arabunopyranoside	$C_{40}H_{67}O_{12}$	Mp 270℃

6）生物碱

从石菖蒲（*A. tatarinowii* Schott）中分离鉴定了 5 个生物碱类化合物，多为酰胺类生物碱，其名称、分子式、物理性质及物理常数和结构等见表 16-3。

7）三萜皂苷

从水菖蒲中分离鉴定了 2 个三萜皂苷类化合物，其名称、分子式、物理性质及结构等见表 16-3 和图 16-3。

8）其他成分

除上述成分外，从水菖蒲中还分离鉴定了 1 个醌类化合物：2，5-二甲氧基苯醌；从石菖蒲根茎的水煎液中分离到 8 个化合物：2，4，5-三甲氧基苯甲酸、4-羟基-3-甲氧基苯甲酸、2，4，5-三甲氧基苯甲醛、丁二酸、辛二酸、5-羟甲基糠醛、双-［5-甲酰基糠基］-醚和 2，5-二甲氧基苯醌。菖蒲属植物还含有糖、氨基酸、脂肪酸、无机元素等。其糖类成分主要有葡萄糖、果糖、麦芽糖及甘露糖，氨基酸类成分主要有色氨酸、天冬氨酸、异亮氨酸、缬氨酸、组氨酸、丙氨酸、脯氨酸等，脂肪酸类成分主要有肉豆蔻酸、棕榈酸、棕榈油酸、硬脂酸、油酸、亚油酸及花生酸等，无机元素主要有钾、钠、钙、镁、锰及铁等。另外还含有谷甾醇和草酸钙，其中草酸钙含量与染色体数量呈反比。

（二）药理活性

1. 神经系统作用

1）镇静作用

应用高效液相色谱-电位学检测器观察石菖蒲对小鼠脑组织中单胺类神经递质及其代谢物含量的影响表明，石菖蒲能降低 5-羟吲哚乙酸、多巴胺、3，4-二羟基苯乙酸及高香草酸的水平，说明石菖蒲可能是通过降低单胺类神经递质起到使中枢神经镇静的作用。

2）抗惊厥作用

石菖蒲醇提取物能明显对抗大鼠、小鼠的最大电休克发作和小鼠的戊四氮最小阈发作及小鼠士的宁惊厥反应，说明石菖蒲的醇提物具有明显的抗惊厥作用。小鼠自发活动、阈下剂量戊巴比妥钠协同试验、抗回苏灵所致惊厥试验、抗缺氧及游泳试验表明，石菖蒲总挥发油是镇静、催眠、抗惊厥的主要部分。α-细辛醚及 β-细辛醚是石菖蒲上述作用的主要活性成分。

3）促进学习记忆作用

采用一次性被动回避条件反应训练和多种缺氧模型，观察了石菖蒲水提醇沉液对小鼠学习记忆和抗缺氧的作用。结果表明，石菖蒲水提醇沉液灌服能明显改善东莨菪碱、亚硝酸钠所致小鼠的记忆获得和巩固的障碍，也能明显改善亚硝酸钠、氰化钾和结扎两侧颈总动脉所致小鼠的缺氧状态。给大白鼠口服菖蒲，剂量为 4.28g/kg，研究对穿梭行为及脑区域性代谢率的影响，结果表明，服药后第 5～9 日条件反应及非条件反应次数均增多；间脑中辅酶Ⅰ（NAD$^+$）浓度显著增高，海马、尾状核和脑干内的辅酶Ⅰ和还原型辅酶Ⅰ（NADH）浓度均增高，说明菖蒲具有促进动物体力和智力的作用。石菖蒲去油煎剂、总挥发油、α-细辛醚、β-细辛醚对小鼠正常学习有促进作用，对各种类型记忆障碍模型都有不同程度的改善作用。

    4）抗老年痴呆作用

将石菖蒲乙醇提取后，除去乙醇再溶入水中，从其水溶性成分中得到菖蒲碱甲（tatarine A）、菖蒲碱乙（tatarine B）、菖蒲碱丙（tatarine C），这三种化合物具有治疗老年痴呆的作用。

2. 心血管系统作用

    1）降脂

二聚细辛醚具有降脂作用，它吸收快，分布迅速、广泛，体内消除较缓慢，具有很好的降脂效果。

    2）调节心率

石菖蒲挥发油对大白鼠由马头碱诱发的心律失常有一定治疗作用。石菖蒲挥发油能对抗家兔由肾上腺素和氯化钡诱发的心律失常。

3. 呼吸系统作用

α-细辛醚（α-asarone）是石菖蒲的主要成分之一，可治疗处于发作期、迁延期或病情加重期的单纯型慢性支气管炎（慢支）、喘息型慢支或支气管哮喘。以野马追片为对照组，α-细辛脑对咳嗽、咳痰、喘息、哮鸣音和呼吸峰速等的疗效均优于野马追片组。

4. 消化系统作用

用电生理方法研究中药石菖蒲水提液对大鼠胃肠肌电的作用。结果表明，石菖蒲水提液对胃肠肌电动呈现抑制作用，其作用是通过阻断胆碱能 M 受体及迷走神经非胆碱能受体实现的，而与肾上腺素能 α 受体和 β 受体无关。石菖蒲去油煎剂、总挥发油、α-细辛醚、β-细辛醚均能抑制离体家兔肠管自发性收缩，拮抗 Ach、Hish 及 $BaCl_2$ 导致的肠管痉挛、增强大鼠在体肠管蠕动及小鼠肠道推进功能，还可促进大鼠胆汁分泌。

5. 解痉作用

石菖蒲的挥发油成分 α-细辛醚（Ⅰ）、β-细辛醚（Ⅱ）及 1-烯丙基-2，4，5-三甲氧基苯（Ⅲ）对豚鼠离体气管和回肠有很强的解痉作用。在离体气管实验中、Ⅰ对抗 Ach、组胺和 5-HT 的最低有效浓度为 $10\mu g/mL$；在离体回肠实验中，Ⅰ的最低有效浓度。对抗 Ach 和 5-HT 为 $10\mu g/mL$、对抗组胺为 $20\mu g/mL$。

6. 抑菌消炎作用

经培养发现，石菖蒲在污水中能正常生长，同时发现石菖蒲的提取液对已知的 8 种纯菌株都有一定的抑制作用。

7. 抗癌作用

水菖蒲挥发油提取物 α-细辛醚对 SGC-7901、Detroit-6、HeLa 等人癌细胞株有抗癌活性。观察人癌细胞形态学改变，还应用活细胞染色体计数及测定细胞生长率等方法，进行了动态的定量研究，结果均表明 α-细辛醚能选择性地抑制及杀伤人癌细胞。

8. 抗癫痫

从石菖蒲挥发油中分离所得 α-细辛醚具有抗电惊厥、戊四氮惊厥、侧脑室给乙酰胆碱致惊厥作用。提示可用于癫痫大发作、小发作的临床治疗。α-细辛醚有抗癫痫作用，但不能消除士的宁、咖啡因引起的小白鼠直性惊厥；对肝、肾、心、血无明显影响。

9. 毒性

当石菖蒲剂量为 300mg/kg、600mg/kg、1200mg/kg 时，对小鼠无致畸作用；小鼠骨髓微核试验表明，石菖蒲不能诱发嗜多染红细胞的微核率显著上升（$P>0.05$），α-细辛醚大鼠致畸试验中，剂量为 20mg/kg、60mg/kg、61.7mg/kg 时，胎鼠外观无畸形，内脏及骨骼未发现异常。胎鼠的身长、体重、尾长和胎盘重量与对照组相比无统计学差别。而甲氨硫脲则有畸形，如脑膨出等。所以认为 α-细辛醚对大鼠无致畸作用。但剂量增至 185.2mg/kg 时，对母鼠的体重、不孕率和吸收率有影响，提示对孕鼠有一定的毒性和胚胎效应。以 3 种短期试验检测 α-细辛醚的致突变性，结果表明 α-细辛醚对鼠伤寒沙门氏菌 TA-98 有致突变作用。染色体畸变分析试验，α-细辛醚在剂量为 185.2mg/kg 时使大鼠骨髓染色体畸变率为 3.8。与对照组 0.3 相比，畸变率显著上升（$P<0.01$），提示 α-细辛醚对染色体有断裂效应。小鼠骨髓微核试验表明，试验组嗜多染红细胞的微核百分数虽有轻度上升，但与对照组相比无统计学意义，而环磷酰胺微核数则显著升高。

三、环境因子对菖蒲生长发育和生物量的影响

土壤水分是影响植物生长发育的重要因子，也是决定植被地理分布和限制作物产量的主要因素。当植物耗水大于吸水时，就使植物组织内水分亏缺，过度水分亏缺使正常生理活动受到干扰的现象，称为干旱。对于湿地植物，干旱是胁迫其生长的重要因素之一。

菖蒲（*Acorus calamus*）为多年生湿地挺水草本植物，广布于温带、亚热带，我国各地均有分布。生于河流、湖泊岸边浅水处以及沼泽湿地，冬季以地下茎潜入泥中越冬。冬、春季节河湖等水体处于枯水期，菖蒲生长的浅水区域经常处于露滩状态，水位及露滩时间的长短直接影响滩地土壤水分含量，并影响菖蒲的萌发、生长及分布，因此，研究土壤水分含量对菖蒲萌发及生长的影响，可以揭示菖蒲萌发、生长及分布的制约因素，为湿地生态系统保育和植被恢复重建提供依据。

曹昀等（2007）的研究结果表明：①水分亏缺对菖蒲萌发和幼苗有不同程度的影响，在持续干旱 60d 条件下，菖蒲幼苗的萌发率仅为 32.5%，为正常水分条件下的 1/3，幼苗的平均高度为 19.0cm，是正常水分条件下的 1/3 左右；②菖蒲幼苗叶片长度、宽度和基茎随土壤水分含量降低而减小，叶片数量与叶片面积也随土壤水分含量降低而减小，各试验组叶片含水率无明显差异；③在试验的 20d、40d、60d，各试验组的根、茎、叶及总生物量都比对照组（CK）有不同程度的降低，并随试验时间的延长，各水分含量条件下的生物量差别增大，在不同土壤水分条件下，根、茎和叶生物量均表现为茎的最多，叶的次之，根的最少，叶、茎、根生物量平均比例为 11、59、0.82；④菖蒲幼苗叶片的叶绿素 a、叶绿素 b 随土壤水分含量减少而下降，叶绿素 a/叶绿素 b 随土壤水分含量减少升高，类胡萝卜素（Car）含量随土壤水分含量减少而下降；⑤Fv/Fm、qP 随土壤水分含量降低而下降，重度干旱对菖蒲幼苗光合系统 PSII 的最大量子产量影响显著，菖蒲幼苗在重度干旱条件下 30、45、60d 的 Fv/Fm 分别为 0.800、0.796、0.787，分别比对照降低 5.0%、4.7% 和 6.2%；菖蒲幼苗在重度干旱条件下 30d、45d、60d 的 qV 分别为 0.270、0.259 和 0.200，分别是对照的 6.75 倍、3.92 倍和 2.78 倍，可见干旱条件会导致菖蒲幼苗以热的

形式耗散掉的光能部分增加，有效保护了菖蒲叶片的 PSII 系统，但持续干旱（60d）导致 qV 降低，菖蒲叶片 PSII 系统受到不同程度的破坏，干旱胁迫还对菖蒲植株的光响应曲线具有较大的影响，使最大 EIR 降低。

Vojtiskova（2004）的研究结果表明，氮浓度大于 18.5mmol/L 时，对菖蒲的生长有很大的影响，而磷浓度大于 1.5mmol/L 时则对菖蒲的生长没有显著影响。

第二节　泽泻植物生理生态

一、概况

泽泻［*Alisma orientalis*（Sam.）Juzep］为多年生沼生草本，直立或浮水以至沉水，高 50～100cm。块茎球形。泽泻叶因生活习性不同而有种种形态，叶丛生，叶片椭圆形、卵状椭圆形至宽卵形，长 5～18cm，宽 2～10cm，基部心形、圆形或楔形，全缘，叶脉 5～7 条；叶柄长 5～50cm，基部鞘状；花茎由叶丛中生出，大型的轮生状圆锥花序；花两性；外轮花被片 3，萼片状，广卵形，内轮花被片 3，花瓣状，白色，雄蕊 6 枚；心皮多数、轮生。子房上位，1 室，有 1 倒生胚株。瘦果多数，稀菁葖，倒卵形，扁平，花柱宿存。花期 6～8 月，果期 7～9 月。

泽泻属植物现报道共有 10 个种，在我国境内有 3 个种，主要分布在福建（浦城、建阳）、四川、江西等地，并有产地药名"建泽"、"川泽"之称。泽泻喜湿润，要求含腐殖质丰富而稍带黏性的土壤，生长于浅沼泽地、水稻田及潮湿地带。沙土或冷水田均不宜种植，忌连作。喜温暖气候和阳光充足的环境，耐寒但不耐旱，在冷凉及霜期早的地方种植产量低。苗期喜荫蔽，畏阳光直射，成年植株喜阳光。

冬季泽泻茎叶开始枯萎时采挖，除去茎叶、须根，削去粗皮，洗净，干燥；或装入竹筐中撞去须根及粗皮，晒干；盐制：取泽泻片，用盐水拌匀或喷洒均匀，焖透，置锅内文火炒干；麸制：用麸皮在热锅内将泽泻片拌炒至黄色；盐、麸制：取泽泻片，用盐水均匀润湿，晒干，再加入蜜制麦麸，按麸炒法炮制；酒制：在 100℃热锅中加入泽泻片，翻炒数次，用酒喷匀，炒干，取出放冷即可；炒焦：取泽泻净片，清炒至微焦；土制：将锅加热，取泽泻片，置锅内，随即将土粉撒入，用铁耙翻动均匀，炒至土粉均匀粘于片上，取出筛去土粉，待凉即得。

二、泽泻药用化学成分和药理功效

（一）药用化学成分

中药泽泻是泽泻植株的块茎。泽泻块茎中含有多种四环三萜酮醇衍生物，包括泽泻醇（alisol）A、泽泻醇 B、泽泻醇 C 及泽泻醇 A 乙酸酯（alisol A monoacetate）、泽泻醇 B 乙酸酯（alisol B monoacetate）、泽泻醇 C 乙酸酯（alisol C monoacetate）、表泽泻醇 A（epi-alisol A）、24-乙酰基泽泻醇 A（24-acetyl alisol A）、23-乙酰基泽泻醇 B（23-acetyl alisol B）、23-乙酰基泽泻醇 C（23-acetyl alisol C）、环氧泽泻烯（alismoxide）。此外，还含有挥发油、胆碱、卵磷脂、脂肪酸、天门冬素、豆甾醇、树脂、蛋白质和多量淀粉。

目前已知泽泻的化学成分类型较多，含挥发油（内含糖醛）、少量生物碱、天门冬素、植物甾醇苷、脂肪酸（棕榈酸、硬脂酸、油酸、亚油酸）、树脂、蛋白质、淀粉、三萜类化合物、4 种倍半萜 A～D、尿苷、β-谷甾醇、1-硬脂酸甘油酯、胡萝卜苷、6-O-硬脂酸酯、大黄素、泽泻醇 C 单乙酸酯和环氧泽泻烯（alismoxide）等。Yoshikawa 等采用 HPLC 测定出泽泻中含有如泽泻醇（alisol）A、泽泻醇 B 及其单乙酸酯、表泽泻醇 A、泽泻醇 E23-乙酸酯、泽泻醇 F、泽泻醇 G、13，17-环氧泽泻醇 A、11-脱氧泽泻醇 B 和泽泻醇 B23-乙酸酯等 10 种三萜类成分，并发现泽泻在干燥过程中三萜类成分可能发生变化，如泽泻醇和泽泻醇 A 单乙酸酯是在干燥过程中人工形成的。多年来对泽泻的化学成分的实验药理学研究多集中在降脂和利尿等方面，如从泽泻中分离出有治疗脂肪肝作用的活性成分胆碱和卵磷脂；泽泻醇 A、泽泻醇 B 及其单乙酸酯和泽泻醇 C 单乙酸酯等 5 种三萜类成分具有降低血浆和肝脏中胆固醇的作用；Hikino 等（2000）报道泽泻中的某些三萜类成分，如泽泻醇 A 乙酸酯和泽泻醇 B，具有利尿作用。

另外，泽泻的主要成分是三萜及倍半萜类成分，迄今已从泽泻及日本泽泻（A. japanese）中分离出 13 个倍半萜成分及 36 个三萜。彭国平等曾分离鉴定了 4 个倍半萜类成分及 7 个三萜类成分，这里报道从中分离鉴定的 3 个二萜结构，其中 2 个为新化合物，命名为泽泻二萜醇（oriediterpenol，Ⅱ）及其苷（oriediterpenoside，Ⅲ）。

经鉴定的 4 个倍半萜类化学成分的分子结构如图 16-1 所示。

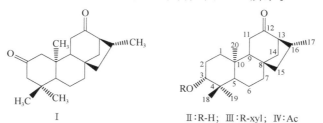

图 16-1　泽泻 4 个倍半萜类成分结构（Ⅰ、Ⅱ、Ⅲ、Ⅳ）

化合物Ⅰ为泽泻二萜醇（oriediterpenone）、化合物Ⅱ为 oriediterpenol、化合物Ⅲ为 Oriediterpenoside、化合物Ⅳ尚未定名

（二）药理功效

泽泻性寒，味甘。归肾、膀胱经，具有清热、渗湿、利尿、止泻痢功能。主治肾炎水肿、肾盂肾炎、肠炎泄泻、小便不利、尿路感染、痰饮眩晕、热淋涩痛、高血脂等症。近代药理实践证明，泽泻有明显的降胆固醇和抗动脉粥样硬化作用，对治疗高血压有明显疗效，研究成的泽泻降脂口服液，对降血脂、降血压有良好的效果；泽泻叶也可治乳汁不通。

泽泻含有磷脂，具有补血作用，同时也具有营养头发的功能，使头发易于梳理，在化妆品中加入泽泻，对皮肤有保护作用。由于泽泻含有较多的蛋白质和泻粉，用于颜面部能使皮肤光滑细嫩、舒展皱纹。如化妆品人参抗皱霜含有泽泻和人参提取物，其对减皱防皱有较好的效果，而且它没有激素类和合成化妆品抗皱霜的副作用。泽泻的酒精溶液可以和首乌等中药材提取物制成三色高级头油，有生发、黑发之功能。

由于泽泻具有降低胆固醇、抗脂肪肝等作用，对治疗高血脂症有明显疗效。目前，以泽泻为主要原料生产的泽泻口服液已进行临床应用。

根据最新研究，泽泻的药理作用可概括如下。

（1）利尿作用。健康人口服泽泻煎剂可使尿量、钠、尿素排出增加，家兔效果极弱，但以泽泻流浸膏腹腔注射则有利尿作用。

（2）抗肾结石形成作用。泽泻水提取液在人工尿液中能有效抑制草酸钙结晶体的生长和自发性结晶，并随着人工尿液的离子强度降低和 pH 升高，抑制活性逐渐增强。泽泻水提取液能明显降低肾钙含量和减少肾小管内草酸钙结晶形成而抑制大鼠的实验性肾结石形成。

（3）抗肾炎活性。对肾炎大鼠连续皮下注射福建产泽泻的甲醇热提取物（Tme-ext）50mg/kg、200mg/kg 20d，观察到 200mg/kg 组具有如下作用：①抑制尿蛋白排泄量；②抑制肾小球细胞浸润、肾小管变性及再生；③抑制 IC 肾炎大鼠各种并发症的发生，如颈动脉血压升高、血中胆固醇及尿素氮含量升高、红细胞及血红蛋白含量减少、凝血机制亢进及纤溶功能低下等。表明泽泻对水代谢异常疾患的作用机制之一是与抗肾炎活性有关。

（4）对免疫系统的影响及抗炎作用。泽泻煎剂 10g/kg、20g/kg 抑制小鼠碳粒廓清速率及 2，4-二硝基氯苯（DMCB）所致接触性皮炎；泽泻 20g/kg 明显减轻二甲苯引起的小鼠耳廓肿胀，抑制大鼠棉球肉芽组织增生，而对血清抗体含量及大鼠肾上腺内抗坏血酸含量无显著影响。

（5）对心血管系统的作用。泽泻经甲醇、苯和丙酮提取的组分 T 10mg/kg 给药，可使猫和兔的血压下降。泽泻乙醇提取物的水溶性部分能显著增加离体兔心脏的冠脉流量，对心率无明显影响，对心收缩力有轻度抑制作用。

（6）降血脂及抗动脉粥样硬化作用。泽泻液（生药 4g/mL）给实验性高血脂大鼠每只 2mL/d，结果表明，泽泻降低血清总胆固醇和 LDL-ch 作用非常显著，且具有抗血小板聚集、抗血栓形成及促进纤溶酶活性等作用。实验性动脉粥样硬化家兔每只 po 泽泻 0.5g/d，以后改为 4g/d，结果泽泻降低血清总胆固醇和甘油三酯作用显著，促进血清 HDL-ch 水平升高，明显地抑制主动脉内膜斑块的生成。

（7）抗脂肪肝作用。泽泻的提取物 T 对各种原因引起的动物脂肪肝均有良好效应，对低蛋白饮食、乙基硫氨酸所致脂肪肝均有不同程度的抑制作用，对 CCl_4 所致急性肝损害也显示保护作用，减轻肝内脂肪量，并能改善肝功能。也发现泽泻对高脂饲料所致脂肪肝有明显抑制作用。

（8）减肥作用。泽泻水煎剂 20g（生药）/kg 能降低谷氨酸钠肥胖大鼠的 Lee 指数、子宫及睾丸周围脂肪指数及血清甘油三酯含量。提示泽泻具有一定的减肥作用。

（9）腹膜孔调控作用。泽泻能使小鼠腹膜孔开放数目增多，分布密度增大，孔径扩大，具有良好的腹孔调控作用，能使腹水通过腹膜孔排出，清除腹水。

（10）其他作用。家兔 sc 泽泻浸膏 6g/kg 有轻度降血糖作用，但 sc 煎剂 5g/kg 无此作用。泽泻在试管内能抑制结核杆菌的生长。

（11）毒性和副作用。T 对小鼠 iv 的 LD_{50} 为 780mg/kg，ip 为 1270mg/kg，po 为 4000mg/kg。泽泻含有刺激性物质，内服可引起胃肠炎，贴于皮肤引起发泡。另有临床报告，服用、接触泽泻会出现过敏反应。

　　另外研究认为，泽泻可能含有过表达 p-糖蛋白（Pgp）抑制剂的成分，具有对癌症的协同生长抑制效应（Fong et al.，2007；马兵等，2003）。

三、泽泻生长的生境和最佳采收期

（一）生态环境

　　据王书林等（2002）报道，泽泻为沼泽植物，必须种于水田中，一般栽培于潮田或冬水田中。以湿润丰富的气候为宜。彭山县 6～12 月的降雨量为 800 多毫米，平均相对湿度为 81%。泽泻宜浅水灌溉，水深则土湿、水温低，不利于生长发育。其需水深度随地上部分生长的快慢、高低而增减，一般幼苗期是随幼苗的生长逐渐加深，移栽后，前期逐渐加深，后期逐渐放浅、放干。

　　泽泻主产区彭山县谢家镇生长期 6～12 月的平均气温为 18℃左右，最低为 4.5℃左右。泽泻宜生长于气候温和的地方。植株对晚秋霜寒的反应灵敏，如栽培在气候寒冷、降霜期早的地方，则生长期缩短，球茎与地上部分不能充分发育，产量低。

（二）泽泻最佳采收期

　　刘红昌等（2007）对泽泻药物不同采收期主要化学成分 23-乙酰泽泻醇 B 和 24-乙酰泽泻醇 A 的动态变化研究结果表明，在盆周山区，泽泻的最佳采收期为 12 月下旬，采收过早或过迟均影响到泽泻的总体质量，这与过去的研究方法是不同的。采收过早，各成分含量均未达到其最大值；采收过晚，各成分含量均开始下降，总体质量均不佳，而且到后期气温下降，也不利于采收。

参 考 文 献

曹昀,王国祥.2007.土壤水分含量对菖蒲(*Acorus calamus*)萌发及幼苗生长发育的影响.生态学报,27(5):1748～1755

曹昀,王国祥,刘玉.2007.淹水对菖蒲萌发及幼苗生长的影响.湖泊科学,19(5):571～584

柯雪红,方永奇.2004.RP-HPLC 测定石菖蒲、水菖蒲药材中 β-细辛醚、α-细辛醚的含量.中国中药杂志,29(3): 279,280

赖先银,梁鸿,赵玉英.2002.菖蒲属植物的化学成分和药理活性研究概况.中国中药杂志,27(1):161～163

刘红昌,杨文钰,陈兴福.2007.不同采收期泽泻化学成分动态变化研究.中国中药杂志,32(17):1807～1809

刘红昌,杨文钰,陈兴福.2007.不同育苗期、移栽期和采收期川泽泻质量变化研究.中草药,38(5):754～756

彭国平.1997.薄层扫描法测定泽泻中 alisnol 的含量.中国药学杂志,32(4):350～353

彭国平,楼凤昌.2002.泽泻中二萜成分的结构测定.药学学报,37(12):950～954

王书林,李应军.2002.川产泽泻规范化种植(SOP)研究.中草药,33(4):350～353

王新华.1999.泽泻研究进展.中草药,30(3):557～559

文红梅,彭国平,池玉梅等.1998.泽泻药材的质量标准研究 I:泽泻中 2 种泽泻醇的 HPLC 测定法.药物分析杂志, 18(6):375～377

尹利平.1999.对中草药菖蒲的探讨.中医药学报,5:33～37

Fong W F,Wang C,Zhu G Y et al.2007.Reversal of multidrug resistance in caner cells by *Rhizoma alismatis* extract. Phytomedicime,14(3):160～165

第十七章　海洋药用藻类的生理生态

我国海岸线长达 1.8 万 km，岛屿海岸线长 1.4 万 km，享有主权和管辖权的海域面积约 300 万 km²，跨越热带、亚热带、温带、寒带等不同气温带。我国拥有四大类型海洋生态系统，包括滨海湿地生态系统、珊瑚礁生态系统、上升流生态系统和深海生态系统，其中蕴藏着丰富的海洋药用生物资源。

海洋药用生物是中药资料的重要组成部分。海带、紫菜、羊栖菜、石莼、裙带菜等海藻类药物已收到药典之中，特别是在人工养殖和工业化生产方面已取得了很大的进展。

近 20 年来，海洋药物研究一个突出的特点是致力于新药和新产品的开发。至 1989 年，中国研制开发了许多海洋新药，已投入生产的就有 10 多个品种，并取得了很好的经济效益和社会效益。海带资源十分丰富，开发潜力很大，用其固着器（根）生产的降压药"血海灵"，临床应用效果很好；用海带中所含甘露醇和烟酸制成的"甘露醇烟酸片"，具有降血脂和澄清血液的作用；"降糖素"和"PSS"也是以海带为原料生产的。利用药用海藻类开发的产品还有褐藻淀粉酯钠、藻酸丙二酯、藻酸双酯钠（PSS）、褐藻胶、琼胶、琼胶素、卡拉胶等。

海洋植物中含有许多活性物质，我国研究报道的就有数十种。例如，抗癌活性物质，有从海藻中发现并获得的前列腺素及其衍生物；我国产的具有抗肿瘤作用的海藻类主要有石莼、浒苔、鹿角菜、海黍子、萱藻、海萝、叉枝藻及刺松藻等；用于医治心血管疾病的活性物质有海藻多糖等。浒苔属的一些种及北极礁膜、鼠尾藻、钝顶凹藻等都有此作用。

海洋保健食品的开发近年来十分活跃，仅海藻类食品就有 30 多种，如"海带饴"、"海带酱"、"昆布茶"、"小球藻昆布茶"，以及用海藻研制的 HL-Ⅰ 型降脂食品添加剂等；中国沿海民间历来有自制茶饮和冻粉、冻胶等食品的传统，用以清热解暑、消食、解毒和消除疲劳等。国内现已开发出"活性钙"、"龙牡壮骨冲剂"。"海珍健身宝口服液"是以海藻等为原料生产的，可用于治疗胎儿宫内发育迟缓等。

目前，国际上有 10 余种海洋天然产物正处于临床研究阶段，其中半数是抗癌药物，但是真正上市的抗癌海洋药物还没有出现。我们有理由相信，在生物系统筛选技术、基因组学、生物信息学、化学生态学等新兴学科的方法和技术支撑下，海洋药物的研究、开发将向广度和深度发展，一个新的海洋制药产业也将巍然崛起。

第一节　药用海藻海带的生理生态

一、概述

海带（*Laminaria japonica* Aresch.）是褐藻门（Phaeophyta）海带目（Laminariales）海带科（Laminariaceae）海带属（*Laminaria*）的一种大型海藻。植物体（孢子体）多细胞，分为基部根状的固着器、茎状的柄和扁平叶状的带片三部分；分布于我国辽东和山东半岛的肥沃海区。干燥叶状体药用，能软坚散结、消痰利水。褐藻门翅藻科（Alariaceae）植物昆布（*Ecklonia kurome* Okam）和裙带菜（*Undaria pinnatifida* Harv. Suringar）的干燥叶状体也作海带药用。

（一）所用药物

海带卷曲折叠成团状，或缠结成把，全体呈黑褐色或绿褐色，表面附有白霜，用水浸软则膨胀成扁平长带状，长 50～150cm，宽 10～40cm，中部较厚，边缘较薄而呈波状，类革质，残存柄部扁圆柱状，气腥，味咸。

昆布卷曲皱缩成不规则团状，全体呈黑色，较薄。用水浸软则呈扁平的叶状，长宽均为 16～26cm，厚约 1.6mm；两侧呈羽状深裂，裂片呈长舌状，边缘有小齿或全缘；质柔滑。

（二）所含成分

海带含多糖类成分藻胶酸、昆布素、甘露醇、无机盐（氯化钾、碘、钙、钴、氟等），以及胡萝卜素、核黄素、维生素 C、蛋白质、脯氨酸等。

昆布含藻胶酸、粗蛋白、甘露醇，灰分中含钾及碘化物等。

（三）主要药理作用

（1）对甲状腺的影响。昆布含碘及碘化物，对缺碘性甲状腺肿有治疗作用，对甲状腺机能亢进、基础代谢升高的患者，也有暂时抑制基础代谢的作用。

（2）消炎作用。昆布所含碘化物，除被机体吸收后改变血中的电解质成分外，并能促进病理分解产物及炎症分泌物的吸收，且能使病态组织溶解而崩溃。碘化物能使乳腺分泌减少，乳腺萎缩。

（3）对白血病的影响。实验证明，海藻及海带中所含的藻胶酸能与小白鼠体内的放射性物质锶、镉结合成为不溶解的化合物，当锶未被吸收以前，服用藻胶酸有预防白血病的作用。

（4）降压作用。藻胶酸有显著的降压作用，昆布经各项处理后得到的棕色粉末（不含碘），可用来治疗高血压病。

（5）止血作用。以海带中提得的藻胶酸钠，对横切 1/2 的狗股动脉及兔股动脉、脾横切面均有止血作用。

（6）清除血脂。一次注射昆布糖硫酸盐可以清除血脂，增加脂蛋白的电泳能力，与肝素相似，有改变脂蛋白分布的作用，但无显著的抗凝作用，因此，可作为动脉粥样硬化的血脂清除剂。

（7）镇咳平喘作用。海带根的粗提取物对豚鼠实验性喘息有平喘作用。对大鼠、猫的实验性咳喘有镇咳作用。

其药性和功效：咸，寒。归肝、胃、肾经。具有软坚散结、消痰、利水的功效。

二、海带化学成分和药理功效的研究进展

(一) 化学成分

海带中含有海带多糖 ［laminarin，至今已发现三种多糖：褐藻胶、岩藻糖胶 (FD)、褐藻淀粉］、酸性聚糖类物质 J201A、岩藻半乳多糖硫酸酯 (fucoidan galaclosan sulfale，FGS，又称海带素)、大叶藻素 (zosterin)、半乳糖醛酸 (galacturonic acid)、海带纤维 (KF)、昆布氨酸、牛磺酸、双歧因子等多种活性成分，此外含褐藻酸 24.3%、粗蛋白 5.97%～8.20%、甘露醇 11.13%～17.67%、钾 436%、碘 0.34%。每百克干品约含胡萝卜素 0.57 mg、维生素 B_1 0.69 mg、维生素 B_2 0.36 mg、烟酸 16 mg、脂肪 0.1 g、糖 57 g、钙 2.25 g、铁 0.15 g。，还含维生素 C、脯氨酸、多聚酸和镁、钠、锌、锰、铜等微量元素。

(二) 药理作用的研究进展

海带是一种传统的海洋中药，化学成分多样，具有多方面的药理作用，目前的研究已取得很多进展。

1. 保护心血管系统的作用

海带素能调血脂和降低血黏度。海带多糖具有降血糖、降血压、抗凝血和抗血栓形成的作用。

2. 免疫调节作用

从细胞免疫、体液免疫、非特异性免疫 3 个方面研究了海带的免疫功能。结果显示：海带多糖能明显增加小鼠的体液免疫。海带多糖能明显地增强 PMφ 吞噬功能，PMφ 是体内非常重要的免疫细胞，PMφ 能非特异性地吞噬多种抗体，在抗感染免疫和抗肿瘤免疫等方面具有重要作用。

3. 抗肿瘤作用

薛静波等 (2002) 报道，腹腔注射海带多糖 (40mg/kg) 能够明显激活小鼠 PMφ，增强其细胞溶解作用，可使 PMφ 的吞噬率和吞噬指数增强，能诱导产生 L-1，并对小鼠移植瘤有抑制生长作用。因此，海带多糖能显著提高小鼠 PMφ 的杀伤作用。

4. 抗突变和放射保护作用

环磷酰胺 (CP) 是诱变剂，可诱发小鼠骨髓细胞染色体断裂。王庭欣等 (2002) 报道，以小鼠骨髓嗜多染红细胞微核率 (MNF) 为指标，初步探讨了海带多糖 (LPS) 对诱发小鼠染色体突变的拮抗作用。结果认为，海带多糖能够拮抗环磷酰胺所致的小鼠染色体突变。李德远等 (2003) 研究认为，海带中岩藻胶 (FD) 具有抗辐射作用。

5. 抗疲劳、耐缺氧作用

阎俊等 (2001) 研究认为，海带多糖能使氧合血红蛋白离解，促进氧的释放，有利于改善组织的缺氧，再次证实了海带多糖可提高缺氧小鼠组织对氧的利用，具有抗疲劳、耐缺氧的作用。

6. 抗氧化和抗衰老作用

李德远 (2003) 研究了褐藻海带中的岩藻糖胶 (FD) 对四氧嘧啶引起的小鼠体内

外脂质过氧化及小鼠组织匀浆自发脂过氧化的影响。结果,预先给予 FD 的各组,注射四氧嘧啶后,血清、肝及脾中脂质过氧化物明显低于阳性对照组,结果显示 FD 对四氧嘧啶损伤引起的过氧化脂质 (LPO) 升高有一定的预防作用。孔鹏等 (2007) 研究认为,海带多糖能提高生物体内抗氧化酶活力,降低衰老物质前体的含量。

7. 抗病毒作用

由海带中提取的褐藻糖胶具有抗 RNA 及 DNA 病毒作用。

8. 抗纤维化作用

苗本春等 (2001) 从海带中提取分离获得的海带酸性聚糖类物质 J201A,并观察到其对人胚肺成纤维细胞 (HLF) 体外增殖的抑制作用。

三、海带育种和育苗

海带为生长在潮下带的冷水性褐藻植物,以雌雄配子结合进行生殖。自从 1950 年冬季开始,海带幼孢子成功地从我国北部海域移植到南部海域,海带养殖业已在南至北纬 25°～26°海域迅速发展,其中已有近 50% 的海带产量来自中国南部的亚热带海域。

随着海带养殖业的发展,需要选育具有较强耐温性的海带品系和生态类型,因此,这就要求有一种在海带育种和育苗过程能够判断和选择合适亲本植株的方法。Pang 等 (2007) 选取来自亚热带福建省 (北纬 26°) 的海带 (FFP) 和来自青岛 (北纬 36°) 的野生海带 (QWP),利用叶绿素荧光测定法和短期箱内培养的生长表现,来研究这两种海带子代的耐温性能。结果显示,当将北方产青岛野生海带子代暴露在较高温度 (20～25℃) 下短期培养,其存活率和光合作用数量效率 (Fv/Fm) 均能达到较优的性能。这一结果更进一步证实荧光猝灭测定结果的可靠性,从而说明,在太平洋西岸北纬 36°附近海域生长的青岛野生海带比现在在亚热带海域种植的海带品种更适宜作为抗温性海带品种育种的亲本。

四、搅拌式生物反应器培养转基因海带配子体细胞过程条件的快速优化方法

一般转基因海草需在生物反应器里进行细胞培养。其培养条件采用测定最大生物量和转基因蛋白量作为优化条件的方法。测定干细胞重量或叶绿素的过程,不仅需杀死海藻花费时间,而且缺乏正确性。现已明白,海藻光合作用时消耗 CO_2 也释放 O_2,这就会引起培养液中 pH 增加,可根据 pH 增加速率监测培养生长。Gao 等 (2006) 成功地建立了海带转基因 HbsAg 转换模式。

(一) 细胞培养和保持条件

利用乙型肝类表面抗原 (HbsAg) 转基因配子体作试验材料。细胞悬浮培养利用海水改良培养液,含有 4mmol/L $NaHCO_3$、1.5mmol/L $NaNO_3$ 和 0.17 mmol/L NaH_2PO_4,并保持在低光照 [18μmol/ (m·s)],28W 冷白炽荧光灯每天 14h 光照和 10h 黑暗 15℃ 条件下。

（二）搅拌式生物反应器培养

生物反应器设有通气入口、气体出口、接种管、样品管、采收管、溶解氧电极、pH 电极和温度电极。为光照步骤的需要，在反应器两边各装有 20W 荧光灯管。以灯管与反应器表面之间的距离来调节不同光照强度，利用 LI-190SA 光量传感器测定光照湿度，单位为 $\mu Em/(m \cdot s)$ [μmol 光量/$(m \cdot S)$]。利用 JK-F407 pH 传感器测定 pH。利用 3TC-100 温度传感器监控生物反应器里的温度，并利用在线控制加热和冷却系统调整温度。每次试验前，泵入空气到培养器，以固定 pH。然后开灯，在线测定和记录 1h 的 pH。

（三）干物质测定

利用孔径 $0.2\mu m$ 的预先干燥和称重的滤纸，过滤 50.00mL 细胞悬浮培养样品，然后用非物质化水充分冲洗滤纸，在 80℃ 干燥 48h，再称重滤纸，测定滤纸里留着的干物质。

（四）培养条件的快速优化

试验过程中测定培养液里 pH 变化速率与细胞密度的关系，就可确定转基因配子体培养生长的最佳温度为 15℃。无论在低初始细胞密度，还是高初始细胞密度开始培养时，其光合活性为最高。

光照是海藻配子体光合作用需要的能量。试验结果表明，pH 增加速率随光照强度增加而明显增加。当在低初始细胞密度培养时，细胞生长受到低光照强度的限制。当初始细胞密度达到最大生长时，细胞生长不受光照强度限制。

海藻细胞的生长受到周围液体环境搅动速率的影响。试验结果表明，在上述培养条件下，最佳搅动速率是 200r/min。高的搅动速率会造成培养液流动的混乱和增加培养细胞的搅动损伤。

第二节 药用海藻紫菜的生理生态

一、概述

（一）分类地位

紫菜属红藻门（Rhodophyta）原红藻纲（Protoflorideophyceae）红毛菜目（Bangiales）红毛菜科（Bangiaceae）紫菜属（*Porphyra*）。

依照紫菜叶状体营养细胞是一层或两层，营养细胞中星状色素体是一个或两个，紫菜属又分为真紫菜亚属（*Euporphyra*）、双皮层紫菜亚属（*Diploderma*）和双色素体亚属（*Diplositdia*）三个亚属。其中真紫菜亚属藻体为一层细胞组成，具单一色素体。我国的紫菜都属于该亚属。藻类学家曾呈奎和张德瑞又根据藻体的边缘细胞有无刺状突起，把紫菜亚属分为三组，即全缘紫菜组（section edentata）、刺缘紫菜组（section dentate）、边缘紫菜组（section marginata）。

紫菜分类记载始于 18 世纪。1753 年，林奈（Linne）把具有薄叶状体的藻体统归于石莼属（*Ulva*）种类，紫菜也纳入其中。1824 年，Agardh 正式定名为紫菜属（*Porphyra*，C. Ag.）并沿用至今。紫菜属的种类大多数发现于北半球，近年来南半球的研究也逐渐地多了起来，现在紫菜种类在世界约有 134 种之多，我国也已记载了 22 个物种或变种。

（二）我国紫菜的物种分布

我国北起辽宁省、南至海南省都有紫菜分布。已经定名的种类如下。

狭叶紫菜（*Porphyra angusta* Okamura et Ueda）

皱紫菜（*P. crispate* Kjellm）

长紫菜（*P. dentate* Kjellm）

刺边紫菜（*P. dentimarginata* Chu et Wang）

福建紫菜（*P. fujianensis* Zhang et Wang）

广东紫菜（*P. guangdongensis* Tseng et T. J. Chang）

坛紫菜（*P. haitanensis* Chang et Zheng）

铁钉紫菜（*P. ishigecola* Miura）

半叶紫菜华北变种（*P. katadai* Miura var. *hemiphylla* Tseng et T. J. Chang）

昆达紫菜（*P. kunieda* Kurogi）

边紫菜（*P. marginata* Tseng et T. J. Chang）

单孢紫菜（*P. monosporangia* Wang et Zhang）

摩端紫菜（*P. moriensis* Ohmi）

冈村紫菜（*P. okamurai* Ueda）

少精紫菜（*P. oligospermatangia* Tseng et Zheng）

青岛紫菜（*P. qingdaoensis* Tseng et Zheng Baofu）

多枝紫菜（*P. ramosissima* Pang et Wang）

列紫菜（*P. seriata* Kjellm）

圆紫菜（*P. suborbiculata* Kjellm）

甘紫菜（*P. tenera* Kjellm）

越南紫菜（*P. vietnamensis* Tanaka et Phan）

条斑紫菜（*P. yezoensis* Ueda）

其中主要栽培种类是北方的条斑紫菜（*P. yezoensis* Ueda）和南方的坛紫菜（*P. haitanensis* Chang et Zheng）。条斑紫菜为北太平洋西部特有的种类，主要分布于我国黄海、渤海和东海北部沿岸，以及日本列岛和朝鲜半岛沿岸，目前也是日本和韩国的主要栽培品种。坛紫菜产于我国福建平潭、莆田、惠安等地，为我国特有的暖温带性种类。

紫菜的生活史具有叶状体（配子体）世代和丝状体（孢子体）世代。叶状体是一层或两层细胞组成的膜状体，这就是在海边采集到的紫菜；丝状体是丝状藻丝，呈树枝状。

紫菜所有的种类都进行有性生殖，有少数的种类可兼行无性生殖。每种紫菜的生殖方式是固定的。

紫菜是一种营养丰富、味道鲜美的食用海藻，作为一种佐餐食品，在我国和东亚诸国具有悠久的历史。紫菜所含蛋白质、脂肪、糖、无机盐和维生素等，都是人类所需的营养成分。研究证明，这些营养成分不但随着生长环境的不同而有变化，而且因紫菜的种类乃至品种的不同而不同。

据 Zhang 等（2004）和刘军等（2006）的研究表明，紫菜多糖（porphyra polysaccharide，PP）具有抑制肿瘤生长、降低血糖和抗氧化，以及提高免疫力等多种药理作用。

二、紫菜化学成分和药理作用

条斑紫菜含有大量的蛋白质、氨基酸，游离氨基酸总量可达 4287.23mg/kg。在脂肪酸组成中，大部分为不饱和脂肪酸，其中 EPA（$20:5^{3,5,7,9,11}$）占 50.1%；无机元素非常丰富；富含维生素，在大型栽培海藻中，就其营养价值而言位居首位。

经大量研究发现，紫菜多糖是其主要的药用成分（张全斌 2005）。多糖主要有香菇多糖、大枣多糖、枸杞多糖、姬松茸菊丝体多糖等种类。

1. 蛋白质和氨基酸

紫菜是蛋白质含量最丰富的海藻之一。紫菜中的蛋白质含量随着藻的种类及生长时间、地点等的不同而有所不同，通常蛋白质质量分数占紫菜干质量的 25%～50%。

Noda 等（2003）对日本产紫菜的结合状态及游离态氨基酸的含量的研究结果显示，日本产紫菜富含丙氨酸、天冬氨酸、谷氨酸和甘氨酸。紫菜中还含有大量的牛磺酸，其含量超过藻体干质量的 1.2%，牛磺酸为磺酸化的氨基酸，是由胱氨酸衍生而来，可以通过形成牛磺胆酸促进胆酸的肠肝再循环，并控制血液的胆固醇水平；此外，牛磺酸对促进婴儿大脑发育及儿童的生长发育、抗氧化、抗衰老都具有良好的功效。

中国产紫菜以条斑紫菜和坛紫菜为主。表 17-1 所示为中国坛紫菜（*Porphyra haitanensis*）与条斑紫菜（*Porphyra yezoensis*）中的氨基酸组成。坛紫菜和条斑紫菜中的总氨基酸质量分数相当，分别为 35.5% 和 33.5%。而且两种紫菜中的氨基酸的分布基本一致，都是以谷氨酸含量最高，其次为丙氨酸和天冬氨酸。紫菜富含人体必需的 10种氨基酸中的 9 种（色氨酸未测定），基本与理想蛋白质中必需的氨基酸含量的模式谱（FAO/WHO，1973 修正模式谱）相一致。

表 17-1　中国产紫菜和条斑紫菜中的氨基酸组成　　　　　　（单位：mg/g）

氨基酸	坛紫菜	条斑紫菜
精氨酸 Arg	28.07	17.24
天冬氨酸 Asp	34.31	42.05
半胱氨酸 Cys	10.98	—
谷氨酸 Glu	43.36	50.78
甘氨酸 His	22.25	20.35
组氨酸 His	3.86	4.64
异亮氨酸 Ile	10.93	4.81

氨基酸	坛紫菜 [3]	条斑紫菜 [4]
赖氨酸 Lys	20.83	19.25
亮氨酸 Leu	21.86	11.98
甲硫氨酸 Met	7.70	—
苯丙氨酸 Phe	22.20	14.43
脯氨酸 Pro	19.33	—
丝氨酸 Ser	20.86	26.99
苏氨酸 Thr	19.26	11.90
酪氨酸 Tyr	7.19	12.35
缬氨酸 Val	23.51	17.03
总计	316.5	253.8

注：—：未测定；紫菜为干质量，以下同。

中国研究人员对条斑紫菜和坛紫菜中氨基酸含量的季节性变化也进行了一些研究，发现紫菜中氨基酸的含量随着生产月份和季节下降变化明显。且在生产初期含量越高，之后随着生长时间的延长，含量逐渐减少。原因是处于生长初期的紫菜细胞不断地进行分裂，以蛋白质为中心的代谢十分旺盛；相反，到了生产末期，细胞分裂能力下降。因此生长初期的紫菜蛋白质含量较高，营养价值较高。

藻胆蛋白是藻红蛋白、藻蓝蛋白和别藻蓝蛋白等的总称，是某些藻类特有的捕光色素蛋白。藻胆蛋白在紫菜中含量较多，大约占紫菜干质量的4%。条斑紫菜 R-藻红蛋白能与胰岛素抗体发生免疫结合反应，具有降血糖应用前景。坛紫菜的 R-藻蓝蛋白刺激人 B 淋巴细胞增殖，当细胞促分裂剂植物血凝素、葡萄球菌 Cowen Ⅰ（SAS）或抗人 IgM 的 μ 链血清存在时，这种诱导效应尤其明显。坛紫菜藻蓝蛋白在抗肿瘤实验中能够抑制 HL-60 细胞的生长。

2. 紫菜多糖

紫菜多糖（porphyran）属半乳聚糖硫酸酯，主要由半乳糖、3，6-内醚半乳糖和硫酸基等组成，占紫菜干质量的20%～40%，是紫菜的主要成分之一。紫菜多糖的结构与琼胶类似，是由 3-连接的 β-D-半乳糖和 4-连接的 α-L-半乳糖单位交替连接而成的线性多糖。其中 D-半乳糖单位部分被 6-O-甲基-D-半乳糖取代，而其中的 L-半乳糖单位由 L-半乳糖-6-硫酸基或 3，6-内醚半乳糖构成。多糖是构成生物体的一类十分重要的物质。近年来的研究显示，紫菜多糖具有多种生物活性。条斑紫菜多糖具有增强免疫功能、抗衰老、抗凝血、降血脂、抑制血栓形成等作用。对坛紫菜多糖的研究也表明坛紫菜多糖具有抗氧化和抗衰老作用。

海藻富含膳食纤维，它们构成了一大类膳食纤维，其中可溶性膳食纤维的比例很高。膳食纤维许多明显的生理功能与其理化特性有关。其中，其形成黏稠溶液的能力是最重要的一个因素。黏性多糖能够干扰营养成分的吸收，因而影响糖类和脂类的代谢。Goñi 等（2001）对紫菜作为膳食纤维对机体的影响进行了一系列的研究，结果表明，健康志愿者进食前服用 3g 紫菜，能够降低志愿者食用白面包后的血糖反应。食用紫菜能够对结肠微生物群落有调控作用。紫菜作为膳食纤维饲喂大鼠能够影响盲肠细菌的活性，与纤维素组相比，紫菜饲喂的大鼠盲肠中 β-葡糖醛酸酶、β-葡萄糖苷酶、偶氮还原酶、硝基还原酶和硝酸盐还原酶的活性均显著降低。胃肠道微生物群落对寄主的健康有着重要的影响。上述酶均由肠道细菌合成，已知它们能产生致癌物、诱变剂和各种各样的肿瘤促进剂。紫菜降低这些酶的活性表明它能够有效降低机体暴露于这些酶产生的致癌物的危险，从而有利于机体的健康。

3. 脂类

紫菜脂肪的质量分数为藻体干质量的 1%～3%。表 17-2 显示在不同温度下生长的日本产条斑紫菜中脂肪酸的组成以及中国福建连江产坛紫菜的脂肪酸组成。从中可以看出，紫菜中不饱和脂肪酸比例较高。不饱和脂肪酸能使胆固醇酯化，从而降低血清和肝脏的胆固醇水平。其中二十碳五烯酸（EPA）在日本产条斑紫菜中占到所有脂肪酸总量的近50%，在福建产坛紫菜中也占总脂肪酸含量的 24.0%。EPA 具有降低血压、促进平滑肌收缩、扩张血管等作用，已经被认为在预防动脉粥样硬化方面比花生四烯酸有效。

表 17-2　条斑紫菜和坛紫菜中的脂肪酸组成　　　　　　（单位：%）

脂肪酸	条斑紫菜		坛紫菜
	10℃	20℃	
12：0	5.2	4.7	0.4
14：0	1.8	1.7	1.4
16：0	21.0	22.5	33.3
16：1	3.7	3.5	—
18：0	1.0	1.0	7.5
18：1	2.9	3.0	1.6
18：2n6（γ-）	5.5	5.7	2.8
18：3n3（α-）	1.9	2.0	1.0
18：4n3	1.6	1.7	—
20：0	0.5	0.8	2.2
20：3n3	1.8	2.0	—
20：4n3	3.0	3.2	9.4
20：5n3	50：1	48.2	24.0

注：以占总脂肪酸的质量分数表示。

4. 维生素

紫菜中维生素含量比较丰富，表 17-3 所示为中国及日本产紫菜中的维生素含量。紫菜中维生素 C 的含量比橘子高，胡萝卜素和维生素 B_1、维生素 B_2 及维生素 E 的含量均比鸡蛋、牛肉和蔬菜高，而且紫菜中烟酸、胆碱和肌醇的含量也很高。但不同紫菜之间的数值差异较大，这一方面与紫菜种类有关，另一方面也与紫菜的生长时期及加工方法等有关。

紫菜是天然维生素 B_{12} 的理想来源。干紫菜中含有丰富的具有生物活性的维生素 B_{12}，每 100g 条斑紫菜含（51.49±1.51）μg 维生素 B_{12}。紫菜含 5 种具有生物活性的维生素 B_{12} 化合物（氰钴胺素、羟钴胺素、亚硫酸钴胺素、腺苷钴胺素、甲基钴胺素），其中维生素 B_{12} 辅酶（腺苷钴胺素和甲基钴胺素）的质量分数为 60%。

表 17-3 紫菜中的维生素含量　　　　　　　（单位：$\times 10^{-5}$ g/g）

维生素	日本产紫菜	坛紫菜	条斑紫菜
胡萝卜素	16 000（IU）	1.82	13.7
维生素 B_1	12.9	0.15	0.041
维生素 B_2	38.2	1.16	4.42
烟酸	11.0	14.4	—
维生素 B6	1.04	—	—
胆碱	292.0	—	—
肌醇	6.2	—	—
维生素 E	—	2.2	—
维生素 C	112.5	12.1	87.5

5. 矿物质

对不同来源的紫菜样品中灰分含量的测定结果显示，紫菜中灰分的质量分数为 7.8%~26.9%，高于陆地植物及动物产品。大多数陆地植物灰分质量分数为 5%~ 10%。这表明紫菜是重要的矿物质来源，而在陆地蔬菜中微量元素缺乏或含量较少。

表 17-4 为不同的紫菜样品中部分元素含量的测定结果。对不同产地和种类的紫菜中各种元素的分析结果基本一致。紫菜中 Ca、Na、K、Mg 及 P 的含量很高。其中从营养学角度看比较有意义的是，紫菜中 Na/K 的比率均小于 1.2。因为在日常饮食中摄入的 Na/K 的比例很高，研究表明，这种高 Na/K 比例与高血压的发生有很大的关系。紫菜中低 Na/K 比例有助于降低高血压的发病率。紫菜中镁元素的含量很高，Esashi 等（2001）对甘紫菜中 Mg 的生物利用性进行了研究，结果表明，对具有 Mg 限制性的大鼠的饲料中添加甘紫菜可以使大鼠血清 Mg、Ca、P 恢复到正常水平，说明紫菜可以作为 Mg 的良好来源。紫菜中各种微量元素的含量都比较丰富。Mn、Zn、Fe 等含量都很高。Shaw 等（1997）采用血红素生成实验来检测紫菜中 Fe 的生物利用度，结果表明，紫菜中可利用的 Fe 含量与其他许多 Fe 含量丰富的食品相当。

表 17-4 紫菜中主要矿物质及微量元素含量　　　　（单位：$\times 10^{-5}$ g/g）

元素	日本产紫菜	条斑紫菜	坛紫菜	坛紫菜	甘紫菜
Ca	440	138	363	220~570	390±17
P	650	580	—	520~640	
Fe	12	25.5	56	—	10.3±0.41
Na	570	—	—	1000~2380	3627±115
K	2400	652	—	1870~2650	3500±71
Mn	2	3.14	5.2	—	2.72±0
Zn	10	2.23	9.5	—	2.21±0.17
Cu	1.47	1.83	1.0	—	<0.5
Se	0.08	0.06	—	—	
Mg	—	314	329	420~590	565±11
I	—	1.81	—	—	

综上所述，紫菜含有丰富的蛋白质、碳水化合物、不饱和脂肪酸、维生素和矿物质，具有很高的营养价值。而且，近年来的研究表明，紫菜多糖具有抗衰老、降血脂、抗肿瘤等多方面的生物活性，因此，探讨紫菜的药用价值，从紫菜中开发出具有独特活性的海洋药物和保健食品，将是紫菜研究利用的新方向。

三、环境条件对紫菜生长和化学成分含量的影响

（一）条斑紫菜自由丝状体生长的适宜环境条件

条斑紫菜（*Porphyra yezoensis* Ueda）的丝状体是生活史中的一个重要阶段。通常，果孢子是黏附贝壳或其他含钙的基质中萌发、生长、发育成贝壳丝状体（conchocelis）的。如果不钻壳，悬浮生长在培养液中，这种丝状体称为自由丝状体（free-living，conchocelis）。在一定的控制条件下，自由丝状体能生长发育形成孢子囊枝，放散壳孢子。一般情况下经切碎培养，扩大数量，接种于贝壳中生长发育成为贝壳丝状体，用于紫菜育苗，这种育苗方法不受种菜成熟度、数量及气候限制，并缩短了育苗时间，可提高育苗效益。

据骆其君等（1999）的研究结果，其适宜生长环境条件如下。

1. 温度

条斑紫菜最适宜温度范围为 $15℃～25℃$，上限为 $30℃$。生物体内的绝大多数生物化学反应都由酶进行催化，在一定温度范围，酶催化作用速率最高。在适宜温度范围合成反应的酶活性高于分解反应的，即合成反应比分解反应更快，合成反应所积累的物质表现为迅速生长，温度过高，体内的一部分酶失活，生物化学反应不能正常进行，表现为生长缓慢甚至死亡。

2. 光照

条斑紫菜自由丝状体生长的适宜光辐照度为 $15～60\mu E/（m·S）$。在一定的温度条件下，辐照度越大，藻体可能获得的能量就越大，光合作用所积累的物质就越多，丝状体生长就越快。在低辐照度条件下，光合作用所合成的物质不足以补偿呼吸作用的消耗，导致丝状体生长不良。

3. 营养

添加的适宜 N 浓度为 $20～60g/m^3$，P 为 $1.5～5g/m^3$。营养盐（包括大量元素和微量元素）是丝状体生长所必需的，尤其是 N 和 P，它是有机体的蛋白质与核酸的重要组成成分，一旦缺乏，将影响丝状体的生长。添加的浓度过高，破坏营养盐元素的平衡，不利于生长。最适宜盐度范围为 $20～30g/m^3$，低于 $10g/m^3$ 的盐度不能生长，剧烈改变环境条件（过高或过低盐度）也影响丝状体生长。

（二）逆境胁迫对紫菜生理生化的影响

紫菜具有很强的抗逆能力，这种能力是靠渗透调节系统和自由基清除系统等生理调节适应来实现的。冯琛等（2004）、邵世光等（2006）进行了 Cu^{2+}、Cd^{2+}、Hg^{2+} 胁迫对条斑紫菜生理生化的影响，这些研究结果可概括如下。

1. 盐和 Cu^{2+} 离子胁迫的生理效应

在两种胁迫条件下，条斑紫菜中甘露醇的含量增加，其中在 $45g/m^3$ 盐度海水中，甘露醇含量增幅最大，达 200％；丙二醛（MDA）含量在胁迫初期迅速增加，且含量随胁迫程度增大而增多，增幅最高达 300％，2h 后开始下降。在盐度、Cu^{2+} 胁迫下，甘露醇主要作为渗透调节剂参与抗逆反应，同时，MDA 含量的变化表明自由基清除系统可能在抗逆反应中也起到重要作用。

2. Cd^{2+} 离子胁迫的耐受性

以条斑紫菜中叶绿素 a 含量、光合作用强度、SOD 活性、POD 活性、总抗氧化能力及可溶性蛋白含量等 6 项指标参数，研究分析了不同浓度 Cd^{2+} 对条斑紫菜的胁迫作用，结果表明，用较低浓度 Cd^{2+} 处理时，条斑紫菜的 6 项指标参数值均较对照组有一定的提高；随着 Cd^{2+} 处理浓度的增加，6 项指标参数值均开始下降，其中，处理浓度为 $5\sim100mg/L$ 时，光合作用强度、POD 活性逐渐下降；处理浓度为 $10\sim100mg/L$ 时，叶绿素 a 含量、SOD 活性、总抗氧化能力下降；处理浓度为 $20\sim100mg/L$ 时，可溶性蛋白含量下降。条斑紫菜对 Cd^{2+} 具有较高的耐受性，但高浓度的 Cd^{2+} 对条斑紫菜具有明显的胁迫作用。

3. Hg^{2+} 对紫菜的毒害性

Hg^{2+} 是水体中的重要污染物。植物体内产生和清除 O_2 的能力处于动态平衡状态，而 Hg^{2+} 能够引起植物细胞内 O_2 的积累，并随浓度的增加，积累速率加快。所以 Hg^{2+} 处于低浓度时，条斑紫菜会因诱导而产生超出正常值的 SOD，以清除因 Hg^{2+} 存在而产生的过多 O_2。但当 Hg^{2+} 增加到一定程度后，所有蛋白质的合成均受到阻碍，所以 SOD、CAT 及总抗氧化能力都呈现急剧下降的趋势。这表明细胞可以通过自身调节，具有一定的抗重金属污染的能力，但当重金属污染达到一定程度后，其细胞内的酶系统被摧毁，防御功能随之丧失，而表现出毒害作用。

第三节　药用海藻羊栖菜的生理生态

一、概述

羊栖菜［*Sargassum fusiforme*（Harv.）Setch.］为马尾藻科（Sargassaceae）马尾藻属（*Sargassum* C. Ag.）海洋藻类，是热带、温带性海藻，我国主要分布在辽宁、山东、浙江、福建、广东等海域。

羊栖菜叶状体卷曲皱缩呈块状，黑褐色，表皮带一层白色盐霜，长 $30\sim60cm$，主干及枝上有小刺。基部的叶披针形，全缘或有粗锯齿，革质；上部的叶狭披针形或丝状。气囊为圆球形或纺锤形。叶腋间生有圆柱形生殖托。一般在夏、秋两季采收，以干燥体作为药用，习称为"小叶海藻"。以身干、色黑褐、盐霜少、枝嫩无沙石者为佳。主要化学成分有藻胶酸、粗蛋白、甘露醇、胡萝卜素、岩藻黄素、马尾藻多糖、碘、钾等。功用为软坚，散结，利水消肿。用于地方性甲状腺肿及部分甲状腺肿瘤、淋巴结结核、腹部肿块、睾丸肿痛、脚气浮肿及水肿等的治疗。

二、羊栖菜的化学成分和药理作用

（一）化学成分

羊栖菜含粗蛋白 7.95%、灰分 36.0%。除常见的脂肪酸与氨基酸外，作为褐藻分类的特征物质，羊栖菜含有叶绿素 a、叶绿素 c、β-胡萝卜素、墨角藻素（fucoxanthin）、叶黄素（xanthophyll）、褐藻淀粉（laminaran）、甘露醇（mannitol）、纤维素（cellulose）、褐藻酸（alginic acid）及褐藻多糖硫酸酯（fucoidan，FCD）。其中甘露醇与褐藻酸含量较多，分别占 10.3% 和 20.8%。

在全藻中还可分离出羊栖菜多糖（sargassum fusiforme polysaccharides，SFPS）。钱浩等从羊栖菜乙醇提取物中分离出 3 种甾醇化合物，鉴定其中 2 种分别为岩藻甾醇（fucostetrol）和马尾藻甾醇（saringosterol）。

范晓等（1993）测定了 1989 年 3 月在广东遮浪采集的羊栖菜化学成分。维生素（Vit）在羊栖菜中的含量（$\mu g/100g$ 干重）为：B_1 72，B_2 60，B_5 300，B_6 300，B_{12} 0.005，E 8.20，D 0.050，K 0.005，C 6.2。矿物元素的含量（占干重%）为：钾 0.98，钠 2.85，钙 1.39，镁 1.08，硒 0.10。微量元素含量（占干重%）为：铜 98.7×10^{-7}，铅 0.12×10^{-7}，锌 130.10×10^{-7}，锡 0.27×10^{-7}，铬 3.29×10^{-7}，镍 8.15×10^{-7}，铁 2.55×10^{-7}，锰 1.40×10^{-7}。

（二）药理作用

1. 水煎剂及粗提物

具有调节免疫功能、对抗肉毒毒素及抑制肿瘤的作用。

中药"海藻"水煎剂能明显增加小鼠的脾及胸腺指数，增加正常小鼠单核巨噬细胞（MΦ）对刚果红的廓清功能，同时可明显增强绵羊红细胞所致的小鼠迟发性超敏反应。羊栖菜煎煮浓缩液饲喂豚鼠 30d 能降低甲状腺微粒抗体（TMA）和甲状腺蛋白抗体（TGA）含量，减轻它们对甲状腺细胞的杀伤作用。

肉毒毒素 A 是毒性极强的神经毒，以 $1.7LD_{50}$ 剂量给小鼠供毒 1h 后，用 1mg/kg 体重的羊栖菜水提物对抗 96h 后存活率达 73.3%。E 型肉毒毒素中毒小鼠用羊栖菜 70% 醇提取物以 1000mg/kg 体重剂量治疗后，存活率为 60%，而未治疗的对照小鼠全部死亡；羊栖菜乙醇提取物对小鼠 S180 肉瘤抑瘤率为 28.6%～48.8%，对 EAC 腹水瘤抑瘤率为 12%～38.5%。

2. SFPS

具有清除体内自由基、抗脂质过氧化的作用，提高红细胞免疫功能。

SFPS 使白血病 L_{615} 小鼠的存活时间延长 30.58%，显著降低 L_{615} 小鼠全血及肝脏脾脏内脂质过氧化物（LPO）的含量，增加过氧化氢酶（CAT）、超氧化物歧化酶（SOD）的活性，提示 SFPS 能清除 L_{615} 小鼠体内自由基、抗脂质过氧化。

红细胞免疫在免疫调节中有重要地位，癌细胞与红细胞相遇的机会较多，有学者认为红细胞免疫在肿瘤免疫上有很大的作用。肉瘤 S_{180} A 小鼠、艾氏腹水瘤 EAC 小鼠、白血病 L_{615} 小鼠红细胞免疫功能低下；而腹腔注射 SFPS 10～40mg/(kg·d) 的上述三种，病鼠的红细胞免疫功能明显强于未用药组。另外，SFPS 使红细胞，膜封闭度恢复，提高唾液酸（sialic acid）的含量，以恢复和促进红细胞免疫功能。

3. 褐藻淀粉及其硫酸酯（LAMS）

褐藻淀粉的总糖含量为 60.4%，主要成分为 β-1，3-葡聚糖（β-1，3-glucopyran-side），相对分子质量约 40 000；而 LAMS（laminaran sulphate）是褐藻淀粉的磺化产物，总糖含量为 31.1%，相对分子质量约 80 000。

褐藻淀粉有增强免疫功能、降脂、抗辐射等作用。褐藻淀粉能减轻小鼠因环磷酰胺引起的白细胞减少症状，并能促进红细胞凝集；用 100mg/kg 体重的剂量对小鼠腹腔内注射 7~8d，小鼠腹腔巨噬细胞的吞噬功能及血清中溶血素含量明显增加，同时血清中的胆固醇下降 27.14%，并使经总剂量为 0.2064 Gy/kg 的 ^{60}Co γ 射线照射过的小鼠 30d 内死亡率减半。

LAMS 具有降血脂、提高免疫力、抗凝血、抗肿瘤等作用。LAMS 可显著降低小鼠由高脂饲料所致的血脂水平升高；增强体液免疫功能，促进淋巴细胞的转化，对抗由环磷酰胺引起的白细胞下降；明显延长凝血酶元时间（thrombinogen time）、缩短优球蛋白（euglobulin）溶解时间，表明有抗凝血作用。LAMS 在体外直接抑制鼠 RIF-1 肿瘤细胞的增殖；在体内抑制碱性纤维细胞生长因子（bFGF）附着和 bFGF 依赖性细胞增殖，使肿瘤组织血管生成受阻。

4. FCD

FCD 以前称为墨角藻多糖、岩藻多糖或褐藻糖胶，其主要成分为 L-岩藻糖与硫酸根。FCD 具有增加机体免疫功能的作用。在体外，浓度为 3.75~240μg/mL 的 FCD 能激活自然杀伤细胞（NK cell）；巨噬细胞经不同浓度 FCD 作用 48h 后，白细胞介素-1（IL-1）样活性物质的分泌明显增加；脾细胞培养液中加入 15~120μg/mL 的 FCD 均可诱导产生丙型干扰素（INF-γ），以 60μg/mL 的诱生作用最强。在体内，每日用 FCD 0.25~10mg/kg 体重连续给小鼠皮下注射 9d 后，小鼠脾细胞对刀豆凝集素 A（Con A）、植物血球凝集素（PHA）及细菌脂多糖（LPS）这三种丝裂原的增殖反应敏感性增强，并且 5~10mg/kg 的剂量可促进脾细胞产生白细胞介素-2（IL-2），同时观察到 10mg/kg 组小鼠腹腔巨噬细胞产生 IL-1 样活性物质增多；给小鼠进行绵羊红细胞免疫注射前或后给予 FCD 5mg/(kg·d)，均能促进小鼠产生抗体。

5. 褐藻酸衍生物

褐藻酸主要是以 β-1，4 键结合的 D-甘露糖醛酸聚合物，有的部分由甘露醛酸与古罗糖醛酸交替而成；其钠盐为褐藻酸钠，商品褐藻胶主要成分为褐藻酸钠；藻酸双酯钠（polysaccharide sulfate，PSS）是在褐藻酸钠分子的羟基及羧基上分别引入磺酰基及丙二醇基所形成的双酯钠盐；甘糖酯（propylene glycolmannurate sulfate，PGMS）是在 PSS 基础上研制成的一种新型类肝素药物。

褐藻酸可作为片剂的崩解剂，优于淀粉，与不同离子、基团结合而具有多种功效。

褐藻酸钠（sodium alginate）具有降血糖、降血脂、通便、抑制肿瘤、增加免疫功能和抗辐射的作用。按 25~50 g/餐定量服用褐藻酸钠，可降低糖尿病患者的血糖、尿糖水平，并使高血脂患者胆固醇、甘油三酯、β-脂蛋白（β-lipoprotein）有不同程度的下降，而对正常血脂者的降脂作用却不显著。褐藻酸钠对肿瘤 S_{180} 有一定抑制作用，能对抗因环磷酰胺引起的白细胞下降，增强腹腔细胞吞噬功能，促进淋巴细胞转化及红细胞凝集，对 ^{60}Co γ 射线所造成的损伤有保护作用。当放射性锶未被肠壁吸收以前，服用褐藻酸钠可以阻止放射性锶在小鼠体内的吸收。

PSS 有明显的抗凝、降压、降脂、扩张血管及改善微循环的作用。另外 PSS 还可降血糖，刺激前列腺素合成，对大鼠肝脏纯化的 A、B 型蛋白激酶有剂量依赖性抑制作用，对大鼠被动型 Heymann 肾炎具预防作用，对家兔心肌梗死缺血性操作有保护作用。

PGMS 对红细胞变形能力（ED）及全脑再灌损伤有明显的保护作用，并通过改善微循环减轻糖尿病患者肾脏病变。另外，PGMS 能抑制体外培养的大鼠晶体上皮细胞与牛脑微血管平滑肌细胞的异常增殖。

6. 其他成分

岩藻甾醇（fucosterol）具有类雌激素的作用，并且用岩藻甾醇饲喂雏鸡能明显降低血中胆固醇含量。

对于矿质元素、维生素缺乏症，羊栖菜中的矿物常量元素、微量元素及维生素有相应的补充作用。

三、羊栖菜枝叶的光合特性

羊栖菜藻体由固着器、主干、"叶"三部分组成。固着器为圆锥状、盘状、瘤状、假盘状、假根状等；主杆圆柱状，向两侧或四周辐射分枝；"叶"扁平或棍棒状。有些物种上部和下部的"叶"形状不同，全缘或有锯齿。气囊和生殖托都生在叶腋处。气囊球形、椭圆形或管形，能使藻体浮起直立，以接受阳光进行光合作用。生殖托纺锤形或圆锥形。

羊栖菜的"叶"是主要的光合作用组织。在生殖季节，从侧枝主要长出生殖组织孢子托（receptacle）。研究羊栖菜生殖和营养组织的光合作用性能是很有意义的。Zou 等（2005）对羊栖菜"叶"和孢子托光合特性的研究结果表明，在光饱和情况下，新鲜羊栖菜、孢子托的光合作用强于叶片，并且最适温度为 30℃。在 10～40℃温度范围内，孢子托光合作用效率明显比叶片高。

四、CO₂ 含量对羊栖菜生长、光合作用和氮素代谢的影响

CO_2 是光合作用的主要原料。Zou（2005）研究了大气 CO_2 浓度（360μL/L）和富含 CO_2 环境（700μL/L）下羊栖菜的生长、光合作用和氮素代谢。结果表明，在富含 CO_2 环境下其平均生长率增加。在进行两种 CO_2 浓度比较时，光饱和光合效率、暗呼吸和表面光合效率仅有微小的差异。但在光照期间高浓度 CO_2 供应能加强硝酸的平均吸收率和硝酸盐还原酶的活性。这一结果表明，富含 CO_2 培养能提高羊栖菜的氮素同化。将来海水中高 CO_2 能使羊栖菜营养迁移速度加快，这有可能解决现在海水超营养化的难题。

第四节　药用海藻石莼的生理生态

一、概述

绿藻门石莼属（*Ulva*）藻体为多细胞叶状体，由两层细胞组成，基部由营养细胞延伸成假根丝，形成固着器，固着于岩石上。细胞内有 1 个细胞核及 1 个杯状色素体，其中含有淀粉核。

无性生殖，由孢子体边缘的营养细胞开始形成孢子囊，孢子囊在形成的过程中，边缘细胞叶绿体移往细胞的一边，同时细胞向外生出小突起，细胞第一次分裂时的分裂面与叶状体表面垂直，为减数分裂；第二次分裂面与第一次垂直，分成 4 个细胞，如此继续分裂，每一孢子囊产生 8～16 个游孢子。孢子成熟后由囊上突起小孔逸出，游孢子具4 根鞭毛，离开母体后，游动片刻，即附着在岩石上，失去鞭毛，分泌细胞壁，1～2d 内开始萌发。萌发成配子体。

有性生殖，由配子体形成配子囊，配子的形成与游孢子相似，但每一配子囊产生16～32 个配子，成熟的配子也由囊上突起的小孔逸出。配子离开母体后，不久即进行接合。接合的配子大小、形状没有区别，但却来自不同配子体，而同一配子体产生的配子是不交配的。结合后的合子 2～3d 内开始萌发，长成孢子体。

配子体有时也能进行孤雌生殖。

常见的石莼有以下 5 种：石莼（*Ulva lactuca* L.）、孔石莼（*Ulva pertusa* Kjellm）、长石莼（*Ulva linza* L.）、裂片石莼（*Ulva fasciata* Delile）和砺菜（*Ulva conglobata* Kjellm）。

孔石莼藻体幼期绿色，长大后为碧绿色，体形变异很大，有卵形、椭圆形、披针形和球形等，但都不规则。边缘略有皱或稍呈波状。藻体叶面常有大小不等不甚规则的穿孔，并且随着藻体长大，几个小孔可裂为一个大孔，最后使藻体形成几个不规则的裂片状。藻体高 10～40 cm。固着器盘状，柄不明显，藻体基部较厚。横切面观，细胞纵长方形，长为宽的 2～3 倍。细胞含有 1 个细胞核，1 个大型色素体。孔石莼的配子体和孢子体交互成熟。成熟的性器官多见于 4～9 月（中国北方海域）。孔石莼分布于中、低潮带的岩石上和石沼内。周年生长，中国各海域均有分布。孔石莼俗称海菠菜、海白菜等，是我国野生经济藻类中资源极为丰富的一种，在黄海、渤海产量最大。我国拥有非常丰富的孔石莼资源，有相当大的利用潜力和优势。孔石莼的化学组成和药效研究工作具有重要的理论意义，若能进一步开发这一资源，具有很大的应用价值。随着海洋产业成为 21 世纪的高新技术产业，孔石莼的应用前景十分诱人，并会推动海洋生物活性物质研究的进程。

二、石莼的化学组分和药理活性

（一）化学组分

孔石莼的化学组分主要有多糖、类脂、蛋白质、氨基酸、维生素及无机矿质元素等。其中多糖含量最高，提取相对容易，最先为人们认识并开始研究；类脂与之相比含量虽少，但种类多，活性强，近十几年来有关孔石莼类脂研究的报道较多。

1. 多糖

20世纪60年代初，英国的Percival研究组开始对孔石莼所含的碳水化合物的分离、提纯和化学组成结构进行研究；70年代后，日本和法国等在这方面研究也日渐增多。糖组分在藻体中多以杂多糖形式存在。1961年，日本的三田对孔石莼的水提多糖水解后进行了纸色谱分析，结果表明含有D-葡萄糖、L-鼠李糖、D-木糖和D-葡萄糖醛酸等。苏秀榕等（1997）用孔石莼干粉酸解衍生后作糖的气相色谱，得8种主要单糖：鼠李糖、葡萄糖、木糖、三碳糖、褐藻糖、甘露糖、半乳糖和阿拉伯糖。孔石莼热水提取多糖主要为水溶性硫酸多糖，属"葡萄糖醛酸-木糖-鼠李糖聚合物"型多糖，存在于孔石莼细胞间，此类多糖中鼠李糖含量很高，且鼠李糖与葡萄糖的比例因地域等环境的差异不太一致（纪明侯，1997）。这种富含鼠李糖的硫酸多糖有较高的黏性而不具凝胶化能力，与其他种属的食用绿藻中的多糖相比，孔石莼多糖中硫酸基含量最高。孔石莼细胞壁的典型成分为α-纤维素和葡聚糖（淀粉类型多糖），但不含纤维素Ⅰ（Ray et al.，1995）。未经处理的细胞壁多糖很难为人体结肠菌降解。

2. 类脂

早在20世纪50年代，人们就从孔石莼中分离得到了一些含量较低的脂肪酸、萜烯类物质，并测定了R_f值，但研究进展比较缓慢。近三十年来，渔业养殖的迅速发展，高效液相色谱等分析仪器的普及，积极带动了孔石莼的微量成分研究，类脂物质的分离分析研究报道数量也逐渐增多。

20世纪80年代初期，许多生物化学家开始以石莼属海藻作为研究对象，采用多种化学和仪器分析手段，检测了孔石莼中类脂物质的种类和含量。其中，中性烃类脂有庚烷、辛烷、十四烷、十五烷、十六烷、十七烷、十八烷和十四烯、十六稀、十七烯、十八烯和柠檬烯等；极性脂类物质种类比中性脂类要多，Sugisawa等（1990）用GC-MS分析孔石莼中检测出的28种醛、10种萜、7种醇、4种脂肪酸、2种酯、2种呋喃类物质、一种酮和10种含硫化合物。孔石莼中类脂的种类很丰富，其中脂肪酸的种类如表17-5所示。

表17-5 孔石莼脂肪酸一览表

饱和脂肪酸	一不饱和脂肪酸	二不饱和脂肪酸	三不饱和脂肪酸	四不饱和脂肪酸	五不饱和脂肪酸	六不饱和脂肪酸
2：0	10：1	12：2	16：3	16：4n3	20：5n3	22：6n3
3：0	14：1	16：2	18：3n3	18：1n3		
4：0	16：1	18：2n6	20：3	20：4		
5：0	18：1n9	20：2		22：4		
10：0						
12：0						
14：0						
15：0						
16：0						
18：0						
22：0						

脂肪酸中多不饱和脂肪酸（PUFA）所占比例很高，C18：3 含量比其他实验藻类相比高出近十倍（蔡春等，1996），PUFA：FA 值可达 0.45～0.74，且随季节等环境条件的变换变化不明显，含量非常稳定。近十年来，Kajiwara 等（1990）曾对孔石莼中长链醛的形成作了详细的研究，首次分离出（Z）-8-十七碳烯醛（HD）、（Z，Z）-8，11-十七碳二烯醛（HDD）和 8，11，14-十七碳三烯醛（HDT）三种主要长链醛化合物。孔石莼中的固醇、类脂主要为褐藻甾醇和 28-异褐藻甾醇，而其他如醌、糖脂、细胞色素含量很少。随着分析检测手段和生物工程技术的发展，更多痕量成分将为人们认识和利用。

3. 蛋白质和氨基酸

目前，人们正在寻求高蛋白低脂肪的健康食品。含有丰富优质蛋白质的孔石莼也因此逐渐引起了研究者的关注。

孔石莼的蛋白质含量因地域、季节变化而略有差异，为 17％～19％（w/w）。孔石莼经碱提酸解后，可检测出约 20 种氨基酸，主要氨基酸的种类为谷氨酸和天冬氨酸，约占总含量的 24％～35％（Fleurence et al.，1995，1999）。其中人体必需氨基酸的含量相当高，E：T 值（人体必需氨基酸总和的表示方法，以每克蛋白氮所含的氨基酸毫克数作为计量单位）为 2706。与陆地高等植物和动物蛋白相比，孔石莼蛋白是一种优质蛋白质（Teruko et al.，1984）

孔石莼中典型的含硫氨基酸为 3-羟基-D-半胱磺酸（D-cysteinolic acid），含量为 150 mg/100g 干品，它与软骨藻氨酸（chondrine）在硫代谢，特别是硫元素转向硫酸多糖的代谢途径中可能起重要作用（Ito，1963；纪明侯，1997）。当该种海藻在经常干燥的环境中生长时，蛋白质的代谢过程会明显地改变，导致氨基酸和低分子肽的积累，孔石莼中含量相对较高的游离氨基酸和二肽 L-精氨酸-L-谷酰胺等的存在可能与之生长在潮间带，经常处于干燥状态有关。

4. 维生素

孔石莼作为一种有药用价值的大型海藻，含有多种类、高含量、对人体有益的维生素。目前从孔石莼干品中检测到的脂溶性维生素有 A、D、E、K 以及水溶性维生素 B_1（硫胺素）、B_2（核黄素）、B_3（泛酸）、B_5、B_6、B_{12}、Bc、C、H（生物素）、PP（烟酸）等。其中，维生素 A 的含量可与卷心菜相比；游离型和酯型 B_1 含量的总和为 7.22 ng/g 干重；B_{12} 的含量为 62.8 ng/g 干重（0.4 ng/100g 鲜重）；而维生素 C 的含量高达 3.10 mg/g（31.1 mg/100g 鲜重）（金骏等，1993）。

5. 矿质元素

除多数海藻中都有的大量 K、Na 和常量元素 Ca、Mg 之外，孔石莼还含有多种微量元素，如 I、Fe、Zn、Cu、Mo、Mn、Co、Cd、Cr、Pb、Ni、Li、Ge、Si 和 Se（苏秀榕，1997；张起信等，1998）。孔石莼富含铁质，对缺铁性贫血有益处；硒的含量也很高，与蛋白质结合存在于藻体中。在多种实验海藻测定元素砷含量时发现，孔石莼中不同形态存在的总砷量最低，为 2.3 μg/g 干品（Kazuo，1983）。

（二）药用活性

孔石莼化学组分在多方面都表现出了药用活性。

1. 降血脂、降胆固醇、抗凝血作用

20世纪70年代初，有人研究得出结论，多数绿藻都有降低血浆胆固醇水平的作用，水溶性提取物经色谱柱分离后的一些特定组分，降胆固醇作用非常显著；日本的金田（1982）用含有孔石莼的饲料喂大白鼠，结果表明，实验组比对照组的总胆固醇含量及游离胆固醇含量分别下降50％左右。有人推测具有降脂抗凝活性的组分为多糖，其中水溶性硫酸多糖的功能与肝素相似，可防止血液中血栓等的形成。

多数多不饱和脂肪酸对心血管疾病有很好的疗效，如18∶3n3可防治动脉硬化、防止血脂在血管内淤积并有清理血管的作用。孔石莼中的不饱和脂肪酸在医用方面有应用潜力。

2. 抗病毒活性

孔石莼多糖和糖蛋白作为抗病毒的一种有效活性成分，可强烈抑制反转录酶的活性，从而抑制病毒的生物合成，起反转录酶抑制剂的作用（Kunio，1989；Muto et al.，1992）。它们可以抑制破坏人体免疫系统的HIV病毒活性，有望作为治疗AIDS病的新型天然药物或这方面研究的模型。

Hudson（1999）研究报道孔石莼的甲醇提取物对HSV（herpessimplex type Ⅰ）病毒有显著的抑制作用。由抗病毒作用位点试验初步推定作用机制为活性物质作用于细胞膜上的靶分子直接杀死病毒，实验同时表明抗病毒活性在近紫外光照射时提高近十倍，具有光敏性，由此推断该活性物质是一种在近紫外光谱有吸收并为紫外光激活的物质，抑或是可与光敏性物质结合并被激活的化合物，而不是普通的多糖或多萜等，但具体的活性组分尚不明确。

3. 抗肿瘤活性

孔石莼多糖通过口服方式、50 mg/（kg·d）剂量给药，对艾氏腹水瘤的抑制率为32.6％；若剂量增加到400 mg/（kg·d），则抑制率可达到56.0％，与对照组相比有显著性差异（Noda et al.，1990）。

糖蛋白（PPF）对Sarcoma-180细胞也具有明显的生长抑制效果（Lee et al.，1992）；与蛋白质结合而成的有机硒合物可抑制化学致癌物诱发的肝癌、皮肤癌及淋巴肉瘤等。

4. 其他活性

孔石莼中提取的凝集素不仅对A、B、O及AB型细胞都有凝集作用，且对唾液糖蛋白和胎球蛋白显示特异性（Rogers et al.，1991）。

从孔石莼中分离出的透明质酸（HA），对皮肤细胞有明显的保温、滋润活性，可有效防止皮肤衰老，还有益于关节类疾病的康复（Tsuneo et al.，1983）。

用新鲜孔石莼海藻分离得到一种腺苷（adenosine）Ⅰ晶体，能明显影响心脏的收缩力，是一种心动抑制性物质（Yamada et al.，1983）。

孔石莼中含有微量组分β-二甲基丙噻亭（DMPT），具有抗溃疡作用；DMPT的酶解产物之一丙烯酸（AC）有抗菌活性，尤其对革兰氏阳性菌（西泽一俊，1993）。

三、环境胁迫和污染对孔石莼光系统Ⅱ和生长的影响

（一）盐胁迫对孔石莼光系统Ⅱ的影响

Xia 等（2004）利用叶绿素荧光测定研究盐胁迫对石莼光系统 PSⅡ 的影响，结果显示，经不同盐度（32‰、48‰、96‰、128‰）处理后，其光合作用放出 O_2 分别比对照减少 12.5％、21.2％、37.2％和 75.4％，且盐度升高会使光系统 PSⅡ 反应中心失活，抑制 PSⅡ 接收面的电子传递。

（二）三苯基氯化锡（TPTC）对孔石莼光合作用和生长的影响

20 世纪 70 年代以来，有机锡化合物被广泛用作海洋防污染涂料的活性成分。由于其毒性大，如果大量使用有机锡必然会给海洋生物和环境带来影响。李钧等（2000）对三苯基氯化锡对孔石莼的生长、光合、呼吸等生理功能的影响进行了研究。结果显示，低浓度的 TPTC（$\leqslant 2\ \mu g/L$）对光合过程无明显作用，高浓度的 TPTC（$>2\ \mu g/L$）能抑制光合作用。当 TPTC 浓度达到 16 $\mu g/L$ 时，光合过程基本停止。TPTC 对光合作用的半数效应浓度为 96 h $EC_{50}=7.39\ \mu g/L$。低浓度的 TPTC 就能够使呼吸速率加快，但 TPTC 浓度达到 8 $\mu g/L$ 后，呼吸速率开始下降。1 $\mu g/L$ 的 TPTC 能促进叶绿素 a 的合成，当 TPTC 浓度在 2 $\mu g/L$ 以上时，叶绿素 a 含量的半数效应浓度为 96 h $EC_{50}=$ 12.99 $\mu g/L$。TPTC 能抑制藻片的生长，其对藻片半径增长和藻体生物量增加的半数效应浓度为 96 $EC_{50}=4.01\ \mu g/L$ 和 10.11 $\mu g/L$。

（三）化学消油剂对孔石莼生长的影响

石油和化学消油剂污染海水会对海洋藻类有毒害的影响。杨庆霄等（1997）对化学消油剂对孔石莼生长的影响进行了研究。结果表明，消油剂、原油和原油-消油剂混合物的浓度越高，相对叶绿素 a 的含量越低，已说明污染物浓度对孔石莼生长有直接的影响，起了抑制作用。因此，在水交换条件较差的海洋环境，为避免对养殖孔石莼生长的影响，应尽量避免使用消毒剂。

第五节　海藻组织培养条件和技术

一、海藻组织培养的概念

海藻组织培养（seaweed tissue culture）沿用了植物组织培养概念。根据海藻材料不同，海藻组织培养可以分为海藻切段培养（seaweed cutting culture）、海藻愈伤组织培养（seaweed callus culture）、海藻细胞培养（seaweed cell culture）和海藻原生质体培养（seaweed protoplast culture）4 个部分。本节主要介绍海藻切段培养和海藻愈伤组织培养。

二、海藻组织培养的重要意义

海藻组织培养的应用前景已逐渐被日益增多的实践所证实，实用意义可以归纳为以下几个方面。

1. 快速繁殖

植物快速繁殖（fast propagation），简称快繁，又称为微型繁殖（micropropagation），就是利用植物组织培养在短时期内繁殖出大量新植物体，这种方法称为快繁技术。组织培养快繁技术是基于植物细胞全能性（totipotence）学说的基础上发展起来的。植物细胞具有全能性，可以通过无性繁殖进行组织培养与细胞培养，以达到快速繁殖。应用植物组织培养技术，可以将一块组织或一个切段通过无性繁殖获得无性系（clone）。

海藻快繁技术是在植物组织培养基础上建立和发展起来的。利用海藻组织培养法，可以将海藻一小片叶或一小段茎培养于培养液中，经过一段时间后可以形成大量小苗，在一定条件下再将小苗移栽于大海，生长为正常藻株。目前，几乎所有海藻育苗都需要依靠组织培养技术进行无性繁殖。在海藻栽培生产上，江蓠、麒麟菜等的育苗方法就是利用了藻体切段而具有很强再生能力的特点，在海区直接将藻体切段进行大规模培养繁殖；羊栖菜、石花菜等的育苗方法则是先将假根或藻体切段在室内进行组织培养后，再移栽到海区获得大规模繁殖；紫菜、海带、裙带菜等的育苗方法均需要在室内进行全人工控制培养丝状体或无性繁殖系。

由于组织培养繁殖技术的突出特点是快速，因此，对一些繁殖系数低、难以繁殖的"名、优、特、新、奇"品种具有较高的实用价值。

2. 无病毒种苗

植物脱毒（virus free）是目前植物组织培养应用最多、最有效的一个方面。很多农作物都带有病毒，特别是无性繁殖植物（如马铃薯、甘薯、草莓、大蒜等），如果防治无方，只好拔除病株，从而造成经济损失。但是，感病植株并非每个部位都带有病毒，病毒在植株上的分布是不均一的，老叶、老的组织和器官病毒含量高，幼嫩的未成熟组织和器官病毒含量较低，生长点几乎不含病毒或病毒较少。因此，可以通过组织培养进行无病毒植株培育。植物即使已被病毒感染，但其茎顶部分被感染的概率会很小，所以，采集茎顶组织培养法可繁殖无病毒种苗。取一定大小的茎尖进行培养，再生的植株有可能不带病毒，从而获得脱病毒苗，再用脱病毒苗进行繁殖，则种植的作物就不会或极少发生病毒。

目前，还没有有关海藻种苗脱毒的报道，但在不久的将来，海藻也将面临依靠组织培养技术进行脱毒的问题。

3. 人工种子

所谓人工种子（artificial seed），是指以胚状体为材料，经过人工薄膜包装的种子。人工种子在适宜的条件下可以萌发，生长成为幼苗。

国际上，已开始大规模使用人工种子。美国科学家已成功地将芹菜、苜蓿、花椰菜的胚状体包装成人工种子，并得到较高的萌发率，这些人工种子已生产并投放市场。我国科学工作者成功地研制出水稻人工种子。对那些名贵的、稀有的植物以及经济价值高的植物，使用这种具有极高繁殖速度的种子，其意义和重要价值是显而易见的。

我国的紫菜自由丝状体贝壳采苗技术，实际上也是利用人工种子进行播种，将纯系子一代丝状藻丝切段接种于贝壳，进行生产性紫菜良种繁育。栽培 1 hm² 紫菜，大约仅需 18 个悬浮培养自由丝状体切段即可（费修绠，1999）。同样，海带、裙带菜的无性繁殖系也起着人工种子作用。

4. 种质保存

在海藻常规栽培中，由于第 2 年的苗种是直接采集大海栽培筏架上群体中的个体，经常发生遗传变异和退化问题，而通常组织培养获得的种苗会严格保持母体的性状，所以，使用海藻组织培养技术可让优良的品种不断地延续。只要选定一株性状优良的藻株，通过组织培养就可以获得一大批性状同样优良的种苗，相对来说不会发生退化、变异。不仅如此，通过组织培养选育，还可能获得比母体性状更好的优良种苗。

组织培养是种质保存的一种常用方式。紫菜自由丝状体培养就是海藻种质保存的典型例子，通过对未分化的紫菜叶状体切块进行组织培养，得到纯化的丝状体细胞，一方面，可以利用纯系子一代丝状体组织培养进行保种；另一方面，可以通过扩大培养产生大量纯系丝状藻丝，经过切割成小段，喷洒到贝壳基质上，进行常规贝壳丝状体培育和育苗，这种技术已广泛应用于紫菜生产上。同样，海带、裙带菜、礁膜、浒苔等海藻也已应用无性繁殖系组织培养技术进行种质保存。

三、海藻组织培养的研究历史

1902 年，德国植物学家哈伯兰特（Haberlandt）预言，离体的植物细胞具有发育上的全能性，能够发育成为完整的植物体。这种细胞全能性的理论是植物组织培养的理论基础。

海藻组织培养可以追踪至 20 世纪 40 年代晚期或 20 世纪 50 年代早期，美国加州大学从事海藻生物技术研究方面的 Gibor 教授最早开始用褐藻（Cystoseira）进行海藻组织培养实验，通过组织培养发现这种海藻的叶状体有两种形态：一种为较低平、茂盛的叶状体；另一种为圆柱状的叶状体。从此，Cystoseira 的组织培养成为海藻分化发育的一个研究系统。

早期的海藻组织培养研究遇到了两大难题，即海藻组织无菌培养技术和缺乏控制藻体生长与分化的植物激素（plant hormone）。海藻的表皮层薄且无蜡质，应用高等植物的消毒剂（如次氯酸钠或乙醇）很容易杀死海藻表面的生物群以及海藻外层保护细胞，而大部分海藻的外层细胞同时也是分生组织细胞，使得海藻组织无菌培养的研究进展缓慢。目前，海藻组织无菌培养的成功主要得益于抗生素产业的发展。Gibor 教授在美国缅因州 Jackson 实验室从事绿藻伞藻组织培养实验，用硝酸银与抗生素消除伞藻组织表面的污染，伞藻组织的囊有帽子壁保护而存活下来，应用微滴培养法可以将伞藻组织的细胞质体（cytoplasts）培养长达 2 周，但未能够再生出细胞壁；之后，Gibor 等组合使用碘液、抗生素与超声波振动获得了绿藻伞藻组织的无菌组织，其方法成为后来实验室常规使用方法。

Pedetsen 等在从事无菌组织培养工作时发现，自然发生的细菌污染物（ contaminant）可以为海藻生长与分化提供活性物质。当附生在石莼、浒苔等海藻表面的细菌完全被除去后，会造成组织发育迟缓并异常生长，发育为"针垫子"、单条丝形叶状体等变异形态；当石莼、浒苔等海藻表面增加某些特定细菌后，海藻叶状体均恢复正常形态。此外，当添加了培养过细菌的培养液或者褐藻与红藻无菌培养液后，海藻叶状体形态均恢复原状。这些都清楚地表明，海藻本身或附着在海藻表面上的细菌都能够提供多种与海藻生长和分化相关的物质，只可惜这些有效物质还未被鉴别和分离出来（虽然高等植物激素能够应用于某些海藻中，但其在海藻上显示出的效果还很不一致）。

在"非无菌"培养条件下，绿藻、红藻与褐藻的小叶状体已能成功地增殖为植株，同时，海藻也可由极细小组织切块或少数活细胞成功地再生出新植株。Jensen 和 DaSilva 教授将红藻、杉藻切段（大小为 100 μm），培养于增强营养海水液中，它们能够存活并且再生（1972，未发表）。

Chen 和 Taylor（1978）最早报道用红藻角叉菜（*Chondrus crispus*）将髓部组织无菌立方体小块通过无菌培养，使无色素的髓部细胞分化成具色素的表面细胞，再生成完全小植株。

高等植物的组织、细胞与原生质体研究发展迅速，促进了海藻单细胞和原生质体培养技术的发展，同时，高等植物原生质体融合和体细胞杂交再生等重大成果促使海藻组织培养快速发展，从简单的切段再生发展为器官培养、愈伤组织培养以及特别组织培养，以后又发展到细胞培养、原生质体培养、细胞杂交等，研究水平不断提高。到 20 世纪 70 年代，我国已开始研究海带、紫菜等某些经济海藻的单倍体或切段、愈伤组织培养；80 年代，我国海藻切段离体培养取得较大进展；90 年代初，我国开始在生产上应用海藻切段离体培养技术，如海带、裙带菜、紫菜、石花菜等（曾洪学等，2004）。

四、海藻组织培养方法

1. 培养方式

海藻组织培养分固体培养基培养和液体培养基培养两种方式，可以根据培养目的和要求选用不同的培养基。

一般的小型实验，用各种型号的培养皿或培养瓶进行培养，在培养前将培养基制备好放入培养皿或培养瓶中，然后再将已消毒好的组织、器官或小切段定量放入培养器皿内，调控好培养条件（如光照、温度等），并定期更换培养液。

如果实验材料比较多，又采用液体培养基，那么多采用悬浮培养方法。常用的容器有三角烧瓶、柱状培养瓶、光生物反应器。悬浮培养是使组织悬浮于水体中，这就要求有动力搅动水，搅拌方法可分为通气搅拌、不通气搅拌两种。不通气的搅拌方法可以用磁力搅拌器和振荡器或摇床，通气的搅拌方法可以用大的三角烧瓶、柱形玻璃瓶、气升反应器等各种类型。从通过的气体考虑，应该通过经无菌过滤的空气，以免自然的空气进入培养器后污染培养物；但如果在大量培养时，培养时间较短，也可以采用不经过无菌过滤的空气；不过，在细胞和原生质体培养时，则必须采用经过严格过滤（0.22 μm 微孔滤膜）的空气进行通气，以防污染。

2. 培养条件

根据培养对象对培养条件的要求来创造最适的培养条件，除了培养基的选择外，这些条件主要有以下几方面。

(1) 光照条件。根据培养对象和培养要求，决定培养的光质、光强、光照周期。一般采用日光灯，光照强度范围为 $15\sim40\mu mol/(m\cdot s)$，光照时间为每日 $12\sim16h$。

(2) 温度条件。根据培养材料在自然生态下的温度变化来调整培养室的温度高低，确定恒温或变温。温度条件一般在 $15\sim25℃$。

(3) 湿度条件。除温度和光照之外，在培养室内还应保持一定湿度。由于培养室或培养箱长期保持恒温而变得十分干燥，培养基和培养液很容易蒸发，致使海水盐度变化很大，因此培养室内应尽量保持一定湿度。

(4) 充气条件。液体培养可以通过充气方式进行搅拌培养。气体有 $1\%\sim4\%$ CO_2 气体和自然空气两种。通入空气，需要经过过滤装置（滤膜孔径为 $0.22\mu m$）以保证无菌状态；或者用硫酸铜溶液除去杂藻以达到无污染（即将进气管的气流先导入饱和硫酸铜溶液中，再接入培养容器中）。根据试验对象和规模，决定气流的强弱。

(5) 培养液更换。根据培养对象来决定更换培养液的时间、培养液量以及是否改换培养基的组成。可以根据培养对象和培养要求更换全部培养液或只更换 1/2 或 1/3 的培养液。特别值得注意的是，海水培养液因蒸发而使盐度提高，故每天应定量补加蒸馏水。

3. 培养物的检查与观察

进行组织培养后，需要定期检查培养物细胞的分裂、生长、分化情况，至于检查的频次则要视培养对象而定。检查的方法是首先用肉眼观察培养物的颜色、形状变化；然后，在倒置显微镜下或解剖镜下观察培养物细胞的生长、分化情况。必要时还可取样做细胞学、染色体研究，同时必须将观察到的情况记录好，如有必要还应拍照，以便做进一步的研究分析。

在进行组织培养时，要严格控制培养条件，加强管理，并及时排除各种故障，使组织培养工作始终在规定的培养条件下进行，这样才能取得好的结果。

五、海藻切段再生

海藻切段再生是海藻组织培养最简单的形式，就是将藻体切成段，通过无菌培养使切段直接再生成为植株。大型海藻是一类低等植物，其藻体再生能力比高等植物更强。因此，海藻切段再生在苗种快速繁殖、诱变育种、种质改良与保存、提高产量与质量等方面具有广泛用途。

绿藻、褐藻、红藻等大型海藻可分为固着器（holdfast）、茎（stipe）、叶（blade）三部分，它们在生殖时形成生殖器官，如孢子囊枝、孢子囊、精子囊器、果胞、囊果、生殖托、生殖窝等。海藻藻体具有多样性外形，有些藻体外形十分简单，呈单一叶片状（如紫菜），除了盘状固着器外，还具有短柄，柄以上为叶片，叶片只由 $1\sim2$ 层细胞组成；有些藻体外形也为单一叶片状，但内部高度分化，结构复杂（如海带、裙带菜）；另一类藻体为分支的圆柱状，如江蓠类。国内外自 20 世纪 80 年代起开始较多地对海藻藻体切段再生进行研究，其中海带是最典型的例子。

（一）海带假根、柄、叶片切段再生

Saga 等（1977）首先用海带藻体分别进行假根、茎、叶片切段再生实验。用培养长 3 cm 的幼小海带作材料，按 1/3 的长度切成 3 段，预先做试验以观察各部分的再生能力。根据预备试验的结果，证明只有在离基部（包括假根、柄）一段才有再生能力，再按图 17-1 中的方法将藻体切成 6 段，并进行培养。

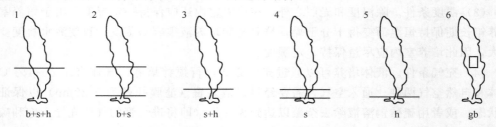

图 17-1　将海带藻体切成 6 段的切法
b. 叶片；s. 茎；h. 固着器；gb. 包括生长部的叶片

培养条件为：温度 10℃；光照周期为 10L：14D（为光照周期通用表示法，即 10h 光照，14h 黑暗；L 表示光照，D 表示黑暗）；光照强度为 $30\mu mol/(m \cdot s)$，用 PESI 培养液培养。1 个月后叶状体上部和中部都死亡；含有生长部的叶状部、茎状部和固着器部没有死亡，叶状部生长了 2cm，茎状部和固着器部各生长了约 0.5cm，全长增长了约 3cm。切段 1 从生长部长出叶片；切段 2 叶状体生长了约 2cm，在茎的切口处从周围生出约 0.5cm 的固着器，全长成为约 3cm 的藻体；切段 3 从茎的切口处周围生出长约 1cm 的固着器，但没有再生出叶状体；切段 4 从茎的上下切口处周围再生出约 0.2cm 长的固着器；切段 5 由固着器切口处再生出 1cm 长的固着器；切段 6 向四周生长，再生成 0.7cm 不定形叶状部（原长每边为 3mm）；对照组完整的藻体全长再生长到 5cm（原长为 3cm）。以上结果证明：不含生长部的叶状体不能生存；虽然含有生长部的叶状部可以生长，但不能再生其他器官；柄部能够再生分化成固着器，但不能分化成叶；固着器可以再生，但只能再生成固着器。说明只有含有生长部和柄的切段才能再生成为完整的植株。

（二）茎段切段再生

Chen 和 Taylor（1978）用角叉菜雌配子藻体的分枝（直径大于 2cm）为材料，进行了髓部组织培养实验。用靠近顶端约 3cm 处的藻体切段，应用含有抗生素的海水固体培养基（SWMD-1）培养，获得无菌材料；在无菌操作下将靠近顶端的部分进行切段，并切去表皮及皮层，仅剩有内皮层和髓部小块（大小约为 $2mm^3$）；再按每瓶 1 块组织接入 50ml TC-1 培养液，以 200r/min 的旋转速度摇床培养，培养条件为 15℃、光照强度 $100\mu mol/（m \cdot s）$、光照周期 16L：8D。实验证明，内皮层和髓部细胞具有较强的再生能力。

Sylvester 和 Waaland（1983）用杉藻（*Gigartina exasperata*）进行切段再生实验。

用人工培养的自然生长种藻为材料，进行表面消毒，用刀切碎或用打孔器打成片，将制备的繁殖体（Waaland）进行接种采苗；人工生长基为由 4mm 的尼龙绳制成的网帘，将网帘浸入已制备好的营养体中（液体），然后将细绳搓捻起来而使营养体碎段被捻在绳上面，并进行室内培育；碎段再生时部分组织就围绕在绳的纤维上起到固着器的作用，当碎段长到 0.5～10mm 大小时移到海区养殖。用无性繁殖系培养比用孢子培养生长快，全过程只需 50d 就能长成成体大小，并且形成生殖器官。

王素娟等（1985）用细弱红翎菜（*Solieria tenuis*）为材料，进行了切断再生实验。经消毒处理过的藻体上半部切段，即横切、纵切和斜切，长度约 2 mm，分别放在不同培养液内进行静止培养，培养条件为光照强度 8～10μmol/（m・s）、光照周期 10L：14D、室温 18～25℃，每 2 周更换 1 次培养液。切段的两切面上都能生长出再生芽，其中斜切面上芽数最多。幼嫩藻体枝中再生芽数发生较多。表皮细胞进行分裂也可以在切面形成 1 圈再生芽。切断再生芽顶端接触培养皿壁时，再生芽逐渐膨大并变为淡红色及深红色，且紧密地附着在培养皿壁上形成新的"固着器"。

王志勇（1987）用鹧鸪菜（*C. lg prieurii*）叶状体为材料，进行切段组织培养，培养液为添加有 N/P 为 10：1（N 元素的浓度为 10 mg/L）的消毒海水，培养条件为温度 15～25℃、光照强度 20～30μmol/（m・s）、光照周期 12L：l2D。3～5 周后，所有藻体切段的上端再生成叶，下端切口再生 1 至多条假根，存活率和再生率都达到 100%。再生叶片分裂到 30～40 个细胞时，即由叶片基部向两侧或四周下部生出假根而使原再生叶生长成为一完整的植株。

陈昌生和章景荣等（1990）用脆江蓠（*G. bursapas fris*）、真江蓠（*G. asiatica*）、绳江蓠（*G. chorda*）、芋根江蓠（*G. blodgettii*）、细基江蓠繁殖变型（*G. tenuistipita-ta*）5 种江蓠为材料，进行切段再生实验，分顶端组、中部组、基部组切割和培养，培养液为添加有 N/P 为 10：1（元素的浓度为 10mg/L）的自然海水，培养条件为温度 12～30℃、光照强度 15μmol/（m・s）、光照周期 10L：14D，每 5 天更换 1 次培养液。5 种江蓠切段的上断面皮层细胞均能形成再生芽，下断面偶尔也有新芽形成。

（三）假根离体培养

海藻的假根可分为以下几种类型。第一种为非常发达的假根，如褐藻海带类的假根，其作用是牢固附着在海底深处的岩石上或人工养殖的苗绳上；第二种为匍匐状的假根，用以附着于生长基质上，如鹧鸪菜的假根；第三种为呈盘状的固着器，如紫菜、江蓠等红藻类的固着器；第四种为没有明显分化的假根，呈团块状纠缠在一起，如麒麟菜的假根仅靠着藻体近岩礁珊瑚枝处形成附着部。

坛紫菜和条斑紫菜的盘状固着器，如果切割下来单独进行培养或酶解成单细胞，其再生能力也非常低（王素娟等，1986）。海带的假根再生能力很差，切段培养的结果是未形成再生植株而只能再生成假根（Saga et al.，1977）。有的藻类的假根必须经过在培养基中添加诱导剂［如 O-Acetoxybonzoic acid 10^{-6}～10^{-5} mol/L 或者对羟基苯甲酸（O-Hydroxyhenzoic acid）10^{-7}～10^{-5} mol/L］的培养才能形成植株，如墨角藻（*Fucus spiralis*）（Fries，1983）早期的培养。

王志勇（1989）用鹧鸪菜成功地进行了假根离体培养实验。将鹧鸪菜匍匐状的假根徒手切成 3～6 个细胞的切段，把切段放在含有抗生素的消毒液中浸泡 2～3 h 并冲洗，然后定量地放入培养皿中培养。不同部位的假根处理后分别培养，培养液只用添加有 N、P（N 的浓度为 10mg/L，P 为 1mg/L）元素的消毒海水，培养条件为温度 (20±2)℃、光照强度 20～30μmol/（m·s）、光照周期 12L：12D。培养 2～3 周后，所有切段都能够再生出 1 至多个叶片，并且可以形成四分孢子囊和放散四分孢子。不同部位的假根再生叶状体的速度不同，近藻体顶端的假根形成新假根比远藻体顶端的假根要晚，长度也短。离藻体顶端越远的叶形成率越高，离藻体顶端越近的叶形成率越低。离藻体顶端近的假根在第 36 天才出现叶片，其叶形成率为 7.7%，而离藻体顶端远的假根在第 9～10 天和第 14 天的叶形成率分别达到 27.3% 和 33.3%。

多数红藻的匍匐部分和盘状体的固着器都具有再生能力（江永棉，1992）。蜈蚣藻 (*Grateloupia* sp.) 和角叉菜具有圆盘状假根，把盘状固着器切碎可以再生成为新植株（裴鲁青，1988；张泽宇，1992，未刊）。台湾江永棉利用红海菜（*Halymenia*）、蜈蚣藻（*Grateloupia*）附着器进行种苗繁殖研究。右田清治（1988）利用蜈蚣藻的盘状固着器的再生能力，使其附着在贝壳和尼龙绳的网帘上，放在海上进行养殖，可以生长出直立藻体。目前，我国羊栖菜育苗主要是依靠假根组织培养成为植株以作为人工养殖的一种苗种来源的途径，在羊栖菜人工养殖中起着重要作用。

六、海藻愈伤组织培养

海藻愈伤组织培养是将藻体切割为小块，通过无菌培养形成类愈伤组织，然后经过诱导培养再生形成植株。已经分化的植物细胞切割损伤后在适宜的培养基上可以诱导形成失去分化状态的比较均一的愈伤组织，这一过程称为脱分化（dedifferentiation）。一般诱导愈伤组织的培养基中含有较高浓度的生长素和较低浓度的细胞分裂素，外植体一旦接触到诱导培养基，几天后细胞就出现 DNA 的复制而迅速进入细胞分裂期，细胞的分裂增殖使得愈伤组织不断生长。

海藻任何器官和任何组织的细胞在离体培养过程中会发生分裂而脱分化，持续不断分裂成多细胞团，并进一步发展成不受外植体影响的愈伤组织。愈伤组织可以通过诱导分化培养再生为植株；通过悬浮培养得到迅速增殖，用作无性系；作为原生质体培养细胞来源；作为有用活性物质生产的培养材料；继代培养方法进行长期保存。

（一）海藻愈伤组织培养的研究

Saga 等（1978）用 *L. angustata* 孢子体进行了细胞诱导形成愈伤组织培养的研究，发现在长期培养中小孢子体的细胞逐渐变为愈伤组织，如用玻片压碎这些组织就成为单细胞，这些单细胞经悬浮培养后再生成为孢子体。Saga 和 Sakai（1983）将海带细胞愈伤组织在固体培养基表面诱导形成。Fuller 和 Gibor（1984）将石莼、紫菜、麒麟菜、龙须菜、杉藻、石花菜、马尾藻、大浮藻、海带进行组织培养和细胞培养，获得组织与细胞愈伤组织，并有不同层次的再生和分化情形。Gracia 等（1985）报道了龙须菜、凹顶藻及石花菜的组织与细胞愈伤组织培养。在褐藻方面，愈伤组织培养的研究非常活跃，据不完全统计，到 1992 年，仅褐藻海带目已有 6 属 12 种成功地培养形成愈伤组织并诱导出孢子体或配子体（Notoya et al.，1990）。

王素娟等（1985）用细弱红翎菜（*Solieria tenuis*）藻体圆柱状分支（直径约2mm）为材料，进行了髓部组织的培养实验，结果显示，细弱红翎菜的再生比江蓠容易。

Chen（1990）用角叉菜（*Chondrus crispus stackh*）进行切段培养，成功地培养形成了愈伤组织，并由其再生成小植株。将健康藻体切段经过消毒系列处理后培养在 D-5 培养液中；培养 1 周使其切段恢复健康，然后再切成 1cm 的切段培养于 TC-5 固体培养基中，其中含有 $1\mu mol/L$ 激动素、$1\mu mol/L$ NAA 和 $2\ \mu mol/L$ IAA，培养条件为 15℃、光照强度 $100\mu mol/$（m·s）、光照周期 16L：8D；培养约 1 周后，切段表面形成清洁的红色斑；培养 4 周后由红色斑形成多细胞顶端芽形状的愈伤组织状；培养到第 10 周后，这些芽的顶端变成白色，完全成为愈伤组织状，转移到 D-5 液体培养基后形成单一的植株。试验证明，生长素水平和组成可以直接影响培养结果。

Linton 和 Dawes（1992）利用愈伤组织进行了麒麟菜的育种实验。用 ESS 和 SWMD-1 等培养基培养 4～8 周，其中每属中两种类型均由外植体生成无性繁殖系，每一种类型均形成愈伤组织，并由愈伤组织再生成植株。Dawes（1992）建立了麒麟菜外植体的无性繁殖系，同时还建立了利用愈伤组织培养作为长期保种的方法，为菲律宾养殖者提供苗种。

Robledo（1992）将红翎菜（*Solieria filiformis*）藻体顶端部分放在 600L 水槽内，培养 1～2 个月后都形成了球状愈伤组织，直径达 5cm。

Kawashima 等（1992）研究了裙带菜愈伤组织培养。将裙带菜孢子体的中肋、分生组织、柄部（没有形成孢子囊叶的藻体）作为外植体，分别切成 5mm 小段，经过消毒处理后分别放入 PESI、SWA、SWⅡ、ASP12 等 4 种琼胶培养基中进行培养，设置 13℃、18℃、8℃共 3 组不同温度，光照周期 10L：14D，光照强度 $80\mu mol/$（m·s）。结果表明，13℃、PESI 培养基中形成的愈伤组织最好；将愈伤组织切下，再放在 PESI 培养基中培养，形成了疏松的褐色细胞，这种细胞分离后易于附着在维尼纶绳上再生；而中肋培养虽形成愈伤组织，但只是一薄层；柄培养形成的愈伤组织未显示任何再生迹象。

（二）愈伤组织的诱导形成

从一块外植体或单个细胞形成愈伤组织大致要经过三个时期，即启动期、分裂期和形成期。

1. 启动期

启动期又称诱导期，主要指细胞或原生质体准备进行分裂的时期。外界刺激因素和激素能够诱导和促进细胞合成代谢活动的加强，迅速合成相关的核酸和蛋白质，但细胞大小变化不大。诱导期的长短随外植体种类的不同而不同，并与外界因素有关。生长物质为常用诱导剂，高等植物的常用诱导剂有 2,4-D、NAA、IAA 和细胞分裂素等，其作用是使细胞立即进入 DNA 复制以及全部细胞进入 S 期（DNA 合成期）并发生同步分裂。分裂前的细胞内发生一系列变化，如气体的交换、多聚核糖体的不断增加、蛋白质发生周期性积累与酶活力变化等。海藻的诱导期比较短，其对诱导剂也不十分敏感。

海藻愈伤组织细胞是在组织受到伤害、压力及在介于固体的表面和饱和海水的空气相中的状况下被诱发的。

2. 分裂期

分裂期为细胞开始分裂、不断增生子细胞的过程。外植体外层细胞开始细胞分裂，使细胞脱分化，形成薄壁分生组织。细胞结构比较疏松，颜色浅而透明，如果对这一期细胞不断更换新鲜的培养基，则愈伤组织可以无限制地进行分裂而维持不分化状态。有些海藻外植体脱分化比较容易，有些比较难；不同器官、不同部位外植体脱分化差异较大，幼嫩组织较易，而成熟组织和老化组织较难。

3. 形成期

在分裂期后，细胞内部开始发生一系列的形态和生理变化，导致分化出形态和功能不同的细胞，这样，细胞分裂部位和方向发生了改变，表层细胞分裂减慢，内部局部细胞开始分裂。一般愈伤组织的颜色是浅色、透明、有光泽的，老化或污染后就变为褐色或深色，直到死亡。

（三）愈伤组织的形态发生

海藻愈伤组织的形态为淡色或深色的玻璃状细胞团。由于养分供应不足和在培养基中有毒代谢物质的积累，会使海藻愈伤组织生长停止和老化。不断地定期更换新鲜培养液或继代培养，可以使海藻愈伤组织长期保持旺盛生长。保持大量愈伤组织生长，可以为生长、代谢、发育、分化的研究提供材料，也可以为苗种培育提供大量材料。当某些外界条件得到满足时，愈伤组织可以发生再分化，形成芽和根，进而形成完全的植株。

（四）愈伤组织生长分化的内外因素

愈伤组织转入由诱导器官形成的分化培养基上，可发生细胞分化。分化培养基中含有较高浓度的细胞分裂素和较低浓度的生长素，在分化培养基上愈伤组织表面几层细胞中的某些细胞启动分裂，形成一些细胞团，进而分化成为不同的器官原基。器官形成过程中一般先出现芽，后形成根。如果先出现根则会抑制芽的出现，对成苗不利。有时愈伤组织只形成芽而无根的分化，此时须切取幼芽转入生根培养基上诱导生根。生根培养基一般用添加低浓度的生长素而不添加细胞分裂素的培养基。这种由处于脱分化状态的愈伤组织再度分化形成不同类型细胞的过程称为再分化（redifferentiation）。

外植体诱导出愈伤组织后，经过继代培养，可以在愈伤组织内部形成一类分生组织（meristemoid），即具有分生能力的小细胞团，然后再分化成不同的器官原基。有些情况下，外植体不经愈伤组织而直接诱导出芽、根，海藻切段再生即是如此。所以，器官发生有两种方式，即直接的方式和间接的方式。海藻细胞表现出全能性，其再生主要有三种途径，即分生细胞途径、愈伤组织细胞途径和胚性细胞途径（图17-2）。

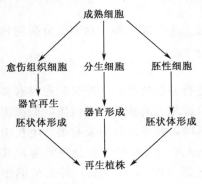

图 17-2 海藻细胞再生的
三种途径

在植物组织培养中,诱导胚状体与诱导芽相比,具有显著的优点:一是数量多;二是速度快;三是成苗率高。由于诱导胚状体具有这些优点,所以在育种和育苗中可用胚状体作为特定的优良基因型个体的无性繁殖手段,同时在研究胚胎发育中也有很重要的理论意义。胚状体的发生还与外植体来源、年龄、培养时间、空间位置和植物的遗传型等因素有关。

愈伤组织的生长分化主要受外植体本身条件、培养基和培养条件的影响,了解这些内外因素有益于实现人工调控。

1. 影响愈伤组织生长分化的内在因素

(1) 外植体遗传型。海藻种类不同,其遗传型也不完全一样,因此,愈伤组织形成难易、生长快慢也是各不相同的。

(2) 器官和部位。在海藻同一株藻体上,不同器官和不同部位的外植体是不完全一致的,难易程度也不相同。

(3) 年龄。外植体的年龄对其形成愈伤组织再分化成植株影响很大,而且频率也很不相同,一般选择较幼嫩的藻体或近顶端切段作为外植体,其原因也在于此。

2. 影响愈伤组织生长分化的外部因素

(1) 培养基。培养基的成分对培养物起着很大影响,特别是生长素和激动素等生长物质及其比例更起着重要作用。除生长素和激动素外,培养基中的无机营养元素和有机成分也是非常必要的。培养基为固体、半固体或液体状态,对愈伤组织培养也有很大影响。培养基的物理因素和外界条件对器官形成有一定影响。固体培养基有利于诱导愈伤组织,而液体培养基有利于细胞和胚状体的增殖。有些外植体在固体培养基培养,一旦转入到液体培养基时就很快分化出苗。所以,改变培养基的形式也是促进愈伤组织生长分化的必要条件。

(2) 培养条件。主要是温度、光照强度、光照周期、光质以及振动频率、通气量等,对愈伤组织的形成与生长也具有重要的影响作用。不同海藻种类的外植体的培养条件是各不相同的,需要设定特定条件梯度进行摸索。

无论是固体培养还是液体培养,都须控温在 $10\sim25℃$。除某些材料诱导愈伤组织需要黑暗条件外,一般培养都需一定的光照,光源可采用日光灯或自然光线,每天光照约 16h,光照强度为 $15\sim40\mu mol/$(m・s)左右。蓝光有利于芽的分化;而红光、远红外光对芽的分化有抑制作用,但促进根的分化;紫光对生芽有刺激作用。

(3) 激素。有的植物可在无激素培养基上诱导出胚状体;有的植物需要在添加一定比例的生长素与细胞分裂素的培养基上诱导胚状体;还有一些植物先在含有激素的培养基上培养,然后转入无激素的培养基上诱导胚状体。一般来说,细胞分裂素有利于愈伤组织诱导形成;高比例的细胞分裂素/生长素的培养基易于形成芽;高比例的生长素/细胞分裂素的培养基易于形成根;有时会出现相反的结果。由此看来,分化与激素的关系同植物的遗传性有着密切的关系。

(4) 氮源。培养基中还原态氮及硝酸盐对胚状体的形成有一定作用。水解酪蛋白或多种氨基酸对胚状体的发生有促进效应。

（五）海藻愈伤组织培养操作

海藻愈伤组织培养与细胞、原生质体、器官培养等成为海藻细胞工程中重要的组成部分。现以海带目为例，介绍愈伤组织培养及操作过程（Notoya，1988，1989）。

1. 外植体选择

一般选用自然生长和人工培养的幼苗为材料。海带目的海藻的整个藻体可分为叶片、柄、假根三部分。叶片随种类的不同而在形状和厚薄程度上都不同，叶片中央有中带部（如海带）和中肋（裙带菜、鹅掌菜）之分，这两种情况在叶状体下部都有一个生长部，生长部的细胞分裂旺盛，可以使藻体不断增长，因此应该选择生长部作为外植体原料，该部分经过培养后细胞脱分化形成愈伤组织的频率高。

2. 外植体无菌处理与接种

选择了健康的自然生长和人工培养的幼苗后，首先将藻体表面的附着生物洗刷干净，再进行消毒处理，在无菌条件下进行切割、接种。

3. 愈伤组织诱发与培养

将消毒过的外植体进行培养，培养基可以先用固体培养基，待愈伤组织形成后再转移到液体培养基中培养，也可以一直用液体培养基。

培养愈伤组织和保存无性系多用固体培养基，而扩大培养和使愈伤组织分化则用液体培养基。由于培养基的不同，其培养的结果也很不一样。Notoya（1988）培养 *Ecklonia stolonifera* 的结果显示：20℃时，PESI 培养液比其他三种培养基的培养效果均好。

一般的培养基可以诱导形成愈伤组织。有的海藻（如江蓠）并不需要在培养基中特别加入激素同样也可以形成愈伤组织（陈昌生等，1990）；有些海藻种类需要在培养基中添加生长素等进行诱导，如角叉菜培养于 TC-5 固体培养基中，其中含有 $1\mu mol/L$ 激动素、$1\mu mol/L$ NAA 和 $2\ \mu mol/L$ IAA 可以诱导形成愈伤组织（Chen，1990）。

如果将旺盛生长且未分化的愈伤组织切成小块进行继代培养，就可维持其活跃生长。为了使愈伤组织进行细胞分裂而不断生长，需定期转换新的培养基，如果是液体培养则要经常更换培养液，这样可以促使细胞不断分裂。经过多代继代培养的愈伤组织还可用于悬浮培养，用作单细胞培养研究、细胞育种和分离原生质体等。

4. 愈伤组织再生为新植株

如果需要培养成株时，可以改用分化培养基和改变培养条件。有些海藻可以一直沿用原有培养基，到一定时期也能自然地分化形成幼芽或假根。

第六节　海藻细胞分离和培养技术

一、海藻细胞培养研究的兴起

相对于高等植物来说，海藻细胞培养的研究要晚很多。20 世纪 60 年代开展了海藻性细胞培养的研究，到 70～80 年代才开展海藻体细胞培养的研究工作。1978 年，Saga 等首次报道从液体培养基中的狭叶海带（*L. angustata*）愈伤组织分离出单个细胞，并再生出孢子体，这是海藻细胞培养成功的第一个实验。方宗熙等（1983）也从海带中得到了单倍体配子体孤雌生殖培养的成株。

赵焕登和张学成（1981）用机械研磨法得到条斑紫菜（*P. yezoensis*）单细胞并培养成株，卢澄清（1983）用腐烂法获得条斑紫菜单细胞并再生成苗，Saga（1984）用酶解法分离到条斑紫菜单细胞并再生成株。唐延林（1982）用酶解法分离到圆紫菜（*P. suborbiculata*）单细胞并培养成株。Fuller 和 Gibor（1984）用酶解法分离到玫瑰紫菜（*P. perforata*）单细胞并培养成株。王素娟等（1986）用酶解法分离到坛紫菜（*P. haitanensis*）单细胞并再生成株。Chen（1986）用分离到的朱红紫菜（*P. miniata*）细胞再生成株。Chen（1989）首次报道了用紫菜（*P. linearis*）原生质体及细胞进行悬浮培养，并能控制细胞不再生成株而建立均一大小的细胞培养系。王素娟和何培民（1992）用条斑紫菜细胞进行悬浮培养及静止培养，以获得由细胞团释放的孢子进行采苗。何培民和王素娟（1992，1994）采用了气升式生物反应器培养条斑紫菜细胞。

细胞工程用于海藻苗种生产，首先是紫菜体细胞培养，我国已做了大量工作。赵焕登和张学成（1984）、方宗熙等（1986）、王素娟等（1987）、戴继勋等（1989）曾用条斑紫菜或坛紫菜进行了体细胞直接附网育苗。王素娟和何培民（1992，1995）利用条斑紫菜细胞团释放的孢子进行采苗。王素娟和何培民（1992）利用固相化技术使细胞固定于网绳上进行育苗，使紫菜体细胞育苗时间达到只需 4～6d。

二、单细胞培养

单细胞培养主要是观察培养的细胞个体是如何进行分裂、分化、生长及发育的，以为今后的培养打下基础。

（一）单细胞分离与制备方法

单细胞分离与制备一般可以采用机械法、酶解法以及从愈伤组织获得游离单细胞的方法。

1. 机械法

机械法是指通过机械磨碎可以获得游离细胞。例如，赵焕登和张学成（1981）用研磨法从条斑紫菜叶状体中获得单个细胞；王志勇（1990）在显微镜下用自制刀片从鹧鸪菜中切下细胞。机械法是一种原始方法，效率很低，获得细胞数十分有限。

2. 酶解法

酶解法是目前最有效的一种获得细胞的方法。根据藻体细胞壁的组成成分，配以专一性的水解酶，能把藻体细胞壁物质在十分温和的条件下分解掉，从而释放出细胞来。

3. 愈伤组织法

愈伤组织法是指通过组织培养先获得愈伤组织，并通过培养使愈伤组织大量增殖。由于愈伤组织细胞之间的结构十分松散，可通过加大振动频率从悬浮状态的愈伤组织中振荡下来单个细胞，也可加酶使细胞分离下来。Saga 等（1978）从狭叶海带的愈伤组织中分离出单个细胞，经过培养，单细胞长出一条假根，并继续沿单向分裂，长成丝状体，3～4d 后沿两个方向分裂，形成了孢子体，这个结果证明了愈伤组织单个细胞的全能性。Nakahara 等（1973）研究了翅藻单个细胞的分化机制，结果得到了配子体而没有得到孢子体。上述结果对弄清褐藻的世代交替提供了一个有价值的线索。

4. 其他

周金鑫等（1996）应用非酶解法（即用大于 100mmol/L 的 Na^+、Ca^{2+} 混合液）以丝状螺旋藻制备了单细胞态螺旋藻。王高歌等（2001）用 0.75mol/L 的 NaCl 和 1.0 mol/L 的 NaCl 来处理钝顶螺旋藻藻丝，得到单细胞。

（二）单细胞培养方法

单细胞培养方法主要有悬浮培养、平板培养、单细胞克隆、看护培养、饲养层培养、双层滤纸植板、液体浅层培养和微载体细胞培养等几种（图 17-3）。

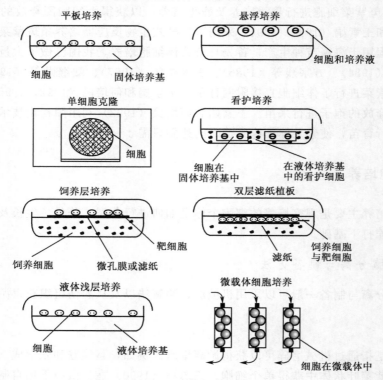

图 17-3　单细胞培养方法

1. 平板培养

Bergmann（1960）创立了平板培养（plate culture）方法。它是将一定量的细胞（原生质体也可）接种到或混合到一薄层的固体培养基上进行培养。海藻细胞不能够忍受高温，所以一般只是在固体培养基上接种培养，而不进行混合培养。

具体操作步骤如下。①单细胞悬浮液制备，并计数。②琼胶、明胶、琼脂糖等固体培养基制备。③将细胞液小心涂布或划线，接种于固体培养基表层。④如果需要混合培养，可以在固体培养基加热溶化后，待温度降至 35℃ 以下，尽快加入适量细胞液并快速混匀，最终细胞密度为 $10^3 \sim 10^5$ 个/mL。

高等植物细胞培养普遍应用此法。海藻细胞培养中，鬼头钓（1990）用此法培养过甘紫菜细胞，Cheney（1987）用此法培养江蓠的原生质体。

此法的特点是便于观察。在进行平板培养时，一般用"植板率"来评估细胞生长发育情况。植板率即为已形成细胞团的单细胞数占接种总数的百分比，可用以下公式计算：

植板率（％）＝（每个平板中所形成细胞团数/每个平板中接种的细胞总数）×100％

细胞团的计数方法有显微镜计数法和显影法两种。显微镜计数法即为把培养细胞的培养皿置于显微镜下直接对细胞团计数。显影法则是把感光底片置于培养皿之上，曝光后底片上的亮点则为细胞团，可进行计数。

2. 悬滴培养

悬滴培养（hanging-drop culture）法即把细胞培养液悬挂在薄片或培养皿盖底下，可以长时间定点观察。

具体操作步骤如下。①制备低密度细胞液。②准备洗涤和消毒后的盖玻片和凹玻片各 1 片，并将凹玻片凹槽四周涂匀凡士林。③将 1 滴细胞液滴于盖玻片中央，将盖玻片迅速翻转，覆盖于凹玻片凹槽上。④轻压盖玻片，使其固定并密封。

也可用培养皿进行悬滴培养，即把培养皿盖翻转过来，将细胞液点于培养皿内表面上，特别小心地迅速将培养皿盖翻转，盖在培养皿上。可以在培养皿中加入一定量的消毒水，以保持培养皿内的湿度。

3. 单细胞克隆

目前一般采用多孔塑料培养板进行单细胞克隆（single cell clone）。商业多孔塑料培养板均已消毒，并无菌包装，买来即可使用。

具体操作步骤如下。①制备低密度细胞液，培养液中最适宜细胞密度为 1～2 个/mL。②用吸管轻轻吹打细胞液，使细胞充分混匀，快速地用加样器向塑料培养板每孔内加 0.5mL。加样时要迅速准确，争取在最短时间内加完，以免培养液蒸发。然后迅速盖好盖板，置光照培养箱内培养。③培养一定时间后，细胞下沉附于培养板孔底。从培养箱中取出，置于倒置显微镜观察和标记出含单个细胞的孔井，置培养箱内培养。在培养过程中一般无需更换培养液，只有在细胞增长过于缓慢时才需更换培养液。培养3～4 周，待孔内细胞增至一定密度时可进行扩大培养。

4. 看护培养

由于细胞（特别是原生质体）对植板密度非常敏感，在临界密度以下细胞不易分裂而解体，该植板临界密度即为最低有效密度，它随着培养材料、原始培养细胞的条件和保存时间的长短、培养基成分等的不同而有所不同。往往在遗传操作中受体细胞得率很低，则很需要能在低密度下培养成功，因此创建了看护培养和饲养层培养技术。

看护培养（nursing culture）是指用一块活跃生长的愈伤组织块来看护单个细胞，促使其持续分裂和增殖的培养方法，这块愈伤组织也称为看护组织。Muir（1953）创立此法，其优点是简便，效果好，易于成功；缺点是不能在显微镜下直接观察。其方法是在愈伤组织上放滤纸，把单个细胞接种于滤纸上即可。Chenny 等（1984）曾用两种江蓠（Gchorcla tikahiae）和 G. chilensis 的杂种细胞经看护培养诱导出愈伤组织，并再生出杂种植株。

5. 饲养层培养

饲养层培养（feeder layer culture）方法是把处理过的（如 X 射线处理）无活性或分裂很慢（或不具分裂）的代谢活性细胞（称为饲养细胞），饲养成为所需培养的细胞（称为靶细胞），使其更易分裂和生长。培养方法有如下三种。①饲养细胞与靶细胞共同混合于琼脂培养基中。②饲养细胞与靶细胞分别与琼脂细胞混合，饲养细胞放于下层，靶细胞放于上层。③饲养细胞与靶细胞一起培养于液体培养基中。

6. 双层滤纸植板

双层滤纸植板（double filter paper plating）方法是在饲养细胞层与靶细胞层之间放两张滤纸，上面一层滤纸用于把靶细胞转移到其他培养基上继续培养。此法多为高等植物细胞培养所采用，海藻中较难培养的细胞也可以用此法试一试。

7. 液体浅层培养

将一定密度的细胞或原生质体悬浮液放在培养皿中，形成一浅薄层，封口静止培养，该种方法称为液体浅层培养方法（liquid shallow culture）。其优点是通气好，易于补加新鲜培养基（每隔 5d 补加 1 次），且可镜检。海藻细胞培养多用此法。

8. 微载体细胞培养

微载体细胞培养（microcarrier cell culture）指用交联葡聚糖或交联胶原等制成微珠，细胞附着贴壁并生长的培养方法，它主要用于大规模培养。培养方法有如下 4 种。①微载体选择。先做小量微载体培养实验，观察细胞在一定时间内的吸着率和计算细胞数，以得到最大量的细胞。②水化。称一定量的微载体，放入容器中，按每克微载体加 50～100ml 的比例加入无 Ca^{2+} 和 Mg^{2+} 的磷酸缓冲液（PBS），室温下放置应不少于 3h，并不时地轻微搅动，然后再用新鲜 PBS 洗 1 次。③消毒。可采用高压蒸汽消毒，也可在水化后用 70%酒精浸泡消毒，再用无菌的 PBS 漂洗。④传代培养。在连续进行微载体培养时，可以不必把细胞从微载体上分离下来，可将带有细胞的微载体和新的微载体混合进行培养，细胞能移动到新载体上。如果进行其他实验或需要分离细胞进行传代培养时，和常规培养相同。

参 考 文 献

冯琛,路新枝,于文功.2004.逆境胁迫对条斑紫菜生理生化指标的影响.海洋湖沼通报,3;22～25

高洪峰,纪明候,曹文达.1994.不同生长期坛紫菜多糖中组分含量的变化.海洋与湖沼,25(5);305～308

何培民.2007.海藻生物技术及其应用.北京:化学工业出版社

康凯,王长云,李国强.2007.大型海藻孔石莼化学组分和生物活性研究新进展.海洋湖沼通报,3;155～158

孔鹏,姚翠鸾,齐丽薇等.2007.海带多糖的抗衰老作用及其机理的研究.河北农业大学学报,30(4);64～66

赖晓芳,沈善瑞.2003.海带多糖生物活性的研究进展.生物技术通讯,14(5);436～438

李钧,于仁诚,李正炎等.2000.三苯基氯化锡(TPTC)对孔石莼光合作用及生长的影响.海洋与湖沼,31(4);404～408

骆其君,卢冬,费志清等.1999.生态因子对条斑紫菜自由丝状体生长的影响.水产科学,18(4);6～8

钱风云,傅德贤,欧阳藩.2003.海菜多糖生物功能研究发展.中国海洋药用杂志,1;55～58

钱浩,胡巧玲.1998.羊栖菜的化学成分研究.中国海洋药物,3;33～35

钱树本,刘东艳,孙军.2005.海藻学.青岛:中国海洋大学出版社

邵世光,阎斌伦,许云华.2006a.Cd^{2+} 对条斑紫菜的胁迫作用.河南师范大学学报(自然科学版),34(2);113～115

邵世光,阎斌伦,许云华.2006b.Hg^{2+} 对条斑紫菜毒害作用的研究.中国农业通报,22(7);287～289

苏绣榕,李太武,常少杰.1997.孔石莼营养成分的研究.中国海洋药物,1;33～35

孙奕,侯柏玲,杨颖等.2006.石莼的化学成分.沈阳药科大学学报,23(3):148～150

王艳梅,李智恩,徐祖洪.2000.孔石莼化学组分和药用活性研究进展.海洋科学,24(3):75～78

徐军田,高坤山.2007.阳光紫外辐射对绿藻石莼光化学效率的影响.海洋学报,29(1):127～131

许思能,王朝晖,孙立.2000.羊栖菜药用价值的研究进展.中草药,31(11):876～879

闫建忠,吕昌龙,李胜军等.2005.紫菜多糖的免疫功能增强作用.中国海洋药物杂志,24(4):36～38

杨庆霄,高光智,粟俊等.1997.化学消油剂对孔石莼生长影响的研究.海洋学报,19(3):45～50

叶盛英,李宏.2003.海带药用研究进展.天津药学,15(6):57～61

张全斌,赵婷婷,綦慧敏等.2005.紫菜的营养价值研究概况.海洋科学,29(2):70～72

张学成,秦松,马家海.2005.海藻遗传学.北京:中国农业出版社

Gao J T,Qin S,Zhang Y C. 2006. Rapid optimization of process conditions for cultivation of transgenic *Laminaria japonica* gametophyte cell in a stirred-tank bioreactor. Chemical Engineering Journal,122(1,2):11～14

Jiang R X,Peng T Y,Dai K et al. 2004. Effects of salinity stress on PS Ⅱ in *Ulva lactuca* as probed by chlorophy Ⅱ fluorescene measurements. Aquatic Batany,80(2):129～137

Pang S J,Jin Z H,Sun J Z et al. 2007. Temperature tolerance of yang sporophytes from two populations of *Laminaria japonica* revealed by chlorophyll fluorescence measurements and short-term growth and survival performances in tank Culture. Aquaculture,262(4):493～503

Zou D H. 2005. Effects of elevaled atmospheric CO_2 on growth,photosynthesis and nitrogen metabolism in the economic brown seaweed,*Hizikia fusiforme* (Sargassaceae,phaeophyta). Aguaculture,250(4):726～735

Zou D H,Gao K S. 2005. Photosynthetic characteristics of the economic brown seaweed *Hizikia fusiforme* (Sargassaceae,Phaeophyta)with special reference to its "leaf"and receptacle. Journal of Applied Phycology,17(3):255～259